# 基因

## 人類最親密的歷史

SIDDHARTHA MUKHERJEE

THE GENE : AN INTIMATE HISTORY

辛達塔・穆克吉 著

莊安祺 譯

于宏燦 審訂

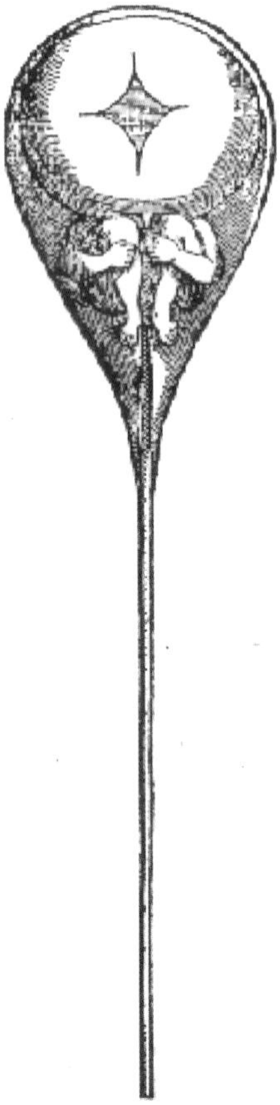

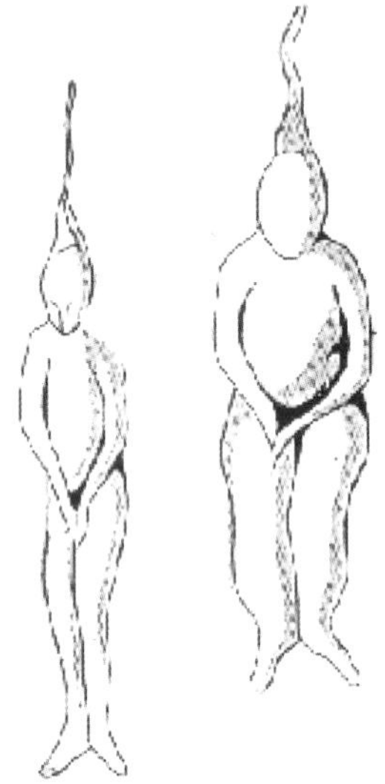

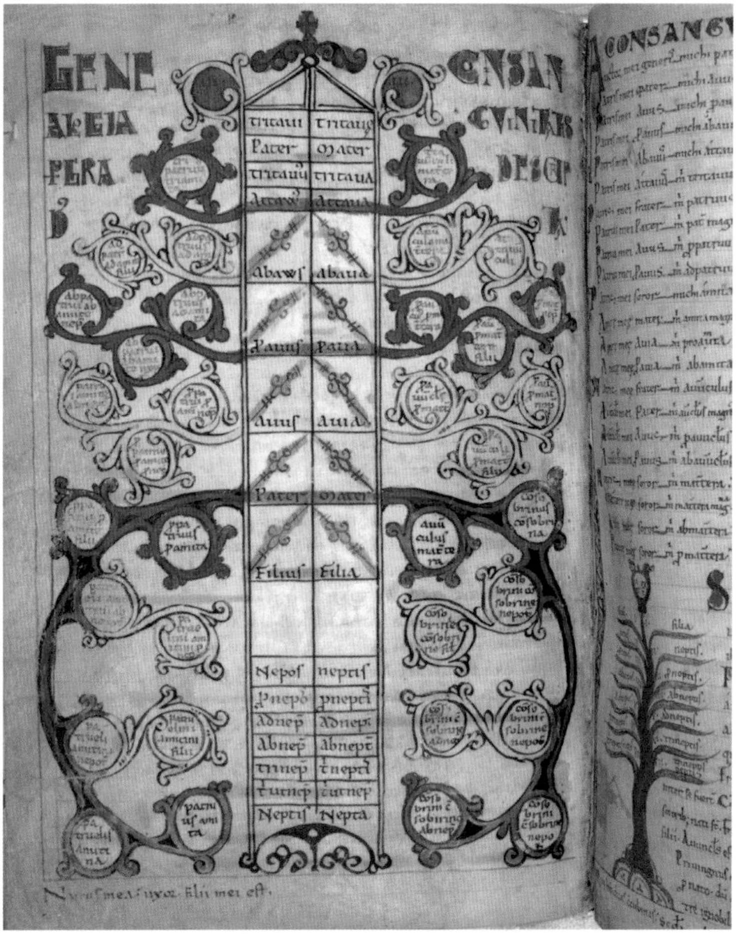


2 | 1

1｜ 這個被包覆在人類精子內的小人——霍爾蒙克斯是由荷蘭物理學家尼古拉斯．哈特蘇克在一六九四年所繪。哈特蘇克和當時其他生物學家一樣相信「精源論」，認為創造胎的信息是由精子內的迷你小人傳遞。

2｜ 中世紀歐洲的貴族家族常會繪製「宗族家譜」來記錄祖先和子孫，用以區分貴族階級和財產的要求，或者作為聯姻的考量（部分原因也是為了減少堂表近親婚配的機會）。此圖左上角的gene一字在此是指genealogy（宗譜）或家世。Gene作遺傳信息單位「基因」的現代意義要在數世紀之後，一九〇九年才出現。

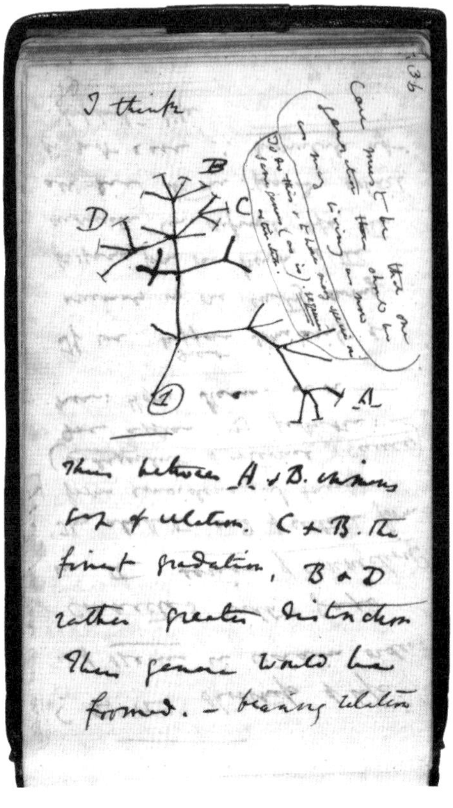
I think
B
C
D
1
A
Thus between A & B immense gap of relation. C & B the finest gradation, B & D rather greater distinction
Thus genera would be formed. — bearing relation

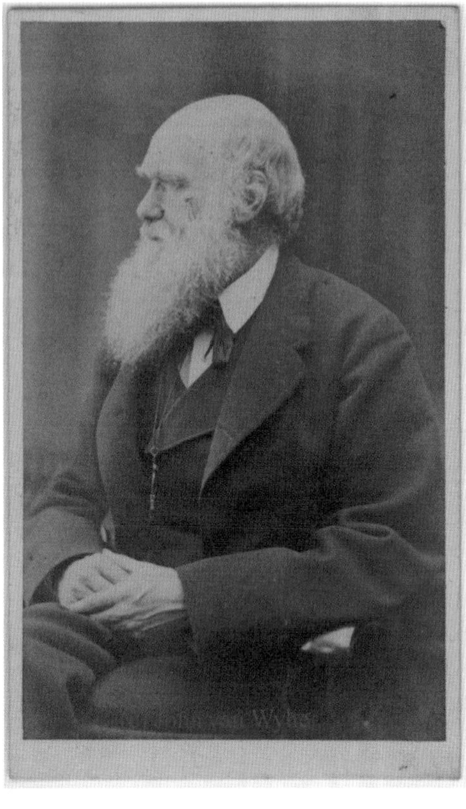

3

2 1

1&2｜ 達爾文和他在筆記本上畫的樹狀圖，圖中顯示生物是由共同的祖先生物向外散發（注意他寫在左上角滿懷疑惑的「I think」〔我想〕兩字）。達爾文認為生物經變異和天擇的演化理論需要透過基因的遺傳理論相輔相成，細心研讀他理論的讀者會發現，唯有在親子之間有不可分割但可以變化的遺傳分子傳遞信息之時，演化才能發生。可是達爾文從未讀過孟德爾的論文，因此在他生前一直沒有建立這樣的理論。

3｜ 威廉．貝特森在一九〇〇年「重新發現」孟德爾的論文，立即成了基因的信徒。他在一九〇五年創造了「genetics」一字來形容研究遺傳的學問。植物學家威廉．約翰森（左）到英國劍橋貝特森家造訪，兩人密切合作，積極捍衛基因理論。

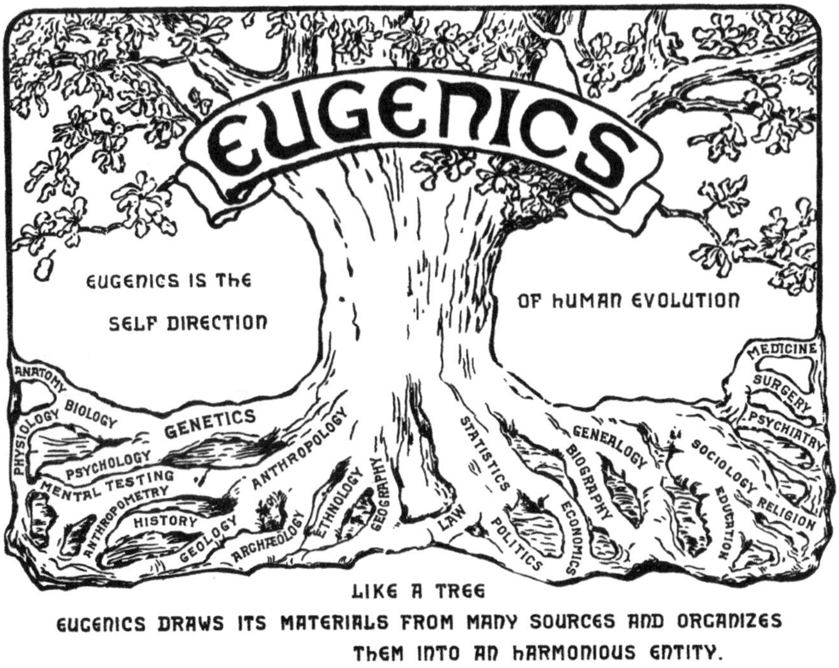


EUGENICS優生學

---

| 樹左 | 樹右 |
| --- | --- |
| EUGENICS IS<br>THE SELF DIRECTION<br>優生學是<br>的自我導向 | OF HUMAN EVOLUTION<br>人類演化 |

就像一棵樹一樣
優生學由許多來源汲取材料
並把它們組織成和諧的整體。

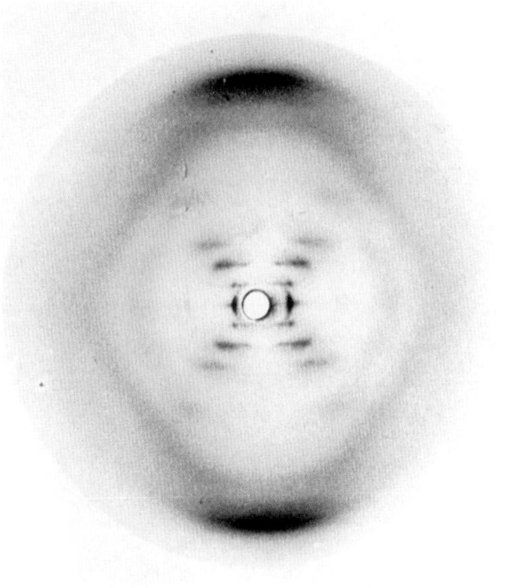

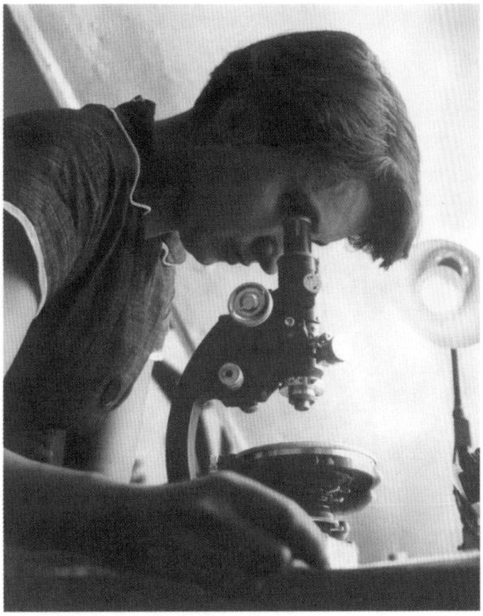

3 2 | 1

1｜ 美國的一幅「優生學樹」漫畫主張追求「人類演化的自我導向」，認為醫藥、手術、人類學和家系宗譜是這棵樹的「根」。優生學希望用這些基本的原則來選擇更合適、更健康、更有成就的人類。

2&3｜ 羅莎琳．富蘭克林正在倫敦國王學院使用顯微鏡。她用X光結晶學拍攝DNA的結構作研究。「照片51號」是她所拍最清楚的一張DNA晶體照片，顯示雙螺旋的結構，不過A、C、T、G鹼基確實的定位，照片上還不清楚。

| 2 | | 1 |
|---|---|---|

1｜ 華生和克里克一九五三年在劍橋展示他們的DNA雙螺旋模型，他們意識到DNA一股的A和另一股的T相配對 ，G則和C相配對，由此解開了DNA的結構。

2｜ 一九七〇年代，學生抗議一場遺傳學會議。基因定序、基因複製和DNA重組等新科技使人疑心有人會用新優生學來創造「十全十美的人類」，他們沒忘記這和納粹優生學的關係。

What about intentional applic?
For intentional release?
What vectors should we use?

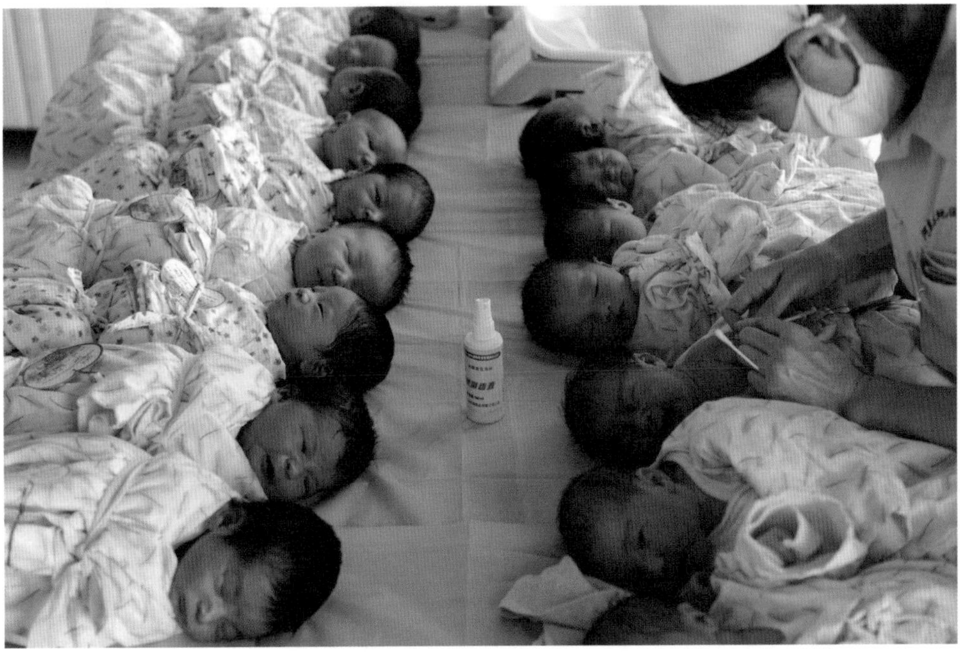

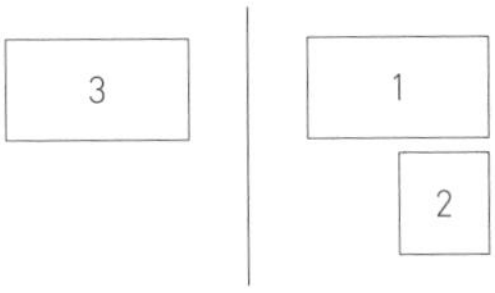


1｜ 保羅．伯格於一九七五年在厄西勒瑪會議上和馬克辛．辛格談話，西德尼．布倫納在一旁作筆記。在發現創造基因之間混合體（重組DNA），在細菌細胞上生數百萬拷貝（基因複製）的技術之後，伯格等人提議「暫停」某些重組DNA的工作，直到能適當評估風險為止。

2｜ 弗雷德里克．桑格檢視DNA定序凝膠。他發明DNA定序（在基因序列中讀出確切的字母順序——A，C，T，G）的技術，徹底改變了我們對DNA的了解，並為人類基因組計畫鋪好了路。

3｜ 即使不用改變人類基因組的精密技術，胎兒基因組檢測的能力也已在全球造成了非關優生的大規模影響。在中國和印度，藉羊膜穿刺篩檢胎兒性別，並作性別選擇性人工流產，已造成女男比例為〇．八比一，使人口和家庭結構有了前所未見的改變。

# 目次

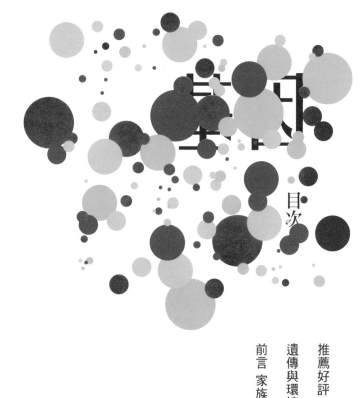

## 第二部

## 「在部分的總和裡，仍然只有部分」／解譯遺傳機制（1930-1970）



## 第三部

## 「遺傳學家的夢想」／基因定序和複製（1970-2001）

## 第四部
## 「人的研究對象應該是人類自己」／人類遺傳學（1970-2005）



## 第五部
## 穿過鏡子／一致性與「正常」的遺傳學（2001-2015）

# 第六部
## 後基因組／遺傳學的命運和未來（2015-）

SIDDHARTHA MUKHERJEE

THE GENE : AN INTIMATE HISTORY

# 推薦好評

《基因》一書不僅適合生物領域人士閱讀，同時對於非生物領域專長者也十分合適。書中以故事的描繪手法來陳述「基因」的發展史，並融入最新科學研究，解說胚胎幹細胞與基因治療法用於人類疾病治療的可能性，由淺入深帶領讀者了解遺傳與基因。

人類的基因解碼是加劇優生學與種族議題的紛爭，還是提供了一個解套的方法？藉由解碼自我基因預測將來會得到何種疾病已非遙不可及，但我們是否能操控自我基因來預防或治療疾病？作者將帶領您一同了解這未知的可能性。

——朱雪萍，臺灣大學分子與細胞生物學研究所助理教授

基因——這看不見的密碼，如何牽扯我們的生活、國家健康政策甚至人類的未來？以家族遺傳病史為引子，作者如偵探辦案般的將基因、遺傳、分子生物、乃至於最夯的基因體編輯在科學史的發展中，生動地呈現出來。並反思運用科學突破在疾病治療與預防上，人類將何去何從。

不論你對「基因」有多了解，這是值得一讀再讀的好書。

——吳青錫，臺灣大學醫學院藥理學研究所助理教授

教科書裡讀起來理所當然的遺傳定律和基因調控原理，其實背後都有許多錯綜複雜的故事。如果你覺得只有對歷史感興趣的人才需要知道這些，那你就錯了。從這些發現的背後，我們能學到偉大的科學家尋找和探索問題的思路，與面對挑戰時的態度，這些都是課堂上學不到的。此外作者也討論了科學新知對社會倫理帶來的衝擊，告訴我們基礎科學與人之間的緊密關係。

——呂俊毅，中央研究院分子生物研究所研究員

本書從基因發現開始到基因體定序解碼，並且述及基因編輯等倫理議題，其中引進各種疾病案例，穿插描述著作者家人的疾病，而其筆下描述的科學家和患者故事栩栩如生，令人閱讀後欲罷不能。書中除了用淺顯文字介紹科學，也用非常感性的字句描述科學軼聞和患者的案例，是一本非常有料的書，讀完後不禁令人思考基因真能改造嗎？真能替換編輯嗎？之後是不是所有人都可以變成完美的人類了？了解個人的基因體，或許就可以對症下藥，開創新的醫療模式——精準醫療。

——阮雪芬，臺灣大學生命科學系教授

從達爾文、孟德爾說起，一直談到人類基因診斷及治療，將遺傳學的發展過程透過歷史背景闡述，不但敘述了遺傳學的進展，更加入了人性的一面，探討了科學對社會的影響。涵蓋面廣，卻容易讀，精采萬分，讀來就放不下手。

——孫以瀚，中央研究院分子生物研究所研究員

原子（atom）是構成物質（matter）的基本單元。了解原子，是了解物質以及了解世界的重要一步；操控原子，則有機會產生創造性的或是毀滅性的巨大能量。基因（gene）是遺傳以及演化的基本單元。了解基因，是精準醫學及癌症治療的鎖匙；利用基因或是改變基因，有機會扭轉人類（個人以及全體人類）的命運，但也要非常小心所帶來的不確定的負面影響。基因，就在我們體內；基因體應用，就在我們周遭。認識基因，當在今朝。

——陳沛隆，臺灣大學基因體暨蛋白體醫學研究所副教授

作者為第一線癌症醫師與研究員，學識淵博，文采斐然。本書如探險故事、歷史與傳記之綜合體，讀來十分享受又令人讚歎。讀者除了能增進對現代基因學的知識外，也能瞭解現代基因學對複雜疾病研究的貢獻。

——陳嘉祥，長庚大學生物醫學系教授暨林口長庚精神科主治醫師

為什麼會有精神疾病？為什麼白人智力平均高於黑人？異性戀、同性戀是先天還是後天？這些當代世界的問題都無法避開遺傳學的誘惑：它們都是基因決定的。然而，辛達塔．穆克吉在這本書裡勾勒出的基因系譜卻為我們揭露了基因的概念如何被錯誤地濫用，成為替特定團體服務的思想工具。

從古希臘的亞里斯多德到二十一世紀最前沿的基因技術，作者帶著科學史家的廣度與生物學家的敏銳度，中間穿插自己家族精神疾病史的故事，一步步考察人類內部的祕密。在基因複製、幹細胞技術、表觀遺傳修飾這些對於「改造自然」的執著中，我們看到的不只是科技的進步，更是人類對自身未知欲望的重複。

這是會徹底改變讀者視野的一本書。如果二十世紀的人用以理解自己的命題是佛洛伊德的「解剖學是宿命」，那麼二十一世紀的人認識自己的命題將會是穆克吉的「遺傳學不是宿命」。

——超級歪，說書 Youtube

辛達塔·穆克吉是一位說故事的高手，以基因做為故事主軸，將遺傳學發展過程中的重要事件，戲劇化的串聯，從古希臘哲人對遺傳的猜想、達爾文和孟德爾的論證、基因具體結構的解密、基因重組技術的突破，一直到後基因組世代的到來，完整交代了基因的前生今世。許多歷史軼事和人物描述，在其他的科普傳記書中或許都曾有個別描述，但在本書中卻總集大成。

此外，書中也談到許多遺傳學與社會和政治的關聯，如早期的優生學浩劫和現今基因科技的思慮。當然，或許是要避開太過艱深的科學論證，精準性和完整性難免有些犧牲，但整體而言，這本書不只是生動活現的遺傳學史，更能讓讀者對遺傳學有組職架構性的了解。是一本難得讓我想一口氣讀完的書。

——董桂書，臺灣大學分子與細胞生物學研究所副教授

作者融合人生故事與科學發展，帶出過去一百年人類遺傳學上的發展，兼具科普與人文的議題。譯者將這本巨作以淺顯易懂也傳真的文字介紹給大眾，相信能廣泛提昇我們對於人類遺傳學的認識，進而省思，有利於我們以成熟的心態因應即將來臨的「基因診斷」與「基因改造」的世代。

——鍾明怡，陽明大學生命科學系暨基因體科學研究所副教授

本書以科學史為出發點，十分生動地描述基因的發現、功能、對人類疾病與行為的影響，以及基因

預測、基因治療、基因編輯的最新進展，讓讀者有系統的了解關於基因的各項研究。此外，本書亦以相當篇幅說明基因醫學研究中可能涉及的道德與社會層面問題。在不久的未來，這些研究的應用將會逐步影響每個人的日常生活，如何掌握其往正向發展而不致失控，是十分值得社會大眾仔細思考及討論的議題。

——蘇文慧，長庚大學生物醫學系助理教授

也許，這是人類史上最精彩萬分的偵探故事。數千位專家，數千年調查，從亞里斯多德、孟德爾，再到法蘭西斯·柯林斯，一位接著一位不斷地詢問每顆細胞核心都有的那個謎團。如同作者前一本著作《萬病之王》，《基因》也是一本宏大、廣闊且超凡卓越的作品。如果你對今日與未來身為人類的意義有所好奇，千萬別錯過這本書。

——普立茲小說獎得主安東尼·多爾（Anthony Doerr），著有《那些我們看不見的光》（*All the Light We Cannot See*）

《基因》一部偉大巨作，融合了生命科學以及所有定義人類的科學、道德與哲學方面的本質和挑戰。

——諾貝爾化學獎得主保羅·伯格（Paul Berg）

作者辛達塔·穆克吉巧妙地將基礎科學原理與基因的運作結合，同時清楚描繪了基因科學未解之謎的輪廓。他也帶領我們一窺科學演進過程與科學社會學。穆克吉以自身家族歷史，將抽象的個人經驗化為實體，為他傑出的敘事能力又注入了直擊人心的力道。

——《出版者週刊》（*Publishers Weekly*）推薦好評

一部權威著作，描述我們人類如何發揮才智且堅持不懈地，挑揀出人類不斷運行的道理。《基因》奠定了辛達塔．穆克吉身為本世代醫藥歷史科普領域傑出作者的地位。本書甚至展現一舉橫掃此領域所有作品的企圖心。在作者百科全書式調查能力挖掘到的個人與團隊研究成果，以及我們如何一步步更貼近將能重塑自身基因組的基因科技之間，穆克吉穿插了他個人經歷、巧妙的文學名句、無與倫比的準確隱喻，以及那一股令人難以抗拒的知性熱情。

——班．狄金森（Ben Dickinson），《Elle》雜誌

偉大著作。基因的故事已經以許多方式、眾多片段講述，但是，從未如同辛達塔．穆克吉筆下的歷史，擁有如此寬宏與深邃的視野。宛如他站在景色清晰、高聳又有點嚇人的制高點，以綜覽全景的角度觀看基因。

——詹姆斯．格雷克（James Gleick），《紐約時報》（*New York Times*）書評

許許多多《萬病之王》讓我們如此享受的特質，都在《基因》一書再次徹底展現。本書兼具憐憫同理、融合緊湊，並描繪了許多我們熟悉人物的不為人知的故事。

——珍妮佛．希尼爾（Jennifer Senior），《紐約時報》（*New York Times*）

# 遺傳與環境影響：導讀辛達塔・穆克吉的《基因》

于宏燦（臺灣大學生命科學系教授）

大家都知道「遺傳」是什麼，從小看父母、叔叔、阿姨、舅舅、阿媽，甚至未曾謀面的曾祖父的肖像，或是擠滿不知是誰的家族泛黃老照片，都知道有某些「東西」就保留在家族中「遺傳」著，與家族成員無法切割。「東西」是個物化的語詞，除了五官、四肢、頭髮、身高等可眼見為憑的「實物」外，「東西」也可以是脾氣、耐性、口味、視力、音感等比較難以準確描述的特質，這些在遺傳學中被稱為「遺傳特徵」（genetic traits），也可簡稱「特徵」，它被用來形容人以及其他生物。如果要討論特徵能否「被遺傳」或「遺傳多少」，那就要進入學術的「叢林」裡，展開墜入五里霧的旅程，突然間，遺傳不再簡單。

辛達塔・穆克吉（Siddhartha Mukherjee）是位特徵豐富的人類（請容我暫時以地球生物的種類看待他），他是生物學家、醫師，也是得過普立茲獎的作家。他從自身家族的遺傳故事，加上出身孟加拉、移居印度並歸化美國的特殊人生經歷，娓娓講述生物遺傳的主角——基因，從孟德爾發現遺傳原理、達爾文闡述演化機制，直到DNA的發現，以及隨後分子遺傳學的興起等等歷史事件。不過，他要說的可不只這些。

若要讀懂這本書，必須先理解一件事，基因雖是遺傳的主角，但絕非生物遺傳戲曲的全部，如果沒有背景，或是沒有扮演配角、跑龍套、打燈、搭戲臺的人，這齣遺傳生物大戲就無法順利演出。

「特徵」在繁衍後代時就被「鎖」在家族中，如同作者父親的母語孟加拉語中，遺傳就是「不可分割」的意思。家族特徵被鎖在親人的血脈裡，就像作者父執輩中精神異常的癥候，就緊緊的鎖在命運的鎖鏈裡，作者穆克吉也擔心自己的孩子會遺傳到家族的精神疾病。用遺傳學術語來說，表現型遺傳特徵，是基因型（即分別來自父母雙方的兩個等位基因）和環境（生物經驗）共同作用的結果，它們的關係式是：特徵＝基因＋環境。如果基因的影響較環境影響的效用還大，即所謂高遺傳度（表現型），在親戚中能普遍看得到這項特徵，「難以分割」；反之，環境影響大於基因，親戚間的共同特質就不明顯，或可能與遺傳無關。只要理解「特徵＝基因＋環境」這個關係式，就能得知穆克吉為何要以家族精神癥候作為本書的序幕，由美國到印度、從一九四七年的印巴分治災難到二〇一二年回訪堂兄，都是為了講述大環境的移轉和家族表現型、基因與精神疾病的關係。當然，後面雙胞胎研究也是，而且這項研究還曾造成巨大的災難。

書中一再出現的災難，諸多都與人類遺傳學有關。如民主國家立法執行強制絕育，極權政權下不法悄然進行的計畫性集體屠殺，都是「遺傳學偽科學」猖狂衍生出「優生學」的災難。最令人觸目驚心的莫過於德國納粹的猶太清洗運動，它先有「理論」再有「研究動機」，可怕的事件於焉發生。許多同卵雙胞胎「被研究」，只因他們擁有相同「不可分割」的基因，是科學實驗的最佳「材料」。人不過是物種之一、基因的攜帶者、物競天擇演化機制的對象，為了人類的優生，什麼事都可以做，也因此研究基因的遺傳學就這樣造成大災難，災難的立論是生物學最重要理論——演化論——所導引的社會達爾文主義。

雖然二戰已結束，遺傳優生學的災難逐漸遠去，但是另個潛在的危機卻正在蘊釀中，科學家發現了基因的物質基礎DNA，分子生物學崛起，很快地，遺傳學不再只是種豌豆或數果蠅，而是萃取剪接DNA再轉殖到大腸桿菌，讓DNA為人類所用、從事製造工作，能製造胰島素、幫助農作物抵禦病蟲害、生產激素讓鮭魚快速生長，後果就是產生無數基因改造生物（GMO），這些發展都令人憂心。還有更多的爭端與人類切身相關，有關基因醫療的發展（基因診斷與治療），有性向是否可遺傳的問題，也是一路紛紛擾擾，就像被詛咒似的，基因或遺傳學總是離災難很近。穆克吉成功地在書內呈現這些災難與衝突的面貌，高潮迭起之餘，也簡潔地解釋背後的遺傳學理，提高了可讀性。

基因之所以難以理解，就是因為生物遺傳的兩難性，一方面要維持相當的變異才能繼續演化、延續物種的生命，另方面受精卵要能把父母的DNA重新組合後，忠實地傳承給子代。重新組合的DNA在遺傳學術語中稱為基因組，即攜帶指導受精卵準確發育的錦囊密碼。細胞依照密碼的指示，開始進行細胞分裂產生更多的細胞，細胞依各自任務再分化成不同的細胞，執行不同的功能，然後再不斷的分化，產生更多群細胞，這即是胚胎發育的過程。在這過程裡當然不能出錯，一旦出了錯，發育就會停止，甚至流產。事實上，胚胎發育可視為地球上最複雜繁瑣的「生物製程」，負責監督指揮的就是染色體裡的DNA分子長鏈。

染色體蜷曲在細胞核合內，長得非常小，一般人可能一輩子也不曾見過自己的染色體，染色體中蘊藏眾多密碼，而人類約有兩萬個基因，要在對的時間內，從小小的染色體中取出對的密碼，其難度可想而知，胚胎發育要像製造手機一樣精準是困難重重，因此，即使是同卵雙胞胎也不會完全一模一樣。

再回到之前的關係式「特徵＝基因＋環境」，胚胎發育的每個細胞都要符合這個關係式，基因雖然來自雙親，不過發育過程的微環境不一樣（例如相鄰的細胞不一樣，胚胎內的分子濃度也難以絕對相同），雖然特徵很像，但不會完全一致，無法做到百分百的品質管制，這是過程中的不確定因素，難以排除的

「發育雜音」。因此，不妨思考一下，遺傳真的讓我們和親戚變得不可分割嗎？那可不一定，就端看那個特徵是否會遺傳了。

獻給普瑞亞巴拉·穆克吉（Priyabala Mukherjee，1906–1985），她明白那些危險；

獻給嘉莉·巴克（Carrie Buck，1906–1983），她經歷過它們。

遺傳法則的確認，可能會改變人的世界觀和對自然的掌控，遠超過其他自然知識可預見的進展。[1]

——英國遺傳學者威廉・貝特森（William Bateson）

人類其實只是基因的載體——通道。它們一代又一代乘著我們，就像騎著賽馬進入跑場。基因不會思考善與惡由何而來，也不在乎我們快樂與否。我們只是它們達到目的的手段。它們唯一考慮的，就是什麼對它們最有效率。[2]

——村上春樹，1Q84

# 前言
# 家族

父母的血脈不會在你身上消失。[1]

——斯巴達國王梅內勞斯（Menelaus）《奧德賽》（*Odyssey*）

你的爹娘，把你搞得一塌糊塗。
他們未必有心如此，卻依舊這麼做了。
他們把自己的缺點，一股腦兒塞給你，
還特別為你，附贈更多。[2]

——英國詩人菲利浦．拉金（Philip Larkin）《詩曰》（*This Be The Verse*）

二〇一二年冬，我由父親作陪，由德里赴加爾各答探望我的堂哥莫尼，父親兼任嚮導和同伴，只是他一路上悶悶不樂，若有所思，獨自沉浸在我只能約略感受到的苦悶裡。我父親兄弟五人，他是老么，莫尼是最年長的姪兒，也是他大哥的兒子。自二〇〇四年，四十歲的莫尼關進了精神病院（父親稱之為「瘋人院」），診斷結果是「思覺失調症」（即精神分裂症）。他得服下形形色色的抗精神病藥物和鎮靜劑，整天都有看護照顧，為他洗浴餵食。

我父親從不相信莫尼有病。這些年來他冥頑不靈，獨力對抗照顧他姪兒的精神病醫師，希望能說服他們：他們的診斷是天大的錯誤，說不定哪一天，莫尼破碎的靈魂會神奇地自行痊癒。我父親曾兩度造訪這家位於加爾各答的機構——其中一次並未預先通知，他希望能看到莫尼改頭換面，在鐵柵欄門後悄悄過著正常的生活。

可是父親知道，我也知道，他去探視莫尼不僅僅是出於叔姪之情。莫尼並不是我們家族唯一有精神病的成員。我父親的四位兄長中，有兩位都出現程度不等的心智問題，他們是莫尼的兩位叔叔，而不是莫尼的父親。原來，穆克吉家族至少有兩代人出現了瘋狂的症狀，而父親不願接受莫尼的病，是因為他發現殘酷的事實，這種病的種仁可能就埋在他自己體內，就像有毒廢料一樣。

一九四六年，我父親的三哥拉結什在加爾各答英年早逝，他才二十二歲。據說他連續兩夜在冬雨中運動，結果肺炎而死，但肺炎其實是另一種疾病的結果。拉結什原是五兄弟中最有前途的一位——最聰明伶俐、最迷人、精力最充沛、最得家人器重，也最受我父親的崇拜。

我的祖父在一九三六年去世，因為經營雲母礦與人爭執而遭殺害，留下祖母撫養五個男孩。儘管拉結什並不是老大，卻自然而然地取代父職。當年他才十二歲，但行事作風卻像二十二歲，他的機智已經化為老成持重，青春期的自以為是也轉為成年的自信。

然而，據我父親的回憶，一九四六年夏天，拉結什卻出現了怪異的舉止，彷彿腦裡有哪根筋不對勁。他個性最驚人的轉變是脾氣變得陰晴不定，情緒起伏極大：好消息讓他樂不可支，手舞足蹈的模樣如同雜耍特技，而壞消息則讓他陷入情緒低落的深淵，無法慰解。這些情緒在當時的情境而言倒還正常，問題是它們的起伏太極端。那年冬天，拉結什的情緒曲線拉高了振盪頻率和振幅，他的精力在憤怒和自大之間擺盪，一陣陣的爆發越來越頻繁且激烈，隨後湧出的憂鬱暗潮也同樣強烈。他走上神祕宗教之路，在家舉行扶乩通靈聚會，或者趁夜和朋友到火葬場打坐。我不知道他有沒有自行治療——一九四〇年代加爾各答的華埠小屋中有許多來自緬甸和阿富汗的大麻，足以安撫年輕人的神經，不過我父親說他哥哥徹底變了個人：有時提心吊膽，有時勇往直前，情緒忽起忽落，一天暴跳如雷，另一天欣喜若狂；「欣喜若狂」一詞雖然有天真的意味：欣喜逾恆，卻也勾勒出了限度和警告，一旦逾越了節制的範圍，一旦歡喜過度，就只剩下癲瘋和狂躁。

在罹患肺炎前一週，拉結什接到他的大學入學考試表現優異的消息，他喜出望外，人也失蹤了兩天，應該是上摔角營「鍛鍊」了。等他回來時，已經發起高燒，產生幻覺，胡言亂語。

直到多年後我上了醫學院，才明白當時拉結什可能處於急性躁狂期，他的精神崩潰是教科書典型的躁鬱症病徵。

⊖

一九七五年，當時我五歲，父親的四哥賈古搬來德里與我們同住。他也有精神崩潰的現象。賈古生得又高又瘦，帶著略顯凶悍的眼神和一頭糾結的亂髮，長得就像孟加拉版的美國歌手吉姆·莫理森（Jim Morrison）。和二十歲才發病的拉結什不同的是，他自幼就有精神問題。賈古生性內向畏縮，除了祖母之外，他對任何人都退避三舍，無法工作，生活也不能自理。到了一九七五年，他出現更嚴重的認知問題：幻象、幻覺，聽到腦裡有人指揮他要怎麼做。他捏造了數十個陰謀，例如：我家門外賣香蕉的小販偷偷記錄了他的言行舉止。賈古也經常自言自語，特別執迷於覆誦他捏造的火車行程（「由西姆拉搭卡爾卡特郵車到豪拉，然後在豪拉轉札格納斯快車到浦里」）。他依舊會有溫情流露的時刻——有一次我不小心打破了家裡珍藏的威尼斯花瓶，他把我藏在他的被子裡，還告訴我媽他有「成堆的現金」可以買「上千個」花瓶賠償。不過，這個小插曲是病徵的展現，連他對我的愛也攙進他的精神錯亂和虛談症（confabulation）。

拉結什從未經過正式診斷，賈古卻有。一九七〇年代後期，一位德里的醫師在看診之後，說他精神分裂，但並未開藥。賈古繼續住在家裡，半躲藏地待在我祖母的房裡（就像許多印度家庭，我祖母也和我們同住）。祖母再度遭到圍攻，而這回她以加倍的凶猛，擔起捍衛賈古的角色。往後約有十年，她和我父親處於一種微妙的休兵狀態，賈古由她照顧，在她房間吃飯，穿著她為他縫製的衣服。當賈古在夜裡因恐懼和幻想而特別躁動不安時，也是由她像哄孩子一樣，用手摸著他的額頭，哄他上床。一九八五年，她去世，他離開我們家，怎麼勸也不肯回來。後來他到德里加入宗教團體，直到一九九八年去世。

⊖

我父親和祖母都認為賈古和拉結什的精神疾病，皆源自印巴分治的劫難，甚至根本全是因為這個事件造成的，它造成的政治創傷最後昇華為他們的精神創傷。他們知道分治不僅分裂了國家，也分裂了心靈。印巴作家沙達特．哈桑．曼托（Saadat Hasan Manto）寫過一篇關於分治的短篇故事〈托巴克科辛〉（*Toba Tek Singh*），可說是關於這個主題最知名的故事，主角是一個瘋子，他徘徊在印巴邊界之間，也在理智與瘋狂之間擺盪。我祖母認為，局勢動亂不安和我們家族由東孟加拉遷到加爾各答，讓賈古和拉結什的心靈漂泊不定，只是他們倆表現出來的方式正好相反。

拉結什在一九四六年抵達加爾各答，正當這個城市自己也失去理智之時——它的神經失調，愛遭到剝奪，耐心消耗殆盡。湧進一波波來自東孟加拉的人民，先知先覺的人率先填滿了加爾各答的主要車站西爾達（Sealdah）附近的低矮房屋，祖母也是這裡貧困民眾的一員：她在離車站僅一步之遙的哈亞特坎巷（Hayat Khan Lane）租了一間三個臥房的公寓，月租五十五盧比，折合今天的幣值大約一美元，這是沉重的負擔。堆疊起來的房間好像打群架的兄弟，對面就是垃圾堆。儘管公寓很小，但有窗戶和共用的頂樓，孩子們可以親眼看到新城市和新國家的誕生。街頭巷尾時時都有暴動；當年八月，印度教徒和穆斯林發生特別嚴重的衝突（後來稱為加爾各答大屠殺），造成五千人死亡，十萬人流離失所。

那年夏天拉結什親眼見證了如潮湧的鬧事群眾，拉爾巴扎（Lal Bazar）的印度教徒把穆斯林拉出商店和辦公室，在大街上把他們活生生地開膛剖肚，穆斯林也以同樣凶殘的手段，在拉亞巴扎（Rajabazar）和哈里遜路（Harrison Road）附近的魚市場展開報復。暴動過後不久，拉結什便精神崩潰。這座城市雖然穩定了下來並逐漸痊癒，他卻留下了永遠的傷疤。八月的大屠殺過後，拉結什出現了一連串妄想症狀，變得越來越畏縮，晚上上健身房的次數也越來越頻繁。接著，他出現了狂躁、隱隱發燒的症狀，最後突然發病。

如果拉結什的瘋狂是因來到加爾各答而生的瘋病，那麼賈古的瘋狂就是離開老家的瘋狂，我祖母對此深信不疑。在巴里薩爾（Barisal）附近的老家狄赫戈提（Dehergoti）村，賈古的精神狀態有朋友和家人支持，他可以在稻田裡撒腿奔跑，或在水池裡游泳，就像其他孩子一樣手舞足蹈，自由自在——幾乎正常。可是在加爾各答，他就像連根拔起的植物，離開自然棲地，凋零枯萎。他由大學輟學，把自己永遠封閉在公寓的窗畔，茫然地望著外面的世界。他的思緒糾纏不清，言談也漫無章法。拉結什的心智被伸展到脆弱的極致，而賈古的心智卻在房間裡默默壓縮；拉結什夜裡在城內漫遊，賈古把自己封閉在家裡。

這種奇特的精神病分類方式（拉結什是精神崩潰的城市老鼠版，而賈古是鄉下老鼠版）儘管方便且言之成理，可是在莫尼也開始出現精神病問題時，就說不通了。莫尼生長的背景並非印巴分治之時，他從未流離遷徙到他鄉，一直都在加爾各答安全的家裡生活，可是不知道為什麼，他的精神發展卻走上賈古的軌道，青春期出現的幻覺和幻聽、離群索居的需求、誇張的虛談現象、心神迷亂失序，都教人想到他叔叔。莫尼十多歲時來德里探望我們，原本我們要一起去看電影，但他把自己鎖在我們家樓上的浴室裡不肯出來，僵持了近一個小時，直到祖母把他揪出來。她走進浴室，發現他縮成一團，躲在角落。

二〇〇四年，莫尼挨了一群暴徒的揍，據稱是因為他在公園便溺（他告訴我，耳朵裡有聲音要他「在這裡小便，在這裡小便」）。幾週後，他犯了「罪」，這項罪荒謬到只能證明他的心智已然迷失：他被逮到調戲暴徒的妹妹（這回他又說是那些聲音要他這樣做的）。雖然莫尼的父親想要上前搶救，但莫尼依舊被打得半死，嘴唇裂開，連太陽穴也被打破了，嚴重到須上醫院治療。

這次的狠打是想要把他打醒（經警方查問，肇事者說他們只是想「驅趕糾纏莫尼的惡靈」），然而，莫尼腦海裡的魔鬼卻越來越大膽且堅決。那年冬天，又一次幻覺和嘶嘶不絕的腦中聲音，讓他終於住進了精神病院。

莫尼告訴我，他進病院是半自願的：他要的不是精神的復原，而是身體的避難所。醫師開了各式各樣的抗精神病藥物，他也逐漸有了改善，但顯然一直不到可以出院的地步。幾個月後，莫尼還未出院，他的父親去世了，而他母親數年前早已過世，剩下唯一的手足是住得很遠的妹妹。於是，莫尼決定留在精神病院，反正他也無處可去。精神科醫師勸大家不要用「精神病收容所」（mental asylum）這個古老的名稱形容精神病院，但對莫尼來說，這個名稱無比正確：這裡為他準備了此生一直得不到的庇護和安全，他成了自願進籠子的鳥兒。

二〇一二年父親和我去探望莫尼，我已經將近二十年沒見到他，但即使如此，我依舊以為自己會認得他。可是，我在會客室見到的這個人和記憶中的堂哥差得十萬八千里——要不是他的看護確認他的名字，我會以為見到了素昧平生的陌生人。雖然他才四十八歲，但看起來好像更老了十歲。治療精神分裂的藥物影響了他的身體，他的步伐就像小孩一樣沒有把握，搖搖擺擺。從前他說起話來總是情感洋溢、速度很快，如今卻吞吞吐吐、斷斷續續，吐字的力道卻爆發驚人，彷彿要吐出口裡奇怪食物的種子。他記不得父親和我，我提起我姊姊的名字，他問我是否娶了她。我們的對話就像我是被臨時差遣去訪問他的新聞記者。

不過，他的病最驚人的特色不是心裡的風暴，而是那雙了無生氣的眼神。莫尼（moni）的孟加拉語之意是「寶石」，也常用來形容美得難以描述的「眼中閃爍的光芒」。但是，這卻正是莫尼眼中失去的東西，那兩個光點黯淡到幾乎消失，彷彿有人鑽進他眼中，用小小的畫筆把它們塗成灰色。

⊖

在我的童年和成年生活中，莫尼、賈古和拉結什是家人心中莫大的陰影。青少年時期我有半年因為莫名的煩惱而不肯與父母說話，不交學校作業，還把舊書都扔進垃圾堆。父親心急如焚，拽著我去看當初診斷賈古的醫師。**現在是不是輪到他的兒子也瘋了？**祖母八十歲出頭時記憶衰退，開始誤稱我為拉結什瓦（也就是拉結什），起先她還會尷尬臉紅，自我糾正，但後來她不再理會現實，似乎情願錯認，彷彿在這樣的幻想裡自得其樂。在我認識如今成為我妻子的莎拉時，也把堂哥和兩位叔叔精神分裂的情況向她說明了四、五次，我想，面對未來的伴侶，應該發出這樣的警告才公平。

那時，遺傳、疾病、常態、家族和特性已經成了我家人經常談論的話題。就像大部分的孟加拉人，我的父母壓抑和克己的功力幾乎已臻化境，儘管如此，依舊難以避免這段家史問題。莫尼、拉結什與賈古：三段被不同精神疾病折磨的人生，很難讓人不去聯想這個家族背後隱藏著某個遺傳的問題。莫尼是不是遺傳了某個或某組基因才讓他罹患精神疾病？這是否與影響我兩位叔叔的基因相同？其他家人是不是也會受到其他精神疾病的影響？我父親就至少出現過兩次精神病的症狀——後來都是靠服用印度大麻（bhang，搗碎大麻芽，融進酥油，再攪拌起泡，這是一種宗教節慶的飲料）把症狀壓了下去。這些和我家族從前的創疤有沒有關係？

⊖

二〇〇九年，瑞典學者發表了規模龐大的國際研究，受訪者包括數千個家族、成千上萬名男女，研究分析了帶有跨世代心理疾病史的家族，最後有了驚人的發現，研究成果顯示躁鬱症和精神分裂有密切的基因關連。研究中，某些家族具有和我家極其相像的交叉病史：一名手足精神分裂，另一名躁鬱症，還有一名甥/姪（女）也精神分裂。二〇一二年，幾項進一步的研究[3]更確認了初步發現，確定這些精神疾病的變異和家族史的關係，也更進一步探究其病因、流行病學、觸發因素和始作俑者。

由加爾各答返回美國後的某個冬日上午，我在紐約地鐵讀到兩篇這樣的研究。走道對面有個戴著灰色毛皮帽子的男人正壓制著兒子，也要為他戴上灰色毛皮帽。地鐵到了五十九街，一名母親推著雙胞胎嬰兒車進來，兩個嬰兒一同發出在我耳裡聽來一模一樣的尖叫。

這些研究給了我莫名的撫慰——回答了糾纏我父親和祖母多年的問題，但也激發了更多的新問題：如果莫尼的病是遺傳，那麼他的父親和姊妹為什麼能逃過一劫？觸發他們發病的是什麼？賈古和莫尼的病有多少比例源自「先天」（即容易發生精神病的基因），又有多少比例出自「後天」（如時局動盪、爭吵和創傷等環境的觸發因素）？我父親是否也帶有這樣的基因？我呢？要是我確知了這個遺傳缺陷的本質，我會怎麼做？我會不會為自己或為我的兩個女兒做測試？我會不會告訴她們結果？要是只有其中一個女兒帶有這樣的印記，又該怎麼辦？

⊖

我的家族精神病史就像一條紅線貫穿了我的意識，同時，我身為癌症生物學者的科學研究，也集中在基因的常態與非常態。癌症或許可以算是遺傳學最極致的變態——一個病態地複製自己的基因組。這個自我複製基因組的機器搭配了細胞生理，成為了一種形變的疾病。儘管醫學進步幅度很大，我們依舊無法治療癌症，使人痊癒。

不過，我發現研究癌症的同時也須研究其反面。在遭癌細胞侵蝕之前，它的常態是什麼？正常的基因組有什麼功用？它如何維持常數，讓我們看得出來彼此相似？又怎麼維持變數，讓我們看得出來彼此不同？常數與變數，或者常態與變態，又是如何以基因界定與記錄？

如果我們學會如何刻意改變我們的遺傳密碼，又會有什麼樣的結果？要是出現這樣的科技，是由誰掌控它們？誰又該確保它們的安全？誰能當這種科技的主人？誰又會是其受害人？取得和控制這種勢必侵犯我們公私生活的知識，又會如何改變我們對社會、子女和自身的想法？

㊀

本書談的是科學史上最有力也最危險的觀念，它的誕生、發展、影響和未來：「基因」，遺傳的基本單位，也是所有生物資訊的基本單位。

我用「危險」一詞形容這個觀念，是出於對它充分的認知。二十世紀共有三個驚天動地的科學觀念[4]，它分為三個不等的部分：原子、位元組、基因，在前一世紀，三個觀念皆出現了預兆，但直到二十世紀才大放光芒。它們各自始於極抽象的科學觀念，但逐步滲入多種人類的論述，改變了文化、社會、政治和語言。但至目前為止，這三種想法最關鍵的關聯是在觀念上，它們各自代表一個無法再縮減的單位，組成整體的建構單元、最基本的單位：原子是物質的基本元素、位元組（或位元）[①]是數位資訊的根本、基因則是遺傳和生物信息的基礎。

這個性質（即較大形體可分割的最小單位）為什麼會以如此強度和力量影響這些特別的觀念？簡單的答案之一就是：物質、資訊和生物學本身的結構為階層，因此，了解最小的單位便是理解整體的關鍵。詩人華勒斯．史蒂文斯（Wallace Stevens）寫道，「在部分的總和裡，仍然只有部分」[5]，他指的是語言深層的結構奧祕：唯有解譯每一個單字的意思，才能解譯句子的意思，然而句子包含的意義卻多於任何一個單字。基因亦然。生物的意義當然遠遠超過它的基因，但想要了解一個生物，非得了解它的基因不可。荷蘭生物學家雨果．德弗里斯（Hugo de Vries）在一八九〇年代初識基因觀念時，立刻意識到這個想法會重組我們對自然界的了解。「整個生物界是以相當少的元素經由無數排列組合形成的結果，就像物理和化學要回歸分子和原子一樣，生物學也須透過這些單位（基因），才能理解生物界的現象。」[6]

原子、位元組和基因對各自體系的根本提供了新的科學和科技認知方式，若非使用物質的原子特性，否則無法解釋物質行為：為什麼黃金閃閃發光，為什麼氫和氧混合會燃燒；除非理解數位資訊的組成結構，否則就不明白計算的複雜性：演算的本質，或資料的貯存或流失。一位十九世紀的化學家寫道，「鍊金術不能成為化學，除非發現其基本單位。」[7] 同理，就如我在本書所主張的，如果不了解基因的觀念，就不可能了解有機和細胞生物學——或者人類病理、行為、性情、疾病、族裔，以及身分或命運。

第二個重要的問題便是，了解原子科學是操控物質必要的先決條件（而且，我們因為能操控物質而發明了原子彈）。了解基因也讓我們擁有操控生物無可比擬的精巧度和力量。遺傳密碼真正的本質原來意想不到地單純：攜帶我們遺傳資訊的只有一個分子，而且它只表示一個碼。「遺傳的基本層面竟然如此

---

① 這裡指的位元組是極複雜的觀念，不只是一般人熟悉的電腦結構位元組，而是更普遍且更奧妙的觀念：自然界所有複雜的信息，都可以描述或編碼為許多分離單位的總和，這些分離的單位只有「開」或「關」的狀態。詹姆斯・葛雷易克（James Gleick）在《資訊：一段歷史、一個理論、一股洪流》（*The Information: A History, a Theory, a Flood*），對此觀念有更透徹的說明及其對自然科學和哲學的影響。一九九〇年代，物理學家約翰・惠勒（John Wheeler）對此理論有發人深省的見解：「每一個分子、每一道力量，甚至時空連續體（space-time continuum）本身，其功能、意義，甚至其整個存在都源自對於是非問題、二元抉擇、位元的答案；簡言之，所有物理物質都是以信息理論為起源。位元組或位元是人為發明，但其背後數位資訊的理論，卻是美麗的自然法則。」

單純，讓我們抱著有朝一日可以完全掌控大自然的希望，」[8]其貢獻影響深遠的遺傳學家湯瑪斯・摩根（Thomas Morgan）寫道，「人們宣揚基因的莫測高深，如今又再次證明只是假象。」

我們對基因的了解已經到了相當複雜而深入的程度，不再需要在試管中研究和變造基因，而是直接在原有的人類細胞試驗。基因位於染色體，染色體是細胞內絲狀的長條結構，其上有成千上萬連結成鏈的基因。[②]人類細胞有四十六個這樣的染色體（二十三個來自父親，二十三個來自母親）。整組遺傳指令就稱為基因組（可以把基因組想成所有基因的百科全書，包括腳註、註解、指令和參考資料）。人類基因組約含有兩萬一千至兩萬三千個基因，提供建構、修補和維持人體基本的指令。近二十年來基因技術突飛猛進，我們可以解譯某些基因在特定時空如何運作，發揮複雜的功能；有時，我們也可以刻意更動某些基因，改變它們的功能，進而轉換狀態、轉換生理、改變個人。

這種由解釋轉變為操控的進展，正是遺傳學在學術之外造成巨大迴盪的原因。了解基因如何影響人類的認同、性別傾向或性情是一回事，想要藉著更動基因改變認同、性別傾向或行為又是另一回事。前者可能是心理系教授及相關神經學系同僚苦苦思索的問題，後者則包含了許諾和風險，是我們大家都應該關切的範疇。

⊖

就在寫作本書之時，天生具有基因組的人正在學習如何改變自身的遺傳特性，這表示：最近四年（二〇一二至二〇一六年之間），我們發明了容許刻意且永久改變人類基因組的科技，（儘管這些「基因工程」科技的安全和精確度依舊需要仔細評估），而同時，由個人基因組預言未來命運的能力也大幅提升

（雖然這些科技真正的預測能力依舊不明）。如今我們可以用三、四年前還無法想像的方式「讀」人類的基因組，也可以「寫」人類的基因組。

毋須分子生物學、哲學或歷史的高等學位，即可指出這兩者的匯聚就像一頭栽進深淵，一旦我們了解個別基因組編碼的命運本質（即使我們只能估計其可能性，而不能準確預測），而且一旦我們取得了可以刻意改變這些可能的科技（儘管這些科技的效率既低又很繁瑣），我們的未來已有根本的改變。喬治．歐威爾（George Orwell）曾寫道，只要有評論者提到「人類」一詞，他通常都視之為無意義。我認為下面這話並非言過其實：我們了解和操控人類基因組的能力改變了我們對身為「人類」意義的觀念。

原子為現代物理提供了組織原則，以控制物質和能量的前景吊我們胃口；基因則為現代生物學提供了組織原則，以控制我們身體和命運的展望逗弄我們。在基因的歷史中，埋藏了「對永恆青春的追求、命運突然翻轉的浮士德式神話，以及本世紀的我們與完美人類概念之間的挑逗。」[9] 同樣埋藏其中的，是解讀我們使用指南的欲望，而這正是本書的要旨。

本書以時間順序和主題兩者作為架構，整體的弧線是按歷史編年，由一八六四年孟德爾在摩拉維亞

② 某些細菌的染色體呈環狀。

一座偏僻修道院的豌豆花園開始，「基因」在那裡被發現，卻很快又遭到遺忘（「gene」〔基因〕這個字一直到數十年之後才出現）。這個故事和達爾文的演化論互相交錯。英美的改革派都為基因著迷，他們希望能操縱人類的基因，加速人類的演化和解放。此觀念在一九四〇年代納粹德國發展到頂點，以人類優生學作為許多古怪實驗的藉口，這些實驗最後發展為監禁、絕育、安樂死和集體謀殺。

二戰後，一連串的發現促成了生物學的革命，DNA經確認是遺傳資訊的來源，基因的「行動」也以機械的術語形容：**基因把化學物質編碼，製造蛋白質，最後促成了形體和功能。**詹姆斯·華生（James Watson）、法蘭西斯·克里克（Francis Crick）、莫里斯·威爾金斯（Maurice Wilkins）和羅莎琳·富蘭克林（Rosalind Franklin）解開了DNA的三度空間結構，畫出了象徵圖像雙螺旋，解譯了三個字母的遺傳碼。

到一九七〇年代，兩種技術改造了遺傳基因學：基因定序（DNA sequencing）和基因選殖（gene cloning）——基因的「讀」和「寫」（基因選殖一詞包括由生物身上提取基因、在試管中調控它們、創造基因雜交，以及在活細胞內複製數百萬雜交基因等所有技術。）一九八〇年代，人類遺傳學家開始用這些技術繪製並識別和疾病相關的基因圖譜，如亨丁頓舞蹈症和囊狀纖維化。識別這些和疾病有關的基因開啟了遺傳管理新紀元，可以篩檢胎兒，若是帶有突變，即予流產；凡是測試過自己尚未出世的孩子是否有唐氏症、囊狀纖維化、戴薩克斯症（Tay-Sachs disease）的父母，或者測試自己是否帶有BRCA1或BRCA2乳癌基因的人，都已步入這個紀元。基因管理並非遙不可及的未來故事，而是已經正在我們眼下發生。

我們已在識別出多種人類癌症的基因突變，因而能在基因方面對這種疾病有更深入的了解。這些努力在人類基因組計畫（繪製人類基因組圖譜並定序的國際計畫）達到頂點。人類基因組草圖已在二〇〇一年發表，人類基因組計畫也啟發了其他研究嘗試，希望由基因觀點了解人類的變異和「正常」的行為。

在此同時，基因也侵入了族裔、種族歧視和「種族智力」相關話題，在政治和文化領域重要問題也提出了驚人的答案，它重組了我們對性別狀態、性別認同和選擇的了解，因此直逼我們個人領域某些最緊要問題的核心。③

這些故事中都還包含了其他故事，本書同時也是非常個人的故事，一段私密的歷史。對我而言，遺傳的力量並非抽象的概念。拉結什和賈古已作古，莫尼則關在加爾各答的精神病院裡，但他們的生與死對於我作為科學家、學者、歷史學家、物理學家、兒子和父親的思維產生超過我所能想像的影響。自我成年之後，幾乎沒有一天不會想到遺傳和家庭。

最重要的是，我不能辜負祖母。她沒有——她未能克服她傳承的不幸，她接納並且捍衛她最脆弱的孩子，不讓他們受到強者的摧殘。她以適應力對抗歷史的折磨，但除了適應力，還有其他，那是身為她子孫的我們只能希冀自己能效法的一種雍容。本書就是獻給她。

③ 有些課題，比如基因改造生物（genetically modified organism，GMOs）、基因專利的未來、運用基因開發新藥或生物合成，或是新基因物種的創造等，都值得另外成書，因此不在本書討論範圍。

# 第一部

（1865-1935）

# 消失的遺傳學／基因的發現與再發現

失落的遺傳學，這個介於生物學和人類學邊界且尚未挖掘的知識礦藏。說實話，這個迄今在實際應用方面仍像柏拉圖時代一樣乏人研究的科學，對人類的重要性遠超過過去所發現或未來將發現的所有化學物理、所有科技和工業科學的十倍。[1]

——**赫伯特．G．威爾斯**（Herbert G. Wells），**《創造中的人類》**（*Mankind in the Making*）

傑克：是的，但你自己說，重感冒不是遺傳的。
阿爾傑農：以前不是，我知道。可是我敢說現在是了。萬事萬物，科學總有妙法加以改進。[2]

——**奧斯卡．王爾德**（Oscar Wilde），**《不可兒戲》**（*The Importance of Being Earnest*）

# 牆內的花園

遺傳學的學生尤其了解他們的主題，也特別不理解他們的主題。我猜想他們在那片荊棘地誕生、滋養，徹底地探究這片領域，卻尚未走到盡頭。也就是，他們研究了一切，並對學到一切畫上問號。[1]

——G．K．柴斯特頓（G. K. Chesterton），《優生學與其他罪惡》（*Eugenics and Other Evils*）

或與地說話，地必指教你。

——《聖經》約伯記第十二章第八節

這所修道院原本是修女院。就像聖奧斯定會（Saint Augustine's Order）修士經常發的牢騷，他們原本住在中世紀城市布爾諾（捷克文 Brno，德文 Brünn）市中心，山坡頂上一座房間充足的石造大修道院。四個多世紀以來，這座城市圍繞著修道院發展，沿著山坡層層疊疊朝下蔓延，四周是農莊和牧場草地。可是到了一七八三年，修士失了寵。這個黃金地段太值錢，不該讓修士居住，因此神聖羅馬皇帝約瑟夫二世（Joseph II）毫不客氣地下令他們搬家，修士只好打包，搬到布爾諾舊城山腳下一棟搖搖欲墜的建築，他們派配住在原本設計給女人的住處，更加深了遷居的恥辱。大廳隱隱傳來一股潮濕磨臼的動物氣味，地上長滿了青草、荊棘和野草。在這座十四世紀建築中——像貯肉室一樣寒冷，像監獄一樣光禿，唯一的好處是一座長方形的花園，種了行道樹，鋪了石階和長徑，讓修士可以獨自在其中散步和思索。

這些修士把新居所的功能發揮得淋漓盡致，在二樓重設了圖書室，與書房相連，並備有松木書桌、幾盞燈，和逐漸累積的上萬本藏書，包括自然史、地質學和天文學等最新著作（幸好聖奧斯定會認為宗教和大部分的科學並沒有矛盾，他們認為科學是神安排世界的另一種證明）[2]。房子下挖了酒窖，上方則是簡樸的食堂。二樓則是僅有最簡陋木製家具的打通一房，作為修士的居處。

一八四三年十月，一名來自西里西亞（Silesia）的年輕人加入了修院。[3]此人是農民之子，身材矮小，面容嚴肅，近視，微胖。他自稱對性靈生活毫無興趣，但對知識很好奇。他雙手靈巧，天生就是園丁的料。修院收容了他，並且給他一個讀書學習的地方。他在一八四七年八月六日晉鐸為神父，原本他的名字是約翰，不過修士幫他改為了葛瑞格．約翰．孟德爾（Gregor Johann Mendel）。

這位年輕見習神父在修院的生活很快就步上常軌。一八四五年，孟德爾在布爾諾神學院修習神學、歷史和自然科學等課程，這是他的修道院教育的一部分。一八四八年的大變動[4]，橫掃了法國、丹麥、德國和奧地利，推翻了社會、政治和宗教秩序的平民流血革命，就像遠處的雷聲，只是浮光掠影。由孟德爾早年的生活，一點也看不出他日後會成為革命科學家的跡象。他紀律分明、一板一眼、態度謙恭，在修士之間中規中矩。他對權威唯一的挑戰，是偶爾不戴學者帽去上課，可是一經學長告誡，他也欣然改正。

一八四八年夏，孟德爾開始在布爾諾擔任教區神父，由各個角度來看，他的表現都糟糕透頂。修道院院長說他「無法克服羞怯的天性」[5]，他的捷克語（大部分信徒所用的語言）說得結結巴巴，講道索然無味，面對窮苦的民眾又太過神經質，無法承受壓力。同年稍後，他想出了脫身的妙計：他申請赴茲諾伊姆（Znaim）高中教授數學、自然和初級希臘文。[6]在修道院的協助之下，孟德爾入選了，不過，校方知道他從未受過教師訓練，因此要求他參加考試，取得高中自然老師的資格。

一八五〇年暮春，躍躍欲試的孟德爾先在布爾諾參加筆試，結果未能過關，[7]地質學的成績特差（一位考官說孟德爾這門科目的表現「貧乏、含糊，不知所云」）。七月二十日，奧地利酷熱難當，孟德爾由布爾諾動身，前往維也納參加口試。[8]八月十六日，他在考官面考自然，這回表現更糟，生物學成績慘不忍睹。[9]考官要他描述哺乳類的特徵，並為牠們分類，他潦草地寫下荒謬不全的分類名稱，省略了某些類別，又自創一些類別，把袋鼠和河狸歸在一起，豬和大象算成一類。考官的評語是，「這名考生似乎對專業術語一無所知，用德語口語交代所有動物的名稱，而未用系統化的命名法。」孟德爾再度失利。

孟德爾在八月拿著成績單回到布爾諾，考官的結論很清楚：如果孟德爾要教書，就得在自然科目再下工夫——需要比在修院圖書館或花園所學更進一步的訓練。孟德爾向維也納大學申請入學，準備攻讀自然科學學位，修院發函為他助陣，於是孟德爾獲准入學。

一八五一年冬，孟德爾搭火車到學校註冊，就在這裡，孟德爾與生物學的問題，以及生物學與孟德爾的問題開始了。

⊖

由布爾諾赴維也納的夜車穿過蕭瑟的冬日景觀，埋在冰霜下的農田和葡萄園，運河硬化成冰藍色的靜脈，偶爾有農莊點綴在陰鬱封閉的中歐風景裡。半結凍的塔亞（Thaya）河橫貫大地，水流緩慢；多瑙河上的島嶼浮現眼前。儘管兩地相距僅一一四公里，在當時大約是四小時的行程，但孟德爾抵達維也納的那個早上，卻彷彿跨進了新宇宙。

在維也納，科學是活生生的學問，宛如充滿了電力。孟德爾在榮軍街小巷裡找了住處，離大學只有數哩，他在學校開始體驗到在布爾諾苦求不得的智慧洗禮。物理學由教人敬畏的奧地利科學家克里斯丁．都卜勒（Christian Doppler）教授，他後來成了孟德爾的良師、益友與偶像。一八四二年，身材削瘦而言辭犀利的都卜勒年方三十九，他用數學推理主張音高（或光的顏色）並非固定，而是依聽眾的位置和速度而定。[10] 聲源若朝聽者加速而來，就會因壓縮而發出較高的音，而加速離去的音高聽來則會下降。有的人對此說嗤之以鼻：由同一盞燈發出同樣的光，怎麼可在不同人的眼裡會變成不同的顏色？但都卜勒在一八四五年請了一群喇叭手在火車行進時吹同一個音，月臺上聽眾聽到迎面而來的火車發出較高的音，而當火車加速駛離時卻發出較低的音，人人不敢置信。[11]

都卜勒主張，聲和光是按照宇宙和自然法則運動，即使一般觀眾或聽眾覺得這有悖常理。其實如果仔細觀察，就會發現世界所有混亂和複雜的現象都是條理分明的自然法則結果。偶爾我們可以憑直覺或觀察掌握到這些法則，但更常見的情況是需要人為實驗——比如請喇叭手在加速的火車上吹奏，才能了解並演示這些法則。

都卜勒的示範和實驗深深吸引孟德爾，卻也教他大感挫折。他主修的生物學就像乏人打理的花園，生長過盛，缺乏有系統的法則。表面上，它似乎包含了很多法則，或者該說，有許多分類。生物學以分類法為骨幹，鉅細靡遺地想把所有生物分類再分類：界、門、綱、目、科、屬、種，但這套由瑞典植物學家卡爾．林奈（Carl Linnaeus）在十八世紀中葉所設計的分類法，屬於純敘述而非機制。[12] 這套體系描述如何把地球上的生物歸類，但其組織背後卻並無邏輯。生物學者可能會問，為什麼生物要以這種方式歸類？其恆定性與精確度又是靠什麼維持？是什麼使大象不致變成豬？或者袋鼠不致變成河狸？遺傳的機制是什麼？為什麼龍生龍，鳳生鳳？這又是如何做到的？

㊀

多少世紀以來，科學家和哲學家都在思索「相像」的問題。西元前五百三十年希臘克羅頓（Croton），半科學家、半神祕主義者的學者畢達哥拉斯（Pythagoras）就曾提出理論，說明親子為什麼會相像，此為這方面最早且最風行的理論之一。其理論的重點在於：遺傳信息（「相像」）主要是由男性的精子攜帶。精子在男性體內運行，吸收了各個部位的水氣（眼睛的顏色、皮膚的紋理與骨頭的長度等），因而收集了相關指令。在男性的一生中，精液成了身體每一部位的行動圖書館，成為自己的濃縮蒸餾液。

這個關於自我的信息（也可說就是「精液」），在男女性交時傳送到女性的身體，一旦它抵達子宮，精子就藉由母親的養分發育成熟，變為胎兒。畢達哥拉斯主張，生殖時（如同任何形式的生產製造），男女的分工清楚：父親提供的是創造胎兒的必要信息，母親則用子宮提供營養，讓信息轉變為兒童。這個理論後來稱作「精源論」（spermism），強調精子在決定胎兒特性時扮演的關鍵角色。

西元前四五八年，在畢達哥拉斯去世數十年後[13]，劇作家埃斯奇勒斯（Aeschylus）就用這個奇特的邏輯，為弒母凶手寫了一段史上最精采的辯護。他的作品《佑護神》（*Eumenides*）主題就是亞各斯（Argos）的王子奧瑞斯特（Orestes）因弒母克麗黛娜（Clytemnestra）而受審的經過。大部分的文化都認為弒母罪大惡極，但在《佑護神》一劇中，被選中代表奧瑞斯特出庭的阿波羅卻提出了別出心裁的辯詞：他推論奧瑞斯特的母親與他根本是陌生人，孕婦只不過是美化了的人類孵育器，就像靜脈注射袋透過臍帶把營養注入胎兒體內，所有人類真正的祖先是父親，他的精子才讓人「相像」。阿波羅對同情被告的陪審團說：「懷著孩子的母親子宮並非真正的根源[14]，她只不過是養育新播的種子[15]，男性才是根源。母親對於他，就像陌生人之於陌生人，她只是貯藏著生命的幼芽。」

男性提供所有「先天性質」，而女性則以子宮提供最初的「後天養育」。這種遺傳論很明顯並不對稱，可是畢氏的信徒非但不以為意，甚至還可能覺得此說很有道理，因為畢達哥拉斯學派對三角形的幾何奧祕十分著迷，畢氏由印度或巴比倫的幾何學者習得三角定理[16]，即直角三角形第三邊的長度可用公式由另兩邊長度計算出來，可是這定理卻掛上了他的名字（稱為畢氏定理），他的學生也以此證明如此的祕密數學模式——和諧，在大自然處處可見。畢氏信徒一心一意要由三角的鏡片觀看世界，因此他們也主張在遺傳同樣有三角和諧運作：父母是兩條獨立的邊，而孩子是第三邊——生物學上的斜邊，就如可以用數學公式由直角三角形的兩邊長算出第三邊一樣，孩子也來自父母各自的貢獻，即父親先天的自然性質和母親的養育。

畢達哥拉斯去世後一世紀，柏拉圖也受到此比喻吸引。他在西元前三八〇年《理想國》（*The Republic*）一書中一段妙趣橫生的段落，部分就是取自畢氏的理論。[17]柏拉圖主張，如果孩子是父母的算術衍生物，那麼，至少理論上可以破解這個公式：完美的孩子來自父母在精心安排時間下交配的完美組合。遺傳的「定理」已存在，只是等著人們發現而已，只要解開這個定理，執行其規定的組合，任何社會都能保證生產出最合適的孩子，這是數字命理的優生學：柏拉圖結論道，「如果你的監護人不理會生育的法則，讓新娘和新郎在不合時令之時結合，孩子就不會美好或幸運。」[18]他筆下理想國的監護人——菁英的領導階層，已經解開了「生育法則」，確保未來只會有和諧「幸運」的結合。政治烏托邦成了遺傳烏托邦發展的結果。

有了亞里士多德這樣精密而擅於分析的心智，才能有條不紊地拆解畢達哥拉斯的遺傳理論。亞里士多德對捍衛女性並不特別熱中，但他相信用證據作為立論的基礎。他用生物學的實驗資料解析「精源論」的真偽，結果提出了精闢的論文《動物的生殖》（*Generation of Animals*）[19]，成為人類遺傳學的基礎文本，一如柏拉圖的《理想國》成為政治哲學的基礎文本。

亞里士多德否定了遺傳是單純由男性精液或精子所負載的觀念，他很敏銳地指出，孩子會繼承他們母親和祖母的特性（正如繼承父親和祖父的特性一樣），而且這些特性甚至會隔代相傳，在某一代消失，下一代又出現。他寫道：「畸形的父母會生出畸形的子女[20]，就如跛子生出跛子，盲人生出盲人[21]，而且大體上他們會有違反自然的相似特色，並有先天的記號，比如瘤和傷疤。這樣的特性有些甚至遺傳三代：比如某人手臂上有胎記，但他兒子出生時則沒有，可是他的孫子在同一地方也有黑色的胎記，只是模糊了點……。西西里的一名婦女和來自衣索比亞的男子通姦，她女兒並沒有衣索比亞人的特徵，但她的外孫女則有。」一個孫兒可能生有祖母的鼻子或膚色，但他的父母都沒有這樣的特性，這種現象無法用畢達哥拉斯純父系的遺傳理論解釋。

亞里士多德挑戰了畢氏的「行動圖書館」之說。畢氏認為精子在人體內流動，收集遺傳信息，並且由身體各部位取得祕密「指令」，亞里士多德卻觀察入微，他寫道，「男人在還沒有出現如鬍子或白髮等特徵時就已生育」[22]，可是他們卻能把這些特色傳給孩子。有時，傳遞的特性並非身體特徵：比如走路的方式、凝視天空的姿態，或甚至是某種心態。亞里士多德指出，這些特質原本就不是物質，自然也無法物化進入精液。而最後，他也以不證自明的立論攻擊畢氏的說法：畢氏的理論無法說明女性的生理構造，他問道，父親的體內既無女性的生殖器官，精子怎能「吸收」指示製造出他女兒的「生殖部位」？畢氏的理論可以解釋遺傳的各層面，只有最關鍵的生殖器官說不通。

亞里士多德提出在當時算得上十分激進的另一種理論：說不定女性就像男性一樣，也貢獻了實質的物質給胎兒（一種女性的精液），說不定胎兒是由男女雙方共同的貢獻孕育而成。[23]亞里士多德把男性的貢獻比喻為一種「運動原則」，這裡的「運動」並不是指動作，而是指令或信息——用現代的說法就是「代碼」。性行為交換的實際物質，只是另一種更難解、更奧祕的交換的替身，其實此物質並不那麼要緊，由男人傳遞給女人的不是物質，而是信息。就像藍圖之於建築或木匠手藝之於木頭，男性精子攜帶如何創造孩子的指令。亞里士多德寫道：「就像木匠並沒有在他所打造的木頭上添加任何物質，但藉著做出的動作，他在材料中灌注了形狀和組成。同樣地，大自然也以精液為工具。」[24]

相較之下，女性的精液則為胎兒貢獻了實質的原料，就像木匠的木頭或建築物的灰泥：生命的材料和填塞物。亞里士多德認為女性實際提供的原料是經血，男性的精液把經血塑造成兒童的形狀（此說如今看來雖古怪，但亞里士多德依舊在此發揮了一絲不苟的邏輯。由於受孕和經血的消失同時發生，因此亞里士多德認為胎兒必然是由經血所造。）

亞里士多德把男女的貢獻分為「原料」和「信息」的說法雖然錯誤，但由抽象的觀點來看，他卻掌握了遺傳本質的精髓。在他看來，遺傳的傳輸基本上是信息的傳輸，這些信息接著用來憑空建造生物：信息變成了物質。而當生物成熟後，它又再生出男或女性精液——把原料轉變為信息。因此這不是畢氏的三角形，而是圓圈或循環：形體生出信息，信息又生出形體。若干世紀後，生物學家麥克斯．德布呂克（Max Delbrück）開玩笑說，亞里士多德發現了ＤＮＡ，應該追贈諾貝爾獎。[25]

但如果遺傳是被當成信息傳輸，那麼信息又是如何編碼？code（碼）這個字來自拉丁文caudex，是樹木的木髓，在印刷發明之前，抄寫員把文字刻在木髓上。那麼遺傳的碼是什麼？被錄製下來的是什麼？怎麼錄製？這些材料又怎麼包裝，而由一個身體運送到另一個身體？誰把這些碼加密，又由誰翻譯，才創造出孩子？

對於這些問題，最天馬行空的答案是最簡單的答案：它根本就不用碼。這派理論主張，精子本身就已含有一個小人：一個微小的胎兒，肢體成形，只是縮得很小，蜷曲成一個小包，等著慢慢膨脹成嬰兒。這個理論以多種形式出現在中世紀的神話和民間傳說，一五二〇年代，瑞士/德國鍊金術士帕拉塞爾蘇斯（Paracelsus）就採用這種精子小人說[26]，他指出：人類精子如以馬糞加熱，埋在土壤裡，經正常孕期四十週後，就能長成人類，只是會產生某些可怕的特性。想要孕育正常的孩子，只不過是把這個小人——霍爾蒙克斯（homunculus，指鍊金術士創造的人工生命，小矮人），由父親的精子傳遞到母親的子宮，這個小人在子宮內就會擴大成胎兒大小。沒有密碼，只有微型。

這種說法叫預先形成論（preformation），其特色在於它可以重覆再現（recursive）。這個小人如果要成熟，產生自己的子女，就得預先形成體內的小人（人體內的小人），就像無限的俄羅斯娃娃系列，一大串的小人，由現在向前一路回到第一個人，回到亞當，再向後延伸到未來。在中世紀的基督徒看來，這一串小人的存在對原罪提出了最有力且最原創的解釋。由於所有未來的人都包含在所有人類的體內，因此我們每一個人都必然在罪惡的關鍵時刻存在亞當的體內，正如一位神學家所述，「漂浮在我們第一對父母的腰部」[27]。因此早在數千年前，我們尚未出生之前，罪就已嵌在我們體內，由亞當的腰部直接傳遞到他的子孫。我們全都擔負著它的汙點——並不是因為我們遙遠的先祖在那遠方的花園中受到誘惑，而是因為我們每一個人都在亞當的體內，確確實實地品嘗了那顆果子。

預成論第二點吸引人的地方，是它去除了解密的麻煩。早期的生物學家縱使能夠揣測出人體轉變成暗碼的加密（encryption，把資料轉為密碼或暗號）方式（按畢達哥拉斯的說法，是藉由滲透），但該怎麼逆向把密碼變回人類，卻教他們百思不解。像人類形體這麼複雜的事物，怎麼可能因為精子和卵子結合就冒出來？小矮人之說解決了這個觀念的問題。要是孩子早已預先形成，那麼他的形成就只須進一步擴大即可，就像生物版的充氣娃娃，不需要解譯什麼暗號。人類的生成只要加點水即成。

這個理論巧妙逼真，極有吸引力，因此就連顯微鏡發明之後，依舊無法如預料般地給小矮人之說迎頭痛擊。一六九四年，擅用顯微鏡的荷蘭物理學家尼古拉斯．哈特蘇克（Nicolaas Hartsoeker）就繪製了這種小人的圖像，它的大頭扭曲，擺成胎兒的姿態，蜷縮在精子的頭部。[28]一六九九年，另一位荷蘭顯微鏡學者聲稱發現了大量類似小矮人的生物，在人類精子中漂浮。就像其他種種擬人化的幻想（例如月亮上有人臉），此說透過想像力的放大鏡片：十七世紀小人的圖片盛行，精子的尾巴被重新構思成人類的頭髮，蜂窩狀的頭部則是小人的頭顱。到十七世紀末，預成論已成為人類和動物遺傳最合乎邏輯也最貫徹的解釋。人來自小人，就如大樹來自小的插穗一樣。荷蘭科學家簡．施旺麥丹（Jan Swammerdam）在一六六九年寫道，「自然界裡沒有世代，只有增殖。」[29]

⊖

可是，並不是人人都相信人體內有一長串無限的小矮人。預成論最主要的挑戰就是在胚胎發生期間必須發生某事，才能讓**全新**的部位在胚胎內成形。人類來到世上，並非靠著預先縮小或預先製成，只等放大擴展，而是要由零開始，用鎖在精子和卵子內特定的指令發展出四肢、軀幹、腦、眼與臉孔等，甚至繼承脾性和傾向，一切都必須在每一次胚胎展開成為人類胎兒時重新創造。起源的發生還必須倚靠，嗯……起源。

胚胎，以及最後發展出來的生物，是藉著什麼樣的推動力或指令，才由精子和卵子生成？一七六八年，柏林的胚胎學家卡斯帕·伍爾弗（Caspar Wolff）編了一個他稱為「基本形成力量」（vis essentialis corporis）的指導原則，逐步引導受精卵到最後變成人形。[30]伍爾弗就像亞里士多德，想像胚胎內含有某種加密信息——密碼，不只是迷你版的人，而是一組指令，由零開始打造人類。可是伍爾弗除了為一個模糊的原則創造了這個像拉丁文的名稱之外，卻無法提供任何新的細節。他含糊地說，這些指令在受精卵內混合，接著就發生「基本形成力量」，像隱形的推手，把這團形體塑成人形。

儘管整個十八世紀，生物學家、哲學家、基督教學者和胚胎學者為了人類的生成究竟是預先形成，還是來自「隱形的手」，互相攻訐爭論不休，在局外人恐怕都不為所動，因為這一切無非都是老生常談，了無新意。十九世紀就有生物學家抱怨道，「當今這些互相對立的觀點早在許多世紀之前就已存在。」[31]可不是嗎，預成論就是重述畢達哥拉斯的理論，即精子攜帶所有製造一個新人的信息。而「隱形的手」則是亞里士多德觀念的燙金版，也就是遺傳以信息的形式傳送以創造原料（「手」則是執行形成胎兒指令的部位）。

到頭來，兩種理論都有大力辯護和大力抨擊的一派人馬，亞里士多德和畢達哥拉斯都有對的部分，也有錯的部分。但在十九世紀初，遺傳和胚胎發生的整個領域似乎在觀念上都陷入了僵局，儘管舉世最偉大的生物思想家仔細推敲遺傳問題，卻仍無法超越兩千年前在兩座希臘島嶼上，那兩個人的神祕想法。

# 「神祕的奧祕」

「他們打算告訴我們一切都是盲目的運作
直到它意外地出現在心頭
在叢林裡的一隻白化變種猴身上，
即使那時牠還是得笨拙地摸索，
直到達爾文在某一年來到世間。[1]
——羅伯特·佛洛斯特（Robert Frost），〈故意的意外〉（Accidentally on Purpose）

一八三一年冬，孟德爾還是西里西亞的學童時，本來要成為神職人員的查爾斯·達爾文在英格蘭西南岸的普利茅斯灣（Plymouth Sound）登上了十砲雙桅砲艦小獵犬號（HMS Beagle）。[2]達爾文當時二十二歲，父親與祖父都是知名的醫師。他有父親英俊的方臉與母親如瓷器般光滑的膚色，還有達爾文家族數代的濃眉。他原本在愛丁堡習醫[3]，卻因「手術室裡被綁縛的兒童在血汙與混著血的木屑中尖叫」而驚悸，棄醫轉到劍橋大學基督學院研習神學[4]。不過，達爾文的興趣遠超過神學，他住在雪梨街一間香菸店樓上的小房間裡[5]，忙著採集甲蟲，研究植物和地質學，學習幾何和物理，並且和人們熱烈地討論上帝、神的意旨，和動物的創造等話題。達爾文對自然史的興趣遠超過神學和哲學，喜歡用系統化的科學原則研究大自然。他向另一位牧師約翰・韓斯洛（John Henslow）見習，韓斯洛是植物和地質學家[6]，創建並擔任劍橋植物園的園長，達爾文就在這間遼闊的自然史戶外博物館學習採集、辨識和分類動植物標本。

達爾文學生時代對兩本書的興趣特別濃厚，第一本是威廉・佩利（William Paley）在一八〇二年出版的《自然神學》（*Natural Theology*）[7]。佩利是達爾斯頓（Dalston）的前教區牧師，他提出了一個深得達爾文共鳴的論點。佩利寫道，假設有人走過一叢石南，看見地上有一只手錶，他把它撿起來，打開一看，裡面的嵌齒和齒輪如此精巧地創造出細膩複雜的計時系統，那麼，唯有鐘錶匠才能推論出這樣的裝置，這豈不是很合邏輯？佩利認為，這個道理也可以應用到自然界，生物和人類器官巧奪天工，像是「頭轉動時的轉軸，髖關節窩的韌帶」，如此只能代表一個事實，就便是所有生物都是由一個至高無上的設計師打造，一位神聖的鐘錶匠——上帝。

第二本書是一八三〇年由天文學家約翰・赫歇爾爵士（Sir John Herschel）出版的《自然哲學研究初論》（*A Preliminary Discourse on the Study of Natural Philosophy*）[8]，此書卻提出截然不同的觀點。赫歇爾承認，乍看之下，自然界似乎極其複雜，但科學可以把看似複雜的現象簡化為因和果：運動是力碰撞物體的結果；熱來自於能量的轉移；聲音是空氣振動而產生。赫歇爾認為化學乃至生物的現象，都可以歸於這種因果機制。

赫歇爾對於創造生物特別有興趣，他條理分明的心智把此問題分解為兩個基本成分，首先是由非生命體創造生命——無中生有（ex nihilo），他不能在此觀念中挑戰神創的教義，「登上萬物的起源，揣測創造之說，不是自然學者的工作」[9]他寫道。器官和生物或許是根據物理和化學的法則運作，不過人們卻一直不能透過這些法則了解生命的發生，就好像上帝在伊甸園為亞當造了一間小小的實驗室，卻禁止他由伊甸園的牆上偷窺。

不過，赫歇爾認為第二個問題比較容易處理：一旦創造出生命，又是什麼過程造成自然界的千變萬化？比如新物種是怎麼由另一物種產生？人類學家在研究語言之時，已證明新語言是由舊的語言透過文字的轉換而產生，梵文和拉丁文可以追蹤到古印歐語言的突變和變異，英語和佛蘭芒語（Flemish）源自相同的根。地質學家則推論地球目前的樣貌，其岩石、深坑和山巒都是由先前元素的變化所創造，「過去歲月的殘缺遺跡含有不可磨滅且可解讀的紀錄」[10]，赫歇爾寫道，這個見解發人深省：科學家可以藉著檢視過去的「殘缺遺跡」，了解過去和未來。雖然赫歇爾沒有物種起源的正確機制，但他提出了正確的問題，他稱之為「神祕的奧祕」[11]。

⊖

這個達爾文在劍橋最受吸引的科目——自然史，並未準備好解決赫歇爾的「神祕的奧祕」。對於特別好奇的希臘人而言，與生物相關的研究和自然起源的問題息息相關，但中世紀的基督徒卻很快就明白這樣的問題只會產生讓人不快的理論。「自然」是上帝創造的，要符合基督教義確保安全，自然史學者就得根據《創世記》講述大自然的故事。

描述大自然（也就是動植物的辨識、命名和分類）毫無問題：描述大自然的神奇之際，等於歌頌無所不能的上帝所創造無止無盡多采多姿的生物，然而，對自然抱持**機械論**的觀點，就等於懷疑創世記的教義基礎，查問動物為什麼和何時用什麼機制或力量創造出來，就是挑戰神創的神話，跡近異端邪說。因此，到了十八世紀後期，自然史由所謂的牧師—自然學者（parson naturalists）把持[12]，也就不足為奇，這些開墾花園、收集動植物樣本與發揚神創奇蹟的牧師、教區牧師、修道院長、執事和修士通常都會避免質疑神創的根本假設。教會為這些科學家提供了安全的避風港，但同時也閹割了他們的好奇心。教會不得探索禁忌問題的禁令非常嚴厲，因此這些牧師—自然學者甚至也不敢質疑創世神話；教會與教士心裡的想法徹底隔閡，造成這個領域奇特的扭曲，即使在區分動植物種的分類學風起雲湧之際，探詢生物起源依舊被歸為禁忌，因此自然史的發展就成了研究自然，而缺了歷史。

就是這種對自然的靜態觀點教達爾文困擾。他認為，自然史學者應該要能以因果關係描述自然界的狀態，就如物理學家形容球在空中的動作。達爾文突破性才華本質，就在於他不把大自然想成事實，而是當成過程，當成進展，當成歷史。這是他和孟德爾共有的特性，兩人都熱切地觀察自然界。達爾文和孟德爾提出同一問題的不同變體，跨出了他們關鍵的一步：「自然」是怎麼來的？孟德爾的問題是微觀的：單一生物如何把信息傳送給下一代？達爾文的問題則是宏觀的：生物如何在上千世代中嬗變自己特性的信息？兩種視野最後匯聚在一起，產生現代生物學最重要的綜合體，也是對人類遺傳影響最大的理悟。

⊖

一八三一年八月，達爾文由劍橋大學畢業後兩個月，接到亦師亦友的韓斯洛來信，提到赴南美探索「勘查」任務的遠征隊需要一位「紳士科學家」（gentleman scientist，指財務獨立，不須依附大學或政府機關等機構的科學家）。[13] 達爾文自認為是博物學者，他將登上小獵犬號航行，不是以「自然學者」的身分，而是擔任「見習科學家」，「具有資格，足以收集、觀察和記下任何值得記錄在自然史上的事物。」

小獵犬號在一八三一年十二月二十七日啟航，船上共有七十三名水手，乘風破浪地航向南方的特內里費島（Tenerife，加納利群島之一）。[14]到了一月初，達爾文朝維德角（Cape Verde）前進，這艘船比他想像的小，風勢不穩，海水在他腳下不停地翻騰。他既孤單，又因嘔吐失水，只能靠葡萄乾和麵包維生。由那個月起，他在日記寫下筆記。他躺在吊床翻閱他帶來的少數幾本書籍，如米爾頓的《失樂園》（簡直與此情此景相同）和查爾斯．萊爾（Charles Lyell）於一八三〇至三三年間出版的《地質學原理》（*Principles of Geology*）[15]。吊床下方是泡滿鹽分而變得硬邦邦的測量圖。

他對萊爾的著作印象特別深刻。萊爾認為巨石和山巒等複雜的地層並非由上帝之手創造，而是由緩慢的自然過程經歷悠長時間而成，如侵蝕、沉澱和沉積（這在當時算是十分激進）。[16]萊爾主張造成這一切並不是聖經所說的一次大洪水，而是數百萬次的洪水形成；上帝並不是由一次大災禍塑造地球，而是透過上百萬次的小災難。對達爾文來說，萊爾的核心思想——自然力量緩慢的塑造再重塑大地，雕刻自然，帶給他強烈的啟發。一八三二年，仍然「經常嘔吐而不適」的達爾文來到了南半球，風改變了方向，潮流也有了變化，新世界在他眼前浮現。

⊖

正如達爾文的諸位良師所預言，他是採集和觀察標本的好手。小獵犬號如跳房子般地沿著南美洲東岸而下，經過烏拉圭首都蒙特維多市（Montevideo）、阿根廷大城白灣（Bahia Blanca）和阿根廷城市欲望港（Port Desire），他拖著各種各樣的骨骼、植物、毛皮、岩石和貝殼，船長抱怨這些「全是垃圾」。此地不但有形形色色活生生的標本，也有古老的化石，它們沿著甲板排成長長的數列，就彷彿達爾文打造了自己的比較解剖學博物館。一八三二年九月，他在阿爾塔角（Punta Alta）附近低窪黏土灣的灰崖上探索時，找到了驚人的自然墳場[17]，已絕種的哺乳巨獸化石就在他面前，他像瘋狂的牙醫由岩石中橇出一塊化石的下顎，下一週又回到原地從石英岩層裡挖出一塊巨大的頭骨，這是大地懶（megatherium）的骨頭，樹懶的一種。[18]

那個月，達爾文在大小石頭之間找到更多骨骼。到了十一月，他付了十八便士給烏拉圭的一名農夫，買下另一種曾在這片平原上漫步，當時已絕種哺乳類的巨大頭骨，這是生有巨大的松鼠牙齒，長得像犀牛的箭齒獸（Toxodon）。

「我的運氣實在很好，」他寫道，「有些收集到的哺乳類很巨大，而且大多都相當新鮮。」他收集了如豬般大小的天竺鼠殘片，如戰車一般犰狳的硬甲，如大象般樹懶的骨骼，他把它們統統裝箱運回英國。

小獵犬號繞過火地群島尖銳的顎彎，沿著南美西岸往上航行。一八三五年，它離開祕魯海岸的利馬[19]，朝厄瓜多西岸一群人跡罕至的焦黑火山島──加拉巴哥群島前進。船長寫道，這個群島是一堆「外觀黯淡的黑色土堆，由破碎的熔岩構成適合群魔殿的海岸。」這是地獄的伊甸園：與世隔絕，杳無人跡，焦黑乾燥，全是熔岩凝結成塊的岩石，上面滿滿都是「醜惡的鬣蜥」、陸龜和鳥。小獵犬號由一座島航行到另一座，總計十八座島，達爾文冒險上岸，在浮石中攀爬，收集鳥類、植物和蜥蜴。船員有源源不絕的陸龜肉可吃，每座島都有看似獨特的陸龜種類。在五週的時間之中，達爾文收集了燕雀（finches）、嘲鶇（mockingbirds，反舌鳥）、黑鳥（blackbirds）、蠟嘴雀（grosbeaks）、鷦鷯、信天翁、鬣蜥與形形色色的海洋和陸地植物。船長只能擺著苦臉直搖頭。

十月二十日，達爾文回到海上，往大溪地前進。[20]在小獵犬號他的艙房裡，開始有系統地分析收集到的鳥類殘骸，其中嘲鶇最教他吃驚，牠們共有兩、三個種類，每一種都有明顯的特色，而且只限特定的島嶼獨有。他順手寫下了此生最重要的科學文句之一，「每一個種類都固定出現在自己的島上。」其他動物是否也有同樣的模式？比如陸龜是否也是這樣？各座島都有一種獨特的陸龜？他想為這些陸龜找出相同的模式，只可惜為時已晚，他和其他船員已經把樣本當午餐吃下肚了。

⊖

航行五年後，達爾文回到英國，在自然史學者圈已經小有名氣。他由南美掠取來的龐大化石樣本已經開箱、防腐、編目，排列整理，它們可以用來填滿整座博物館。動物標本製作家和鳥類畫家約翰．古爾德（John Gould）已接手為鳥類分類。萊爾則在地質學會發表會長演說時，展示了達爾文的標本。總是像隼鷹一樣在英格蘭自然史學者中盤旋的古生物學者理查．歐文（Richard Owen）也由他任教的皇家外科醫師學會（Royal College of Surgeons）翩然降臨，驗證成果，並為達爾文的化石骨骼編目。

但就在歐文、古爾德和萊爾忙著為這些南美的寶物命名和分類之際，達爾文卻轉頭思考其他的問題。他不是分割派（splitter，對事物作精細定義，並對這些事物的差異建立新的小分類），而是統合派（lumper，對事物作整體定義，並對這些事物的相似進行概括的歸類），追求更深的剖析。在他看來，分類和命名只不過是達到目的之手段。他的天賦是在發掘這些標本的**模式**——組織系統，而非生物世界的界門綱目，這個讓孟德爾在維也納參加教師資格考試受挫的同一個問題。究竟為什麼生物以這種方式組織起來？便成了達爾文在一八三六年潛心研究的主題。

那一年有兩件事值得注意，第一是就在歐文和萊爾研究這些化石之時，他們發現這些標本都有一種模式：這些化石通常都是已滅絕的巨獸骨骼，但就在發現化石的同一地方，相同的動物依舊存在。比如大犰狳當年在山谷漫遊，如今小犰狳在同一地的樹叢穿梭；大樹懶當年採食的地方，如今是體型較小樹懶的居處。達爾文由土裡挖掘出的巨大股骨屬於體型如大象般的駱馬，現存的小型品種則是南美獨有。

第二件奇怪的事則來自古爾德的發現。一八三七年春，古爾德告訴達爾文，送來的各種鷦鷯、鶯鳥、黑鳥和「蠟嘴雀」根本就不是混合品種或不同種類，達爾文把牠們分錯類了：牠們全都是燕雀，共有十三個品種，教人咋舌。牠們的喙、爪和羽毛都十分獨特，唯有受過訓練的眼睛才能辨識出表象之下的一致性。喉部細小、長相如鷦鷯的鶯和粗喉鉗喙的黑鳥竟是表親，也就是同一品種的變異。如鶯的品種可能以水果和昆蟲為食（因此有像長笛一般的喙），而喙如扳手的雀則是在地面撿拾種子為食（因此有胡桃鉗一般的喙）。各島獨有的嘲鶇原來也是三種不同的品種。到處都是燕雀，就好像各地都生產出自己的變異，每座島的鳥都有各自獨有的條碼。

達爾文該怎麼處理這兩個事實？他的腦海裡已浮現一個想法——極其簡單，卻又非常激進的想法，當時還沒有任何生物學家敢徹底探究：**所有的燕雀會不會都來自同一個燕雀祖先？**當今的小犰狳會不會是來自巨大的犰狳祖先？萊爾先前就主張，地球目前的地貌是累積千百萬年的自然力量所造成。法國物理學家皮耶—西蒙．拉普拉斯（Pierre-Simon Laplace）在一七九六年也提出理論，認為現有的太陽系是千百萬年來物質逐漸冷卻和凝結的結果（拿破崙曾問他，他的理論為什麼沒有提到上帝，拉普拉斯老實不客氣地答道，「大人，我不需要**那種假說**。」）如果各種動物目前的形貌是自然力量累積千百萬年促成的結果，又該如何？

⊖

一八三七年七月，倫敦中心馬爾波羅街（Marlborough Street）一間酷熱的書房裡，達爾文開始在新的筆記本（即知名的物種演化第一本筆記「編號B筆記本」）塗寫，勾勒出動物如何在漫長的時間中變化。這些筆記信筆寫來，晦澀難解，尚不成熟。他在某一頁畫了一個樹狀圖，日後這個想法也一直留在腦海，揮之不去：所有的物種並非由神創的中心向外散發[21]，而可能是像「樹木」的枝幹（或像河流的支流）般生長，由古老的枝幹分岔再分岔，變成越來越小的數十種現代後裔小枝。就像語言、景物或逐漸冷卻的宇宙。說不定動植物就是由古早的形體經由逐漸而持續的變化傳承而來。

達爾文知道這種圖是公然的大不敬，基督教對物種形成的觀念是上帝必然位於中央，所有由祂創造的動物都在生成之時向外四散。可是達爾文的圖卻沒有中央。十三種燕雀並不是神一時興起而揮灑的作品，而是「自然的傳承」，由原始燕雀的祖先向下和向外分散的結果。現代的駱馬亦然，是由巨大的古獸傳承的結果，後來他在圖上補了「我想」兩個字[22]，彷彿標示著他由生物和神學思維的大陸最後的出發點。

可是，若上帝被擠到了一旁，那麼究竟是什麼力量推動了物種起源？是什麼動力驅使了十三種燕雀溜進物種形成的湍急溪流？一八三八年春，達爾精神抖擻地開始在栗色的C筆記記錄[23]，此時，他對這種動力的本質有了更多想法。

其實自達爾文幼在舒茲伯利（Shrewsbury）和赫里福德（Hereford）的農地生活起，這個答案的第一部分一直都在眼前，只是他繞著地球走了八千哩路才重新發現它。這個現象稱作變異（variation）——動物偶爾會生出與親代不同特色的子代。千百年來，農民一直都在運用這個現象讓動物同種和異種交配，產生自然的變異，並且經歷多個世代選擇這些變異。在英格蘭的農村，配種人已把新品種和變異的技巧發展成相當複雜的科學。英格蘭南部赫里福德的短角牛和北部克拉文（Craven）地區的長角牛截然不同，如果有哪位滿懷好奇的自然學家像逆向而行的達爾文一般，由加拉巴哥群島赴英，就可能會因為每個地區都有各自不同的牛種而感到驚訝。但達爾文或任何育牛的農民都會告訴你，這些牛種可不是意外出現的，牠們是人類刻意培育，精心挑選由同一頭牛祖先而來的變異，培育而成。

達爾文知道變異和人工選擇可以產生了不起的結果。鴿子可能培育得像公雞和孔雀，狗可以培育出短毛、長毛、花斑、黑白、羅圈腿、無毛、短尾、性情凶惡、溫和、羞怯、防衛心重或好鬥。可是打造這些牛、狗和鴿子外貌或性情的力量出自人手。達爾文要問的是，在這麼偏遠的火山島上創造這麼多不同品種燕雀，或者在南美平原上由體型巨大的祖先創造出小型犰狳的，又是出自誰的手？

達爾文明白他已走到已知世界危險的邊緣，再往前就要陷入異端邪說。他大可把一切都歸諸上帝隱形的手，但是，一八三八年十月出現在他面前的答案，卻和上帝毫無關係[24]，這是另一位傳教士，托馬斯．馬爾薩斯（Thomas Malthus）牧師的著作。

⊖

馬爾薩斯白天在薩里（Surrey，或譯成色雷）奧克伍教堂擔任副牧師，晚上卻悄悄研究經濟，他真正醉心的是人口和成長的研究。一七九八年，馬爾薩斯用筆名發表了具煽動性的論文《人口論》（*An Essay on the Principle of Population*）[25]，他認為人類不斷為各種有限的資源鬥爭，隨著人口增加，資源不斷消耗，個體之間的競爭就會越來越激烈，人口擴張的自然傾向就會遭到資源限制的嚴重抗力；自然擴張的習性會碰上資源的匱乏，於是帶來世界末日的大災難——「時疫流行的季節、傳染病、瘟疫或黑死病盛行，一舉掃除成千上萬的人口」[26]——讓「人口與食物得到平衡」。逃過這種「天擇」劫難的人，則會重新進入這個冷酷的循環，就像西西弗斯，由一個饑荒，來到下一個饑荒。

達爾文立刻由馬爾薩斯這篇論文看到解決困惑的答案。為生存而奮鬥正是推動一切的手。**死亡**是自然的終結者，是自然的殘酷塑造者。「這篇文章立刻點醒我」[27]，他寫道，「我立刻想到在這些（天擇）情況下，有利的變異就會被保存下來，而不利的則會被摧毀。其結果就是形成新物種。」①

達爾文的主要理論此時有了最初輪廓。動物繁殖時，會產生和親代不同的變異②。同一物種的個體不斷地為稀少的資源競爭，這些資源形成關鍵的瓶頸，如饑荒時，比較適應環境的變異就被「天擇」，最適應的「適者」就能存活。（「適者生存」一語乃是取自馬爾薩斯派的經濟學者赫伯特·史賓賽〔Herbert Spencer〕）[28]。於是，這些存活者繁殖出更多和自己有相同特性的生物，因而驅動同一物種的演化。

達爾文幾乎可以看到這個過程在阿爾塔角的鹹水灣或加拉巴哥群島上展現，彷彿無限長的影片，將一千年濃縮成一分鐘向前快轉。成群結隊的燕雀以水果為食，直到牠們的數量爆炸為止，接著慘淡的一季降臨島上，季風吹得萬物蕭瑟，或是酷暑難當，果實供應急遽減少。在龐大的鳥群中，某隻天生喙部古怪的變種能夠啄開種子，因此在燕雀類大饑荒之際，這隻生有怪喙的燕雀卻能靠硬種子維生而倖存，牠繁衍後代，新種的燕雀於焉誕生。原本怪異的生物此後卻成了常態。隨著類似馬爾薩斯的種種資源限制（疾病、饑荒或寄生蟲等），新品種站穩了腳步，鳥類的數量再度改變，怪異成了常態，原本的常態卻滅絕。一個又一個怪物誕生，演化如此進行。

⊖

一八三九年冬，達爾文的理論有了基礎架構。接下來的幾年，他不斷修改他的想法，一再重新安排「醜惡的事實」，就像排列組合他的化石標本，但他並沒有發表這個理論。一八四四年，他把理論的精華濃縮成兩百五十五頁的論文[29]，寄給朋友私下閱讀，但並未把論文付梓，而是忙著研究藤壺、撰寫地質學報告、解剖海洋動物和照顧家人。他最疼愛的長女安妮因感染而去世，令他傷心不已。當時克里米亞半島爆發了慘烈的戰爭，男人都須站上前線，歐洲陷入衰退，馬爾薩斯描述的生存掙扎似乎已在現世降臨。

一八五五年夏，也就是達爾文首次閱讀馬爾薩斯的論文，並且對物種形成具體想法的十五年後，年輕的博物學者阿弗雷德．羅素．華萊士（Alfred Russel Wallace）在《自然史年刊和雜誌》（*Annals and Magazine of Natural History*）發表了一篇報告[30]，其與達爾文尚未發表的理論極為類似。華萊士和達爾文的社會和思想體系背景截然不同。達爾文是紳士生物學家，而且很快就會成為英國最富盛名的自然史學者，而華萊士則出身蒙茅斯郡（Monmouthshire）的中產階級[31]，他也讀了馬爾薩斯的人口論，不過不是坐在書房的扶手椅，而是在萊斯特郡公立圖書館免費的硬背椅上（馬爾薩斯的書在大不列顛的知識界流傳甚廣）[32]。華萊士也和達爾文一樣，曾出海赴巴西，收集標本和化石，這個經歷使他脫胎換骨。[33]

一八五四年，華萊士因為船難損失了僅有的金錢和苦心收集的所有標本，阮囊益發羞澀的他由亞馬遜盆地遷往另一散落串連的火山島[34]，即東南亞邊緣的馬來群島。在那裡，他也像達爾文看到了相關物種

---

① 達爾文在此錯過了關鍵的一步。變異和天擇為同一物種內發生的演化機制提供了切實的說明，卻未能解釋「物種形成」。要生成新物種，生物就不能彼此交配，這通常發生在動物因實際的障礙或另一種永久隔絕而相互隔離之時，導致牠們生殖不相容（reproductive incompatibility）。我們會在後面章節討論這個問題。

② 達爾文不確定這些變異如何產生。這個問題我們也會在後面討論。

被水道分隔後，產生教人驚訝的變異。到了一八五七年冬，華萊士開始構思理論，試圖說明是什麼機制驅動這些島嶼生物產生不同的變異。那年春天他發高燒，躺在床上產生幻覺，突然想出理論的最後一塊拼圖。他想起馬爾薩斯的論文。「答案很明顯……，最適者（變異）生存，動物組織的每一部分就能以這種方式，作出完全符合所需的改變。」[35]甚至連他用來描述這些想法的語言——變異、突變、生存和選擇，都和達爾文提出的文字十分類似。他倆隔著汪洋和大陸，受到不同的智慧之風吹襲，航向了同一個港口。

一八五八年六月，華萊士把他論文的初稿寄給了達爾文，他在文中提出天擇演化的概論。[36]達爾文發現華萊士的理論和自己的十分相近，大吃一驚，趕緊把自己的手稿送到老友萊爾手上，精明的萊爾建議達爾文在當年夏天林奈學會（Linnean Society）的會議上同時發表兩篇論文，而達爾文和華萊士就能同時獲得認可。一八五八年七月一日於倫敦舉行的會議中，的確接連宣讀了達爾文和華萊士的論文[37]，可是聽眾對兩者都沒什麼反應。次年五月，學會會長甚至還提到過去這一年並沒有特別可觀的發現。[38]

達爾文此時急著想要出版原本打算和其他所有發現一起發表的精心傑作。一八五九年，他吞吞吐吐地和出版商約翰．穆瑞（John Murray）商量，「我誠心希望我的書能暢銷，讓你不致後悔接下它。」[39]同年十一月二十四日，冷颼颼的冬日早上，達爾文的《物種起源》（*On the Origin of Species by Means of Natural Selection*）在英格蘭書店上市，售價為每本十五先令，總共印了一千兩百五十本。達爾文很驚訝地寫道，「第一天就悉數售罄。」[40]

狂熱的書評幾乎立刻如潮水湧來，連本書首批讀者都明白它深遠的影響。「如果達爾文先生的結論為真，自然史的基本教義便會因此迎來徹底的革命，」[41]某位評者寫道，「我們認為這本作品是許久以來影響社會大眾最重要的著作之一。」[42]

達爾文也惹惱了某些評者。他對於自己的理論和人類演化的意義十分謹慎，這或許是明智之舉：在《物種起源》談到人類子裔的唯一一句是：「人類的起源和歷史，終將真相大白」[43]，此話堪稱當世紀最言遜其實的科學言論，但和達爾文亦敵亦友的化石分類學者歐文卻一眼看出達爾文理論的哲學意涵。他推論道，如果物種的傳承如達爾文所言，那麼人類演化的意義就十分明白：「人可能是猿變來的。」這念頭太驚世駭俗，歐文連想都不敢去想。歐文寫道，達爾文提出生物學最大膽的新理論，卻沒有適當的實驗證據支持他的說法，他提供的不是智慧的果實，而是「智慧的外皮」[44]。歐文（引用達爾文自己的話）抱怨說，「人們必須用想像力填滿非常廣闊的空白。」[45]

# 廣闊的空白[1]

現在，我懷疑達爾文先生是否曾費心思考要花多少時間才能消耗任何原始的……芽球存貨。我認為只要他曾略微思索一下，必然不會有「泛生論」之念。[2]

——亞歷山大・威爾福・霍爾（Alexander Wilford Hall），一八八〇年

達爾文對於人類的祖先是猿猴並不在意，證明了他在科學方面的膽識，而他在意的，且感覺急迫得多的，是他理論內在邏輯的完整，這也證明了他在科學研究方面的誠信。他得先填補「廣闊的空白」：遺傳。

達爾文了解，演化理論中的遺傳論絕非毛皮小事，而是關鍵樞紐。在加拉巴哥群島上的粗喙燕雀若要經天擇出現，以下兩個看似矛盾的事實就必須同時為真：第一，「正常」的短喙燕雀必須偶爾會生出粗喙的變種——變態或畸形，達爾文稱之為**突變**（*sports*）——這個發人深省的字意味自然界的反覆無常。達爾文明白，驅動演化的力量並非大自然的使命感，而是她的幽默感。第二，粗喙燕雀出生之後，必須能把同樣的特色傳遞給牠的子孫，讓接下來的世代都擁有同樣的變異。兩項因素或是有一個失敗，如果繁殖不能產生變種，或遺傳無法傳遞變異，那麼自然就會陷進泥沼，演化的齒輪就會停頓。達爾文的理論要成真，遺傳必須要兼顧**恆常和無常，穩定和變異**。

達爾文不斷思索能在這些特性達到平衡的遺傳機制。當時一般人普遍接受的遺傳機制是十八世紀法國生物學家尚—巴蒂斯特·拉馬克（Jean-Baptiste Lamarck）所提出的理論。[3]拉馬克認為遺傳特性以像是傳遞信息或故事的方式由親代傳給子代，也就是由指令傳遞。他相信動物藉由加強或減弱某些特性來適應環境——「以和牠使用此特性時間長短成比例的力量」[4]。被迫以硬種子為食的燕雀，就以「加強」其喙來適應，久而久之，燕雀的喙就硬化且變成鉗狀。這種經過適應的特性於是由指令傳送給燕雀的後代，牠們的喙因為接獲「預先適應」硬種子父母的指令，因此就跟著變硬。同理，在高大樹木旁覓食的羚羊必須伸長脖子才能吃到高枝上的樹葉，因此就如拉馬克所說的，藉著「用進廢退」，牠們的脖子就伸長了，這些羚羊繁殖出長頸的子孫，長頸鹿就由此誕生（請注意：拉馬克身體給予精子「指令」的理論，和畢達哥拉斯精子由各器官收集信息的人類遺傳概念，有異曲同工之妙）。

拉馬克觀念的吸引力在於，它描述著教人安心的進步故事：所有動物都逐漸適應牠們的環境，因此也沿著演化的階梯，逐步朝完美邁進。演化和適應被綁在一起，成為持續的機制：**適應即演化**。這樣的說法不只是出於直覺，也可說是神創，或很接近神創，但足以讓生物學者施展手腳。它主張動物雖然為上帝創造，但在變化萬千的自然界中還是有機會改善自己臻於完美，神的存在鎖鏈（Divine Chain of Being，十八世紀的神學觀念，自上帝而下的萬物分級）依舊屹立不搖，而且立場更穩：適應性演化長鏈的末端，就是適應良好、能夠直立、最十全十美的哺乳動物：人類。

達爾文則和拉馬克的演化觀念分道揚鑣，長頸鹿並非因為羚羊拉長脖子而誕生，大致說來，長頸鹿會出現，是因為羚羊的先祖生了一隻長頸的變異，經由如饑饉這樣的自然力量逐漸選擇的結果。但達爾文也一再地考量遺傳的機制：起先為什麼會出現長頸羚羊？

達爾文努力構思可以和演化相容的遺傳理論，但這裡正是他在知性方面的致命傷：他並非天生的實驗家。我們後面會看到孟德爾是天生的園丁，為植物育種、計算種子、找出特性；達爾文則是挖掘花園的人，為植物分類、整理標本，他是分類學者。孟德爾的天賦在於實驗——操控生物、讓精心選擇亞種異體受精，並測試假說。達爾文的才能則在於自然史——藉著觀察自然重建歷史。孟德爾修士是隔離者，而曾經想做牧師的達爾文則是綜合者。

不過，原來觀察自然和以自然作實驗其實截然不同。乍看之下，自然界的一切都不像有基因存在，非得做非常奇特的實驗，才能發現分離的遺傳分子。達爾文無法以實驗為手段提出遺傳理論，不得不純由假設來推斷。他為這個觀念苦苦掙扎了近兩年，差點精神崩潰，終於想出一個合適的理論。[5]達爾文想像所有生物的細胞都會分泌含有遺傳資料的微小分子，他稱之為**芽球**（gemmules）。[6]這些芽球在親代體內運行，當動物或植物達到繁殖年齡，芽球裡的信息就被傳送到生殖細胞（精子和卵子），於是身體「狀態」的信息在受孕時就由親代傳送到子代。達爾文的模型就像畢達哥拉斯，每一個生物都以微小的形式帶有製造器官和結構的信息，只是在達爾文的理論中，這些信息是分散的。生物如同議會投票般地產生；手分泌的芽球就帶著製造新手的指令，耳朵散布的芽球則傳送製造新耳朵的密碼。

這些來自父母親的芽球指令如何在發育中的胚胎上運作？達爾文在這裡回歸了舊的想法：來自雌雄的指令在胚胎中相遇，像油彩或顏色一樣混合。大部分的生物學者都對這種融合遺傳（blending inheritance）的觀念很熟悉[7]：它重述了亞里士多德男女個性混合的理論。達爾文又精采地綜合了生物學相對的兩極，把畢達哥拉斯理論的小矮人（芽球）和亞里士多德的信息和混合觀念，結合成新的遺傳理論。

達爾文把這個理論稱作泛生論（pangenesis）[8]——「萬物的起源」（因為所有的器官都貢獻了芽

球）。一八六七年，在《物種起源》出版後近十年，他開始撰寫新書稿《動物和植物在家養下的變異》（*Variation of Animals and Plants Under Domestication*），詳盡地闡釋此遺傳觀點。[9]他承認：「這種遺傳觀點魯莽而不成熟，但卻讓我大大地鬆了口氣。」[10]他寫信給朋友阿薩．葛雷（Asa Gray）說，「泛生論會被稱作瘋狂的夢，但在內心深處，我認為它包含了一個重大的事實。」[11]

⊖

達爾文的「大大地鬆了口氣」並沒有持續多久；他很快就在「瘋狂的夢」中被喚醒。那年夏天，《動物和植物在家養下的變異》正在編纂成書之際，《北英格蘭評論》（*North British Review*）卻刊出了對前一本書《物種起源》的評論，文中對泛生論的強力抨擊，是達爾文畢生僅見。

評論是由一位意想不到的作者撰寫，他是愛丁堡的一位數學家、工程師兼發明家佛萊明．詹金（Fleeming Jenkin），此人很少寫下有關生物的文章，他恃才傲物，興趣廣泛，對語言學、電子、機械、算術、物理、化學和經濟都有涉獵。他閱讀的範圍十分豐富，包括狄更斯、仲馬、奧斯汀、艾略特、牛頓與馬爾薩斯。他無意中看到達爾文的書，仔細拜讀，迅速理解其意義之後，馬上發現其論點的致命錯誤。

詹金對達爾文學說的主要質疑如下：如果遺傳特色在每一個世代都不斷互相「混合」，那麼是什麼使得異種交配之後的變異不致立刻被稀釋？詹金寫道，「變異會被數量淹沒。幾個世代之後，其獨特之處就會被抹除了。」[12]舉個例子，詹金那個時代對種族不免略有偏見（casual racism，指並沒有到相信某些種族優於其他種族那麼嚴重的地步，只是對某些族裔抱著偏見或有刻板印象，並無意傷人），詹金也受影響，他編了一個故事：「假設一個白人發生船難，漂流到一座黑人島上。這位船難英雄可能會當上國王，為了求生存，他會殺死許多黑人，並擁有許多妻子和兒女。」

但若基因互相混合，那麼詹金的「白人」基本上已註定要消失，至少在基因方面是如此。他由黑人太太生的子女應該只能繼承遺傳精華的一半，孫輩則繼承四分之一，曾孫八分之一，玄孫十六分之一，以此類推，直到他的基因本質在幾個世代間將稀釋殆盡。就算「白基因」是最優秀，用達爾文的術語來說就是「最適者」，也難以讓它們逃過因混合而不可避免的凋亡。到頭來，島上孤單的白人國王就會由它的基因史上消失——儘管他生的孩子比同世代的任何男人都多，也儘管他的基因最適合生存。

詹金舉的例子內容固然醜惡（說不定是故意如此），但概念卻很清楚。如果遺傳沒辦法維持變異，無法「固定」住改變的特性，那麼所有特色最後都會因混合，而無聲無色地消失。怪物永遠是怪物，除非他們能保證特性能傳給下一代。莎翁名劇《暴風雨》中的普洛斯彼羅（Prospero）可以在遺世獨立的小島上創造怪物卡利班（Caliban），任他遊蕩，但基因混合會是他的遺傳牢獄：就算他交配繁衍，但就在交配繁衍的那一刻起，他的遺傳特性就會立刻消失在正常遺傳的汪洋裡，混合就像是無限的稀釋，在這樣的稀釋中，演化的信息就不可能維持延續。畫家作畫時，偶爾會把水彩筆浸在水裡稀釋顏料，一開始，水可能會呈顏料的藍或黃色，但隨著越來越多的顏料稀釋在水中，水免不了就變成混濁的灰色，即使加入更多顏料，水依舊是灰色。如果將同樣的原則應用在動物和遺傳上，那麼，是什麼力量才能保住變異生物的獨特性質？詹金可能會問，為什麼達爾文的燕雀並沒有全都逐漸變成灰色？①

⊖

詹金的推論讓達爾文深感震撼。「詹金給我找了不少麻煩，」他寫道，「但其用處比任何論文或評論都大。」詹金的邏輯言之成理，不容否認地，若達爾文想要挽救他的演化論，必須要有相應的遺傳理論。[13]

但哪些遺傳特性才能解決達爾文的問題？達爾文的演化要發揮作用，遺傳機制就必須具備保存信息且不讓信息稀釋或消散的能力，因此混合行不通，必須要有信息微粒，要有分離、不會溶解、不能消除的分子，由親代傳遞給子代。

遺傳中有沒有任何這種恆定的證據？如果達爾文在他書房豐富的藏書中仔細翻閱，說不定就會看到某篇被提及的晦澀論文，作者是一位沒沒無聞的布爾諾植物學者。這篇論文在一八六六年發表於沒什麼人閱讀的期刊上，篇名很不起眼：〈植物雜交實驗〉[14]，文章是用密密麻麻的德文寫成，還附有達爾文特別鄙視的數學表。儘管如此，達爾文還是差一點就讀到它了，一八七〇年代初，他在閱讀一本談論植物雜交的書時，曾在第五十、五十一、五十三、五十四頁上寫了許多筆記[15]，奇怪的是獨缺第五十二頁，這正是詳細討論布爾諾豌豆雜交論文的那一頁。

要是達爾文真的讀過那一頁，尤其在他撰寫《動物和植物在家養下的變異》而思索泛生論之際，這個研究可能就會提供關鍵的見解，了解他自己的演化理論。他會受到它的意義吸引，為它所下的工夫感動，並且佩服它解釋的力量。達爾文會很快地以他敏銳的智力掌握此見解在演化上的意涵，也會很高興發現這篇論文是由另一位自神學出發又經歷漫長路程，走上生物學的傳教士所寫。這位聖奧斯定會修士名叫孟德爾。

---

① 地理上的隔絕或可解答一部分「灰燕雀」的問題，即限制特定變種相互交配。但這依然無法解釋為什麼同一座島上的所有燕雀鳥並沒有逐漸變成同樣特性的問題。

# 「他愛花朵」[1]

我們只想要揭開物體的本質及力量，對抽象的空談沒有興趣。[2]

——布爾諾自然科學協會（Natural Science Society）宣言，孟德爾的論文就是於一八六五年在此首次宣讀

整個生物世界是由少數幾個因素經無數不同排列組合的結果。這些因素就是遺傳學必須研究的個體。就如物理和化學回歸為分子和原子，生物學也必須深入這些個體，才能解釋……生命世界的現象。[3]

——雨果・德弗里斯

一八五六年春，正當達爾文開始撰寫演化之作時，孟德爾決定回到維也納重考在一八五〇年未過關的教師考試。[4]這回他比較胸有成竹。他先前在維也納大學花了兩年學習物理、化學、地質、植物和動物學，於一八五三年回到修道院，在布爾諾現代學校擔任代課老師。經營學校的修士對考試和資格十分在意，該是再考一次取得證書的時候了。於是孟德爾申請參加考試。

可惜他又考砸了。孟德爾考前就病倒了，很可能是焦慮所致。他抵達維也納時頭痛，脾氣也壞。考

試總共三天，他第一天就和植物學的考官吵了起來，原因不詳，但可能和物種的形成、變異和遺傳有關係，孟德爾沒有考完。他死了心，回到布爾諾，接受自己只能當代課老師的命運，此後不再嘗試考取得證書。

⊖

那年夏末，還在耿耿於懷考試失敗的孟德爾種了一批豌豆，這並非他首次種植豌豆。先前他已在玻璃溫室種了近三年的豌豆，他由附近的農場收集了三十四種豌豆，加以培育出「純系」（true）植株，亦即每一株豌豆植物都產生完全相同的後代植物，顏色相同，種子的質地亦相同。① 這些植物「保持不變，毫無例外，」[5] 他寫道。龍生龍，鳳生鳳。他已經收集到實驗的原始材料。

他發現純系豌豆植株擁有獨特的特色，既有遺傳，也有變異。如果同類自行交配，高莖的豌豆就只會生出高莖的豌豆；矮莖的則只會生出矮莖的豌豆。有些植株只會生出種皮光滑的種子，有些則只會生出帶角的皺皮種子。未成熟的豆莢不是綠色就是鮮黃，成熟的豆莢不是扁縮就是飽滿。他列出下面七種純系的特性：

---

① 孟德爾的研究受惠於在布爾諾與農民一起培育作物的興趣。其修院院長西瑞爾．奈普（Cyril Knapp）也對這種培養實驗興致勃勃。

1. 種皮的形狀（平滑／皺縮）
2. 種子的顏色（黃／綠）
3. 花的顏色（白／紫）
4. 花的位置（植物頂端／樹枝上）
5. 豌豆莢的顏色（綠／黃）
6. 豌豆莢的形狀（飽滿／扁縮）
7. 植株的高度（高／矮）

孟德爾寫道，每個特性都有至少兩種變異，就像同一個字兩重不同的拼法，或者同一件外套的兩種顏色（孟德爾用同一特性的兩種變異作實驗，但在自然界裡，卻可能有多種變異，比如花朵分別為白、紫、淡紫和黃色的植物）。後來的生物學家把這些變異稱為**等位基因**（*alleles*），這個字源自希臘文，泛指同一種的兩個亞型。紫和白就是花朵顏色特性的兩個等位基因，高和矮則是另一個高度特性的兩個等位基因。

純種植物是孟德爾實驗的起點，他知道要找出遺傳的本質，就必須培養雜種，唯有「混種」（bastard，德國植物學家常用此字描述實驗中的混種）才能顯露純種的本質。和後人所認為不同的是[6]，他其實很清楚這個研究的深遠影響：他的問題是「生物演化的歷史。」[7]短短兩年之內，孟德爾便製作出一組試驗品，讓他對遺傳最重要的特性提出疑問。簡言之，孟德爾的問題如下：如果他讓高莖和矮莖豌豆交配，會不會生出身高中等的植物？矮和高兩個等位基因，會不會混合？

培育雜種豌豆的工作極為無聊乏味。豌豆通常是自花授粉，雄蕊的花藥和雌蕊的柱頭在花朵如扣環的龍骨瓣內成熟，花粉直接由花藥灑在自己的柱頭。異花授精則是另一回事，孟德爾得先把花藥摘掉，讓花變成單性（幫它去勢），再把另一朵花橘色的花粉沾到另一朵花上。他獨自作業，彎著腰用畫筆和鑷子工作。他把戶外戴的帽子掛在一架豎琴上，每次要到花園，就由水晶般清澈的單一音調為記，這是他僅有的音樂。

我們不知道修院裡其他的修士對孟德爾的實驗知道多少，或者是否在乎。一八五〇年代初，孟德爾更大膽地以白和灰色的野鼠（field mice）嘗試此實驗。他偷偷摸摸地在自己房間裡培育野鼠，想要育出雜種野鼠。雖然院長通常會容忍孟德爾的怪念頭，但這回他干預了，畢竟修士讓老鼠交配以了解遺傳奧祕的消息，傳了出去實在傷風敗俗，即使是奧斯定會的修士也一樣。孟德爾只好改回採用植物，並把實驗搬到戶外的溫室。院長這才滿意，他雖然否決了孟德爾的野鼠實驗，卻不在意他用豌豆嘗試。

⊖

一八五七年夏末，第一批混種豌豆在修院開了花[8]，紫白相間，好不熱鬧。孟德爾記下花的顏色，等藤蔓結出種莢，他就劃開莢殼，觀察種子。他設計了新的雜交：高與矮；黃與綠；皺縮與飽滿。而且，他又靈光一閃，以雜交種互相再交，生出雜種的雜種。這項實驗如此這般進行了八年，栽培的地方已經由溫室搬到修院旁的一塊地，長三十公尺、寬六公尺的長方形沃土地，就在食堂旁邊，由他的窗戶一眼可見。每當風將窗簾吹開，整個房間就好像變成了巨大的顯微鏡。

孟德爾的筆記本盡是圖表和潦草的字跡，記錄的是成千上萬次異花授精的資料。他的拇指也因一直在剝除種殼而疼痛不堪。

哲學家路德維希・維根斯坦（Ludwig Wittgenstein）寫道，「如此微小的思想，卻填滿了人的一生。」[9]的確，乍看之下，孟德爾的人生似乎填滿了最微小的思想。播種、授粉、開花、採集、去殼、計數，重複再來一次。這個程序極其枯燥，但孟德爾知道，微小的思想常常會開花結果，誕生巨大的原則。如果說十八世紀橫掃歐洲的強力科學革命有什麼傳承，那就是：大自然的原則一以貫之，無所不在。使蘋果由樹上落在牛頓頭上的力量，正是引導行星沿著軌道前行的力量。如果遺傳也有全宇宙始終如一的自然法則，那麼它對人類起源的影響，就可能如同對豌豆起源的影響。孟德爾在修院的種地雖小，但他並沒有把種地大小和科學雄心混為一談。

「實驗緩慢地進行，」孟德爾寫道，「起先需要一點耐心，但我很快就發現只要同時進行數個實驗，情況就會好得多。」同時進行多種雜交，產生的資料也更多。慢慢地，他由資料看出一些模式——出乎意料地連貫、守恆的比例、數字的節奏。最後，他終於挖掘出遺傳內在的邏輯。

第一個模式很容易看出。在第一代混種裡，個體的遺傳特色（高和矮或綠和黃的種子）並沒有混合。高莖豌豆和矮莖豌豆雜交，結果一定**只有**高莖豌豆；種子飽滿的豌豆和種子皺縮的豌豆雜交，也**只會**產生種子飽滿的豌豆。七種特性一致遵循這個模式。「混種的性格」並非取其中間，而是「與父母親代之一相像，」他寫道。孟德爾把這些突顯的特色稱為**顯性**（*dominant*），消失的則稱為**隱性**（*recessive*）。[10]即使孟德爾的實驗到這裡就停頓下來，也已經對遺傳論作出重大貢獻。顯性和隱性等位基因的存在和十九世紀混合繼承的理論互相矛盾：孟德爾培育的雜種豌豆並沒有中間特性，在雜種豌豆中，只有一個等位基因表現出來，另一個變異特性被迫消失。

可是，消失的隱性特性到哪裡去了？是被顯性等位基因消滅或排除了嗎？於是，孟德爾以第二個實驗進行更深入的分析。他用矮—高雜種豌豆和矮—高雜種交配，培育出第三代後裔，由於第二代的顯性是高，因此這次實驗中所有的親代植物一開始都是高莖，隱性特色已經消失。但在它們彼此交配之後，孟德爾發現了意想不到的結果，矮莖豌豆在第三代重新出現，它們在消失了一個世代之後**重現**，完全沒受影響。七種特性都出現同樣的模式。在第二代完全消失的白花，到第三代又重新出現。[11]孟德爾因此明白，「雜種」生物其實是一種**合成**，保有可見的顯性等位基因和隱藏的隱性等位基因，孟德爾用「**性狀**」（*forms*）一詞形容這些變異（等位基因是在二十世紀的遺傳學者所造）。

孟德爾研究每一次雜交子裔不同種類的比例，打造出一個可以解釋繼承特性的模型。②在他的模型裡，每一個特性都是由一個不可分割的獨立信息分子所決定，這個分子有兩種變異，或者說兩個等位基因：短與高（高度），白與紫（花的顏色），以此類推。每一株植物都由雙親各繼承一個複本，一個等位

② 幾位統計學家檢視了孟德爾的原始數據之後，說他假造資料，因為孟德爾的比例和數目不止正確，而且太過完美。彷彿他的實驗沒有碰到任何統計或自然的錯誤——這是不可能的。回頭看，孟德爾不太可能刻意假造資料，比較可能的情況是，他由最早的實驗提供了假說，然後用後來的實驗驗證假說：一旦豌豆的特性符合了預期的數值和比例後，他就不再計算豌豆的數目和列表。這樣的作法雖然不符慣例，但在當時並不罕見，只是這也反映出孟德爾在科學方面的單純。

基因來自父親的精子，另一個來自母親的卵子。雜種創造之時，兩個特性都完整無缺，但只有一個會表現出來。

⊖

一八五七至一八六四年之間，孟德爾剝了一籃又一籃的豌豆，而且不由自主地把每一次雜交的結果列表記錄下來（「黃種子、綠子葉、白花」），結果都一致。修院花園的那一小塊地生出了數量龐大的分析資料——兩萬八千株豌豆、四萬朵花，還有近四十萬顆種子。「這的確需要一點勇氣才能承擔規模如此宏大的工作，」[12]孟德爾後來寫道。但此處也許不該用**勇氣**一詞形容，這項研究工作中更勝勇氣的，也許就是**溫柔**（*tenderness*）。

溫柔一詞通常很少用來描寫科學或科學家。tenderness 的字根當然和 tending（照料）相同，而「照料」正是農夫或園丁的工作，但是，相同字根的還有 tension（拉緊），把豌豆的卷鬚拉直，讓它朝向陽光；或整理它，讓它攀上藤架。孟德爾最先且最主要的角色是園丁，他的才華並沒有因對生物學傳統慣例有了深入理解而有所助益（幸好他的考試兩次都失敗了）。相反地，它是憑自己對花園本能的知識，再加上敏銳的觀察能力（異花授粉的辛勤工作，一絲不苟地把所有子葉的顏色列表），讓他很快發現無法用傳統了解與解釋遺傳的現象。

孟德爾的實驗意味著，遺傳只能用一種方式解釋：**由親代傳遞彼此不連續的信息到子代**。精子帶著信息的複本之一（一個等位基因）；卵子帶著另一個複本（第二個等位基因）；生物因此由雙親各繼承一個等位基因。等到生物產生精子或卵子時，等位基因又再度分開，一個傳遞給精子，另一個傳給卵子，並在下一代身上再度合併。兩個等位基因都存在時，其中一個可能會遮蔽另一個，即為「顯性」，而顯性的等位基因存在時，隱形的等位基因看似消失，但當植物接到兩個隱性的等位基因時，又就會重現其特性。從頭到尾，個別等位基因所帶的信息都不可分割，這些分子本身保持原封不動。

孟德爾想起都卜勒的例子：噪音的背後有音樂，看似混沌的事物卻有法則，而唯有極盡人工實驗之能事（由帶有單純特色的純種植物產生混種），才能顯現背後的模式。在自然生物種種變異（高、矮、皺縮、飽滿平滑、綠、黃、棕）之中，帶著遺傳信息的粒子由這一代傳遞給下一代。每一個特色都是單一、獨特、分離且不可磨滅。孟德爾並沒有為這種遺傳單位取名字，但他發現了基因最基本的特性。③

⊖

一八六五年二月八日，在達爾文和華萊士在倫敦林奈學會宣讀論文的七年後，孟德爾在一個權威性與林奈學會天壤之別的討論會上，將他的報告分成兩部分發表[13]：他在布爾諾自然科學協會，向一群

③ 孟德爾知不知道他正在尋找支配遺傳的通則？還是如某些歷史學家說的，他只是想要了解豌豆混種的本質？答案可以在孟德爾的報告中看到。孟德爾不知道「基因」的存在，這點毋庸置疑，但按他自己的說法，此實驗「為的是找出混種的性狀和其祖先的關係」，並了解「生物發展計畫的連貫性」。孟德爾甚至在論文中用了「遺傳」的同義詞。因此，我們不能說孟德爾不明白其研究深遠的影響：他想要解開遺傳物質的基礎和法則。

農民、植物學者和生物學家發表報告，報告的第二部分是在一個月之後的三月八日宣讀。這個歷史性的一刻如今已無紀錄可考，只知場地很小，參加者約四十人。這份報告附有數十個圖表和標識特性和變異的神祕記號，就連統計學者也很難讀懂。在生物學家看來，恐怕根本是胡言亂語。植物學家研究的通常是形態學，而非數字，在成千上萬的雜種標本中計算種子和花朵的變異，必然讓孟德爾同時代的人頭暈目眩；自然界藏有神祕數字「和諧」的觀念，已經和畢達哥拉斯一樣褪了流行。孟德爾念完報告不久，一位植物學教授就起身大談達爾文的《物種起源》和演化論。沒有一位觀眾感知到這兩個主題有什麼關連。就算孟德爾知道他的「遺傳單元」和演化之間可能有關係（他先前的筆記的確顯示他正尋找這方面的連結），他也沒有對這個議題發表意見。

孟德爾在布爾諾自然科學協會的年會宣讀了他的報告[14]，他原本話就不多，寫作風格更是精簡，他把近十年的工作濃縮成四十四頁沉悶透頂的文字，複本分送英格蘭的皇家學會和林奈學會、華府的史密森學會（the Smithsonian），以及其他數十個機構。孟德爾本人向協會要四十份複本，加了密密麻麻的註釋後寄給了多位科學家，很可能也包括達爾文[15]，只是沒有紀錄顯示達爾文有沒有實際讀到它。

接下來，就如一位遺傳學者寫的「生物學歷史一段最奇特的靜寂。」[16]一八六六到一九〇〇年間，孟德爾的報告只被引用了四次，可說是徹底由科學文獻中消失。在一八九〇到一九〇〇年間，儘管歐美政壇決策人物極為重視人類遺傳及其操控的問題和影響，卻從沒人提到孟德爾的名字和他的文章。這個創建現代生物學的研究就靜靜埋在無名科學社團的無名刊物扉頁中，只有這座逐漸沒落的中歐城市中的植物培育者會去翻閱。

⊖

一八六六年的前夕，孟德爾寫信給在慕尼黑執教的瑞士植物生理學家卡爾·馮·納格里（Carl von Nägeli），並附上他的實驗說明。兩個月後，納格里才回信；長時間的拖延已表現出他的疏遠，信中的文字雖然有禮，但態度冰冷。納格里是小有名氣的植物學者，並不怎麼看得起孟德爾和他的研究，他不信任業餘的科學家，並且在第一封信旁潦潦寫了一段教人不解的貶詞：「光是觀察，不足為憑」[17]，彷彿意味著實驗的歸納不如由人「推論」出來的法則。

孟德爾再接再厲，又寫了更多信。在科學界同僚中，孟德爾最希望獲得納格里的認可，他的字裡行間充滿了激動和渴望。「我知道我得到的結果和當今的科學不太相符，」[18]孟德爾寫道，「孤立的實驗更是加倍地危險。」[19]納格里則是小心翼翼保持距離，流露出輕蔑的態度（往往是草率地敷衍），在他看來，孟德爾藉著把豌豆雜種列表便推論出基本自然法則（危險的法則）的可能性未免太低。要是孟德爾篤信神職就該堅持下去；而納格里篤信的是科學的神職。

納格里當時正在研究另一種植物，開黃花的山柳菊（hawkweed），他敦促孟德爾也用山柳菊試試雜交的結果，不過，這個忠告大錯特錯。孟德爾當初經過仔細思量才選擇豌豆進行實驗：豌豆是有性生殖，產生的變異特性明顯可辨，而且只要用點心，即可異花授粉。可是孟德爾和納格里都不知道，山柳菊卻能夠無性繁殖（即不需要花粉和卵細胞），它們幾乎不可能異花授粉，也很少生出雜種。可想而知，實驗的結果一塌糊塗。孟德爾想要理出山柳菊雜種（其實根本不是雜種）的意義，但卻無法解譯出如豌豆類似的模式。一八六七至一八七一年間，他進一步逼迫自己，在另一塊地種了數千株山柳菊，用一樣的鑷子摘除花藥，也用一樣的毛筆把花粉沾到柱頭上。他寫給納格里的信越來越沮喪，納格里偶爾回信，但次數不多，而且擺出紆尊降貴的姿態。他懶得理會這個布爾諾自學修士越來越瘋狂的胡言亂語。

一八七三年十一月，孟德爾寫了最後一封給納格里的信。[20]他很遺憾地報告，他無法完成實驗。他獲擢升，成為布爾諾修道院的院長，行政工作繁重，無法再繼續任何植物研究。「我得徹底放棄我的植物，實在滿心不願意，」[21]孟德爾寫道。科學推到了一邊，收來的稅金還堆在修道院裡，而且他還須指派高級修士。一張接一張的帳單，一封接一封的信，他的科學想像力就這麼逐漸被行政工作扼殺。

孟德爾只寫了唯一一份豌豆雜種的重量級報告，他的健康情況在一八八〇年代惡化，他也逐漸限縮工作（除了他最愛的園藝）。一八八四年一月六日，孟德爾的腳水腫嚴重，因腎衰竭在布爾諾去世[22]，當地報紙發了訃文，卻沒提到他的實驗研究，或許比較適合紀念他的是修院一位較年輕的修士寫的幾句話：「溫和、大方，仁慈……他愛花朵。」[23]

# 「某個孟德爾」

物種起源是自然現象。[1]

——尚—巴蒂斯特．拉馬克

物種起源是探索的目標。[2]

——查爾斯．達爾文

物種起源是實驗研究的目標。[3]

——雨果．德弗里斯

一八七八年夏，三十歲的荷蘭植物學家雨果．德弗里斯赴英國訪達爾文[4]，與其說是以科學為目的的拜訪，不如說是朝聖。達爾文當時正在他姊姊位於多爾金（Dorking）的莊園度假，不過德弗里斯還是查出他的去向，並赴當地與他見面。此人消瘦、熱情，很容易激動，眼神如俄國僧侶拉斯普丁（Rasputin，八六九—一九一六，擅催眠，對俄皇尼古拉二世及皇后有極大影響力）那般懾人，留著一把可以和達爾文分庭抗禮的鬍子，德弗里斯看起來就像年輕時的達爾文，也和達爾文一樣固執。這次的會面必然很耗費心神，因為只持續兩小時，達爾文就不得不告罪休息。可是德弗里斯離開英國時卻已經脫胎換骨，雖然他和達爾文只有短暫的談話，達爾文卻因此在他奔騰的腦海裡安了個閘門，永遠改變了思路方向。德弗里斯回到阿姆斯特丹後，突然結束了先前有關植物卷鬚的研究，全心投入另一個領域，要解開遺傳的奧祕。

到了十九世紀後期，遺傳的問題已經掛上了近乎神祕的光環，就像是生物學家的「費馬最後定理」（Fermat's Last Theorem）。費馬是古怪的法國數學家，他曾寫道：他為他的定理發現了「美妙的證明」，只是「書頁的空白處太小」[5]，寫不下。達爾文就像費馬，宣布他已經找到遺傳問題的答案，只是還沒有發表。他在一八六八年寫道，「如果時間和健康容許，我將會在其他作品裡討論自然界生物的變異。」[6]

達爾文明白這句話背後的利害關係。遺傳論對演化論舉足輕重：他知道若是少了產生變異且讓變異穩定跨越世代的方法，就不可能讓生物形成新的特性。可是十年過去了，達爾文卻一直沒有出版他承諾要談「生物變異」發生源起的書。在德弗里斯拜訪之後四年，即一八八二年，達爾文去世[7]，整個新世代的生物學家全都在忙著翻查達爾文的作品，尋找這個失蹤理論的線索。

德弗里斯也鑽研達爾文的著作，他研究了泛生論（某種收集身體「信息微粒」，並在精子和卵子中整合的方式）。可是，以細胞釋放信息並在精子組合作為建造生物指南的想法，實在匪夷所思，彷彿精子想要靠著收集電報寫一本《人類之書》似的。

再者，越來越多的實驗證據顯示這種粒子和芽球並不存在。一八八三年，德國胚胎學者奧古斯特．魏斯曼（August Weismann）狠著心腸做了一個實驗[8]，直接反駁達爾文的芽球遺傳論。魏斯曼切除了五代小鼠的尾巴，然後讓牠們交配，以確定牠們的後代會不會天生無尾。可是這些小鼠子孫卻同樣冷酷固執地生出完好無缺的尾巴，一代接著一代。如果芽球存在，那麼手術切除尾巴的小鼠就該生出沒有尾巴的小鼠才對。魏斯曼連續切除了總共九〇一隻小鼠的尾巴，可是牠們生出來的小鼠尾巴依舊正常；「遺傳的痕跡」（或至少「遺傳的尾巴」）永難洗除。儘管這個實驗很可怕，卻宣告達爾文和拉馬克是錯的。

魏斯曼提出了另一種激進的說法：或許遺傳信息只存在精子和卵子細胞內，沒有直接的機制可讓後天得到的特性傳遞到精子或卵子內。不論長頸鹿的祖先多麼努力伸長脖子，都不可能把那個信息傳遞到遺傳材料之內。魏斯曼把這種遺傳材料稱為「種質」（germplasm）[9]，並主張這是生物產生另一個生物的唯一方法。的確，所有的演化都可以被視為種質，由一個世代垂直傳給下一個世代：蛋便是把信息傳遞給另一隻雞的唯一方法。

⊖

不過，種質的有形本質是什麼？德弗里斯想道，它是像顏料可以混合和稀釋？抑或種質裡的信息是分離、一批一批地傳遞，是完整而不會碎裂的信息？德弗里斯還沒讀到孟德爾的報告，但他也像孟德爾一樣，開始在阿姆斯特丹附近的農村到處搜羅奇特的植物變種：不只是豌豆，而是就像怪獸動物園一樣龐大的植物標本箱，有扭曲的莖和開叉的葉、帶斑點的花、毛茸茸的花藥，和蝙蝠狀的種子。他培育這些變種以及各自對應的正常植物，結果也像孟德爾一樣，他發現變異的特色並不會混合消失，而是以不相關連的獨立形式，由上一代傳給下一代。每一株植物都擁有一連串的特性：花朵的顏色、樹葉的形狀、種子的構造——每一個特性似乎都以獨立、分離的信息編碼，代代相傳。

不過德弗里斯依舊欠缺孟德爾關鍵的洞察力——那道在一八六五年啟發孟德爾豌豆雜種實驗的數學靈光。德弗里斯可以由自己培育的植物雜種中模糊地分辨出，如莖的高矮這些變種的特徵是由不可分割的信息粒子編碼。只是要為一個變種特徵編碼，究竟需要多少粒子？一個？一百個？一千個？

一八八〇年代，對孟德爾之作一無所悉的德弗里斯逐漸轉而以數量描述他的植物實驗。德弗里斯在一八九七年提出堪為里程碑的論文，名為〈遺傳怪物〉（Hereditary Monstrosities）[10]，他分析了他的資料，推斷每個特徵都由單一一個信息粒子管轄。每個雜種都繼承了兩個這樣的粒子——一個來自精子，一個來自卵子。這些粒子透過精子和卵子，完好無缺地傳遞給下一世代，並沒有混合任何事物，也沒有喪失任何信息。他為這些粒子取了有點叛逆的名字——「泛生子」（pangenes）[11]：儘管德弗里斯有條有理地推翻了達爾文的泛生論，他還是向良師做了最後的禮敬。

一九〇〇年春，德弗里斯還在埋頭研究植物雜種之際，一位朋友由另一位朋友的藏書裡挖出了一份老報告，並把複本送來給他。這位朋友寫道，「我知道你在研究雜種，隨函附上一八六五年由某個孟德爾寫的論文複本，或許你會有興趣。」[12]

很難想像在一個陰鬱的三月早晨，德弗里斯在位於阿姆斯特丹的書房裡，撕開那份複本，看到第一段的情況。一讀論文，心裡必然湧出似曾相識的感受，不覺打了個冷顫。這位「某個孟德爾」的研究比德弗里斯早了三十多年。德弗里斯在孟德爾的論文中發現了解決他問題的答案，雖然證明了他的實驗，卻也向他的原創性挑戰。他彷彿也被迫經歷達爾文和華萊士的故事：原來他一心一意想宣稱是自己的科學發現，卻早就有別人捷足先登。德弗里斯驚慌之餘，在同年三月火速把他關於植物雜種的報告付印，刻意不提孟德爾先前的研究。或許這個世界早就忘記「某個孟德爾」和在布爾諾的豌豆混種。德弗里斯後來寫道，「謙虛是美德，但不謙虛可以走得更遠。」[13]

⊖

除了德弗里斯，也有別人重新發現孟德爾提出獨立而不可分割的遺傳指令。就在德弗里斯發表他的植物變種重量級研究那年，德國大城杜賓根（Tübingen）的植物學家卡爾．柯倫斯（Carl Correns）也發表了豌豆和玉米的雜種報告，重現了孟德爾的結果。[14]諷刺的是，柯倫斯在慕尼黑時曾是納格里的學生，但把孟德爾當成業餘怪人的納格里卻沒有告訴柯倫斯，他曾接到「某個孟德爾」寫來大談豌豆雜種的大量來信。

離修院約四百哩之遙，柯倫斯在慕尼黑和杜賓根的實驗園中，辛勤地培育高矮植物雜交種，以及雜種和雜種再雜交的實驗，一點也不知道他只是按部就班地重複孟德爾先前的工作。柯倫斯完成實驗，正準備要完成報告以發表之時，他回到圖書館尋找科學前輩的文章，以準備引用，卻因此找出了孟德爾先前埋藏在布爾諾的報告。

另外，在維也納，也就是孟德爾在一八五六年植物學考試失利之處，一位年輕的植物學家艾利克．馮．謝馬克—賽塞內格（Erich von Tschermak-Seysenegg）也重新發掘出孟德爾的法則。馮．謝馬克是哈勒大學（Halle）的研究生，他在根特也以豌豆雜交，觀察到遺傳特性是像分子一樣獨立分離，留存於跨越數世代的雜種豌豆。他是這三位科學家最年輕的一位，也已聽說另兩位類似的研究證實了他的結果，於是回溯科學文獻，發現了孟德爾的研究。一讀孟德爾報告的開場白，他同樣也有似曾相識之感，不由得洩了氣。他後來寫道，「我也以為我有了新發現。」[15]流露出嫉妒和失望之情。

科學理論被重新發現一次，彰顯的是科學家的先知，可是被重新發現三次，簡直如同羞辱。三篇獨立的報告在一九〇〇年短短三個月內匯聚在孟德爾的研究上，顯示生物學者長久以來的短視，竟然忽略了孟德爾的報告近四十年之久。就連在最初研究刻意避談孟德爾的德弗里斯，後來也被迫承認孟德爾的貢獻。一九〇〇年春，在德弗里斯發表報告之後不久，柯倫斯就指出他存心竊占孟德爾的成果，實犯了剽竊大忌；柯倫斯故作斯文地寫道，「出於奇特的巧合」[16]，德弗里斯的報告甚至吸收了「孟德爾的字彙」。最後，德弗里斯只好屈服，在分析植物雜種的下一版本報告中大肆宣揚孟德爾的成就，並承認他只是「延伸」孟德爾先前的工作。

不過，德弗里斯的實驗已經比孟德爾更進一步。在發現遺傳單位方面，他或許被孟德爾搶了先，但隨著更深入研究遺傳和演化，他卻也想通了一個必然也曾讓孟德爾困惑的問題：**這些變體最先是怎麼來的？**是什麼力量創造出高莖和矮莖豌豆，或者紫花和白花豌豆？

答案再次出現在花園裡。德弗里斯某次外出採集，在鄉間漫步時，看到野外有一大叢肆意蔓延的月見草（primroses）[17]，他以拉馬克之名為這個品種命名（不久就會發現十分諷刺）：拉馬克月見草（Oenothera lamarckiana）。德弗里斯在這叢花中收集了五萬粒種子，並且栽種它們。

接下來的幾年月見草迅速繁衍，德弗里斯發現它們自然產生了八百種新變種，有的生有巨大的葉子，有的長著長毛的莖幹，有的則有奇形怪狀的花朵。大自然自動自發地生出了罕見的怪胎——這正是達爾文提過演化第一步的機制。達爾文把這些變種稱作「sports」，意味著自然界的善變無常，德弗里斯則用了聽來更嚴肅的字，他稱之為「mutants」（突變）[18]，源自拉丁文，意即「改變」。①

德弗里斯不久就明白這個現象的重要性：這些突變體必然就是達爾文拼圖中失落的那幾片。的確，如果把巨葉月見草之類的自發突變體（spontaneous mutants）和天擇合而為一，那麼，達爾文所說的冷酷引擎就已經自動運作。突變在大自然的諸多正常樣本中，自發地創造了變種：長頸羚羊、短喙燕雀和巨葉植物（這些變種並非刻意產生，而是隨機生成，和拉馬克的說法相反）。這些變種的性質可以遺傳——在精子和卵子中是分離的指令。動物掙扎求生，最適應的變種（突變），就獲天擇，它們的子孫繼承了這些突變，因此產生了新品種，推動演化。天擇不是在生物身上，而是在它們的遺傳單元上運作。德弗里斯明白，雞只不過是蛋為了要產生更好的蛋的工具而已。

德弗里斯花了極其漫長的二十年，才皈依孟德爾的遺傳觀念，但英國植物學家威廉·貝特森（William Bateson）卻只花了一小時就成了孟德爾的信徒[19]（一九〇〇年五月由劍橋到倫敦快速行駛的火車上）。②當天傍晚，貝特森要赴倫敦皇家園藝學會發表有關遺傳的演講，正當火車穿過逐漸變暗的沼澤地區時，貝特森讀到了德弗里斯的報告，立刻就受到孟德爾所提分離遺傳單位的觀念吸引。這是決定貝特森命運的旅程，待他抵達學會在文森廣場（Vincent Square）的辦公室時，已經在動腦筋。他在演講廳裡說，「我們正面對一個舉足輕重的新法則，它會引領我們更進一步，達到什麼樣的結論，還不能預知。」[20]當年八月，貝特森寫信給朋友法蘭西斯·高爾頓（Francis Galton，達爾文的表弟），「想要請你找出孟德（貝特森原文誤拼為 Mendl）的報告，我覺得那是關於遺傳最了不起的研究，竟然會被埋沒遺忘，實在教人匪夷所思。」[21]

貝特森把鼓吹孟德爾的成就視為自己的使命，不讓被人淡忘的孟德爾再遭忽視。他首先在劍橋獨力確認了孟德爾的植物雜種研究。[22]貝特森在倫敦和德弗里斯見面，他對於德弗里斯在實驗的嚴密精確和科

---

① 德弗里斯的「突變」其實可能是回交（backcrosses）的結果，而非自動自發的變種。

② 有些歷史學家對貝特森在搭火車時「皈依」孟德爾理論的故事有異議。貝特森的傳記中常提到這則故事，但可能是他學生為戲劇效果而渲染的。

學的活力非常佩服（不過對於他歐陸的生活習慣卻不敢領教，德弗里斯要晚餐後才肯洗澡，貝特森抱怨道，「他的衣服發臭，我猜他一週才換一次襯衫。」[23]）有了孟德爾的實驗資料，再加上貝特森自己的證據，貝特森對孟德爾之說有了雙倍信心，開始四處鼓吹孟德爾之說。他被稱作「孟德爾的鬥牛犬」[24]（不論是面容或性情，都很像這種動物），他赴德、法、義大利和美國演講，大談孟德爾的發現。貝特森知道他正在見證，或者該說正在為生物學的大革命接生。他寫道，破解遺傳法則將會改變「人對世界的看法」[25]，「遠超過其他可以預見的自然知識。」

在劍橋大學，也有一群年輕學生隨貝特森學習新的遺傳科學。貝特森知道必須要為這門學科取個名字，「pangenetics」一詞似乎順理成章（延伸德弗里斯所用的「pangene」，表示遺傳的單位），但這個字卻又載負了達爾文錯誤的遺傳說包袱。貝特森寫道，「沒有任何一個常用字可以代表這個極需命名概念的意義。」[26]

一九〇五年，貝特森苦苦思索，想出了一個字：「genetics」[27]：研究遺傳和變異的學問，這個字源自希臘文的「genno」，意為「生」。

貝特森很清楚這門新生科學會為社會和政治帶來潛在的衝擊。「一旦大家得到啟發，遺傳的真相眾所周知……，會發生什麼情況？」[28]他在一九〇五年深具先見之明地寫道，「可以確定的是人類必然會開始干預，或許在英國不會，但在更想要擺脫過去，渴望『國家效率』的國家則會……。人們對這種干預會帶來什麼更長遠的影響一無所知，因此不會耽擱這樣的研究。」

比起科學前輩，貝特森也明白遺傳信息不連續的特性將對未來人類遺傳學有莫大的意義。如果基因真的是獨立的信息粒子，那麼就應該可以獨立選擇、精鍊、操控這些粒子。人們可以選擇或加強他們「嚮往」特性的基因，消除他們不想要的基因。理論上，科學家應能改變「個人的組成」，以及國家的組成，在人類的身分留下永久的記號。

貝特森陰鬱地寫道，「一旦發現權力，人總會傾力追求。遺傳科學很快就會提供規模巨大的力量，說不定在不遠的未來，某個國家就會運用這種力量控制國家的組成，這種控制機制對於國家或人類整體是好是壞，則是另一個問題。」他已預見了基因的世紀。

# 優生學

增進環境和教育可能提升已誕生的世代。改善血液，則能讓未來的每一世代都蒙其利。[1]

——修伯特・華特（Herbert Walter），《遺傳學》（*Genetics*）

大部分的優生學家都喜歡兜圈子說話，我指的是，如果簡短的文字會教他們心驚肉跳，長長的字詞則讓他們氣定神閒，而且他們完全沒辦法把前者翻譯成後者。如果他們說，「人民應該確定上一代長壽的負擔不致不成比例、難以忍受，尤其是上一代的女性」，他們會邊聽邊搖頭晃腦，但如果對他們說，「殺了你母親」，他們就會突然坐起身來。[2]

——G・K・柴斯特頓（G.K. Chesterton），《優生學與其他罪惡》（*Eugenics and Other Evils*）

一八八三年，達爾文去世後一年，他的表弟高爾頓出了一本受到不少爭議的書《探索人類才能及其發展》（*Inquiries into Human Faculty and Its Development*）[3]，他在書中列出了改進人類的策略計畫，他的想法很簡單：模仿天擇機制，如果大自然能夠藉由生存和選擇，對動物的族群產生如此神效，那麼，人類干預就能加速改良人類的過程。高爾頓想像：選擇最強壯、最聰明、「最適合」的人類培育，就能在幾十年間達到大自然耗費地老天荒才達到的效果。

高爾頓需要一個可以形容這個策略的字，他寫道，「我們極需一個簡短的字，來表達改良血統的科學，讓更合適的種族或血脈有更好機會，迅速勝過較不合適者。」[4]在高爾頓看來，「eugenics」（優生學）一詞極為合適：「至少比我以前用的 viriculture（人藝學，拉丁文 viri 為男人之意，culture 意為培養）簡潔。」[5]這個字結合了希臘文的字首「eu」意為「好」，和帶有起源、發生之意的「genesis」，他說道，「好的家系血統，天生遺傳了高貴的品質。」從不羞於承認自己天才的高爾頓對自創的「eugenics」沾沾自喜：「我相信人類優生學不久就會成為最實用的研究，因此應該立即著手，收集個人和家族史。」[6]

⊖

高爾頓生於一八二二年冬（和孟德爾同年，比表哥達爾文晚十三年）。他夾在兩位現代生物學的巨人之間，不免感到自己在科學方面的不足，這種不足又因為覺得自己也應該是位科學巨人，而更加惱人。他父親是伯明罕的富裕銀行家，母親是博學詩人兼醫師伊拉斯摩斯．達爾文（Erasmus Darwin）之女，伊拉斯摩斯正是查爾斯．達爾文的祖父。高爾頓是神童，兩歲就會讀，五歲時已可說流利的希臘文和拉丁文，八歲便會解二次方程式。[7]他和達爾文一樣收集甲蟲，不過欠缺表哥那種孜孜不倦，分門別類的耐心，很快就放棄收藏，轉而追求其他更有雄心的目標。他原本想學醫，不過到了劍橋大學之後改攻數學。[8]一八四三年，他參加數學能力考試，不過神經崩潰，只好回家休養。

一八四四年夏，達爾文在寫第一篇演化論文時，高爾頓到埃及和蘇丹遊歷——這是他諸多非洲之旅的頭一回。達爾文一八三〇年代見到許多南美的「原住民」，讓他更堅信人類有共同的祖先，但高爾頓卻只見到人種之間的歧異：「我看夠了野蠻民族，材料多得足以讓我下半輩子思考。」[9]

一八五九年，高爾頓讀了達爾文的《物種起源》，或者該說，他「生吞活剝」了這本書：它就像電擊一樣，教他既麻痺又興奮，滿心的嫉妒、驕傲和羨慕。他熱情地寫信給達爾文說，他「獲得啟發，進入嶄新的知識領域。」[10]

高爾頓尤其想探索的「知識領域」是遺傳。就像詹金一樣，高爾頓也很快就明白他表哥的原則是對的，但機制不對：要理解達爾文的理論，就必須認清遺傳的本質。遺傳是陰，演化是陽，兩者是一體的兩面，相輔相成。如果「達爾文表哥」解開了謎題的一半，那麼「高爾頓表弟」就該解開謎題的另一半。

一八六〇年代，高爾頓開始研究遺傳。達爾文的「芽球」理論——所有細胞都漫無目的地拋出遺傳指令，讓它們在血液中漂浮，就像裝在瓶中的百萬個信息，表示輸血就能傳送芽球，因而改變遺傳。高爾頓試著用其他兔子的血為兔子輸血[11]，以傳送芽球，甚至使用植物（尤其是豌豆），以了解遺傳指令的基礎。只是他作起實驗來實在糟糕透頂；他缺乏孟德爾的直覺。兔子休克而死，花園內的豆藤也枯萎。沮喪之餘，高爾頓轉而研究人類。他認為，既然模式生物（model organisms）①未能顯露遺傳機制，不如測量人類的變化和遺傳，如此應該就能解開這個祕密。這個決定顯露出他的雄心：以由上而下的方法，由最複雜和最多變的特色（智力、性情、能力與身高等）開始。這個決定使他與遺傳學全面開戰。

藉著測量人類各種變異建立人類遺傳模型，高爾頓並非第一人。一八三〇和四〇年代，由天文學者改行的比利時生物學者阿道夫．凱特勒（Adolphe Quetelet）就已經有系統地測量人類的特色，用統計方法分析這些資料。凱特勒的方法嚴密精確，無所不包。他寫道，「人是按照從未經過研究的法則出生、成長和死亡。」[12]他把五七三八名士兵的胸圍和高度製作成表，顯示胸部的大小和高度是按著平滑且連續的鐘形曲線分布[13]，而且，不論凱特勒觀察哪一個範圍，都會看到一再重現的模式：人類的特徵（甚至連行為）都按照鐘形曲線分布。

高爾頓受到凱特勒的測量啟發，更深入探究人類變異的測量。像智力、知識成就或美等複雜特性，是否也有同樣的變異？高爾頓知道沒有一般工具可以測量這些特色，因此他自行發明（他寫道，「只要可以，就該計數」[14]）。他以劍橋數學能力考試的分數代表智力（諷刺的是，這正是他當初沒及格的考試），證明就連考試能力都按照鐘形曲線分布。他行遍英格蘭和蘇格蘭，為「美」列表——偷偷把見到的女人分為「有魅力」、「中等」和「令人厭惡」，用針刺在口袋裡藏著的卡片上記錄。人類的任何特性都逃不過高爾頓篩檢計算列表的法眼：「視力和聽力的強弱、對色彩的敏感、眼力、呼吸力道、反應時間、擠壓的力量、打擊的力量、手臂的寬度、身高、體重……。」[15]

接著，高爾頓將測量轉為機制。人類這些變異是否遺傳而來？以什麼方式？這回他一樣不用簡單的生物，而直接研究人類。他高貴的家世（伊拉斯摩斯是他的外祖父，查爾斯・達爾文是表哥），是否證明了天才是家族遺傳？為求進一步的證據，高爾頓整理了名人家族血統[16]，他發現一四五三至一八五三年間的六百零五位名人之中，一百零二位有血緣關係，亦即六位有成就的人中，就有一位有親戚關係。高爾頓推估，如果有成就人的人生了兒子，這個兒子成為優秀菁英的機會是十二分之一，相較之下，「隨機」

---

① 譯註：生物學發展過程中，某些材料的研究成果可廣泛應用到其他物種或人類身上，這些明星實驗材料就是模式生物。所謂模式生物，是指為了解釋特定生命現象，被許多科學家共同採用而詳盡研究的生物；模式生物的研究結果，可幫助解釋其他物種的發育或遺傳等生理機制，特別是探索人類疾病的成因和解決之道，因為人體實驗不易進行且有違倫理。這些生物具備了一些共同的特性，包括：體積不大、生活史短、成本低廉、方便在實驗室培養和操作、容易繁殖且子代數目多、具有小量且不複雜的基因組等。

挑選的人要出人頭地，三千個人才會出現一人。高爾頓主張，卓越的表現乃是遺傳而來，貴族生的就是貴族，不是因為他們繼承了貴族頭銜，而是因為他們遺傳了祖先的智力。

高爾頓認為傑出的人可能會生出傑出的兒子，是因為他們的兒子「會站在出人頭地更有利的位置」。高爾頓創造了人人朗朗上口的「先天與後天」（nature versus nurture，自然與養育）一詞，區分遺傳和環境的影響，可是他對階級和地位的焦慮太深，無法忍受自己的「智力」可能只是特權和機會副產品的想法。天才必然是刻印在基因裡的密碼。他信念最脆弱的一部分（這樣的成就模式可純粹用遺傳影響解釋）不容任何科學挑戰。

高爾頓把大部分的資料收錄在野心勃勃的著作《遺傳天賦》（*Hereditary Genius*）[17]一書中，內容雜亂無章，反應不佳。達爾文雖然讀了，但並不怎麼認同，只含糊說了幾句讚詞應付表弟：「就某方面而言，你已讓一個對手改變了信念，因為我一向認為，除了白痴之外，人的智力並沒有太大差別，只有在熱忱和努力上有異。」[18]高爾頓只好低頭，此後不再做這方面的研究。

⊖

高爾頓必然明白他的血緣計畫在遺傳上有其限制，因為他很快就改弦更張。一八八〇年代中期，他寄出許多「調查」問卷，對象有男有女，請他們檢視自己的家族紀錄，再把資料列表寄回給他，內容包括家族成員的身高、體重、眼睛顏色、智力、父母、祖父母和子女的藝術才華；高爾頓最明確的家族繼承在此發揮作用，也就是高爾頓家族的財富，任何人只要寄回讓他滿意的調查結果，就能得一大筆錢。有了確切數字之後，高爾頓終於能找出熱切尋訪多年的「遺傳法則」。

他發現大部分結果和一般人的直覺想法差不多——不過細節稍稍不同。身材高的父母就會生出高的子女，不過這是**平均**而言。高的父母生出的子女當然高於平均身高，可是他們一樣依照鐘型曲線分布，有些比父母高，有些則比父母矮。② 如果這些資料背後有遺傳通則，那就是人類的特徵依照連續曲線分布，連續的變異就會重現連續的變異。

但是，究竟有沒有約束變數發生的法則、基本的模式？高爾頓在一八八〇年代大膽地把所有觀察納入他對遺傳最成熟的假說之中，他主張每個人類特性（身高、體重、智力、美醜等），都是由祖先遺傳的模式所產生的合成函數。孩子的父母平均提供其特性的一半；祖父母四分之一，曾祖父母八分之一，以此類推，一路回到最遙遠的祖先。所有貢獻的總和可以以此數列形容：1/2 + 1/4 + 1/8……，一切總和正巧就等於 1，高爾頓稱之為「祖先遺傳定律」（Ancestral Law of Heredity）[19]，有點像是數學版的小矮人（從畢達哥拉斯和柏拉圖借來的觀念），只是用分數和分母打扮成現代模樣。

高爾頓知道這個定律登峰造極的成就，就是須能正確預測遺傳的真正模式。一八九七年，他找到了理想的測試案例。由於英國人對狗的血統十分講究，高爾頓發現了一份無價的手稿：艾佛利特．米萊斯爵士（Sir Everett Millais）於一八九六年出版的手冊《巴吉度獵犬俱樂部法則》（*Basset Hound Club Rules*）[20]，

② 身材特別高的父親生出的兒子平均高度往往比父親的身高矮一點，較接近一般人的平均，彷彿有一股看不見的力量把極端的特徵朝中心拉近。這個發現稱作「回歸平均值」（regression toward the mean），對測量科學和變異的觀念有強力影響。這是高爾頓對統計學最重要的貢獻。

其中記載了數世代巴吉度獵犬的毛色。高爾頓發現他的定律可以正確預測每一代獵犬的毛色，不由得鬆了一口氣，他終於找到了遺傳的規則。

可是不論這個答案讓他多滿意，卻沒有持續多久。一九〇一至一九〇五年間，高爾頓和最難纏的對手貝特森起了爭執。貝特森身為劍橋遺傳學者，也是捍衛孟德爾理論最熱忱的鬥士，他傲慢固執，留著八字鬍，就連笑容看起來都像在發怒。他不為高爾頓的公式所動，主張巴吉度獵犬的資料若非異常，就是不正確。美麗的法則往往會被醜陋的事實所害（而且不論高爾頓的無窮級數看來有多大），貝特森自己做的實驗都指向一個事實：遺傳指令是由個別單位的信息所攜帶，而不是由幽靈似的祖先傳遞切成一半或四分之一的信息。雖然孟德爾的科學傳承顯得奇特，儘管德弗里斯個人的衛生習慣不良，但他們倆都是對的。孩子是祖先傳遞下來的複合體，但卻是極其簡單的複合體：一半來自母親，另一半來自父親，雙親各貢獻一組指令，經過解碼之後創造出子女。

面對貝特森的攻擊，高爾頓努力捍衛自己的理論。另兩位知名生物學家華特．魏爾登（Walter Weldon）和亞瑟．達比夏爾（Arthur Darbishire），以及傑出的數學家卡爾．皮爾森（Karl Pearson）也加入論戰[21]，支持「祖先遺傳定律」，爭辯很快就演變成全面戰爭，曾是貝特森在劍橋大學老師的魏爾登成了他最激烈的對手。他稱貝特森的實驗「完全不恰當」，也不肯相信德弗里斯的研究，而皮爾森則創辦了一份科學期刊《生物統計期刊》（*Biometrika*，其名稱來自高爾頓對生物測量的觀念），作為鼓吹高爾頓理論的喉舌。

一九〇二年，達比夏爾展開一波新的小鼠實驗，想要徹底駁倒孟德爾的假說以證明高爾頓是對的。他養了數千隻小鼠，可是從自己培育出來的第一代雜種，和雜種與雜種的小鼠雜交結果，卻看出清楚的模式[22]，唯有用孟德爾的遺傳理論才能解釋這些資料，個別特性越過數世代垂直傳遞。達比夏爾起先不願接受這種看法，但他無法否認這些資料。最後他讓了步。

一九〇五年春，魏爾登帶著貝特森和達比夏爾的資料到羅馬度假[23]，他氣呼呼地「像個記帳員」坐著，想要重新組合資料以配合高爾頓的理論。[24]那年夏天他回到英格蘭，希望以自己的分析推翻其他人的研究，可是卻突然染上肺炎，與世長辭，年僅四十六歲。貝特森為他的老友兼老師寫了一篇動人的訃文，他說，「魏爾登啟發了我人生中最重要的覺醒，這是我靈魂個人、私下的義務。」[25]

貝特森的「覺醒」絕非只是私下的義務。一九〇〇到一九一〇年間，隨著孟德爾「遺傳單位」的證據與日俱增，生物學者必須面對新理論的衝擊，其意義深遠。亞里士多德已把遺傳重新定義為信息流（由卵子移往胚胎的密碼流），若干世紀後，孟德爾無意中發現了信息的基本結構、密碼的字母。亞里士多德描述了跨越世代的信息流，孟德爾則發現了它的流通。

但貝特森明白，其中可能還有更重大的法則亟待發現，生物信息的流通並不只限於遺傳，而是穿越整個生物學。遺傳特性的傳遞只是信息的一例；如果看得更深更遠，戴上觀念的濾鏡並瞇起眼睛，就能輕易想像信息滲透了整個生物界，胚芽的伸展、植物朝陽光生長、蜜蜂的舞蹈儀式——每一種生物活動都有待化為密碼的指令。孟德爾會不會也在無意中發現了這些指令的基本結構？有沒有信息單位引導每一個過程？「如今，我們每個人看著自己的領域，都會發現其中穿梭著孟德爾的線索，」[26]貝特森說，「我們只接觸到眼前那個新國度的邊緣……。[27]遺傳實驗研究結果的宏大廣博絕不亞於其他科學。」[28]

「新國度」需要新語言，孟德爾的「遺傳單位」必須有名字。現代意義的原子（atom）一字於一八〇八年出現在約翰．道爾頓（John Dalton）的報告中，由此納入科學辭彙。一九〇九年夏，幾乎正好一世紀之後，植物學家威廉．約翰森（Wilhelm Johannsen）創造了代表遺傳單位的字。起先，他想用德弗里斯的「pangene」，此字也蘊含對達爾文的敬意，但再怎麼說，達爾文此部分的觀念有誤，這個字將帶著這個錯誤的記憶。於是，約翰森把這個字縮減為「gene」。[29]（貝特森想稱之為 gen，以避免發音的錯誤，但為時已晚。約翰森的字和歐陸擺玩字母的習慣，已讓這個字成形。）

就像道爾頓和原子，貝特森和約翰森對基因究竟是什麼一無所知，他們無法推測其物質形式、物理或化學結構，也不知它在身體或細胞內的位置，或甚至它的行動機制。創造這個字是用來形容其功能，此為抽象觀念。基因的定義在於基因的所為：遺傳信息的傳遞者。約翰森寫道，「語言不只是我們的僕人，也可能是我們的主人。在開發全新或修訂的觀念時，最好創造新的專門用語。因此我建議使用 gene 一字，這個字不過是容易應用的小小字彙，用來表達『單位因子』應該有用……。現代孟德爾派學者就證明了這一點。gene 一詞不含任何假說，它只表達一個明顯的事實，生物的許多特色是以獨特、分離且因此獨立的方式表現。」[30]

不過，在科學領域，一個字就是一個假說。自然語言用一個字傳達一個觀念，但在科學語言，一個字傳達的不只是一個觀念——一個機制、一個結果、一個預測。一個科學名詞可以提出上千個問題，「基因」就是如此。基因的化學和物理本質是什麼？生物的遺傳指令基因型（genotype）是怎麼翻譯為實際表現的性狀表現型（phenotype）？基因如何傳遞？它們位於哪裡？如何規範？如果基因是具體指定為一個性的獨特粒子，那麼這個屬性又怎麼配合如高矮膚色等人類特性的連續曲線？基因又如何容許萬物的起源發生？

一位植物學家在一九一四年寫道，「遺傳學太新穎，很難說其界限在哪裡。遺傳學的研究就如所有探索，發現新鑰匙，解開新天地，這是活躍的時候。」[31]

⊖

隱居在倫敦拉特蘭門（Rutland Gate）豪宅裡的高爾頓絲毫不受「活躍的時代」擾動，在生物學者迫不及待接受孟德爾的法則，思量其後果之時，高爾頓卻漠不關心，他並不特別在乎遺傳單位究竟可不可以分割。他關心的是人類能否對遺傳採取行動：究竟能不能操控人類遺傳，造福人類。

史學家丹尼爾．凱夫利斯（Daniel Kevles）寫道，「高爾頓身旁的工業革命科技證明了人定勝天。」[32]儘管高爾頓未能發現基因，但他可不想錯過創建遺傳科技的機會，他已為改良遺傳的作法造了一個名詞——優生學（eugenics），意思是以人工挑選遺傳特性，指導攜帶這些特性的人類生殖，改進人類。在高爾頓看來，優生學只是遺傳學的應用，就像農業是植物學的應用，他寫道，「大自然盲目、緩慢而無情地運作，人類卻可以深謀遠慮，以迅速而仁慈的方式辦到。此事既在人的能力範圍之內，他就有義務朝這個方向實行。」早在一八六九年，他就已在《遺傳天賦》提出此觀念，比學術界重新發現孟德爾的理論還早，只是他並沒有進一步探究這個想法，而專心在遺傳機制上。在貝特森和德弗里斯一步一步否定高爾頓的「祖先遺傳定律」之際，高爾頓的作法卻由描述轉為說明。他或許誤解了人類遺傳的生物基礎，但至少他明白該怎麼運用它。他的門徒寫道，「這不是用顯微鏡解決的問題，而是和研究社會群體之所以偉大的力量相關。」[33]巧妙地諷刺了貝特森、摩根和德弗里斯。

一九〇四年春，高爾頓在倫敦經濟學院（London School of Economics）公開演講，提出了他對優生學的看法。[34]這是知識分子小團體布魯斯伯里（Bloomsbury）文化圈典型的夜間聚會，城裡的文人雅士莫不盛裝出席，在座包括蕭伯納和H·G·威爾斯、社會改革者愛麗絲·德瑞斯代爾—韋克瑞（Alice Drysdale-Vickery）、語言哲學家韋爾比夫人（Lady Welby）、社會學家班哲明·基德（Benjamin Kidd）、精神病學家亨利·莫斯利（Henry Maudsley），皮爾森、魏爾登和貝特森來得較遲，他們依舊互不信任，分頭就座。

高爾頓的談話為時十分鐘，他指出優生學應該「像一派新宗教，推廣到民族意識之中。」[35] 其基本的原則借自達爾文，只是把天擇的道理應用在人類社會。「所有生物都會同意生命中，健康比生病好，活潑比孱弱好，適應比不適應好；簡單地說，就是不論哪一種生物，都是好的樣本比壞的樣本好，人類亦然。」[36]

優生學的目的就是加速選擇適應良好、淘汰適應不良的樣本，選擇健康而非生病的樣本。高爾頓建議應選擇強健者，加以培育。他認為大可以用婚姻達到這個目的，前提是要施以足夠的社會壓力：「如果能禁絕由優生學觀點看來不合適的婚姻，就不太會造出不良的樣本。」[37] 在他的想法中，社會可以記錄最優秀家族中最優良的特性，就像登記人類血統證書，他把這種紀錄稱為「黃金之書」，根據其中挑出的男女，就可培育出最好的後代，就像培育巴吉度獵犬和馬匹。

⊖

高爾頓的言論雖短，卻引起了一陣騷動，精神病學家莫斯利率先開砲，質疑高爾頓對遺傳的假設。[38] 莫斯利曾研究家族心理疾病，他的結論是遺傳模式遠比高爾頓的理論複雜。正常的父親會生出精神分裂的兒子，普通的家庭會孕育出人中豪傑。沒沒無聞的密德蘭（the Midlands）手套商人的兒子，長大之後卻成為英國文學最知名的作家，「他的父母和鄰居沒什麼兩樣，」莫斯利說，「他有五個兄弟」[39]，可是只有一個威廉．莎士比亞得享盛名。他的兄弟沒有一個在任何方面有特殊的表現。」「不健全」的天才名單綿長：牛頓體弱多病；喀爾文（John Calvin）嚴重氣喘；達爾文不時腹瀉且會因焦慮而憂鬱；提出「最適者生存」的哲學家赫伯特．史賓賽（Herbert Spencer）諸病纏身，大半輩子都纏綿病榻，為生存掙扎。

儘管莫斯利建議必須謹慎，其他人卻敦促加快速度實行。小說家H．G．威爾斯對優生學的觀念並不陌生，他在一八九五年出版的小說《時間機器》（*Time Machine*）中，就想像未來人類因為選擇天真和道德作為理想的特質，因此經近親繁殖而逐漸衰敗——退化成蒼白疲弱、如兒童一般的種族，沒有任何好奇心或熱情。威爾斯同意高爾頓操縱遺傳以創造「更適者社會」的想法，只是他認為透過婚姻近親繁殖，可能反而會產生較孱弱而愚笨的後代，唯一的解決辦法是採用另一個比較毛骨悚然的辦法——選擇性地淘汰弱者。「想要改良人類血統，應該讓不適者不孕，而非讓適者繁殖。」[40]

貝特森最後發言，他提出這次聚會最陰暗，但聽來最科學的說法。高爾頓提議用人的表現型（生理和心理的特性）來選擇繁殖的最佳樣本，但貝特森認為真正的信息並不在於五官，而是在決定五官的基因組合，也就是在於基因型。高爾頓所著迷的身心特性（身高、體重、美醜、智力），都只是基因特質的外在影子，優生真正的力量在於操縱基因（而非選擇特性）。高爾頓或許嘲笑了實驗遺傳學者的「顯微鏡」，但這個工具的力量遠超過高爾頓所想像，因為它可以滲透遺傳的外殼，進入機制本身。

貝特森警告，科學家很快就會發現遺傳是「遵循極其簡單精確的法則」。一旦優生學者學會這些法則，並且想出如何操縱它們（就像柏拉圖所想像的），就能得到前所未有的力量。藉著操縱基因，他就能操縱未來。

高爾頓這場演講或許並未得到期盼的熱烈背書，後來還發牢騷說他的聽眾「活在四十年前」，不過他顯然觸及了敏感的神經。高爾頓與同儕就和維多利亞時期的許多菁英一樣，深恐種族退化（他和「野蠻民族」的接觸，也如同十七、十八世紀不列顛和殖民地原住民的互動，他認定必須維持並保護白人種族純淨，避免異族通婚）。一八六七年的第二次改革法案（The Second Reform Act）已讓不列顛勞工階級男人擁有投票權，到了一九〇六年，就連防守最鞏固的政治堡壘也淪陷——議會有二十九席落入工黨之手，英國貴族社會深感憂心。高爾頓認為，勞工階級獲得政治力量，只會讓他們在遺傳方面獲得更大力量：他們會生出一群群孩子，主宰基因庫，把整個國家拖垮。一般人會退化，「低俗的人」（mean man）會更低俗。

「討人喜歡的愚笨女人可能會生出一堆笨男孩，直到世界亂七八糟，」喬治·艾略特（George Eliot）一八六〇年在小說《弗洛斯河上的磨房》（*The Mill on the Floss*）中寫道。[41] 高爾頓認為，不斷繁殖愚笨的男女對國家造成重大威脅。哲人托瑪斯·霍布斯（Thomas Hobbes）先前已擔心人類的自然狀態是「貧窮、汙穢、野蠻（brutish）與短暫」；高爾頓則憂慮由遺傳弱者掌控的未來會是：貧窮、汙穢、「不列顛」（British）而短暫的狀態。他憂心這一窩人拚命繁殖，如果不予管理，免不了生出一大堆無知的次等民族（他把這個過程稱為「來自壞的基因」〔kakogenics〕）。

確實，威爾斯只是說出了高爾頓那個圈子許多人早有所感，只是不敢說出口的想法——在選擇優質人口繁殖，即所謂積極優生學（positive eugenics）之外，還得令劣質人口絕育，即消極優生學（negative eugenics），如此一來，優生學才能發生效果。一九一一年，高爾頓的同僚哈維洛克·艾利斯（Havelock Ellis）扭曲了孤獨園丁孟德爾的形象，用以鼓吹他的絕育理念[42]：「生命的大花園和我們的公園沒什麼兩樣，有些人為了滿足自己的幼稚或反常的欲望，會摘除灌木或踩踏花朵，我們必須限制他們入園的許可，如此才能讓所有人都感到自由歡喜……。我們要培養秩序感，鼓勵同情和遠見，連根拔除種族的野草。在這些方面，花園裡的園丁的確是我們的象徵和嚮導。」

邁入晚年的高爾頓一直在思索消極優生學的觀念，他一直不能完全安心。「為劣質人口絕育」，在人類遺傳花園裡剔除雜草，其中許多道德考量糾纏他，但到了最後，他想要把優生學建立為「全國宗教」的欲望還是壓過了對消極優生學的疑慮。一九〇九年，他創辦了一份刊物《優生學評論》（*Eugenics Review*），不但支持擇優繁殖，也贊同擇劣絕育。一九一一年，他寫了一本奇特的小說，名為《桃花源》（*Kantsaywhere*），內容是未來的優生烏托邦，其中約有一半人口被標為「不適」，嚴格限制他們繁殖的能力。他留了一本給他的姪女，但她覺得這書內容令人很尷尬，因此把大半書頁都燒掉了。

一九一二年，高爾頓去世一年後的七月二十四日，第一屆國際優生學會議在倫敦的塞西爾飯店（Cecil Hotel）召開[43]，地點有象徵意義：塞西爾飯店共有近八百間房，由整塊大石構成的巨大門面俯看著泰晤士河，即使不算全歐洲最宏偉的旅館，至少也是最大的旅館，通常只有外交或全國性活動才會在此舉行。來自十二個國家、不同學科的知名知識分子陸續抵達參加會議：邱吉爾、貝爾福伯爵（Lord Balfour）、倫敦市長、首席法官、亞歷山大・格拉罕・貝爾（Alexander Graham Bell）、哈佛大學校長查爾斯・艾略特（Charles Eliot）、胚胎學者魏斯曼。達爾文的兒子李奧納德・達爾文（Leonard Darwin）主持會議，卡爾・皮爾森和達爾文在這場會議密切合作。來賓一進門，穿過大理石裝飾的圓頂大廳，抬頭一望，即可看到畫框裡展示的高爾頓家譜，接著就坐聆聽相關演講，包括如何操縱遺傳以提高兒童身高、癲癇的遺傳、酒鬼的生殖模式和犯罪行為等遺傳本性。

其中以兩則報告尤其令人髮指，第一個是德國人熱烈支持且明確規畫的「種族衛生」（race hygiene），預示了恐怖的未來，此報告由熱烈支持種族衛生的醫師兼科學家阿弗瑞德・普羅茲（Alfred Ploetz）慷慨陳詞，主張在德國推行種族淨化；第二個報告由美國代表團提出，針對的範圍更廣，抱持的雄心更大。如果說德國的優生學是家庭工業，那麼美國的優生學已經發展成熟，成為全國運動。這個運動之父是聲譽崇隆的動物學家查爾斯・達文波特（Charles Davenport），哈佛出身的他在一九一〇年創立了專門研究優生學的研究中心和實驗室，即優生紀錄處（Eugenic Record Office）。他在一九一一年出版的著作《優生學與遺傳》（*Heredity in Relation to Eugenics*）[44]不僅是此運動的聖經，也是全美各大專院校遺傳學指定教科書。

達文波特並沒有親自參加一九一二年的這場會議，但他的門生、美國繁殖者協會（American Breeders' Association）的年輕會長布利克・范・韋格南（Bleecker Van Wagenen）卻語驚四座，歐洲人的報告內容依舊以理論和推測為主，范・韋格南的演講卻全是洋基佬的實用風格，他熱切地談起美國淘汰「缺陷品系」的努力，政府已經為不適合遺傳的人規畫了「群居地」（監禁中心），並組成委員會考量是否為不適繁衍後代者絕育，諸如癲癇患者、罪犯、聾啞人士、愚笨低能者、眼睛有缺陷的、骨骼畸形的、侏儒、精神分裂者、躁鬱症病人或精神失常者。

「近百分之十的人口血統都欠佳，」范・韋格南說，「完全不適合擔任有用公民的父母。聯邦已有八州制定法律，批准或要求他們絕育。賓州、堪薩斯、愛達荷、維吉尼亞等，已經有可觀的人口遭絕育，公私立診所的外科醫師執行了成千上萬的絕育手術。通常這些手術全基於病理的因素施行，我們也發現很難取得這些手術更深遠影響的真實紀錄。」[45]

「我們試圖追蹤出院者的情況，有時也會接獲報告，並無發現不良後果。」[46]加州州立醫院的院長在一九一二年欣喜地作出結論。

# 「三代弱智已經夠了」

如果讓孱弱和畸形的人活下來，繁衍後代，我們就會面對遺傳衰退的命運。但若我們在能拯救或協助他們時，讓他們死亡或受苦，我們就須面對必然的道德衰退。[1]

——西奧多西奧斯．格雷戈瑞維克．杜布贊斯基（Theodosius Grigorievich Dobzhansky），《遺傳與人類本性》（*Heredity and the Nature of Man*）

畸形的父母會生出畸形的子孫，就像瘸子源自瘸子，瞎子來自瞎子。大體而言，他們的特性違反自然，還有如瘤和疤痕等天生的記號。有些特色傳遍三代。[2]

——亞里士多德，《動物誌》（*History of Animals*）

一九二〇年春，愛瑪特．艾達琳．巴克（Emmett Adaline Buck，簡稱愛瑪），因癲癇和智障，被送進維吉尼亞州立隔離區（Virginia State Colony）。[3]她的另一伴製錫工人法蘭克．巴克（Frank Buck）不知道是離家，還是死於意外[4]，只留下愛瑪照顧年幼的女兒嘉莉．巴克（Carrie Buck）。

愛瑪和嘉莉生活貧困，靠著慈善機關和人們施捨食物、打點零工，勉強維持生活。傳說愛瑪出賣肉體，染上了梅毒，賺來的工資一到週末都花在酒上。當年三月，她在城裡的街上被捕，因流浪或賣淫拘留，並受法庭傳喚。四月一日，兩位醫師草草為她做了心理檢查，把她歸為「心智缺陷」[5]，送往林奇堡（Lynchburg）的隔離區。

一九二四年的「心智缺陷」共分為三個範疇：智障（idiot）、低能（moron）和弱智（imbecile）；其中以智障最容易分類[6]，美國人口普查局把這個詞定義為「心智障礙者，心智年齡不到三十五個月」，可是弱智和低能很常混為一談，按照文件規定，這兩個詞指的是比較不嚴重的認知障礙，但實際上，這幾個詞就像旋轉門一樣，把各式各樣的男男女女都掃了進來——妓女、孤兒、抑鬱症病患、遊民、輕微小罪的罪犯、精神分裂症、誦讀困難症的患者、女性主義者、不服管教的青少年等，簡言之，任何人只要行為、欲望、選擇或外觀超出一般人接受範圍之外都算在內。

心智缺陷的女人都會送到維吉尼亞州立隔離區，以保證她們不會繼續生育，以免讓更多低能或智障汙染人口。「隔離區」一詞點名了它的目的，此處打從一開始就不是醫院或療養院，它最原始的用途就是劃出圍堵區。這個地方在藍嶺山脈（Blue Ridge Mountains）迎風的山腳下，離詹姆斯河（James River）泥濘的河岸約一哩，有專屬郵局、發電廠、貯煤室，以及卸貨用的一段鐵軌。沒有公共運輸工具進出隔離區，這裡就像是精神病人的加州旅館，住進來的病人很少能夠再離開。

愛瑪來到此地之後，先清洗沐浴，扔掉舊衣服，她的生殖器則以水銀灌洗消毒。精神病醫師為她再做了一次智力測驗，證實初步的診斷「低度心智」屬實，於是她住進了隔離區，這輩子沒再離開。

⊖

在母親尚未被送往林奇堡之前，嘉莉的童年雖然貧窮，但至少還正常。一九一八年，她十二歲，學校的成績單說她「儀態風度和課業」都「非常優秀」。身材瘦長的她像男生一樣喧鬧。以年紀來說，她的身材算高，舉手投足有點笨拙，深色的頭髮留著劉海，總是咧嘴露出笑容，她喜歡寫紙條給男生，也愛在池塘裡撈青蛙和河鱒。可是，愛瑪被送走之後，她的人生就開始走下坡。嘉莉被送去寄養，結果遭寄養父母的侄子強暴，很快就懷了孕。

嘉莉的寄養家庭為了趕緊解決這個燙手山芋，於是把她送到先前讓她母親住進林奇堡的同一名法官面前，說嘉莉一樣也是弱智：他們說她顯出奇特的愚笨情況，有「幻覺和難以捉摸的脾氣」、衝動、有精神病、淫蕩。這名法官是嘉莉寄養父母的朋友，可想而知，他又判定嘉莉「心智缺陷」——有其母必有其女。一九二四年一月二十三日，就在愛瑪在法庭被判隔離後不到四年，嘉莉也被判送入隔離區。[7]

一九二四年三月二十八日，在等待轉送林奇堡的期間，嘉莉生下女兒薇薇安．伊藍（Vivian Elaine）。[8]根據州法，薇薇安也將送往寄養家庭。一九二四年六月四日，嘉莉抵達維吉尼亞州立隔離區，她的報告寫道，「病人並無精神錯亂現象，她可讀可寫，自己會保持整潔。」她日常生活的知識和技巧都很正常，儘管有這些證據仍然使她被歸為「中度低能」[9]，遭到監禁。

⊖

一九二四年八月，就在嘉莉來到林奇堡後幾個月後，她應艾伯特．普萊迪（Albert Priddy）醫師之要求，來到隔離區委員會面前。[10]

小城醫師普萊迪原籍維吉尼亞基斯維爾（Keysville），自一九一〇年起一直擔任隔離區的負責人，但嘉莉和愛瑪不知道的是，他正參與激烈的政治運動。普萊迪最熱中的計畫是讓心智缺陷的人「優生絕育」。普萊迪在他管轄的隔離區擁有至高無上權力，就像康拉德小說《黑暗之心》的主角克爾茲一般，他相信把心智缺陷的人囚禁在隔離區，只能暫時避免他們的「壞遺傳」，一旦把他們放出來，弱智的人就又會重新繁殖，汙染破壞基因庫，讓他們絕育才能一勞永逸。

普萊迪需要的是能夠以優生為由為婦女絕育的總括法律命令（blanket legal order），只要一個「試驗案件」（test case）就能為上千件類似的案件確立標準。他提出此案，發現法界和政壇領袖大半都支持他的想法。一九二四年三月二十九日，在普萊迪協助之下，維吉尼亞州參議院批准州內優生絕育，只要手術者先經「心理健康機構董事會」（Boards of Mental-health institutions）篩檢即可。[11] 九月十日，在普萊迪敦促之下，維吉尼亞州隔離區董事會在例行會議檢視了巴克的案子。調查過程中，只問了嘉莉一個問題：「對於手術，你有什麼意見要說嗎？」她只回答了兩句話：「沒有，大人，由我的親友決定。」[12] 不論她的「親友」是誰，都沒有為她說話，董事會批准了普萊迪的要求，讓嘉莉絕育。

不過，普萊迪擔心他的優生絕育會被州和聯邦法院找麻煩，所以在他鼓動之下，嘉莉的案子送到了維吉尼亞法院。普萊迪認為，只要法院肯定他的作法，他就擁有完全的權威，能在隔離區繼續優生大計，甚至推廣到其他隔離區。「巴克對普萊迪」（Buck v. Priddy）一案，就在一九二四年十月送到阿默斯特（Amherst）郡巡迴法庭。

一九二五年十一月十七日，嘉莉在林奇堡法院出庭，她發現普萊迪已安排了十幾位證人，第一位是夏洛特維爾（Charlottesville）的護士，她作證愛瑪和嘉莉很容易衝動，「心理上無責任能力，還有……心智缺陷。」當請她提供嘉莉令人的困擾行為時，她說嘉莉「寫紙條給男生。」另有四名婦女也為愛瑪和嘉莉作證，但普萊迪的王牌證人還沒露面。在嘉莉和愛瑪不知情的情況下，普萊迪派了紅十字會的社工人員檢視嘉莉八個月大的女兒薇薇安，她被送到寄養家庭。普萊迪認為，如果發現薇薇安也有心智缺陷，這個案子就可結案了。如果愛瑪、嘉莉和薇薇安三代的心智都有問題，就很難反駁心智障礙不是遺傳。

只是，作證過程並沒有普萊迪計畫的順利，這位社工人員的演出完全不符腳本，首先，她承認自己的判斷有偏見：

「或許我對身為母親的了解會讓我有成見。」

「你對這孩子有什麼印象？」檢察官問道。

社工人員再度猶豫，「年紀這麼幼小的孩子很難判斷，不過在我看來似乎並不完全是正常嬰兒……。」

「你不認為這孩子是正常嬰兒？」

「她有種不太正常的樣子，但究竟是什麼，我說不上來。」

有那麼一會兒，美國優生絕育的未來似乎就繫於這名護士對這個沒玩具而哭鬧不休嬰兒的模糊印象。

整個審訊包括午餐休息，總共花了五小時。商議很簡短，裁決很冷漠。法庭確認了普萊迪為嘉莉絕育的決定。裁決書寫道：「此舉符合適當的法律要求，無關刑法。並未如評者所言，把人類的自然階層一分為二。」

嘉莉的律師提出上訴，此案轉到維吉尼亞最高法院，但法院再度肯定普萊迪為嘉莉絕育的要求。一九二七年初春，此案打到聯邦最高法院，普萊迪已去世，由他的繼任者、隔離區的新主管約翰·貝爾（John Bell）擔任辯方。

巴克對上貝爾一案於一九二七年春在聯邦最高法院辯論。打從一開始，這個案子就顯然並非針對巴克，也並非針對貝爾。當時是風起雲湧的時期，全國上下對歷史和傳承充滿了焦慮，移民蜂擁而來，創下歷史高點，怒吼的一九二〇年代接踵而至。一八九〇至一九二四年間，近千萬移民（猶太、義大利、愛爾蘭和波蘭的工人）紛紛湧入紐約和芝加哥，街頭巷尾公寓市場盡是異國語言、儀式和食品（一九二七年，紐約和芝加哥的新移民已占總人口逾四成）。就如階級焦慮促成了一八九〇年代英國的優生學，族裔焦慮也促成了一九二〇年代美國優生學的諸多作法。[①]高爾頓可能輕視普羅大眾，不過他們好歹是英國的普羅大眾，相較之下，美國的普羅大眾裡卻有越來越多外國人，這裡的基因就像口音一樣，越來越外國。

普萊迪等優生學者長久以來總是擔心，移民氾濫會導致「種族自殺」。他們主張，長此以往，會演變成不好的人超過好的人，錯誤的基因會汙染正確的基因。要是基因如孟德爾所證明的無法分割，那麼基因一經破壞，就永遠無法再恢復。（力主優生學的保守派律師麥迪遜．葛蘭特〔Madison Grant〕寫道，「任何種族一旦與猶太人通婚，就是猶太人。」[13]）一位優生派人士寫道，「剔除瑕疵種質」[14]的唯一辦法，就是割除製造種質的器官（如同對付嘉莉這樣不適合傳宗接代者的強迫節育），保護全美不受「種族惡化的威脅」就必須執行種族社會的手術。貝特森在一九二六年曾十分厭惡地寫道，「英國的優生烏鴉呱噪改革」[15]，反觀美國，這裡的烏鴉呱噪得比英國的更厲害。

相對於「種族自殺」及「種族退化」的，還有其他種族和基因純淨的神話，比如一九二〇年代初期最流行的言情小說是愛德加．萊斯．巴勒斯（Edgar Rice Burroughs）的《人猿泰山》（*Tarzan of the Apes*），此書擁有數百萬美國讀者，內容是一位英國貴族自嬰兒時期就在非洲成了孤兒，被人猿養大，他不但保有父母的膚色、風度、體格、盎格魯撒克遜的價值觀，甚至憑直覺就會適當地使用餐具。泰山「挺拔完美的身材、健碩的肌肉，就如最傑出古羅馬戰士必然擁有的肌肉」——說明了先天必然勝於後天。如果叢林人猿撫養的白人能保留穿法蘭絨西裝白人一樣的正直，那麼種族純淨必然在任何情況下都能保持。

在這樣的背景下，美國聯邦最高法院不旋踵就作出了巴克對貝爾一案的裁決。一九二七年五月二日，就在嘉莉二十一歲生日前幾週，最高法院公布了裁決，大法官小奧利弗·溫德爾·霍姆斯（Oliver Wendell Holmes Jr.）寫下了八對一的意見，他說，「與其等著處決犯罪的墮落子孫，或者讓他們因為智能障礙而餓死，社會大眾不如防患於未然，讓顯然不合適者不再繼續繁衍後代。強制接種疫苗的原則包含了切除輸卵管的作法。」[16]

霍姆斯，身為醫師之子、人道主義者與歷史學者，並以對社會教條的懷疑知名，很快地成為全美司法和政治溫和路線最熱切的擁護者，他顯然厭倦了巴克祖孫三代和她們的嬰兒。「三代弱智已經夠了，」[17]他寫道。

① 奴隸制度的歷史傳承無疑也是美國推動種種優生政策的重要因素。美國白人優生學者長久以來一直擔憂基因不良的非洲黑奴會和白人通婚，汙染基因庫，不過，一八六〇年代的法律禁止異族通婚，消除了這方面大半的恐懼。相較之下，白人移民卻沒黑人那麼容易辨識區分，加深了一九二〇年代對種族汙染和雜婚的憂慮。

嘉莉在一九二七年十月十九日動了輸卵管結紮術。當天早上，大約九點多，她被送往州隔離所的醫務室。十點，被以嗎啡和阿托平藥物麻醉，躺上手術室的輪床，由一位護士監控麻醉，嘉莉陷入沉睡。手術由兩位醫師和兩位護士執行，就這種例行作業而言陣仗未免太大，不過這是特例。所長貝爾切開她腹部的中線，將兩條輸卵管各切除一段，把管子末端打結，再縫合腹腔。傷口以石碳酸燒灼，並用酒精消毒。術後並無併發症。

遺傳的長鏈於是被破解了。貝爾寫道，「遵行絕育法所作的手術第一例」一如計畫順利，病人健康出院。嘉莉安然無恙，在她的房間裡復元。

⊖

從孟德爾最初的豌豆實驗，到法院授權嘉莉．巴克的絕育手術，其間六十二年的光陰轉瞬即逝，但在這六十多個年頭中，基因卻由植物實驗的抽象概念一躍成為控制社會的有利工具。一九二七年，巴克對貝爾的案子在最高法院攻防時，遺傳學和優生學的滔滔雄辯也擴及全美社會、政治和個人的對話。一九二七年，印第安那州通過先前法律的修訂版本[18]，決定要為「已確定的罪犯、智障、弱智和強暴犯」絕育。其他各州也紛紛效法，對認定遺傳缺陷的男女採取更殘酷嚴苛的法律措施。

除了州政府贊助的絕育計畫在全美各地展開，基因選擇的運動在民間也方興未艾。一九二〇年代，數以百萬計的美國人湧入農產博覽會，會中除了展示刷牙的方法、爆米花機器和乘坐乾草大車繞場之外，大家也會看到嬰兒比賽[19]，一、兩歲的小嬰兒就像狗和牛一樣，得意地放在桌子或臺座展示，由穿著白袍的醫師、精神病醫師、牙醫和護士檢查他們的眼睛和牙齒，戳戳皮膚，測量身高、體重、頭顱大小和性情，選出最健康、最合適者。他們的照片會登在海報和報章雜誌上，等於是消極地支持全國優生運動。創立優生紀錄處的哈佛動物學家達文波特也擬定了判斷最適嬰兒的標準評估表，他指示評審在檢視孩子之前，要先檢視父母：「在開始檢視寶寶之前，你應已打下五〇％的遺傳分數。兩歲時獲獎的寶寶可能到十歲時罹患癲癇。」[20]這些博覽會通常還設有「孟德爾攤位」，用玩偶展示遺傳學法則。

一九二七年，一部叫做《你是否適合結婚？》（*Are You Fit to Marry?*）[21]的影片在全美放映，場場爆滿，這是另一位熱中優生學的醫師哈利．海瑟登（Harry Haiselden）所拍攝，是更早的影片《黑鸛鳥》（*The Black Stork*）之重拍，片中由海瑟登本人粉墨登場飾演的醫師不肯為殘障嬰兒施救命手術，為的是「淨化」美國，杜絕具瑕疵的下一代。影片最後是一名婦女做了生下心智障礙孩子的惡夢，驚醒後決定要和未婚夫做婚前檢查，確保他們的遺傳不會有問題（到了一九二〇年代後期，民眾已被大肆宣傳婚前優生保健測驗及心智障礙、癲癇、失聰、骨骼疾病、侏儒症和失明等家庭病史評估的必要）。海瑟登雄心勃勃，希望將他的影片推廣為「約會」電影，片中內容包含愛情、浪漫、懸疑和幽默，還順便推廣一下殺嬰的觀念。

隨著美國優生運動的陣線由隔離、絕育，再到公然謀殺，歐洲優生學者也看到了社會醞釀渴望和忌恨的情緒。一九三六年，巴克對貝爾案子之結束不到十年，更凶殘的「基因淨化」將會如來勢洶洶的傳染病吞噬整個歐陸，讓基因語言和遺傳變形，化為最強力、最令人毛骨悚然的形式。

# 第二部（1930-1970）

## 「部分的總和裡，仍然只有部分。」[1]／解譯遺傳機制

此時我說
「語言並非單一字詞的種種形式。
部分的總和裡，仍然只有部分。
世界必須用眼睛測量。」2

——**華勒斯．史蒂芬斯**（Wallace Stevens）**《回家路上》**（*On the Road Home*）

# 「Abhed」

天性與特性持續一生，至死方休。

——西班牙諺語

我是家族的臉：
肉體腐朽，而我續存，
映出特性和足跡
穿越時間到不久的時空，
由一處躍向另一處
越過遺忘。[1]

——湯瑪斯・哈代（Thomas Hardy），〈遺傳〉（Heredity）

我們探望莫尼前一天，父親和我在加爾各答散步。我們由西爾達車站附近開始，這是祖母一九四六年拖著五個男孩和四個金屬行李箱，步下來自巴里薩爾的火車之處。我們由車站旁追溯他們曾經走過的路徑，沿著普拉富拉錢德拉路（Prafulla Chandra Road）前行，越過熱鬧的傳統市場，左邊是賣魚和蔬菜的露天攤販，右邊則是長滿布袋蓮的死水池塘。接著我們左轉，朝市區走去。

道路突然變得狹窄，人潮也洶湧起來。街道兩側原本較大的公寓也分割成廉價小公寓，就好像經歷了某種激烈的生物程序——一個房間分裂成兩個，兩個變成四個，四個變成八個。街道星羅密布，天空也消失了，只聽到炒菜的鍋鑊玎璫作響，聞到煤煙的礦物氣味。到了一間藥店門口，我們轉進哈亞特坎巷，朝我父親和他家人曾經住過的房子前去。那個垃圾堆還在，養活了幾個世代的野狗。那棟房子的前門通往一個小庭院，樓下的廚房有位婦女，正準備用大鐮刀切開椰子的頭。

「你是畢布胡提的女兒嗎？」我父親突如其來用孟加拉語問。畢布胡提是屋主，當年就是他把房子租給我祖母，他已經去世，但我父親記得他的兩個孩子，一兒一女。

這名婦女警覺地盯著我父親，他已經跨過門檻，登上廚房上方數呎的陽臺。「畢布胡提一家還住在這裡嗎？」沒等正式介紹，就提出了這些問題。我注意到他的口音有了刻意的變化，子音放軟的嘶聲，西孟加拉語的齒音 dh 也放鬆成東孟加拉的 ss 嘶嘶聲。我知道在加爾各答，每一個重音都像是外科探針。孟加拉人送出他們的母音和子音，它們就像航拍機，測試聽者的身分，嗅出他們的理解同情，確認他們的忠實支持。

「沒有。我是他弟弟的媳婦，」那位婦女說，「自從畢布胡提的兒子去世後，我們就一直住在這裡。」

很難說清楚接下來是怎麼回事，只能說是難民史獨特的一刻，他倆互相心領神會。這名婦女認出我父親——認出的不是從未謀面的故人，而是他所代表的「歸鄉遊子」。在加爾各答、柏林、白沙瓦（Peshawar，近阿富汗邊境的巴基斯坦城市）、德里、巴基斯坦某個鄰近阿富汗邊境的城市、德里與達卡，這樣的人天天都會出現，突如其來地由街上冒出來，無聲無息地走到人家屋裡，一腳踩進門檻，踏入他們的過去。

她立刻熱絡起來，「你們是原本住在這裡的那家人？不是有很多兄弟嗎？」她一副順理成章的模樣，彷彿早就料到這趟造訪。

她的兒子，約十二歲大，由樓上窗戶探出頭來，手上還拿著教科書。我認得那扇窗戶。賈古曾經一連好幾天逗留在那裡，雙眼望著庭院。

「沒事，」她比著手勢對兒子說，他跑回屋裡。她轉向我父親說，「你可以上樓看看，不過鞋子要脫在樓下。」

我脫下運動鞋，腳底立刻覺得地面很親切，彷彿我一直都住在這裡似的。

⊖

父親和我一起在房子四處走動，它比我原先想的小——由借來的記憶拼湊出來的地方免不了會如此，也比較陰暗，灰塵較多。回憶讓過去更鮮明，腐朽的是現實。我們爬上樓梯，通往兩個房間。當年四個弟弟，拉結什、納庫（Nakul）、賈古和我父親共用一個房間，老大拉丹（Ratan）、莫尼的父親，和我祖母共用旁邊那個房間。但隨著賈古的心智越來越瘋狂，她讓拉丹搬出去和弟弟住，讓賈古搬進房間，賈古再也沒有搬出她房間。

我們爬上屋頂陽臺，終於看到敞開的天空。夜暮迅速低垂，幾乎可以感覺到地球的曲度呈拱形離開太陽。我父親往車站的燈望去，遠處一列火車就像一隻孤鳥鳴起汽笛。他知道我正在寫遺傳的書。

「基因，」他皺著眉頭說。

「孟加拉語有這個字嗎？」我問道。

他搜尋了一下心裡的辭典，沒有這樣的字，不過他或許可以找個字替代。

「Abhed，」他提議。我從沒聽過他用這個字，它的意思是「不能分割」或「不能穿過」，但也可約略表示「身分」。

我對父親選擇這個字驚訝不已，它就像是一個字的回音室，孟德爾或貝特森一定會欣賞它的諸多共鳴：不可分割、不能穿過、不能分離、身分。

我問父親他對莫尼、拉結什和賈古有什麼想法。

「Abheder dosh，」他說。

身分的瑕疵、遺傳的疾病、一種無法與自我分離的缺失——這個片語有諸多意義。他已對這樣的不可分割釋懷。

⊖

一九二〇年代後期，儘管社會對於基因和身分之間的關係有不少討論，但基因本身卻似乎沒有什麼自己的身分。如果問科學家基因是由什麼構成的？它如何發揮功能？或者它究竟存在細胞的哪個部分？都不會得到滿意的答案。即使當時已用基因之說解釋法律和社會急劇的變化，但基因本身卻依舊是抽象的存在，是潛伏在生物機器裡的幽靈。

這個遺傳學的黑盒子卻出乎意料地由一位研究奇特生物的科學家打開。一九〇七年，貝特森赴美發表關於孟德爾研究的演講[2]，他在紐約停留，認識了細胞生物學家湯瑪斯·杭特·摩根（Thomas Hunt

Morgan）。貝特森對他印象並不太好，他寫信給妻子說道，「摩根是死腦筋。他總是忙個不停，非常活躍，十分呱噪。」[3]

呱噪、活躍、執著、古怪——摩根的心智就像苦行僧，由一個科學問題跳到另一個科學問題。他是哥倫比亞大學的動物學教授，主要的興趣在胚胎學。對於遺傳單位是否存在、如何貯存，又存在什麼地方等問題，摩根起先根本一點興趣也沒有。他在乎的是生物的發展：生物如何由單細胞發育出來？

摩根最初抗拒孟德爾的遺傳理論，認為複雜的胚胎信息不可能存在細胞中分離的單元裡（因此貝特森說他「死腦筋」）。不過，摩根還是被貝特森的證據收服，很難辯得贏「孟德爾的鬥牛犬」，因為他有大批資料武裝。然而，即使摩根信服有基因存在，卻依舊對它們的實質形式感到困惑。科學家亞瑟·孔伯格（Arthur Kornberg）曾說，細胞生物學者用看的，遺傳學者用算的[4]，生化學家則負責清理。的確，細胞生物學家有了顯微鏡之助，已經習慣細胞內執行同樣功能的可見結構，可是到目前為止，基因卻只能在統計數據上「可見」。摩根想要揭開遺傳的物質基礎之謎。「我們對遺傳主要興趣不在數學公式，」他寫道，「而是把它視作和細胞、精子與卵子相關的問題。」[5]

可是，細胞內究竟哪裡可以找到基因？長久以來，生物學家憑直覺揣測基因應該存在胚胎裡。一八九〇年代，在那不勒斯研究海膽的德國胚胎學者悉爾多·波維利（Theodor Boveri）曾提出基因應位於染色體（chromosomes，由波維利的同僚威廉·馮·瓦爾代爾—哈茲所創造），這是線狀的細絲，用苯胺（aniline）會染成藍色，纏繞成彈簧狀，位於細胞核。

兩位科學家的實驗證實了波維利的假說，其中一位是華特·蘇頓（Walter Sutton），這個在堪薩斯大草原長大的農村男孩從小喜歡收集蚱蜢，後來在紐約成了收集蚱蜢的科學家。[6]一九〇二年夏，蘇頓在研究蚱蜢的精卵細胞（其染色體特別巨大）時，也假定基因存在染色體上。波維利的高徒、生物學家內蒂·

史蒂文斯（Nettie Stevens）則對如何決定性別產生興趣，她在一九〇五年用黃粉蟲（mealworm）的細胞，證明了「雄性」擁有一個獨特的因素[7]：Y染色體，它只出現在雄性胚胎，從未出現在雌性胚胎（Y染色體在顯微鏡下看起來和其他染色體很像；染成靛藍色的彎曲DNA和X染色體只是看起來比較短粗）。找出單一染色體性別基因的位置之後，史蒂文斯也提出：所有基因可能都位於染色體。

⊖

摩根雖然佩服波維利、蘇頓和史蒂文斯的研究，但依舊渴望對基因有更具體的描述。波維利已指出染色體是基因所在，可是基因和染色體更進一步的結構依舊不清楚。基因在染色體上如何組織排列？它們是否沿著染色體的細絲排成一列，就像一串珍珠？每個基因是否都有獨特的染色體「位址」？基因會不會重疊？在物理或化學上，一個基因是否會和另一個基因相連？

摩根藉著另一種模式生物——果蠅，來研究這些問題。他在一九〇五年左右開始飼養果蠅（後來有些同事說他養的第一批果蠅來自麻州伍茲霍爾〔Woods Hole〕一家雜貨店過熟的水果堆，也有人說是來自紐約的一位同事）。一年後，他在哥倫比亞大學三樓一間實驗室裡，用牛奶瓶塞滿了腐爛的水果，養了數千條蛆。①一串串香蕉掛在桿子上，水果發酵的氣味教人難以忍受，只要摩根一動，就有一層由瓶中逃出來的果蠅由桌上飛起，好像會嗡嗡叫的面紗。學生把他的實驗室稱為蒼蠅室[8]，它的大小和形狀就像孟德爾的花園——後來在遺傳學歷史也有相同的象徵地位。

摩根和孟德爾一樣，由辨識遺傳特徵開始，尋找可以讓他追蹤數世代的可見變異。他在二十世紀初曾赴阿姆斯特丹參觀德弗里斯的花園[9]，對他的植物變種很有興趣。果蠅是不是也有變種？在顯微鏡下看過成千上萬的果蠅之後，他開始記錄數十隻變種果蠅。在通常是紅眼的果蠅中，出現了一隻罕見的白眼果蠅，其他的變種還包括剛毛分叉、深褐色體色、腳有弧度、翅膀彎曲如蝙蝠、腹部有節、眼睛畸形——奇形怪狀，就像參加萬聖節遊行。

紐約有一群學生跟隨他做實驗，這些學生各有特色，包括來自中西部、神經緊張、講求精準的阿弗瑞德．史特蒂文特（Alfred Sturtevant）；聰明浮誇的年輕人卡爾文．布瑞吉斯（Calvin Bridges），一心嚮往打破婚姻束縛，渴望開放之愛和雜交；以及偏執妄想的赫曼．穆勒（Hermann Joseph Muller），整天都想引起摩根的關愛。摩根明顯偏愛布瑞吉斯；布瑞吉斯還在念大學時被派去洗瓶子，就是他在數百隻紅眼果蠅中，看到了白眼的變種，這也成為摩根諸多重要實驗的基礎。摩根欣賞史特蒂文特的紀律和敬業，三個學生裡，他最不喜歡穆勒：他覺得穆勒滑頭、寡言少語和實驗室其他同學格格不入。後來三名學生激烈爭吵，造成的嫉妒和破壞循環，橫掃遺傳學界。不過現下，他們在果蠅的嗡嗡聲中維繫著脆弱的和平，各自埋首在基因和染色體的實驗。摩根與學生讓正常的果蠅和變種交配——比如白眼雄果蠅和紅眼雌果蠅交配，藉以追蹤經過多個世代的遺傳特徵。這些變種再度證明是實驗的關鍵：唯有異常才能闡明正常遺傳的本質。

---

① 某些研究是在伍茲霍爾進行，每年夏天摩根都會把實驗室搬到那裡。

要了解摩根發現的重要性，得先回到孟德爾。在孟德爾實驗中，每一個基因都表現得像是獨立實體——自由自在，不須為其他特性負責。比如花朵的顏色就和種子的結構或莖的高矮毫無關連。每個特點都是獨立繼承，特性有各種組合可能，因此每一次雜交的結果，都是徹底的遺傳輪盤賭注：如果讓開紫花的高莖植物和開白花的矮莖植物交配，最後可能產生各式各樣的混合——白花高莖和紫花矮莖等等。

但摩根的果蠅基因卻並非一直都是獨立作業，一九一〇至一九一二年，摩根和學生為成千上萬的變種果蠅交配，創造成千上萬的後代，每一次交配的結果都小心翼翼地記錄下來：白眼、深褐體色、長有剛毛、短翅。摩根檢視這些雜交結果，用了數十本筆記本製表記錄，結果發現一個驚人的模式：有些基因的表現彷彿彼此互相「連結」，比如負責創造白眼的基因（稱為白眼基因）免不了和雄性相關；不論摩根如何讓他的果蠅交配，就是只有雄蠅才會生出白眼。同樣地，深褐體色的基因一定和翅膀形狀的基因相關。

摩根認為，這樣的關連只有一種解釋[10]：基因必然擁有實體的連結。[11]果蠅的深褐體色基因從沒有（或很少）和小翅的基因分離，因為它們位於同一個染色體上。如果兩顆珠子串在同一條線上，那麼它們就會永遠綁在一起，不論珠串線如何混搭都不會產生影響。兩個位於同一個染色體的基因，遵守一致的原則：分叉剛毛的基因和表色的基因很難分離。這些特徵無法分離是因為它們有物質基礎：染色體是「線」，某些基因沿著這條線永遠串在一起。

摩根發現了孟德爾法則的重要修正。基因並不分頭行動，而是集體活動。一批批信息自行打包進了染色體，最後進了細胞。此發現還有個更重要的結果：在觀念上，摩根不只把基因串連起來，而是把細胞生物學和遺傳學兩個學門連鎖起來。基因不是「純理論的單位」而是實質事物，以特定的形式存在細胞內特定的地點。[12]摩根推論，「既然我們已在染色體找出了基因的位置，我們是否能順理成章地把它們當成物質單位？即一種比分子更高層的化學體？」

⊖

在確定了基因互相連鎖的觀念後，也帶來了第二和第三個發現。讓我們回到此連鎖：摩根的實驗已證實，同一個染色體上互相連鎖的基因會一起遺傳下去。如果產生藍眼的基因（姑且稱之為B）和生成金髮的基因（Bl）相連，那麼金髮子女就必然會遺傳藍眼（這個例子是假設，但原則為真）。

不過，連鎖帶有例外。偶爾，在非常偶然的情況下，一個基因會脫離夥伴基因，由父系的染色體移到母系的染色體，造成極罕見的藍眼黑髮子女，或黑眼金髮子女。摩根把此現象稱為「互換」（crossing over）。我們後面會看到，基因的互換最後將推動生物學的革命，建立基因信息可以混合、搭配和交換的原則——不只是姊妹染色體之間，而是跨越生物與物種之間。

⊖

摩根的研究促成的最後發現，也是「互換」的系統研究成果。有的基因連鎖緊密，從不互換。摩根的高徒假設，這些基因在染色體上彼此最接近。其他雖然連結、分離傾向卻較高的基因，它們在染色體的位置必然相隔較遠。完全沒有連鎖的基因則必然位於截然不同的染色體上。簡言之，緊密的基因連鎖代表染色體上基因位置相近：只要測量兩種特徵（如金髮和藍眼）連結的頻繁與否，就能測出基因在染色體上的距離。

一九一一年某個冬夜，摩根實驗室的二十歲大學生史特蒂文特把**果蠅**（*Drosophila*）基因連鎖的資料帶回房間，他放著數學作業不做，卻花了整晚繪製果蠅基因的第一張圖。他推論，如果A和B緊緊連結，卻和C關係疏遠，那麼三個基因在染色體上的次序，以及互相的距離必然如下：

A．B..........C

如果創造出殘翅（以N代表）的等位基因和短剛毛（以SB代表）的等位基因常常一起遺傳，那麼N和SB就一定位在同一個染色體上，而不連鎖的眼睛顏色基因則必然在不同染色體上。當天晚上，史特蒂文特已經針對果蠅染色體上的半打基因，畫出了第一個線形基因圖譜。

這幅初步基因圖譜，預示了一九九〇年代人類基因組圖譜的浩瀚工程。史特蒂文特用基因的連鎖確定基因在染色體的相關位置，也為未來如乳癌、精神分裂和阿茲海默症等複雜遺傳疾病的基因複製奠定了基礎。就在這段約十二小時的時間中，在紐約一間大學生宿舍裡，他為人類基因組計畫鋪下了基石。

⊖

一九〇五到一九二五年間，哥倫比亞大學的果蠅室成了遺傳學中心，就像原子分裂，觀念撞擊觀念，基因連鎖、互換、線性基因圖譜、基因間的距離等，種種發現爆發出強烈的連鎖反應，甚至不禁讓人偶爾覺得遺傳學不是孕育誕生，而是突然從天而降。接下來的數十年，諾貝爾獎如水花般灑在果蠅室的眾人身上，摩根、他的嫡傳弟子、他學生的學生，甚至連這些學生的學生全都因種種發現而獲諾貝爾獎。

不過，在基因連鎖和基因圖譜之外，就連摩根都很難想像或描述基因的實質形體，哪一種化學物質能以「線」和「圖」的方式攜帶信息？這考驗著科學家接受抽象概念為真理的能力，在孟德爾發表報告的五十年後（自一八六五至一九一五年），生物學者僅僅由基因的性質認識基因：基因指定特性；基因可能突變，因而指定其他特性；以及基因在物理或化學上彼此相連。遺傳學者就像透過薄紗，朦朧地想像基因的形態和主題：線、串、圖譜、交換、斷續和不斷續的線、以編碼和壓縮形式攜帶信息的染色體，但從沒有人真正看到正在運作的基因，或知道它的實質。遺傳研究的核心似乎是只能看到影子的物體，遮遮掩掩，不明不白。

⊖

如果說海膽、黃粉蟲和果蠅離人類的世界太遠——如果有人質疑摩根或孟德爾的發現和人類世界沒有什麼相關，那麼一九一七年狂暴春天發生的大事就能證明事實恰好相反。當年三月，正當摩根在紐約的果蠅室裡撰寫基因連鎖的論文時，俄羅斯爆發了一連串人民起義的運動，最後推翻了沙皇統治，創建了布爾什維克政府。

表面上，俄國大革命和基因沒什麼關係，第一次世界大戰促使饑餓疲憊的民眾在不滿之餘陷入殘暴的騷亂，他們認為沙皇顢頇無能，軍隊紛紛叛變；工廠工人怨聲載道；物價飛漲。到了一九一七年三月，沙皇尼古拉二世被迫退位。不過基因（和連鎖）在這段歷史當然發揮了強大的力量。俄羅斯皇后亞歷山德拉是英國維多利亞女王的外孫女[13]，她的身上就帶有這段傳承的記號：並不只是雕刻般的高挺鼻子，或纖細如琺瑯的光澤肌膚，糾纏著維多利亞子孫的還有會造成B型血友病的基因，這是一種致命的出血疾病。

血友病是因為單一基因突變而缺乏一種凝血蛋白質所造成，因為缺乏這種蛋白質，血液無法凝固，造成出血不止；即使只是小裂口或創傷，都可能會惡化為致命的失血危機。血友病的英文hemophilia來自希臘文haimo（血液）和philia（喜歡或愛），其實是此病的悲劇諷刺：血友病患太愛流血。

血友病和性別基因相關，就像果蠅的白眼，女性攜帶血友病的基因，把疾病遺傳下去，但只有男性會發病。維多利亞女王很可能出生時就有血友病基因突變，影響凝血功能。她的第八個孩子李奧波繼承了這個基因，在三十一歲時因腦部出血而死。這個基因也由維多利亞傳給她的二女兒愛麗絲，再傳給她的女兒，後來成為俄羅斯皇后的亞歷山德拉。

一九〇四年夏，不知自己帶有血友病基因的亞歷山德拉生下俄羅斯皇儲阿列克謝，他童年時期的就醫史並沒有紀錄，但照顧他的隨員必然注意到有什麼問題：小王子很容易瘀青，一流起鼻血也很難停止。大家對阿列克謝的病情諱莫如深，他一直都是體弱多病的蒼白男孩，常常莫名其妙就血流不止，玩要時跌跤、皮膚有小傷口，甚至騎馬的顛簸，都會帶來大禍。

隨著阿列克謝成長，出血的威脅日益嚴重，亞歷山德拉於是求助能言善道的俄國魔僧格里戈里．拉斯普丁（Grigory Rasputin），而他答應治癒未來的沙皇。[14]雖然拉斯普丁宣稱他用各種草藥、油膏與適時的祈禱保住阿列克謝的性命，可是大多數俄國人都認為他只是個投機的騙子（據說他和皇后有染）。他經常出入王宮，對亞歷山德拉的影響日益增強，種種現象都被認為是王朝分崩離析、皇族越來越瘋狂的證據。

湧上彼得格勒街頭，並推動俄國革命的政經和社會力量，當然遠比阿列克謝的血友病或拉斯普丁的陰謀詭計複雜得多，歷史不能只有醫學史，但也不能自外於醫學史。俄國革命或許並非為基因而起，但卻和遺傳有很大的關係。批判這個主政體的人必然看出王子平凡的基因傳承和他崇高政治傳承之間的莫大差異，也很難忽視阿列克謝的病所象徵的意義——帝國病了，核心出血，得靠著繃帶和祈禱止血。法國人厭惡吃蛋糕的貪婪皇后（傳說路易十六的皇后瑪麗．安東妮聽說農民沒麵包吃的反應是「為什麼不吃蛋糕」），俄國人則受夠了吃下各種奇特草藥對抗神祕疾病的孱弱王子。

拉斯普丁在一九一六年十二月三十日被仇人下毒、槍擊、砍擊、棒打和水淹而死。[15]即使以俄國人暗殺的殘酷標準來看，這種暴力的程度都證明了仇敵對他的痛恨。一九一七年初夏，皇室遷到葉卡捷琳堡（Yekaterinburg）軟禁。一九一八年七月十七日晚上，再一個月就是阿列克謝十四歲的生日，布爾什維克教唆行刑隊闖入沙皇住處，暗殺了整個家族，阿列克謝頭部挨了兩槍。[16]孩子們的屍體應該四散並埋在附近，但沒找到阿列克謝的遺體。

二〇〇七年，一位考古學家在阿列克謝遇害房子附近的營火地點掘出部分焚毀的骨骸，其中一副就是這十三歲男孩的遺骨。[17]骨骼的基因測試確定屬於阿列克謝。如果研究人員分析整個骨骼的基因序列，必然可以發現 B 型血友病的罪魁禍首基因——這個橫跨歐陸傳承四代，最後化為了二十世紀政治事件關鍵時刻的突變。

# 真相與統合

一切都變了，徹底變了，
一種令人驚駭的美誕生了。[1]

——威廉・布特勒・葉慈（William Butler Yeats），《復活節》（*Easter*），一九一六年

基因在生物學「之外」誕生，我這麼說的意思是：若是觀察十九世紀後期生物領域延燒的重大問題，就會發現遺傳在名單上的排名並不特別高。研究活體生物的科學家更在意的是胚胎學、細胞生物學、物種起源和演化等。細胞怎麼運作？生物如何由胚胎發展？物種怎麼起源？什麼造成了自然界的多樣化？

然而，回答這些問題都必須面對同一個關鍵，這一切欠缺的環節都在於**信息**。每一個細胞和每一個生物都需要信息，才能執行生理機能。只是，這些信息由哪裡來？一個胚胎需要信息才能成為成年生物，但攜帶這個信息的是什麼？此外，物種的成員又怎麼「知道」它屬於這個物種，而非另一個物種？

基因的巧妙特性就在於，它一口氣提供了所有問題的可能解答。細胞需要信息進行新陳代謝功能嗎？它當然來自細胞的基因。存在胚胎裡的編碼信息？同樣也都存在基因裡。生物繁殖時，會傳送指

示建構胚胎、製造細胞、開始新陳代謝、進行求偶之舞、發表結婚感言，乃至繁殖自身物種的未來個體——全都以一個盛大有序的方式完成。在生物學中，遺傳絕非旁支末節的問題；它必定屬於核心問題。如果我們以通俗的眼光思考遺傳，想到的難免是跨世代傳承獨特或特定的特色：爸爸奇形怪狀的鼻子，或者整個家族遺傳的怪病。但遺傳解決的真正謎題卻更多：當初讓生物創造鼻子（任何一種鼻子）的本質到底是什麼？

⊖

由於科學家無法及時理解基因是生物運作的核心議題，造成了一種奇特現象：基因這門學問成了後來才加入的觀念，必須融入其他主要的生物領域。如果基因真是生物學信息的核心理念，那麼，生物界的主要特性（不只是遺傳）都該可以用基因解釋。首先，基因必須要能解釋變異：不連續的遺傳單位，該如何解釋人的眼睛雖然沒有六種獨特的形式，卻有像是六億種持續的變化？第二，基因必須能說明演化：這種單位的傳承該如何解釋生物能在長久的時間中，得到截然不同的形態與特徵？第三，基因必須要能解釋發育：個體該如何指定密碼，由胚胎創造出成熟的生物？

我們可以把這三種統合形容為透過基因的鏡頭，嘗試解釋大自然過去、現在和未來。演化描述了大自然的過去：生物怎麼起源？變異形容了它的現在：生物看起來為什麼是現在的模樣？胚胎發育（embryogenesis）則試圖掌握未來：單一的細胞如何創造出一個最後擁有特定形體的生物？

一九二〇至一九四〇年，變異和演化這兩個問題在這段轉變的二十年間，因遺傳學者、解剖學者、細胞生物學者、統計學者和數學家獨特的合作而得到答案，第三個問題，胚胎發育，則需要更一致的努力才能解決。諷刺的是，即使胚胎學推動了現代遺傳學這門學問，但基因和發生學之間的統合卻是更迫切的科學問題。

⊖

一九〇九年，年輕數學家羅納德·費雪（Ronald Fisher）進了劍橋大學的凱斯學院（Caius College）。[2]由於天生帶有遺傳缺陷，視力逐漸喪失，十幾歲時就已近全盲。他學習數學時不用紙筆，因此養成用心眼想像數學問題的能力，而非把等式寫在紙上。他在中學時就展現數學的才華，卻因視力不良成了在劍橋就學的累贅。老師因為他無法讀寫數學而感到失望，他遭到老師羞辱，一怒之下改行學醫，可是卻沒通過考試（就像達爾文、孟德爾和高爾頓，無法達到傳統成功的里程碑似乎在本書不斷出現）。一九一四年，戰爭在歐洲爆發時，費雪在倫敦市金融區擔任統計分析師。

白天他為保險公司檢查統計數據，晚上，整個世界幾乎完全從他的視覺消失，他投身生物學的理論層面。費雪全神貫注研究的問題正是如何讓生物學的「大腦」與「眼睛」協調。一九一〇年，最偉大的生物學家都認為，染色體攜帶信息的離散分子就是遺傳信息的攜帶者，但是，生物界一切可見的事物卻呈現幾近完美的連續性：如凱特勒和高爾頓等十九世紀的生物統計學者已證明人類的特性，如高矮、體重，甚至是智力，都以平滑、連續、鐘形的曲線分布。即便是生物的發育——最明顯的遺傳信息鏈，似乎都是沿著平滑、持續的階段進行，而非離散地出現。毛毛蟲並不是以斷斷續續的步驟發育成蝴蝶，如果雀鳥嘴喙的大小也是連貫的曲線。「信息分子」也就是遺傳畫素，怎麼能形成如此平滑變化的生物世界？

費雪明白，仔細做出遺傳特性的數學模式，可能化解其中的缺口。費雪知道孟德爾發現基因不連續的本質，是因為他選擇極端的特性，而且一開始就讓純種的植物雜交。但如果現實的特性（如身高和膚色）是多個基因搭配的結果，而非只有兩種狀態（高和矮或開和關）？要是有五個基因控制身高，或七個基因控制鼻子的形狀呢？

費雪發現，想要做出由五或七個基因控制的數學模型並沒那麼複雜。以三個基因為例，總共就會有六個等位基因（或基因變數），三個來自母親，三個來自父親。簡單的排列組合就可由這六個基因變數排出二十七種獨特的組合，如果每一個組合都對身高產生效果，結果就會變得平滑了。

如果以五個基因開始，排列的數量就會更大，因此產生的高度變異就幾乎是連續的。再加上環境的因素，如營養對身高的影響，曝晒陽光使皮膚色澤產生的變化等，費雪還可以想像出更多獨特的組合和影響，最後創造完全平滑的曲線。假設拿七張七種基本彩虹色澤的透明紙，把它們互相重疊地排列在一起，就幾乎能產生所有色彩。紙張的「信息」依舊分離，各種顏色彼此並沒有真正混合，但互相重疊的效果卻能創造出可以說是連續的色譜。

一九一八年，費雪發表了他的分析論文：《孟德爾遺傳假定下親戚之間的相關性》（*The Correlation between Relatives on the Supposition of Mendelian Inheritance*）。[3]論文的標題雖然冗長而雜亂，但信息簡單扼要：不論什麼特性，只要混合三至五個基因變數，就能得到幾乎完全連續的表現型。他寫道，「人類表現型變異的確實數量可以用孟德爾遺傳學的延伸解釋。」他主張，基因個別效果就像點彩畫上的一點，如果靠得夠近觀察，就會看到這些點是個別離散的，但我們在自然界由遠處觀察和體驗到的，卻都是許多點的聚集：圖素合併起來，形成連續的圖畫。

第二個問題的統合，即基因遺傳和演化，則不只需要數學模式，而是源自實驗資料。達爾文先前已指出演化是透過天擇，但要進行天擇，就必須有可擇的事物。曠野裡的一群生物必須有足夠的自然變異，才能挑出贏家和輸家。比如某座島上的一群雀鳥喙部必然天生就有足夠的變異，因此在天旱時，大自然就會選擇喙部更長或最長的雀鳥。如果去除這個變異，強迫所有的雀鳥都擁有同樣的喙，天擇就會空手而回，所有鳥也會一舉滅絕，演化就此戛然而止。

可是，造成曠野中自然變異的引擎是什麼？德弗里斯先前已指出造成變異的是突變：基因的變化創造出可以被自然力量選擇的形體變化，只是他的推測比基因的分子定義早出現。[4]是否有實驗證據可以證明，真正基因裡可辨識的突變是造成變異的原因？突變是突如其來且自然而然地發生，抑或是在野生種群中已經擁有許多自然的基因變異？且天擇發生時，基因會有什麼變化？

生物學家杜布贊斯基開始描述野生種群基因變異的範圍。原籍烏克蘭的他在一九三〇年代移民美國[5]，他曾在哥大果蠅室受過摩根指導，但他知道想要研究野生種群的基因就必須自己前往野外。他帶著網子、捕蠅籠和腐爛的水果捕捉野蠅，先是在加州理工學院實驗室附近，後來又到聖哈辛托山（Mount San Jacinto），再沿著加州內華達山脈（Sierra Nevada），最後進入全美各地森林和山岳。只待在實驗室裡的同事都認為他瘋了，建議他乾脆去加拉巴哥群島算了。

後來證明，在野蠅中尋找變異的決定十分關鍵。例如，杜布贊斯基在一種**擬暗果蠅**（*Drosophila pseudoobscura*）的品種裡，發現影響壽命長短、眼睛結構、鬃毛形態和翅膀大小等複雜的多種基因變異，最教人驚訝的變異例子是在同一地區收集到的果蠅擁有兩種截然不同基因組合。杜布贊斯基把這樣的基因變異稱為「品種」（races）。他用摩根染色體基因位置繪製基因圖譜的技術，畫出了三個基因A、B和C的圖。在某些果蠅身上，這三個基因是以A-B-C的配置方式沿著第五個染色體連結；但在其他果蠅身上，配置方式完全顛倒，變成了C-B-A。單一一個染色體倒轉造成這兩種果蠅「品種」之間的區別，是任何基因學者在自然種群所見基因變異最出人意料的例子。

但是，他的研究成果並不僅止於此。一九四三年九月，杜布贊斯基開始嘗試結合變異、天擇和演化於同一個實驗的作法[6]：他打算在一個紙板箱裡重建加拉巴哥群島。首先，他在兩個封口打洞的紙箱裡，以一比一的比例混合放進兩種果蠅品種，ABC和CBA。其中一個紙箱放在低溫環境，另一個則放在室溫環境。果蠅封在兩個空間裡，悉心餵食、清理，幫牠們添水，讓牠們一代又一代繁殖。牠們的總數增增減減，新的幼蟲出生、成長果蠅，然後死在紙箱裡。果蠅的世代、家族和王國興亡起落。四個月後，杜布贊斯基打開兩個箱子，結果發現果蠅數量有奇妙的變化。在「冷紙箱」裡，ABC品種幾乎增為一倍，而CBA則減少了。但「室溫紙箱」裡的兩個品種果蠅的比例卻正好相反。

他已掌握到演化所有必要條件。首先以基因配置不同的自然變異群體開始，再加上天擇的力量：溫度。「最適」生物（最適應低或高溫的果蠅）生存下來。新果蠅誕生、經過選擇、繁殖，基因的比例因此有了改變，造成新基因組合的群體。

⊖

杜布贊斯基為了以正式術語解釋基因遺傳、天擇和演化，重新啟用了兩個重要的名詞——基因型（genotype）和表現型（phenotype）。基因型是生物的基因組合，可能指一個基因、數個基因的配置或整個基因組。相對地，表現型指的是生物外表的性狀或特色，如眼睛的顏色、翅膀的形狀，或者對冷熱溫度的抵抗力。

孟德爾發現的真理是一個基因決定一個外表特色，而杜布贊斯基現在可以擴及多個基因和多種特色，重新敘述此原則：

一個基因型決定一個表現型

不過，想要完成這個計畫，必須為此規則做兩個重要的修改。第一，杜布贊斯基指出，基因型並非表現型唯一的決定因素。生物所處的環境明顯地會影響其外表特色。拳擊手鼻子的形狀並非只是基因傳承的結果，也是由所選擇的職業和鼻子軟骨所挨的攻擊次數所決定。如果杜布贊斯基突發奇想，修剪了紙箱之一中所有果蠅的翅膀，便毋須透過接觸牠們的基因，也能改變牠們的表現型（翅膀形狀）。換言之：

基因型＋環境＝表現型

第二，有些基因是由外在刺激或偶然啟動。以果蠅為例，決定殘翅大小的基因仰賴溫度：我們無法光由果蠅的基因或環境來預測翅膀的形狀，還須把這兩個信息連結起來。這種基因不能只由基因型或環境預測結果，它取決於基因、環境和機會的交集。

以人類為例，BRCA1 基因的突變會增加乳癌風險，但並非所有帶了 BRCA1 突變基因的婦女都會罹患乳癌。這種依賴觸發因素或機會的基因就稱作「外顯」（penetrance）不全或不完全外顯，亦即即使繼承了這個基因，它成為確實特性的能力也並非絕對。或者，基因也可能有各種不同的「表現度」（expressivity），亦即即使繼承了這個基因，它實際成為特性的能力也各不相同。一名帶有BRCA1突變的婦女也許會在三十歲就發展出會轉移的惡性癌症，另一名有同樣突變基因的婦女卻可能會發展出進展緩慢的乳癌，還有一位可能根本不會發展成乳癌。

迄今，我們依舊不知道造成這三名婦女不同病情的因素是什麼，但它是年齡、環境、其他基因和運氣的組合。光是用基因型BRCA1突變，無法準確預測最後的結果。

因此，最後修改出來的結果可能如下：

基因型＋環境＋觸發因素＋機會＝表現型

這個公式雖簡潔，卻掌握了決定生物外形和命運的遺傳、機會、環境、變異和演化之間的互動。在自然界，野生種群存有基因型的變異，這些變異和不同環境、觸發因素與機運互相作用，決定生物體（對溫度有較大或較小抵抗力的果蠅）的特性。如果施以嚴重的天擇壓力（如溫度上升）或者嚴重限制營養，表現型「最適」的生物就會被選擇。當這樣的果蠅存活下來，就會有能力孕育更多的幼蟲，繼承親代果蠅部分的基因型，產生更適應選擇壓力的果蠅。這種選擇的過程很明顯是以**身體**或**生物**特性為主，基因也因此經被動地選擇。比如拳手因在擂臺上運氣不好而被打成畸形的鼻子，便和基因並無關係，可是如果只由鼻子是否對稱而決定擇偶大賽的後果，那麼鼻子形狀不對的人就會遭淘汰，即使他擁有其他長期下來會更有益身體的基因（如不屈不撓或者能忍受極端痛苦的基因），也是枉然。所有基因會因為那可惡的鼻子，無法在擇偶大賽勝出，結果都會滅絕。

簡言之，表現型拖著後面的基因型，就像車子拖著馬。就是因為天擇這個長久的難題，使它在尋找一個目標（適應）時，意外找到另一個目標（創造適應的基因）。經由被選擇的表現型，使創造適應的基因在群體中越來越多，讓生物越來越適應它們的環境。沒有所謂的十全十美，只有持續不斷的選擇，讓生物和環境更加配合。這就是推動演化的發動機。

⊖

杜布贊斯基的壓軸之作是解開讓達爾文困惑不已的「神祕的奧祕」：物種起源。紙箱裡的加拉巴哥群島實驗已經說明了雜交繁殖的生物群體，如何經過長時間的演化。但杜布贊斯基明白，如果具基因型變異的野生種群不斷雜交下去，永遠無法形成新物種：因為物種的定義基本上就是無法和其他物種雜交。

因此要產生新物種，就必須出現某個因素讓物種間的雜交不可能。杜布贊斯基懷疑這個失落的因素是否便是地理的隔絕。想像一下，一群基因變異可以互相雜交的生物，因為某個地理上的隔閡分為兩半；也許是某座島上的一群鳥因為風暴吹到另一座遙遠的島上，而無法飛回原先的島，兩群鳥只好依照達爾文的方式各自獨立演化，直到某種基因變異各自在兩地經過選擇，讓牠們在生物學上無法相容，即使鳥兒返回原本的島嶼（比如乘船回去），也無法再和失散良久的遠親交配：兩群鳥一起生下的子孫在遺傳上不相容，錯亂的信息將讓牠們無法存活或失去生殖力。地理上的隔離導致遺傳上的隔離，最後造成生殖隔離（reproductive isolation）。

這種物種成形的機制並不只是臆測，杜布贊斯基可以用實驗證明。[7] 他把兩種來自不同「品種」的果蠅放在同一個籠子裡，牠們交配、產生後代，可是其幼蟲長成成蟲卻沒有繁殖能力。遺傳學者用連鎖分析（linkage analysis），甚至可以追蹤到使子裔不孕的實際基因配置，這就是達爾文邏輯所欠缺的連結：遺傳不相容的生殖隔離，驅使了新物種的起源。

到了一九三〇年代後期，杜布贊斯基逐漸明白他對基因、變異和天擇的了解遠超過生物學範圍。一九一七年橫掃俄羅斯的血腥革命意圖抹除所有個別的差異，以共同利益為優先。另一方面，恐怖的種族主義也在歐洲興起，強調個體的差異，並且加以妖魔化。杜布贊斯基發現，兩例中陷入險境的基本問題都是生物學的問題。個體的定義是什麼？變異如何對個體產生貢獻？對物種「有利」的是什麼？

⊖

一九四〇年代，杜布贊斯基直接質疑這些問題，最終成為最嚴厲批評納粹優生學、蘇維埃集體化和歐洲種族主義的科學家。其實他對野生種群、變異和天擇所做的研究，已經為這些問題提供了關鍵的見解。

首先，遺傳變異在自然界是常態而非例外的事實明顯。歐美優生學家堅持為了人類的「好」，一定要人工選擇，但是自然界沒有單一的「好」。不同的種群有差異極大的基因型，這些相異的基因在野生種群中共同存在，甚至互相重疊。自然並非優生學家想像地亟於把基因變異化為相同。杜布贊斯基甚至發現，自然變異是生物的重要貯存庫——實是資產而非負債。少了變異，沒有深入的基因變化，生物最後可能會喪失演化的能力。

第二，突變只是變異的另一個名字。杜布贊斯基發現，在野生果蠅種群裡，沒有任何基因型天生比較優越：不論是ABC或CBA品種，其生存能力都視環境及基因和環境的互相作用而定。一個人的「突變」是另一個人的「遺傳變異」，冬夜可能選擇了一種果蠅，夏日則可能選擇另一種。兩個變體在道德或生物學上都不會比另一個高明，兩者都只是比較適應某種環境罷了。

最後，生物身心特性和遺傳的關係遠比想像複雜得多，如高爾頓等優生學家原本希望選擇複雜的表現型（智力、身高、美貌和道德），作為生物學的捷徑，提升智力、身高、美貌和道德的基因，可是表現型並不是以一比一的方式由單一一個基因決定。以選擇表現型保證遺傳選育是有瑕疵的機制。如果基因、環境、刺激物和機會要為生物的最後特性負責，那麼優生學家只顧跨世代增加智慧或美貌，而不去了解相關每一個因素的影響，終將徒勞。

杜布贊斯基的每一個見解，都是反對濫用遺傳學和人類優生學的強力辯護。基因、表現型、天擇和演化，都由相較的基本法束縛在一起（不過，可想而知見這些法則容易遭到誤解和扭曲）。數學家兼哲人阿弗雷德．諾斯．懷海德（Alfred North Whitehead）曾告誡學生：「尋求簡潔的解釋但總保有懷疑的態度。」杜布贊斯基尋求簡潔，但他也提出刺耳的道德警告，反對過度簡化遺傳學的邏輯。這些埋藏在教科書和科學文獻中的見解遭強大的政治力量輕忽，這些政治力量很快地以最乖戾的方式展開操控人類遺傳。

# 轉化

若你偏愛遺世獨立的「學術生活」，絕不要選生物學。這個領域是給想要更接近生命的男女。[1]

——赫曼・穆勒

我們的確否認遺傳學者能在顯微鏡下看到基因，遺傳的基礎不在某種特定、自我繁殖的物質上。[2]

——特羅菲・李森科（Trofim Lysenko）

遺傳學和演化的統合稱為「現代演化綜論」（Modern Synthesis），或冠冕堂皇的「大綜合」（the Grand Synthesis）[3]①。但即使遺傳學者歌誦遺傳、演化和天擇的諧合，基因的物質特性依舊是未解之謎。基因一直被形容為「遺傳的粒子」，但究竟那種「粒子」在物理化學上是什麼特性，仍無頭緒。摩根把基因想像成「鏈子上的珠子」，但就連他，也不明白這種形容在物質特性的意義。「珠子」是什麼做的？「鏈子」又是什麼？

基因材料的成分難以辨識，部分原因在於生物學家從未截獲基因的化學形式。在整個生物世界，基因往往是垂直行進，亦即由親至子或由母細胞至子細胞。突變的垂直傳送讓孟德爾和摩根得以藉由分析遺傳的模式，研究基因的行動（比如由親代果蠅傳到後代果蠅的白眼特性），但研究垂直變換的問題在於，基因永遠沒有離開活生物或細胞。細胞分裂時，遺傳物質在其內分裂，分割給子細胞。此過程的基因雖然在生物學上可見，但在化學方面，卻有如關在細胞的黑盒子裡，無法探測。

不過，在很罕見的情況下，遺傳物質可以由一個生物橫渡到另一個生物——不是親子之間，而是在兩個互不相關的陌生基因上。這種水平的基因交換稱做「轉化」（transformation），就連這個詞也表現出我們的驚訝：我們人類習慣只透過繁殖傳送遺傳資料，可是在轉化時，一個生物似乎會變形為另一個，就像希臘神話中達芙妮（Daphne）長出了樹枝（或者，基因把一個生物的特性轉變為另一個生物的特性：在這個幻想故事的基因版本中，長出樹枝的基因必然進入達芙妮的基因組，獲得由人類皮膚冒出樹皮、木頭、木質部和韌皮部的能力）。

轉化幾乎從來沒有發生在哺乳類動物身上，但存活在生物界定義的模糊邊緣的細菌卻可以水平交換基因（這件事的奇特在於，不妨想像兩個朋友，一個藍眼睛，另一個棕眼睛，兩人傍晚一起出外散步，因為不經意地交換了基因，回家時眼睛的顏色因此有了變化）。基因交換的時刻分外奇特而美妙，它在兩個生物之間轉移，因此暫時成為純化學物質。再也沒有比這個時刻更適合基因化學家了解基因的化學本質了。

⊖

轉化由英國的細菌學家弗雷德里克．格里菲斯（Frederick Griffith）發現。[4] 一九二〇年代初，身為英國衛生部官員的格里菲斯開始研究一種稱為「肺炎鏈球菌」（*Streptococcus pneumoniae* 或 pneumococcus）的細菌。一九一八年西班牙流感肆虐歐陸，造成全球兩千萬人死亡，也成為史上最致命的天災之一。這種流感病人往往會因感染肺炎鏈球菌，進而快速發展成致命的疾病，醫師稱之為「死神隊長」。感染流感後的肺炎鏈球菌（流行病中的流行病）受到莫大的關注，衛生部請了科學家團隊研究這種細菌，並開發疫苗。

格里菲斯研究這個問題的方法是把重心放在細菌身上：為什麼肺炎鏈球菌對動物如此致命？他探究其他學者在德國所得出的結果，發現這種細菌有兩種菌株：「平滑型」的菌株在細胞表皮有一層光滑的含糖莢膜，靈巧如蠑螈，可以逃過免疫系統；「粗糙型」菌株則沒有這一層含糖莢膜，較容易受到免疫系統攻擊。因此，注射平滑菌株的小鼠很快就死於肺炎，而注射粗糙型菌株的小鼠則產生免疫反應而存活。

格里菲斯的實驗在不經意之間推動了分子生物學的革命。[5]首先，他用高溫殺死這種劇毒平滑細菌，然後把死菌注射至小鼠體內。一如預期，細菌殘留物對小鼠毫無影響：因為細菌已死，無法造成感染。但是，當他把已死毒菌株的殘留物和無毒菌株的活菌混合再注入小鼠體內後，小鼠卻很快就死亡。格里菲斯解剖小鼠，發現粗糙型的菌株產生了變化：它們只是接觸死菌，就得到了平滑的莢膜，而莢膜正是產生毒性的因素。原本無害的細菌就這麼「轉化」為有毒。

---

① Sewall Wright 與哈爾丹（J. B. S. Haldane）等生物學家也提出了「大綜合」的概念。關於此概念的相關科學家與更完整的介紹則超出本書範圍。

高溫殺死的菌株殘骸（頂多就像微溫的微生物化學物質），怎麼會光憑接觸，就把某種遺傳特性傳遞到活細菌上？格里菲斯不太確定。起先他猜想會不會是活菌吸收了死菌，因此改變了莢膜，有點像巫毒教的儀式，吃下勇者的心臟就可把勇氣或活力轉移給另一個人。一旦轉化，細菌就會維持新莢膜達數個世代——遠在所有的死菌食物來源都耗竭之後。

因此，最簡單的解釋，就是遺傳信息以化學形式在兩種菌株之間傳遞。「轉化」時，控制毒性（產生平滑和粗糙表面的基因）就以某種方式滑出細菌，落入化學湯裡，接著又由湯中進入活菌，納入活菌的基因組中。換言之，基因可以在兩個生物之間傳遞，毋須任何形式的複製。它們是獨立的單元、攜帶信息的材料單元。信息並非透過像空氣一樣捉摸不定的泛生子或芽球低語傳達，遺傳信息是透過分子傳遞，這個分子可以化學形式存在細胞外，而且從一個細胞帶到另一個細胞，由一個生物到另一個生物，由親代至子代。

要是格里菲斯發表這驚人的結果，必然會讓整個生物學界興奮不已。一九二〇年代，科學家正開始要以化學觀點了解生物系統。生物學變成了化學。生化學者主張，細胞是化學物質的燒杯，是一袋包覆在一片薄膜裡的混合物，互相作用，產生稱作「生命」的現象。格里菲斯辨識出可以在生物之間攜帶遺傳指令的化學物質——「基因分子」，此事必然會引發上千揣測，並重建生命的化學理論。

但格里菲斯是個保守且極其羞怯的科學家，「這個說起話來總是輕聲細語的矮小的男人」[6]根本不可能會宣傳他的研究結果有什麼意義。蕭伯納曾說，「英國人做什麼都憑原則」，格里菲斯的原則就是韜光養晦。他獨居在倫敦的實驗室附近一間不起眼的公寓，也在南部海邊城市布萊頓（Brighton）打造了一間現代主義風格、造型簡約的白色小屋。基因都能在生物之間移動了，反倒是再怎麼強迫格里菲斯，他也不肯走出實驗室演講。為了要騙他出來做科學演講，友人還須把他塞進計程車，並只付單程車資。

猶豫了數個月（「上帝都不急，我急什麼？」）之後，格里菲斯終於在一九二八年一月，把他的資料在《衛生期刊》（*Journal of Hygiene*）發表[7]，這本科學期刊沒沒無聞的程度，恐怕連孟德爾都會大吃一驚。格里菲斯以低聲下氣的抱歉語氣寫這篇論文，彷彿因為震撼了遺傳學根本而真心抱歉。他的研究把基因轉化當成微生物學的奇事，卻並未明白提到他可能發現了遺傳的化學基礎。二十世紀最重要生化論文的最重要結論就像禮貌的咳嗽，埋在稠密的文字之下。

⊖

格里菲斯實驗是「基因是化學物質」最可靠的證明，不過其他科學家也正探究這個想法。一九二〇年，摩根的學生穆勒由紐約搬到德州，繼續研究果蠅遺傳。[8]他和摩根一樣，希望用突變解釋遺傳，但果蠅遺傳學的基礎（自然突變果蠅）太少見了，摩根和他的學生在紐約所發現的白眼或深褐體色果蠅是窮三十年之力，辛勞地在大量果蠅中搜尋而來。穆勒在四處搜羅變種果蠅之餘，不免感到厭倦，他開始想像不知能否加快生產變種的速度，例如讓果蠅暴露在高溫、強光或大量能量之下。

理論上，此事應該不難，但實際操作卻很棘手。穆勒用 X 光照射果蠅，結果牠們全都死光了，喪氣之餘，他降低了照射的劑量，這回牠們喪失了生殖能力。他非但沒創造變種，倒是殺死了不少果蠅，又讓不少果蠅不孕。一九二六年冬，他一時興起，用更低劑量的放射線照射另一群果蠅，然後讓照射過 X 光的雌雄果蠅交配，再觀察牛奶瓶裡的蛆。

即使僅是匆匆一瞥，都可看到驚人的結果：新生的果蠅帶有不少突變——數十，甚至數百隻。[9]當時正值深夜，唯一接獲這個大消息的是在樓下工作的一位植物學家。穆勒每發現一隻新突變果蠅，就朝窗外大喊「我又找到一隻。」這位植物學家不無遺憾地記載，「摩根和學生花了近三十年才在紐約收集到約五十隻突變果蠅，穆勒卻在一個晚上就發現了近一半數量的突變果蠅。」

因為這樣的發現，穆勒一夕之間享譽國際。放射線對果蠅突變率的效果有兩個直接的含義：第一，基因必然是物質，畢竟放射線只是能量。格里菲斯讓基因在兩個生物之間移動，穆勒則用能量改變了基因。基因，不論它是什麼，都能夠移動、傳送，並且因能量而造成改變，這些通常都是化學物質的性質。

不過，真正的讓科學家訝異的，不只基因是物質的本質，而是基因組的**可塑性**——X光竟能把基因變得像黏土一樣。就連主張大自然基本可變性力道最強的達爾文，恐怕也會覺得這樣的突變率很驚人。依達爾文的想法，雖然可加強天擇的速率以加速演化，或抑制天擇的速率以讓演化減速，但生物變化的速率通常是固定的。[10]穆勒的實驗卻證明操縱遺傳很容易：突變率本身就很容易變化。「自然沒有永久的現狀，」穆勒後來寫道，「一切都是調整和再調整的過程，否則就是最終的失敗。」[11]穆勒藉著改變突變率和選擇變體兩者，想像他說不定能推動演化周期到超快的地步，甚至能在他的實驗室創造全新的物種和亞種——彷彿身為創造果蠅的主子。

穆勒也明白他的實驗對人類優生學有廣大的含義。要是這麼少劑量的放射線就能改變果蠅基因，那麼，改變人類基因仍然遙遠嗎？他寫道，如果能用「人為方法」引起基因改造，就不該再把遺傳視為特權，或是「難以捉摸的神在我們身上的惡作劇」。

穆勒也像當時許多自然和社會科學家，自一九二〇年代就醉心優生學。他念哥大時，在學校組了一個生物社（Biological Society），探究並擁護「具建設性的優生學」。但到二〇年代後期，他看到了優生學在美國大行其道的隱憂，不由得重新檢討自己的熱忱。優生紀錄處以種族淨化為己任，一心一意消滅移民、「異常者」和「缺陷者」，在他看來根本就是邪惡。[12]其先知達文波特、普萊迪和貝爾則是偽科學的詭異怪人。

穆勒思索優生學的未來和改變人類基因組的可能，想知道高爾頓等人是否犯了基本的觀念錯誤。穆勒和高爾頓與皮爾森一樣，體諒用優生學減輕人類受折磨的欲望，但和高爾頓不同的是，他逐漸明白唯有在社會已達到徹底平等之時，才可能達到積極的優生學。優生學不能作為平等的序曲，相反地，平等應該是優生學的先決條件，沒有平等，優生學免不了就會落入錯誤的前提，誤認流浪漢、貧困、偏差行為、酗酒和智能不足等社會問題都是遺傳問題，但其實這些現象只是反映出不平等罷了。像嘉莉．巴克等女性並非遺傳造成的低能；他們只是貧窮、不識字、有病在身及弱勢，他們是社會命運的受害人，非基因樂透的犧牲品。高爾頓那一派認為優生學最後必能造成基本的平等——讓弱者脫胎換骨變成強者。穆勒徹底改變了這種想法。他主張，沒有平等，優生學只會墮落為另一個強者控制弱者的機制。

⊖

穆勒的科學成果在德州如日中天，但他的私生活卻一塌糊塗，他的婚姻破裂，和先前在哥大實驗的夥伴布瑞吉斯與史特蒂文特勢不兩立，而他和摩根的關係一向就很冷淡，現在更發展到了視如寇讎的地步。

穆勒也因政治傾向而受到逼迫。他在紐約時曾加入幾個社會主義團體，編過報紙，徵募過學生，也結交社會運動人士小說家西奧多．德萊塞（Theodore Dreiser）。[13]在德州，這位遺傳學的新星開始主編社會主義地下報紙《火花》（*The Spark*，名稱來自於列寧創辦的火花報〔*Iskra*〕），提倡非裔民權、婦女投票權、移民的教育，以及勞工集體保險——以今天的標準來看根本不是什麼激進的議題，但在當時卻足以讓他的同僚憤怒，教當局頭痛。聯邦調查局對他的活動展開調查[14]，報紙則把他描繪成危險分子、共產黨員、狂熱的紅色分子、蘇維埃同路人，一個怪胎。

穆勒感到孤立，心懷怨恨，開始胡思亂想，越來越沮喪，一天早上他沒有出現在實驗室，教室也看不到他的身影，研究生組隊搜尋，數小時後才發現他在奧斯汀市外的樹林裡徘徊，他精神恍惚地亂走，衣服因毛毛雨而起皺，臉上都是汙泥，腳脛也遭刮傷。他吞了一排巴比妥類藥物（安眠藥）企圖自殺，結果卻在樹下睡著了。次日，他怯懦地回到課堂上。

儘管穆勒自殺未遂，但此舉已可看出他心神不寧。他厭惡美國——齷齪的科學、醜惡的政治、自私的社會。他想要逃到可以讓科學和社會主義更容易融為一體的地方。激進的遺傳干預只能發生在徹底平等的社會。他知道在柏林有社會主義傾向的自由派民主雄心勃勃地蓄勢待發，試圖導引三〇年代新共和國的誕生。馬克．吐溫曾寫道，柏林是舉世「最新的城市」——社會學家、作家、哲人和知識分子聚在咖啡廳和沙龍，準備打造自由和未來的社會。穆勒認為，如果現代遺傳科學要全力發揮，就必然是在柏林。

一九三二年冬，穆勒收拾行囊，寄了幾百種的果蠅、上萬的玻璃試管，和上千的玻璃瓶、一架顯微鏡、兩輛腳踏車和一輛一九三二年的福特，動身前往柏林的威廉大帝研究所（Kaiser Wilhelm Institute），完全沒料到他移居的城市的確見證了新遺傳學的暢所欲為，只是以史上最可怕的形式。

# 不配活下來的生命（Lebensunwertes Leben）

身心不健全、有缺陷的人，不得把這種不幸傳遞給他的子女。民族的（völkische）國家在這裡必須執行最龐大的養育任務。然而，有朝一日，這會成為比我們目前布爾喬亞時代最勝利的戰爭更偉大的行動。

——希特勒對T4行動（Aktion T4）所下的命令

他想要當上帝……，創造新種族。[1]

——奧斯威辛（Auschwitz）集中營的囚犯對約瑟夫．門格勒（Josef Mengele）目標的評語

遺傳有問題的人活到六十歲，平均要花五萬德國馬克。[2]

——納粹時代德國生物教科書對高中生的警語

生物學家弗利茲．蘭茲（Fritz Lenz）曾說，納粹主義就是「應用生物學」。[3]①一九三三年春，穆勒開始在柏林威廉大帝研究所的工作，他眼看著納粹的「應用生物學」啟動。那年一月，國家社會主義德國工人黨黨魁希特勒被任命為德國總理，德國國會三月通過授權法（Enabling

Act），賦予希特勒前所未有的權力，不須國會同意即可頒布法律。歡天喜地的納粹準軍事部隊高舉火把在柏林街頭遊行，為他們的勝利歡呼。

就納粹的理解，「應用生物學」其實就是應用遺傳學，其目的是要追求「種族衛生」（rassenhygiene）。頭一個使用這個術語的並非納粹：德國醫師兼生物學者普羅茲早在一八九五年就創造了這個詞彙[4]（記得一九一二年他在倫敦國際優生學會議喪心病狂的激情演講）。按他的說法，「種族衛生」是以遺傳方法清洗種族，就如個人衛生一般清洗人體。而且，就如個人衛生會例行地清除人體的殘渣和排洩物，種族衛生也會排除遺傳的殘屑，創造更健全、更純淨的種族。②一九一四年，普羅茲的同僚遺傳學家海因里希．波爾（Heinrich Poll）寫道，「就如生物會毫不留情地犧牲退化的細胞，就如外科醫師會毫不留情地摘除有病的器官，兩者都是為了要拯救全體。因此，較高階的生物實體，如親族或國家，就不該因過度焦慮，而逃避干預個人自由以防止有病態遺傳特質者代代散布有害基因的責任。」[5]

普羅茲和波爾視高爾頓、普萊迪和達文波特等美國優生學家為「新科學」的先驅，並認為維吉尼亞癲癇和弱智州立隔離區就是遺傳清洗的理想實驗。到了一九二〇年代初期，美國正忙著鑑別像嘉莉．巴克的女性，把她們送到優生營之際，德國的優生學家也沒閒著，由國家贊助成立新計畫，限制、絕育或根除有「遺傳缺陷」的人。德國大學裡也請來教授「種族生物學」和種族衛生的教授，醫學院更經常教導「種族科學」，這種學問的中心就在威廉大帝人類學、人類遺傳和優生學研究所（Kaiser Wilhelm Institute for Anthropology, Human Heredity and Eugenics）[6]，離穆勒在柏林的新實驗只有一石之遙。

希特勒因主謀在慕尼黑發動政變的「啤酒館暴動事件」（Beer Hall Putsch），失敗被捕。[7] 一九二〇年代，他在獄中讀到普羅茲和種族科學，十分著迷。他也和普羅茲一樣，認為有缺陷的基因正在慢性毒害國家，是強盛健全國家重生的障礙。等到一九三〇年代納粹掌權之後，希特勒認為該是把此理念付諸行動的時機。他旋即動手，一九三三年，授權法通過不到五個月，納粹就實施了遺傳病病患後代防治法（Law for the Prevention of Genetically Diseased Offspring），也就是一般所謂的絕育法（Sterilization Law）[8]。該法大綱明顯抄自美國的優生計畫，只是為求效果更加嚴格。該法要求「任何有遺傳疾病者都可手術絕育。」首先列入「遺傳疾病」名單的包括心智障礙、精神分裂、癲癇、憂鬱、失明、失聰和嚴重畸形。為使他們絕育，須先經國家贊助程序向優生法庭申請。法令接著明定：「一旦法院決定絕育，手術就必須施行，即使違反當事人的意願……。如果其他方法皆不奏效，可以直接採行暴力手段。」

為鼓勵社會大眾支持此法，納粹暗地展開了宣傳（這個手法最後被發揮到淋漓盡致）。種族政策處（Office of Racial Policy）拍攝了一九三五年的《繼承》（*Das Erbe*）[9] 和一九三六年的《遺傳病》（*Erbkrank*）[10] 等電影，向全國各地滿座的觀眾播映，展示「缺陷」和「不適合」的壞處。《遺傳病》片中，一名心理有病、不時崩潰的婦女不斷神經質地擺弄雙手和頭髮；殘障的孩子無用地躺在床上；一個四肢奇短的女子趴在地上，就像畜牲一般。和這些陰鬱電影相對照的，是對完美亞利安肉體的電影頌歌：女導演萊尼・

① 也有人認為此話是希特勒的副手魯道夫・海斯（Rudolf Hess）所說。
② 普羅茲在一九三〇年代加入納粹。

里芬斯塔爾（Leni Riefenstahl）的《奧林匹亞》（*Olympia*）[11]為歌誦德國運動員的影片，肌肉發達的俊美年輕男子在片中施展柔軟體操，呈現完美遺傳的樣本。觀眾滿心反感地瞪著眼睛看那些「缺陷」，回頭看到超人運動員，則滿懷嫉妒和雄心。

國營的煽動宣傳機器開始運作，人民被動地同意優生絕育。另一方面，納粹也確定讓法律的引擎轟隆作響，延伸種族清洗的界限。一九三三年十一月實施的新法律讓國家能強力為「危險罪犯」（包括政治異議分子、作家和記者）絕育。[12]一九三五年十月施行的《德國人民遺傳健康保護法》紐倫堡法案則禁止猶太人和擁有德國血統的人通婚，或者和任何亞利安後裔有性行為。[13]其中恐怕再沒有比禁止猶太人在家裡雇用「德國女佣」這條法律，更能說明清潔與種族清洗兩者之間奇特的關係了。

大規模的絕育和收容需要同樣龐大的行政機關。到了一九三四年，每個月約有五千名成人遭絕育[14]，必須要兩百個「遺傳健康法庭」（Hereditary Health Courts），或稱「優生法庭」（Genetic Courts），全力運作才能處理相關上訴事宜。大西洋彼岸的美國優生學家為德國此舉喝采，還惋惜自己無法採取如此有效的辦法。達文波特的門徒美國優生學家洛斯羅普·史托達德（Lothrop Stoddard）在一九三〇年代後期曾走訪一間此類法庭，滿心豔羨地的描繪其精確的效能。他參觀受審的包括一名躁鬱症婦女、一名聾啞女孩、一名心智遲緩的女孩和一個「像猴子一樣的男人」（他雖娶了一名猶太女子，卻又顯然是同性戀），實謂洋洋大觀。由史托達德的筆記看不出如何證明這些症狀將會遺傳，不過法庭很快便准許這幾個人絕育。

由絕育到公然殺害，進行得無聲無息，也未引起注意。早在一九三五年，希特勒就悄悄思考把種族清洗的作法由絕育提升到安樂死（還有什麼辦法比根除身心障礙者能更快地淨化基因庫？）他只是擔心社會大眾的反應。不過，到了一九三〇年代，德國民眾對絕育計畫的反應出奇地平靜，納粹因此膽子更大。一九三九年，機會出現了，那年夏天，理查和莉娜・克雷奇馬爾（Richard and Lina Kretschmar）向希特勒請願，希望能讓他們的孩子格哈德（Gerhard）安樂死。[15] 十一個月大的格哈德天生失明、四肢畸形，身為忠誠的納粹黨員，這對父母希望報效國家，把他們的孩子從國家的基因傳承中去除。

希特勒深感機會到來，因此同意殺死格哈德，並且迅速將範圍擴大到其他兒童，他和私人醫師卡爾・勃蘭特（Karl Brandt）合作[16]，成立了嚴重遺傳及先天疾病科學登記處（Scientific Registry of Serious Hereditary and Congenital Illnesses）處理更大規模、全國性的安樂死計畫，消滅遺傳的「缺陷」。

為了解釋根除這些人的正當性，納粹採用了一個委婉的說法：「不配活下來的生命」（lebensunwertes Leben）。這個奇特的詞表達的是更上一層樓的優生邏輯：光是讓遺傳缺陷的人絕育、洗淨國家的未來還不夠；還須徹底消滅、清洗眼前的他們，才是遺傳的終極方案。

屠殺首先由三歲以下的「缺陷」兒童開始，到了一九三九年九月，已順利擴展至青少年。這些少年被列入罪犯名單，其中猶太兒童的人數多得不成比例——由國家指定的醫師強迫檢查，往往以最微小的理由標示為「遺傳疾病」，送去「滅絕」。一九三九年十月，計畫進一步擴大，拓展至成年人。安樂死計畫的官方總部設在柏林動物公園街四號（4 Tiergartenstrasse）這棟美輪美奐的豪宅，也因這個地址，史稱「T4行動」。[17]

全德各地皆設立了滅絕中心，其中最活躍的是如城堡聳立在山坡上的哈達馬醫院（Hadamar），以及如要塞的磚造建築布蘭登堡國家福利機構（Brandenburg State Welfare Institute），建築側面則有成排的窗戶。這些建築的地下室被改裝成氣密室，用一氧化碳毒殺囚犯。納粹小心翼翼地維護其科學和醫學研究的氣氛，甚至加油添醋，煽動大眾的想像。安樂死的犯人用拉起窗簾的巴士一車車地載來滅絕中心，通常由穿著白外套的親衛隊軍官押送。毒氣室旁的房間則是用混凝土搭建的臨時床舖，周遭挖有深溝，用來收集液體，醫師就在這裡解剖安樂死者的屍體，保存他們的組織和大腦待日後遺傳研究之用。這些「不配活下來的生命」顯然對科學的進步有極大的用處。

為了消除受害者家人的疑慮，讓他們認為自己的父母或子女得到良好的照顧，病人往往會先送到臨時收容中心，再悄悄轉送哈達馬或布蘭登堡安樂死。納粹在他們死後發送了成千上萬的偽死亡證明，列出種種死因，有的千奇百怪。例如，瑪麗．盧（Mary Rau）罹患憂鬱症的母親在一九三九年遭殺害，她的家人接獲的資訊是她因「嘴上長疣」而死。一九四一年，T4行動已屠殺了二十五萬男女老少。一九三三至一九四三年間，絕育法共使四十萬人強制絕育。[18]

⊖

影響力深遠的文化評論家漢娜．鄂蘭（Hannah Arendt）記錄了納粹主義的反常行為，後來為文批判納粹時期德國文化彌漫「平庸的邪惡」（banality of evil）[19]。不過，同樣普遍的是輕信邪惡。「猶太」或「吉普賽」是由染色體攜帶，代代相傳，因此必須要清洗，人們實在很難相信這種歪曲的理念，可是暫停懷疑論調正是此時文化的明確信條。確實，全體「科學家」——遺傳學家、醫療研究員、心理學家、人類學家和語言學家，全都欣喜地反覆引用學術研究，強調優生學計畫的科學邏輯。例如威廉大帝研究所的教授奧瑟馬．馮．費許爾（Otmar von Verschuer）就在一篇漫無章法的論文〈猶太人的種族生物學〉[20]中主張，神經官能病和歇斯底里是猶太人天生的遺傳特性，他指出，在一八四九至一九〇七年間，猶太人的自殺率增加了七倍，因此提出匪夷所思的結論，認為其原因並非猶太人經常在歐洲遭到迫害，而是因為他們神經過敏的反應：「唯有精神病和神經過敏傾向者才會對外在情況改變產生這種方式的回應。」一九三六年，希特勒大力贊助的慕尼黑大學頒發博士學位給一名年輕的醫學研究員，其論文內容是人類下顎的「種族形態學」，他試圖證明下顎的結構和種族有關，而且代代相傳。新出爐的「人類遺傳學家」門格勒則很快地成為納粹最喪心病狂的研究員，他在囚犯身上進行許多令人髮指的實驗，獲得「死亡天使」的名號。

最後，納粹清除「遺傳缺陷」的計畫只不過是更大規模蹂躪的序曲，殺害聾、啞、盲、跛、身障和心智障礙的人儘管恐怖，但在數量遠遠不及後來更教人毛骨悚然的大屠殺。集中營和毒氣室處決了六百萬猶太人、二十萬吉普賽人、數百萬計的蘇聯和波蘭公民，以及人數不詳的同性戀、知識分子、作家、藝術家和政治異議人士。然而，這種殘忍的見習和後來完全成熟的化身脫不了干係；納粹在這野蠻的優生學幼稚園裡，學會了根本手藝。genocide（種族屠殺）字根和 gene 一致，理由明確：納粹在用基因和遺傳學的字彙推行、辯護並證明自身的行為。遺傳歧視的語言輕而易舉地吸收進入種族滅絕的語言之中。去除智障和肢障者的人性（「他們無法像我們這樣思考或行動」）只不過是去除猶太人人性（「他們的想法或行動和我們不同」）的暖身操。歷史上，基因從未如此不知不覺地和人類的身分、缺陷及屠殺融合。德國神學家馬丁．尼莫拉（Martin Neimoller）的名言扼要地描述邪惡如何狡猾地前行：

起初，他們捉拿共產黨人，我沒有說話——因為我不是共產黨員；
接著，他們捉拿工會成員，我沒有說話——因為我不是工會成員；
後來，他們捉拿猶太人，我沒有說話——因為我不是猶太人；

最後，他們捉拿我，卻再也沒有人為我說話了。[21]

一九三〇年代的納粹正在學習如何扭曲遺傳學的語言，以支持國家贊助的絕育和滅絕計畫，同時，歐洲另一強國也在扭曲遺傳學和基因的理論，以達到其政治目的——只不過方向恰恰相反。納粹以遺傳作為種族清洗的工具，而一九三〇年代的蘇聯左派科學家和知識分子卻主張遺傳的一切都不是繼承而來。在大自然裡，一切都可以改變，包括所有人類。他們認為基因是資產階級發明的幻想，強調儘管有個人差異，但其實不論五官、身分、選擇或命運，都不是恆久不變的。國家需要清洗的，絕非透過遺傳選擇而來，而是經由重新教育所有個人，消除他們原來的自我而達成。需要清洗的是大腦——而非基因。

就和納粹的教條，蘇維埃也用偽科學鼓吹此教條。一九二八年，總是面無表情、一臉嚴肅的農業研究員特羅菲姆．李森科[22]（某名記者說他一副牙疼的表情[23]）聲稱，他發現了「破壞」及重新為動植物遺傳影響定向的方法。李森科在遙遠的西伯利亞農場進行實驗，據說他把小麥種子曝露在嚴寒和乾旱的環境下，讓植株產生對逆境的抵抗力（後來發現此說法若不是欺騙，就是實驗品質低落）。他表示，小麥種子經過如此「休克治療」（shock therapy）之後，即可讓春天開的花朵更有活力，夏天結出更多的果實。

「休克治療」和遺傳學顯然格格不入，把小麥曝露在寒冷或乾旱環境，不能造成基因永久的改變，更不能傳給子代，就像切除小鼠的尾巴不可能創造出無尾的小鼠品種，或者拉長羚羊的脖子也不會產生長頸鹿。要讓植物形成這樣的變化，李森科就必須（像摩根或穆勒那樣）培養耐冷的突變基因，並且（像孟德爾和德弗里斯那樣）讓突變的品種彼此雜交，創造永久的改變。但李森科說服了自己和他的蘇維埃上級，光憑曝露和調整環境就能「再教育」農作物，便能改變它們遺傳的特性。他徹底拒斥了基因的觀念，主張基因是「遺傳學者的發明」證明「腐敗垂死的資產階級」。[24]「遺傳的基礎並不在於某些特定、自我繁殖的物質。」在遺傳學者指出拉馬克想法的謬誤數十年後，又重新奉行拉馬克的理念——生物能把適應環境的改變直接遺傳下去。

蘇聯的政治機器立即接受了李森科的理論，此理論承諾能以新方法，讓瀕臨饑荒的大地大量生產農作：只要「再教育」米和麥，這些農作物就能在任何情況下順利生長，即使是寒冬和酷暑也不例外。同樣重要的或許是，史達林和他的同志認為用休克療法「破壞」和「再教育」基因，也符合他們的意識形態。李森科再教育植物，讓它們擺脫對土壤和氣候的依賴，蘇維埃的黨工也在改造政治異議分子，讓他們揚棄天生對錯誤意識（false consciousness）和物質的依賴。納粹相信遺傳絕對不能改變「猶太人永遠都是猶太人」，因此用優生的方法改變人口結構，而蘇維埃則認定遺傳可以重新改造（「任何人都可以是任何人」），抹除所有差異，達到集體的善。

一九四〇年，李森科罷黜了批評者，自行接掌了蘇聯遺傳學研究所（Institute of Genetics of the Soviet Union）所長之職[25]，在蘇聯生物界畫地為王，任何對他的理論有異議的科學人士（尤其是孟德爾遺傳學或達爾文演化論的信徒），都於法不容。科學家被送到勞改營，用李森科的觀念「再教育」（就像小麥，這些異議教授經過「休克治療」一番，也許就會改變想法）。一九四〇年八月，知名的孟德爾派遺傳學家尼古拉·瓦維洛夫（Nicolai Vavilov）被捕，送往惡名昭彰的薩拉托夫（Saratov）監獄，以改造「資產階級」生物觀（瓦維洛夫竟敢主張基因沒那麼容易受影響）。瓦維洛夫和其他遺傳學者都被打入大牢，而李森科的擁護者則積極地要讓遺傳學由科學界除名。一九四三年一月，瓦維洛夫不堪折磨，精神不佳且營養不良，轉進了獄中的醫院。他向獄方形容：「我現在只不過是一堆屎。」[26]幾週後就去世了[27]。

納粹主義和李森科主義是基於兩個完全對立的遺傳觀念，但兩個運動卻令人驚訝地相似。儘管納粹教條的邪惡前所未見，但兩者卻有一個共同點：遺傳理論被用來建講人類身分認同的觀念，因此遭到扭曲，為政治目的服務。這兩種遺傳理論儘管對立——納粹沉醉於本體的固定不變，蘇維埃則著迷於本體的可塑性，但基因和遺傳的語言卻是國家和進步的核心——若不相信遺傳的不可改變，就很難想像納粹主義；若不相信遺傳可以刪除塗改，就很難想像蘇聯。在這兩個情況下，科學遭刻意扭曲以證明國家贊助的「清洗」機制，也就不足為奇。整個權力和國家系統都藉著挪用基因和遺傳的語言，而得到了根據和支持。到二十世紀中葉，基因的存在（或否定它的存在），已成了強力的政治及文化工具，基因成為史上最危險的觀念。

⊖

垃圾科學支撐了極權政權，而極權政權又產生了垃圾科學。納粹遺傳學者對遺傳學是否有任何真正的貢獻？

在納粹大量的垃圾科學中，有兩個貢獻特別突出，第一個是方法論：納粹科學家推動了雙胞胎研究，不過很快就演變成可怕的形式。雙胞胎研究起源於高爾頓在一八九〇年代的研究，他創造了先天與後天一詞之後[28]，開始思索科學家該如何了解其中之一對另一的影響，我們怎麼知道任何特質（如身高或智力）是先天還是後天所造成？我們該如何拆解遺傳和環境？

高爾頓建議運用一個自然實驗。他推想，由於雙胞胎擁有同樣的遺傳材料，兩者的相似之處可歸因於基因，而不同之處則是環境使然。遺傳學者藉著研究雙胞胎，比較和對照其異同，就能確定重要特性究竟是先天或後天造成。

高爾頓的方法雖正確，卻有一個關鍵瑕疵：他未能區分同卵和異卵雙胞胎，同卵雙胞胎的基因的確一模一樣，但異卵雙胞胎其實只是兄弟姊妹（同卵雙胞胎來自同一受精卵的分裂，因此兩人有相同的基因組，而異卵雙胞胎則是來自兩個精子同時使兩個卵子受精，因此而形成的雙胞胎基因組並不相同）。早期的雙胞胎研究因此混淆，得不出結論。到了一九二四年，德國優生學者、納粹支持者赫爾曼·維爾納·西門斯（Hermann Werner Siemens）提出的雙胞胎研究[29]，精心區分了同卵和異卵雙胞胎，改進了高爾頓的方法。③

西門斯為皮膚科醫師，他是普羅茲的學生，也是種族衛生的早期支持者。他和普羅茲一樣，明白除非科學家能證明遺傳學的正當性，否則就不能為遺傳清洗辯護：除非你能證明盲人失明是因遺傳，否則就不能證明這樣做的正當性。對於血友病等疾病，此作法並無異議；幾乎不用雙胞胎研究，就能證明此病源於遺傳。但想要證明更複雜的特性（如智力或心理疾病）來自遺傳，卻困難得多。西門斯建議用比較同卵、異卵雙胞胎的方法，拆解遺傳和環境的影響。測驗遺傳的關鍵是一致性（concordance），指的是雙胞胎共有某性狀的比率。如果雙胞胎眼睛的顏色百分之百相同，一致性就是一，如果只有百分之五十相同，一致性就是〇·五。一致性是便利的標準，用來衡量基因是否影響性狀，如果同卵雙胞胎精神分裂的一致性很高，而在同一環境下出生成長的異卵雙胞胎卻沒有一致性，那麼此疾病的根源就必然是遺傳。

③ 美國心理學家柯提斯·梅里曼（Curtis Merriman）和德國眼科醫師華特·雅布隆斯基（Walter Jablonski）在一九二〇年代也做了類似的雙胞胎研究。

在納粹的遺傳學者眼裡，這些早期研究為後來更極端的研究鋪了路。最積極擁護這類實驗的是門格勒，他原本是人類學者，後來當了醫師，又成為親衛隊軍官。穿著白袍的他在奧斯威辛和比克瑙（Birkenau）集中營出沒。他對遺傳學和醫學研究著迷到病態，最後成為奧斯威辛的主治醫師，在雙胞胎身上展開一連串可怕的實驗。一九四三至一九四五年間，門格勒的實驗對象包括上千對雙胞胎。[30]④門格勒在柏林的奧特瑪·馮·維斯徹爾（Otmar von Verschuer）導師鼓勵之下，從湧入集中營的囚犯中搜尋雙胞胎以進行實驗，口裡喊著「雙胞胎出列」（zwillinge heraus）或「雙胞胎站出來」（zwillinge heraustreten），這些句子刻印在集中營囚犯腦海中，揮之不去。

雙胞胎被拉出來之後，會用特殊的紋身當作記號，住在不同的區域，由門格勒及其助理一一殘害（諷刺的是，雙胞胎雖身為實驗對象，卻比一般兒童更能在集中營內生存，因為非雙胞胎兒童常更隨便地遭到處決）。門格勒著迷般測量他們的身體部位，比較遺傳對成長的影響。有的雙胞胎說，「所有部位都經測量和比較，我們總是坐在一起，總是赤裸裸的。」[31]有的雙胞胎會經毒氣處決，再解剖遺體以比較內臟大小，有的雙胞胎則是以氯仿直接注射到心臟，有的雙胞胎被輸入不同血型的血液，或者截肢，或者不用麻醉直接動手術。有的雙胞胎被刻意感染斑疹傷寒，以了解受到細菌感染時，遺傳會有什麼不同的反應。有個特別恐怖的例子是把一對雙胞胎縫在一起，其中一人是駝背，他想了解共用一條脊椎能不能矯正這樣的畸形。手術部位後來生了壞疽，這對雙胞胎不久就死亡。

儘管門格勒的實驗披著科學的外衣，卻只有最低劣的品質。雖然他在成百上千的受害人身上作實驗，卻只得出一本破破爛爛的筆記本，上面滿是沒價值的註解，沒有什麼重要的結論。一名研究員在奧斯威辛博物館檢視了這些漫無章法的筆記之後結論：「沒有科學家會把它們當真。」的確，不論德國早期的雙胞胎研究有什麼成就，門格勒的實驗都使這樣的研究墮落到駭人的地步，學界聞之色變。一直到數十年後，大家才能認真看待這方面的研究。

納粹對遺傳學的第二個貢獻是無心插柳。一九三〇年代中期，德國由希特勒掌權，許多科學家都感到納粹的威脅而離開。德國主宰了二十世紀初的科學，此地曾是原子物理、量子力學、核化學、生理學和生化學的坩堝，一九〇一至三二年頒發的諾貝爾物理、化學、醫學等一百個獎項中，德國科學家就得了三十三項（英國十八項，美國只有六項）。一九三二年，穆勒抵達柏林時，這個城市是舉世最卓越的科學家家鄉：愛因斯坦在威廉大帝物理研究所的黑板上寫過方程式；化學家奧托·哈恩（Otto Hahn）則在此分解原子，以了解組成原子的次原子粒子；生化學家漢斯·克雷布斯（Hans Krebs）則在這裡拆解細胞，辨識其內的化學成分。

但是，納粹主義如火如荼地發展，德國科學界不寒而慄。一九三三年四月，許多猶太裔教授在國立大學的職位都突然遭剝奪，數千名猶太科學家感到危險迫在眉睫，紛紛移居國外。[32]愛因斯坦在一九三三年出國開會後，就很明智地拒絕回國，克雷布斯、生化學者恩斯特·柴恩（Ernst Chain）和生理學家威

④ 確切人數不得而知。欲了解門格勒雙胞胎實驗的規模，請見 Gerald L. Posner 與 John Ware 所著的《門格勒：完整的故事》（*Mengele: The Complete Story*）。

廉·費爾德伯格（Wilhelm Feldberg）也在同年離開，物理學家馬克斯·佩魯茲（Max Perutz）一九三七年轉往劍橋大學。有些科學家雖非猶太人，比如歐文·薛丁格（Erwin Schrodinger）和核化學家馬克斯·德布呂克（Max Delbrück），但他們覺得眼前的情況在道德方面無立足之地。許多人因反感而辭職，移居國外。再度因偽烏托邦而失望的穆勒也離開柏林，前往蘇聯，再度展開結合科學和社會主義的追尋。（為避免誤會科學家對納粹得勢的反應，我們要知道，許多德國科學家對納粹主義保持緘默不語的態度。喬治·歐威爾〔George Orwell〕一九四五年寫道，「希特勒或許毀了德國科學的遠景，但還是有許多才華洋溢的德國人對合成油、噴射機、火箭發射和原子彈等，做了必要的研究。」[33]）

德國的損失卻是遺傳學的收穫。離開德國，使科學家不只跨越了國界，也跨越了各學科，他們在新國度發現了新機會、注意到新問題。原子物理學家對生物學的興趣尤其濃厚；這是無人探索的科學邊疆。他們把物質化減成基本單位之後，當然也想把生命化縮為類似的物質單位。原子物理的特質——不斷地追尋不能再縮減的粒子、通用的機制和系統化的解釋——很快就遍及生物學，驅使這門學問探索新方法和新問題。未來數十年中，皆受到了這種特質的反響；物理學家和化學家朝生物學偏移，他們試圖用化學和物理的角度了解生物（透過分子、力、結構、作用和反應），到頭來，這些流亡到新大陸的學者重新繪製了生物的地圖。

基因最受人矚目。基因是什麼構成？又如何作用？摩根的研究已指出它們在染色體上的位置，它們應該是像珠子一樣串在線上。格里菲斯和穆勒的實驗指出它們是物質，是可以在生物之間移動的化學物質，很容易被 X 光改變。

生物學家或許難以在純粹的假設之下，描述其為「基因分子」，然而，又有哪個物理學者能抗拒在這個奇特而危險的領域漫步？一九四三年，量子理論學者薛丁格在都柏林講學時，依照純理論基礎大膽描述基因的本質（他的講座講義後來發表為《薛丁格生命物理學講義：生命是什麼？》〔*What is life?*〕[34]一書）。薛丁格斷定基因必然是由某種特別的化學物質構成；它必然是矛盾的分子，擁有化學的規律性（否則複製和傳遞的例行過程就無法運作），但它又須擁有極不規則的能力（否則無法解釋遺傳的千變萬化）。這個分子必須能夠攜帶大量的信息，卻又精簡到能塞進細胞裡。

薛丁格想像的是擁有多重化學鍵沿著「染色體纖維」縱長延伸的化學物質，或許是以化學鍵的序列編出了代碼的腳本——「形形色色的內容被壓縮進某個迷你碼。」或許這條線上珠子的**順序**就是生命的密碼。

同與異，常態與差異，信息與物質。薛丁格嘗試想像出一種化學物質，能捕捉遺傳背道而馳、互相矛盾的性質——一種能讓亞里士多德滿足的粒子。在他的想像中，彷彿已經看到了ＤＮＡ。

# 「那愚蠢的分子」

絕不要低估愚蠢的力量。[1]

——羅伯特・海萊恩（Robert Heinlein）

一九三三年，五十五歲的奧斯華・艾佛里（Oswald Avery）聽說了格里菲斯的轉化實驗。艾佛里的外表看起來比實際年齡老，孱弱、矮小、戴著眼鏡、禿頂，聲音如鳥鳴，四肢像冬天的樹枝一樣伸出。他是紐約洛克菲勒（Rockefeller）大學的教授，在大學裡研究了一輩子的細菌——尤其是肺炎鏈球菌。他認定格里菲斯的實驗過程一定犯了某個可怕的錯誤，化學碎片怎麼可能把遺傳信息由一個細胞送到另一個細胞？

就像音樂家、數學家或優秀的運動員，科學家達到顛峰的年紀也很早，之後迅速衰退。衰退的不是創造力，而是毅力——科學是持久的運動。要做出光芒四射的實驗，必須把上千黯淡的實驗丟進垃圾堆裡——這是肉體與勇氣之戰。艾佛里已證明自己是稱職的微生物學家，卻從沒想到要涉足基因和染色體的世界。「費斯」（Fess，教授的簡稱，也是學生對他的暱稱）[2]，雖是優秀的科學家，但大概已不太可能超凡出眾。格里菲斯的實驗可能可以把遺傳學塞進單程的計程車，讓它匆匆朝陌生的未來奔去，但艾佛里卻不願趕上那股潮流。

如果說艾佛里是不情不願的遺傳學者，那麼DNA就是不情不願的「基因分子」。格里菲斯的實驗讓生物界對基因的分子結構產生諸多揣測。一九四〇年代初，生化學家已拆解細胞，顯露出它們的化學成分，並辨識出生物體內不同的分子，但攜帶遺傳碼的分子依舊不得而知。

基因所在的生物結構，染色質（chromatin），是由兩種化學物質構成：蛋白質和核酸。沒有人了解染色質的化學結構[3]，但在這兩種「緊密混合」的成分中，生物學家對蛋白質更熟悉，它的功能較多，也更有可能攜帶基因。科學界已知蛋白質進行細胞裡大部分的功能，細胞得靠化學反應才能生存：比如在呼吸作用中，糖和氧結合，產生二氧化碳及能量。這些反應都並非自動產生（否則身體就會時時散發糖分燃燒的氣味）。蛋白質巧妙地控制細胞內這些基本化學反應——加快一些，減緩另一些，讓這些反應的速度恰好和生命相合。生命或許是化學作用，但卻是特殊情況的化學。生物並不是因為可能的反應生存，而是因為幾乎不可能的反應而生存。反應太多，我們就會自動燃燒；太少，就會變冷而死亡。蛋白質使這些幾乎不可能的反應成為可能，讓我們在化學熵的刀口上生活——危險地溜過，卻永遠不會陷落。

蛋白質也是形成細胞的結構成分：頭髮、指甲、軟骨的絲狀體與捕捉和束縛細胞的基質。它們還可纏繞成其他形狀，形成受體、荷爾蒙和信號分子，允許細胞互相溝通。幾乎每一種細胞功能——代謝、呼吸、細胞分裂、防衛、排泄廢物、分泌、信息傳遞、生長，甚至細胞的死亡，都需要蛋白質。它們是生化世界的主力耕馬。

相反地，核酸則是生化世界的黑馬。一八六九年，在孟德爾向布爾諾自然科學協會宣讀了論文的四年後，瑞士生化學者弗里德里希·米歇爾（Friedrich Miescher）在細胞裡發現了這種新的分子。[4]米歇爾也和大部分的生化學家同僚一樣，想要藉由分解細胞，以分離釋出的化學物質，為細胞的分子成分分類。在各種成分中，他特別感興趣的是一種化學分子。他由外科手術繃帶內人類膿液中取出白血球細胞，然後分離出這種捲曲狀的白色化學分子。他在鮭魚精子也發現同樣的白色捲曲狀的化學物質，由於它集中在細胞核內，因此稱之為核素（nuclein），又因為它是酸性，因此後來改名為核酸。不過，核素的細胞功能依舊難解。

一九二〇年代初，生化學者對核酸的結構已有更深入的了解。這個化學物質有兩種形式——DNA和RNA，兩者是分子表親，都是由四個稱為鹼基的成分組成長鏈，沿著一條線狀的鏈或骨幹串聯在一起。這四個鹼基由骨幹突出，就像葉子由常春藤的卷鬚伸出來。DNA的四片「葉子」（或鹼基）是腺嘌呤、鳥嘌呤、胞嘧啶和胸腺嘧啶，縮寫為A、G、C和T。而RNA中，胸腺嘧啶轉換為尿嘧啶，因此縮寫為A、C、G和U。①除了這些初步的細節之外，DNA和RNA的結構或功能都不得而知。

在艾佛里的洛克菲勒大學同事生化學家菲巴斯·利文（Phoebus Levene）眼中，DNA的化學構成出奇地簡單——四個鹼基沿著一條鏈子串連在一起，極其「單純」的結構[5]。他推想，DNA必然是長而單調的聚合物。利文認為這四個鹼基是以固定的順序重複：AGCT-AGCT-AGCT-AGCT以此類推，不斷反覆，嚴謹而規則地循環，這是一個化學物質輸送帶，是生化界的尼龍。利文稱之為「愚蠢的分子」[6]。

即使只是粗看利文所提的DNA結構，都會排除它是遺傳信息載體的可能。愚蠢的分子不能攜帶聰明的信息。DNA單調到了極致的地步，根本和薛丁格所想像的化學物質相反，非但是愚蠢的分子，而且更糟的是單調乏味。相較之下，蛋白質多樣化、親切、多變，能夠像變色龍一樣有各種形狀，也能像變色龍一樣發揮各種功能，比基因載體有魅力得多。如果染色質如摩根所說的，是一串珠子，那麼活性成分（珠子）應該就是蛋白質，而DNA則可能是線繩。正如一位生化學家所說的，染色體中的核酸只不過是「決定結構的輔助物質」[7]，如同為基因搭建的美觀分子架子，蛋白質才是真正的遺傳物質，才是真正的裡子。

⊖

一九四〇年春，艾佛里證實了格里菲斯實驗的主要結果，他由有毒的平滑型菌株分離出粗糙的細菌殘骸，然後和無毒的粗糙型活菌株混合，注入小鼠體內，結果不出所料，產生了光滑型的有毒細菌，小鼠死亡。「轉化」原理發揮了效用。艾佛里就像格里菲斯，看到平滑型的細菌轉化之後，依舊保持原有的毒性，代代相傳。簡言之，遺傳信息必然是以純化學的形式在兩個生物體之間傳遞，讓粗糙型的細菌轉變為平滑型的變種。

可是，是什麼化學物質？艾佛里竭盡微生物學家之所能擺弄各種實驗，他以各式培養基來培養細菌，加入牛心湯、去除糖汙染物，並在盤子上培養菌落。柯林·麥克洛德（Colin MacLeod）和麥克林·麥卡提（Maclyn McCarty）兩名助理加入他的實驗室，協助實驗。這些初期的技術作業攸關緊要。到了八月初，他們三人已在燒瓶內完成了轉化反應，並將「轉化要素」換成高度濃縮的形式。一九四〇年十月，他們開始透過濃縮的細菌碎屑，精心分離每種化學成分，並測試每個部分傳播遺傳信息的能力。

首先，他們由碎屑中除去細菌莢膜剩餘的碎片，但轉化活動並未受到影響。他們用酒精溶解脂質，

---

① DNA和RNA的「骨幹」是由糖和磷酸鹽串在一起構成。在RNA中，糖是核糖，因此是核糖核酸（Ribo-Nucleic Acid，RNA）。在DNA中，糖是略微不同的化學物質：去氧核糖，因此是去氧核糖核酸（Deoxyribo-Nucleic Acid，DNA）。

轉化依舊沒有變化。他們把這個物質放在氯仿溶解，去除蛋白質，轉化要素照舊不變。他們用各種酶消化蛋白質，其活性還是不變。他們把這個物質加熱到足以扭曲大部分蛋白質的攝氏六十五度，然後再添加酸，讓蛋白質凝結，可是基因還是照樣傳播。這些實驗都一絲不苟、鉅細無遺，極其明確。不論其化學成分是什麼，轉化要素都不是由糖類、脂質或蛋白質構成。

那麼，它究竟是什麼？它可以冷凍和解凍，可以用酒精沉澱，能由溶液中分離，形成白色「纖維狀的物質繞在玻璃桿上，就像線繞在線軸上。如果艾佛里把這纖維狀的線軸放在舌頭上，就會嘗到微微的酸味，接著是糖的餘味和鹽的金屬味——就如一位作家描述的，像「原始海」的味道[8]。消化RNA的酶沒有效果，要停止轉化的唯一辦法，就是用一種酶消化此物質，這種酶最重要的功能就是分解DNA。

DNA？難道DNA是遺傳信息的載體？這種「愚蠢分子」會是生物學最複雜信息的承載者？艾佛里、麥克洛德和麥卡提展開一連串實驗，用紫外線、化學分析、電泳法測試轉化要素。每一個情況下，答案都很清楚：轉化物質確實是DNA。「誰能想得到？」[9]艾佛里在一九四三年寫給兄弟的信上遲疑地表示，「如果我們是對的（當然這尚未證實），那麼核酸不只在結構方面很重要，也是功能實際運作的物質。能促成細胞可以預料及遺傳上的改變。」（黑線是艾佛里所標）

在發表任何結果之前，艾佛里須一再確定，「沒有做好準備就倉猝發表是危險的，事後再來撤回很尷尬。」[10]不過，他很清楚這個劃時代的實驗會有什麼後果：「這問題充滿了寓意……，是遺傳學家長久以來的夢想。」後來有研究人員描述艾佛里發現了「基因的實質」——「裁剪出基因的布料」[11]。

一九四四年，艾佛里發表了DNA報告[12]；同年，納粹加劇了在德國的恐怖屠殺。每個月，火車把成千上萬驅逐的猶太人載進集中營。數字不斷膨脹，光是一九四四年，就有將近五十萬男女老少被送到奧斯威辛。納粹增設了其他附屬區，新建了毒氣室和火葬場。集體墓地滿是遺體。據估計，那一年有四十五萬人送進了毒氣室[13]。到了一九四五年，共有九十萬猶太人、七萬四千名波蘭人、兩萬一千名吉普賽人（Roma，羅姆人）和一萬五千名政治犯遭殺害。

一九四五年初春，蘇聯紅軍士兵越過冰封的大地，開往奧斯威辛和比克瑙，納粹企圖把六十多萬名囚犯由集中營及附屬社區撤出。[14]許多囚犯奄奄一息、饑寒交迫，嚴重營養不良，在撤離行動中紛紛死亡。一九四五年一月二十七日，蘇聯軍隊進入集中營，解放剩下的七千名囚犯（比起無數慘遭殺害埋屍的人數，實在少得可憐）。此時，優生學和遺傳學的詞彙早已變成更惡毒的種族仇恨語言。遺傳清洗的托詞已逐漸轉為種族清洗。儘管如此，納粹遺傳學的標記依舊存在，就像不可磨滅的疤痕。當天早晨，惶惶不安走出集中營的囚犯包括一家侏儒和幾名雙胞胎——他們是門格勒遺傳實驗少數的倖存者。

⊖

這或許是納粹主義對遺傳學的最後貢獻：它在優生學身上刻打恥辱的終極戳印。納粹優生學的恐怖啟發了警世故事，促使全球重新審視推動這種嘗試的野心。世界各地的優生計畫都因恥辱而中止。美國的優生紀錄處在一九三九年喪失了大部分經費，一九四五年徹底萎縮[15]，它最熱心的支持者則對自己在鼓勵德國優生學者的角色集體失憶，徹底放棄了這個運動。

# 「重要的生物物質成對出現」

成功的科學家必須了解，和報紙及科學家母親擁護的流行觀念相反的是，許多科學家非但心胸狹隘又無趣乏味，而且根本就是愚蠢。[1]

——詹姆斯·華生（James Watson）

迷人的是分子，不是科學家。[2]

——法蘭西斯·克里克（Francis Crick）

要是科學像運動，競爭重於一切，它就會毀滅。[3]

——伯努瓦·曼德勃羅（Benoit Mandelbrot）

艾佛里的實驗促成了另一個「轉化」，原本在所有生物分子最不起眼的DNA，一下推進了焦點。儘管有些科學家最初仍抗拒基因是由DNA組成的想法，但艾佛里的證據卻不容忽視（然而，艾佛里雖然三度提名，卻依然未獲諾貝爾獎，因為深具影響力的瑞典化學家艾納·哈馬斯登〔Einar Hammarsten〕不相信DNA可攜帶遺傳信息）。一九五〇年代，隨著其他實驗室和實驗累積更多證據①，就連最死硬派的懷疑論者也不得不成為信徒。效忠的對象改變了，染色質的侍女如今突然成為女王。

早期皈依DNA宗教的信徒中，有一位來自紐西蘭的年輕物理學家，名為莫里斯．威爾金斯（Maurice Wilkins）。[4]一九三〇年代，他曾在劍橋大學讀物理，父親則是鄉下醫師。遍地砂礫、荒無人煙且位在南半球的紐西蘭，卻產生了一股改變二十世紀的物理學的力量：一八九五年，以獎學金到劍橋就讀的恩尼斯特．盧瑟福（Ernest Rutherford）[5]就像不受束縛的中子束，在原子物理領域創造了大突破。盧瑟福做了一連串實驗，演繹放射線的特性，建造出可信的原子概念模型，把原子再分割為次原子，開展了次原子物理學的新疆域。一九一九年，盧瑟福成為實現中古化學鍊金術幻想的第一位科學家：他用輻射線照射氮，把它轉化為氧。盧瑟福證明了即使是化學元素，也未必就是基本物質。物質的基本單位——原子，其實是由更基本的物質單位所構成：電子、質子和中子。

繼盧瑟福之後，威爾金斯研究原子物理和輻射線。他在一九四〇年代搬到柏克萊，與其他科學家一同參與曼哈頓計畫，分離並精煉同位素。但回到英國之後，威爾金斯也和其他許多物理學者一樣，加入了由物理轉投生物的潮流。他已讀了薛丁格的《生命是什麼？》，非常著迷。他推想，遺傳的基本單位——基因，必然也是由次級單位所構成，這正是物理學者解決生物學最誘人奧祕的大好機會。一九四六年，威爾金斯被任命為倫敦國王學院（King's College）新成立的生物物理組（Biophysics Unit）助理主任。

---

① 阿弗瑞德．赫許（Alfred Hershey）和瑪莎．切斯（Martha Chase）在一九五二和一九五三年進行的實驗，也證實了DNA承載遺傳信息。

雖是融合了兩個學科的奇特詞彙，**生物物理學**卻是新時代的信號。十九世紀的科學界了解到活細胞只不過是裝著相互連結的化學反應之袋子，因此促成融合生物和化學兩門學問的新學科——生物化學。化學家保羅·艾利赫（Paul Ehrlich）曾說：「生命是化學事件。」[6]生化學者也一如期待，開始分解細胞，把其成分、種類和功能分門別類。糖提供能量，脂肪貯存能量，蛋白質促成化學反應，加速並控制生化程序的步調，可說是生物界的配電板。

但是，蛋白質如何造成物理反應？舉個例子，血液中攜帶氧的載體——血紅蛋白（hemoglobin，血紅素），執行的是生理學中最簡單卻最重要的反應。在氧濃度高時，血紅蛋白就和氧結合，當它來到氧濃度低之處，就會自動釋出結合的氧。這個特性讓血紅蛋白能由肺把氧送到心臟和腦部。但究竟血紅蛋白中有什麼特質，能讓它如此有效地載送分子？

答案在於分子的結構。血紅蛋白分子研究最密集的血紅蛋白A，形狀就如四葉苜蓿，其中兩個「葉片」是由一種稱作α球蛋白（alpha-globin）的蛋白質所構成；另外兩葉則是由相關的蛋白質β球蛋白（beta-globin）②組成。這四葉在中心各自扣緊在一種稱為血基質的含鐵化學物，它可以結合氧（有點像受控的生鏽形式）。一旦所有的氧分子都裝載到血基質上，血紅蛋白的四片葉子就在氧分子四周緊縮，就像馬鞍扣。在卸載氧時，馬鞍扣就會鬆開，當釋出一個氧分子時，就會同時打開其他所有扣子，就像從兒童拼圖抽出關鍵的一片。苜蓿的四片葉子於是轉開，血紅蛋白便釋出它所載送的氧。控制鐵和氧的結合和釋出（血液周期性地生鏽和除鏽），就能有效地把氧運送到組織。血紅蛋白讓血液載運的氧比單獨溶入液態血的氧多七十倍。脊椎動物的身體設計仰賴此特性：如果血紅蛋白運送氧至偏遠地點的能力遭到破壞，我們的身體就會被迫變小、變冷。可能一覺醒來，就發現自己變成了昆蟲。

血紅蛋白的**形式**造就了功能。這個分子的物理結構促成了它的化學性質，而化學性質又使它能發揮生理功能，生理功能最後容許生物的活動。生物的複雜作業如同：物理促成化學作用，而化學又促成生理作用。一位生化學家對於薛丁格的《薛丁格生命物理講義：生命是什麼？》，也許會回答：「生命如果不是化學物質，還會是什麼？」生物物理學家可能會加上：「如果化學物質不是物質的分子，會是什麼？」

生理學的描述：形式和功能的巧妙配合，可以一路抵達分子層面，回溯至亞里士多德。在亞里士多德眼中，生物只不過是機器的巧妙組合。中世紀生物學脫離了此傳統概念，想像生物獨有的「生命」力量和神祕液體，為了解釋生物的奧祕（並證明神的存在），而在最後關頭搬來的機械神（deus ex machina）以解釋。不過，生物物理學者卻一心一意恢復對生物學一絲不苟的機械描述。

生物物理學家主張，生物生理學應該可以用物理學（力、運動、動作、馬達、引擎、槓桿、滑輪、鉤子）解釋。讓牛頓的蘋果落到地面的法則應該也適用於蘋果樹的生長。沒有必要借助特別的生命力，或發明神祕的液體解釋生命。生物學就是物理學。機械便是神。

② 血紅蛋白有多種類型，包括胎兒特有的類型。上文指的是最常見且最廣為研究的一種，在血液中數量豐富。

威爾金斯在國王學院最鍾愛的計畫，就是了解DNA的立體結構。他推想，如果DNA真的是基因載體，它的結構就應該能說明基因的本質。正如演化過程拉長了長頸鹿的脖子，讓血紅蛋白擁有如馬鞍扣的四臂，同樣的精簡應該能產生可巧妙配合功能的DNA分子形式，基因分子必須看起來就像基因分子。

為了解譯DNA的結構，威爾金斯決定採用附近劍橋大學發明的一組生物物理技術——結晶學（crystallography）和X光繞射（X-ray diffraction）。這種技術的基本概念：不妨假想我們想要推斷一個微小的立體物體形狀（如立方體）。我們無法「看」到這個立方體，也無法摸到它的邊緣，不過它和所有實體物體都有一個共同的特性，即是它會產生陰影。想像我們可以把光線從各種角度照在立方體上，記錄它形成的陰影。當立方體直接放在光的前面，就會形成正方形的陰影；斜斜地映照，則會形成菱形的影子；這時再移動光源，陰影就變成梯形。這個過程很麻煩（就像用上百萬個剪影雕刻一張臉），但真的有用。一點一點地，一組眾多平面圖像就可以轉變成立體的樣貌。

X光繞射就是源自類似的原理，「陰影」其實是由晶體產生的X光散射而來，差別只在於想要用光線照射分子，並在分子世界產生散射，需要最有力的光源：X光。另外一個更難解的問題在於，分子通常不肯靜靜地坐著等人畫像。液態或氣態的分子會在空間裡颼颼來去，教人頭暈，它們四面八方隨機移動，就像灰塵粒子。用光線照射一百萬個移動的立方體，就只會看到一個在移動的朦朧陰影，就像分子版的電視螢光幕的雜訊。不過，有個巧妙的解決辦法：把分子由液體變成晶體，原子便立刻被鎖住定位。陰影因此變得規矩，晶體產生了有秩序且可解讀的輪廓。如今，物理學家只要用X光照射此晶體，就能在三度空間解讀其結構。加州理工學院的兩位物理化學家萊納斯・鮑林（Linus Pauling）和羅伯特・柯瑞（Robert Corey）已用這種技術解析幾種蛋白質碎片的結構，也讓鮑林贏得了一九五四年的諾貝爾獎。

這正是威爾金斯希望用在DNA上的技巧。用X光照射DNA倒不稀奇，也不需要什麼專業知識。威爾金斯由化學系找來了X光繞射儀，並「單獨榮耀地」把它安置在臨堤壩的防輻射房間裡（就在一旁泰晤士河的水平面下）。[7] 現在萬事皆備，接下來主要的挑戰是讓DNA靜坐下來。

⊖

一九五〇年代初，威爾金斯有條不紊地進行工作，卻碰上教他不快的干擾。一九五〇年冬，生物物理組主任J・T・藍道爾（J. T. Randall）又找來一位年輕的科學家研究結晶學。藍道爾出身貴族，身材矮小，談吐文雅，喜愛板球，他雖是紈褲子弟，卻以如拿破崙一般的威權管理他的組。新聘來的羅莎琳・富蘭克林（Rosalind Franklin）剛剛結束在巴黎的煤炭結晶研究。一九五一年一月，她來到倫敦拜訪藍道爾。

威爾金斯當時正偕未婚妻度假（後來為此懊悔不已）。藍道爾向富蘭克林提出一個計畫時有沒有預想到未來的衝突，我們不得而知。他告訴她，「威爾金斯已發現DNA的纖維會產生非常好的圖像。」不知道富蘭克林願不願意研究這些纖維的繞射圖形，推論出其結構？他向她建議的是DNA計畫。

威爾金斯度完假回來，一心以為富蘭克林是以他的初級助理身分加入團隊；畢竟DNA是他的計畫。可是富蘭克林並不想擔任任何人的助理。黑髮黑眼的她是著名英國銀行家的千金，她盯著談話對象的視線就像X光。富蘭克林是實驗室的異類——獨立自主的女科學家置身於以男子為主的領域。威爾金斯後來寫道：富蘭克林的父親「專斷又急進」，在這樣家庭中成長的她，「兄弟和父親都厭惡她的智力比他們高」。

她一點也不想當任何人的助手，何況是威爾金斯，她討厭他的溫吞，他的價值觀也被她當成不堪造就的「中產階級」，他解開DNA結構之謎的計畫更和她的計畫直接衝突。富蘭克林一位朋友後來形容這兩人「一開始就水火不容」。[8]

威爾金斯和富蘭克林起先還相敬如賓，偶爾還一起去斯特蘭德宮酒店（Strand Palace Hotel）喝咖啡，但兩人的關係卻急速冷凍，針鋒相對。[9]彼此相輕，不到幾個月，他們就幾乎互不交談。（威爾金斯後來寫道，「她常常咆哮，不過咬不到我。」[10]）一天早上，他們分別與朋友出遊，雙方在康河（Cam River）上撐篙，富蘭克林撐船順河而下，朝威爾金斯衝去，兩艘船近得差點相撞。他佯作恐懼地喊道，「她想要淹死我。」[11]大家緊張地笑了起來（是那種笑話太貼近事實的笑法）。

她想要淹沒的其實是雜音。擠滿男人的酒吧裡啤酒杯碰撞的玎璫聲；在國王學院清一色都是男人的交誼廳裡，男同事討論科學的輕鬆友好。富蘭克林認為大部分的男同事都「教人厭惡」。[12]教人疲憊的不僅僅是性別歧視，而是性別歧視的影射[13]：用在分析所感覺到的輕蔑或揣測，並非故意的雙關語。她寧可把時間花在解開其他密碼，如大自然、晶體或隱形的結構。蘭道爾並不反對聘用女科學家，這觀念在當時可說非比尋常。國王學院就有幾位女性和富蘭克林一起工作，在她之前早已有了女性開路先鋒，如嚴謹而熱情的居禮夫人，她皸裂的手掌和一身全黑的連身裙，由黑色礦泥的大鍋提煉出鐳，獲頒不只一座，而是兩座諾貝爾獎[14]；還有牛津大學的桃樂絲．霍奇金（Dorothy Hodgkin），處事沉著、舉止輕盈的她因解開青黴素晶體結構之謎，獲頒諾貝爾獎[15]（有報紙描述她是「笑容可掬的家庭主婦」[16]）。但富蘭克林並不符合這兩種典型，她既非模範主婦，也不穿著羊毛長袍在大鍋前攪拌，她既非聖母，也非巫婆。

干擾富蘭克林最嚴重的雜訊，是DNA圖片中的模糊狀態。威爾金斯由瑞士的一間實驗室獲得了純度很高的DNA，並將其拉長成薄而均勻的纖維。他把金屬絲拉長，然後把DNA纖維穿過其中的間隙（把迴紋針彎曲起來就有很好的效果），希望用X光繞射，獲得圖像。可是這種材料卻很難拍攝，底片出現了四散模糊的圓點。富蘭克林疑惑，究竟是什麼使得純分子這麼難拍攝？接著很快就發現了答案。原來在純化的狀態下，DNA有兩種形式：有水存在的DNA分子是一種型態，乾燥後又變成另一種型態。當實驗室的濕度降低時，DNA分子就會放鬆又縮緊——呼、吸、呼，就像生命本身。兩種形式的轉換就是造成噪音的原因，威爾金斯一直努力降低這種噪音，卻未成功。

富蘭克林用精巧的設備，以鹽水釋出氫，調節室內的濕度。[17]當提高室內濕度時，DNA的纖維就似乎永遠放鬆了。她終於馴服了它們。不到幾週，她就拍出DNA的照片，品質和清晰度前所未見。結晶學家伯納（J.D.Bernal）後來稱之為「以X光拍攝任何物質最美麗的照片」。[18]

一九五一年春天，威爾金斯在那不勒斯動物研究所（Naples Zoological Station）發表科學演講，就在波維利和摩根當年研究海膽的實驗室。天氣剛剛開始轉暖，不過大海還是不時向市區傳送陣陣寒意。當天早上的聽眾之中，有個威爾金斯從來沒聽說過的生物學家，他「襯衫下襬在背後飄來飄去、膝蓋赤裸、襪子只拉到腳踝，像公雞一樣歪著頭。」[19]這個激動而滔滔不絕的年輕人名叫詹姆斯．華生。威爾金斯這場DNA結構的演講枯燥而充滿學術味。他毫無熱情地放了幻燈片，最後幾張之一就是DNA的初期X光繞攝圖片。威爾金斯在冗長演講的最後把這張照片投射在影幕上，對這模糊的圖像並沒有流露出興奮之情。[20]其形式仍然是一團混亂（DNA樣品的品質和實驗室的乾燥依舊影響威爾金斯的照片成像），可是華生立即受到吸引。總結毋庸置疑，原則上，的確可以把DNA結晶做為適合X光繞射的形式。華生後來寫道，「莫里斯演講前，我一直擔心基因可能極不規則。」[21]但這個圖片很快讓華生明白並非如此：「突然間，我對化學十分興奮。」他想和威爾金斯談談這個影像，但「莫里斯是英國人，不和陌生人談話。」[22]華生只好溜走。

華生「對X光繞射技術一無所知」[23]，但他對某些生物學問題的重要性有準確的直覺。他在芝加哥大學受的是鳥類學家的訓練，並且刻意「避開任何難度中等的化學或物理課程」。可是一種歸巢本能引導他接觸DNA，他也讀過薛丁格的《薛丁格生命物理學講義：生命是什麼？》，並且深深著迷。他先前在哥本哈根做過核酸的化學研究，不過後來他寫道，「徹底失敗」[24]，然而威爾金斯的這張照片教他如痴如醉。「我無法解譯它，但我並不因此煩惱。能夠想像自己名揚四海，總比成為從沒冒險思考、食古不化的學者好。」[25]

華生急忙趕回哥本哈根，要求轉到劍橋大學馬克斯·佩魯茲的實驗室（奧地利生物物理學家佩魯茲已在一九三〇年代出走潮中，由納粹的德國轉往英國）。佩魯茲正在研究分子結構，但這是華生能了解威爾金斯圖像最近的路途。這張圖像一直縈繞華生腦海，揮之不去，他決心要解開DNA結構之謎，「揭開生命真正奧祕的羅塞塔石碑（the Rosetta stone）」。他後來說，「身為遺傳學者，這是唯一值得解決的問題。」當時他才二十三歲。

⊖

華生因為愛上一張照片而搬到劍橋[26]，在他抵達劍橋的第一天，便再度墜入愛河。他愛上一位名叫法蘭西斯．克里克的人，他也是佩魯茲實驗室的學生。這不是肉體之愛，而是共同分享瘋狂的愛，對激動而天馬行空對話的愛，對超越現實的雄心之愛。[3]克里克後來寫道，「一種年輕的傲慢、一種義無反顧，和一種對馬虎思想的不耐，自然而然地由我倆心中湧出。」[27]

克里克三十五歲，比華生大了整整十二歲，卻還沒有拿到博士學位（部分是因為他在戰爭期間曾在海軍部工作）。他不是傳統的「學術人物」，更不會「食古不化」。他原本學的是物理，個性豁達，是個大嗓門，常常吵得同事得找地方掩避，還要再吞一顆阿司匹靈。他也讀過薛丁格的《薛丁格生命物理學講義：生命是什麼？》，那本「掀起革命的小書」，使他醉心生物學。

英國人討厭許多事物，但再沒有比一早搭火車時，不請自來了一位鄰座，還擅自幫你填了你的填字遊戲答案更擾人的事。克里克的智慧就像他的聲音，自由放任而且大膽無禮；對於侵犯別人的地盤、搶了別人的問題，並且提出解答，他根本不以為意，更糟的是，他還常常是對的。一九四〇年代後期，他由物理學轉入生物學研究所課程，先前他已自修過結晶學的數學理論（可以把二度空間剪影變成三度空間結構的方程式）。克里克也和佩魯茲實驗室大部分的同事一樣，把初步的研究重心放在蛋白質的結構。但和其他人不同的是，打從一開始，他就對DNA產生興趣。就像華生，也像威爾金斯和富蘭克

③ 一九五一年，早在華生家喻戶曉之前，小說家多麗絲．萊辛（Doris Lessing）曾透過朋友的朋友，與這位年輕的華生一起散了三小時的步，越過劍橋附近的荒野和沼澤。從頭到尾都是萊辛一個人在說話，華生一言不發。散步結束時，萊辛「筋疲力竭，只想溜走」，這時她終於聽到同伴說了話，「你看，問題是，這世上能和我聊天的，只有另一個人。」[28]

林，他也直覺地受到能攜帶遺傳資料的分子結構吸引。

他倆——華生和克里克，就像孩子在遊戲室玩耍，滔滔不絕地暢談，最後他們乾脆指定了一間只容他們兩人的房間，一間黃色的磚造房間，有木頭屋椽，這裡放滿了他們的設備、承載了他們的夢想與他們的「瘋狂研究」。他們就像互相搭配的兩股線繩，被傲慢、愚蠢和熱烈的才華連結起來。他們都鄙視權威，卻又渴望權威的肯定。渴望一個集會。他們認為科學機構荒唐可笑又單調乏味，但他們也知道如何讓自己融入其中。他們自以為是典型的外人，但唯有坐在劍橋各學院的四方內院，他們才最舒適自在。他們就像在愚人宮廷內自封的弄臣。

如果要勉強指出一位他們崇拜的科學家，那就是鮑林——這位傳奇的加州理工學院化學家最近剛宣布他解決了蛋白質結構的重要難題。蛋白質是由胺基酸長鏈構成，長鏈折疊成三度空間的次結構，然後折疊成較大的結構（想像一條長鏈，先捲成彈簧，再由彈簧進一步結合成球形）。鮑林運用結晶，發現蛋白質經常折疊成原型次結構（捲曲成如彈簧的單螺旋），他在加州理工學院的一場會議展示他的模型，就像巫師由帽子裡拉出一隻兔子一樣戲劇性十足：他把模型藏在布幕後面，直到演講最後才突然變了出來——觀眾目眩神移，掌聲如雷。傳說鮑林現在把研究重心由蛋白質轉為DNA的結構。遠在五千哩之外的劍橋，華生和克里克都幾乎感覺得到鮑林正緊緊地盯著他們。

鮑林在一九五一年四月發表了關於蛋白質螺旋的經典論文[29]，文中盡是方程式和數字，就連專家讀來也心驚膽戰。但在熟悉這些數學公式的克里克看來，鮑林的基本方法藏在這些蒙混的代數背後。克里克告訴華生，鮑林的模型其實是「常識的產物，而非複雜數學推理的結果」[30]。真正的魔法是想像力。「他的論點偶爾會用到方程式，但在大部分情況下，光用文字就夠了。$\alpha$螺旋並不是因為盯著X光照片而發現的；其實根本的方法是要問哪些原子喜歡比鄰而坐。取代紙筆的主要工具是一組分子模型，看起來與幼稚園兒童的玩具差不多。」

華生和克里克做了最直覺的科學冒險，走過了最直觀的科學飛躍。要是DNA的結構也可以用鮑林的「把戲」解答呢？X光照片當然會有幫助，可是克里克認為用實驗確定生物分子的結構極其麻煩到不合理的地步——「就像藉著聆聽鋼琴摔下樓梯的聲音來決定鋼琴的結構。」[31]萬一，DNA的結構其實很簡單、很優雅，那麼只要藉著建造模型、靠著「常識」，也許就能推論出來。也許只要一點建築材料就可以解開DNA的結構之謎。

⊖

五十哩外，倫敦國王學院的富蘭克林對於用玩具建造模型毫無興趣。她全心投入實驗研究，拍了一張又一張的DNA，每一張都更加清晰。她認為這些圖片會提供答案，沒有猜測的必要。模型應該是由實驗資料產生，而非反過來。[32]在兩種形式的DNA（「乾燥」結晶形態和「潮濕」形態）中，潮濕的結構形態似乎比較沒那麼複雜。可是在威爾金斯建議一同合作解出潮濕型態的結構時，她卻不肯。在她看來，合作幾乎就是認輸。蘭道爾很快就不得不插手干預，像拉開兩個爭吵的孩子，正式把他們分開。威爾金斯繼續研究潮濕的型態，而富蘭克林則負責乾燥的型態。

分道揚鑣對他倆都沒有好處。威爾金斯的DNA樣本品質很差，無法產生好的照片，而富蘭克林雖然有照片，但她覺得很難闡釋它們（「你竟敢為我解釋我的資料！」[33]她曾對他咆哮）。雖然兩人工作地點相隔不到幾百呎，但兩人卻如分頭住在兩塊交戰的大陸。

一九五一年十一月二十一日，富蘭克林在國王學院演講。華生應威爾金斯之邀前來聽講。這個灰濛濛的下午，倫敦的濃霧教人很不舒服。演講的場地是老舊潮濕的演講廳，藏在學院深處，就像狄更斯小說裡枯燥乏味會計師的房間。出席人數大約十五位，華生坐在聽眾之間，「瘦巴巴的，很笨拙，瞪著眼睛，也沒有寫筆記。」

富蘭克林的演講「風格快速緊張，言語之間不帶情緒，也不輕薄瑣碎，」華生後來寫道，「我忍不住想，如果她摘下眼鏡，換個新髮型，不知道看起來如何。」對富蘭克林而言，她刻意保持嚴肅而冷淡；這場演講簡直就像報導蘇聯晚間新聞。要是有人把注意力放在她的主題上（而非她的髮型），就會明白儘管她故意採取謹慎的態度，但其實她正在重大突破性的概念前兜圈子。她在筆記中寫道，「有幾條鏈子的大型螺旋，外面是磷酸鹽」[34]④。她已看出了一個結構精緻的骨架，可是她只給了一些粗略的尺寸，不肯透露此結構的任何細節，就這麼結束了一場枯燥沉悶的學術研討會。

第二天早上，華生興奮地把富蘭克林演講的消息告訴克里克，當時他們正在前往牛津的火車上，準備拜訪結晶學界德高望重的霍奇金。富蘭克林在演講中談得不多，只提供了一些初步的測量尺寸。當克里克問華生確切的數字時，華生卻只能含糊地回答。他甚至懶得把數字記在餐巾背面。這是他科學生涯最重要的研討會之一，可是他竟然沒寫筆記。

不過，克里克還是意識到富蘭克林的初步想法，因此匆匆趕回劍橋，準備建造模型。他們第二天早上便動手，中午在附近的老鷹酒館（Eagle Pub）用餐，還吃了一些醋栗派。他們明白：「表面看起來，X光數據可與二、三、四股長鏈相容。」[35]問題是，如何把這些股放在一起，製造如謎一般的分子模型？

單股DNA是由糖和磷酸鹽的骨架組成，四個鹼基（A、T、G和C）附在骨幹上，就如從拉鏈長出來的牙齒。想要解開DNA的結構，華生和克里克必須先確定每個DNA分子中有多少拉鏈，哪個部分位於中間，哪個部分位於外圍。這問題看似比較簡單，可是由此建造一個簡單的模型卻極其困難。「即使只有約十五個原子，它們卻一直由夾著它們的笨拙鉗子掉出來。」

到了下午茶時間，華生和克里克還在手忙腳亂地修補粗劣的模型，他們想出了一個看似滿意的答案：三股鏈子，以螺旋形狀彼此扭曲與糖磷酸鹽以螺旋形狀互相纏繞，糖磷酸骨架壓縮在裡面。他們承認：「有些原子連結仍然太靠近，難以舒展」，不過也許再擺弄一下就可以解決。這並非多麼優雅的結構（但也別太苛求了）。接著他們發現，下一步該做的是「用富蘭克林的度量尺寸驗證。」[36]他們一時興起（後來也為這個失策而後悔），致電威爾金斯和富蘭克林，請他們過來看看。

威爾金斯、富蘭克林和她的學生雷．葛斯林（Ray Gosling）次日一早由國王學院搭火車，來看華生和克里克的模型。[37]在往劍橋的路上，大家滿懷期待，富蘭克林陷入沉思。

當模型拿出來時，大家的希望都落了空。威爾金斯覺得這個模型「使人失望」，但他保持緘默，富蘭

---

④富蘭克林在DNA初步研究中，並不相信X光的模型代表一個螺旋，很可能是因為她研究的是DNA的乾燥形態。富蘭克林和她的學生甚至還半開玩笑發出通知，宣布「螺旋的死亡」。然而，在她的X光影像改善之後，她逐漸開始想像磷酸鹽擺在螺旋的外面，就如她寫在筆記中的形式。華生曾經告訴記者，富蘭克林的錯誤在於她對自己的數據的淡漠態度：「她並不享受DNA」。

克林可就沒那麼客氣。她光是看了模型一眼，就認定這玩意兒很荒唐，比錯誤還糟糕；它很難看，是一場醜陋、鼓脹、亂七八糟的大災難，就像地震後的摩天大樓。葛斯林說，「富蘭克林以老師的姿態勃然大怒，說：『你們錯了，原因如下……。』接著列舉了原因，推翻了他們的想法。」[38]她還不如乾脆一腳把這模型踢翻算了。

克里克先前想要把磷酸骨架放在模型中央，以穩定「搖擺不定的長鏈」，可是磷酸鹽帶負電，如果它們面對長鏈內部，就會互相排斥，分子會在一奈秒之內飛散四方。為了解決排斥問題，克里克在螺旋中心插入帶正電的鎂離子——就像臨時用分子膠水把整個結構黏在一起。可是，富蘭克林的測量數據證明鎂不可能位於中心。更糟的是，華生和克里克所造的模型結構太緊密，不能容納足以發揮效用的水分子。他們急著建造模型，根本忘記了富蘭克林最初的發現：DNA顯著地「潮濕」。

這次的檢視變成了審查。富蘭克林一個分子接一個分子地拆解模型，就好像直接從他們的身體拆卸骨頭一樣。克里克越來越垂頭喪氣。華生說，「他的情緒不再像是信心十足的老師訓斥倒楣的殖民地兒童。」[39]這時，富蘭克林很明顯已因這個「青春期的瞎扯」而大發雷霆，這兩個男生和他們的玩具根本是白白浪費她的時間。她搭了下午三點四十分的火車回家。

⊖

同時，在巴沙迪那（Pasadena），鮑林也試圖要解開DNA的結構問題。華生知道，鮑林「對DNA的攻擊」必然砲火猛烈。他會大張旗鼓，把他對化學、數學和結晶學的了解發揮得淋漓盡致，但更重要的是他打造模型的天賦。華生和克里克擔心他們哪天一早醒來，打開權威科學期刊，就會與已被解開的

DNA結構對望。而文章的作者署名是鮑林——而不是他們。

一九五三年一月初，這個噩夢似乎成真[40]：鮑林和柯瑞寫了一篇論文，提出DNA可能的結構，並把一份草稿送來劍橋，這簡直就像對大西洋彼岸扔了一枚炸彈。霎時間，華生以為「一切都完了」。他在論文裡翻來翻去，直到他找到了關鍵的圖形，可是一看到鮑林提出的結構時，華生馬上就知道「有點不對勁」。巧合的是，鮑林和柯瑞也提出三螺旋，A、C、G和T鹼基朝外。磷酸鹽骨架扭曲在裡面，就像螺旋形樓梯中央的梯井，梯級朝外。可是鮑林提出的結構卻沒有用鎂把磷酸鹽「黏合」在一起，相反地，他認為這個結構應該是由較弱的鏈連結。華生馬上看穿了魔術師的這手花招，這個結構行不通：它太不穩定。鮑林的一位同事後來寫道，「如果這是DNA的結構，它會爆炸。」鮑林沒有投出震撼彈，反而畫了分子大爆炸。

華生描述，「這個大錯太不可思議了，根本無法保密。」他直奔鄰近實驗室的化學家朋友，把鮑林的結構給他看。這位化學家同意華生的看法，「偉人（鮑林）忘了大學的基礎化學。」華生把這事告訴克里克，兩個一起在他們最鍾愛的老鷹酒館，灌了一杯又一杯的威士忌，慶祝鮑林的失敗。

⊖

一九五三年一月下旬，華生到倫敦探訪威爾金斯，他先去富蘭克林的辦公室看她，她正在實驗臺上工作，周圍散放了幾十張照片，桌上還有一本寫滿筆記和方程式的書。他們的對話很不自然，兩人爭論起鮑林的論文。華生一度激怒了富蘭克林，她快步穿過實驗室。華生擔心「她可能情緒失控而動手修理他」，因此由前門逃了出去。

至少威爾金斯比較歡迎他。兩人談起富蘭克林火爆的脾氣，威爾金斯不由得向華生多透露了一點消息，程度是前所未有的坦白，接下來對話是混雜了信號、不信任、溝通不良和臆測揣想的交織。威爾金斯告訴華生，去年夏天，富蘭克林已經為潮濕型態的DNA拍攝了一連串全新的照片——圖像十分清楚，結構的基本骨架簡直可以從照片跳出來。

一九五二年五月二日星期五晚上，她和葛斯林已在一夜之間把一根DNA纖維暴露在X光下。這張照片的技術層面可說十全十美（只是相機略微偏了一點，沒有正好在中心）。「非常好。潮濕照片。」[41]她在她的紅色筆記本上寫道。第二天傍晚六點半；週六晚上她當然也在工作，其他的員工都去酒館了，她在葛斯林的協助之下，再度擺好相機。週二下午，她把照片洗出來，它比前一張更清楚，是她見過最完美的影像。她把它標記為「照片五十一號」。

威爾金斯走到隔壁房間，由抽屜裡拿出了那張關鍵的照片，展示給華生看。富蘭克林還在她的辦公室裡氣呼呼地，她不知道威爾金斯正把她最寶貴的資料透露給了華生。⑤（「也許我應該取得富蘭克林的許可，但我卻沒有，」威爾金斯後來懺悔地寫道，「情況很棘手。要是任何正常的情況，我當然會請她准許，不過，如果我們之間有任何稱得上正常的情況，也就根本不會有許可的問題了……。我有這張照片，畫面上有個螺旋，不可能看不見。」）

華生當場目瞪口呆。「我一看到照片，下巴就掉了下來，脈搏也開始加快。這模式比以前的更單純，教人難以置信……。黑色的十字只可能是由螺旋結構產生，只要花幾分鐘計算，即可修正分子裡長鏈的數量。」

當晚，華生搭火車越過英格蘭東部的沼澤地帶返回劍橋。華生在冰冷的車廂裡，找了一張報紙，在空白處畫出他記得的圖像。他第一次從倫敦回來時沒記筆記，這回可不想再重蹈覆轍。等他回到劍橋，一躍而進學院的後門，這時他已經確定DNA必然是由兩股交織的螺旋鏈構成：「重要的生物物質總是成雙成對。」[42]

⊖

第二天早上，華生和克里克趕到實驗室，開始認真地建造模型。遺傳學家計數，生化學者純化，而華生和克里克則遊戲。他們有條不紊、勤勤懇懇、仔仔細細地努力，但仍然留下足夠他們發揮關鍵長處的空間：輕鬆。若是他倆最終能贏得這場比賽，必然是因為突發奇想和直覺；他們會一路以輕輕鬆鬆的腳步解開DNA結構之謎。他們首先嘗試補救第一個模型，把磷酸鹽骨架放在中間，鹼基向外伸出，可是模型搖搖擺擺，分子擠在一起，不能安定。喝過咖啡後，華生投降了：也許骨幹應該在外面，而鹼基（A、T、G和C）面向內，彼此相對。但是，這個問題解決了，卻又造成了更大的問題。鹼基面對外面時，沒有位置的問題，它們只須繞著中央的骨幹，就像螺旋形的圓花飾。相反地，當鹼基面向裡面，就會擠在一起，彼此卡住。拉鏈的鏈齒必須互相咬合才行。如果A、T、G和C要位於DNA雙螺旋內

⑤ 但這該算是她的照片嗎？威爾金斯後來一口咬定，照片是富蘭克林的學生葛斯林給他的，因此他想怎麼處理都沒關係。富蘭克林當時正要離開國王學院，轉到伯克貝克學院（Birkbeck College）任職新工作，威爾金斯以為她要放棄DNA計畫。

部，它們就必須有一些互動、一些關係。可是一個鹼基（如A）和另一個鹼基究竟有什麼關係？

先前就有一位獨立研究的化學家一再堅持DNA的鹼基彼此必然有關係。一九五〇年，生於奧地利的生化學家厄文．查戈夫（Erwin Chargaff）在紐約哥倫比亞大學工作時，發現了一種奇特的模式。查戈夫切割DNA，並分析其基礎組成，結果發現A和T比例總是幾乎相同，G和C亦然。某個神祕的事物把A與T配對，G與C配對，彷彿這些化學物質先天就有關連。然而，儘管華生和克里克明白此規則，卻不知道該怎麼應用在DNA的最後結構上。

把鹼基放進螺旋中心，還衍生出第二個問題：外面骨架的測量精確變得攸關緊要。這是填裝的問題，顯然受到空間大小的限制。儘管富蘭克林毫不知情，但她的資料卻又再次出手挽救。一九五二年冬，一位視察委員奉命審查國王學院進行的研究工作，威爾金斯和富蘭克林準備了關於DNA最近的工作報告，並收入許多初步的測量數據。佩魯茲是委員會的成員，而他把一份報告交給了華生和克里克。報告上雖沒有標明「機密文件」，卻也沒有說它可以隨便提供給他人，尤其是富蘭克林的競爭對手。

佩魯茲的意圖以及為何對科學競爭假作天真，迄今尚不得而知（他後來為自己辯解道，「我對行政事務沒有經驗又漫不經心，報告又不是「機密文件」，我覺得沒有理由扣住它。」[43]）總之，事情已經發生，富蘭克林的報告到了華生和克里克手中。糖—磷酸骨架已經放在外面，尺寸的參數也已確定，打造模型者可以開始建造模型最精密的階段。起先，華生想把兩個螺旋拼在一起，一股上的A和另一股的A搭配，就像鹼基與相同的鹼基相配，可是螺旋凹凹凸凸，很不雅觀，就像穿著濕衣服的米其林寶寶（Michelin Man）。華生試著按壓模型，整塑它的形狀，可是徒勞無功，到了第二天早上不得不放棄。

一九五三年二月二十八日上午，還在擺弄切成鹼基形狀紙板的華生開始疑惑，螺旋內部是否包含彼此並不相像的對位鹼基。如果A與T配對、C與G配對，會有什麼結果？「突然間我意識到，成對的腺嘌呤和胸腺嘧啶（A→T）和成對的鳥嘌呤和胞嘧啶（G→C）是相同的。不需要操弄，就能讓兩種類型的鹼基對有相同的形狀。」[44]

他發現如此一來，鹼基對可以輕鬆地彼此堆疊，朝向內部螺旋的中心。回顧查戈夫法則，其重要性不言而喻——A和T、G和C必須以相同的數量存在，因為它們是互補的，它們是拉鏈中兩個相對咬合的鏈齒。重要的生物物質必須成雙成對。華生簡直等不及克里克來到辦公室。「克里克一來，還沒走進門，我就大喊說，我們已經掌握了一切的答案。」[45]

克里克一看到相對的鹼基，就相信了華生的話，雖然模型的細節仍須解決（成對的A與T、G與C仍然得要放進螺旋骨架的內部），但是，這是相當鮮明的突破。答案非常漂亮，絕不可能會錯。華生回憶說，「克里克飛進老鷹酒館，告訴周遭的每一個人，我們解開生命的祕密了。」[46]

就像畢達哥拉斯的三角形、法國拉斯科（Lascaux）的洞窟壁畫、吉薩的金字塔，和從外太空看來脆弱的藍色行星影像，DNA的雙螺旋是一個標誌，永久刻印在人類歷史和記憶之中。我很少在書中內文重現生物圖解，因為心

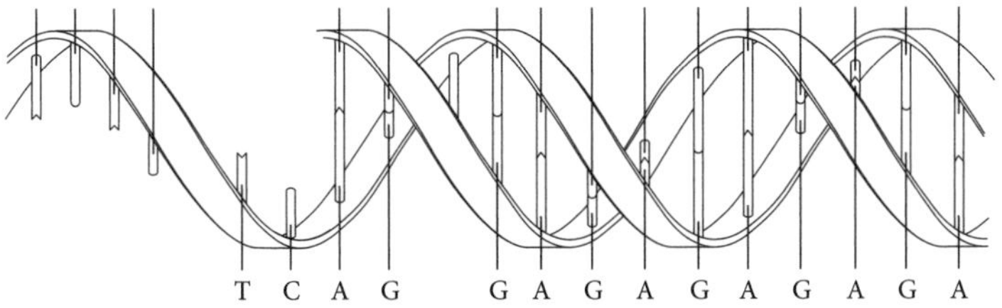


DNA 的雙股螺旋結構示意圖，單螺旋（左）及配對的雙螺旋（右）。注意鹼基的互補，即 A 與 T、G 與 C 的配對。蜿蜒的 DNA「骨架」是由糖和磷酸組成的長鏈。

靈之眼往往更能勾勒出更豐富的細節。不過，有時必須破例：

這個螺旋含有兩股相互纏繞的DNA鏈。是「右旋」，如同以右旋螺絲旋動，向上彎曲。分子的橫切面為二十三埃（angstroms，一埃是千分之一公釐的千分之一，即百萬分之一公釐）。一百萬個螺旋並排堆疊起來，正好可以填入這個字母：o。生物學家約翰．蘇斯頓（John Sulston）寫道，「我們眼中看到的它是相當粗短的雙螺旋，因為它們很少顯現另一個驚人的特徵：它非常長且細。我們身上的每一個細胞都擁有這種長度達兩公尺的長鏈；如果我們把DNA放大，畫成像縫衣線一般粗，那麼細胞就約相當於兩百公里長。」[47]

記得，每一股DNA都是很長一串「鹼基」——A、T、G和C。這些鹼基由糖—磷酸骨架連結在一起，骨架由外側扭曲，形成螺旋。鹼基面向內，像圓形樓梯的梯級。相對的兩股含有相對的鹼基：A與T配對，G與C配對，兩股都含有相同的信息，只是雙方互補，如同彼此「反射」或迴聲（更恰當的比喻是陰陽）。A與T、G與C之間的分子間作用力把兩股鎖在一起，就像拉鏈。因此，可以把DNA的雙螺旋想成用四個字母寫的代碼：ATGCCCTACGGGCCCATCG……，永遠與對映的代碼糾纏在一起。

詩人保羅．梵樂希（Paul Valery）曾寫道，「去看，就是去忘記你所見事物的名稱。」要看到DNA，就是要忘記它的名字或化學式。就像人類最簡單的工具，錘子、鐮刀、風箱、梯子與剪刀一樣，光是由分子的結構，就可以完全理解其功能。「看到」DNA，就是立刻察覺它當作資料庫的功能。不需要名字，就能理解生物學中最重要的分子。

華生和克里克在三月的第一週成功造了完整的模型。華生跑到卡文迪許（Cavendish）實驗室地下室的金屬部，以加快打造模型零件的速度，但錘打、焊接和拋光要花時間，克里克不耐煩地在樓上踱步。一等閃亮的金屬零件到手，他們就開始建造模型，一部分一部分地添加，好像在搭紙牌屋。每一部分都須要相合，須配合現有的分子大小數據。只要克里克一皺眉，華生的胃就翻絞，但到了最後，整個模型搭配得天衣無縫，就像完美的拼圖。第二天，他們帶了鉛垂線和尺測量每個成分之間的距離。每一個尺寸（每一個角度和寬度），這些分子之間的所有空間，都近乎完美。

第二天早上，威爾金斯前來參觀這個模型，他「只看了一下子，就喜歡上它。」[48]威爾金斯後來回憶說，「這模型高高地放在實驗臺，它有自己的生命——我們就像看著剛才出生的嬰兒。這個模型彷彿在為自己說話，它說，『我不在乎你怎麼想，我知道我是對的。』」[49]他回到倫敦，驗證他最近的結晶數據與富蘭克林的數據，一切都很明確符合雙螺旋的想法。「我想你們是兩個老騙子，但你們很可能有些道理，」[50]威爾金斯在一九五三年三月十八日由倫敦來信，「我喜歡這個想法。」[51]

富蘭克林稍後看到這個模型，也很快就相信它是正確的。起先華生擔心她那「敏銳、頑固的腦袋，會陷進她自製的……陷阱。」她也許會排斥這個模型，但富蘭克林不需要他們進一步說服。她靈活的大腦只要一看到美麗的解決方案，自然就會認出它來。「骨幹在外的位置和A—T與G—C成對的獨特性，讓她覺得沒有爭論的理由。」[52]華生寫道，這結構「美得不可能不是真的。」

一九五三年四月二十五日，華生和克里克的論文《核酸分子結構：去氧核糖核酸的結構》在《自然》（*Nature*）雜誌發表。[53]附隨這篇文章的還有由葛斯林和富蘭克林撰寫的文章，為雙螺旋結構提供有力的結晶學證據。第三篇相關的文章則由威爾金斯執筆，以DNA晶體的實驗數據進一步的證實。

生物學最重要的發現往往都是以最低調的方式輕描淡寫地發表——孟德爾、艾佛里和格里菲斯都是如此，華生和克里克也遵循這個傳統，他們在論文最後加了一行：「我們注意到，我們假定的特定配對直接提出了遺傳材料複製機制的可能。」DNA最重要的功能——由細胞傳遞信息副本到其他細胞，就埋藏在它的結構中。信息、運動、資料、形式、達爾文、孟德爾、摩根，全都寫進了那個不確定尚未全然肯定的分子組合之中。

一九六二年，華生、克里克和威爾金斯因為他們的發現，獲得諾貝爾獎。得獎人不包括富蘭克林，她已於一九五八年去世，得年三十七歲，死因是卵巢癌擴散轉移——這是和基因突變有關的疾病。

⊖

在倫敦泰晤士河轉彎之處的貝爾格萊維亞區（Belgravia），我們可以由毗鄰皇家園藝學會辦公室的梯形公園文森特廣場（Vincent Square）開始漫步。一九〇〇年，貝特森就在這裡把孟德爾論文的消息帶進了科學學界，因而開啟了現代遺傳學的紀元。由廣場快步朝西北走，經過白金漢宮的南緣，我們來到鹿特蘭門（Rutland Gate）優雅的連棟房屋，二十世紀初，高爾頓就在這裡提出了優生學的理論，希望操縱遺傳科技，創造十全十美的人類。

再往東約三哩，河的對面就是英國衛生部病理實驗室前址，一九二〇年代初，格里菲斯就是在此發現了轉化反應（遺傳物質由一個生物轉移到另一個生物），這個實驗使得DNA確立為「基因分子」。過河向北走，你就會抵達國王學院實驗室，一九五〇年代初，富蘭克林和威爾金斯就是在此展開他們對DNA晶體的研究。接著，我們往西南而去，來到展覽路（Exhibition Road）上的科學館，親眼看到「基因分子」。華生和克里克打造的DNA原創模型，包括錘製的金屬板和鋼製實驗臺上搖搖晃晃的桿子，就放在玻璃櫃裡面。這個模型看起來像是瘋子發明的網格螺絲錐，或者脆弱得不得了的螺旋式樓梯，聯繫了人類的過去與未來。克里克親手寫的潦草字跡——A、C、T和G，還留在板子上。

華生、克里克、威爾金斯和富蘭克林揭開了DNA結構之謎，為基因的一段旅程畫下終點，卻開啟了新的探索方向和發現。華生在一九五四年寫道，「一旦知道了DNA擁有高度規律的結構，就必須解開下一個謎，了解該如何在這規律的結構中，貯存指定生物體所有特徵的大量遺傳信息。」舊的問題替換上了新問題。雙螺旋有什麼特徵使它能負載生命的代碼？這個代碼如何轉錄和轉譯為生物的實際形體和功能？說到這點，為什麼是兩個螺旋，而不是一、三或四個螺旋？為什麼兩股彼此互補（A與T、G和C配對），就宛如分子的陰與陽？為什麼在眾多結構中，它偏偏選擇了這個結構當作所有生物信息的核心貯存庫？克里克後來說，「美的不是DNA，而是它做了什麼。」[54]

圖像使得想法具體化——雙螺旋分子負載了建構、運作、修復和複製人類的指令。它的圖像讓一九五〇年代的樂觀和奇蹟具體成形。那個分子裡存有人類完美和脆弱：只要我們學會操縱這種化學物質，就能重寫我們的本質。疾病就可以治癒，命運就可以改變，未來就可以重建。

華生和克里克的DNA模型象徵基因概念從這一端（跨越世代的神祕信息載體），越至另一端（能夠編碼、貯存並在生物之間傳遞信息的化學物質或分子）。如果二十世紀初期遺傳學的關鍵詞是**信息**（message），那麼二十世紀後期遺傳學的關鍵詞可能是**密碼**（code）。半個世紀以來，基因攜帶信息的事實已很明朗，問題是，人類能破解它們的密碼嗎？

# 「那可惡、捉摸不定的紅花俠」

大自然在蛋白質分子裡設計了一種工具，用下層的單純表現莫大的精巧和多種用途，若非能明確掌握這兩種優點的奇特組合，否則不可能以適當的角度看待分子生物學。[1]

——法蘭西斯・克里克

我先前寫到code（碼）這個字來自caudex（樹木的木髓，早期的文稿會刻在其上）。用來寫文字碼的材料創造這個字，此想法又帶來了啟發：形式變成了功能。DNA也一樣，華生和克里克明白這個分子的形式必然和功能息息相關，遺傳密碼必須寫進DNA的材質裡，就像在木髓上蝕刻的刮痕。

但是，遺傳密碼是什麼？DNA分子鏈中的四個鹼基，A、C、G和T（或RNA的A、C、G和U），又是怎麼決定頭髮的硬度、眼睛的顏色或細菌外殼的特質（或者，家族精神病或致命出血疾病的傾向？）孟德爾抽象的「遺傳單位」如何表現為實際特徵？

⊖

一九四一年，也就是艾佛里劃時代實驗的前三年，在史丹福大學地下室坑道工作的兩位科學家喬治・畢多（George Beadle）和愛德華・泰坦（Edward Tatum）發現了基因和實際特徵之間失落的環節。[2]畢多（他的同事都喜歡叫他「畢茲」〔Beets，甜菜根之意〕）是摩根在加州理工的學生[3]，紅眼果蠅和白眼突變讓畢多大惑不解，他知道「紅眼基因」是遺傳信息的單位，在DNA（基因）與染色體中以不可分割的形式，由親代傳遞到子代。相較之下，「紅色」則是眼中化學色素的結果。可是，遺傳分子如何轉變為眼睛的色素？「紅色的基因」和「紅色」之間（信息和其物理或結構形式之間）有什麼連結？

果蠅憑著罕見的突變，改變了遺傳學。就因為突變很罕見，因此像黑暗中的明燈，讓生物學家能跨過數世代追蹤摩根所稱的基因的「動作」[4]，只是這個作用依舊是個模糊神祕的觀念，讓畢多好奇。一九三〇年代晚期，畢多和泰坦推想，如果能隔離出果蠅確實的眼睛色素，可能就可以解開基因作用之謎。只是這個研究停滯不前；基因和色素之間的連結實在太複雜，難以得出可行的假說。一九三七年，他們兩人在史丹福大學換了一個更簡單的生物來研究，想了解基因與性狀之間的關係。這種稱作**紅麵包黴**（*Neurospora crassa*）的黴菌最先是在巴黎一家麵包店發現的汙染物。

麵包黴菌具是雜亂無章、生長茂盛的生物。它們可以在裝有營養肉湯的培養皿中生長，但其實它們並不需要太多營養就能生存。畢多按部就班地逐一去除了肉湯裡幾乎所有營養成分，卻發現黴菌菌株依舊可以在極少量的肉湯裡生長，此時的肉湯除了糖和生物素（biotin，維生素B群的一分子，又稱為維生素H或輔酶R）之外，沒有其他養分。顯然，黴菌的細胞可以由基本的化學物質建構出分子生存所需的所有分子——由葡萄糖建構出脂質，由先驅化學物質製出DNA和RNA，用簡單的糖製出複雜的碳水化合物。就像神奇麵包（Wonder Bread，美加地區的麵包品牌）創造神奇。

畢多知道，麵包黴菌的這種能力是因為細胞裡面有酶，這些蛋白質擔任建築師的角色，可以由基本的先驅化學物質合成複雜的生物大分子。如果麵包黴菌要在基本培養基裡生長，它的所有代謝與建造分子的功能就必須完好無缺。要是突變使它的任何一個功能失靈，黴菌就無法生長（除非在肉湯有東西可以補足所欠缺的成分）。因此，畢多和泰坦便可以用這種技術追蹤每一個突變體缺少的代謝功能。例如，突變體需要物質X在基本培養基中生長，那麼它必然從一開始就缺少合成物質X的酶。這種方法固然辛苦費事，不過耐心正是畢多的長處；他曾經花了一整個下午教研究生學習如何醃製牛排，按照精確的時間間隔，一次添加一種香料。

這個「缺少成分」實驗讓畢多和泰坦對基因有了新的認識。他們發現每一個突變體都缺少了單一一種代謝功能，對應單一蛋白酶活動，而遺傳雜交則證明每一個突變體都只有一個基因有缺陷。

如果突變破壞了酶的功能，那麼正常的基因就必須能提供製作正常酶的信息。必然有個遺傳單位攜帶蛋白質指定的密碼，建構代謝或細胞功能。畢多在一九四五年寫道，「基因可以視為指引蛋白質分子做最後的配置。」[5] 這就是一整個世代的生物學者一直想了解的「基因作用」：基因透過把建造蛋白質的信息編碼來「作用」，而蛋白質實現了生物的性狀或功能。①

或者，我們可以用信息流的方式看待，如下圖。

畢多和泰坦在一九五八年共同獲得諾貝爾獎。不過，此實驗卻提出了一個還沒有答案的關鍵問題：基因如何把信息「編碼」並製造蛋白質？蛋白質是由二十種稱作胺基酸的單純化學物質構成，如甲硫胺酸（Methionine）、甘胺酸（Glycine）與白胺酸（Leucine）等，纏繞成鏈。DNA鏈主要呈雙螺旋形，蛋白質鏈則可以在空間以特殊的方式扭轉彎曲，就像可以雕成特定形狀

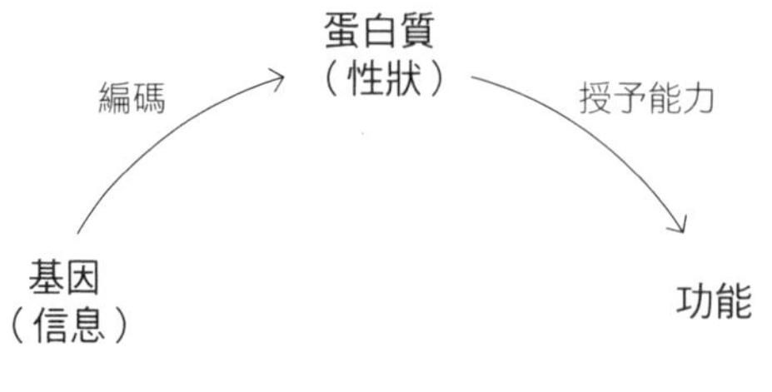

的鐵絲。這種塑形的能力讓蛋白質能在細胞中執行不同的功能，它們可以形成肌肉中可伸縮的長纖維，即肌球蛋白（myosin）；也可成為球狀，啟動化學反應，即（DNA聚合酶）。它們可以結合有色化學物質，成為眼睛或花朵裡的色素；如果扭曲為馬鞍扣的形狀，就能傳遞其他分子（血紅蛋白）；它們也可以指定神經細胞如何和另一個神經細胞聯繫，因而決定正常的認知和神經發育。

可是，DNA的序列（ATGCCC……）怎麼可能攜帶製造蛋白質的指示？華生一直懷疑DNA會先轉換成中間信息，他稱之為「信使分子」，並認為是「信使分子」攜帶了以基因密碼為基礎製造蛋白質的指令。他在一九五三年寫道，「一年多來，我一直和克里克說，DNA鏈中的遺傳信息必須先複製到互補的RNA分子，」[6]而RNA分子必然是構建蛋白質的「信使」。

一九五四年，由研究物理轉投生物界的俄裔學者喬治．伽莫夫（George Gamow）與華生組成了一個科學家「俱樂部」，目標是破解蛋白質的合成機制。一九五四年，伽莫夫以他招牌的隨心所欲文法和拼字，寫信給鮑林，「親愛的鮑林，我正在玩複雜的有機分子（我以前從來沒有做過！）得到了一些有趣的結果，很希望可以聽聽你對它的意見。」[7]

伽莫夫稱之為RNA領帶俱樂部（RNA Tie Club）。[8]「這個俱樂部從未全員一起聚過，」克里克回憶說，「它一直很虛無縹緲。」[9]俱樂部沒有正式的會議或規則，甚至連組織的基本原則也付之闕如。相

---

①「基因」的這個觀念經此之後還會再進一步修改和延伸。基因不只是一組建造蛋白質的指令，但畢多和泰坦的實驗提供了基因功能的機械概念基礎。

反地，領帶俱樂部是以非正式的對話鬆散地結合在一起。偶然聚會，或者根本不聚會。會員之間互相傳遞一些尚未發表的荒唐念頭，常常伴隨手繪的潦草圖案；可說是部落格之前的部落格。華生請洛杉磯的一位裁縫在綠色羊毛領帶上刺繡了一股金色的RNA，伽莫夫親自由朋友群精挑細選俱樂部成員，並送了每一位成員一條領帶和一個領帶夾。他還印了一些信紙，上面加上自己的座右銘：「孤注一擲，或者不要嘗試。」[10]

⊖

一九五〇年代中期，兩位在巴黎工作的細菌遺傳學家賈克．莫諾（Jacques Monod）和方斯華．賈克柏（François Jacob）也做了一些實驗，隱約顯示需要中間分子（信使），才能讓DNA翻譯成蛋白質。[11]他們認為基因並沒有直接詳列製造蛋白質的指令。相反地，DNA中的遺傳信息要先轉換成草稿形式的複本，再用這個複本翻譯成蛋白質。

一九六〇年四月，克里克和賈克柏擠在西德尼．布倫納（Sydney Brenner）位於劍橋的公寓裡聚會，討論這個神祕中間分子的身分。布倫納的父親是南非的鞋匠，他靠獎學金到英國學習生物學；他和華生和克里克一樣，也對華生的「基因宗教」和DNA著迷不已。三位科學家共進了一頓難以消化的午餐，他們發現這個中間分子必須在貯存基因的細胞核和合成蛋白質的細胞質之間穿梭。

但是，由基因構建的「信息」有什麼樣的化學特性？它是蛋白質？還是核酸或其他分子？它與基因序列的關係是什麼？雖然布倫納和克里克仍然缺乏具體證據，但他們也懷疑是RNA（DNA的分子表親）。一九五九年，克里克寫了一首詩給領帶俱樂部，不過他一直沒有把它送出去：

遺傳RNA的屬性是什麼？
他在天堂，還是地獄？
那可惡、難以捉摸的紅花俠。[12]

一九六〇年初春，賈克柏飛赴加州理工學院，與馬修・梅瑟森（Matthew Meselson）合作，要捕捉「那可惡、難以捉摸的紅花俠。」布倫納則於幾週後的六月初抵達。

布倫納和賈克柏知道，蛋白質是靠一種稱為「核糖體」（ribosome）的特定細胞成分在細胞內合成。想要純化中間分子，最可靠的辦法就是用相當於淋冷水浴的生化方式，讓蛋白質合成突然停止，並純化和核糖體相關的顫抖分子，捕捉那難以捉摸的紅花俠。

原理雖然很明白，但實際實驗卻複雜得教人氣餒。布倫納報告說，起先他在實驗中只看得到宛如「潮濕、陰冷、沉默的濃重加州大霧」的化學物質。繁瑣的生化過程花了幾週才達到完美——只是每次捕獲核糖體後，它們卻崩潰瓦解。核糖體在細胞內部似乎十分平靜地黏合在一起，為什麼一到細胞之外，它們就像霧一樣由指縫中溜走？

答案真的就是從霧裡現身。一天早上，布倫納和賈克柏坐在沙灘上，布倫納反覆思索他學過的基礎生化課程，發現一個非常簡單的事實：他們的解決方案一定少了某種讓核糖體在細胞內保持完整的基本化學因子。那是什麼因子呢？它必須很小、很平常，無所不在——一點點分子膠。他從沙灘上跳起來，頭髮飛揚，沙子由口袋裡掉下來，尖叫說，「**是鎂。是鎂。**」[13]的確就是鎂。加入這個離子至關緊要。在加了鎂的溶液裡，核糖體保持黏合，布倫納和賈克柏終於由細菌細胞提煉出一丁點的信使分子，不出所料，就是RNA，不過，這是一種特殊的RNA。②當基因轉譯時，信使就重新生成。就像DNA，這些RNA分子也是由四個鹼基串成，即A、G、C和U（在複製基因的RNA時，U取代了DNA裡的T）。[14]值得注意的是，布倫納和賈克柏後來發現信使RNA是DNA鏈的複本。接著，基因的RNA複本就由細胞核裡移到細胞質液（cytosol），信息就在這裡被解碼，以建構蛋白質。信使RNA既不在天堂，也不在地獄，而是一個專職的中間分子。複製基因的RNA複本稱為轉錄，意指用接近原文的語言重寫一個字或句子。基因代碼（ATGGCC……）轉錄為RNA代碼（AUGGCC……）。

這個過程就像要翻譯圖書館的善本。信息的主要版本（即基因），永遠深藏在倉庫或保險櫃裡。當細胞產生「翻譯請求」時，影印本就由細胞核的倉庫中取出，這個基本的複本（即RNA）就當作翻譯成蛋白質的工作本，這個過程容許基因同時流通多份複本，同時也讓RNA複本可以按需求增減——很快地，這些事實便被證明對於了解基因的活動和功能攸關緊要。

⊖

不過，轉錄只解決了蛋白質合成問題的一半。剩下的另一半是RNA的「信息」如何解碼，變成蛋白質？為了製作基因的RNA拷貝，細胞用的是相當簡單的轉位（transposition）：基因中的每一個A、C、T和G都被複製為信使RNA的A、C、U和G（即ACT CCT GGG→ACU CCU GGG）。基因和RNA複本的差異僅是將胸腺嘧啶置換成尿嘧啶（T→U）。轉為RNA後，基因的「信息」又如何解碼成蛋白質？

華生和克里克一看就明白，單一的鹼基A、C、T或G不可能攜帶足夠的基因信息，構建蛋白質的任何部分。蛋白質總共有二十種胺基酸，而僅憑四個字母無法指定出二十種替代狀態，其祕訣必然在於鹼基的組合。他們寫道，「鹼基確切的序列很可能就是攜帶遺傳信息的代碼。」[15]

我們可以用自然語言類比。A、C和T三個字母本身沒有多少意義，但可以用不同的方式組合，產生截然不同的信息。例如，act、tac和cat這幾個字雖然用的是相同的字母，卻有極其不同的意義。解開基因密碼的真正關鍵就在於把RNA鏈中的元素序列繪製為蛋白質鏈中的序列。就像解譯遺傳學的羅塞塔石碑：一種字母組合指定了哪一種字母組合？概念如下圖。

克里克和布倫納做了一系列別出心裁的實驗，明白遺傳密碼必須以「三聯體」形式出現，意即必須由三個DNA鹼基（如ACT），指定一個蛋白

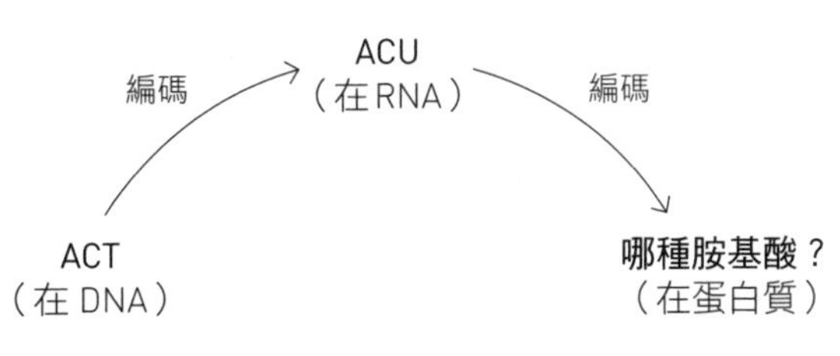


② 由華生和華特·吉爾伯特（Walter Gilbert）在哈佛大學率領的團隊也在一九六〇年發現了「RNA中間分子」。華生、吉爾伯特，布倫納、賈克柏的論文接連在《自然》期刊發表。

質中的胺基酸。③

哪個三聯體指定哪個胺基酸？到了一九六一年，全球已有好幾間實驗室都加入了破解遺傳密碼的競賽。馬里蘭州貝塞斯達（Bethesda）的美國國家衛生研究院（NIH）、馬歇爾・尼倫伯格（Marshall Nirenberg）、海因瑞克・馬塞（Heinrich Matthaei）和菲利浦・李德（Philip Leder）皆嘗試用生化方法破解密碼。印度出生的化學家哈爾・科拉納（Har Khorana）提供了關鍵的化學試劑，讓破解代碼成為可能。而在紐約的西班牙裔生化學者塞韋羅・奧喬亞（Svero Ochoa）也以類似的方式，解譯出三聯體和相應的胺基酸。

與所有的解碼一樣，研究過程就是一個錯誤接著另一個錯誤。起先，一個三聯體似乎與另一個重疊，簡單密碼因此成為空想。接著，有些三聯體在某段時間內似乎根本沒有作用。但是，到了一九六五年，所有研究（尤其是尼倫伯格的研究）都畫出了每一個和胺基酸相對應的DNA三元組。例如，ACT就指定息寧胺酸（Threonine）、CAT指定組胺酸（Histidine），而CGT則指定精胺酸（Arginine）等等。因此，特定的DNA序列（ACT—GAC—CAC—GTG）就用來建構一條RNA鏈，這條RNA鏈又被轉譯為胺基酸鏈，最終建構成蛋白質。一個三元組（ATG）是開始構建蛋白質的代碼，三個三元組（TAA，TAG，TGA）則代表停止。遺傳密碼的基礎字母表已經完成。

此時，我們可以把信息流簡單看成下圖。

克里克把這種信息的流程稱為生物信息的「中心法則」（the central dogma，dogma意為教條）。克里克會選擇dogma這個字很奇怪（他後來承認自己一直都不知道這個字的言外之意指固定、不可改變的信念），不過，「中心」卻是很準確。克里克指的是遺傳信息的流程在整個生物界有教人驚訝的一致性。④由細菌到大象，由紅眼果蠅到藍血（blue-blooded，指血統純正，出身名門）親王，生物信息都以系統化、

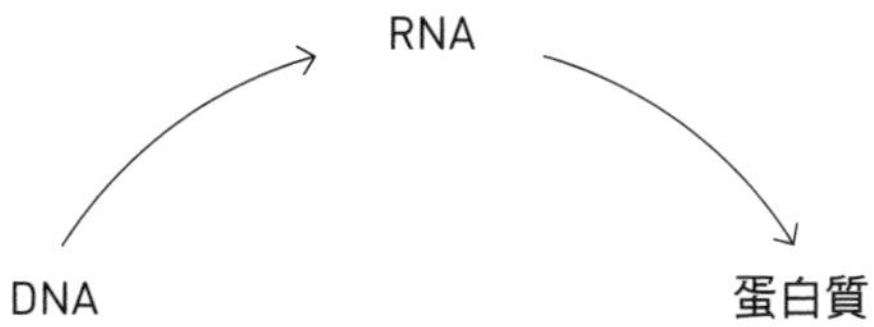


概念如下：

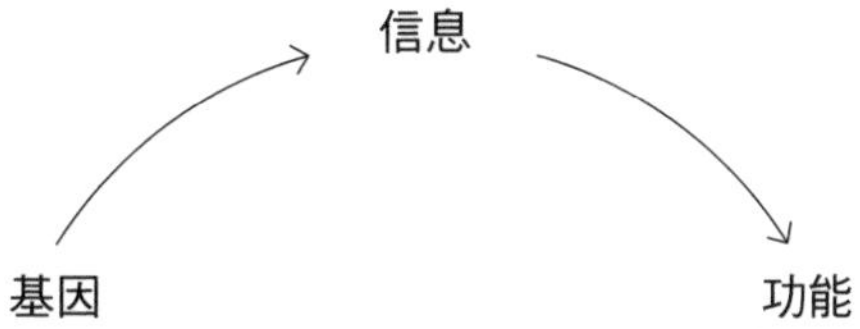


或是：

---

③ 基本數學也支持這個「三聯體密碼」假說。如果用兩個字母形成的代碼，即序列中的兩個鹼基（AC或TC）為蛋白質的胺基酸編碼，只能有十六種組合，顯然不夠指定全部二十種胺基酸。而三聯體組成的代碼共有六十四種組合，足夠二十種胺基酸之用，剩餘的還可指定其他編碼功能，比如「停止」或「開始」蛋白質鏈。四聯體代碼則會有二五六種排列組合，遠超過二十種胺基酸所需。自然雖然簡化，但沒有簡化到那個程度。

④ 在克里克最先的結構中，信息可以由RNA「倒退」回DNA，但華生簡化了這個圖，顯示信息流程由DNA至RNA再到蛋白質，後來稱為「中心法則」。

原型的方式，在生物系統之間流動：DNA提供指令，建構RNA；RNA提供指令，建構蛋白質；蛋白質最終啟動了結構和功能——使基因帶來生命。

或許沒有什麼比鐮狀細胞貧血症（sickle-cell anaemia）更能說明這個信息流的性質，以及它對人類生理學深入的影響。早在西元前六世紀，印度的阿育吠陀從業者就已經由嘴唇、皮膚和手指的蒼白，看出了貧血的一般症狀，即血液中缺乏足夠的紅血球。貧血在梵文中稱為pandu roga，還可進一步細分為不同類別，有些是因營養不足引起，有些則是因失血而突然發生。其中鐮狀細胞貧血症一定顯得最為奇特，因為它是遺傳的，常常一陣一陣間歇地發作，而且會伴隨骨骼、關節和胸部突然的絞痛。西非的蓋部族（Ga）把這種痛稱作垂垂垂（chwechweechwe，身體挨打），埃維部族（Ewe）則稱之為挪堆堆（nuiduidui，扭曲身體），光是這些擬聲字就大概可以想像如葡萄酒開瓶器錐進骨髓的殘酷。

一九〇四年在顯微鏡下捕捉到的一張圖像[16]，讓人了解所有看似不同的症狀背後的唯一原因。那年，一位芝加哥年輕牙科學生華特．諾爾（Walter Noel）掛號看診，他的症狀是急性貧血危機，並伴隨典型的胸腔和骨骼疼痛。諾爾來自加勒比海，是西非裔，幾年前已有數次類似的情況。他的心臟病醫師詹姆斯．海瑞克（James Herrick）排除心臟病發作的可能之後，就隨意把此病例指派給住院醫師厄尼斯特．艾倫斯（Ernest Irons）。艾倫斯一時興起，把諾爾的血液放在顯微鏡下觀察。

艾倫斯發現了教人迷惑的變化。正常紅血球的形狀就像壓扁的圓盤，它們因此可以互相堆疊，並在動脈、微血管和靜脈網路中順利移動，把氧氣帶到肝臟、心臟和大腦。可是，諾爾的細胞卻神祕地變成了皺縮的鐮刀狀新月形，艾倫斯後來就稱它們為「鐮狀細胞」。

究竟是什麼使得紅血球變成鐮刀狀？為什麼這種疾病會遺傳？罪魁禍首當然是血紅蛋白的基因異常（這個攜帶氧氣的蛋白在紅血球內為數眾多）。一九五一年，鮑林與加州理工的板野章男（Harvey Itano）一同證明了在鐮狀細胞中血紅蛋白的變體和正常細胞的血紅蛋白不同。[17]五年後，劍橋科學家精確指出正常血紅蛋白的蛋白質鏈和「鐮刀型」血紅蛋白之間的差異是一個胺基酸。⑤

如果這個蛋白質鏈改變的只有一個胺基酸，那麼其基因就應該只有一個三元組不同（一個三元組編碼形成一個胺基酸）。一如所料，當後來解開鐮狀細胞病人血紅蛋白B鏈的基因編碼，並排出其序列時，的確發現了單一的變化：DNA中的GAG，變成了GTG，導致胺基酸從麩胺酸（glutamate）轉換為纈胺酸（valine）。這個改變影響了血紅蛋白鏈的折疊，突變的血紅蛋白蛋白質呈串狀團塊，累積在紅血球細胞內，而非扭轉成整齊畫一的鉤狀結構。這些團塊十分龐大，尤其在沒有氧氣的情況下，它們會拉扯紅血球的細胞膜使得讓正常的圓盤翹曲成新月形，變形為「鐮狀細胞」。鎌刀狀紅血球無法順利通過微血管和靜脈，在全身形成微小的凝塊，阻礙血流，造成極度痛苦的疾病危機。

這是一種魯布·戈德堡（Rube Goldberg，漫畫家，其作品常描述以複雜的連動關係完成一件簡單工作）式的病。一個基因序列的變化造成了蛋白質序列的變化；扭曲了它的形狀，縮小了一個細胞，堵塞了靜脈，阻塞了血流，折磨了（基因建構的）身體。基因、蛋白質、功能和命運繫在同一條鏈上。DNA中一個鹼基對的一個化學物質變化，就足以為人類命運「編碼」徹底的改變。

⑤ 發現這個單一胺基酸差異的是佩魯茲以前的學生維儂·英格拉姆（Vernon Ingram）。

# 調控、複製、重組

找出這個眼中釘的起源絕對必要。[1]

——賈克・莫諾

正如巨大的晶體可以藉由一些在核心整齊排列的關鍵原子而形成，偉大的科學主體也可以透過連結一些決定性的觀念而誕生。在牛頓之前，許多世代的物理學家已經思索過如力、加速度、質量和速率等現象，但必須經由牛頓的天才為這些術語定義，並以一套方程式將它們彼此連結，才開創了力學這門科學。

依照同樣的邏輯，只要連接一些關鍵的觀念，就能重新開創遺傳科學。就像牛頓的力學，遺傳學的「中心法則」遲早也會經過改良、修潤並重新表達。不過，它對剛萌芽的科學影響深遠：它鎖定了一種思考系統。一九〇九年，創造基因一詞的約翰森曾宣稱它「沒有任何假說」，然而到了一九六〇年代初，基因早已大大地超越了一種「假說」。遺傳學找到了一種方法，形容由生物到生物，以及（在生物之內）由密碼到性狀的信息流。遺傳的機制已浮現。

然而，這個生物信息流如何達到我們所見的生物系統複雜性？以鐮狀細胞貧血症為例。諾爾繼承了兩個異常的血紅蛋白 B 基因，他身上的每一個細胞都帶著兩個異常的拷貝（體內每個細胞都繼承相同的基因組），但只有紅血球受到影響，而非神經元、腎臟、肝臟或肌肉細胞。是什麼啟動了紅血球中血紅蛋白的選擇性「行動」？為什麼他的眼睛或皮膚中沒有血紅蛋白——儘管眼細胞和皮膚細胞或任何人體內的細胞都有同一基因的相同拷貝？為什麼如摩根曾說的，「基因隱含的性質會顯現在不同的細胞裡？」[2]

一九四〇年，以最簡單生物（大腸桿菌）所作的實驗提供了此問題第一條重要的線索。大腸桿菌是寄生在腸道中形如膠囊的微小細菌，藉由吸收兩種截然不同的糖類生存：葡萄糖和乳糖。以兩種糖任一種培養，大腸桿菌就會開始快速分裂，約每二十分鐘數量將加倍，成長的曲線以指數增長（一、二、四、八、十六倍），直到培養基呈混濁，糖源耗盡。

法國生物學家莫諾對大腸桿菌不斷成長的曲線十分著迷。[3]在一九三七年回到巴黎之前，他已在加州理工學院待了一年，跟隨摩根學習果蠅，但並沒有什麼成果；他把大部分時間都花在和當地管弦樂團演奏巴哈，或學習早期爵士樂迪克西蘭（Dixie）和爵士樂。巴黎遭圍，十分鬱悶。一九四〇年夏，比利時和波蘭落入德國之手。一九四〇年六月，法國在戰爭中遭受極大的損失，只好簽署停戰協議，讓德軍占據北部和西部。

巴黎宣告為「不設防城市」（open city，自願放棄抵抗，讓敵人進入，以換取城市不受攻擊），雖然避免了炸彈攻擊和毀滅，納粹部隊卻因此長驅直入。兒童已疏散，博物館的畫也清空，四處店面關閉。儘管

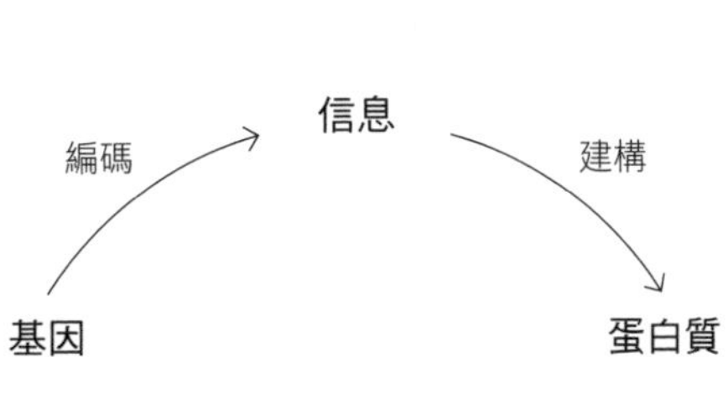

法國歌手莫里斯．謝瓦利埃（Maurice Chevalier）在一九三九年如泣如訴地唱「巴黎永遠是巴黎」，但是「光之城」卻很少點燈，街頭幽暗，咖啡館空蕩蕩。頻繁的停電使得夜晚的巴黎陷入淒涼慘淡的黑暗之中。

一九四○年秋，印著納粹標誌的紅黑兩色旗幟子飄揚在所有政府大樓上，德軍在香榭麗舍大道設了擴音器，宣布每晚宵禁。莫諾在城裡索邦大學酷熱又昏暗的閣樓工作（他當年偷偷加入了法國抵抗運動，不過許多同事一直都不知道他的政治傾向）。那年冬天，他的實驗室因為寒冷，幾乎結冰，他不得不懊喪地等到中午，一邊聆聽街頭的納粹宣傳，一邊等待醋酸解凍。莫諾反覆地進行細菌生長實驗，不過，這回他把那兩種糖類（葡萄糖和乳糖）都加進了培養基。

如果糖就是糖，如果乳糖和葡萄糖的代謝沒什麼兩樣，那麼應該會看到吸收葡萄糖與乳糖混合物的細菌出現同樣平滑的生長弧線。可是，莫諾的實驗出的成長曲線卻好像發生痙攣，大腸菌先是一如預期地呈指數成長，接著停頓一下，然後再度成長。莫諾在研究停頓的原因中發現了異常的現象。大腸桿菌細胞並沒有一視同仁地吸收兩種糖類，而是先吸收葡萄糖，接著停止成長，彷彿重新考量飲食方案，再轉為吸收乳糖，並重新生長。莫諾稱之為「二次生長」（diauxie）。

這個生長曲線的轉折雖小，卻教莫諾困惑，就像他科學家本能之眼跑進了一粒沙。吸收糖的細菌應該以平穩的弧線生長，為什麼在更換吸收的糖類時，會導致生長暫停？細菌怎麼會「知道」或「感覺」糖的來源已遭切換？又為什麼會先消耗其中一種糖，再消耗第二種，就像在小酒館裡吃兩道菜？

到了一九四○年代後期，莫諾已發現那個痙攣是因為重新調整代謝。細菌由吸收葡萄糖轉為吸收乳糖時，誘導了特定的乳糖—消化酶，等它們切換回葡萄糖時，那些酶就消失了，而葡萄糖—消化酶則重新出現。切換那些酶的誘導過程需要花幾分鐘，就像在每道菜之間更換餐具（拿走魚刀，換上甜點叉），因此造成莫諾觀察到的生長停頓。

莫諾認為，二次生長意味著基因可以經由代謝輸入調節。如果酶（即蛋白質）受到誘導，在細胞中出現和消失，那麼一定是基因被打開或關上了，就像分子開關一樣（畢竟酶是由基因編碼而來）。一九五〇年代初期的巴黎，賈克柏加入莫諾，開始有系統地用製造突變的方法，研究大腸桿菌調控基因的問題——這正是摩根研究果蠅時獲得莫大成就的方法。①

和果蠅一樣，細菌突變體的研究也收穫甚豐。莫諾和賈克柏與美國的微生物遺傳學者亞瑟．帕迪（Arthur Pardee）合作，發現調控基因的三個基本原則。首先，基因開啟或關閉時，DNA的原始版本永遠都原封不動地存在細胞裡，**真正的行動在RNA**：基因開啟時，便會被誘導製作更多的RNA，以產生更多消化糖的酶。細胞的代謝身分（亦即它是吸收乳糖或葡萄糖的身分），並非由基因的序列決定（因為順序都是相等），而是由基因製造的RNA數量決定。在代謝乳糖時，乳糖—消化酶的RNA為數眾多；而代謝葡萄糖時，這些信息就會被抑制，葡萄糖—消化酶的RNA就轉為大量。

其次，RNA**信息的產生是經協調配合**。在糖的來源切換成乳糖時，細菌就開啟基因的完整模組（數個乳糖代謝基因）來消化乳糖。模組中的一個基因指定一個「轉運蛋白」，允許乳糖進入細菌細胞；另一個基因則為分解乳糖的酶編碼；還有另一個基因指定一個酶把這些化學成分再分解成更小的成分。

① 莫諾和賈克柏對彼此略有所知；他們都是微生物遺傳學者安德列．利沃夫（Andre Lwoff）的熟識同事。賈克柏在閣樓的另一頭工作，用感染大腸桿菌的一種病毒作實驗。雖然表面上他們的實驗策略大異其趣，但兩人都在研究基因調節。莫諾和賈克柏比較過筆記，驚奇地發現他們正研究同一問題的兩個面相，他們也在一九五〇年代把部分研究結合起來。

教人驚奇的是，所有致力於特定代謝途徑的基因，在細菌染色體都彼此相鄰，就像圖書館裡的書籍按照主題放在一起，並同時受到誘導。代謝的改變在細胞裡產生了影響深遠的基因變化，這不只是更換餐具而已，霎時之間，整套餐飲服務都變了。基因的功能電路的開啟與關閉，彷彿受共同的閥心或主開關操縱。莫諾把這樣的基因模組稱為**操縱組**（*operon*）。②

蛋白質的發生就如此和環境需求配合得天衣無縫：提供正確的糖，就有一組代謝糖的基因一起開啟。演化驚人的秩序再度產生了基因調節最優美的辦法。沒有基因就沒有信息，就不會有蛋白質白費力氣。

⊖

感知乳糖的蛋白質怎麼辨識出消化乳糖的基因，並且只調節它，而不調控細胞內其他上千個基因？莫諾和賈克柏發現，基因調節的第三個基本原則，就是**每一個基因都有特定的DNA調控序列，就像標籤一般附在其上**。一旦感知糖的蛋白質察覺環境中的糖類，它就會找出這樣的標籤，並把目標基因開啟或關閉。這是基因製造更多RNA的信號，因此得以產生消化糖的酶。

簡而言之，基因不僅具有編碼蛋白質的信息，也有何時、何地製造這個蛋白質的信息。這些資料都存在DNA裡，通常附在每個基因的前端（不過調控序列也可加在基因的末端和中間）。調控序列和蛋白質編碼序列的組合，就界定了基因。

我們再次回到英文句子的類比。摩根在一九一〇年發現了基因連鎖時，找不到基因為什麼在染色體上與另一個基因相連的邏輯：深褐體色和白眼基因似乎在功能上沒有共同的聯繫，但卻在同一染色體上緊緊相連。相較之下，在賈克柏和莫諾的模型中，細菌基因串連在一起有其原因。在同一個代謝途徑上操作的基因實際上彼此相連（如果一起工作，那麼就在基因組中住在一起）。特定的DNA序列被加入執行功能的基因內。這些序列的用意是開啟和關閉基因，不妨比喻為句子裡的標點符號和附註（引號、逗點、大寫字母）：它們提供了背景、重點和意義，告訴讀者哪些部分要一起閱讀、什麼時候要停頓下來，等待下一個句子：

「這是基因組的結構，其中包含了獨立調控的模組。有些文字匯集成句子，有些則用分號、逗點和破折號分隔。」

在華生和克里克發表DNA結構報告的六年後，帕迪、賈克柏和莫諾在一九五九年發表了他們對乳糖操縱組的偉大研究[4]，這份報告按三位作者姓氏的前兩個字母被稱為Pa-Ja-Mo報告，俗稱「睡衣」

---

② 一九五七年，帕迪、莫諾和賈克柏發現乳糖操縱組受到一個主開關控制，即一種後來稱作抑制子的蛋白質，其功能就像分子鎖。當乳糖加入生長介質時，抑制子蛋白質就感知到乳糖，改變其分子結構，「解鎖」乳糖—吸收和乳糖—運送基因（亦即容許此基因活化），讓細胞能代謝乳糖。當另一種糖，比如葡萄糖出現時，這個鎖就原封不動，於是乳糖—吸收基因就不會活化。一九六六年，華特・吉爾伯特和畢諾・穆勒—希爾（Benno Muller-Hill）由細菌細胞中分離出抑制子蛋白質，證實了莫諾的操縱組假說。一九六六年，馬克・普塔什尼（Mark Ptashne）和南西・霍普金斯（Nancy Hopkins）則由一種病毒中分離出另一種抑制子。

（Pajama），立刻成為經典，對生物學有莫大的啟示。報告主張基因並非被動的藍圖，儘管每個細胞含有同樣一組基因（一模一樣的基因組）選擇性地啟動或抑制特定的基因子集，可讓個別的細胞回應其環境。基因組是主動的藍圖，能在不同的時候和不同的情況下，部署其編碼的精選部分。

在此過程中，蛋白質作為調控的感應器或主開關，以協調配合的方式開啟和關閉基因，甚至組合基因。就像錯綜複雜交響樂的主譜，基因組包含了生物成長和維護的指示。但是若少了蛋白質，這個基因組的「樂譜」就沒有作用。蛋白質藉著活化或抑制基因（有些調節蛋白質也稱為轉錄因子）來實現信息。它們指揮基因組演奏它的音樂——在第十四分鐘活化中提琴，在琶音中來一段鈸，在漸強的那一段擊鼓。整個概念如下圖。

Pa-Ja-Mo 論文說明了遺傳學的核心問題之一：一個生物怎能僅有一組固定的基因，卻又對環境的改變有如此敏銳的反應？它也對胚胎發生的核心問題提出了解決辦法：成千上萬的細胞種類怎能出於胚胎的同一組基因？基因的調控（在某些時候選擇性地開關某些細胞上的某些基因），而必然在某些時候在本質不變的生物信息上，於關鍵的層面插入複雜性。

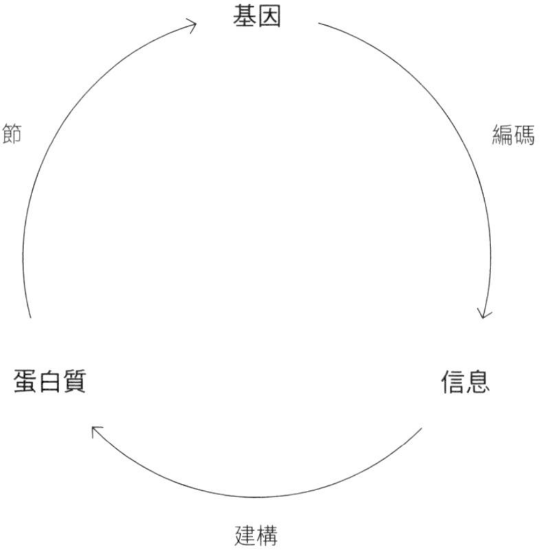

莫諾認為，透過基因調控，細胞可以在時間和空間上實現它們獨特的功能。莫諾和賈克柏結論：「基因組不僅包含一系列的藍圖（亦即基因），也是一個協調的程序，是控制執行的手段。」[5]諾爾的紅血球和肝臟細胞都含有同樣的遺傳信息，但基因調控確保了血紅蛋白只存在紅血球，而非肝臟裡。毛毛蟲和蝴蝶帶著一模一樣的基因組，但是基因調控使其中一個蛻變為成另一個。

胚胎發育可以想像為由單一細胞的胚胎逐漸展開基因調節。這就是亞里士多德多少世紀之前生動想像的「運動」。某則著名的故事：有人問一位中世紀的宇宙學家，地球是由什麼托住？

「烏龜，」他說。

「托住烏龜的又是什麼？」對方又問。

「更多烏龜。」

「托住那些烏龜的又是什麼？」

「你沒搞懂，」宇宙學家跺腳說，「從頭到尾都是烏龜。」

對遺傳學家而言，生物的發育可以描述為基因和基因迴路（genetic circuits）的序列誘導（或抑制）。基因指定了蛋白質，這個蛋白質又開啟了基因，這個基因又指定了蛋白質，這個蛋白質又開啟了基因。以此類推，一路直到第一個胚胎細胞。從頭到尾一直都是基因。③

③ 與宇宙烏龜不同的是，這種觀點並不荒謬。原則上，單細胞胚胎確實擁有所有遺傳信息，可以指定一個完整的生物。序列基因迴路怎能「實現」生物的發育問題，將在後面的章節討論。

基因調控（用蛋白質開啟和關閉基因），說明了如何由細胞裡的一個遺傳信息複本組合複雜的機制，但卻未能解釋基因本身的複製：在一個細胞分裂成兩個細胞，或者在產生一個精子或卵子時，基因如何複製？

在華生和克里克看來，DNA的雙螺旋模型（互補的陰陽）兩股彼此對立，就已提出了複製的機制。他們在一九五三年論文的最後一句說：「我們也注意到，我們所假定的（DNA）特定配對也直接提出了遺傳材料複製機制的可能。」[6]他們的DNA模型不只是個美麗的圖片，它的結構已經預告了其功能最重要的特性。華生和克里克認為，DNA的每一股都是用來產生自己的複本，因此由原來的雙螺旋生出兩個雙螺旋。在複製過程中，DNA的陰陽兩股被剝離。陰被當作創造陽的模板，而陽則作為創造陰的模板，形成了兩對陰陽。（一九五八年，梅瑟森和法蘭克．史塔爾〔Frank Stahl〕證明了此機制）。

可是DNA雙螺旋不能自動複製自己，否則它可能會毫無節制地一直複製。很可能有一種酶專門用來複製DNA——複製因子蛋白質。一九五七年，生物化學家孔伯格開始分離這種蛋白質，複製酶。他推斷，如果有這種酶存在，最容易找到它的地方應該是能迅速分裂的微生物，如正在以極速生長階段的大腸桿菌。

到了一九五八年，孔伯格已經把這種細菌沉積物蒸餾再蒸餾，變成近乎純酶（他曾告訴我，「遺傳學家計數，生化學家清潔。」）他稱之為DNA聚合酶（DNA是A、C、G和T的聚合物，這是製造聚合物的酶）。[7]他把純化的酶加進DNA，提供了能量來源以及供應新鮮核苷酸鹼基（A、T、G和C的貯藏庫），便在試管中見到新的核酸鏈形成：DNA以自己的形象造出DNA。

孔伯格在一九六〇年寫道，「五年前，DNA合成也被認為是一個『攸關緊要』的過程」[8]，是不可能在試管中只憑增減化學物質而複製的神祕反應。這個理論主張：「干預（生命）本身的遺傳機關，必然只會產生混亂。」但孔伯格的DNA合成已經由混亂中創造秩序，由基因的化學次單位創造出基因。基因不再不可拆解。

此處有個值得注意的循環：就像所有蛋白質，DNA聚合酶（也就是使DNA能複製的酶），本身就是基因的產品。[④]因此，每個基因組都包含了允許該基因組複製的蛋白質編碼。DNA編碼允許DNA複製的蛋白質，這一層額外的複雜性很重要，因為它是調控的關鍵。DNA複製可以由其他信號和調控者開啟和關閉，比如細胞的年齡或營養狀態，細胞因此只會在準備分裂時製造DNA拷貝。這個機制有一個附加問題：在調控者本身失控時，沒有任何事物可以阻止細胞不斷地複製，我們隨後就會知道，這就是基因功能失靈的終極疾病——癌症。

⊖

基因會製造調控（regulate）基因的蛋白質，也會製造複製（replicate）基因的蛋白質。遺傳生理的第三

④ DNA複製不只需要DNA聚合酶，還需要更多蛋白質，才能展開扭曲的雙螺旋，確保遺傳信息被準確複製。細胞裡有多種DNA聚合酶，其功能略有差異。

個R是落在一般人類字彙之外，但對於我們的物種生存至關重要：重組（recombination）——產生基因新組合的能力。

要了解重組，我們可以再次回頭從孟德爾和達爾文開始。在一個世紀的遺傳學探索中，我們明白了生物如何彼此傳遞「相像」。遺傳信息的單位，在DNA中編碼，包裝在染色體上，透過精子和卵子傳送至胚胎，再由胚胎傳送到生物體內的每一個活細胞裡。這些單位把信息編碼，建造蛋白質，再依次建造信息和蛋白質，授予生物的形式和功能。

但是，雖然這種遺傳機制的描述解決了孟德爾的問題——相像如何產生相像？卻無法解決達爾文逆向的謎——相像如何產生不像？演化如果要發生，生物就必須產生遺傳變異，亦即它必須產生在遺傳上和雙親都不一樣的後代？如果基因通常都傳遞相似之處，那麼它們如何傳遞「不像」？

在自然界產生變異的機制之一是突變，即因DNA序列的改變（如A換成T）而改變了蛋白質的結構，因而改變其功能。DNA受化學物質或X光破壞，或者DNA在複製時自發錯誤，就會發生突變。但是，也有另一種產生遺傳多樣性的機制：遺傳信息可在染色體之間交換。來自母系染色體的DNA可以與來自父系染色體的DNA交換位置（母系和父系基因的混合體）。重組也是一種「突變」——只是這是整塊遺傳物質在染色體之間交換。[5]

唯有在極特別的情況下，遺傳信息才會由一個染色體移至另一個染色體。第一種情況是產生精子和卵子而準備繁殖時。就在精子生成（spermatogenesis）和卵子生成（oogenesis）之前，細胞暫時變成了基因的嬰兒圍欄。成對的母親和父親染色體互相擁抱，交換遺傳信息。染色體配對之間交換遺傳信息，對父母遺傳信息的混合和搭配至關緊要。摩根稱這種現象為互換（crossing over）；他的學生就用互換來繪製果蠅的基因圖譜。比較現代的術語是「重組」——產生基因組合的能力。

第二種情況更不尋常。當DNA受到如X光等致變物影響而損壞時，遺傳信息明顯受到威脅。這樣的損害發生時，基因可以由已配對染色體上的「雙胞胎」副本重新拷貝：母親的拷貝可再由父親的拷貝複製，再次創造基因混合。

再一次地，鹼基的配對是用來重建基因。陰修復陽，以圖像恢復原本：就像王爾德的小說《格雷的畫像》主角多里安·格雷（Dorian Gray），藉著DNA，原型不斷因其畫像而恢復青春。蛋白質陪伴並協調整個過程——引導受損的那股DNA鏈來到完好無缺的基因，複製和改正失落的信息，並把破裂之處拼接在一起，最後讓信息由未損壞的那股DNA鏈傳遞至受損的那股DNA鏈。

Θ

調控、複製、重組。遺傳生理學的這三個R很明顯地極其仰賴DNA的分子結構，也就是華生與克里克的雙螺旋鹼基配對。

基因調控是透過把DNA轉錄成RNA以運作（這個過程要依賴鹼基配對）。在一股DNA被用來建立RNA信息之時，DNA和RNA之間的鹼基配對容許基因產生其RNA拷貝。複製時，再次以

⑤ 遺傳學家芭芭拉·麥克林托克（Barbara McClintock）發現可以在基因組內移動的遺傳元素，即所謂的「跳躍基因」（jumping gene）。後來她在一九八三年獲得諾貝爾獎。

DNA的圖像作為指引，每一股DNA都用來生成它本身的互補版本，導致一個雙螺旋分裂成兩個雙螺旋。在DNA重組過程中，再次採用鹼基對鹼基的策略，還原受損的DNA。基因就以互補鏈，亦即基因的第二個複本作為指引，重建受損的複本。⑥

雙螺旋用同一主題的巧妙變化，解決了遺傳生理學所有的三大問題。鏡像化學物質被用來產生鏡像化學物質，反射的映像用來重建原本。配對用來維持信息的忠實和穩定。畫家塞尚提到他的朋友莫內時說，「莫內不過是一隻眼睛，只是，天哪，那是什麼樣的眼睛啊。」同理，DNA只不過是一種化學物質，但是，天哪，那是什麼樣的化學物質啊。

⊖

生物學者有兩個陣營壁壘分明——解剖學家和生理學家。解剖學家描述物質、結構和身體部位的性質：他們描述的是事物的樣貌。生理學家則專注在這些結構和部位如何互動，以促成生物功能的機制：他們關注的是事物如何運作。

這個差異也畫出了基因故事的另一個重大轉變。孟德爾也許是基因最初的「解剖學家」：他掌握了豌豆跨世代的信息動向，描述基因的基本結構是一個不可分割的信息粒子。一九二〇年代，摩根和史特蒂文特延續了解剖學這一脈的傳承，證明基因是物質單位，沿著染色體線性分布。一九四〇和一九五〇年代，艾佛里、華生和克里克則確定DNA是基因分子，並描述其結構為雙螺旋，把基因的解剖概念達到頂點。

然而，一九五〇年代末到一九七〇年代之間，卻由基因的生理學主導了科學界。基因可以受調控

（會根據特定的暗示開啟或關閉），讓我們了解基因如何在時間和空間中作用，指定不同細胞的獨特功能。基因也可以複製，在染色體之間重組，並由特定蛋白質修復，這說明了細胞和生物如何設法跨世代保存、複製和重新安排遺傳信息。

在人體生物學家看來，這每一個發現都有巨大的成果。隨著遺傳學由基因的材質轉變為機械概念（由基因是什麼轉為基因做什麼），人體生物學家也開始覺察到他們長久以來探究的是基因、人體生理學和病理學之間的聯繫。疾病之所以產生，可能不僅僅是由於蛋白質的遺傳密碼改變所造成（例如鐮狀細胞疾病的罪魁禍首為血紅蛋白），也可能是基因調控的結果（無法在正確的時候讓正確細胞內的基因開啟或關閉）。基因複製必須說明多細胞生物如何由一個細胞發展出來，複製錯誤則能解釋為什麼原本沒有疾病的家族，會出現自發代謝疾病或嚴重的精神疾病。基因組之間的相似之處必須解釋親子之間的相似，而突變和重組則可說明他們之間為什麼不同。家族之間不僅會分享社交和文化，也會分享活躍基因的網路。

一如十九世紀人類解剖學和生理學奠定二十世紀醫學的基石，基因的解剖學和生理學也奠定了強大新生物學的基石。接下來數十年，這個革命性的科學將會擴展它的範圍，由簡單的生物到複雜的生物。

---

⑥ 幾位遺傳學家發現，基因組也編碼基因，以修補基因組的損傷。這些學者包括伊夫林．威特金（Evelyn Witkin）和史蒂夫．埃利奇（Steve Elledge）。他們兩位獨立研究辨識出一連串蛋白質，可以感受到 DNA 損傷，並活化修補或拖延損傷的細胞反應（如果損害嚴重，它就會暫停細胞分裂）。這些基因中的突變會導致 DNA 損傷的累積（因此造成更多的突變），最終導致癌症。遺傳生理學的第四個 R，可能就是對於生物體生存和易變而言至關緊要的「repair」。

它的觀念詞彙，如基因調控、重組、突變與ＤＮＡ修復等，將由基礎科學期刊一躍而入醫學教科書，接著滲透到社會和文化方面更廣泛的辯論（我們將會看到，如果不先了解重組和突變，就無法了解「種族」一詞）。這門新科學將設法解釋基因如何建立、維護、修復和複製人類，以及基因在解剖學和生理學的變異如何協助我們在人類身分、命運、健康和疾病上所觀察到的變異。

# 由基因到起源

一開始，只有單純。[1]

——理查・道金斯（Richard Dawkins），《自私的基因》（*The Selfish Gene*）

難道我不是
像你一樣的蠅？
或者難道你不是
像我一樣的人？[2]

——威廉斯・布萊克（William Blake），〈蠅〉（the Fly）

基因的分子構型儘管澄清了遺傳傳遞的機制，卻更加深了摩根在一九二〇年代百思不解的困惑。在摩根看來，有機體生物學主要的奧祕不是基因，而是起始。「遺傳單位」怎麼促成動物的形成，並保持器官和生物的功能？（他曾告訴一個學生，「請原諒我打呵欠，但我剛由自己的遺傳學課堂下課了。」）

摩根指出，基因是對特別問題產生特別的解決方案。有性生殖要求生物轉化為單一的細胞，接著卻又要這個單一細胞再擴展為生物。摩根明白，基因解決了一個問題：遺傳的傳遞，卻又創造了另一個問題：生物的發育。單一細胞必須攜帶能憑空建造生物的整套指示——因此有基因。但基因如何使單一細胞長回整個生物？

照理說，胚胎學者面對發生學的問題應該會從頭開始——由胚胎發育的初始，發展到成熟生物的計畫。但我們會看到，基於必要的原因，科學界對生物發育的了解就像由後向前倒放的影片，最先解譯的是基因指定如四肢、器官和結構等大體解剖特徵的機制。接著解決的是生物決定這些結構放置在哪裡的機制：前或後？左或右？上或下？胚胎最初期的事件：軀幹的規格、正面和背面、左邊與右邊，則最後才被理解。

這樣顛倒的次序道理不說自明。指定如四肢和翅翼等大體結構的基因突變最容易看出也是最先找出特徵。指定身體基本元素的基因突變比較難辨識，因為突變大幅降低了生物的存活機會。而在胚胎發生最初的突變則幾乎無法在生物活著時看出，因為一旦胚胎頭尾倒置，就會立刻死亡。

⊖

一九五〇年代，加州理工學院的果蠅遺傳學者艾德·路易斯（Ed Lewis）開始重建果蠅胚胎的構造。路易斯就像只迷戀單一一種建築物的建築史學者，他研究果蠅的結構已達二十年。果蠅胚胎形如豆子，體積比沙粒還小，卻能以一連串的活動展開生命。在果蠅的卵受精後約十小時，胚胎就分裂為頭、胸、腹三節，每一部分再更進一步區分為更小的部分。路易斯知道，胚胎的這些部分會發展為成熟果蠅的一個體節。胚胎的一節發育為胸部，長出兩隻翅膀，三個小節長出六隻腳，其他的小節則冒出鬃毛或長出觸角。就像人類成熟身體的基本計畫被納入胚胎。果蠅要成熟就是連續發展這些節，就像伸展手風琴。

可是，果蠅胚胎怎麼「知道」由第二體節胸部生出腳，或者由頭部生出觸角，而不是相反呢？路易斯研究這些部位的組織遭到干擾的突變。[3]他發現突變體的特性是，它們維特了大致結構的基本構造，只是體節的位置扭曲或錯置。比如多了一個胸節（完整無缺，幾乎可以發揮功能）而長出四翼的突變果蠅（正常胸節長出一對翅膀，多出來的胸節也長出一對新翅膀）。彷彿建造胸部的基因接到錯誤的命令、到達錯誤的部位，再滿懷信心地下了命令。另一隻突變果蠅則是長了兩隻由頭部觸角位置伸出的腳，彷彿製造腳的命令錯誤地在頭部下達。

路易斯的結論是，打造器官和結構是由主調控「效應物」（master-regulatory "effector"）基因編碼，這種基因就像自主單位或子程序（subroutines）一樣作用。果蠅（或其他任何生物）正常發生時，這些效應物基因就在特定的位置和特定的時間開始作用，決定體節和器官本身。主調控因藉由開啟或關閉其他基因作用，就像微處理器的電路。基因的突變就會造成畸形與異位的體節和器官。就像《愛麗絲夢遊奇境》紅心皇后手下惶惶不安的僕人，基因四處奔忙頒布命令——打造胸部，製作翅膀，可是選錯了時間，放錯了地方。就像有個主調控基因大喊「開啟觸角」，開啟了打造觸角的次程序，建造了觸角，只是這個結構卻是由果蠅的胸或腹部長出來。

⊖

只是由誰來指揮司令官呢？路易斯發現主調控基因控制著節段、器官和結構的發育，解決胚胎發生最後階段的問題，但它卻又提出了看似無限循環的謎題。如果胚胎是由指定每一個體節和器官身分的基因，一個體節接著一個體節、一個器官接著一個器官地打造，那麼首先，體節怎麼知道自己的身分？比如製造翅膀的主控基因怎麼「知道」第二體節胸部打造翅膀，而不選擇第一或第三體節？如果遺傳模組這麼自主，那麼為什麼（把摩根的謎語倒過來）果蠅的腿不由牠的頭上長出來，或者人的大拇指為什麼不是由鼻子長出來？

要回答這些問題，我們得把胚胎自然發育的時鐘往回轉。在路易斯發表支配果蠅肢體和翅膀發育基因論文的一年後，也就是一九七九年，兩位在海德堡工作的胚胎學者克莉斯汀．紐斯林─沃爾哈德（Christiane Nüsslein-Volhard）和艾瑞克．威斯喬斯（Eric Wieschaus），開始創造果蠅突變體，以了解控制胚胎形成最初始的步驟。

紐斯林─沃爾哈德和威斯喬斯培養的突變體比路易斯描述的更教人驚異：有些胚胎突變體整個體節都消失了，或者胸或腹部的體節大大縮短（就像天生沒有中或後段肢體的人類胎兒）。兩位學者認為在這些突變體中，決定胚胎基本建構計畫的基因遭到改變，它們是胚胎世界的地圖繪製者，把胚胎分成基本的子段。接著他們啟動路易斯的指揮官基因，開始在某些（且只有在這些）間隔部位上建構器官和身體部位（頭上生出觸角，胸部的第四節生出翅膀，以此類推）。紐斯林─沃爾哈德和威斯喬斯把這些基因稱為體節基因（segmentation genes）。

但即使連體節基因也必須有它們的主人：果蠅胸部的第二節怎麼「知道」它是胸部，而不是腹部？頭怎麼知道它不是尾？胚胎的每一個部分都確立在一個由頭伸展至尾的軸上，頭部的功能就像體內的GPS系統，把和頭尾相關的位置給了每個在胚胎裡獨特的「位址」。可是胚胎如何發展其基本、原始的不對稱（它的「頭」與「尾」）？

一九八〇年代後期，紐斯林─沃爾哈德和學生開始鑑定最後一批胚胎不對稱組織已被除去的果蠅突變體。這些突變體往往無頭或無尾（在分節之前很久就已遭抑制，當然比身體結構和器官發育之前更早）。有些胚胎的頭部畸形，有些胚胎分不出正反面，形成奇異的鏡像胚胎（最知名的突變稱為「雙尾」〔bicoid〕）。這些突變顯然缺乏某個要素，一種決定果蠅正面與背面的化學物質。一九八六年，紐斯林—沃爾哈德的學生做了一個驚人的實驗，他們用極小的針頭，刺入正常的果蠅胚胎，由其頭部取出一滴液體，移植到無頭的果蠅突變體上。神奇的是，這種細胞手術成功了：正常頭部的那滴液體足以強迫胚胎在它尾巴的位置上長出頭來。

紐斯林—沃爾哈德和她的同事在一九八六至一九九〇年間發表的一連串開創性的論文，確認了幾個為胚胎「頭」和「尾」提供信號的因素。我們現在知道大約八種這樣的化學物質（主要是蛋白質），是由果蠅在卵發育期間所製造，並且不對稱地沉積於卵內。這些母體因子（maternal factors）是由母蠅製作並存放。不對稱的沉積之所以可能，唯一的因素是因為卵本身是不對稱放置在母蠅的身體，因此使母蠅可把這些母體因子的一部分放在卵的頭部那端，另一部分放在尾部那端。

蛋白質在卵內創造了梯度，就像咖啡裡的方糖擴散一樣，它們在卵的一端濃度高，另一端則濃度低。化學物質透過蛋白質擴散甚至可以產生獨特的三度空間圖案，就像糖漿滲入燕麥片。特定的基因在高濃度和低濃度兩端被啟動，確立頭尾軸，或者形成其他模式。

這個過程重覆再現——是終極的雞與蛋的故事。有頭和尾的果蠅製造了有頭和尾的卵，卵又製造了有頭和尾的胚胎，這又長成了有頭和尾的果蠅，周而復始，直至永遠。或者在分子層面可說是，早期胚胎中的蛋白質被母體優先放在一端。它們使基因活化或靜默，因而界定胚胎由頭到尾的軸向。接著，這些基因又活化了製造體節，或把身體分隔為大段的「製圖者」基因，而製圖者基因又活化或靜默了製造器官和結構的基因。[1]最後，器官形成和體節確定的基因又活化和靜默了創造器官、結構和身體部位的基因子程序。

人類胚胎的發育也可能是透過三個類似的組織層次。和果蠅一樣，「母體效應」（mother effect）基因用化學梯度把早期的胚胎組織成它的主軸（頭對尾、前對後、左對右）。接下來，一系列類似於果蠅體節基因的基因引發胚胎分裂為主要結構部位，如腦、脊髓、骨骼、皮膚與內臟等等。最後，建造器官的基因授權建造器官、部位和結構，如四肢、手指頭、眼睛、腎臟、肝臟和肺。

「是罪，把蟲化為蛹，蛹化為蝴蝶，蝴蝶化為塵土嗎？」德國神學家馬克斯．穆勒（Max Muller）一八八五年問道。[4]一個世紀之後，生物學提出了答案：不是罪，而是一連串的基因。

⊖

在李歐．李奧尼（Leo Lionni）的經典兒童繪本《一寸蟲》（*Inch by Inch*）[5]中，一隻小蠕蟲被知更鳥救起，因為牠承諾用牠一吋長的身體來「測量事物」。這隻蟲量了知更鳥的尾巴、巨嘴鳥的喙、火鶴的脖子和蒼鷺的腿，因此成了鳥世界的首位比較解剖學家。

遺傳學家也學會用小生物來測量、比較和了解較大事物的用處。孟德爾曾剝了大量的豌豆殼，摩根測量了果蠅的突變率。果蠅胚胎誕生和它創造第一個體節之間那懸疑的七百分鐘，可稱為生物學史上觀察最仔細的一段時間——也因此半解決了生物學最重要的問題之一：基因如何由一個單一細胞被組織結合起來，創造出錯綜複雜的生物？

想要解決剩下的一半謎題：胚胎裡的細胞怎麼「知道」要變成什麼？需要一種更小的生物——不到一吋的蠕蟲。果蠅胚胎學者已為其三階段的一連串發育製作了一個大綱：體軸的決定、體節的形成和器官的建構，各自以大量的基因管理，但要對胚胎發育有最深層面的了解，遺傳學家就必須要了解基因如何能支配個別細胞的命運。

一九六〇年代中期，劍橋的西德尼．布倫納開始尋找可以協助解決細胞／命運難題的生物。就連渺小的果蠅，「複眼、有節的腳，和精密的行為模式」，在布倫納眼中依舊太大。若要了解基因如何指導細胞的命運，布倫納需要一個簡單的微小生物，由胚胎產生的每一個細胞都可以計數，並能在時間和空間追蹤（相較之下，人類大約有三十七兆個細胞。就連功能最強大的電腦，也無能繪出人類的細胞命運圖）。

布倫納成了微小生物的鑑賞家、小東西的神。他翻遍十九世紀的動物學教科書，想要找出可以滿足他的需求的動物。最後，他決定使用生存在土壤內的一種體型極小的線蟲，**秀麗隱桿線蟲**（*Caenorhabditis elegans*，簡稱 C. elegans）。動物學家注意到這種線蟲具有細胞恆定（eutelic）的特色：每一隻蟲只要成年，就會有固定數量的細胞。對布倫納而言，這個數字的恆定就像新宇宙的鑰匙：如果每一隻線蟲都具有數目完全相同的細胞，那麼基因必然能攜帶指令，指定線蟲身體每一個細胞的命運。他寫信給佩魯茲，「我們打算辨識這種蟲身上的每一個細胞，追蹤其來龍去脈，也要調查其發育的一貫性，藉著尋找突變體來

---

①這又引出了另一個問題：自然界怎麼會出現第一個不對稱的生物。我們不知道，也可能永遠不會知道。在演化史的某一處，一個生物演化到把身體一部分的功能和另一部分分開。或許它的一端對著石頭，另一端則對著海洋。一個幸運的突變體天生有神奇的能力，讓某個蛋白質定位在口部而非足部。這個突變體因為能夠判別口和足，而有了選擇性的優勢：每一個不對稱的部位都可以更進一步，專門針對其特定的任務，使這個生物更適合其環境。我們的頭和腳就是那種演化創新的幸運後代。

研究其遺傳控制。」[6]

細胞計數在一九七〇年代初正式展開。布倫納先說服他實驗室的研究員約翰·懷特（John White）繪製了這種蟲神經系統每一個細胞的位置，不過，布倫納很快就擴大了範圍，追蹤蟲體內每個細胞的譜系。博士後研究員約翰·蘇斯頓（John Sulston）也被他徵召來計算細胞。到了一九七四年，剛由哈佛畢業的年輕生物學家羅伯特·霍維茨（Robert Horvitz）也加入了布倫納和蘇斯頓的陣容。

這工作教人筋疲力盡，幻覺頻生。霍維茨回憶說，「就像看著裝在碗裡的幾百顆葡萄」[7]，一連看上數小時，然後再按著葡萄在時空上位置的改變，把它們一顆顆畫出來。一個細胞接著一個細胞，終於畫出了細胞命運的完整地圖集。這種蟲的成蟲有兩個不同的類型：雌雄同體和雄性。雌雄同體的蟲擁有九五九個細胞，雄性則有一〇三一個細胞。一九七〇年代後期，九五九個成蟲細胞的每一個，都可追溯到原始細胞。這也是一幅地圖，不過和科學史上其他的地圖不同，這是命運的地圖。細胞譜系和身分的實驗如今已可展開。

⊖

細胞地圖有三個驚人的特點。第一個是它的不變性。每隻蟲的九五九個細胞中，每一個都以固定不變的方式生成。「你可以看著地圖，一個細胞接著一個細胞，重演這個生物的建構。」霍維茨說。你可以說，「在十二小時內，這個細胞會分裂一次，四十八小時內，它會變成一個神經元，六十小時後，它會轉移到線蟲的神經系統，終生停留在那裡。而且說法完全正確，細胞會一絲不苟地這麼做。它會完全按照這樣的時間，毫無誤差地移動到那裡。」

是什麼決定了每個細胞的身分？到了一九七〇年代後期，霍維茨和蘇斯頓已創造了數十個正常細胞譜系遭破壞的線蟲突變體。如果果蠅頭上長腳很奇怪，那麼這些線蟲突變體能組成更奇特的動物園。比如有些突變體使得製造線蟲陰部（子宮出口的器官）的基因未能發揮作用，因此無陰部線蟲所生的卵就無法離開母親的子宮，線蟲就名副其實地被自己未出生的後代活活吞噬，就像條頓神話中的怪物。這些突變體中被改變的基因控制個別陰部細胞的身分，但是其他基因控制一個細胞分裂成兩個細胞的時間、讓它移動到這個生物特定位置，或者細胞最後的形狀和大小。愛默生曾經寫道，「沒有歷史，只有傳記」[8]，當然，對於這種線蟲，歷史已經崩潰成為細胞傳記。每一個細胞都知道自己「是」什麼，因為基因告訴它「變成什麼」（以及何地和何時）。線蟲的結構全都是遺傳發條裝置，別無其他：沒有機會、沒有神祕、沒有曖昧不明之處——沒有命運。一個細胞接著一個細胞，這個生物是由遺傳指令組裝而來。起源是由基因而來。

如果基因精巧地安排每個細胞的出生、位置、形狀、大小和身分可稱精采，那麼最後一系列的線蟲突變體便帶來了更精采的啟示。一九八〇年代初，霍維茨和蘇斯頓發現，即使連細胞的死亡也受基因管轄。每個雌雄同體的成年線蟲都有九五九個細胞，但如果計算這種線蟲在發育過程中的細胞總數，實際上誕生的便是一〇九〇個細胞。這雖是很小的差異，卻讓霍維茨百思不解，竟有一三一個細胞無緣無故地消失了。[9]它們在發育過程中產生，但在線蟲成熟時被殺死。這些細胞是發育的棄兒，是「發生」失落的孩子。蘇斯頓和霍維茨用他們的譜系圖追蹤這一三一個失落細胞的死亡，結果發現只有在特定時間產生的特定細胞會被殺死。這是選擇性的清除，就如同線蟲發育過程的其他一切，絕非出於偶然。這些細胞的死亡（或者說計畫的自願自殺），似乎也在遺傳上也「編製了程式」。

設定了死亡程式？遺傳學家雖然才剛討論線蟲生命的程式，但死亡是否也被基因控制？一九七二年，澳洲病理學家約翰・柯爾（John Kerr）在正常組織和腫瘤中，觀察到類似的細胞死亡模式。在柯爾的發現之前，生物學家一直以為死亡主要是偶然的過程，是由創傷、損害或感染造成——一種稱為壞死（necrosis，意為變黑）的現象。壞死通常伴隨組織分解，導致膿或壞疽形成。但柯爾指出，在某些組織中，瀕死的細胞在等待死亡之時，似乎會啟動特定的結構性變化，就像開啟「死亡子程序」。瀕死細胞不會引起壞疽、創傷或發炎，它們宛如珍珠，半透明地凋萎，就像花瓶中的百合花死前。如果壞死是變黑，那麼這種死亡便是變白。柯爾直覺推測兩種形式的死亡本質截然不同。他寫道，「這種受控制的細胞刪除，是主動、本質上程式化的現象，受到『死亡基因』的控制」。他要找個詞形容此過程，最後稱之為「細胞凋亡」（apoptosis）[10]，這個深具啟發的希臘詞彙是指葉子由樹上落下或花瓣由花朵凋零。

但這些「死亡基因」是什麼模樣？霍維茨和蘇斯頓又做了另一系列的突變體，但這些細胞改變的不是譜系，而是細胞死亡的模式。在一個突變體中，垂死細胞的內容物不能充分地分割成碎片；另一個突變體中，死亡的細胞未由線蟲的身體排除，導致細胞的殘骸雜亂地散落在蟲體邊緣[11]，就像那不勒斯垃圾罷工的景象。霍維茨推測，在這些突變體被改變的基因是細胞世界的死刑執行者、清道夫、清潔工及火化者——積極參與的殺戮者。

接下來的一組突變體在死亡模式有更戲劇化的轉折：它甚至沒有造成死亡。其中某隻線蟲的一三一個瀕死細胞仍然存活，另一隻則有特定的細胞免於死亡。霍維茨的學生把這個變體線蟲稱為「不死」或「殭蟲」（wombies），即「蟲殭屍」。這些線蟲中失去作用的基因就是掌控細胞死亡連鎖的主調控基因。

霍維茨把它們稱為 ced **基因**（*C. elegans death*）。

值得注意的是，有幾個調控細胞死亡的基因很快就牽連到人類的癌症。人類細胞也擁有透過凋亡協調細胞死亡的基因。這些基因有許多很古老的部分，因為它們的結構和功能與線蟲和果蠅身上發現的死亡基因相似。一九八五年，癌症生物學家史丹利·柯斯邁爾（Stanley Korsmeyer）發現一種名為 BCL2 的基因在淋巴瘤反覆發生突變。② 原來 BCL2 就是霍維茨調控線蟲死亡基因之一 ced9 的人類版本。在線蟲中，ced9 隔離細胞死亡相關執行者蛋白質，阻止細胞死亡（因此產生線蟲突變體中的「不死」細胞）。在人類細胞中，活化 BCL2 而導致死亡連鎖遭阻擋的細胞，產生了病理上死不了的細胞：腫瘤。

但是，決定線蟲中每一個細胞的命運的都是基因且唯有基因嗎？霍維茨和蘇斯頓在線蟲中發現了偶爾（非常罕見）有可以從兩者命運擇一的細胞[12]，就像是擲銅板。這些細胞的命運並不是由它們的基因決定，而是由它們和其他細胞的鄰近決定。兩位在科羅拉多研究的蠕蟲生物學者大衛·賀許（David Hirsh）和茱蒂絲·金波（Judith Kimble）稱這種現象為「自然的模糊性」（natural ambiguity）。

金波發現，即使是自然的模糊性也受到嚴格的限制。[13] 事實上，模稜兩可細胞的身分是由鄰近細胞

② 澳洲的大衛·沃爾（David Vaux）和蘇珊·柯瑞（Suzanne Cory）也發現了 BCL2 的不死功能。

的信號調節的，但鄰近的細胞本身就已在基因上預先設定了程式。蠕蟲的神顯然在蠕蟲的設計中留下了微小的漏洞，但它仍然不會冒險。

一隻蠕蟲就是這樣由兩種輸入的資料構成：來自基因的「內在」輸入，和來自細胞與細胞間相互作用的「外在」輸入。布倫納開玩笑地稱之為「英國模式」，與「美國模式」。他寫道，英國模式是「讓細胞去做自己的事，少和鄰居談話。」[14]家世才重要，細胞一旦在某個地方誕生，它就會停留在那裡，按照嚴格的規則發育。美國模式則完全相反。家世不重要，重要的是和鄰居的互動，而且必須不斷移動才能達到它的目標，找到自己的合適位置。

如果強行把機會（命運）塞進蠕蟲的生命呢？一九七八年，金波搬到劍橋，開始研究嚴重干擾細胞命運的影響。[15]她用雷射燒傷並殺死蠕蟲身體的單一細胞，結果發現一個細胞的消融可能改變鄰近細胞的命運，但受到嚴格的限制。在遺傳上已經預先確定的細胞，幾乎沒有改變命運的餘地。相較之下，「自然模糊」的細胞比較有彈性，但即使如此，它們改變命運的能力也有限。外在可以改變內在的決定因素，但只到某個地步為止。你可以突然由皮卡迪利地鐵線帶走穿著灰色法蘭絨西裝的先生，把他塞進往布魯克林的F列車上。他會有所改變，但從地鐵隧道冒出來時，他午餐還是會想吃牛肉餡餅。機會在蠕蟲的微觀世界中發揮作用，但受到基因嚴格的限制。基因是濾鏡，透過它，機會被過濾和折射。

⊖

發現控制果蠅和蠕蟲生死的基因串如同胚胎學者眼中的一道啟示，而它們對遺傳學的影響同樣深遠。胚胎學者在解決摩根謎題：「基因如何指明果蠅的形成」的同時，解開了更深層的謎題，亦即遺傳單位如何產生教人眼花繚亂的複雜生物？答案在於組織和互動。單一一個主控基因可能編碼一種功能相當有限的蛋白質，比如其他十二個目標基因的開關。但假設此開關的活動取決於蛋白質的濃度，而此蛋白質在生物全身以不同濃度分布，一端高濃度，另一端低濃度。那麼此蛋白質就可能在生物的某一部分中，開啟全部十二個目標基因，某部分開啟八個，在第三個部分只開啟三個。目標基因的每種組合（十二、八、三）都可能和其他蛋白質濃度相互作用，活化和抑制其他基因。接著再把時間和空間加入，也就是基因在何時何地被活化或抑制，就可以建構錯綜複雜的形體。藉著混合搭配基因和蛋白質的層次、變化、開關和順序，生物就可以創造出我們看到的複雜結構和生理。

正如一位科學家所言，「個別基因並不特別聰明。這個基因只關心這個分子，那個基因只關心那個分子，但是這種簡單並不妨礙建構龐大的複雜度。如果少數幾隻思緒單純的螞蟻（工人、無人機等）都能建立蟻群聚落，不妨想想如果有三萬個串接的基因任意放置，會有什麼結果。」[16]

遺傳學家安東尼・丹欽（Antoine Danchin）曾用阿波羅神廟所在地的德爾斐船（Delphic boat）寓言，描述基因個體可以產生自然界可見複雜的過程。[17] 在這個寓言裡，德爾斐的先知被問道，如果河上某艘船的船板已開始腐朽，因此每一塊板子都要更新，一塊又一塊地換，十年後，船上的木板全都不是原先的木板了，可是船主依舊認為這是同一艘船。如果船上的每一個實體都更換了，那麼這艘船為什麼還會是原本的那艘船？

答案是「船」不是由木板構成的，而是由木板之間的**關係**組成。如果你將一百塊木板一條條地堆疊並釘在一起，就能搭出一面牆；如果一條接一條地排開釘在一起，就會得到甲板。木板只有在特定的結構依照特定的關係與順序組合，才能製造出船。

基因也是以同樣的方式運作。個別基因指定個別功能，但基因之間的關係容許生理機能。沒有這些關係，基因組就沒有作用。人類和蠕蟲擁有數量大致相同的基因（約兩萬個），可是兩種生物只有一個能在西斯汀禮拜堂的天花板作畫，因此，基因的數量對於生物的生理複雜性而言並不重要。某位巴西森巴舞老師曾告訴我，「重要的不是你有什麼，而是你用它做什麼。」

⊖

想要解釋基因、形式和功能之間的關係，或許演化生物學家兼作家道金斯的比喻最有用。道金斯認為，有些基因的行為就像藍圖，藍圖是確切的建築或機械設計計畫，計畫的每個要點和編碼的結構之間，一一對應。[18]一扇門精準地縮小了二十倍，或者一個螺絲精確地放在離軸七吋之處。按照同樣的邏輯，「藍圖」基因把指令編碼以「建造」一個結構（或蛋白質）。第八因子（Factor VIII）基因只製造一種蛋白質，這種蛋白質也只有一個功能：讓血液凝結成血塊。第八因子的突變就類似於藍圖錯誤，就像門把失靈或少了零件一樣，結果完全可以預測。突變的第八因子基因無法使血液正常凝結，產生的紊亂結果（無故出血），就是直接與那個蛋白質功能相關。

然而，絕大多數的基因並不像藍圖，它們並沒有指定建造單一或部分的結構。相反地，它們與其他基因的串聯合作，創造出複雜的生理功能。道金斯認為，這些基因不像藍圖，反而像食譜。就像蛋糕食譜指定糖在蛋糕的頂端、麵粉在底部一樣，是沒有意義的；食譜中，個別元素和結構並沒有一對一的對應關係，食譜提供的是有關「過程」的指示。

蛋糕是糖、奶油和麵粉以適當比例、在適當的溫度和正確的時間混合的結果。以此類比，人類的生理則是某些基因按適當的序列與其他基因在適當的空間互相作用的結果。基因是指定調配出生物配方中的一行，人類基因組則是指定調配出人類的配方。

⊖

一九七〇年代初，生物學家開始破譯哪些基因用來產生生物驚人複雜性的機制，同時他們也面臨「刻意操控生物基因」這個不可避免的問題。一九七一年四月，美國國家衛生研究院安排了一場會議，探討不久的將來是否可能在生物體內刻意改變基因。這場會議名稱頗具爭議性：「特定遺傳變化的前景」（Prospects for Designed Genetic Change），希望讓社會大眾了解人體基因操縱的可能性，並討論這樣的科技在社會和政治上的意涵。

一九七一年還沒有操縱基因的方法（即使在簡單的生物體中亦然），但科學家很有信心，這種發展只是時間的問題。「這並非科幻小說，」一位遺傳學者說道，「科幻小說是在無法以實驗的方式進行某件事，但我們現在可以想像，不用一百年，也不用到二十五年，而是可能在未來五至十年內，某些先天的瑕疵就會藉著控制某個缺乏的基因而得到治療或痊癒。我們還有很多部分須努力，才能讓社會準備迎接這種變化。」

這種科技的發明將有莫大意義：打造人類的配方可能會被重寫。一位科學家在會上發言說，經過數千年才能選擇出基因的突變，但是人工培養突變卻只需幾年。在人體引入「特定遺傳變化」的能力可能會使基因改變達到文化變化的速度。某些人類疾病可能會徹底消滅，個人和家庭的歷史將永遠改變；這種科技會重塑我們對遺傳、身分、疾病和未來的觀念。正如加州大學舊金山分校的生物學家戈登．湯金斯（Gordon Tomkins）所說，「這是第一次，許多人開始自問，我們在做什麼？」

下面是我的一段回憶：一九七八或七九年，我大約八、九歲。我父親剛出差回來，行李袋還放在車裡，餐桌上的托盤有一杯正沁著水珠的冰水。那是德里一個熱氣蒸騰的下午，天花板吊扇的功能只是把熱氣撥攪到整個房間，讓室內更燠熱。兩個鄰居在客廳等他，氣氛緊張而焦灼，只是我不知道原因。

我父親走進客廳，這兩人和他談了幾分鐘。我感覺到這段對話並不愉快。他們提高聲量，用詞尖銳，即使我該在隔壁的房間裡做功課，但透過混凝土牆，我可以聽出大部分的句子。

賈古向他們兩人都借了錢，數目不大，但足以讓他們上門討債。他告訴其中一人說，他需要錢買藥（可是醫生從沒開藥給他），又告訴另一人說，他需要錢買火車票，到加爾各答拜訪兄弟（沒有這種計畫，賈古不可能獨自旅行）。「你該要管管他。」其中一人指責我父親。

我父親耐心地默默聆聽，但我可以感覺到他心頭火起，膽汁泛上喉頭。他走向我家放現金的鐵櫃，把錢拿到這兩人面前，刻意沒去數那些鈔票。其實他可以省下一些錢，而他們其實也可以留下些餘錢。

等這兩人離開後，我知道家裡一定會發生傷人的衝突。我們家的廚師憑著本能，就像野生動物碰到海嘯一定會往山上跑，他已溜出廚房，喚來了我的祖母。我父親和賈古之間已經劍拔弩張了一陣子：這幾週來，賈古的行為特別擾人，這個事件似乎已讓我父親無法再忍受。他的臉因尷尬而漲得通紅。他努力保持優雅和正常的脆弱外衣已被揭開，他家庭的祕密生活透過裂縫一瀉而出。現在，鄰居都知道賈古瘋了，知道他不正常。我父親在他們眼中遭到羞辱：他很低劣、卑鄙、冷酷、愚蠢、管不了自己的兄弟。或者更糟的是，他因為家族中有人患有精神疾病，而遭到汙染。

他走進賈古的房間，猛力把他揪下床來。賈古淒慘地哭號，就像不明白自己犯了什麼錯而被懲罰的小孩。我父親勃然大怒，非常凶狠。他把賈古推到房間另一頭，這對他而言是不可思議的暴行，他在家裡從來沒有動過粗。我妹妹跑上樓躲起來，我的母親也在廚房哭泣。我躲在客廳後面的窗簾，看著這個情景越來越嚴重，彷彿在看慢動作的電影。

接著，我祖母由她的房間裡跑了出來，像一頭怒目的母狼。她對著我父親吼叫，比他更加凶猛。她的眼睛像煤炭一樣閃亮，她的舌頭彷彿燃著烈燄。你敢碰他看看。

「出去。」她催促賈古，賈古很快地躲到她身後。我從沒見過她這麼可怕，她的孟加拉語滔滔不絕，就像保險絲一樣燃往它起源的村莊。我可以聽出一些字彙，夾雜著濃重的口音和詞藻，像連珠砲一般齊發：子宮、洗滌、汙染。我把句子拼湊出來，其中的含義著實驚人：你敢打他，我就用水洗滌我的子宮，清理你的汙染。我會洗我的子宮。她說。

我父親也滿臉淚水，他的頭沉重地垂下，似乎無比地疲憊。洗吧，他低聲懇求說。洗吧，清潔它，清洗它。

# 第二部

（1970-2001）

## 「遺傳學家的夢想」／基因定序和複製

科學的進步取決於新技術、新發現和新想法，順序可能就是如此。[1]

**——西德尼．布倫納**

如果我們是對的，就有可能引發可預測且可遺傳的細胞變化。這一直都是遺傳學家的夢想。[2]

**——奧斯華．艾佛里**

# 「基因互換」

人是何等巧妙的傑作！理性何等高貴，才華何等無窮！形容與舉止何等明確和可欽！行動多麼像天使！靈性多麼像神祇！

——威廉・莎士比亞《哈姆雷特》第二幕，第二景

一九六八年冬，保羅・伯格（Paul Berg）回到史丹福，他方才由加州拉荷亞（La Jolla）沙克研究所（Salk Institute）度過了十一個月的學術假（sabbatical，大學教授每七年休一次的長假）。伯格四十一歲，身材像運動員一樣魁梧有力，走起路來，肩膀總在身前左右搖擺。他還有一個流露出曾在布魯克林度過童年的習慣，比如他在討論科學時，一激動就會舉起手來，並用「你看」一詞做為開場白。他很欣賞藝術家，尤其是畫家，尤其是抽象表現主義畫家波洛克（Pollock）、迪本科恩（Diebenkorn）、紐曼（Newman）和弗蘭肯特爾（Frankenthaler）。這些畫家把古老的語彙化為新詞，他們用抽象的工具（光、線條、形體）重新調整重要元素，創造巨大的畫幅，裡頭充滿精采生命的悸動，這樣的能力使他深深著迷。

受生化學者訓練的伯格在聖路易的華盛頓大學（Washington University）跟隨孔伯格研究，也和孔伯格一起到史丹福大學成立新的生化系。[1]他的學術生涯大半都在研究蛋白質的合成，不過，在拉荷亞的休假讓他有機會思索新的主題。沙克研究所高踞在太平洋上方的臺地，經常被濃密的晨霧包圍，就像露天的禪

房。伯格在沙克和病毒學者雷納托・杜爾貝柯（Renato Dulbecco）共事，研究動物病毒，他的休假年都花在思索基因、病毒和遺傳信息的傳遞。

伯格對某種病毒特別有興趣，猿猴病毒40（Simian virus 40，SV40）。這個病毒稱為「猿猴」，是因為它會感染猴和人類細胞。理論上，每一種病毒都是專業的基因攜帶者。病毒的結構簡單，它們通常不過是包在外套裡面的一組基因而已，免疫學家彼得・梅達沃（Peter Medawar）說它們是「包在蛋白質外套裡的壞消息」[2]。當病毒進入細胞，就會脫掉外套，開始把細胞當作工廠，複製自己的基因，並製造新的外套，再使數以百萬計的新病毒由細胞中冒出來。病毒把它們的生命周期提煉到了基本的核心，它們活著是為了感染和複製，而它們感染和複製是為了存活。

即使在只剩基本核心的世界裡，猿猴病毒40更顯極端。它的基因組只不過是一小段DNA，比人類基因組短了六十萬倍，相對於人類基因組的兩萬一千個基因，它僅有七個基因。伯格發現，猿猴病毒40不像其他眾多病毒，它可以和某些受感染的細胞和平共處，而不像其他病毒會在感染之後產生數百萬個新病毒粒子（virions），結果往往會殺死宿主細胞。[3]相反地，它把DNA插入宿主細胞的染色體，然後悄悄暫停複製，直到遇上特定的提示而啟動。

猿猴病毒40基因組的緊密結實，以及它送入細胞的效率，使它成為攜帶基因進入人類細胞的理想載體。伯格對這個想法深深著迷：如果他能在猿猴病毒40裝上一個誘餌「外來」基因（至少對病毒而言是外來的），病毒基因組就會把該基因偷運到人體細胞中，因而改變細胞的遺傳信息——這將為遺傳學開闢新疆域。但在伯格設想修改人類基因組之前，要先面對一個技術挑戰：他得要想辦法把外來基因插入病毒基因組，他得人為設計基因「嵌合體」（chimera）——病毒基因與外來基因的混合體。

人類基因沿著染色體串在一起，就像線頭兩端開口的珠串，猿猴病毒40則不同，它們串成一圈DNA，其基因組就像一條分子項鏈。當病毒感染細胞，把它的基因插入染色體時，項鏈就解開，變成直線，並把自己附在染色體的中間。如果伯格要在猿猴病毒40基因組添加外來基因，就得強行打開環扣，把基因插在有開口的圓圈中，再把兩端封住。剩下的，就可以交給病毒基因組完成，它會攜帶這個基因進入人類細胞，並把它插進人類的染色體。①

伯格並非唯一想解開病毒DNA環釦、插入外源基因並再度扣緊的生物學家。一九六九年，史丹福大學的研究生彼德·洛班（Peter Lobban）為了第三次資格考試寫了一篇論文[4]，提議在不同病毒上進行類似的遺傳操作。洛班的實驗室就在伯格實驗室走廊的另一頭，他在麻省理工學院念完大學，現在來到史丹福。他受訓成為工程師，或者更準確地說，他是憑感覺成為工程師。洛班在論文中主張，基因其實和鋼梁沒什麼兩樣，也可以重新調整、按照人類的規格塑造，再拿來使用。祕訣就在於找到合適的工具包。洛班和指導教授戴爾·凱瑟（Dale Kaiser）合作，他甚至已經展開初步的實驗，用生物化學界常用的

① 如果把一個基因加入猿猴病毒40基因組，它就無法再產生病毒，因為DNA太大，塞不進病毒的外衣或殼。儘管如此，加入外來基因而擴大的猿猴病毒40基因組依舊能把自己和負載的基因插入動物細胞。伯格就是希望利用這個傳遞基因的特性。

酶，把DNA的一個分子穿梭運送到另一個分子。

其實正如伯格和洛班分別想到的，真正的祕訣就是根本不要把猿猴病毒40當成病毒，而是把它的基因組當成是一種化學物質。一九七一年，基因可能還「無法進入」，但DNA卻可長驅直入。畢竟艾佛里已把它當成赤裸裸的化學物質，在溶液裡被煮沸的它還是能在細菌之間傳遞信息。[5]孔伯格在其間添加了酶，並在試管裡複製。試圖在猿猴病毒40基因組中插入一個基因，伯格需要的是一連串的反應。他需要一種切開基因組圓圈的酶，還需要一種把外來DNA「黏貼」進猿猴病毒40基因組項鏈中的酶。也許這病毒（或者說病毒裡包含的信息），就會再度復活。

⊖

但是，科學家該由哪裡尋找可以切割和黏貼DNA的酶？答案就如遺傳學史常見的例子，來自細菌。自一九六〇年代以來，微生物學家便不斷從可在試管裡操縱DNA的細菌中提煉酶。細菌細胞（其實任何細胞都一樣）需要自己的「工具包」來操縱自己的DNA：每一次細胞分裂、修復受損的基因，或者翻轉基因到染色體的另一頭，都需要酶複製基因，或填補因損傷造成的空隙。

這個反應工具包也包括兩個DNA的「黏貼」（pasting）片段。伯格知道即使最原始的生物也有把基因縫合在一起的能力。要記得，DNA鏈可能會遭到如X光等破壞物質拆開。DNA的破壞在細胞裡經常發生，細胞會製造特定的酶，把碎片黏貼起來，修復分裂的DNA鏈。其中一種酶叫做「連接酶」（ligase，源自拉丁文ligare，意為「綁在一起」），它會以化學方式縫合這兩塊DNA的斷裂骨幹，恢復成完整的雙螺旋。偶爾也可能會用DNA複製酶——「聚合酶」（polymerase）填補缺口，修復破損的基因。

切割酶的來源比較不尋常。幾乎所有的細胞都有連接酶和聚合酶以修復破損的DNA，但大部分細胞都不會無緣無故地產生切割DNA的酶。不過，生存在生命最粗陋邊緣的細菌，在資源極其有限、生長無比旺盛且生存競爭萬分激烈的情況下，卻擁有如刀刃一般的酶，防護自身，抵抗病毒。它們就像用彈簧刀，以切割DNA的酶切開入侵者的DNA，讓宿主免受攻擊。這些蛋白質稱為「限制」（restriction）酶，因為它們限制了某些病毒的感染。這些酶就像分子剪刀，可以識別DNA的獨特序列，並在非常特定的地點切割雙螺旋。這樣的專一性就是關鍵：在DNA的分子世界裡，針對要害的攻擊可能很致命。一種微生物可以切斷入侵微生物的信息鏈，使其癱瘓。

這些由微生物世界借來的酶工具就成了伯格實驗的基礎。伯格知道操縱基因的關鍵成分，就冷凍在五間實驗室約五個不同的冰箱，只要他過去拿些酶，把反應串連起來即可。用一種酶切割，再用另一種黏接（而且任何兩個DNA片段都可以黏接在一起），讓科學家以非凡的靈活和技巧操縱基因。

伯格明白這種正在創造的技術有什麼樣的含義。基因可以經過組合，創造新的組合，或組合的組合；它們可以被改變，使它們突變，讓它們在生物之間穿梭。青蛙基因可以插入病毒基因組，並引進人類細胞。人類基因可以進入細菌細胞。如果把這種技術推展到極限，基因就有無限的可塑性：你可以創造或去除新的突變，甚至可能修改遺傳——清洗它的標記、清除它、任意改變它。伯格回憶創造這種基因嵌合體的過程，並說「用來建造這個重組DNA的個別程序、操作和反應物，沒有一樣是重新的創造出來的。唯一新的地方只有它們被用來組合的特定方式。」[6]真正躍進的發展是切割和黏貼的概念，因為基因重組與鏈合的方法和技術在遺傳領域已存在近十年。

一九七〇年冬，伯格和實驗室的博士後研究員大衛．傑克森（David Jackson）開始嘗試切割和黏貼兩段DNA。[7] 這樣的實驗既單調又乏味，就如伯格所描述的，是「生化學家的夢魘。」DNA必須先純化、與酶混合，然後在冰冷的圓柱體上再純化，不斷重複這個過程，直到每一個個別反應都達到完美。問題在於切割酶尚未被優化，產量很小。洛班雖然忙著打造自己的基因混合體，但他依舊繼續為傑克森提供重要的技術意見。他已經找出方法，能在DNA末端加上兩個釦鉤狀的片段，就像鎖和鑰匙一樣可以卡在一起，因而大大增加了形成基因混合體的效率。

儘管技術極其困難，伯格和傑克森還是把猿猴病毒40的整個基因組連接到λ噬菌體（*Lambda bacteriophage* 或 phage λ）細菌病毒的一段DNA和大腸桿菌的三個基因上。

這可不是普通的成就。雖然λ噬菌體和猿猴病毒40兩者都是「病毒」，但就像馬和海馬一樣截然不同（猿猴病毒40感染靈長類細胞，而λ噬菌體只感染細菌），而大腸桿菌則又是不同的動物（人類腸道）的細菌。結果就創造出奇特的嵌合體，各個來自演化樹不同樹梢的基因縫合在一起，連結成單一的DNA片段。

伯格把這個混合體稱為「重組DNA」（recombinant DNA），這是精心選擇的詞彙，能聯想到有性生殖中的基因「重組」（recombination）。在自然界，遺傳信息經常在染色體間混合配對，產生多樣性：來自父親染色體的DNA與來自母親染色體的DNA交換位置，產生「父親：母親」基因混合體，摩根稱這種現象為「互換」（crossing over）。伯格的遺傳混合體正是用讓基因能在生物自然狀態下被切割、黏貼和修復的工具，把這個原則延伸到不是只能複製。伯格也進行合成基因混種，但是在試管裡讓不同生物的遺傳物質混合配對。重組而不繁殖，他已經跨入了生物學的新宇宙。

那年冬天，一位名叫珍妮特·莫茲（Janet Mertz）的研究生決定加入伯格的實驗室。個性堅毅的她總是毫不遲疑地發表自己的見解，伯格形容她「鬼靈精」。莫茲是生化界的異數：近十年來第二位加入史丹福大學生化系的女生。她和洛班一樣，也是從麻省理工來到史丹福，她在麻省主修工程和生物。莫茲對傑克森的實驗很感興趣，對於不同生物基因合成嵌合體的想法也很熱中。

但她想到，若她把傑克森的實驗目標倒過來呢？傑克森已把來自細菌的遺傳物質插入猿猴病毒40基因組中，如果她把猿猴病毒40基因插入大腸桿菌基因組，製作基因混合體，會有什麼後果？如果創造了攜帶病毒基因的細菌（而非攜帶細菌基因的病毒），會有什麼結果？

相反的邏輯（或者該說生物體的倒置），帶來了關鍵的技術優勢。大腸桿菌就像其他許多細菌一樣，攜帶額外的

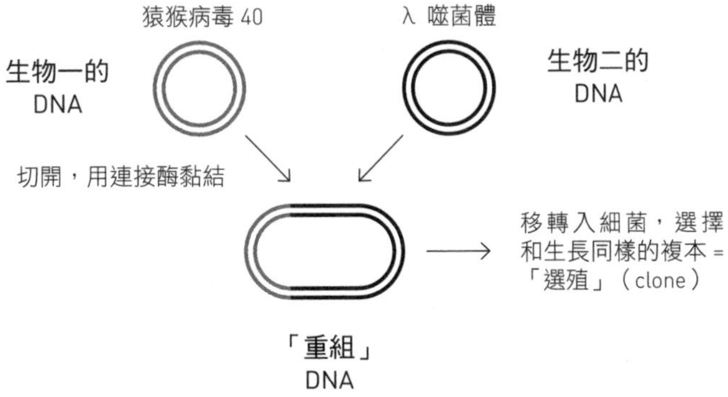


圖片改編自伯格的「重組」DNA論文。科學家可以藉著結合任何生物的基因，任意操縱基因，預見了人類基因療法和人類基因組工程的未來。

微小染色體，稱為迷你染色體（mini-chromosomes）或質體（plasmids）。質體就和猿猴病毒40基因組一樣，也以DNA圓形項鏈的形式在細菌內生存和複製。隨著細菌細胞分裂和生長，質體也跟著複製。莫茲想到，如果她可以把猿猴病毒40基因插入大腸桿菌質體，就可以把這個細菌當作新基因混種的「工廠」。隨著細菌的生長和分裂，質體和裡面的外來基因就能放大更多倍。一份又一份修改過的染色體及負載的外來基因就會由細菌製造。最後，一段基因就會有數百萬一模一樣的複製品。

⊖

一九七二年六月，莫茲由史丹福到紐約的冷泉港學習動物細胞和病毒的課程。[8]學生要在課堂上談談他們未來想做的研究計畫。莫茲報告時談到她想做猿猴病毒40和大腸桿菌基因的遺傳嵌合體，並希望能在細菌細胞中繁殖這些混種基因。

通常，夏季班研究生的報告不會太受人注意，可是等莫茲放完幻燈片時，大家已明顯發現這絕非普通的研究生報告。莫茲報告結束時，一片沉默，接著，學生和老師開始向她提出一波波問題：有沒有考慮產生這種混合體的風險？要是伯格和莫茲製作的基因混合體釋放到一般人類身上該怎麼辦？他們有沒有考慮過創造新遺傳因素的倫理層面？

課堂一結束，講師病毒學家羅伯特．波拉克（Robert Pollack）就緊急致電伯格。波拉克認為隱含著「跨越這道細菌和人類最後一個共同祖先的演化壁壘」，風險實在太大，絕不能輕易繼續這樣的實驗。

這個問題特別棘手，因為當時已知猿猴病毒40會使倉鼠生長腫瘤，大腸桿菌則存在於人類腸道（目前的證據顯示，猿猴病毒40不太可能導致人類癌症，但是在一九七〇年代尚不知道有此風險），如果伯格和莫茲最後打造出巨大的遺傳災難風暴——攜帶人類致癌基因的人類腸道細菌，又該怎麼辦？「你可以停止分裂原子，你可以停止登陸月球，你可以不再使用噴霧劑……，但是你不能召回新的生命形式，」生化學家歐文·查戈夫（Erwin Chargaff）寫道，「新的基因混種將會比你和你的孩子以及你的孩子的孩子都活得更久。希臘神話中為人類盜火的神明普羅米修斯與燒毀了古代七大奇觀之一的亞提米斯神殿黑若斯達特斯（Herostratus）的結合，必然會得到邪惡的結果。」[9]

伯格花了數週思索波拉克和查戈夫的顧慮。「我的直覺反應是：這太荒謬了。我真的看不出這有什麼風險。」[10]實驗是用無菌工具在封閉的設備裡進行，猿猴病毒40從來沒有直接牽扯到人類癌症。其實許多病毒學家都感染過猿猴病毒40，也從沒有人因此罹癌。杜爾貝柯甚至因為社會大眾對這個問題的歇斯底里，還說要喝猿猴病毒40來證明它與人類癌症沒有關係。[11]

只是伯格的雙腳就站在懸崖邊上，他不能毫不在乎。他寫信給幾位癌症生物學家和微生物學家，請他們提供關於這種風險的意見。杜爾貝柯對猿猴病毒40的態度很堅決，但科學家真的能實際估量未知的風險嗎？最後，伯格認為這種生物危害雖然機會極小，但卻並不是沒有。伯格說，「坦白說，我知道風險很小，但我無法讓自己相信完全沒有風險。我知道我曾有好多好多次都錯誤預測實驗結果，如果我也錯估了這個風險，後果將不堪設想。」[12]在他確定風險的確切本質，並且做好控制計畫之前，他決定先暫停計畫。含有猿猴病毒40基因組片段的DNA混合體將暫時留在試管，它們不會進一步注入活體生物。

在此同時，莫茲又有了重要的發現。起初伯格和傑克森設想的DNA切割和黏貼，需要六個冗長乏味的酶促步驟。莫茲卻找到了一條更有效的捷徑，她由舊金山微生物學家赫伯·波伊爾（Herb Boyer）取得一種剪切DNA的酶EcoRI，發現只需要兩個步驟，就能切斷並黏合DNA片段。②伯格後來說，「莫茲真的讓過程有效率得多，現在只要幾個化學反應，我們就可以製造出新的DNA片段……。她把它們切開、混合，並添加可以連接兩端的酶，創造出的物質同時擁有起始材料的兩種特性。」[13]只是，因為伯格自訂的實驗室暫停令，使她不能把這些基因混合體轉移到活的細菌細胞。

⊖

一九七二年十一月，伯格正在權衡病毒細菌混合體的風險之時，曾經提供DNA切割酶的舊金山科學家波伊爾赴夏威夷參加微生物學會議。波伊爾於一九三六年出生在賓州的採礦小鎮，高中時對生物產生興趣，對華生和克里克滿懷崇拜（他的兩隻暹羅貓就以他們為名）。他在一九六〇年代初申請醫學院入學，卻因形上學被當而遭拒，於是轉而進入研究所學習微生物學。

一九六六年夏，波伊爾抵達舊金山，頂著蓬鬆的頭髮，穿著皮背心和牛仔短褲，成了加大舊金山分校（UCSF）的助理教授。[14]他大部分的工作都是關於新奇的DNA切割酶的分離，就如他送到伯格實驗室的那個酶。波伊爾由莫茲那裡聽說了DNA切割的反應，以及相關製造DNA混合種過程的簡化。

⊖

在夏威夷舉辦的會議主要討論細菌遺傳學。會中重點精采部分是在大腸桿菌中新發現的質體，其為在細菌體內複製，並可在菌株之間傳送的圓形迷你染色體。經過一個早晨的報告，波伊爾逃到海邊休息，整個下午則都在品嘗蘭姆酒和椰子汁調配的飲料。

當天晚上，波伊爾遇到了史丹福大學的史丹利·科恩（Stanley Cohen）。[15]波伊爾拜讀過科恩的科學論文，但兩人從未見過面。科恩留著整齊的泛白鬍鬚，戴著如貓頭鷹的眼鏡，說起話來深思熟慮，有的科學家說他簡直就是「猶太法典《塔木德》學者的化身」，對微生物遺傳學也有如法典般淵博的知識。科恩研究的就是質體，他也是格里菲斯「轉化」反應（把DNA送進細菌細胞）的技術專家。

晚餐已結束，但科恩和波伊爾還沒吃飽，他們和另一位微生物學家史丹利・法克諾（Stanley Falkow）一起信步走出旅館，往威基基海灘附近商業區的一條靜僻暗巷走去。一家閃爍著霓虹燈的紐約風格熟食店宛如天意，在火山的陰影中浮現，他們在餐廳裡找到了一個空卡座。服務員雖然連猶太香腸kishke和猶太炸餅knish都分不清，但菜單上有醃牛肉和肝泥。他們三個人就邊吃熏牛肉三明治，邊談質體、基因嵌合體和細菌遺傳學。

波伊爾和科恩都知道伯格和莫茲在實驗室創造出基因混合體。他們的討論不知不覺就轉移到科恩的研究工作。科恩已由大腸桿菌中分離出幾個質體，其中一個可以可靠地由細菌中淨化出來，並且很容易從一個大腸桿菌菌株送到另一個菌株。有些質體攜帶了可以抵抗抗生素（如四環黴素或青黴素）的基因。

但如果科恩把抵抗抗生素的基因由質體中切割出來，並運送到另一個質體，會有什麼後果？**先前會被抗生素殺死的細菌，現在能不能存活下來，蓬勃發展，並選擇地增長？而攜帶非混合質體的細菌則死亡？**

---

② 莫茲和朗・戴維斯（Ron Davis）合作發現包含了EcoR1這類酶的意外性質。她發現如果用EcoR1切割細菌質體和猿猴病毒40基因組，兩端自然就像魔術貼的那兩片一樣「有黏性」，因此更容易把它們連接成基因混合體。

這個想法就像夜暮中島上的霓虹燈，在陰影中閃現。在伯格和傑克森最初的實驗中，沒有簡單的辦法可以識別出已獲得「外來」基因的細菌或病毒（混合體的質體僅能由它的大小：A+B大於A或B，由生化濃湯中純化）。相較之下，科恩的質體攜帶著抗生素抗性基因，便是可以辨識遺傳重組體的有力方法。他們可以徵召演化幫忙進行實驗。培養皿內的天擇會自然地選擇它們的混合質體。抗生素抗藥性由一個細菌到另一個細菌的轉移，就會證實已經創造了基因混合體或重組DNA。

伯格和傑克森會碰到哪些技術障礙？如果遺傳嵌合體產生的頻率是百萬分之一，那麼不論選擇方法多麼巧妙或強大，都無法奏效：沒有混合體可供選擇。波伊爾一時興起，描述起DNA切割酶和莫茲提高基因混合體生產效率的改良過程。大家沉默下來，科恩和波伊爾在心中思忖這個觀念。兩人不可避免地產生交集：波伊爾有已純化的酶，可以大幅改進創造基因混合體的效率；科恩則隔離了可以在細菌中輕易選擇和繁殖的質體。法克諾回憶說，「這個交集太明顯，不可能忽視。」

科恩用緩慢而清晰的聲音說，「這表示——」

波伊爾搶著插嘴，「沒錯……應該有可能……。」

法克諾後來寫道，「有時，科學就像人生，用不著把句子或想法說完。」實驗很簡單，簡單到只要一個下午，用標準反應物就能完成：「混合EcoRI切割質體的DNA分子，再把它們重新連結在一起，就應該有一定比例的重組質體分子。用抗生素抗性選擇獲得外源基因的細菌，就能選出混合體DNA。再把這種細菌細胞培養成百萬個後代，混合體DNA就能放大百萬倍，如此一來，就複製了重組DNA。」

這個實驗不僅有創意、有效率，也比較安全。科恩和波伊爾的嵌合體和伯格與莫茲的實驗不同，這些嵌合體完全由細菌基因組成，他們認為這種基因的風險小得多。他們想不出停止創造這些質體的理由。畢竟細菌原本就能像交換八卦一樣交換遺傳物質：基因自由貿易是微生物世界的特點。

那年整個冬天，一直到一九七三年初春，波伊爾和科恩都努力地製造他們的遺傳混種。波伊爾實驗室的研究助理駕著金龜車在一〇一號公路上來回穿梭，在加大舊金山分校和史丹福大學之間運送質體和酶。到了夏末，波伊爾和科恩已創造出了他們的基因混種——來自兩個細菌的兩種遺傳物質被縫合在一起，形成一個嵌合體。波伊爾後來很清楚地描述成功的那一刻：「我看著第一批膠狀物，記得那時不禁熱淚盈眶，實在太好了。」

由兩個生物借來的遺傳身分經過混合，形成新的身分，這簡直就像玄學。一九七三年二月，波伊爾和科恩準備在活細胞裡繁殖第一個人工製造的遺傳嵌合體。他們用限制酶切開兩個細菌質體，然後把遺傳物質由一個質體換入另一個質體，再用連接酶把攜帶混合ＤＮＡ的質體封閉起來，然後以改良的轉化反應把製作出來的嵌合體導入細菌細胞。在培養皿培養含有基因混合體的細菌，漸漸形成微小的半透明的菌落，像瓊脂上的珍珠閃閃發光。

一天深夜，科恩用含有基因混合體細菌細胞的單一菌落接種了一大桶細菌湯。細胞整夜在搖動的燒杯中生長。成百上千，最後複製出上百萬份遺傳嵌合體，每一份都含有來自兩個截然不同生物的遺傳物質混合物。就在這個深夜裡細菌培養箱機械化的喀——喀——喀聲中，新世界宣告誕生。

# 新音樂

每個世代都需要新音樂。[1]

——法蘭西斯・克里克

現代人一切都可入樂。[2]

——理查・鮑爾斯（Richard Powers）的小說《歐菲歐》（*Orfeo*）

就在伯格、波伊爾和科恩在史丹福和舊金山加大忙著在試管裡混合基因片段時，英國劍橋的某間實驗室也有了同樣重要的遺傳學突破。要了解這個發現的本質，我們必須回到基因的形式語言。就像任何語言，遺傳學是由基本的結構元素構成：字母系統、詞彙、語法和文法。基因的「字母系統」只有四個字母：DNA的四個鹼基A、C、G和T。「詞彙」由三元組密碼組成，即DNA的三個鹼基一起解讀，編碼成蛋白質中的一個胺基酸；ACT編碼息寧胺酸、CAT編碼組胺酸與GGT編碼甘胺酸等等。蛋白質則是「句子」，由基因編碼用串聯在一起的字母，如ACT—CAT—GGT編碼成息寧胺酸—組胺酸—甘胺酸。而基因的調控，正如莫諾和賈克柏所發現的，為這些文字和句子創造了語境，以產生意義。附在基因上的調節序列，即在某些時間、某些細胞上開啟或關閉基因的信號，則可以想成是基因組的內部文法。

然而，遺傳的字母系統、文法和語法僅存在細胞中；它並非人類的母語，必須發明一套新的工具，才能讓生物學者讀寫基因的語言。想要「寫」，就是要把文字以獨特的方式排列組合，產生新的意義。伯格、科恩和波伊爾在史丹福開始用基因複製寫基因——在DNA裡產生自然界從未存在的文字和句子（結合細菌基因與病毒基因，形成新的遺傳元素）。然而，基因的「讀」（解譯一段DNA中鹼基精確的序列），依然是巨大的技術障礙。

諷刺的是，細胞能夠讀DNA的特性卻正是人類（尤其是化學家）無法理解的特性。正如薛丁格所預言的，DNA是一種反抗化學家的化學物質，一個極其矛盾的分子——雖然單調，卻又有無窮的變化，重複到極致，卻又特殊到極致。化學家拼湊分子的結構，通常是先把分子拆解到越來越小的部分，就像拼圖一樣，然後再由這些成分組合出結構。然而，當DNA被拆解成碎片，就會退化成混亂的四個鹼基，A、C、G和T。想要閱讀一本書，不能光是把書裡所有文字分解為字母系統。而DNA就像文字，其順序就是意義。把DNA分解成組成它的鹼基成分，就只是變成了四個字母的基本字母湯。

⊖

化學家如何確定一個基因的序列？在英國劍橋低地附近，如棚屋一般半埋地底的實驗室裡，生化學家弗雷德里克·桑格（Frederick Sanger）自一九六〇年代起就鑽研基因定序的問題。桑格對複雜生物分子的化學結構興趣濃厚。一九五〇年代初期，他就已採用傳統分解的變化方法，把胰島素這種蛋白質的胺基酸序列定序。[3]胰島素最先在一九二一年，由多倫多外科醫師弗雷德里克·班廷（Frederick Banting）和他的醫學院學生查爾斯·貝斯特（Charles Best）用數十磅打碎的狗胰腺純化提煉出來。[4]胰島素是蛋白質純化的重要成果，如果把這種荷爾蒙注入糖尿病童體內，可以迅速改善這種無法代謝糖而因此糖窒息的慢性致命疾病。到了一九二〇年代後期，禮來（Eli Lilly）製藥公司已用大量牛和豬的胰臟製造胰島素。

然而，儘管多次嘗試，依然無法了解胰島素的分子特性。桑格以化學家嚴謹的方法嘗試解決此問題：正如任何化學家所知，解決方法就是溶解。每一種蛋白質都是由一系列胺基酸串連成鏈，如甲硫胺酸—組胺酸—精胺酸—離胺酸，或甘胺酸—組胺酸—精胺酸—離胺酸等等。桑格發現，想要辨識一種蛋白質的序列，就得採用一系列的溶解反應。他把蛋白質鏈末端的一個胺基酸切下來，在溶劑中溶解，列出它的化學特性：甲硫胺酸。接著，他再重複這個過程，切斷下一個胺基酸：組胺酸。他一再重複這種降解和辨識的過程：精胺酸，切斷；離胺酸，切斷，直到達到蛋白質尾部為止。就像把項鏈一顆又一顆的珠子拆解下來，倒轉細胞建構蛋白質的循環。就這樣，一點一滴，被解體的胰島素展現出它鏈條的結構。一九五八年，桑格因為這個了不起的發現而獲得諾貝爾獎。[5]

一九五五至一九六二年間，桑格以這種分解方法的變化版本解開了幾種重要蛋白質的序列，但基本上並未觸及DNA定序問題。他寫道，這幾年是他的「荒年」[6]，他活在自己聲名的陰影下。他很少發表論文（關於蛋白質定序鉅細靡遺的權威論文），也沒有把這些論文看成多麼了不起。一九六二年夏，桑格搬到劍橋醫學研究委員會（MRC）大樓的另一間實驗室[7]，周圍都是新鄰居，包括克里克、佩魯茲和布倫納，他們全都沉迷於崇拜DNA之中。

更換實驗室顯示桑格改變了研究的重心。有些科學家（克里克、威爾金斯）起步於DNA，有些（華生、富蘭克林、布倫納）則是後天遇見它，而桑格則是被逼著接下它。

一九六〇年代中期，桑格把重心由蛋白質轉移到核酸，開始認真考量DNA定序。但那些用在胰島素上很有效的方法（分解、溶化、破裂、溶解），用在DNA上卻不行。蛋白質的化學結構使得胺基酸可以連續擷取，但DNA卻沒有這樣的工具。桑格試圖重新配置他的降解技術，但這些實驗卻只產生了化學的混亂，DNA由遺傳信息變成了難解的天書。

一九七一年冬，桑格意外地得到了啟發，不過是反向的啟發。他花了幾十年的時間學習打破分子以找出它們的序列，現在他想到，如果把自己的策略顛倒過來，試著建構而非分解DNA，又會有什麼結果？桑格推想，要解開基因序列之謎，就必須像基因一樣思考。細胞隨時都在建構基因：每一次細胞分裂，就會複製每一個基因。如果生化學家把自己綁在複製基因的酶（DNA聚合酶）身上，在它製作DNA副本時跨到它的背上，並且在聚合酶加入一個又一個鹼基（A、C、T、G、C、C、C等等）時標上記號，就可以知道基因的序列。這就像竊聽影印機：從副本重建原本。鏡像影像將照亮原件——《格雷的畫像》的主角多里安．格雷會一片又一片地由它的倒影重建。

一九七一年，桑格開始用DNA聚合酶的複製反應設計基因定序技術。（哈佛的華特．吉爾伯特和艾倫．馬克桑〔Allan Maxam〕也在設計DNA定序系統，不過他們使用不同的反應物。他們的作法也成功了，只是很快就被桑格超前了）。起先，桑格的方法效率不高，經常莫名其妙地失敗。部分原因是複製反應太快：聚合酶沿著DNA鏈競爭，飛快地加入核苷酸，桑格趕不上它的步調。一九七五年，桑格做了巧妙的修改，他用一系列化學改變的鹼基，即改變非常微小的A、C、G和T變體，依然能被DNA聚合酶識別，但干擾其複製能力。由於聚合酶停滯下來，因此桑格可以用放慢的反應，在停頓時畫出基因——這裡是個A，那裡是個T，還有一個G等等，繪出成千上萬個DNA的鹼基。

一九七七年二月二十四日，桑格在《自然》期刊發表論文，用這個技術揭開ΦX174病毒的完整序列[8]，這個病毒長度僅有五三八六對鹼基對，是個很小的病毒，整個基因組比人類最小的基因還小，但這篇論文卻宣告了劃時代的科學進境。他寫道，「這個序列辨識出製造這種生物的九個已知基因之蛋白質所需要的許多特色。」[9]桑格已學會了閱讀基因的語言。

Θ

遺傳學的新技術——基因定序和基因複製，立刻展現了基因和基因組的新特性。首先是最教人驚訝的發現，這是和動物及動物病毒基因的獨特特徵有關。一九七七年，兩位獨立工作的科學家理查·羅伯茲（Richard Roberts）和菲利浦·夏普（Phillip Sharp）發現，大部分的動物蛋白質都不是以連續的長段DNA編碼，而是被分割成模組。[10]在細菌中，每一個基因都是連續不斷延伸的DNA，由第一個三元組碼（ATG）開始不斷延續，到最後的「停止」信號為止。細菌基因並不包含單獨的模組，它們內部也不用分隔符號。但是，羅伯茲和夏普卻在動物和動物病毒中發現：基因通常被分裂成幾個部分，並且被長段的填充片段DNA（stuffer DNA）分隔。

我們不妨以「structure」一字來作類比。在細菌中，基因就是按這個字原本的格式嵌在基因組裡，沒有中斷、分隔符號、介入或中斷。而在人類基因組中，這個字卻被夾在中間的DNA片段打斷：s.....tru......ct.....ur.....e。

被刪節號（……）標記的長段DNA中未包含任何蛋白質編碼信息。如果用這樣中斷的基因產生信息，也就是用DNA建構RNA時，填充的片段就會被切除，移除了這些DNA片段後，再把RNA縫合在一起：s......tru......ct......ur......e就簡化成structure。羅伯茲和夏普後來把這個過程名為「基因剪接」（gene splicing，或稱基因拼接）或RNA剪接（因為這個基因的RNA信息經過「剪接」，去除了填充片段）。

起先，這種分裂的基因結構令人費解。為什麼動物基因組要浪費這麼長段的DNA，把基因分成零碎的片段，結果只為了把它們再縫合為連續的信息？不過，分裂基因的邏輯很快就真相大白，即是把基因分成模組，細胞由一個單一的基因產生教人眼花繚亂的信息組合。s......tru......c......t......ur......e可以拼接為cure和true，因而由單一基因創造出大量的變體信息，稱為異構物（isoforms）。因此可利用剪接，由g......e......n......om......e產生gene、gnome和om。模組化的基因也具有演化優勢：來自不同基因的模組個體可以排列組合，打造全新的基因（c......om......e......t）。哈佛遺傳學家瓦利．吉爾伯特（Wally Gilbert）為這些模組創造了一個新詞：「外顯子」（exons），填充的片段則稱為「內含子」（introns）。

內含子並非人類基因獨有，而是規則。人的內含子往往很巨大，高達數十萬的DNA鹼基。而各基因之間則由很長的DNA序列介入中間，彼此分開，這樣的DNA序列稱為「基因間DNA」（intergenic DNA）。基因間DNA和內含子（基因之間的間隔和基因內的填充片段），被認為具有容許基因視情況調節的序列。用我們先前的比喻來說，這些區段可以形容成長刪節號，偶爾用標點符號分開。因此，我們可以把人類基因組看成：

This............is..................the............（............）......s......truc......ture............of............your............gen......om......e

這些英文字代表基因。字與字之間的較長的刪節號表示基因間的DNA序列。英文字內較短的刪節號（gen....ome....e）是內含子。括弧和分號等標點符號則是調控基因的DNA區域。

基因測序和基因複製這兩個技術也拯救了遺傳學，使之不致陷入實驗困境。一九六〇年代後期，遺傳學已陷入瓶頸。每一個實驗都必須仰賴刻意干擾系統的能力，還要衡量這種干擾的效果。但是改變基因唯一的方法是透過創造突變體（本質上，這是一種隨機的過程），然而想要閱讀這種改變唯一的方法，則是透過形式和功能的變化。雖然可以如穆勒，用X光照射果蠅，創造出沒有翅膀或沒有眼睛的果蠅，但你無法刻意操縱控制眼睛或翅膀的基因，也無法確實了解翅膀或者眼睛的基因是如何被改變的。曾有一位科學家說，「基因是難以接近的東西。」

基因難以接近的特性，讓「新生物學」的救星特別沮喪，這其中也包括華生。一九五五年，在他發現DNA結構的兩年後，華生轉到哈佛大學生物系，並且馬上惹毛了幾位德高望重的教授。在華生眼裡，生物學是一個由中間一分為二的學科，一邊是保守派（自然史學者、分類學者、解剖學者和生態學者），他們依舊專注於動物的分類，以及定性描述的生物解剖學和生理學。另一邊的「新生物學者」則相反，他們研究的是分子和基因。老學派講的是多樣性和變異，新學派則是通用的代碼、共同的機制和「中心法則」。①

「每個世代都需要新音樂。」克里克曾說，而華生擺明了嘲諷舊音樂。按照華生的說法，自然史是以「記述」為主的學科，終將被他所協助創立的活潑強健實驗科學取代。研究恐龍的恐龍很快就會自行滅絕。華生把傳統的生物學家稱為「集郵者」，取笑他們只會收集生物標本和分類。②

但就連華生也不得不承認，科學家無法如願進行遺傳干預或了解基因改變的確切性質，是新生物學的挫敗。如果可以測序並操縱基因，就能打開宏偉的實驗風景，可是在那之前，生物學家就只能用他們擁有的唯一工具摸索基因的功能，即是簡單生物隨機發生的突變。自然史學家大可以牙還牙地羞辱華生，如果傳統生物學家是「集郵者」，那麼新的分子生物學家就是「突變獵人」。

一九七〇和八〇年間，突變獵人轉變為基因操縱者和基因解碼人。不妨試著這樣想：如果科學家一九六九年在人體內發現一個致病的基因，他們無法了解這個基因突變的本質，沒有可以比較這些改變的基因與正常基因的機制差異，也沒有辦法在不同的生物身上重建基因突變，以研究其功能。可是，到了一九七九年，同樣這個基因卻可以送入細菌體內，剪接成病毒載體，傳遞到哺乳動物細胞的基因組，複製、定序，並與正常的形式比較。

一九八〇年十二月，為了表彰基因科技開創性的進步，諾貝爾化學獎頒發給桑格、吉爾伯特和伯格——DNA的讀者和作者。正如一位科學記者所描述：「化學操控（基因）的軍械庫」[11]現在已完成貯備。生物學家梅達沃寫道，「基因工程意味藉著操縱DNA（遺傳信息的載體），而刻意產生的基因改變。任何理論上可能的事，都做得到，這不是科技的主要真理嗎？登陸月球？是的，肯定的。讓天花絕跡？很樂於辦到。彌補人類基因組的缺陷？嗯，是的，雖然這比較困難，需要更長的時間。我們還沒辦到，但我們的確是朝著正確的方向前進。」[12]

---

① 值得注意的是，達爾文和孟德爾都跨越了新舊之間的鴻溝。達爾文原本是自然史學者（化石收藏者），但後來卻藉著尋找自然史背後的機制，徹底改變了這門學科。孟德爾亦然，他原是植物和生物學者，卻為了尋求驅動遺傳和變異的機制，而由根本扭轉了這個學科。達爾文和孟德爾都藉著觀察自然界，追求其背後更深的目的。

② 華生借用了恩尼斯特．盧瑟福的名言。盧瑟福曾一本直率的作風說，「所有科學，不是物理，就是集郵。」

基因操縱、複製和定序的技術最先可能是為了在細菌、病毒和哺乳動物細胞之間穿梭運送基因而發明（依照伯格、波伊爾和科恩的方式），但這些技術在整個有機體生物學領域引起廣泛的迴響。儘管基因複製或分子複製的片語最初用來表示在細菌或病毒中生產相同的DNA副本（即「複製」），但它們很快就會成為所有相關技術的縮寫，包括容許生物學者從生物體提取基因、在試管中操縱這些基因、產生基因混合體，並在生物體身上繁殖這些基因（畢竟，如果想要複製基因，就必須使用以上所有技術）。伯格說，「學習以實驗的方式操控基因，就可以透過實驗的方式操控生物。而藉著排列組合基因操縱和定序的工具，科學家不僅可以探究遺傳學，而且可用先前無法想像的大膽方式，探索整座生物學天地。」[13]

比如，免疫學家想要解決的免疫學基本謎題：T細胞識別和殺死外來細胞的機制。幾十年來，大家都已知道T細胞能藉著細胞表面上的感應器，感受侵入的外來細胞和受病毒感染的細胞。[14]這個感應器稱為T細胞受體，是T細胞特別製造的蛋白質。受體識別外來細胞表面的蛋白質，並與之結合。這樣的結合會引發信號，殺死入侵的細胞，發揮生物防禦機制的作用。

可是T細胞受體的本質是什麼？生化學家用他們一向喜愛的減化方法探討此問題：他們取得了大桶大桶的T細胞，用肥皂和清潔劑溶解細胞成分，讓它們變成灰色的細胞泡沫，然後蒸餾，去掉膜和脂質，把材料純化再純化，變成越來越小的部分，再尋覓想要的蛋白質。然而，受體蛋白質雖然已溶解在那該死的湯裡，卻依舊難以捉摸。

基因複製者則可能採取另一種方法。且讓我們假設T細胞受體蛋白質的顯著特徵就是它只會在T細胞中合成，而不會在神經元、卵巢或肝臟細胞內合成。受體的基因必然存在每一個人類細胞裡（畢竟人類的神經元、肝臟細胞和T細胞都具有相同的基因組），可是RNA卻只會在T細胞製成。我們能不能比較兩種不同細胞的「RNA目錄」，然後從這個目錄複製功能相關的基因？生化學家的方法是到這種蛋白質最可能集中的地方尋找，然後把它從混合物中提取出來，但遺傳學者的方法則是以信息為主，搜尋兩個密切相關細胞所創的「資料庫」，尋找其相異之處，然後用複製的方法在細胞中繁殖這個基因，以找出這個基因。生化學家提取形體，而基因複製者放大信息。

一九七〇年，兩位病毒學家戴維．巴爾的摩（David Baltimore）和霍華德．特明（Howard Temin）有了關鍵的發現，讓這種比較得以實現。[15] 這兩位各自獨立研究的學者發現了反轉錄病毒中的一種酶，可以由RNA模板構建DNA。他們把這種酶叫做「反轉錄酶」（reverse transcriptase）。「反」是因為它顛倒了信息流的正常方向：由RNA回到DNA，或者由基因的信息回到基因，因此違反了「中心法則」（即遺傳信息只能由基因轉為信息，但不能反向進行）。

只要使用反轉錄酶，細胞中的每一個RNA都可以當作模板，構建相應的基因。生物學者即可藉此做出細胞中所有「活躍」基因的目錄或「文庫」，就像書籍按主題分類的圖書館。③ 如此一來，就有了T細胞的基因庫、紅血球基因庫、視網膜神經元基因庫、胰腺胰島素分泌細胞的基因庫等等。只要比較

③ 這些圖書館是由湯姆．麥尼亞提斯（Tom Maniatis）與阿吉利斯．艾夫史崔迪亞提斯（Argiris Efstratiadis）和佛蒂斯．卡法托斯（Fotis Kafatos）合作設計和創建。因為擔心重組DNA的安全性，麥尼亞提斯一直無法在哈佛進行基因複製。他後來接受華生邀請，搬到冷泉港，安心地研究基因複製。

來自兩個細胞的基因庫（比如T細胞和胰腺細胞的基因庫），免疫學家就可以找出只在其中一個細胞活躍的基因（如胰島素或T細胞受體）。一旦識別，這個基因就可以在細菌中增殖百萬倍，然後分離並定序，確定其RNA和蛋白質序列，辨識它調控區域（它可能會產生變體，並插入截然不同的細胞），解譯這個基因的結構和功能。一九八四年，這項技術用來複製T細胞受體[16]——這是免疫學劃時代的成就。

一位遺傳學家後來回憶說，生物學「因複製而解放。此後，這個領域開始出現許多驚喜。」[17]神祕、重要、尋求數十年依舊難以捉摸的基因，如凝血蛋白、生長調控、抗體和荷爾蒙、神經間傳遞者等基因，或是控制其他基因複製的基因，還有和癌症、糖尿病、憂鬱症與心臟病相關的基因，都很快就會用以細胞為來源的「基因庫」純化和複製。

生物學的每一個領域都因基因複製和定序技術而轉變。如果實驗生物學是「新音樂」，基因就是它的指揮、它的管弦樂團、它的和音、它的主要樂器、它的樂譜。

# 海濱的愛因斯坦

人生起伏就像潮起潮落，
趁著高潮勇往直前，就可以功成名就；
若不能把握時機，人生旅程就會駛向淺灘，陷入悲慘絕境。
我們現在正在滿潮的海上。

——莎士比亞《凱撒大帝》（*Julius Caesar*）第四幕，第三景

我相信所有成年科學家都具有私下愚弄自己的必要權利。[1]

——西德尼・布倫納

在靠近西西里島西岸的小鎮埃里切（Erice），一座諾曼人在十二世紀建造的城堡高聳入雲，位於地面兩千呎之上的岩石上。遠遠望去，堡壘就彷彿是自然隆起的地貌，石頭側翼由懸崖正面冒了出來，彷彿脫胎換骨一般。這座埃里切城堡也稱為維納斯城堡，建於古羅馬神殿的遺址。神殿的石頭一一拆除，再重新建成牆壁、塔樓和城堡的高塔。神殿原本的神龕早已就消失了，不過傳說它原本供奉的是維納斯，羅馬人的生育、性和欲望的女神，她是由凱盧斯（Caelus）生殖器的泡沫灑入海中而誕生。

一九七二年夏，也就是伯格在史丹福創造第一個DNA嵌合體的幾個月後，他赴埃里切參加科學研討會。[2]他在晚上抵達西西里島北部的巴勒莫（Palermo），搭了兩小時計程車往岸邊行駛。夜幕低垂。他向一個陌生人尋問通往小鎮的路，那人手往暗處一指，只見一個閃爍的數學小數點高懸在兩千呎的空中。

會議在第二天早上開始。與會者是來自歐洲各地的八十位青年，大部分是生物學研究生，還有一些教授。伯格做了非正式的演講，他稱之為「交談會」（rap session），會中他提出了基因嵌合體、重組DNA，以及製造病毒細菌混合體的資料。

學生非常興奮。一如伯格所料，他們提出許多問題，只是這段對話的方向卻讓他大吃一驚。莫茲一九七一年在冷泉港報告時，聽眾最擔憂的是安全：伯格或莫茲怎麼保證他們的遺傳嵌合體不會為人類帶來生物界的混亂？在西西里則相反，大家的討論很快就轉向政治、文化和道德方面。伯格回憶說，學生提問怎麼處理「人類基因工程的幽靈，行為控制？」「要是我們能治療遺傳病呢？或者我們能對人眼的顏色、智力、身高編碼，對人類和人類社會有什麼意義？」

誰能確保遺傳技術不會被強權掠奪、濫用，就像先前曾在歐陸發生的情況？伯格顯然又重燃了人們的擔憂。在美國，基因操縱的展望主要是引起人們對於未來生物風險的疑慮，但在義大利（距離納粹滅絕營才不過幾百哩），人們憂懼遺傳學的道德風險遠甚於基因的生物危害。

當晚，一名德國學生找來一群同伴，繼續討論這些問題。他們爬上維納斯城堡的城牆，朝逐漸變暗的海岸望去，城市的燈光在下方閃爍。伯格和學生續攤聊到深夜，暢飲啤酒，談論自然和非自然的觀念——「新時代的開始……它可能帶來的危害，和基因工程的前景。」[3]

一九七三年一月，埃里切之行的數月後，伯格決定在加州召開一場小型研討會，討論大家對基因操控技術日益增進的憂慮。會議在厄西勒瑪（Asilomar）的太平洋樹林（Pacific Groves）會議中心舉行，離史丹福約八十哩，是坐落在蒙特瑞灣（Monterey Bay）岸邊的幾棟建築。各學科的科學家，如病毒學家、遺傳學家、生化學家與微生物學家等齊聚一堂。這次的會議後來被伯格稱為「厄西勒瑪第一次會議」[4]，雖然吸引了很大的興趣，卻並沒有提出什麼建議。會議主要的內容是生物安全（biosafety），大家踴躍地對於使用猿猴病毒40和其他人類病毒發言。伯格告訴我，「那個年代，我們還在用嘴吸取病毒和化學物質。」他的助理瑪麗安．狄克曼（Marianne Dieckmann）記得有個學生不小心把一些液體灑到香菸的菸頭上（那時實驗室裡常看得到點著的香菸在菸灰缸裡空燒），那名學生根本不當一回事，照樣拿起香菸吸，任菸頭上的那滴病毒掉在菸灰裡。

厄西勒瑪這場會議創造了一本重要的書《生物研究的生物性危害》（*Biohazards in Biological Research*）[5]，但更重要的結論卻付之闕如。伯格說，「坦白說，最後的結果是我們明白自己所知多麼有限。」

一九七三年夏，波伊爾和科恩在另一場會議提出他們細菌基因混合體的報告，更進一步點燃人們對基因複製的憂慮。[6]同時，位在史丹福的伯格則窮於應付世界各地研究人員對基因重組試劑的要求。芝加哥的一位研究員提議把致病性極高的人類皰疹病毒基因插入細菌細胞，創造出負載致命毒素基因的人類腸道細菌，名義上是研究皰疹病毒基因的毒性（伯格委婉地拒絕了）。抗生素抗性基因經常在細菌之間交換。基因經常在物種和屬之間移動，一躍跨越百萬年的演化鴻溝，就如不經意地踩過沙上的細線這般容易。美國國家科學院（National Academy of Sciences）注意到不確定性不斷增加，因此召請伯格領導基因重組的研究小組。

小組共有八名科學家，包括伯格、華生、巴爾的摩和諾頓．辛德（Norton Zinder）等。一九七三年四月一個春寒料峭的日子，他們在波士頓麻省理工學院開會，馬上開始集思廣益，探討控制和調控基因複製的可能機制。巴爾的摩建議培養「經破壞而殘障的『安全』病毒、質體和細菌」[7]，但是，即使使它們無法致病，這樣的安全措施也未必萬無一失。誰能保證「殘障」病毒永遠殘障？畢竟，病毒和細菌並非被動的惰性物體。即使在實驗室環境，它們也是活生生的，會移動也會演化。只要一個突變，原本殘障的細菌就可能再度充滿毒性。

辯論持續了好幾個小時之後，辛德提出了一個簡直可以說是開倒車的計畫：「好吧，只要我們有種，就乾脆告訴大家不要做這些實驗。」[8]這個建議引起了桌前一陣低聲的騷動。這根本不是理想的解決方案——科學家要求限制其他科學家進行研究，實在沒有誠意，不過這至少可以作為暫停令。伯格回憶說，「儘管這樣做教人不快，但我們想或許會有效果。」因此，小組起草了正式函件，要求「暫停」某些重組DNA的研究。這封信衡量了基因重組技術的風險和益處，建議延後一些實驗，直到可以解決安全問題為止。伯格說，「並不是每一個想得到的實驗都有危險，但是，有些實驗顯然就是比較危險。」其中三種DNA重組程序尤其需要嚴格限制。伯格建議，「不要把毒素基因放入大腸桿菌、不要把抗藥基因插入大腸桿菌、不要把癌基因放進大腸桿菌。」[9]伯格和同僚認為，若能暫停下來，就能讓科學家有一點時間思考他們研究工作的意義。他們建議在一九七五年舉行第二次會議，讓更多科學家討論這些問題。

一九七四年，《自然》、《科學》和《國家科學院學報》都刊登了這封「伯格的信」[10]，立刻引起舉世注意。英國成立了一個委員會，探討重組DNA和基因複製「潛在的利弊」，法國的《世界報》（*Le Monde*）也刊登了針對這封信的反應。那年冬天，賈克柏（因基因調控而知名）應邀審核一件研究補助金申請案，要把人類肌肉基因插入病毒。賈克柏也跟從伯格的先例，敦促擱置這樣的提案，等到國內對重組DNA科技有了確切的態度再說。一九七四年，德國某場會議上的許多遺傳學者重申類似的看法，重組DNA研究的實驗應該嚴格規範，直到可以清楚描述其風險，確定該採取什麼樣的建議為止。

不過，與此同時，研究依舊如火如荼地進行，打破了生物及演化的種種障礙，彷彿這些障礙弱不禁風，只靠牙籤撐著。在史丹福，波伊爾、科恩和他們的學生把青黴素抗藥基因由一個細菌移植到另一個細菌上，創造了抗藥大腸桿菌。理論上，任何基因都可以由一個生物體轉移到另一個生物體。波伊爾和科恩大膽提出：「將特定代謝或合成功能的基因，引入不同綱的生物（如不同的植物或動物），或許可行。」波伊爾開玩笑地說，「物種是虛假的。」[11]

一九七四年元旦，在史丹福和科恩一起工作的一位研究員報告說，他已把青蛙的基因插入細菌細胞，就這麼輕易地跨越了另一個演化的邊界。[12]在生物學領域，就如王爾德說的，「表現自然，其實就是一種做作。」

⊖

第二次厄西勒瑪會議——科學史上最不尋常的會議之一，是由伯格、巴爾的摩和其他三位科學家於一九七五年二月召開。[13]遺傳學家再一次回到了風大的沙灘沙丘討論基因、重組及未來的展望。這是個美麗的季節，帝王蝶正沿著海岸進行一年一度的遷移，準備飛往加拿大的草原。紅杉和矮松則突如其來地化成了紅、橙和黑色的隊伍。與會者在二月二十四日抵達，只是其中不只有生物學家。伯格和巴爾的摩十分明智地邀請了律師、記者和作家參加會議。如果要討論基因操控的未來，他們不僅需要科學家的意見，也要參考更多人的想法。他們可以在會議中心周圍的木板走道思索交談；生物學家可以在這些走道或沙灘上交換他們對重組、複製和基因操控的意見。相較之下，會議的中心——四周石牆佇立，宛如大教堂空間且映照著加州陽光的中央大廳，則即將爆發關於基因複製最激烈的辯論。

伯格首先發言，他概述了資料，提出問題的範圍大綱。在研究化學改變DNA方法的過程中，生化學家最近發現了一種較為容易的技術，可以排列組合不同種生物的遺傳信息。依照伯格的說法，這種技術「簡單得離譜」，就連業餘的生物學者也可以在實驗室做出嵌合基因。這些混合的DNA分子（重組DNA），可以在細菌裡繁殖（即複製），產生數百萬份相同的副本。其中一些分子可以送進哺乳動物的細胞。由於大家了解這種技術深遠的潛力和風險，因此先前召開的初步會議建議暫停實驗，如今召開第二次厄西勒瑪會議，為的是要商議接下來的步驟。結果，第二次會議在影響和眼界層面，都遠遠超過第一次會議，因此被簡稱為厄西勒瑪會議，或者就叫艾斯洛瑪。

會議頭一天早上，壓力和情緒很快就爆發了。主要的問題依舊是業界自設的暫停令：科學家重組DNA的實驗該不該受到限制？華生表示反對。他希望有完全的自由，他呼籲：讓科學家在科學上不受拘束。巴爾的摩和布倫納則重申他們打算製造「殘障」基因攜帶者的計畫，以確保安全。其他人則意見分歧。他們認為，眼前科學有很大的機會，如果暫停研究，可能會使進展癱瘓。一位微生物學者對會中提議的嚴格限制深感不滿，指控委員會：「你們毀了研究質體的群組。」[14]伯格一度威脅控告華生，指他未能適度坦承重組DNA的風險。在討論到基因複製風險特別敏感的議題時，布倫納要求《華盛頓郵報》的記者關掉錄音機，「我相信所有成年科學家都具有私下愚弄自己的必要權利。」他說。結果馬上就遭指責是「法西斯」[15]。

組委會五位成員：伯格、巴爾的摩、布倫納，理查．羅布林（Richard Roblin）和生化學家馬克辛．辛格（Maxine Singer）急切地在室內走動，評估越來越火爆的氣氛。一位記者寫道，「爭論一直持續，有些人受夠了這一切，乾脆直接離席到海邊抽大麻。」[16]伯格坐在自己的房間，一臉怒容，擔心這次的會議不會有結論。

到了會議最後一天晚上，依舊沒有什麼正式的結果，直到律師登場。五位律師要求討論複製的法律後果，並對潛在風險提出了冷酷的看法：如果一間實驗室的某位成員感染了重組細菌，而感染導致與某種疾病有所牽連，即使只是最微小的牽連，實驗室負責人、實驗室和所屬的機構都須承擔法律責任。整所大學也須關閉。實驗室會無限期關閉，運動人士會守在門口抗議，而大門則會由全副防護衣的化學災害處理人員上鎖。美國國家衛生研究院會恐怕會窮於應付來自四面八方的詢問，一切亂成一團。聯邦政府不得不提出嚴厲的規定，不僅限於重組DNA，而是包括更大範圍的生物研究。到頭來，各方對科學家的限制恐怕比科學家自願遵守的任何規則都嚴格得多。

律師的報告策略性地安排在第二次厄西勒瑪會議的最後一天，也是整個會議的轉折點。伯格知道如果提不出正式的建議，會議就不該也不能結束。那天晚上，巴爾的摩、伯格、辛格、布倫納和羅布林在他們的小屋裡熬夜，吃著紙盒裡的中國菜外賣，在黑板上塗塗寫寫，並且草擬未來計畫。到了清晨五點半，他們蓬頭垢面、眼神迷茫地步出海邊小屋，全身是咖啡和打字機色帶的氣味，手上拿著一份文件。文件一開始先談起科學家不知不覺地隨著基因複製，進入了生物學奇特的平行宇宙。「結合截然不同生物的遺傳信息，這種新技術把我們放在許多未知的生物學舞臺上。正是這種無知，使我們得出這樣的結論：進行這種研究時應該格外謹慎。」[17]

為了降低風險，文件提出四級計畫，排列各種經遺傳改造生物的生物性危害潛力，並且為每個級別推薦控制層級（比如把致癌基因插入人類病毒將需要最高層級的控制，而把青蛙基因放入細菌細胞，則只需要最低層級的控制）。[18]就如巴爾的摩和布倫納堅決主張的，它建議培養已遭破壞的攜帶基因生物體和媒介，在實驗室進一步限制它們。最後，它敦促持續審查重組和抑制程序，有可能在不久的將來放寬或收緊。

會議在上午八點半開始時，委員會的五位成員都擔心他們的提案會遭拒絕。出乎意料的是，幾乎所有的人都毫無異議地接受了。

⊖

在厄西勒瑪會議之後，幾位科學史學者想要以科學史上類似的時刻比較，來判斷這次會議的影響，可是找不出來。最接近的類似文件，也許是愛因斯坦和李奧．西拉德（Leo Szilard）一九三九年八月寫的一封信，這封兩頁信件目的是提醒羅斯福總統製作強大戰爭武器的驚人可能。[19]愛因斯坦在信中寫道，一種「重要的新能源」已被發現，「可能會產生極大的力量。」「這種新能源也會導致炸彈的製造，可想而知，會建造出新類型的強力炸彈，只要用船運載一個如此的炸彈，讓它在港口爆炸，就可能會摧毀整個海港。」愛因斯坦和西拉德合寫的這封信立即引發了回應。羅斯福感到事態的嚴重，任命一個科學委員會調查。不到幾個月，這個委員會就成了「鈾諮詢委員會」（Advisory Committee on Uranium）。一九四二年，它又進一步變成「曼哈頓計畫」（Manhattan Project），最後終於製造出原子彈。

不過，厄西勒瑪不同：科學家是警惕自己自身技術的危險，希望規範和約束自己的研究工作。歷史上，科學家很少會自我管理。國家科學基金會（National Science Foundation）主任艾倫．瓦特曼（Alan Waterman）在一九六二年寫道，「純粹的科學對發現可能的走向並無興趣，其門徒只對發現真相有興趣。」[20]

只是伯格認為，在重組DNA這方面，科學家不能繼續只管「發現真相」，真相複雜而棘手，需要經驗的評估。特別的技術需要特別謹慎，絕不能信任政治力量評估基因複製的危險或前景（在埃里切的研討會上，學生也直率地提醒伯格，先前政治力量在處理遺傳技術的問題時也並不明智）。一九七三年，厄西勒瑪會議後不到兩年，尼克森總統厭倦了他的科學顧問，刻意廢除了白宮科學諮詢機制「科學科技辦公室」（Office of Science and Technology），讓科學界焦慮不已。[21]這位衝動、專制，即使在最好的情況下對科學也抱著懷疑態度的總統可能隨時都會任意控制科學家的自主權。

面對緊要關頭的是關鍵的選擇：科學家可以把基因複製的控制權交給不可預測的監管機構，讓自己的工作受到他們控制，或者自己成為監管者。生物學家如何面對重組DNA的風險和不確定？用的就是他們最熟悉的方法：收集資料、篩檢證據、評估風險，在不確定的情況下做出決策（同時也爭吵不休）。伯格說，「厄西勒瑪會議最重要的教訓，就是證明科學家有能力自治。」[22]習慣「無拘無束研究」的學者不得不學會束縛自己。

厄西勒瑪的第二個特徵和科學家與社會大眾之間的交流有關。愛因斯坦與西拉德的信被刻意遮掩，相較之下，厄西勒瑪則希望在最公開的論壇上傳布科學家對基因複製的擔憂。伯格說，「新聞媒體與會者逾百分之十，民眾的信任無疑因此提高。媒體可以描述、評論和批評科學家的討論和結論。出席的記者鉅細靡遺地記錄了會中的協商、爭議、尖刻的指責、搖擺不定的意見和共識的達成。」[23]

厄西勒瑪的最後一個特點則值得評論——那就是這個會議並沒有提出評論。會中儘管廣泛討論了基因複製的生物風險，但對這個問題的倫理和道德層面，卻隻字未提。一旦人類操控了人類細胞內的基因，會有什麼後果？如果我們在我們自己的基因或甚至基因組裡，「寫入」新的材料將會如何？伯格在西西里島開始的話題一直沒有後續。

後來，伯格檢討了這個缺失：「厄西勒瑪會議的主辦者和與會人士是不是故意限制了這個問題的範圍？其他人一直批評這場會議，因為會中並沒有針對討論重組ＤＮＡ技術可能的濫用，或者把這種技術應用基因篩選和基因治療而產生的道德困境。我們不該忘記的是，這些可能還在遙遠的未來……。總之，三天的議程必須把重點放在評估生物危害風險上。我們認為等到其他問題比較迫切，且可以評估時，就會處理。」[24]幾位與會者都注意到這方面討論的缺乏，不過在會議中卻完全沒有提到，我們在後面會再回到這個主題。

一九九三年春，我和伯格及一群史丹福研究員同赴厄西勒瑪，當時我是伯格實驗室的學生，這是全系一年一度的系務會議。我們的車隊浩浩蕩蕩由史丹福出發，繞過聖塔克魯茲海岸，再前往像鸕鶿頸部狹窄地帶的蒙特瑞半島。孔伯格和伯格駕車在前，我則坐在由一名研究生駕駛的廂型租車上，不可思議的是，同車的是一位歌劇女伶改行的生化學家，她在ＤＮＡ複製研究之餘，不時會引吭高歌普契尼。

會議最後一天，我和瑪麗安．狄克曼在矮松林散步，她長久以來一直是伯格的研究助理，也是共同研究人。狄克曼帶我以非傳統的旅程走了一圈，指出當年會議最激烈的爭吵和辯論發生在哪裡，參觀分歧意見爆發的地點。她告訴我，「厄西勒瑪是我參加過最吵鬧的會議。」

這些爭吵達到了什麼結果？我問道。狄克曼望著大海沉默了一下。潮水已退，沙灘佇立在波浪的陰影之中。她用腳趾在潮濕的沙子上畫了一條線說，「厄西勒瑪象徵了一個轉折，操控基因的能力意味著遺傳學的脫胎換骨。我們學到了一種新的語言，必須說服自己和其他人：我們會負起使用它的責任。」

科學的本能是試圖了解自然，而科技的本能是試圖操縱它。重組ＤＮＡ把遺傳學由科學領域推進科技領域。基因不再是抽象的觀念，受困數千年的它們可以由基因組中解放出來，在物種之間穿梭、純化、延伸、縮短、改變、重新混合、突變、排列組合、剪切、黏貼、編輯；它們可在人為干預之下無限延展塑造。基因不再僅僅是研究的主題，而是研究的工具。兒童在發育過程中有個啟蒙時期，那是當他掌握到語言的遞歸性之時：他明白就像思想可以用來產生文字，文字也可以用來產生思想。重組DNA也讓遺傳學的語言有了遞歸性。生物學家耗費數十年的光陰探究基因的本質，但如今卻可用基因探究生物學。簡而言之，我們已由思考基因中畢業，進入在基因內思考的領域。

厄西勒瑪標識了我們跨越這些關鍵的界線。這是慶祝，是評估，是集會，是對峙，是警告。它以一場演講開始，以一份文件結束。這是新遺傳學的畢業典禮。

# 「複製，不然就死」

只要懂得問題，就懂了一半。[1]

——赫伯・波伊爾

任何夠先進的科技，就和魔術一樣。[2]

——亞瑟・C・克拉克（Arthur C. Clarke）

科恩和波伊爾也參加了厄西勒瑪的會議，討論重組DNA的未來。他們覺得這次會議很不愉快——甚至教他們灰心。波伊爾受不了與會學者的爭執與咒罵，說這些學者「自私自利」，而這場會議是「惡夢」。科恩則不肯簽署厄西勒瑪協議（不過由於他接受國家衛生研究院的獎助，最後還是得簽署）。

他倆回到自己的實驗室後，又得面對因會議騷動而忽視的問題。一九七四年五月，科恩的實驗室發表了「青蛙王子」實驗（把青蛙基因轉移到細菌細胞中）。有位同事問他怎麼確定表現青蛙基因的細菌，科恩開玩笑說，他已經吻過了細菌，以檢查哪些細菌會變成王子。

起初這個實驗只是學術活動，只有生化學家注意（科恩在史丹福的同事，即諾貝爾獎得主生物學家約書亞・萊德伯格〔Joshua Lederberg〕就是少數有先見之明的學者，他寫道，這個實驗「可能徹底改變製藥業製作胰島素和抗生素等生物成分的做法。」）[3]不過，媒體逐漸發現這種研究的潛在影響。《舊金山紀事報》在五月登了一則關於科恩的報導[4]，文章重點是有朝一日基因改變的細菌可能會當作藥物或化學品的生物「工廠」。不久，《新聞周刊》和《紐約時報》也刊出基因複製技術的文章。科恩接受了震撼教育，了解科學新聞的陰暗面，他花了一個下午耐心地向報紙記者說明重組DNA和細菌基因轉移的技術[5]，沒想到第二天一早起來，卻看到報上歇斯底里的標題：「人造細菌蹂躪地球」。

史丹福大學專利辦公室的尼爾斯．雷默斯（Niels Reimers）從這些新聞報導讀到科恩和波伊爾的研究，對其潛力很有興趣。雷默斯原本是精明的工程師，與其說是專利專員，不如說他是尋覓人才的星探，他的作風積極進取，從不等著發明家找他，而是自行過濾科學文獻，找出可能的線索。雷默斯前去拜訪波伊爾和科恩，鼓勵他們針對基因複製研究申請共同專利（兩人所屬的學校史丹福和舊金山加大也在專利領域占一席之地）。科恩和波伊爾兩人都大吃一驚，他們做了那麼多的實驗，卻始終都沒想過重組DNA的技術竟然「可以申請專利」，也沒想到這樣的技術未來會有商業價值。一九七四年冬，雖然科恩和波伊爾依舊感到懷疑，但願意遷就雷默斯，因此領銜申請了重組DNA技術的專利。[6]

基因複製專利的消息傳到科學家耳裡，孔伯格和伯格隨即勃然大怒。伯格寫道，「科恩和波伊爾聲稱擁有在所有可能的生物，以所有可能的方式，運用所有可能的媒介，複製所有可能的DNA之技術的商業所有權。這真是豈有此理、過分、傲慢。」[7]他們認為，這樣的專利會使得用公共經費支付的生物研究產品變成私有。此外，伯格也擔心厄西勒瑪會議提出的建議，無法適當監督和執行私人公司。不過，對波伊爾和科恩來說，這一切似乎都是庸人自擾，因為他們重組DNA的「專利」只不過是一疊紙張在法律機構之間來回，價值恐怕還比不上印刷它們的墨水。

一九七五年秋，成疊文件仍在法律管道之間運行，科恩和波伊爾卻已分道揚鑣。他倆的合作成果豐碩，兩人在五年的時間內共同發表了十一篇劃時代的論文，可是兩人的興趣卻開始有了分歧。科恩擔任加州希特斯（Cetus）公司的顧問，而波伊爾則回到舊金山的實驗室，專心做細菌基因轉移的實驗。

一九七五年冬，二十八歲的創投業者羅伯特．史旺森（Robert Swanson），突如其來地致電波伊爾，希望和他會面。史旺森對科普雜誌和科幻片很有心得，也聽過「重組 DNA」的新技術。史旺森對科技有敏銳的直覺，儘管他根本不懂生物學，卻感到重組 DNA 在思考基因和遺傳上，意味著結構性的轉變。他找到一本厄西勒瑪會議的舊手冊，列出了基因複製技術的重要人物，然後按字母順序一個一個地打電話。伯格在名單上列在波伊爾之前，不過他對莫名其妙打電話到實驗室來的投機創業家毫無耐心，一口回絕了史旺森。史旺森忍氣吞聲，繼續撥打電話給名單的下一個候選人。字母 B 的下一位就是波伊爾。波伊爾願意考慮和他會面嗎？沉醉在實驗裡的波伊爾漫不經心地接了史旺森的電話，同意週五下午撥十分鐘和他談談。

一九七六年一月，史旺森見到波伊爾。[8] 波伊爾的實驗室位於舊金山加大醫學院內部髒兮兮的醫學大樓，史旺森穿著深色西裝，打著領帶，波伊爾由成堆半腐爛的細菌和孵化器中冒了出來，穿著牛仔褲和他招牌的皮背心。波伊爾對史旺森所知不多，只曉得他是創投業者，想要成立一家和重組 DNA 相關的公司。要是波伊爾多打聽一下，就會發現史旺森先前對初創企業的投資幾乎全部泡湯。史旺森當時正值失業，和人在舊金山合租一間公寓，開一輛破破的 Datsun 車，三餐都靠三明治果腹。

原本預定的十分鐘後來變成了馬拉松會議。他們兩人走到附近的酒吧，大談重組 DNA 和生物學的未來。史旺森提議創辦一家用基因複製科技以製藥的公司，波伊爾很有興趣。他的親生兒子就可能有生長障礙，波伊爾一直在思考生產人類生長激素的可能，這種蛋白質可以用來治療他兒子的生長缺陷。他知道自己可以用縫合基因組把它們插入細菌細胞，在他的實驗室裡製造生長激素，可是這沒有用：任何有理智的人都不會把科學實驗室試管培養出來的細菌湯注入自己的孩子體內。想要製造醫療產品，波伊爾就必須創立新的製藥公司，一間可以用基因製造藥物的公司。

過了三個小時，三杯啤酒下肚後，史旺森和波伊爾達成了臨時協議。他們兩人各出五百美元，支付自創公司的法律費用。史旺森寫了六頁的計畫，然後前去拜訪前雇主凱鵬華盈（Kleiner Perkins），要求五十萬美元的種子資金。該公司很快地瀏覽了一下提案，把金額大幅削減到只剩五分之一，十萬美元。（公司創始人之一湯姆．珀金斯〔Tom Perkins〕後來語帶歉意地寫信給加州監管機構：「這筆投資十分投機，但我們的業務就是要進行高度投機的投資」。）

波伊爾和史旺森的新公司，萬事皆備，只欠產品和公司名稱。不過至少他們可能做的第一種產品，打從一開始就很明確：胰島素。儘管許多人都嘗試用各種方法合成胰島素，但當時的胰島素還是只能由磨碎的牛和豬內臟製造，八千磅的胰腺可製出一磅這種荷爾蒙（幾乎可說是中世紀的方法，沒有效率、昂貴且過時）。如果波伊爾和史旺森可以透細胞內的基因操作，產生胰島素蛋白質，對一家新公司而言，會是了不起的成就。接下來，就只剩下公司名字的問題。史旺森提議 HerBob，[9] 聽起來就像是舊金山同性戀大本營卡斯楚區的美髮沙龍，波伊爾拒絕了，他靈光一現，建議把基因工程技術（Genetic Engineering Technology）這幾個字濃縮，稱作「基因科技」（Gen-en-tech）。

胰島素：荷爾蒙界的神祕女郎（Garbo of hormones）。一八六九年，柏林的醫科學生保羅·朗格漢斯（Paul Langerhans）用顯微鏡觀察胰臟，這是藏在胃下面的一葉脆弱組織，他發現上面散布了看來很清晰的細胞，就像一座座小島。[10]這些細胞群島後來稱作朗格漢斯小島（islets of Langerhans），可是它們的功能仍然不得而知。二十年後，兩位外科醫生奧斯卡·閔可夫斯基（Oskar Minkowski）和約瑟夫·馮·梅林（Josef von Mering）由狗身上摘除胰腺，以了解這個器官的功能。[11]這隻狗顯得口渴難耐，而且在地板上撒尿。

梅林和閔可夫斯基大惑不解，為什麼切除腹內器官會產生這個奇怪的症狀？幾天後答案揭曉，一名助理說實驗室裡都是蒼蠅，牠們全都聚在狗尿池，尿液已經凝結，變得像糖漿一樣黏稠。①梅林和閔可夫斯基測試了尿液和狗的血液，發現兩者皆含高量的糖。這隻狗得了嚴重的糖尿病。他們這才明白，胰臟中合成的某種因素必然會調節血糖，功能失調就會引起糖尿病。後來發現這些調節血糖的因子是一種荷爾蒙，是朗格漢斯所看到的「小島細胞」分泌的蛋白質進入血液後發揮的效果。這種荷爾蒙被稱為 isletin，後來改稱 insulin（胰島素），字面意思就是「島蛋白」。

在胰腺組織中發現胰島素，使科學家紛紛競相純化它，但又再過了二十年，科學家才能由動物中分離出這種蛋白質。一九二一年，班廷和貝斯特由幾十磅的乳牛胰臟提煉出幾微克的胰島素，這種荷爾蒙一注入糖尿病童身上，就迅速恢復適當的血糖量，讓他們止渴，也不再頻尿。[12]只是這種荷爾蒙很難操作，它不溶於水、對熱敏感、變化無常、不穩定、神祕，就像海島一樣與世隔絕。一九五三年，桑格演繹出胰島素的胺基酸序列。[13]桑格發現這種蛋白質是由兩條鏈組成，一條較大，一條較小，由化學鍵交叉鏈接。這種U形的蛋白質就像一隻微小的分子手，手指扣住，拇指對生，準備好要轉動調節人體糖代謝的旋鈕和號碼盤。

波伊爾的胰島素合成計畫簡單得幾乎可笑，他手邊並沒有人類的胰島素基因（沒有任何人有），但是他會用DNA化學從頭開始建造，一個核苷酸接一個核苷酸，一個三元組接一個三元組（ATG、CCC、TCC），以此類推，由第一個三元組碼一路到最後一個。他為A鏈製作一個基因鏈，再為B鏈製作另一個基因。他把這兩個基因插入細菌，誘騙它們合成人類蛋白質。他再純化兩條蛋白鏈，然後把它們用化學縫合，完成U形的分子。這是個難度為兒童等級的計畫，他一塊一塊地把這組DNA變形金剛玩具拼起來，製作出臨床醫學界最想擁有的分子。

但即使是膽大的波伊爾，也不敢直接以胰島素為目標。他想先測試較簡單的例子，在挑戰分子界的聖母峰之前，先攀登比較容易的山峰。因此，他先試著合成另一種蛋白質體抑素（somatostatin），這也是一種荷爾蒙，但沒有商業潛力。它主要的優勢是大小。胰島素的長度共有教人咋舌的五十一個胺基酸（一個鏈有二十一條，另一個鏈則有三十條）。體抑素是它的較乏味、較短的表親，只有十四個胺基酸。為了由零開始合成體抑素基因，波伊爾聘請了兩位來自洛杉磯希望之城（City of Hope）醫院的化學家，板倉啓壹（Keiichi Itakura）和阿特·雷格斯（Art Riggs），兩位都是經驗豐富的DNA合成的老手。[14][②]

---

① 閔可夫斯基並不記得這一部分，但當時在場的其他人用書面記錄了這個尿液如糖漿的實驗。

② 後來又有其他夥伴加入，包括加州理工的理查·席勒（Richard Scheller）。波伊爾請了兩位研究人員赫伯特·海納克（Herbert Heyneker）和法蘭西斯科·玻利瓦（Francisco Bolivar）參與這個計畫，希望之城又加了一位DNA化學家羅伯多·克雷亞（Roberto Crea）。

史旺森非常反對整個計畫，他擔心體抑素會使他們分心，希望波伊爾直接製造胰島素。「基因科技」是靠借來的錢、借來的空間存活，只要刮開它薄薄的表皮，就會發現這家「製藥公司」實際上只是在舊金山辦公室租個房間，並且在舊金山加大微生物實驗室有個分處，而那裡即將再轉包給兩位化學家在另一間實驗室製造基因；簡直就是製藥界的「龐氏騙局」。波伊爾說服史旺森，讓他們先用體抑素試試看。他請了一位律師湯姆·凱利（Tom Kiley），在舊金山加大、基因科技和希望之城醫院之間斡旋協議。凱利從沒聽說過分子生物學這個詞，不過因為他經常處理不尋常的案件，而且表現傑出，因此很有信心。在基因科技之前，他最有名的客戶是美國裸體小姐（Miss Nude America）。

基因科技的時間也像借來的一樣緊迫。波伊爾和史旺森知道兩位遺傳學天才也參與了製造胰島素的競賽。後來在一九八〇年和伯格與桑格一起獲頒諾貝爾獎的哈佛大學DNA化學家吉爾伯特，也正率領強大的科學家團隊用基因複製的方法合成胰島素。而在舊金山加大與波伊爾自家後院，另一支團隊也正在朝著基因複製努力。「大部分時間，大多數的日子，這樣的念頭一直卡在我們的腦海裡，」波伊爾的一位合作夥伴回想道，「我隨時隨地都在想，我們會不會聽到吉爾伯特宣布他成功了的消息？」[15]

一九七七年夏，雷格斯和板倉啓壹在波伊爾焦灼的監督之下拚命工作，他們已組合了合成體抑素需要的所有試劑，創造出基因片段，並插入細菌的質體。細菌已轉變、成長，準備生產蛋白質。到了六月，波伊爾和史旺森飛到洛杉磯，親眼見證最後一幕。全體人員一早都聚在雷格斯的實驗室，俯身觀看分子偵測器檢查細菌中是否有體抑素出現。計數器的燈閃了一下，又暗了下去，一片沉默，連一丁點功能性蛋白質的影子都沒有。

史旺森受不了了。第二天早上，他就因急性消化不良送急診。同時，這些科學家則邊喝咖啡邊吃甜甜圈，重新檢討實驗計畫，找出問題。曾研究細菌數十年的波伊爾知道微生物經常會消化自己的蛋白質，也許體抑素就是遭細菌摧毀——這是微生物對人類遺傳學家徵召的最後一搏。他揣測，解決辦法應該是再加上一招：把體抑素基因鉤上另一個細菌基因，製造一個聯合蛋白，然後再把體抑素切割下來。這是遺傳的誘餌和機關：細菌會以為它們正在製造一種細菌蛋白質，但最後（偷偷地）分泌出人類的蛋白質。

他們又花了三個月組合誘餌基因，現在，體抑素就像特洛伊城的木馬一樣藏在另一個細菌基因裡。一九七七年八月，全組再度聚集在雷格斯的實驗室重新組裝。史旺森緊張地看著顯示器閃亮開啟，不由得把頭轉開。蛋白質檢測器再次發出劈啪聲開啟。板倉回憶說，「我們得到了大概十個，也許十五個樣本。接著我們看著放射免疫分析列印出的結果，上面清楚顯示基因已現身。」他轉向史旺森，「體抑素出現了。」

⊖

基因科技的科學家幾乎沒空停步慶祝體抑素實驗成功。這個晚上，一個新的人類蛋白質誕生，而第二天早上，這些科學家已重新聚會，擬定計畫，準備向胰島素進攻。競爭非常激烈，謠言也滿天飛。吉爾伯特的團隊顯然已由人類細胞複製了人類天賦的基因，並準備大肆製造蛋白質。而舊金山加大的競爭對手也已經合成了幾微克的蛋白質，正計畫把這種人類荷爾蒙注射到病人身上。也許體抑素讓他們分了心。史旺森和波伊爾感到懊悔，他們懷疑自己拐錯了彎，在胰島素的競爭落後。即使在最理想的情況下都還會消化不良的史旺森，現在又陷入另一回合的焦慮和消化不良。

諷刺的是，拯救他們的正是波伊爾大肆貶抑的厄西勒瑪會議。吉爾伯特在哈佛的實驗室也像其他接受聯邦贊助的大學實驗室一樣，受到厄西勒瑪會議對重組DNA限制協議的規範，而且因為吉爾伯特的作法是要隔離「自然」的人類基因並把它複製在細菌細胞上，因此限制更加嚴格。相較之下，雷格斯和板倉在體抑素實驗成功之後，決定採用化學合成的胰島素基因，從頭開始一個接一個核苷酸逐步建構。合成基因（創造純化學物質DNA）落在厄西勒瑪協議的灰色地帶，受的限制相對較小，而且基因科技又是私人公司，也相對不受聯邦的準則束縛。③這些因素對基因科技的優勢至關緊要。一位同仁回憶，「吉爾伯特多日以來都踏著沉重的步子穿過氣密房間，鞋子還得經過甲醛溶液消毒，再走進實驗室進行他不得不做的實驗。而在基因科技，我們只要合成DNA，把它丟入細菌，這些都不必遵守國家衛生研究院的指導規範。」[16]厄西勒瑪會議之後的遺傳界，「自然」變成了負債。

⊖

基因科技在舊金山美其名「辦公室」的那個小房間已不敷使用，史旺森尋尋覓覓為公司尋找新實驗室地點。一九七八年春，他搜遍了整個舊金山灣區，終於找到了合適的地點。這地方在舊金山南邊幾哩的山腰上，是一片陽光炙烈的黃褐色斜坡，稱作工業城（Industrial City），不過這裡幾乎沒有工業，更稱不上城市。基因科技的實驗室是聖布魯諾岬大道（Point San Bruno Boulevard）四百六十號的倉庫，占地一萬平方呎，位於倉儲筒倉、垃圾場和機場貨運機棚之間。倉庫的後半部是色情片經銷商的存貨區。[17]一張早期的招聘啟事上寫道：「穿過基因科技的門後，就會看到貨架上都是這些電影。」[18]波伊爾又聘用了一些科學家，有些剛出研究所，他也開始安裝設備。在廣闊的空間裡豎起牆壁規畫空間，又用黑色防水布橫過部分屋頂，圍出臨時的實驗室。培養出大量加侖細菌汙泥的第一個「發酵槽」（一個高檔的啤酒桶）就在當年送來。公司的第三位員工大衛・戈德爾（David Goeddel）穿著運動鞋和黑色運動衫在倉庫裡走來走去，運動衫上的字樣是「複製，不然就死」。

然而，目前卻還是做不出人類胰島素。史旺森知道波士頓的吉爾伯特已經加強了戰力。他在哈佛受夠了DNA重組的限制（年輕的抗議者在劍橋街頭舉著反基因複製的標語抗議），而他又獲准使用一個英國安全級別高的生物戰設施，並且把最菁英的科學家團隊派去。這個軍事設施的一切條件都嚴謹得驚人，吉爾伯特回憶說，「你得把所有的衣服全部換下來，進去前淋浴，出來後再淋浴，並且準備好防毒面具，萬一警報響了，才能把整個實驗室都消毒。」[19]而舊金山加大的團隊則派了一名學生到法國史特拉斯堡（Strasbourg）的製藥實驗室，希望能在戒備森嚴的法國工廠創造胰島素。

吉爾伯特的小組已快要成功了。一九七八年夏，波伊爾獲悉吉爾伯特團隊即將宣布成功分離人類胰島素基因。[20]史旺森聞訊又一次崩潰（這是他第三次崩潰）。幸好吉爾伯特複製的基因並不是人類的胰島素，而是大鼠的胰島素（他又大大鬆了口氣），這個汙染物不知怎麼汙染了細心消毒的複製設備。複製能輕易地跨越物種之間的障礙，但這也表示在生化反應中，某個物種的基因可能會汙染另一個物種的基因。

就在吉爾伯特移居英國和錯誤複製大鼠胰島素的時間隙縫之間，基因科技進展神速。這成了反轉的

---

③ 基因科技的胰島素合成策略也是它能相對豁免厄西勒瑪協定的關鍵。在人類胰臟中，胰島素通常是以單一毗鄰的蛋白質合成，然後切成兩塊，只留下狹窄的交叉鏈接。而基因科技合成胰島素的方法則是用A和B兩個獨立、個別的蛋白質，合成兩鏈胰島素，再把它們連起來。由於基因科技使用的是兩條分開的鏈，不是「自然」基因，因此其合成也不屬於用「自然」基因創造重組基因的範圍，不受聯邦暫時禁令的限制。

寓言：學術歌利亞對上製藥大衛；一個笨重有力，卻因規模龐大而受限，另一個則靈活敏捷，擅長遊走在灰色地帶。一九七八年五月，基因科技團隊已由細菌碎片合成了兩條胰島素鏈。七月，科學家已由細菌片段中純化出蛋白質。八月初，他們切斷了附著的細菌蛋白質，分離兩條個別的長鏈。一九七八年八月二十一日深夜，戈德爾在試管裡把蛋白質鏈加在一起，創造了第一批重組胰島素分子。[21]

一九七八年九月，戈德爾造出胰島素的兩週後，基因科技申請了胰島素的專利。打從開始申請的那一刻，公司就面臨了一連串前所未有的法律挑戰。自一九五二年以來，美國專利法就規定獲得專利的四個發明類別：方法（methods）、機器（machines）、製品（manufactured materials）和組合物（compositions of matter），律師稱之為「四個Ms」，可是胰島素該歸在哪一類？這是「製品」，可是幾乎所有人體都不需要基因科技的服務，就能自行生產它。它也可算是「組合物」，但另一方面，它也是不折不扣的天然產物。若是授予胰島素專利（不論是蛋白質或是其基因）和授予專利給人體的任何其他部位（如鼻子或膽固醇），有什麼不一樣？

基因科技處理這個問題的方法既別出心裁，又有悖常理。它並沒有把胰島素當成「組合物」或「製品」，而是大膽地把心力放在證明胰島素是一種「方法」。它申請的是「DNA載體」的專利，把基因帶入細菌細胞，因而在微生物中產生重組蛋白。這種說法十分新穎，從沒有人在細胞中製造出醫藥用途的重組人類蛋白質，這樣的大膽獲得了報償。一九八二年十月二十六日，美國專利商標局（US Patent and Trademark Office，USPTO）將專利發給基因科技，核准他們用重組DNA在微生物中產生如胰島素或體抑素等蛋白質。[22]評論者寫道，「事實上，這個專利發明包括了（所有）基因改造的微生物。」[23]基因科技的專利很快就成為科技史上最賺錢，但爭議也最激烈的專利之一。

## ⊖

胰島素是生物技術產業的重要里程碑，也是基因科技一鳴驚人的藥物，但它並沒有把基因複製的技術推向社會大眾想像力的最前線。

一九八二年四月，舊金山一位芭蕾舞者肯·霍恩（Ken Horne）去看皮膚科醫師，說了一堆莫名其妙的症狀。幾個月來，霍恩一直覺得身體虛弱且咳嗽。他一直腹瀉，瘦得兩頰凹陷，脖子的肌肉也凸起，像皮帶一樣。他的淋巴結腫大，而且（他把襯衫掀起來給醫師看）皮膚上縱橫交錯都是紫藍色的疙瘩，就像卡通片裡可怕的蜂巢。

霍恩的病例並非唯一。一九八二年五月至八月間，美國東西兩岸熱浪籠罩，同樣奇怪的病例在舊金山、紐約和洛杉磯紛紛出現。亞特蘭大的聯邦疾病防治中心（CDC），一位技師奉命提供噴他脒（pentamidine）給九名申請此藥的病患。噴他脒是用來治療肺囊蟲肺炎的抗生素，要求使用這些藥物沒有道理，因為肺囊蟲肺炎是罕見的感染，通常只有免疫功能嚴重失調的癌症患者才會發病，可是申請這個藥物的病例卻都是原本身體健康的年輕人，他們的免疫系統突然莫名其妙地大崩潰。

在此同時，霍恩被診斷為卡波西氏肉瘤（Kaposi's sarcoma），這是一種進展緩慢的皮膚腫瘤，曾見於地中海地區老年人的身上。可是霍恩的病例，以及接下來四個月內的另外九個病例，卻和這種腫瘤的科學文獻記載的狀態沒有多少相似之處。

這些病例是急性且侵略性的癌症，迅速地散布在皮膚上，並且進入肺部。它們似乎好發於紐約和舊金山的男同志身上。霍恩的病例使醫學專家大惑不解，因為，謎上加謎的是，他現在還染上了肺囊蟲肺炎和腦膜炎。到了八月末，莫名其妙地出現了這樣的流行病。醫界注意到產生這種症狀的以男同志居多，因此稱之為「同性戀相關免疫缺乏症候群」（gay-related immune deficiency，GRID）。許多報紙也稱之為「同性戀瘟疫」。[24]

到了九月，這個病名的謬誤變得明顯，因為三名 A 型血友病患也出現包括肺囊蟲肺炎和奇特的腦膜炎變異等種種免疫系統崩潰的症狀。記得那個英國皇室也罹患的血友病，是一種出血性疾病，因血液中某個關鍵凝血單一基因產生突變造成。這個基因叫作第八凝血因子（factor VIII，F8）基因。幾個世紀以來，血友病患者一直生活在流血危機的恐懼之中，只要破一點皮，就可能會變成大災難。不過，到了一九七〇年代中期，已可以注射濃縮的第八因子來治療血友病，由數千公升人類血液提煉出來的凝血因子，只要一劑，就相當於輸一百次血。因此，血友病患就暴露在成千上萬捐血者的血液濃縮精華中。經過多次輸血的病人免疫系統無緣無故地崩潰，顯示致病原因是帶著第八凝血因子的血液受到汙染，可能是由新型病毒造成。因此，此病改稱為「後天免疫缺乏症候群」（acquired immune deficiency syndrome，AIDS）——愛滋病。

一九八三年春，在愛滋病例初現的背景中，基因科技的戈德爾開始思索複製第八凝血因子基因的問題，就像製造胰島素一樣。複製這個基因背後的目的很明顯：與其由無數公升的人類血液純化凝血因子，為什麼不用基因複製的方法人工製造這種蛋白質？如果可用基因複製製造 F8 因子，它就不會含有任何人類汙染物，因此比任何由血液製造的蛋白質更安全，因此可防止血友病患感染和死亡的風險，這活脫脫就是戈德爾舊運動衫的口號：「複製，不然就死」。

想要複製第八凝血因子基因的遺傳學者並不只有戈德爾和波伊爾。就像複製胰島素，各方已展開競賽，只是對手不同。在麻州劍橋，由湯姆．曼尼亞蒂斯（Tom Maniatis）和馬克．普塔什尼（Mark Ptashne）領導的哈佛研究小組也在研究第八凝血因子基因，他們已自組遺傳學研究所（Genetics Institute，暱稱 GI）公司。兩組團隊都知道，第八凝血因子計畫挑戰的是基因複製技術的外部界限。體抑素有十四個胺基酸、胰島素有五十一個，而第八凝血因子則有二三五〇個。體抑素和第八凝血因子的大小相差一百六十倍，幾乎相當於威爾伯．萊特（Wilbur Wright，萊特兄弟中的哥哥）在北卡羅萊納州小鷹鎮（Kitty Hawk）第一次駕機盤旋，以及林白橫渡大西洋之間的差距。

規模的差距不僅僅是量的障礙；若要成功，基因複製者也須使用新的複製技術。體抑素和胰島素基因是從頭開始，把 DNA 的鹼基對拼接在一起而成（以化學方法把 A 加到 G 和 C，以此類推）。但第八凝血因子基因太大，不能用 DNA 化學方法製造。為了分離第八凝血因子基因，基因科技和遺傳學研究所兩方都必須從人類細胞提取出天然基因，就像把蚯蚓從土壤拉出來一樣。

⊖

只是這條「蚯蚓」不會輕易地被從基因組拉出來，或者保持完整無缺。記得，人類基因組中大多數的基因都被稱為內含子的 DNA 片段分開，就像亂碼一樣，插在信息中間。例如，genome 這個字實際的基因排列是gen……om……e。人類基因的內含子往往十分龐大，越過極長段的DNA，因此根本不可能直接複製一個基因（內含子的基因太長，無法納入細菌質體）。

曼尼亞蒂斯找出了巧妙的解決辦法：他先前首開先河，用反轉錄酶（可以用RNA製造DNA的酵素）由RNA模板製造基因。反轉錄酶使得基因複製更有效率。反轉錄酶會讓基因組中間插入的亂碼序列在被剪掉之後，能夠複製基因。細胞會完成所有的工作，即使是如第八凝血因子這種中間插入許多內含子、又長又笨重的基因，也可以用細胞的基因剪接裝置（gene-splicing apparatus）處理，因此可以由細胞複製。

一九八三年夏末，兩個團隊都用上了所有可用的技術，設法複製了第八凝血因子基因。現在只剩激烈的衝刺。一九八三年十二月，兩個團隊依然並駕齊驅，雙雙宣布他們組合了整個基因序列，並把基因插入質體。接下來，質體被引入倉鼠的卵巢細胞，這種細胞以合成大量蛋白質的能力而聞名。一九八四年一月，第一批第八凝血因子基因成品出現在組織培養液裡。四月，正好是美國第一個愛滋病例出現滿兩年之時，基因科技和遺傳學研究所雙雙宣布他們在試管中純化了重組第八凝血因子——未受人類血液汙染的凝血因子。[25]

一九八七年三月，血液學家吉爾伯特・懷特（Gilbert White）在北卡羅萊納州血栓疾病中心（Center for Thrombosis）進行了第一次以倉鼠細胞為來源的重組第八凝血因子臨床試驗。第一位病患是四十三歲的血友病患G・M。藥物點滴注入了他的靜脈，懷特焦急地在G・M的病床邊徘徊，想預測他對藥物的反應。開始輸血的幾分鐘後，G・M閉上了眼睛，不再言語，下巴垂在胸前。「和我說話。」懷特催促他，可是沒有反應。懷特正要發急救警報，G・M卻轉過身來，發出倉鼠般的聲音，大笑起來。

G．M治療成功的消息在絕望的血友病患社群中傳開，血友病患中的愛滋病人面對的是雪上加霜的災難，他們和同性戀者不同，男同志在這場流行病中已很快地組織起來，採取一致的反抗行動（他們抵制公共浴室和俱樂部，鼓吹安全的性行為，並呼籲要戴保險套），而血友病患則滿心恐懼地看著疾病的陰影步步進逼——他們無法抵制血液。一九八四年四月至一九八五年三月，在美國食品藥物管理局發布病毒汙染血液的第一個檢測結果前，每一名住院的血友病患都得面對可怕的抉擇：出血而死，或感染致命的病毒。血友病患在這段期間的感染率高得教人吃驚：染上這種病各種變異的患者，約九成都因血液汙染而罹患人類免疫缺乏病毒（HIV）。[26]

重組第八凝血因子來得太晚，無法挽救大部分病患的生命。幾乎所有第一批感染愛滋病毒的血友病患，最後都因愛滋病的併發症而死。儘管如此，第八凝血因子基因的產生卻帶來了觀念的重大突破——雖然也帶有特殊的諷刺意味。厄西勒瑪會議的恐懼已經完全顛倒。到頭來，反倒是「天然」的病原體造成了人類大災難，而基因複製的奇特技巧（把人類基因插入細菌，然後在倉鼠細胞製造蛋白質，產生醫療產品），反而成為最安全的方法。

⊖

透過產品寫科技史的確很有吸引力，如輪子、顯微鏡、飛機與網際網路；但透過轉變撰寫科技史更具啟發，如由直線運動至圓周運動、由視覺空間到肉眼看不到的空間、由陸地運動到空中運動、由實體連接到虛擬連接。

從重組ＤＮＡ生產的蛋白質就代表了醫療技術史的重大轉變。想了解這個由基因到藥物的轉變有什麼影響，我們就必須先了解藥物化學史。追根究柢，藥物化學（藥物），其本質只不過是可以在人類生理造成治療變化的一個分子。藥物可能是簡單的化學品（比如水），在適當的背景下以正確的劑量，就是有效的藥物，但藥物也可能是複雜、多度空間、多面的分子，而且也極其稀少。雖然人類用的藥物看似成千上萬種（光是阿斯匹靈就有幾十種變化），但這些藥物針對的分子反應數量卻僅占反應總數的極小部分。人體內幾百萬生物分子變體（酶、受體、荷爾蒙等等）中，我們的藥典僅調製約兩百五十種（〇．〇二五％）。[27]如果把人類生理看成錯綜複雜的巨大全球電話網，那麼，我們目前的藥物化學只涉及了複雜網路的一小部分中的一小部分。藥物化學只不過是在這個網路角落操縱幾條電話線的技術人員而已。

藥物缺乏的主要原因是：特殊性。幾乎每一種藥物都是藉著連結其目標，使目標發揮效能或阻止它發揮效能（分子開關開啟或關閉），藉此發揮作用。藥物要有效，就必須與其開關連結（但只限一組選定的開關）；不加區別所有開關的藥物，就和毒藥一樣。大多數的分子幾乎都無法達到這樣區分的水準，但蛋白質卻是特別為此目的而設計。請記得，蛋白質是生物世界的中心，它們是細胞反應的促成者、抑制者、策畫者、監管者、守門人和作業員。它們是大部分藥物試圖打開和關閉的開關。

因此，蛋白質就能成為藥理界最強大、最能區別目標的藥物。可是，要製出蛋白質就需要它的基因，因而，重組DNA技術就提供了關鍵的踏腳石。複製人類基因讓科學家可以製造蛋白質，而蛋白質的合成則開啟了以人體內數百萬生化反應為目標的可能性。蛋白質使化學家可能干預我們生理先前不可穿越的層面。使用重組DNA生產蛋白質也因此意味著不僅是一種基因和一種藥物之間的轉變，而是基因和藥物的新宇宙之間，也發生了轉變。

一九八〇年十月十四日，基因科技首次公開出售了一百萬股股票，在證交所掛牌，代碼為GENE，非常惹眼。[28]該公司首次公開募股就創下華爾街史上科技公司最炫目的成績：幾小時之內，公司就募得三千五百萬美元資金。此時，禮來製藥公司已取得執照，生產並銷售重組胰島素Humulin（使用此名稱以便和以牛、豬為來源的胰島素區分）。其市場迅速擴張，銷售額由一九八三年的八百萬美元，增為一九九六年的九千萬美元，一九九八年增長為七億美元。《君子》（*Esquire*）雜誌描寫史旺森為「矮壯結實，臉頰如花栗鼠的三十六歲男士」，而他現在是億萬富翁，波伊爾亦然。一名在一九七七年夏天曾幫忙複製體抑素基因的研究生拖著當年分到的股票，某天早上醒來，就發現自己成了千萬富翁。

一九八二年，基因科技開始生產人類生長激素（HGH），用於治療幾種侏儒症。一九八六年，這家公司的生物學家複製 α 干擾素，這是治療血癌的強效免疫蛋白。一九八七年，基因科技又製作了重組了一種血液稀釋劑TPA，用於溶解中風或心臟病時發生的血栓。一九九〇年，它開始用重組基因創造疫苗，首先由B型肝炎疫苗著手。一九九〇年十二月，羅氏藥廠（Roche Pharmaceuticals）以二十一億美元收購了基因科技的大部分股權，擔任執行長的史旺森下臺，波伊爾則在一九九一年離開副總裁的職位。

二〇〇一年夏，基因科技開始實體擴張，試圖建設成舉世規模最大的生物技術研究中心[29]；這是占地廣大的多棟玻璃帷幕大樓，起伏的綠地和正在玩飛盤的學生，和任何大學校園幾乎沒什麼兩樣。巨大的建築物中心有座小小的銅像，一位身著西裝的男人在桌前向穿著牛仔褲和皮背心的科學家比手畫腳，這名男子傾身向前，而遺傳學家露出困惑的樣子，他的視線穿過男子的肩頭，望向遠方。

遺憾的是，史旺森沒有出席紀念他與波伊爾首次見面雕像的揭幕儀式。一九九九年，五十二歲的他被診斷出多型性神經膠母細胞瘤，這是一種腦瘤。他於一九九九年十二月六日在希爾斯伯勒（Hillsborough）的家中去世，離基因科技園區距離僅有數哩。

# 第四部（1970-2005）

## 「人的研究對象應該是人類自己」／人類遺傳學

認識你自己吧，先別指望探究上帝。
人的研究對象應該是人類自己。1

**——亞歷山大·波普**（Alexander Pope），**《論人》**（*Essay on Man*）

人類多麼美！啊！美麗的新世界，
有這樣的人在裡面！2

**——莎士比亞，《暴風雨》第五幕，第一景**

# 我父親的災難

奧本尼：你怎麼知道你父親的災難？
愛德加：殿下，因為我就在旁照料他。

——莎士比亞，《李爾王》第五幕，第三景

二〇一四年春，父親跌倒了。當時他正坐在他最喜愛的搖椅上（這是他委託當地木匠製作的椅子，是不平衡的可怕設計）。椅子朝後翻覆，他跌倒在地（木匠雖設計了讓椅子搖盪的結構，但卻忘了防止椅子翻倒）。我母親發現他面朝下趴在陽臺，一隻手不自然地壓在身下，就像折斷的翅膀。他的右肩泡在血裡。她沒辦法幫他把襯衫拉過頭，所以拿了一把剪刀過來，他因受傷疼痛而叫喊，但更教他痛苦的是眼睜睜看著一件好好的衣服被剪成碎片。在他們開車去急診的路上，他還向我母親抱怨，「你應該要保住它的。」長年來，他們一直這樣吵著：如果換做是他那個無法讓五個兒子同時各自擁有一件襯衫的母親，就一定有辦法保住它。你可以讓人離開印巴分治的時空，卻無法把這個記憶由腦海中抹除。

他額頭上的皮膚劃開一道深長的傷口，右肩也摔斷了。他就像我，也是個難纏的病人，任性、多疑、魯莽、受不了約束，而且總自以為已經康復。我飛赴印度探望他，由機場到家已是深夜。他躺在床上，茫然地望著天花板，看起來突然老了很多。我問他知不知道當天是幾號。

「四月二十四號，」答對了。

「哪一年？」

「一九四六，」他說，然後苦苦思索，又糾正自己，「二〇〇六？」

他的記憶飄忽。我告訴他現在是二〇一四年。我私下想到，一九四六年也曾發生災難——拉結什在那一年去世。

接下來幾天，我母親照顧他復元。他的理智重現，有些長期記憶也回來了，不過他的短期記憶仍然嚴重受損。我們認為這次的搖椅意外並不像表面那麼簡單。他並不是向後摔倒，而是想從椅子上站起來時失去了平衡，穩不住自己，向前仆倒。我要他走過房間給我看，結果發現他的步態輕微地拖曳，他的動作有點機械化而不自然，好像他的腳是鐵做的，而地板有磁性一樣。「做個快速轉身，」我說，而他差點又向前跌倒。

那天深夜，他又出了一次醜：他尿床了。我發現他在廁所，困惑和慚愧，抓著他的內褲，一臉羞慚和迷惑。聖經上，含（Ham）的後代遭到詛咒，因為他看到父親挪亞醉酒後赤身裸體，生殖器暴露在外，躺在黎明曙光下的田地。這個故事的現代版本則是你在客房浴室的微光中，看到赤身裸體的癡呆父親，明白自己未來的詛咒。

我聽說他尿失禁已經持續了一陣子，最先由尿急開始，只要膀胱半滿，他就忍不住尿急，後來演變成尿床。他曾把此事告訴醫生，但他們都不以為意，把問題歸於前列腺腫脹。他們都告訴他，年紀大了就會這樣。他八十二歲。老人會摔倒，會失憶，會尿床。

他在下一週做了大腦磁振造影（MRI），綜合診斷結果出來了。大腦充滿液體的腦室腫脹擴張，腦組織被推到邊緣。這個情況叫做正常腦壓水腦症（normal pressure hydrocephalus，NPH），神經科醫師解釋說，這是因大腦周圍液體異常流動，造成腦室液體積聚（有點像「大腦的高血壓」），其特徵就是經典的莫名其妙三合一症狀：步態不穩、尿失禁、老年癡呆。我父親的跌倒並非意外，他病倒了。

接下來的幾個月裡，我盡心研究這個情況的一切。這個病症原因未知，好發在家族之中。其中一種變異與 X 染色體的遺傳有關，男性發病的比例高得不成比例。某些家族中，年僅二、三十歲的男子便會發病；某些家族中，只有老人會受影響。有些家族的發病有明顯遺傳模式；有些則只偶有成員發病。最年輕的家族病例發生在四、五歲的兒童身上，最年長的病人則是七、八十歲。

簡而言之，這很可能是一種遺傳疾病，雖然不像鐮狀細胞貧血症或血友病那種的「遺傳」，它並沒有單一基因支配病人罹患這種離奇的疾病。分散在多個染色體上的多個基因都會在發育時影響大腦導水管（aqueduct），就像分散在同樣多個染色體上的多個基因影響果蠅翅膀的形成。我了解到，有些基因管理腦室的導管和血管（可以聯想成「形成模式」基因怎麼指定果蠅的器官和結構）。有些基因負責在大腦隔間傳送液體的分子通道編碼，也有基因負責調節吸收由大腦流至血液及相反流向液體的蛋白質編碼。而且，因為大腦和導管在固定的顱腔中生長，決定頭顱大小和形狀的基因也會間接影響渠道和導管的比例。

這些基因的任何變異，都可能會改變導水管和腦室的生理，改變液體在其中管道移動的方式。如衰老或腦外傷等環境的影響又使問題益形複雜。基因和這種病並沒有一對一的關係，即使繼承了導致正常腦壓水腦症的整套基因，依舊可能須要一件意外或環境的導火線才會觸發，才會「釋出」（觸發我父親發病的因素很可能是他的年齡）。如果繼承了一個特定的基因組合，比如指定特定液體吸收率的基因，和指定特定導水管大小的基因，就可能會有較高的患病風險。這是德爾斐船式的疾病（並非由單一一個基因決定），而是取決於基因之間的關係，和基因與環境之間的關係。

「生物體如何把創造形體和功能所需要的信息傳遞給胚胎？」亞里士多德問道。從豌豆、果蠅和麵包黴菌等模式來看，這個問題的答案已開創了現代遺傳學這門學科。它最終會創造出我們對生物系統信息流基礎的重要圖形。（如下圖）

可是我父親的病如同提供了另一副鏡片，讓我們看到遺傳信息如何影響生物的形體、功能和命運。我父親跌倒是因為他的基因嗎？是也不是。他的基因創造了某個結果的傾向，卻並非結果本身。這是環境的產物嗎？是也不是。畢竟他跌倒是椅子造成的，可是他在同一張椅子上坐了近十年，卻從沒有發生任何意外，直到疾病使他跌倒。是機會造成的嗎？是的，誰會知道某些家具，按照某些角度移動，會把你向前拋出？這是意外嗎？是的，但他身體的不穩定幾乎可以確定一定會發生意外。

遺傳學由簡單的生物移轉到人類身上，其挑戰就是要以新的方式思索遺傳、信息流、功能和命運的本質。基因如何與環境交叉造成正常與疾病？就這個問題，正常與疾病又是什麼？基因變異如何引起人體在形式和功能上的變化？多個基因如何影響單一的結果？人類之間為何會有如此多的一致，然而又有如此豐富的多樣變化？基因的變體如何維持共同的生理，卻又產生獨特的病理？

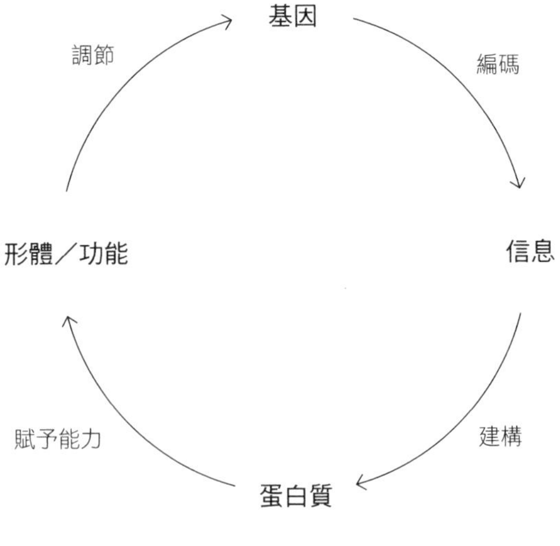

# 一間診所的誕生

我是以「所有人類疾病都是遺傳」的前提起步。[1]

——保羅・伯格

一九六二年，就在尼倫伯格和他在貝塞斯達國家衛生研究院的同事解譯出DNA三元組的幾個月後，《紐約時報》刊登了一篇談人類遺傳學爆炸性未來的文章。[2]《紐約時報》預言，既然代碼已被「破解」，人類基因就可以接受干預。「可以肯定地說，不久後就可能會有生物『炸彈』爆炸，因為解開遺傳密碼對於人類的意義，可與發現原子多樣性比擬。其中某些可能是：思想基礎的確立。進而發展出目前尚無法治療病症的方式，如癌症和許多悲慘的遺傳疾病。」

不過，懷疑論者對此並不熱中倒是情有可原。到目前為止，人類遺傳學的生物「炸彈」只發出相當低調的嗚咽。分子遺傳學在一九四三至一九六二年的驚人成長（由艾佛里的實驗到解開DNA的結構，以及基因調控和修復的機制），已對基因的機制有越來越詳細的了解，可是基因卻未觸及人類的世界。一方面，納粹優生學家把人類遺傳學的大地燒成焦土，這門學科因此失去了科學的正當地位和嚴謹；另一方面，細菌、果蠅、蠕蟲等較單純模型的實驗研究，確實比人類更容易駕馭。一九三四年，摩根因對於遺傳學的貢獻赴斯德哥爾摩領諾貝爾獎，當時他直率地否定了他研究對醫學的意義，他寫道，「在我看來，遺傳學對醫學所做最重要的貢獻是在理智」。[3]「理智」一詞並非讚美，而是侮辱。摩根指出，遺傳學近期內不太可能對人類健康有什麼影響。按照摩根的說法，醫師「徵求遺傳學朋友意見」的念頭是愚蠢且牽強的幻想。

然而，遺傳學進入（或者該說再度進入人類世界），卻是醫學之必然。一九四七年，巴爾的摩約翰霍普金斯大學的年輕內科醫師維克多．麥庫西克（Victor McKusick）看到一名少年病患的嘴唇和舌頭生了斑點，還有多處息肉。[4]麥庫西克對這些症狀很有興趣。病人的其他家庭成員也有類似的症狀，相似病徵的家族病例也已發表文獻。麥庫西克曾在《新英格蘭醫學期刊》描述了這個病例，認為這些症狀（舌上的斑點、息肉、腸阻塞和腫瘤），全都是單一基因突變的產物。[5]

這個病例後來以最先描述這些症狀的醫師為名，即珀茲傑格斯（Peutz-Jeghers）症候群。此病例開啟了麥庫西克研究遺傳和人類疾病之間關連的終生志業。他先由基因影響最單純、最強烈的人類疾病開始研究，即是一種基因造成一種疾病。這種疾病最確切的例子雖少，卻教人印象深刻，如英國皇室的血友病，和非洲及加勒比海家族的鐮狀細胞貧血症。麥庫西克在霍普金斯大學醫學圖書館裡埋頭鑽研舊文獻，發現二十世紀初一位倫敦醫師報告的病例，是單一基因突變造成人類疾病的首例。

一八九九年，英國病理學家阿契包德．蓋洛德（Archibald Garrod）就描述了一種家族怪病，嬰兒生下來幾天就會出現症狀。[6]蓋洛德最先在倫敦病院（Sick Hospital）的一名嬰兒身上看到這種疾病。這孩子出生才數小時，其尿跡就使尿布變黑。蓋洛德仔細追蹤所有產生這種症狀的病人和他們的親戚，發現此病會出現在整個家族，而且一直持續到成年之後，成年病人的汗液會自動變成深色，襯衫因此也會出現深棕色如流水般的汙跡，甚至連他們的耳垢一接觸到空氣也會變成紅色，彷彿生鏽。

蓋洛德推測這些病人的某些遺傳因子可能起了變化。他認為黑尿的男孩一定是因遺傳單位的天生變異，而改變了細胞的某些代謝功能，造成尿液成分的差異。「肥胖和頭髮、皮膚及眼睛的各種顏色」[7]都可以解釋為遺傳單位的變異，而造成人體「化學的多樣性，」蓋洛德寫道。他的見解很了不起，因為即使「基因」的概念因英國的貝特森而重現（而且此文獻在「基因」一詞出現近十年前發表），蓋洛德卻已在觀念上想像出人類的基因，並且把人類的變化解釋為由於遺傳單位編碼造成的「化學多樣性」。蓋洛德推想，基因使我們成為人類，而突變則讓我們各有不同。

在蓋洛德的啟發之下，麥庫西克開始按部就班地創造人類遺傳疾病的目錄——「表現型、遺傳特徵和疾病的百科全書」。一個奇異的宇宙在他面前開展，受個別基因控制的人類疾病範圍遠比他預想的更龐大、更奇特。一八九〇年代，一位法國小兒科醫師率先描述了馬凡氏症候群（Marfan syndrome），這是由於控制骨骼和血管結構完整性的基因發生了突變，病人會長得異常高大，手臂和手指變長，常常因主動脈或心臟瓣膜突然斷裂而致死（幾十年來，部分醫學史學者曾主張林肯應擁有這種症候群尚未診斷出來的變種）[8]。有的家族則因成骨不全症（osteogenesis imperfecta，或稱脆骨症，即玻璃娃娃）所苦，這是因為膠原蛋白基因突變而造成，膠原蛋白是形成和強化骨骼的蛋白質。病童天生就是脆骨，如同乾石膏，只要輕微的碰觸就會粉碎；他們的雙腿可能會自動斷裂，或某天一早醒來，就可能有幾十根肋骨斷裂（常被誤認為虐童案件，但往往在警方調查之後，轉往醫療單位就醫）。一九五七年，麥庫西克在約翰霍普金斯大學創立了摩爾診所（Moore Clinic），以遺傳疾病為主要的治療目標，紀念在巴爾的摩畢生致力於慢性病研究的約瑟夫．厄爾．摩爾（Joseph Earle Moore）醫師。

麥庫西克成了遺傳疾病的知識寶庫。有的病人因為身體無法處理氯化物，而經常腹瀉和營養不良；也有男子在二十歲就經常心臟病發作；有的家族有精神分裂症、抑鬱症，或有攻擊傾向；有些嬰兒一出生就有蹼頸或生出額外的手指，或時時散發出魚的氣味。到了一九八〇年代中期，麥庫西克和他的學生編了二二三九個與人類疾病有關的基因，還有三七〇〇種與單一基因突變有關的疾病。[9]在此書一九九八年出版的第十二版為止，麥庫西克已發現一萬兩千個性狀與病痛相關的基因變異，教人驚異。[10]有些疾病的症狀較和緩，有些則會致命。

麥庫西克和學生把單一基因造成的疾病稱為「單基因」（monogenic）疾病，而在這種分類法的鼓舞之下，他們也更進一步探究多個基因共同影響而造成的疾病，即「多基因」（polygenic）症候群。他們發現多基因疾病有兩種形式。有些因多餘的完整染色體而造成，如最先在一八六〇年代提到的唐氏症，就是因為嬰兒出生時第二十一對染色體多出一條，其上帶有三百多個基因。[1]許多器官都受這一條額外染色體影響。有此症候群的人天生鼻梁扁、臉孔寬闊、下巴窄小、眼皮內有參差交錯的皮膚皺褶。他們有認知障礙、心臟病、聽力受損、不孕症，且血癌風險也高；許多病童在嬰兒期或兒童期便會死亡，只有少數人能存活到成年晚期。最值得注意的可能是，唐氏症的病童性情特別溫和可愛，彷彿因為額外的染色體使他們不再有殘忍和惡意（如果懷疑基因能影響氣質或個性的說法，只要見見唐氏症的孩子，就會打消這樣的疑惑）。

另一個麥庫西克所述的遺傳疾病最為複雜，這是由散布在基因組的多個基因造成的多基因疾病。這一類疾病和前兩類奇特的罕見疾病不同，這類疾病是很普遍、十分流行的慢性疾病，如糖尿病、冠狀動脈疾病、高血壓、精神分裂症、憂鬱症、不孕症、肥胖。

這些疾病和「一種基因，一種疾病」的典型正好相反；它們是「許多基因，許多疾病」。例如，高血壓就有數千種變化、受數百種基因影響，每一個基因都對血壓和血管的完整性添加一點點影響。這和單一有效突變或染色體畸形就會發病的馬凡氏症候群或唐氏症不同；多基因症候群中，任何單一基因的影響都是和緩的，且與環境變數（飲食、年齡、吸菸、營養、產前暴露等因素）的相關性較強，表現型多變且連續，而遺傳的模式複雜。該疾病的遺傳成分只是多扳機槍上的扳機之一而已——雖然必要，但還不足以致病。[1]

麥庫西克的遺傳疾病分類提出了四個重要的觀念。首先，麥庫西克了解到單一基因的突變可能會導致不同器官疾病的不同表現。例如在馬凡氏症候群中，一個纖維狀蛋白結構會影響所有的結締組織，如肌腱、軟骨、骨骼和韌帶。這種疾病患者的關節和脊椎有明顯異常。或許比較不容易看得出來的是馬凡氏症的心血管表現：支撐肌腱和軟骨的同一種結構蛋白，也同時支撐大動脈和心臟瓣膜。那個基因的突變會導致嚴重的心臟衰竭和主動脈破裂。馬凡氏病的患者常因血管遭血流破壞而英年早逝。

其次，令人驚訝的是，倒過來的說法也一樣為真：多種基因可以影響單一生理層面。例如，血壓就是由各種基因迴路調節，這些迴路中有一個或多個異常，都會造成同樣的疾病——高血壓。「高血壓是遺傳疾病」的說法完全正確，但我們也得補上一句「並沒有什麼高血壓基因」。許多基因拉動體內的血壓，就像控制木偶手臂的線團。一旦改變個別線繩的長度，就會改變木偶的配置組合。

麥庫西克的第三個見解，則關於基因在人類疾病的「外顯率」（penetrance）和「表現度」

① 唐氏症的異常染色體數目由傑荷姆・勒瓊（Jérôme Lejeune）在一九五八年發現。

（expressivity）。果蠅遺傳學家和蠕蟲生物學家已發現，某些基因只是靠著環境的觸媒或偶然的機會而變成表現型。例如，導致果蠅眼中出現複眼的基因依賴的是溫度，另一個基因變異會改變蠕蟲腸道的形態，但只有二〇％左右的蠕蟲會受影響。即便基因組中存在突變，卻不一定會顯現在實體或形態上，即為「不完全外顯」（incomplete penetrance）。

麥庫西克在人類疾病中，也發現了幾個不完全外顯的例子。有些疾病具有完全外顯率，如戴薩克斯症（Tay-Sachs disease），一旦繼承這個基因突變就幾乎等於一定會發病。但也有些人類疾病的基因實際影響較為複雜。我們後面會看到，突變的 BRCA1 基因遺傳會大幅增加乳癌風險，但並非所有具有這種突變基因的女性都會罹患乳癌，而且，這個基因的不同突變會有不同程度的外顯率。出血疾病血友病是基因異常的結果，但這種病患的出血情況差異很大。有些人每個月都會發生攸關生死的出血，有些人則很少出血。

⊖

麥庫西克的第四個見解至關緊要，我特地獨立說明。麥庫西克就像果蠅遺傳學家杜布贊斯基，他明白突變只是變異。這話聽來似乎平淡無奇，但道盡了基本且深刻的道理。麥庫西克意識到，突變是一種統計實體，而非病態或道德實體。突變並不表示疾病，也並非功能的得或失。就形式層面來說，突變的定義只由它偏離常態界定（「突變型」的相反並不是「正常」而是「野生型」，即在野外更常見的類型或變體）。因此，突變是統計觀念，與標準無關。就像高個子空降進入侏儒國，或金髮小孩生在棕髮國家一樣，兩者都是突變體，他們就像馬凡氏症候群的病童在非馬凡氏症候群兒童（「正常」兒童）之間，都是突變體。

因此，突變體與突變本身並不能代表關於疾病或身心失調的真正信息。疾病的定義是在於個體天賦的基因和目前環境不協調而引起的殘疾，也就是突變、個人存在狀態，以及個人的生存與成就之間的協調。最終導致疾病的不是突變，而是錯配（mismatch）。

錯配的情況可能嚴重且使人衰弱，此時，疾病就變成殘疾。自閉症最嚴重的兒童整天都單調地在房間一隅搖擺，或者一直抓搔自己的皮膚，直到潰爛，他所擁有的基因無法配合任何環境或任何目標。但另一個不同且較罕見的自閉症病童卻可能在大部分情況下發揮功能，甚至在某些情況下（如國際象棋賽或記憶比賽）發揮高功能。他的病情視情況而定，在特定基因型和特定環境的不協調情況下更加明顯。就連「錯配」的本質也不固定，由於環境不斷變化，疾病的定義也隨之改變。在盲人的國度，有視力的人就能稱王，但若以眩目的有害光線照射盲人國度，王國自會回歸盲人手裡。

麥庫西克對這種模式的信念——著重在殘疾而非異常，落實在他對診所病人的治療。比如侏儒症的病人由各科會診，治療團隊包括遺傳諮詢師、神經科醫師、整形外科醫師、護士和精神科醫師，他們全都受過訓練，以身材矮小者特定的殘疾為主。如果有特定的畸形，才採取手術干預，其目標不是要恢復「正常」，而是讓病人有活力、快樂，發揮身體功能。

麥庫西克在人類病理學的領域重新發現了現代遺傳學的基本原理。就如野生的果蠅一樣，人類遺傳變化豐富。人類也有基因變異、環境以及基因與環境的相互作用最終造成表現型，只是到了人類，所謂的「表現型」就是疾病。其中也有一些基因具有部分外顯性和差異很大的表現度。一個基因可能造成許多疾病，一種疾病也可能由許多基因造成。這裡的「適應」也不能以絕對的方式判斷，反倒是欠缺適應，用口語的說法，其定義就是生物體與環境之間相對的不配。

「不完美是我們的天堂。」詩人華勒斯．史蒂文斯（Wallace Stevens）寫道。[11]遺傳學進入人類天地帶來最直接的教訓就是：不完美不只是我們的天堂，而且它也是我們人類世界不可避免的命運。人類基因變異的程度，以及它在人類病理學影響的深度，不但出人意表，也不可思議。這個世界巨大而多變。遺傳多樣性是我們的自然狀態，不僅僅是在偏遠孤立的角落，也在我們周遭的任何地方。看似同質的人口其實各不相同。我們已看到了突變體，而它們就是我們。

「突變體」的能見度越來越高，或許最明顯的例證莫過於美國人焦慮和幻想的可靠衡量量表——漫畫。一九六〇年代初期，變種人在漫畫世界猛烈爆發。一九六一年十一月，漫威（Marvel）漫畫推出了《驚奇四超人》（*Fantastic Four*）[12]，這系列漫畫描繪的是四名太空人被困在火箭內（就像在穆勒瓶中的果蠅），遭到輻射，造成突變，使他們擁有了超自然的力量。「驚奇四超人」大受歡迎，促成了更成功的「蜘蛛人」，年輕的科學高材生彼得．帕克遭到被「大量輻射」感染的蜘蛛咬傷。[13]這隻蜘蛛的突變基因應該是藉由水平轉移，傳入帕克體內（艾佛里轉化實驗的人類版），賦予帕克「如蜘蛛一般的敏捷靈活和超人的力量。」

蜘蛛人和驚奇四超人把變種超級英雄介紹給美國社會大眾，一九六三年九月推出的「X戰警」（X-Men）則讓變種人的故事更上一層樓。[14]其核心情節是以變種人和正常人的衝突為主，「正常人」開始懷疑變種人，而變種人因恐懼受到監管和民眾暴力的威脅，隱居在保護他們、讓他們休養的天才青少年學校裡（就像變體人的摩爾診所）。X戰警最精采之處倒不是越來越多五花八門的各種突變角色（生有鋼爪的金剛狼或隨時操縱天氣的風暴女），而是受害人與加害者的角色互換。一九五〇年代傳統的漫畫書中，總是人類躲避怪獸的肆虐，可是在Ｘ戰警中，變種人卻得逃避正常人的殘暴專橫。

⊖

這些關於缺陷、突變和正常狀態的憂慮在一九六六年春天由漫畫書頁一躍而出，轉變成兩呎長、兩呎寬的孵化器。[15]康乃迪克州的兩位研究智能遲滯遺傳學學家馬克·史提爾（Mark Steele）和羅伊·布瑞格（Roy Breg）由一名孕婦的羊膜囊吸取了幾毫升含有胚胎細胞的液體，放在培養皿中培養，把染色體染了色，然後在顯微鏡下分析。

這些個別的技術都並非新技術。由羊膜抽取胚胎細胞首見於一九五六年，用來預測性別（ＸＸ與ＸＹ染色體）。[16]一八九〇年代初期，醫學界就已能安全地取出羊膜液，為染色體染色則早就見於波維利在海膽的原創研究。只是人類遺傳學的發展改變了這些程序的風險。布瑞格和史提爾了解到具有明顯染色體異常的已知遺傳症候群，如唐氏症、柯林菲特氏症（Klinefelter）、特納氏症（Turner），可以在子宮內診斷，如果檢測到胎兒染色體異常，懷孕可自願終止。兩個相當普通且相對安全的醫療程序（羊膜穿刺術和墮胎手術）合併，成為一種效果遠超過單純加總的技術。

關於第一批經歷此試煉的女性，我們所知甚少。如今僅存的只有最簡略的病例報告，以及年輕的母親面對可怕的抉擇，她們的悲傷、困惑和苟延殘喘的故事。一九六八年四月，一名二十九歲的婦女Ｊ·Ｇ，在布魯克林的紐約下州醫療中心（New York Downstate Medical Center）現身。她的家族一直都有唐氏症的基因變異。她的外祖父和母親都是帶因者。六年前，她在懷孕後期流產，那是一名患有唐氏症的女孩。一九六三年夏，第二個女孩出生了，她是個健康的孩子。兩年後，一九六五年春，她生下了另一個孩子，男孩。他被診斷出患有唐氏症，智力遲緩，先天畸形嚴重，心臟尚有兩個洞。這孩子悲慘的人生僅短短五個半月，醫師做了一連串大手術，試圖矯正他的先天性缺陷，但最後他因心臟衰竭，死於加護病房。

J．G第四次懷孕五個月時，因為過往的慘痛經歷，因此求助產科醫生，要求進行產前檢查。醫師在四月初為她做了羊膜穿刺，但沒有成功。四月二十九日，由於孕期已快要滿六個月，醫師又做了第二次羊膜穿刺，這回胚胎細胞在孵化器裡成長，染色體分析顯示她懷的是唐氏症男孩。

一九六八年五月三十一日，在允許人工流產期限的最後一週，J．G決定終止妊娠。胎兒的遺體於六月二日娩出，具有唐氏症的主要特徵。[17] 病例報告說，產婦「完成了手術，沒有併發症」，兩天後出院。關於這個母親和她的家庭，沒有其他任何資料。人類史上第一例完全以基因測驗為準而做的「治療性流產」遮掩在祕密、痛苦和悲傷之中。

一九七三年夏，諸多力量匯聚成了一股漩渦，沖破了產前測試和人工流產的閘門。一九六九年九月，二十一歲的德州叫賣攬客人員諾瑪．麥考維（Norma McCorvey）懷了第三胎[18]，她身無分文，經常無家可歸，而且又失業，因此想墮胎，終止這意料之外的懷孕，但找不到合法人工流產診所，或者該說符合衛生條件的診所。她後來透露，她找得到的唯一一處地方，是在廢棄建築中一間已關閉的診所，「室內到處放著骯髒的器械……，地上有乾掉的血。」[19]

一九七○年，兩位律師為她向德州法院控告州政府，主張麥考維有合法的墮胎權。名義上的被告是達拉斯地方檢察官亨利．韋德（Henry Wade）。麥考維在這場訴訟用的是十分平凡的化名珍．羅（Jane Roe），羅對韋德的訴訟經過德州層層法院，在一九七○年打到美國最高法院。

最高法院在一九七一和一九七二年聽取了羅和韋德的口頭辯論。一九七三年一月，法院做出了歷史性的決定，最高法院大法官亨利．布萊克蒙（Henry Blackmun）執筆寫出大多數大法官的意見，判決各州不能取締墮胎。他寫道，女性的隱私權「範圍足以涵蓋她是否決定終止懷孕」。[20]

然而，「女性的隱私權」並非無條件。為了平衡孕婦和胎兒成長為「人」的權利，法院認定州政府不能限制懷孕前三個月的墮胎，但隨著胎兒成熟，他的人格也逐漸受到政府保護，可以限制墮胎。把妊娠分為三個階段在生物學雖沒有道理，但在法律上卻屬必要的做法。法學家亞歷山大．畢克爾（Alexander Bickel）形容：「在懷孕的前三個月，個人（即母親）的利益凌駕了社會的利益，而基於健康法規，第二個三個月亦然；而在第三個三個月，則以社會為重。」[21]

羅案解放的力量迅速在醫藥界迴盪。羅案雖可能把生殖控制權交給了女性，但也慷慨地把胎兒基因組的控制權交給了藥物。[22]在羅案之前，產前基因檢測一直位於不確定的灰色地帶：雖允許羊膜穿刺，但墮胎的確切法律地位則不清楚。如今，妊娠第一和第二個三個月既已墮胎合法，也承認了醫療診斷的地位，基因檢測也就準備廣泛進入全國診所和醫院。人類基因已「可操作執行」。

檢測和流產普及的效果很快就顯著地表現。一九七一至七七年間，有些州唐氏症的病例數下降了二〇至四〇％。[23]在紐約市高風險的婦女中，懷孕終止的件數比完成妊娠的件數高。②一九七〇年代中期，上百種染色體異常，包括二十三種代謝疾病，都可以藉宮內基因檢測發現，其中包括特納氏症、柯林菲特氏症、戴薩克斯症和高雪氏症（Gaucher's）。[24]一位遺傳學者寫道，「藉由一個又一個小小的瑕疵」[25]，

② 在世界各地，墮胎合法化也大開了產前測試之門。一九六七年，英國國會通過法案，使墮胎合法，產前測試率和懷孕終止的比例在一九七〇年代都大幅提高。

醫學界一路篩檢「幾百種已知遺傳疾病的風險」。一位史學家則寫道，「基因診斷已成了醫療產業。為有問題的胎兒做選擇性的流產」也變成為「基因體醫學的主要治療」。

遺傳醫學干預人類基因的能力，使得醫界深受鼓舞，甚至陶醉到了改寫自己歷史的程度。一九七三年，就在羅對韋德訴訟的幾個月後，麥庫西克發表了新版本的醫學遺傳學教科書。[26]在談「遺傳疾病的產前檢測」那一章中，小兒科醫師約瑟夫．丹西斯（Joseph Dancis）寫道：

> 近年來，醫師和社會大眾都感到我們關心的不該只是保證嬰兒誕生，而是保證它不致成為社會、父母和自己的負擔。「出生的權利」受到要得到美滿和有用人生合理機會的權利限制。這種態度的轉變，可以由許多地方看出，其中也包括改革，甚至廢除墮胎法的流行運動。[27]

丹西斯很輕微且巧妙地反轉了歷史，按他的說法，並不是墮胎運動讓醫師能終止有遺傳缺陷的胎兒，因而擴展了人類遺傳學的疆界，而是人類遺傳學改變了人們對治療先天疾病病童的「態度」，轉化了人們反對墮胎的立場，因而拉動了其身後不情不願的墮胎運動。丹西斯又說，原則上，任何與遺傳連結夠強的相關疾病都可以透過產前檢測和選擇性流產干預。「出生的權利」該改寫天生就有正確基因的權利。

⊖

一九六九年六月，海蒂．帕克（Hetty Park）生下了先天有「嬰兒多囊性腎臟疾病」（infantile polycystic kidney disease）的女兒，由於女嬰腎臟畸形，因此生下來五小時後就死亡。[28]帕克夫婦十分傷心，他們在長島的婦產科醫師休伯特．薛辛（Herbert Chessin）誤以為嬰兒的疾病並非遺傳（其實嬰兒多囊性腎臟疾病就像囊狀纖維化，是因遺傳自父母的兩個突變基因副本），因此要他們安心並打發他們回家。在薛辛看來，帕克夫婦再生出擁有同樣毛病孩子的機會微乎其微（說不定是零）。一九七〇年，帕克夫婦聽了薛辛醫師的忠告後再度懷孕，又生了一個女兒，只可惜這孩子蘿拉．帕克也有天生的多囊性腎臟。她多次住院治療，最後在兩歲半時，死於腎衰竭併發症。

一九七九年，類似丹西斯的意見開始經常出現在醫學文獻和通俗雜誌上，帕克夫婦控告了薛辛醫師，認為他給他們不正確的醫療建議。如果帕克夫婦知道他們的孩子在基因上會有這樣的問題，就不會做出孕育蘿拉的選擇。他們的女兒是錯誤評估的受害者。這個案子最特別之處可能是對傷害的描述。在傳統醫療疏失的法律戰爭中，被告（通常是醫師）往往被指控因疏失而導致病人死亡。帕克夫婦主張，他們的婦產科醫師薛辛犯了同樣嚴重的相反罪行：造成錯誤的生命。在具有里程碑意義的判決中，法院認同帕克夫婦的看法。法官認為「在可以合理確定孩子會畸形時，準父母有權選擇不要生孩子。」一則評論指出，「法庭認為孩子擁有天生不帶有遺傳異常的權利，這是一種基本的權利。」[29]

# 「干預、干預、干預」

幾千年來，大多數人對他們創造嬰兒時所冒的風險很幸運地都一無所知，但如今，我們可能全都須對遺傳的前景抱以嚴肅的責任。我們以前對於醫藥從不必有這樣的想法。[1]

——傑拉德．利奇（Gerald Leach），〈養育更好的人類〉（Breeding Better People），一九七〇年

新生兒在通過關於遺傳天賦的某些測試之前，不該被稱為人類。[2]

——法蘭西斯．克里克

丹西斯不只重寫了過去，他也宣布了未來。每一個父母都有義務創造「不會成為社會負擔」的嬰兒，或者出生時沒有「遺傳異常」的權利是基本人權，這樣的主張，即使在漫不經心的讀者眼中，都可以感受到其中所含重生的吶喊。這是優生學在二十世紀後半的優雅轉世。英國優生學家悉德尼．韋柏（Sidney Webb）在一九一〇年曾呼籲「干預、干預、干預」。六十多年之後，墮胎合法化和不斷發展的遺傳分析科學提供了新穎的人類遺傳「干預」的第一種正式架構，一種新的優生學。

這種優生學的支持者很快地表示，這並非納粹祖父時代的優生學。它和一九二〇年代美國的優生學，或一九三〇年代更惡毒的歐洲優生學不同，它並不強制絕育，也不強制監禁，或送人進毒氣室處

死。婦女並不會被送到維吉尼亞州隔離營，也不會有特派法官把男男女女分為智障、低能或弱智，更不會因個人的口味決定子女的染色體數目。這種優生學的支持者堅信，篩選胚胎基礎的遺傳測試是客觀、標準且有嚴謹的科學依據。測試結果與後來疾病症候的發展幾乎有絕對相關，例如，天生第二十一對染色體多一份副本，或缺少一份 X 染色體副本的「所有」兒童，都至少會表現出唐氏症或特納氏症的一些基本特徵。最重要的是，產前檢查和選擇性流產皆非政府強迫，都不是來自中央的命令，有充分的選擇自由。婦女可以選擇是否要做產前測試、是否要知道結果、是否要終止妊娠，抑或明知胎兒檢測結果為異常，依舊要繼續妊娠。這是善意的優生學，擁護者稱之為新優生學（neo-eugenics 或 newgenics）。

新優生學和舊優生學間的重要區別，就是以基因當作選擇單位。對高爾頓、普萊迪等美國的優生學家，和納粹優生論者來說，確保遺傳選擇的唯一機制就是透過選擇身心的性質，即經由表現型。但這些屬性很複雜，它們和基因的聯繫很難單純掌握。例如，「智力」或許有遺傳因素，但它更顯然是基因與環境的相互作用、觸發的事物、運氣和機會混合的結果。因此選擇「智力」並不能保證會選擇到智力的基因，就像選擇「財富」也不能保證會選擇到累積財富的習慣一樣。

新優生學的擁護者堅持說，它與高爾頓和普萊迪的方法比較起來，最主要的進步在於：科學家不再以表現型當作潛在遺傳決定因素的代表。現在，遺傳學家可以藉由檢驗胎兒的基因成分，直接選擇基因。

⊖

在熱中新優生學者眼中，它已經擺脫了過去的威脅，由科學的蛹中重新破繭而出。一九七〇年代，其範圍更進一步擴大。產前檢查和選擇性流產促成了「消極優生」，即選擇排除某些遺傳疾病的方法，與之齊頭並進的則是同樣豁達放任的「積極優生」，選擇有利的遺傳屬性。正如遺傳學家羅伯特・辛斯海默（Robert Sinsheimer）所述，「舊優生學受制於現存數種最佳基因庫的代表，但新優生學原則上會容許所有不健全者轉換到最高的遺傳水準。」[3]

一九八〇年，開發防碎裂太陽眼鏡的百萬富翁羅伯特・葛拉罕（Robert Graham）捐款給一家加州的精子銀子，以保存「最高智力水準」男性的精子，只為健康、聰明的女性授精。[4]這個「精種選擇庫」（Repository for Germinal Choice）只貯存世界各地諾貝爾獎得主的精子。矽電晶體的發明人物理學家威廉・蕭克利（William Shockley）是少數同意捐贈的科學家之一。[5]可想而知的是，葛拉罕也捐了自己的精子給精子銀行保存，理由為他是「未來的諾貝爾獎得主」，只是斯德哥爾摩的諾貝爾獎委員會尚未承認罷了。不論這樣的幻想多麼熱烈，社會大眾卻並不接受葛拉罕的低溫烏托邦。其後十年間，只有十五個孩子用「精種選擇庫」的精子誕生。這些孩子長期的成就尚不得而知，不過迄今為止，似乎還沒有人獲得諾貝爾獎。

雖然葛拉罕的「天才銀行」受到嘲笑，最後只好解散，但有幾位科學家卻支持它早先的「精種選擇」主張——個人應有自由選擇其子裔的基因決定權。精選遺傳天才的精子銀行雖是粗糙的想法，但另一方面，選擇「天才基因」，卻被視為大有可為的前景。

可是，如何選擇精子（或卵子）攜帶特別強化的基因型？可否把新的遺傳物質引入人類基因組？雖然積極優生技術的確切作法尚不得而知，但已有幾位科學家認為，這只不過是技術障礙，在不久的將來即可解決。遺傳學家赫曼・穆勒，演化生物學家恩斯特・邁爾（Ernst Mayr）和朱利安・赫胥黎（Julian Huxley），以及人口生物學家詹姆斯・克羅（James Crow）都大聲疾呼，支持積極優生的作法。在優生學誕生之前，要選擇有益人類的基因型，唯一的機制就是天擇，即是由馬爾薩斯和達爾文的殘酷邏輯所支配：為生存而鬥爭，倖存者緩慢地出現。克羅寫道，天擇「殘酷、容易出錯，而且毫無效率」。[6]相較之下，人工選擇和操控基因則可以「健康、智力或快樂」為選擇基礎。科學家、知識分子、作家和哲人紛紛支持這個運動，克里克強烈支持新優生學，華生亦然。國家衛生研究院長詹姆斯·薛能（James Shannon）告訴國會議員說，基因篩檢並不只是「醫學界的道德義務，也是重要的社會責任。」[7]

隨著國內外新優生運動的興起，其創始人勇敢地讓新運動揮別醜惡的過去（尤其是來自希特勒納粹優生學的陰影）。新優生學的支持者認為，德國優生主義之所以陷入納粹恐怖的深淵，是因為犯了兩大錯誤：科學文盲及政治不合法。垃圾科學被用來支撐垃圾國家，而垃圾國家又扶植了垃圾科學。新優生學會堅持兩大價值以避開這些陷阱——科學的嚴謹和選擇。

科學上的嚴謹可確保納粹優生學的邪惡不會汙染新優生學。基因型會用嚴格的科學標準做客觀的評估，不受國家干預或命令。選擇的每一步都會受到保護，確定如產前檢查和墮胎等優生選擇，是在充分自由的情況下發生。

然而，在評論者看來，新優生學卻充斥著當年詛咒優生學同樣的基本瑕疵。其中最能引起共鳴的評論，一如所料，來自新優生學帶來生命的學科——人類遺傳學。正如麥庫西克及其同僚發現人類基因和疾病的互相作用，遠比新優生學所預期的複雜得多。唐氏症和侏儒症提供了頗具啟發性的實例；就唐氏症而言，其染色體的異常十分明顯、很容易識別，而且基因受損與醫療症狀大半可以預期，因此產前測試和墮胎似乎理所當然。但即使是唐氏症，也如侏儒症一樣，帶有相同突變的個別患者之間卻有驚人的差異。大部分唐氏症病患在肢體、發育和認知上都有深度障礙。但無可否認的是，部分患者卻依舊有高度功能，他們可以近乎獨立的生活，所需的干預和協助最少。即使是一個多餘的完整染色體（是人類細胞可以想見的重大破壞），也不能做為決定殘障的唯一因素；它存在於其他基因的背景之下，受環境因素和整個基因組調節。遺傳的疾病和健康並非一分為二的鄰國，而是連續的國度，之間只有細薄且往往是透明的國界。

多基因疾病的情況更加複雜，比如精神分裂症或自閉症。儘管眾所周知精神分裂症和遺傳有很大關係，但初期的研究顯示多個染色體上的多個基因，都和此症密切相關。負選擇（negative selection）該如何把這些獨立的決定因素全都消除？而且，如果在某些遺傳或環境背景下，造成精神障礙的基因變異正是其他情況下增強能力的變異，又該如何是好？諷刺的是，葛拉罕天才銀行最知名的捐精者蕭克利，就患有妄想症、攻擊行為和社交退縮等症狀，幾位傳記作家都主張這是一種高功能自閉症。萬一未來我們探究葛拉罕的精子銀行，發現他精選的「天才標本」也擁有在其他情況下可能致病的基因（或者反之：如果「致病」基因變體正是天才基因）又該如何？

麥庫西克就認為在遺傳上「多重決定」，以及把它一視同仁地應用在人類的選擇，會造成他所謂「基因商業」的合成物。「艾森豪總統在任期快結束時警告『軍產複合體』（military-industry complex，指軍事和軍備工業的共生關係）的危險。」[8]麥庫西克說，「我們也要警告遺傳與商業複合體的潛在危害。對基因品質好壞的測試日益增多，可能使商業界和麥迪遜大道上的廣告商對選擇配子生殖的夫婦帶來微妙或不那麼微妙的壓力。」

麥庫西克在一九七六年的憂慮多半屬於理論。儘管受基因影響的人類疾病名單呈指數增加，但大部分的基因都還有待辨識。基因複製和定序的技術都是在一九七〇年代後期發明，讓我們可由人類身上識別出這樣的基因，做預測性的診斷測試。可是，人類基因組有三十億個鹼基對，而和疾病相關的典型基因突變可能只會改變基因組中的一個鹼基對。把基因組所有基因都進行複製和定序以找出突變，是不可能的。要找出與疾病相關的基因，就必須設法把這個基因的地圖畫出來，或者定位在基因組較小的部分裡。但那正是基因技術欠缺的一塊：雖然致病的基因似乎很多，卻很難在遼闊的人類基因組裡找到它們。一位遺傳學家描述，人類遺傳學被卡在「乾草堆裡的針」[9]的問題上。

一九七八年，一場偶然的會議對人類遺傳學「乾草堆裡的針」的問題提供了解決辦法，讓遺傳學者能夠繪製和人類疾病相關基因的圖譜，並複製這些基因。這場會議及其後的發現，成為人類基因組研究的轉捩點。

# 舞蹈的村民，基因的地圖

讚美上帝讓世界五彩斑斕。[1]

——傑洛德・曼利・霍普金斯（Gerard Manley Hopkins），《繽紛之美》（*Pied Beauty*）

我們突然遇到了兩個女人，她們是一對母女，既高又瘦，面容枯槁，兩人都低頭彎腰、身體扭曲、愁眉苦臉。[2]

——喬治・亨丁頓（George Huntington）

一九七八年，麻省理工學院的大衛・博特斯坦（David Botstein）和史丹福的朗恩・戴維斯（Ron Davis）兩位遺傳學者前往鹽湖城，為猶他大學研究生評審委員會擔任委員。[3]會議在瓦薩奇山脈（Wasatch Mountains）的艾爾他（Alta）舉行，離鹽湖城僅數十哩。博特斯坦和戴維斯坐著一面聽報告，一面寫筆記，其中有個報告特別吸引他們的興趣：研究生凱利・卡拉維茲（Kerry Kravitz）和他的指導教授馬克・史科尼克（Mark Skolnick）精心繪製了導致遺傳疾病「血鐵沉著症」（hemochromatosis）的基因位置。這種病自古就有，是因調節腸道鐵質吸收的基因突變所引起，病患者吸收大量的鐵，因體內鐵質沉積而慢慢窒息。肝臟因鐵而無法呼吸，胰臟停止工作。皮膚先變成青銅色，之後變成灰白色。器官一個接一個窒息，身體被轉為礦物質，就像《綠野仙蹤》裡的錫人，最後組織退化、器官衰竭，死亡。

卡拉維茲和史科尼克想要解決的問題和遺傳學基本觀念的缺口有關。一九七〇年代中期，醫學界已鑑別出成千上萬的遺傳疾病，包括血鐵沉著症、血友病和鐮狀細胞貧血症。然而，發現疾病的遺傳性質並不表示能辨識出導致該疾病的基因。比如血鐵沉著症的遺傳模式就清楚顯示此病是由單一基因控制，而且這種突變是隱性的（亦即這個疾病的必要條件來自父母的兩個等位基因皆有缺陷）。但是遺傳模式並沒有告訴我們血鐵沉著症基因是什麼？或者它做了什麼？

卡拉維茲和史科尼克提出了辨識血鐵沉著症基因的巧妙解決方案。要找出一個基因的第一步，是「繪製」它在染色體的特定位置：一旦找到基因在一段特定染色體的位置之後，就能用標準複製技術分離基因，為它定序，測試其功能。卡拉維茲和史科尼克推斷，想要繪製血鐵沉著症基因的位置，他們必須利用所有基因都擁有的這個屬性：它們在染色體上相互連接。

想像一下以下這個思考實驗：假如血鐵沉著症基因位於第七號染色體上，而控制頭髮質地（直、扭結、鬈或呈波浪狀）的基因緊鄰在旁，也位於同一染色體上。現在再假設演化史某個遙遠的時間點上，有缺陷的血鐵沉著症基因出現在鬈髮的男人身上。這個遺傳基因每一次由父母傳給子女時，鬈髮基因就會和它一起傳遞：兩者綁在相同的染色體上。由於染色體很少分裂，所以兩個基因變體不免會彼此相關。這樣的關聯在一個世代可能並不明顯，但經歷多個世代，統計的模式就開始出現：這個家族鬈髮的孩子往往會有血鐵沉著。

卡拉維茲和史科尼克運用了這個邏輯。開始研究猶他州摩門教徒分支龐雜的家譜，發現血鐵沉著症基因與一種帶有數百變異的免疫反應基因有關。[4] 先前的研究已把這種免疫反應基因定位在第六號染色體上，所以血鐵沉著症基因必然就位於那個染色體上。

細心的讀者可能會對如上的例子不以為然，因為血鐵沉著症的基因碰巧在與一個容易識別又具有高度變異性狀的基因連在同一個染色體上，這樣的特質必然很少見。史科尼克感興趣的基因碰巧緊緊地和擁有諸多容易檢測變種的免疫反應蛋白基因連在一起，這一定是非常態的幸運例子。如果要為其他基因繪出這樣的圖譜，人類基因組豈不是必須散布在成串容易辨識的變異標識，那每一哩染色體的路上不就都必須豎好方便引路的路燈？

然而，博特斯坦知道可能有這樣的路標存在。歷經多少世紀以來的演化，人類基因組已有許多分化，足以在DNA序列中創造數千微小的變異。這些變異就稱作「多態性」（polymorphisms，或稱為多形性或多型性），不僅「多種型態」，它們甚至不折不扣地就像等位基因或突變；只是不一定要存在基因本身，而可以存在基因或內含子之間的DNA長鏈中。

我們可以把這些變體想像成眼睛或皮膚顏色的分子版本，在人類個體之間有成千上萬的形式。一個家族在染色體的某個特定的位置攜帶的可能是ACAAGTCC，而另一個家族在同一位置可能攜帶的是AGAAGTCC，其中只有一個鹼基對不同。[1]和頭髮顏色或免疫反應不同的是，肉眼看不出這些變體。這些變異不需要造成表現型的變化，甚至不必改變基因的功能。它們雖不能用標準的生物或生理特性區分，卻可以用精巧的分子技術辨別。例如，利用可以識別ACAAG而非AGAAG的DNA切割酶，就能找出其中一個序列變體。

⊖

一九七〇年代，博特斯坦和戴維斯在酵母菌和細菌基因組首次發現DNA多態性時，並不知道該拿這樣的信息怎麼辨。[5]同時，他們也在人類基因組中辨識出幾個這種多態性，只是當時人類的這種變體範圍和位置仍然未知。詩人路易斯・麥克尼斯（Louis MacNeice）曾寫道「事物多樣的酩酊」[6]，微小的分子變異隨機地散布在基因組，就像人體全身布滿了雀斑，雖然也許會讓人類遺傳學家愉悅地醺醺然，但很難想像這樣的信息有什麼用。此現象或許極其美麗，卻也毫無用處，就像一幅雀斑的地圖。

但是，那天早上博特斯坦在猶他聽到卡拉維茲的報告時，卻突然產生了一股難以抗拒的念頭：如果人類基因組存有這種變異的遺傳標誌，那麼，只要把一個遺傳性狀連結到一個這種變異，就可以畫出任何基因大約的染色體位置。遺傳雀斑圖譜並非沒有用，它可以用來繪製基因的基本結構。多態性就像基因組內部的衛星定位系統，基因的位置可以透過它與變異的聯繫或連結確定。到了午餐時間，博特斯坦已興奮得坐立難安。史科尼克花了十多年的時間追蹤免疫反應的標記，以定出血鐵沉著症基因的位置。博特斯坦告訴史科尼克，「我們可以給你標記，遍布在整個基因組的標記。」[7]

博特斯坦已了解，人類基因定位的真正關鍵不是找到基因，而是找到合適的人選。如果能找到某個夠龐大且擁有某個遺傳特性（任何特性都可以）的家族，又如果那個特性能與遍布基因組的任何變體標記有關聯，那麼基因定位就是小事一樁。如果一個家族所有囊狀纖維化的成員都一致地「共同遺傳」了

① 一九七八年，另外兩位科學家簡悅威（Y. Wai Kan）和安德瑞・杜西（Andree Dozy）在鐮狀細胞基因附近也發現了DNA的多態性，並用它來追蹤病人鐮狀細胞基因的遺傳。[8]梅納德・奧爾森（Maynard Olson）等人也在一九七〇年代後期描述了以多態性繪製基因圖譜的方法。

位於第七染色體尖端一個變異的DNA標記，姑且稱之為X變體，那麼囊狀纖維化的基因就必然在這個位置附近。

博特斯坦、戴維斯、史科尼克和人類遺傳學家雷．懷特（Ray White）於一九八〇年在《美國人類遺傳學》（*American Journal of Human Genetics*）期刊發表報告，描述了他們對基因圖譜的想法，博特斯坦寫道，「我們描繪了構建人類基因組遺傳圖譜的新基礎。」[9]人類基因組。這是個奇特的研究，塞在不太起眼期刊的內文裡，插滿了統計數據和數學方程式，不禁讓人想起孟德爾的經典論文。

這個想法的完整意涵還須一段時間才能被大家了解。我先前說過，舉足輕重的遺傳學見解總是轉變，例如由統計特性到遺傳單位，由基因到DNA。博特斯坦也提出了重要的觀念轉變，即在人類基因的遺傳性狀特徵，轉變為它們在染色體上的實體圖譜。

⊖

一九七八年，心理學家南西．魏克斯勒（Nancy Wexler）與懷特和麻省理工學院的遺傳學家大衛．郝斯曼（David Housman）通信時，聽說了博特斯坦的基因圖譜計畫。她有極重大的理由密切注意此計畫。一九六八年夏，她二十二歲時，她母親莉歐諾（Leonore Wexler）在洛杉磯過馬路時，走路東搖西擺，遭警察裁罰。莉歐諾有原因不明的抑鬱症，但從未診斷出身體疾病。她的兩個兄弟保羅和西摩爾曾在紐約參加過搖擺樂隊，兩人在一九五〇年代都被確診罹患罕見遺傳疾病亨丁頓舞蹈症，另一個兄弟傑西是個喜歡表演魔術的業務員，他在表演時發現手指頭搖晃、無法控制，後來也診斷為相同的疾病。他們的父親亞伯拉罕．薩賓（Abraham Sabin）在一九二九年已因亨丁頓舞蹈病而亡。一九六八年五月，莉歐諾看診神經科醫生時，被診斷出亨丁頓舞蹈症。

亨丁頓氏症以一八七〇年代最先描述此病狀的長島醫師命名，也被稱為亨丁頓舞蹈症（Huntington's chorea，chorea 源自希臘文的「舞蹈」），只是此舞蹈非彼舞蹈，是毫無歡喜之情的病態舞蹈，源自失調的大腦功能。通常，繼承亨丁頓氏症顯性基因的病人（只要一個等位基因就足以造成此症）在生命的前三、四十年，神經方面都完好無缺。他們或許偶爾有情緒波動，或者微妙的社交不適跡象。接著，開始出現幾乎無法查覺的輕微抽搐。他們變得難以握持物體，酒杯和手錶由指間滑落，動作也分解成抽搐和痙攣。最後，不自覺的「舞蹈」開始，彷彿隨著魔鬼的音樂起舞，他們的手和腿會自行移動，作出翻騰扭動的弧狀手勢，中間穿插斷斷續續、帶節奏的搖擺，「就像看巨型木偶戲，被看不見的操縱者猛力牽拉。」[10]此疾病的晚期病徵是認知能力嚴重下降，運動功能幾乎完全喪失。病人死於營養不良、老年癡呆和感染，但會一直「舞」到最後。

亨丁頓舞蹈病之所以可怕，原因之一是它發病晚。攜帶此基因的人到了三、四十歲才會發現他們的命運，這時他們都已生了孩子。因此，此疾病一直都存在人類之中。由於亨丁頓氏症的每一名病患都有一個正常的等位基因和一個突變的等位基因，因此他或她生下的每一個孩子都有一半的機率罹患此症。這些孩子的人生就如南西．魏克斯勒描述的，陷入了「殘酷的輪盤賭局[11]，等待症狀發作的遊戲[12]」。一位病患曾如此描寫這種混沌、奇特的恐怖：「我不知道灰色地帶會在哪一點結束，更黑暗的命運會在那裡等待。我加入了可怕的等待遊戲，想著何時會發病，想著隨之而來的衝擊。」[13]

南西的父親米爾頓．魏克斯勒（Milton Wexler）是洛杉磯的臨床心理學家，他在一九六八年把莉歐諾的診斷告訴了兩個女兒南西和愛麗絲，[14]當時她們兩人並沒有症狀，但因為此病沒有遺傳測試，只知道兩人都有五〇%的機率帶有突變的基因。米爾頓告訴女兒，「你倆各有二分之一的罹病機率，而且如果你們患病，你們的孩子也會有二分之一的罹病機率。」[15]

「我們緊抱彼此啜泣，」南西回憶說，「只能被動地坐等發病死亡，這感覺實在難以忍受。」

那一年，米爾頓成立了一個非營利組織，遺傳病基金會（Hereditary Disease Foundation），資助亨丁頓舞蹈症及其他罕見遺傳疾病的研究。[16]他認為尋找亨丁頓氏症的基因應是診斷、治療和痊癒的第一步，能給女兒預測和規畫未來疾病的機會。

同時，莉歐諾逐漸陷入了疾病的深淵，她的言語開始不清晰、難以控制，她女兒回憶說，「剛為她買的新鞋，不久就會磨損。她在療養院裡，坐在床和牆壁之間狹窄空間的椅子上，不論椅子放在哪裡，她的持續動作都會把椅子推到牆邊，直到頭撞上灰泥牆面。我們努力讓她保持體重；因為不知道什麼緣故，亨丁頓舞蹈症的病人如果體重較重，對病情較有利，可是他們持續不斷的動作，使他們不斷瘦下來。某次她在半小時之內吃完一磅的土耳其軟糖，露出淘氣的笑容。但她的體重卻從來沒有增加，反而是我變胖了，因為我陪她吃，我吃，阻止自己哭泣。」[17]

一九七八年五月十四日母親節，莉歐諾去世。[18]一九七九年十月，遺傳病基金會的南西、郝斯曼、懷特和博特斯坦在國家衛生研究院舉行了研討會，主旨是追蹤基因圖譜的最佳策略。[19]博特斯坦的基因定位方法主要還只是理論；當時，這種方法還未曾繪出人類基因的位置，而且，用此法繪出亨丁頓舞蹈症基因的位置，似乎還不太可能。畢竟博特斯坦的技術關鍵是依賴疾病和標記之間的關聯：病患越多，關聯越強，遺傳圖譜就越精密。亨丁頓舞蹈症只有幾千名患者，分散在美國各地，似乎完全無法配合這種基因定位技術。

然而，基因圖譜的影像在南西腦海裡揮之不去。幾年前，米爾頓從委內瑞拉神經學家那裡聽說，當地馬拉開波湖（Lake Maracaibo）岸邊相鄰的巴蘭基塔斯（Barranquitas）和拉岡塔斯（Lagunetas）兩個村莊，住了極多亨丁頓舞蹈症病患。米爾頓在這位神經學家拍攝的模糊黑白錄影帶上，看到十幾個村民歪歪倒倒地在街上漫遊，四肢顫抖，難以控制。村子裡相當多亨丁頓舞蹈症病患。南西認為，如果博特斯坦要發揮他的技術，她就必須取得委內瑞拉這群病人的基因組。距離洛杉磯數千哩的巴蘭基塔斯，是找到她家族疾病基因的最佳機會。

一九七九年七月，南西動身前往委內瑞拉，尋找亨丁頓舞蹈症的基因。她寫道，「我一生中曾有少少幾次很確定某事一定是對的，那幾次就是我實在坐不住的時候。」[20]

⊖

遊客乍看之下可能不覺巴蘭基塔斯的居民有什麼異常。一個男人走在塵土飛揚的路上，後面跟著一群打赤膊的孩子。一個穿著花洋裝的黑髮纖瘦女子走出錫頂棚屋，往市場而去。兩個男人面對面坐著，一邊聊天，一邊玩紙牌。[21]

然而，起初正常的景象很快就會產生變化。男人走路的模樣開始顯得十分不自然，才走了幾步，身體就開始斷斷續續地抽搐，手也在半空中畫出彎曲的弧形。他側身抽搐，接著又糾正自己，偶爾面部肌肉也扭曲起皺。女人的手也扭曲蠕動，在她周遭畫半圓，形容憔悴，流下口水。她有進行性失智症（progressive dementia）。一旁正在聊天兩人，一人突然猛力伸出手臂，然後又繼續談話，好像什麼也沒有發生。

當委內瑞拉神經學家阿米里柯・尼格里特（Américo Negrette）在一九五〇年代初抵巴蘭基塔斯時，[22]以為碰到了全村都是酒鬼的村莊，不過他很快就發現自己錯了：所有失智、面部抽搐、肌肉萎縮和動作不受控制的男女，全都患了遺傳性神經症候群，亨丁頓舞蹈症。在美國，這個症候群的病患十分罕見，一萬人中只有一人患有此病。但在巴蘭基塔斯及鄰近的拉岡塔斯，某些地方每二十個人就有一人罹患此病。[23]

⊖

一九七九年七月，南西．魏克斯勒抵達馬拉開波。她雇請八名當地工作人員，大著膽子進入沿湖的村莊，開始記錄受到此病影響和未受影響的人（魏克斯勒受的雖然是臨床心理學家的訓練，但她當時已是舞蹈症和神經退化性疾病領域，舉世數一數二的專家）。她的助理回憶：「這個地方簡直不可能做研究。」他們設置了臨時流動診療所，好讓神經科醫師鑑定病人、記錄疾病的特性，並提供信息和支持性的護理。魏克斯勒特別感興趣的是找到具有兩個亨丁頓舞蹈症突變基因，即「同型合子」（homozygotes）的病人。[24]這樣的病患，須生在雙親都患有此症的家庭。一天早上，當地的一名漁夫帶來了重要的線索：他知道沿湖往下划約兩小時有個棚戶區，那裡有許多家庭都受到此病的折磨。魏克斯勒願不願意冒險穿過沼澤到那個村子去？

她願意。次日，魏克斯勒和兩名助手就搭船出發，朝著「高腳村」（pueblo de agua）前進。天氣酷熱，他們在停滯的死水裡划了幾個小時，正當他們繞過一個小灣時，看到一個穿著褐色印花洋裝的婦女盤腿坐在門廊上。他們的船把這女人嚇了一跳，她起身進屋，但在中途卻突然做出抽動的舞蹈動作，那是亨丁頓舞蹈症的特徵。魏克斯勒在離家整整一個大陸之外，和那教她心痛的舞蹈面對面，她回憶說，「那是全然奇特卻又完全熟悉的衝擊，我覺得自己既緊密又疏離，情緒難以克制。」[25]

片刻之後，魏克斯勒划槳進入村子核心，她看到另一對夫婦躺在兩個吊床上，兩人都在手舞足蹈顫抖。兩人育有十四個孩子。魏克斯勒開始收集這些孩子和孩子的孩子的資料，血統的記錄迅速增加。幾個月內，她就建立了有數百名亨丁頓舞蹈症男、女及兒童病患的名單。接下來的幾個月，魏克斯勒帶著一批訓練有素的護士和醫生回到了散落在當地的各個村莊，收集一小瓶又一小瓶的血液。[26]他們辛勤地收集資料，並建立了這些委內瑞拉親族的家譜，並把血液送給波士頓麻州總醫院的詹姆斯・古塞拉（James Gusella）實驗室，以及印第安納大學的族群遺傳學家麥可・康奈利（Michael Conneally）。

在波士頓，古塞拉從血液細胞純化DNA，並且用大量的酶切割它，尋找可能與亨丁頓舞蹈症相關的基因變異。康奈利的團隊則分析數據，量化DNA變體和疾病之間的統計相關。三組人馬原本以為研究工作會緩慢推進，因為他們必須篩選成千上萬個多態性的變異，可是，不久後他們就大吃一驚。一九八三年，血液送達還不到三年，古塞拉的團隊就發現位於第四號染色體的一段DNA變異和此病有驚人的關聯。值得注意的是，古塞拉的團隊也收集到美國患者的血液，只是人數少得多，但也顯示出與第四號染色體的DNA標記有微弱的關聯。[27]兩個獨立的家族都表現出如此強烈的關聯，因此，其遺傳關係應該毋庸置疑。

一九八三年八月，魏克斯勒、古塞拉和康奈利在《自然》期刊發表了論文，確定亨丁頓舞蹈症的基因位於第四號染色體的偏遠前端：4p16.3。[28]這是基因組中一個奇特的位置，這裡大半是空蕩蕩的，其中有一些未知的基因。這一群遺傳學家就像船隻突然在荒無一人的灘頭登陸，眼前沒有任何地標。

使用連鎖分析（linkage analysis）把基因投射到染色體的位置，就像把鏡頭由外太空推進到遺傳物質的大都市，它的確讓我們對基因的位置有了更詳細的了解，但依舊離鑑定基因本身還有很長的路要走。接下來，則是藉著逐步識別更多的連鎖標記，把基因的位置縮小到染色體越來越小的片段，讓基因圖譜更精密。由地區和分區迅速縮小，街道和更小的鄰里區塊開始出現。

最後步驟的辛勞程度實在讓人吃不消。攜帶疑似罪魁禍首基因的染色體之片段被分為小部分的小部分，每一部分都與人類細胞分離，插入酵母或細菌染色體，製造數百萬份副本。這些複製的片段經定序和分析，再經掃描以確定它們是否含有潛在的基因。這個過程一再重複，越來越精密，每個片段都測序並重新檢查，直到在單一 DNA 片段鑑定出候選基因為止。最後的測試則是比較正常人和患者之間的這段基因定序，確定帶有遺傳疾病的病人身上，這片段有了變化。一切就像挨家挨戶搜尋兇手。

⊖

一九九三年二月的一個蕭瑟早晨，古塞拉收到他的資深博士後研究員所發的電郵，上面只有一句：「賓果」。那意味著他們終於著陸了。自一九八三年亨丁頓舞蹈症的基因定位在第四號染色體起，六位主要調查人員和五十八位科學家（由遺傳病基金會組織、培養和贊助）組成的國際團隊，花了最黯淡的十幾年時光，在那個染色體搜尋此基因。他們嘗試了種種捷徑，想要分離此基因，可是徒勞無功。最初爆現的運氣已經用完。沮喪之餘，他們只好再度把所有基因逐個過濾。一九九二年，他們逐漸瞄準了一個最初命名為IT15的基因，意即「有趣的轉錄本15」（interesting transcript 15），後來改名為「亨丁頓蛋白」（Huntingtin）。

科學家發現IT15為一個巨大蛋白質編碼，此蛋白質是含有三一四四個胺基酸的生化龐然大物，幾乎比人體內其他任何蛋白質都大（胰島素僅有五十一個胺基酸）。古塞拉的博士後研究生在那個二月的早上，在一群正常對照組和亨丁頓舞蹈症患者的基因中，為IT15基因定序。她計數了定序凝膠中的條帶，發現病人和正常人之間的一個明顯差異。這個候選基因找到了。[29]

古塞拉致電給魏克斯勒時，她正準備動身前往委內瑞拉收集樣本，聽到這個消息，她喜出望外，潸然下淚。她告訴一位訪問者，「我們找到它了，我們找到它了，這個長夜漫漫，路迢迢。」[30]

亨丁頓蛋白在神經元和睪丸組織中被發現。在小鼠身上，它是大腦發育必需的元素。亨丁頓蛋白的功能尚不清楚，其致病的突變更為神祕。正常基因序列含有高度重複的序列，CAGCAGCAGCAG……，就像單調的分子詩歌，平均延續十七次這樣的重複（有些人是十次，但也有些人可能有多達三十五次重複）。然而，亨丁頓舞蹈症患者的突變很奇特。鐮狀細胞性貧血是由於蛋白質中單個胺基酸改變，但亨丁頓舞蹈症的病例中，突變並非源自一、兩個胺基酸的改變，而是基因重複的次數由不到三十五次的正常次數，增加到四十多次。重複次數的增加延長了亨丁頓蛋白的大小。科學家認為較長的蛋白質用來聚集在神經元的碎片中，這些碎片在細胞內就像纏繞的線軸積聚，可能導致它們死亡和功能障礙。

這奇特的分子「結巴」（重複序列）究竟由何而來？這仍然是個謎，它可能是基因複製時出錯，也許在重複的延伸時DNA複製酶增加了額外的CAG，就像兒童在拼寫Mississippi時額外添加了s。亨丁頓舞蹈症的遺傳有個顯著的特點，那就是「早現現象」（anticipation）[31]：在患有此症的家族中，重複的次數會隨著世代相傳而增加，導致五、六十個重複的基因（就像兒童拼錯Mississippi一次之後，接著繼續增加更多的s）。隨著基因重複次數的增加，疾病的嚴重程度加重，發作的時間提早，影響越來越年輕的家族成員。在委內瑞拉，甚至連年紀小到十二歲的男女兒童都會發病，其中某些人攜帶了七、八十個重複的序列。

⊖

戴維斯和博特斯坦以基因在染色體上的實際位置繪製其圖譜的技術，後來稱為「定位複製」（positional cloning），這是人類遺傳學的轉捩點。一九八九年，此技術用來鑑定導致囊狀纖維化的基因，這是一種有嚴重破壞性的疾病，會影響肺、胰臟、膽管和腸。在大部分的人口中，導致亨丁頓舞蹈症的突變非常罕見（委內瑞拉的病人例外），但囊狀纖維化的基因突變卻很常見：每二十名歐洲裔的男或女性，就有一個攜帶這個突變基因。通常只有單一突變等位基因的人並無症狀。但如果兩個無症狀的攜帶者孕育了孩子，這孩子就有四分之一的機率天生帶有兩個突變等位基因，而遺傳兩個囊狀纖維化突變基因就會有致命的結果。有的突變外顯率達百分之百。直到一九八〇年代，攜帶兩個突變等位基因的孩子，平均壽命是二十歲。

數世紀以來，醫界一直懷疑囊狀纖維化與鹽和分泌有關。一八五七年，一本以兒童歌曲和遊戲為主題的瑞士年鑑就警告在親吻孩子時，要注意「眉頭有鹹味孩子」的健康。[32]罹患此病的兒童會由汗腺排出大量的汗液，嚴重到如果把他們被汗泡濕的衣服掛在晾衣桿上風乾，汗液裡的鹽會腐蝕金屬，就像海水。這種病人的肺分泌物非常黏稠，痰塊堵住呼吸道，呼吸道因此成了細菌的溫床，造成頻繁發作，致命的肺炎是此病最常見的死因。這種恐怖的生活（身體淹沒在自己的分泌物中），最後導致可怕的死亡。

一五九五年，荷蘭萊登（Leiden）大學的一位解剖學教授描述一名病童的死亡：「在心包膜內，心臟漂浮在毒液中，是海綠的顏色。死亡原因是胰臟奇怪地腫脹。這個小女孩骨瘦如柴，因潮熱而虛脫，體溫起伏但持續發燒。」[33]我們幾乎可以確定他描述的就是囊狀纖維化病例。

一九八五年，多倫多的華裔人類遺傳學家徐立之發現了一個和突變CF基因有關的「無名標記」，這是基因組上的博特斯坦DNA變體之一。[34]他們很快確定這個標記位於第七號染色體，只是在這個染色體的曠野中，依舊不知CF基因在何方。徐立之開始尋獵，逐步縮小可能包含CF基因的區域，密西根大學的人類遺傳學家法蘭西斯·柯林斯（Francis Collins）和同樣也在多倫多的傑克·雷爾頓（Jack Riordan）也加入搜獵。柯林斯巧妙地修改了搜獵基因的標準技術。在基因定位時，一般學者通常是沿著染色體「走」，先複製一點，接著下面一點，一個又一個地連續重複片段，十分辛苦費力，就像一手接著一手地攀繩而上。柯林斯的方法則在染色體上下移動較長的距離。他稱之為染色體「跳躍」。

一九八九年春，柯林斯、徐立之和雷爾頓用染色體跳躍縮小基因獵獲，到只剩第七號染色體的幾個候選基因上。[35]其任務此時變成為基因定序，確定它們的身分，並定義影響CF基因功能的突變。那年夏末的一個雨夜，徐立之和柯林斯正在貝塞斯達參加基因圖譜研討會，他們苦苦站在傳真機前，等待柯林斯實驗室的一位博士後研究員傳來自基因序列的消息。隨著機器吐出了一張又一張的紙，上面盡是亂七八糟的基因序列，ATGCCGGTC……，柯林斯如同看著啟示憑空出現：在病童的兩個副本中，只有一個基因持續突變，而未發病的父母親則只攜帶了突變的一個等位基因。CF基因編碼是一種能跨細胞膜傳遞鹽的分子。最常見的突變是DNA的三個鹼基缺失，將導致蛋白質中只去除或缺少一個胺基酸（在基因的語言中，DNA的三個鹼基編碼一個胺基酸）。這個缺失造成一個功能失調的蛋白質，讓它無法越過細胞膜移除氯，也就是普通食鹽氯化鈉的成分。汗液中的鹽分無法吸收回到體內，因而造成鹽分高的汗液。身體也不能分泌鹽和水進入腸道，導致腹部症狀。②

CF基因的複製是人類遺傳學家的里程碑。幾個月之內就推出了突變等位基因的診斷測試。到了一九九〇年代初，已可以篩選帶有突變基因者，並且也可在子宮內常規測驗診斷，讓懷有突變基因胎兒的父母可考慮墮胎，或者監測孩子，早期發現病徵。夫妻雙方都至少有一個突變等位基因的「帶因者夫婦」可以選擇不生育或收養子女。近十年來，在突變等位基因發生頻率最高的人口中，針對帶因者可能性高的父母篩檢和胎兒診斷，已讓天生囊狀纖維化兒童患病率減少三〇至四〇％。[36]一九九三年，紐約一家醫院發起了積極的計畫，篩選阿什肯納茲猶太人（Ashkenazi Jews，德系猶太人，源於中世紀德國萊茵蘭一帶的猶太人後裔）的三種遺傳性疾病，包括囊狀纖維化、高雪氏症和戴薩克斯症（這些基因突變在阿什肯納茲猶太人口中較普遍）。[37]家長可以自由選擇是否要進行篩檢，要不要採羊膜穿刺術進行產前診斷，如果胎兒有天生遺傳疾病，是否要終止妊娠。自推出該計畫以來，再也沒有任何一個患有此遺傳疾病的嬰兒在該醫院出生。

⊖

自一九七一年伯格和傑克森創造第一個重組DNA分子的那一年起，到一九九三年亨丁頓舞蹈症基因被確定分離的一年，遺傳學的觀念轉變十分重要。儘管在一九五〇年代後期已發現DNA是遺傳的「主要分子」，但當時無法為它定序、合成、改變或操縱。除了一些著名的例外，人類疾病的遺傳基礎大半還是未知。只有部分人類疾病，如鐮狀細胞貧血症、地中海貧血和B型血友病被確定與其基因有關。臨床上唯一可採取的遺傳干預措施就是羊膜穿刺和人工流產。胰島素和凝血因子正由豬的器官和人體血液分離出來，還沒有藥物可由基因工程創造。人類基因從未刻意在人類細胞外表現。藉由引入外源基因改變生物體基因組，或者故意改變天然基因的前景，遠遠超出任何技術所及。牛津詞典裡也還沒有「生物技術」這個詞。

二十年後，遺傳學景觀有了了不起的變化：人類基因已可定位、分離、定序、合成、複製、重組、導入細菌細胞、送入病毒基因組，並用來創造藥物。物理兼歷史學家艾夫林·福克斯·凱勒（Evelyn Fox Keller）描述道：一旦「分子生物學家發現他們可以自行操縱DNA，就會出現一種徹底改變了我們對『自然』恆定歷史感的技術。」[38]

「傳統觀點認為『先天』決定了命運，而『後天』則意味著自由，但現在角色似乎倒轉了。我們可以更容易地控制基因，而非環境；這不只是長遠的目標，而是直接的前景。」

一九六九年，在啟發性十年開始的前夕，遺傳學家辛斯海默寫了一篇談未來的文章，提到合成、定

---

② 歐洲的囊狀纖維化突變基因十分普遍，幾十年來遺傳學者對此百思不解。要是囊狀纖維化是這麼致命的疾病，為什麼這個基因沒有被演化天擇淘汰？近年來的研究提出一個具啟發理論：突變的囊狀纖維化基因在感染霍亂時，可能會帶來益處。人類感染霍亂會造成棘手的嚴重下痢，喪失鹽和水分，導致脫水、代謝紊亂和死亡。具有突變CF基因副本的人，由細胞膜失鹽和失水的機率較低，因此對霍亂最嚴重的症狀，相對受到較多的保護（這點可用基因工程改造過的小鼠證明）。在這裡，基因的一個突變視情況造成雙重效果，一份副本時有益，兩份副本則致命。擁有一個突變CF基因副本的人可能得以在歐洲霍亂時疫中倖存，但兩個這樣的人結合繁衍子孫時，卻有四分之一的機率生出同時擁有兩個突變基因的孩子，也就是囊狀纖維化病童，只是天擇優勢足夠強大，讓突變的CF基因留了下來。

序和操縱基因的能力將揭開「人類史上的新視野」[39]。

「有些人可能會微笑，覺得這只不過是期望人類完美這個舊夢想的新版本。沒錯，但其中還有更多意義。人類對完美教養與智慧的舊夢總是因為固有的、遺傳的不完美和限制，而受到嚴重的束縛。現在，我們瞥見另一條路，能夠安心且有心地改善這個演化了二十億年的卓越產品，並遠遠超越了我們目前的憧憬。」[40]

其他預期此生物革命的科學家卻沒有這麼樂觀自信，正如遺傳學家哈爾丹（J. B. S. Haldane）一九二三年所述，一旦掌握了控制基因的權力，「沒有任何信念、價值和機構是安全的。」[41]

# 「取得基因組」

狩獵我們去打獵，我們去打獵！
我們會抓到一隻狐狸，把牠關在一個箱子，
然後我們會讓牠走。

——十八世紀兒歌

人類能夠讀出我們自己基因組的序列，這是哲學的悖論。有智慧的生物能了解創造自己的指令嗎？[1]

——約翰．薩爾斯頓（John Sulston）

研究文藝復興時期造船術的學者經常辯論這種技術的本質，它促成十五世紀末和十六世紀越洋航行爆炸性的成長，最後導致了新大陸的發現。究竟是如一派陣營所說的，建造更大船隻的能力，如加利恩帆船（galleons）、克拉克帆船（carracks）等遠洋大型帆船和弗魯特商船（fluyts）的能力，促成航海技術蓬勃發展；還是如另一派陣營堅持的，是由於新的導航技術，如優良的星盤、航海家的指南針和早期的六分儀？

在科學和科技史上，突破似乎也來自於兩種基本的形式。一種是規模的改變——光是規模大小的變化，就足以造就關鍵的進步（一位工程師的名言就是，登月火箭只不過是垂直朝月球飛去的巨大噴射機）。另一種則是觀念的改變，進步來自於激進的新觀念或新想法。這兩種模式其實未必互相排斥，而是相輔相成。規模的改變造成觀念的變化，相對地，新觀念也需要新的規模。顯微鏡開啟了眼睛看不到的世界之門，揭開了細胞和細胞內胞器的天地，提出了細胞內結構和生理的疑問，並要求功能更強大的顯微鏡，以了解次細胞區室（subcellular compartments）的結構和功能。

一九七〇年代中期至一九八〇年代中期，遺傳學也經歷了許多觀念上的重大變化——基因複製、基因定位、分裂基因、基因工程以及基因調控的新模式，但在規模卻並沒有重大的變化。這十年間，已有數百個個別的基因分離出來、定序，並借助功能特性複製，可是沒有完成任何一個細胞生物所有基因的完整目錄。原則上，為整個生物體基因組定序的技術已經發明了，但是，光是這工程規模的浩大，就讓科學家畏縮不前。一九七七年，桑格為phiX病毒的基因組定序，列出了五三八六個鹼基的DNA，這個數字代表基因定序能力的外部界限。[2] 人類基因組含有三〇九五六七七四一二個鹼基對，這是比界限高出五十七萬四千倍的規模。[3]

⊖

分離出人體和疾病相關的基因，尤其突顯全面定序的潛在好處。但即使在一九九〇年代初期，就在報章雜誌流行歌誦基因定序和辨識關鍵人類基因的好處之時，遺傳學家和病人私下卻充滿對此過程的效率和艱苦的憂慮。亨丁頓舞蹈症就花了至少二十五年，才由一個病人（南西·魏克斯勒的母親）追查到這個基因（若依照亨丁頓舞蹈病最先的病例來算，更長達一百二十一年）。自古以來就知道乳癌會遺傳，但最常見的乳癌基因BRCA1，卻直到一九九四年才識別出來。[4]即使有了曾用來分離囊狀纖維化基因的染色體跳躍等新技術，但是，找出基因並為之定位的速度依舊慢得令人沮喪。[5]線蟲生物學家薩爾斯頓說，「許多極其聰明的人想要找出人類基因，但他們卻浪費時間推理序列細節。」[6]薩爾斯頓擔心一個接一個尋找基因的方法到頭來恐怕會停擺。

華生也呼應遺傳界搜尋「單一基因」的步調太緩慢，他主張「即使有重組DNA方法的龐大力量，最後分離出大部分疾病基因的目標，在一九八〇年代中期依舊非人力所及。」[7]華生追求的是整個人類基因組的序列，即三十億個鹼基對，由第一個到最後一個核苷酸。每一個已知的人類基因，包括所有遺傳密碼、所有的調控序列、每一個內含子和外顯子，以及在基因和所有蛋白質編碼區段之間的所有DNA長鏈，都會在該序列中找到。這個序列將作為模板，作為未來發現的基因註記。例如，若有遺傳學家新發現會增加乳癌風險的基因，就能把它定位在人類基因組的主序列，辨識它精確的位置和順序。這個序列也會成為異常（即突變）基因的「正常」模板，意即基因學者藉著比較受乳癌相關基因影響和正常的婦女，就能繪出導致疾病的突變。

㊀

推動整個人類基因組定序的力量來自另外兩個來源。一次解開一個基因，此方式對於囊狀纖維化和亨丁頓舞蹈症等「單基因」疾病是完美的方法，但大部分常見的人類疾病並非由單基因突變而引起，這些疾病與其說是基因疾病，不如說是基因組疾病：散布在整個人類基因組的多個基因決定疾病的風險。

這些疾病無法由單一基因的行動理解，而必須由了解幾個獨立基因之間的關係，才能了解、診斷或預測。

癌症就是典型的基因組疾病。百餘年來，醫界早已知道癌症是一種基因疾病：一八七二年，巴西眼科醫師希拉里歐·德·古維亞（Hilário de Gouvêa）曾描述過一個家族數世代都不幸罹患一種罕見的眼癌，視網膜母細胞瘤。[8]家族共有的特性除了基因之外，當然還有不良的習慣、不良的飲食、各種神經官能症、強迫症、環境和行為等，但視網膜母細胞瘤的家族模式顯示其原因為遺傳。德·古維亞主張這種罕見的眼部腫瘤原因在於「遺傳因素」。早在他提出此說的七年前，地球彼端，沒沒無聞的植物學家兼修士孟德爾發表了豌豆遺傳因素的論文，但德·古維亞從未讀過孟德爾的論文，也沒聽過基因這個詞。

德·古維亞之後又過了整整一世紀，到了一九七〇年代後期，科學家逐漸明白癌症是因正常細胞控制成長的基因出現突變所致。①在正常細胞上，這些基因是成長的調控能手，因此皮膚上的傷口一旦痊癒，通常就會停止修復，因此不會變成腫瘤（或者按遺傳學的說法：基因告訴傷口上的細胞何時該開始成長、何時該停止）。遺傳學者明白，癌細胞裡的這些小路不知為什麼被打斷了，開始生長的基因被開啟，而停止的基因卻被關閉；改變新陳代謝和辨識細胞的基因遭破壞，使得細胞不知道該怎麼停止生長。

癌症是這種內源基因通路的改變所造成，癌症生物學家哈洛德·瓦慕斯（Harold Varmus）稱之為「正常自我的扭曲版本」，這樣的想法教人極其不安：數十年來，科學家一直希望能找出某種病原體，比如病毒或細菌，作為癌症的共同原因，或許能用疫苗或抗菌治療消滅它。癌症基因和正常基因息息相關，開啟了腫瘤生物學的核心挑戰：突變基因如何恢復原本關閉或開啟的狀態，同時又容許正常的成長不受干擾？一直以來，這都是癌症治療的明確目標、多年的夢想和最深奧的謎。

正常細胞可能透過四種機制產生這些致癌的突變。突變可能來自環境的危害，比如菸草的菸、紫外線或X光，攻擊DNA並改變其化學結構的媒介。突變可能來自於細胞分裂過程的自發性錯誤（每次細胞裡複製DNA的過程都有微小的可能會發生錯誤，例如一個A可能會複製成T、G或C）。突變的癌症基因可能是從父母遺傳而來，因此造成遺傳性的癌症症狀，如整個家族遺傳的視網膜母細胞瘤和乳癌。或者，基因也可能由病毒帶入細胞，而病毒正是微生物界的專業基因載具和基因交換者。這四種情況都會形成同樣的病理過程：基因通路不當的重啟或關閉，造成惡性、失調的細胞分裂，而這正是癌症的特徵。

人類史上最基本的疾病起源於生物學兩個最基本過程的錯誤，這並非巧合：癌症綜合了演化和遺傳兩者的邏輯；它是孟德爾和達爾文的病態融合。癌細胞經過突變、生存、天擇和生長而出現，它們把惡性生長的指令經由基因傳遞給它們的子細胞。正如一九八〇年代初期的生物學家所發現的，癌症是一種「新」遺傳疾病——遺傳、演化、環境和機會混合得到的結果。

①　追尋癌症之源，經由錯誤的線索、吃力的探究和啟發的捷徑，終於證明癌症是人類內源基因錯誤所致。這段曲折的知識之旅本身就值得寫一本書。一九七〇年代當道的癌症理論是，所有或大部分的癌症都是由病毒引起。但後來由包括加州大學舊金山分校的瓦慕斯和麥可．畢夏普（J. Michael Bishop）幾位科學家進行的開創性實驗，卻出人意表地發現，這些病毒通常是藉著篡改原始致癌基因（proto-oncogenes）的細胞基因而導致癌症。簡言之，人類基因組原本就有弱點，這些基因發生突變，使生長失調，因而發生癌症。

但是，有多少這樣的基因牽涉典型的人類癌症之中？每一種癌症連接一個基因？一打基因？一百個基因？一九九〇年代後期，約翰霍普金斯大學的癌症遺傳學家伯特．沃格斯坦（Bert Vogelstein）決定要為幾乎所有涉及人類癌症的基因製作完整的目錄。沃格斯坦已經發現癌症是經由一步一步的過程而來，源自一個細胞中數十次突變的累積。[9]透過一個又一個基因，細胞逐步邁向癌症——經歷一、二、四，然後幾十個突變，使它的生理機能由受到控制的生長轉變為生長失調。

對於癌症遺傳學家來說，這些資料清楚說明一次一個基因的作法實在不足以了解、診斷或治療癌症。癌症的基本特徵是巨大的基因多樣性：同一名婦女兩個乳房的兩個乳癌樣本，就可能會有截然不同的突變與不同範圍，因此會有不同的表現、依照不同的速度發展、對不同的化療起反應。要了解癌症，生物學家必須評估癌細胞整個基因組。

如果必須為癌症基因組而不僅是個別癌症基因定序，才能了解癌症的生理和多樣性，那麼就更有必要先完成正常基因組的定序。人類基因組是癌症基因組的正常對照。唯有在正常或「野生型」的對照之下，才能描述基因突變。沒有正常的模板，幾乎不可能了解癌症的基本生物學。

就像癌症，遺傳精神疾病也牽涉了數十個基因。一九八四年，精神分裂症尤其引起了全美的怒火，那年七月的一個下午，患有被害妄想症的詹姆斯．賀伯提（James Huberty）隨意走進聖地牙哥一間麥當勞，開槍射殺了二十一人。[10]在大屠殺前一天，賀伯提打了一通急切的求助電話，請一間精神病診所的總機留言，要求醫師協助，他在電話旁等了好幾個小時，卻始終沒有接獲回電；因為總機把他的姓拼成Shouberty，又沒有抄下他的電話號碼。第二天上午，還在妄想狀態游離的他，用格子毯包裹裝滿子彈的半自動槍械出門，告訴女兒他要「出門追殺人類」。

賀伯提事件發生的七個月前，美國國家科學院（NAS）公布了大規模研究的報告，證實精神分裂症與基因有關。科學院採用一八九〇年代高爾頓首創、一九四〇年代納粹發揚光大的雙胞胎研究，發現同卵雙胞胎都罹患精神分裂症的一致率（concordance）高達驚人的三〇至四〇％。[11]稍早在一九八二年，遺傳學家歐文．戈茲曼（Irving Gottesman）發表的研究中，更提出同卵雙胞胎的一致率高達四〇至六〇％。[12]如果雙胞胎之一診斷出精神分裂症，另一個雙胞胎發展出此病的風險比一般人高五十倍。戈茲曼還發現，患有最嚴重精神分裂症的同卵雙胞胎，一致率是七五至九〇％[13]：幾乎每一個罹患最嚴重精神分裂症的同卵雙胞胎，都有罹患同病的雙胞胎手足。同卵雙胞胎之間如此高的一致率顯示精神分裂症強大的基因影響。但值得注意的是，科學院和戈茲曼的研究都發現，異卵雙胞胎的一致率則大幅降低至約一〇％。

在遺傳學者看來，這樣的遺傳提供了重要線索，顯示其背後基因對疾病的影響。假設精神分裂症是由一個基因之中單一、顯性、高度外顯的突變所引起，如果同卵雙胞胎之一遺傳了那個突變基因，那麼另一個免不了也會繼承那個基因，而兩者都會發病，其一致性應該逼近一〇〇％。異卵雙胞胎和手足遺傳此基因的比例平均說來應該是一半，他們之間的一致率應該為五〇％。

相較之下，假設精神分裂症不是一種疾病，而是一個疾病家族。不妨把大腦的認知工具想像為複雜的機械引擎，由一個中心軸、一個主變速箱和幾十個較小的活塞和墊圈組成，用來調節和微調其活動。如果主軸斷了，變速箱卡住了，那麼整個「認知引擎」就會崩潰。這就類似於嚴重的精神分裂症：控制神經溝通和發育的基因發生了一些高度外顯的突變，整個突變的組合可能會導致中心軸和變速箱瓦解，造成嚴重的認知障礙。由於同卵雙胞胎繼承相同的基因組，因此兩人免不了都會遺傳中心軸和變速箱基因的突變，而又由於這些突變外顯率很高，因此同卵雙胞胎之間的一致率仍然接近一〇〇%。

但是，現在想像一下，這個認知引擎也可能會在幾個較小的墊圈、火星塞和活塞不起作用時故障。在這樣的情況下，引擎並沒有完全壞掉，只是劈劈啪啪地喘息，失靈的程度也看情況而定，可能冬天就比較嚴重惡化。可以類比為比較溫和的精神分裂症。其功能障礙是由突變的組合造成，每種突變的外顯率都較低：這些是墊片、活塞和火星塞基因，對認知的整體機制的控制更微妙。

在此，同卵雙胞胎同樣也會又遺傳基因的各種變異（比如五種），但由於外顯率不完全，而觸發因子視情況而定，因此同卵雙胞胎的一致率可能降到三〇至五〇%。相較之下，異卵雙胞胎和兄弟姊妹只會分享這些基因變異的部分。孟德爾的法則告訴我們五種變異不太會全部都遺傳給兩個手足。異卵雙胞胎和兄弟姊妹之間的一致率會更大幅下降至五或一〇%。

這種遺傳模式在精神分裂症中較常見。同卵雙胞胎只有五〇%的一致率，亦即如果一個雙胞胎罹病，另一個雙胞胎罹病的一致率只有五〇%，清楚表示還需要其他觸發因子（環境因素或偶然事件），才會使他罹病的傾向升高。但是，當精神分裂者的孩子一出生就由非精神分裂的家庭收養，這個孩子依然會有一五至二〇%的罹病風險，這是普通人的二十倍，表示儘管環境變數很大，但遺傳的影響依舊強大且自發。這些模式強烈暗示精神分裂症是一種複雜的多基因遺傳疾病，涉及多種變數、多個基因，以及潛在的環境或機會觸發因素。就像癌症和其他多基因疾病一樣，鑑定一個又一個基因的方法不太可能解開精神分裂症的生理機制。

一九八五年夏，《犯罪與人類本性：犯罪成因的最終研究》（*Crime and Human Nature: The Definitive Study of the Causes of Crime*）一書出版，更使人們對基因、精神疾病和犯罪的焦慮情緒火上加油。[14]這本煽動性書是由政治學家詹姆斯．Q．威爾森（James Q. Wilson）和行為生物學家理查．赫倫斯坦合著（Richard Herrnstein）。他倆主張特定形式的精神疾病（最明顯的是精神分裂症），尤其是暴力、破壞的形式（尤其在罪犯中非常普遍）可能是天生的遺傳，這也很可能就是犯罪行為的成因。毒癮和暴力也有強烈的遺傳因素。這種假說抓住了大眾想像的口味。戰後犯罪學界一直受犯罪「環境」理論主導，即罪犯是受到壞影響的產物：「壞朋友、壞鄰居、壞標籤。」[15]威爾遜和赫恩斯坦承認這些因素都會產生影響，但又添加了爭議最大的第四個因素：「壞基因」。他們認為，土壤並沒有遭到汙染，遭汙染的是種子。《犯罪與人類本性》受到媒體大幅報導，包括《紐約時報》、《時代周刊》、《新聞周刊》、《科學》雜誌等二十個主要的新聞媒體，都作了書評或報導。《時代周刊》的標題一語道出其傳達的基本要義：「罪犯是天生，而非後天？」《新聞周刊》的措詞則更直接：「罪犯的誕生和培養」。

威爾森和赫倫斯坦的書遭到猛烈批評。就連精神分裂症遺傳理論的頑固信徒，都不得不承認這種病的病因還不明朗，後天的影響必然扮演重要的觸發角色（因此同卵雙胞胎的一致率才是五〇%，而非一〇〇%），而且絕大多數的精神分裂症患者雖然活在這種疾病的可怕陰影下，卻沒有前科。

但是，對一九八〇年代關注暴力和犯罪的社會大眾而言，人類基因組包含的可能不只是醫學疾病的答案，還能解開偏差行為、酗酒、暴力、道德敗壞、變態或上癮等社會弊病的謎團，這是莫大的吸引力。在《巴爾的摩太陽報》的一篇訪問中，一位神經外科醫生質疑，「有犯罪傾向者」（如賀伯提）犯下罪行之前，進行識別、隔離、治療（即是為可能的犯罪者做遺傳分析）的可能。一位精神病遺傳學家評論，鑑定這種基因可能對犯罪、責任和刑罰的公共討論造成什麼影響：「和遺傳的關係非常清楚。如果我們不考慮以生物學層面治療犯罪，未免太過天真。」

⊖

就在這種炒作和充滿期待的背景之下，討論人類基因組定序計畫的第一次會議特別令人喪氣。一九八四年夏，美國能源部（DOE）的科學主管查爾斯·德利西（Charles DeLisi）召開專家會議，評估人類基因組定序的技術可行性。自一九八〇年代初期起，能源部研究人員一直在調查輻射對人類基因的影響。一九四五年廣島長崎原子彈爆炸使成千上萬的日本公民受到不同劑量的輻射，包括當時倖存的一萬二千名兒童，如今，這些孩子已四、五十歲了。他們產生了多少變異？在什麼基因上？經過多久時間？由於輻射引起的突變可能隨機分散在基因組中，逐一搜尋基因將是徒勞。一九八四年十二月，又召開了另一次科學家會議，評估是否可以用全基因組定序檢測暴露在輻射下兒童的基因改變。[16]這次會議在猶他州的阿爾塔（Alta）舉行，當初博特斯坦和戴維斯就是在同一座山城構想用連鎖和多態性繪製人類基因圖譜的想法。

表面上，阿爾塔會議是一場大失敗。科學家明白一九八〇年代中期的定序技術還不足以繪出人類基因組的突變，但另一方面，這場會議卻是啟動全面基因定序對話的關鍵平臺，繼這次的會議之後，又召開了一系列基因組定序會議，包括一九八五年五月在聖塔克魯茲，與一九八六年三月在聖塔菲（Santa Fe）。一九八六年夏末，華生在冷泉港召開了堪稱類似會議中最具決定性的一場，會議名稱頗具啟發性：

「智人的分子生物學」。此地風景優美，連綿起伏的丘陵傾斜映入平靜如水晶的海灣，但就像厄西勒瑪，和園區的寧靜對比的是大家激烈的討論。

學者在會議中提出了一系列新研究，讓基因組定序突然成了技術可及的範圍。技術上最重要的突破或許來自研究基因複製的生化學家凱利．穆里斯（Kary Mullis）。[17]如要做基因定序，足夠的DNA起始材料至關緊要。一個細菌細胞可以生長為數億個細胞，提供大量的細菌DNA用於定序。但要培養數億個人類細胞卻十分困難。穆里斯發現了一個巧妙的捷徑，他用DNA聚合酶在試管中製造人類基因副本，再用此副本複製多個副本，然後，再複製多個副本達數十個周期。每一個複製周期都會擴大DNA，使基因量呈指數增長。這個技術最後稱為「聚合酶連鎖反應」（polymerase chain reaction，PCR），這是人類基因組計畫的關鍵。

由數學家改行為生物學家的艾瑞克．蘭德（Eric Lander）告訴聽眾，某些新的數學方法可以找出和複雜的多基因疾病相關的基因。加州理工學院的李洛伊．胡德（Leroy Hood）則描述了一種半自動的機器，可以加快桑格的定序方法達十或二十倍。

DNA定序先驅華特．吉爾伯特先前已粗略算出所需的成本和人員，他估計要把人類DNA三十億個鹼基對全部定序，大約需要五萬人年（Man-year，一人一年完成的工作量），耗費約三十億美元（一個鹼基對一美元）。[18]正當吉爾伯特以他一貫的派頭，橫越會場，把數字寫在黑板上時，觀眾也開始激烈的辯論。「吉爾伯特的數字」已使得基因組計畫成為可以捉摸的現實，後來也證明他的預測驚人地神準。其實，如果以整體角度來看，其成本並不特別大：阿波羅計畫在最高峰時，聘用了近四十萬人，總花費累計約為一千億美元。如果吉爾伯特的數字是對的，人類基因組的花費比起登陸月球，可能只有不到三十分之一。布倫納後來開玩笑說，人類基因組定序最後的限制可能不是成本，亦非技術，而是由於工作太過單調。他想了一下說，或許該把基因組定序當作罪犯的懲罰：搶劫犯要定序一百萬對鹼基對、殺人犯兩百萬對、預謀殺人一千萬對。

當晚夜暮低垂之際，華生對幾位科學家談起自己的私人危機。五月二十七日，也就是會議的前一天晚上，他十五歲的兒子魯弗斯・華生（Rufus Watson）從紐約州白原市（White Plains）的精神病院脫逃，後來有人發現他在鐵軌附近的樹林徘徊，大家把他帶回精神病院。幾個月前，魯弗斯曾試圖打破世貿中心的窗戶往下跳，他被診斷患有精神分裂症。對篤信此病是基因所致的華生來說，人類基因組計畫是名符其實的探源。精神分裂症沒有動物模型，也沒有任何明顯的多態性聯結，能讓遺傳學家找出相關的基因。「讓魯弗斯獲得新生的唯一方法，就是了解他為什麼會生病。而唯一的方法，就是取得基因組。」[19]

⊖

但是，要「取得」哪個基因組？包括薩爾斯頓在內的部分科學家主張循序漸進，先從麵包酵母、蠕蟲或果蠅等簡單的生物開始，再循複雜度和規模的階梯拾級而上，最後到人類基因組。但其他人，如華生，則想一躍而上，直接處理人類基因組。長時間的內部辯論之後，科學家終於互相妥協。先由蠕蟲和蠅等簡單生物基因組的定序開始，計畫就按照各自生物名稱為名，例如，蠕蟲基因組計畫或果蠅基因組計畫，接著再調整基因定序的技術。人類基因的定序則同時進行。由簡單生物基因組所學到的教訓可應用在規模大得多、複雜度也高得多的人類基因組。這個為所有人類基因組全面定序的大規模計畫，就名為人類基因組計畫。

在此同時，國家衛生研究院和能源部則開始爭奪人類基因組計畫的主控權。經過幾次國會聽證，到了一九八九年，又達成第二個妥協：國家衛生研究院擔任該計畫的官方「領導單位」，能源部則貢獻資源與策略管理。[20]華生獲選為負責人。很快地，國際合作單位也紛紛加入，英國的醫學研究委員會（Medical Research Council）和惠康基金會（Wellcome Trust）也參與合作，後來法、日、中國和德國的科學家也都加入基因組計畫。

一九八九年一月，由十二人組成的顧問委員會在國家衛生研究院貝塞斯達院區角落第三十一大樓的會議室開會，由曾協助起草厄西勒瑪會議暫停令的遺傳學家辛德擔任主席。[21]他宣布：「我們今天開啟了一項人類生物學無止境的研究。不論它是什麼，都會是一場冒險，一種無價的努力。等它完成，就會有另一個人坐下來，然後說，『該開始另一項研究了。』」[22]

⊖

一九八三年一月二十八日，人類基因組計畫啟動前夕，嘉莉·巴克在賓州韋恩斯伯勒（Waynesboro）的一家養老院去世，得年七十六歲。[23]她的生與死約略符合了基因近一世紀的發展。她的世代中，人們見證了遺傳學在科學領域的復活，它堂而皇之地成為公眾的議題，遭到社會工程學和優生學的濫用，在戰後成為「新」生物學的核心主題；人們看見了它對人體生理學和病理學的影響，對疾病了解擁有強大的解釋能力，也親眼見到它與命運、身分和抉擇等問題有不可避免的交集。嘉莉是人類對強大新科學誤解的最早受害者之一。她看到了那種科學改變了我們對醫學、文化和社會的理解。

她的「遺傳弱智」後來如何？一九三〇年，在最高法院命她絕育後三年，她由維吉尼亞州立隔離區獲釋，送到維吉尼亞州布蘭德郡（Bland County）的一個家庭，一起工作。嘉莉·巴克唯一的女兒薇薇安·

杜布斯（Vivian Dobbs）經法院檢查，宣布為「弱智」的孩子，於一九三二年因腸炎死亡。[24]在薇薇安八年多的生命中，她的學業表現相當好。例如，在一年級下學期，她在品德和拼字方面分別得了A和B，至於她一向就拿手的數學，則拿到C的成績。一九三一年四月，她登上了榮譽榜，學校的成績單紀錄她是活潑愉快、無憂無慮的孩子，比起其他小學生的表現，她不好也不壞。薇薇安一點也沒有遺傳心理疾病或弱智的傾向，但這卻是法院確定嘉莉命運的診斷。

# 地理學者

因此地理學家在非洲地圖上，
用野獸的圖像填補空白；
在杳無人煙的高原上
因為沒有城市只好放上大象。[1]

——喬納森・史威夫特〈Jonathan Swift〉（論詩）（On Poetry）

應是人類最崇高志業的人類基因組計畫，如今卻越來越像泥漿摔角大賽。[2]

——《紐約時報》記者賈斯汀・吉利斯（Justin Gillis），二〇〇〇年

人類基因組計畫帶來的第一個意外，可以說與基因並無關係。一九八九年，正當華生、辛德和同僚準備推出基因組計畫時，國家衛生研究院沒沒無聞的神經生物學家克雷格・凡特（Craig Venter）提出了一條基因組定序的捷徑。[3]

凡特好鬥、專注、積極，學生時期的成績平平，卻愛衝浪和風帆，在越戰時曾服役。他有能力鑽研未知的計畫，接受的是神經生物學的訓練，大半的科學生涯都在研究腎上腺素。一九八〇年代中期，他

在衛生研究院工作，對人腦基因表現定序產生了興趣。一九八六年，他聽說了李洛伊・胡德的快速定序機器，立刻為他的實驗室買了一臺早期版本。[4]機器抵達時，他稱之為「我的未來在這箱子裡」。[5]凡特擁有工程師靈巧的雙手，也像生化學者一樣喜愛混合溶液。不到幾個月，他就成了使用半自動定序儀進行快速基因組定序的專家。

凡特的基因組定序策略是仰賴徹底的簡化，雖然人類基因組中當然含有基因，但還有很大一部分並沒有基因。基因之間巨大的DNA序列稱作「基因間DNA」（intergenic DNA），有點類似加拿大各城市之間漫長的公路。正如菲利浦・夏普和理查・羅伯茲所證明的，一個基因本身會被分解成幾個片段，中間有很長的間隔序列，稱為內含子，介於蛋白質編碼區段之間。

基因之間的DNA和內含子，亦即基因之間的間隔序列（spacers）和基因內的填充片段（stuffers），並不為任何蛋白質信息編碼。①其中一些長鏈含有調節和協調基因在時間和空間方面的表現信息；它們編碼的是附加在基因上的開關。其他長段的編碼則沒有已知的功能。因此，人類基因組的結構就像是以下句子：

This......is the......str....uc.........ture..........of....your.....（.....gen.....ome.....）.....

其中的單字代表基因，刪節號代表間隔序列和填充片段，而偶爾出現的標點符號則標示基因的調控序列。

凡特的第一條捷徑就是不去理會人類基因組的間隔序列和填充片段。他認為內含子和基因間的DNA序列並沒有蛋白質信息，那麼，何不直接把注意力集中在編碼蛋白質的「活性」部分？而且，他打算走捷徑中的捷徑，連活性的部分也只為片段的基因定序，這樣做的速度更快。他深信這種為片段基因定序的方法可行，因此開始對腦部切片組織中的數百個基因片段定序。

讓我們繼續用基因組和英文句子比喻，這就像凡特想在人類基因組的句子裡找到零碎的 struc、your 和 geno。他知道他的方法或許沒辦法知道整個句子的內容，但說不定可以由這些片段演繹出足夠的信息，了解人類基因的要素。

華生大吃一驚。確實，凡特的「基因碎片」策略速度快得多，也便宜得多，但這種只產生基因組片段信息的做法，看在許多遺傳學家眼裡未免草率而不全。②這個衝突後來又因非比尋常的發展而更形嚴重。一九九一年夏，凡特的團隊開始從人類大腦基因碎片著手為基因定序，衛生研究院的技術轉讓辦公室也與凡特聯繫，想要為新的基因片段申請專利。[6]在華生看來，這樣的矛盾實在教人尷尬：彷彿研究院的一個單位申請獨家權利，而另一個單位卻找出同樣的信息，並且免費公諸於世。

只是基因（或者凡特的基因「活性」片段）憑什麼道理可以申請專利？回想一下，在史丹福，波伊

---

① 和基因相關，稱為啟動子（promoters）的 DNA 序列可以比喻為那個基因開關的「開啟」。這些序列為何時、何地啟動基因信息編碼（因此血紅蛋白僅在紅血球中開啟）。相較之下，其他 DNA 的序列則為何時、何地「關閉」基因信息編碼（因此除非乳糖是主要養分，否則乳糖消化基因在細菌細胞中就會被關閉）。最先在細菌發現基因的「開」和「關」，在整個生物界中都保持一貫，這點非常特別。

② 後來證明凡特為基因組蛋白質編碼和 RNA 編碼部分定序的策略是珍貴的遺傳學家資源。凡特的方法顯示了基因組「活躍」的部分，讓遺傳學家能夠為整個基因組中活躍處註解。

爾和科恩是以「重組」DNA片段、創造遺傳嵌合體的方法申請專利。基因科技申請專利的是表現蛋白質的過程，如細菌裡的胰島素。一九八四年，安進公司（Amgen）用重組DNA隔離生產紅血球的荷爾蒙，紅血球生成素（erythropoietin）獲得專利，[7]但仔細研究，就會發現那個專利牽涉到生產和隔離一種有獨特功能的獨特蛋白質。從沒有人為一個基因，或者一份遺傳信息本身獲得專利。人類基因難道不像人體的其他部位（如鼻子或手臂）一樣不應獲得專利嗎？難道發現相當新奇的遺傳信息，就可以因此擁有專利嗎？薩爾斯頓堅決反對基因專利的觀念。他寫道，「專利（或我眼中的專利）是為了保護發明。尋覓基因片段並無發明可言，它們怎能獲得專利？」[8]一位研究人員也不以為然地寫道，「這是下流的搶地盤行徑。」[9]

關於凡特基因專利的爭議越演越烈，因為這些基因片段是隨機定序，大部分都沒有歸納出任何功能。由於凡特定序的基因片段不完整，信息的本質必然遭斷章取義。有時碎片長得足以推斷基因的功能，但很多時候都不能真正理解這些片段。「你可以靠描述象的尾巴獲得大象的專利嗎？你能藉著描述大象尾巴上面三個不連續的部分獲得牠的專利嗎？」蘭德爭辯說。[10]華生在基因組計畫的國會聽證會上激動地說，「幾乎任何猴子」都能製造出這樣的碎片。英國遺傳學家華特·包德默（Walter Bodmer）警告說，如果美國人把基因碎片的專利授予凡特，那麼英國也會開始授予自己的專利。[11]幾週之內，基因組就會被劃分出上千個殖民地，分別懸掛美、英和德國的旗幟。

一九九二年六月十日，凡特受不了無止無休的爭吵，離開國家衛生研究院，並創立私人基因定序機構。起先這個機構名為「基因組研究協會」（Institute for Genome Researc），但凡特很機警地發現此名稱的瑕疵：它的縮寫 IGOR 恰是《科學怪人》法蘭肯斯坦（Frankenstein）斜眼管家助手之名，因此凡特把協會改名為「基因組研究所」（The Institute for Genomic Research，TIGR）[12]。

在論文發表中（至少在科學論文發表中），基因組研究所十分成功。凡特與沃格斯坦及肯．金斯勒（Ken Kinzler）等科學界的知名人物合作，發現與癌症相關的新基因，更重要的是，凡特在基因組定序的技術方面不斷努力。他對批評者非常敏感，也以獨一無二的方式回應他們：一九九三年，他擴大了他的定序方法，由基因的片段擴及完整的基因，再擴及基因組。他和新的盟友諾貝爾獎得主細菌學家漢彌爾頓．史密斯（Hamilton Smith）合作，決定要為導致人類致命肺炎的細菌的整個基因組定序，此細菌即流感嗜血桿菌（Haemophilus influenzae）。[13]

凡特的策略是擴展用在人類腦部的基因片段方法，但這次有個重要的轉折。這回他要用類似散彈槍的裝置把細菌基因組打碎成百萬個碎片，然後組合重複的部分，解出整個基因組。我們一樣可以用英文句子比喻，想像用下面的單字片段組合成一個單字：stru、uctu、ucture、structu 和 ucture。電腦可以取出重疊的部分，然後組合出完整的單字：structure。

這個方式重點在重疊的序列，如果沒有重疊的部分，或者該單字的某些部分被省略，就不可能組合出正確的單字。但凡特很有信心能用這種方法粉碎和重組大部分的基因組。這是像兒歌蛋頭先生（Humpty Dumpty）的策略（蛋頭先生坐在牆上，摔下來變成碎片，動員所有國王的人馬都不可能再把它拼回原狀）：國王的人只要把拼圖放在適當的位置，就能解決這個謎語。這種稱為「散彈槍」定序的技術，早在一九八〇年就已被基因定序發明人桑格使用，只是凡特對流感嗜血桿菌基因組的攻擊，是此方法史上最具雄心的應用。

一九九三年冬，凡特和史密斯啟動了嗜血桿菌計畫，一九九五年七月完成。「最終報告的草稿寫了四十次，」凡特後來寫道，「我們知道這份報告有劃時代的意義，因此我很堅持一定須盡可能地完美。」[14]

報告果然精采。史丹福遺傳學家露西．夏皮洛（Lucy Shapiro）寫到她實驗室的成員整晚熬夜讀嗜血桿菌的基因組，「因為頭一次看到生物完整的基因組內容而激動不已。」[15]有的基因產生能量，有的基因製造外殼的蛋白質，有的基因製造蛋白質、調控食物、逃避免疫系統。桑格親自寫信給凡特，稱這個表現「了不起」。

⊖

凡特在基因組研究所為細菌基因組定序之時，人類基因組定序計畫內部也產生劇烈變化。華生與國家衛生研究院院長在一連串的爭執之後，於一九九三年去職，不再擔任計畫主任。一九八九年，複製了囊狀纖維化基因而知名的密西根遺傳學家柯林斯很快取代了他的職位。

基因組計畫在一九九三年找到柯林斯擔任主任，是再理想不過的人選：柯林斯出身維吉尼亞，是虔誠的基督徒，溝通無礙，也有行政管理的長才，是一流的科學家。他行事慎重小心，手腕靈活；如果說凡特是逆風前進，船身不斷傾斜的小艇，那麼柯林斯就是越洋的大輪船，周遭的騷動紛擾對他幾乎毫無影響。到了一九九五年，基因組研究所的嗜血桿菌基因組呼嘯向前，人類基因組計畫則專注在改進基因定序的基本技術上。它的策略與基因組研究所相反，基因組研究所的目標是把基因組打成碎片，隨機排列，然後再把資料重新組合，而人類基因組計畫則是採取按部就班的方式：收集和組織基因組片段，轉換成實體的地圖（「誰在誰的旁邊？」），確定其身分和複製基因的重疊，然後把複製的基因定序。

在人類基因組計畫的早期領導人眼中，一個複製基因接著一個複製基因的組合是唯一有意義的作法。由數學家改行成為生物學家再轉做基因定序者的蘭德，對散彈槍定序抱持反對立場，幾乎可以說是一種出自美感的排斥，他喜歡把整個基因組逐一排序，就像解代數問題。他擔心凡特的策略免不了會在基因組中留下坑洞。他質問，「假設你拿了一個英文字，把它拆解之後，再用拆解出來的片段重組，會有什麼結果？如果這個字的每一個片段都在，或者每個片段有重複之處，或許可以拼回原來的字，但如果這個字的某些字母失落了呢？」[16]僅剩的字母重新拼出的字，意思可能和原來的字正好相反，若是在原有的「profundity」（意為深度）中，只找到「puny」（意為短小）這幾個字母呢？

人類基因組計畫的支持者也擔心基因組計畫只完成一半的後果：只要定序基因組還有一成未完成，整個序列就永遠不算完成。「人類基因組計畫真正的考驗不是序列從何開始，而是基因組在何處結束。即便基因組留下漏洞，但只要自以為完成了，就不會有人有耐心完成整個序列。科學家就會拍拍手，撢掉灰塵，摸摸背，繼續向前。而草稿永遠就只會是草稿。」蘭德後來說。[17]

循序漸進複製的做法需要更多資金，更深入投資基礎設施方面，以及一個似乎在基因組研究人員中已經消失的要素：耐心。蘭德在麻省理工學院集合了由年輕科學家組成的堅強陣容，其中包括數學家、化學家、工程師和一群二十多歲無咖啡因而不歡的電腦駭客。華盛頓大學的數學家菲爾．葛林（Phil Green）則正在開發有條不紊探索基因組的演算法。由惠康基金會贊助的英國團隊則在發展進行分析和組合的平臺。全球共有十幾個團隊都在努力收集和彙編資料。

⊖

一九九八年五月，不斷移動的凡特又一次急遽迎風轉向。雖然基因組研究所散彈槍定序作法的成功毋庸置疑，但凡特依然為基因組研究所的組織結構嘖有煩言。基因組研究所是奇怪的組合，它是一間隸屬在營利的人類基因組科學公司（Human Genome Sciences，HGS）之下的非營利機構。凡特認為這種俄羅斯娃娃般層層疊疊的組織系統很荒謬，不假情面地和幾位老闆爭辯，最後決定和基因組研究所斷絕關係。[18] 他另外成立一家新公司，焦點放在人類基因組定序。凡特把新公司取名為「塞雷拉」（Celera），「加速」（accelerate）的縮寫。

人類基因組計畫於冷泉港舉行關鍵會議的前一週，凡特與柯林斯在華府杜勒斯機場的貴賓室見了面。凡特告訴他，塞雷拉即將推出前所未有的創舉，用散彈槍定序法推動人類基因組的定序。該公司已買了兩百個最先進的定序儀，並打算要讓它們以全力運作，以破紀錄的時間完成定序。凡特同意把大部分的信息公開成公共資源，不過，他有個危險的條件：塞雷拉要為三百個可能作為藥物標靶最重要的基因申請專利，比如乳癌、精神分裂症和糖尿病的基因，他制定了雄心勃勃的時間表。塞雷拉希望能在二○○一年前辨識出整個人類基因組，比公家贊助的人類基因組計畫完成日期還早四年。接著他急匆匆地站起身來，趕搭往加州的下一班飛機。

受到這樣的刺激，惠康信託基金把公家計畫的贊助金額提高了一倍，國會也同意撥用聯邦經費，投入了六千萬美元的定序款項給七個美國中心。梅納德·奧爾森（Maynard Olson）和羅伯特·華特斯頓（Robert Waterston）擔任這個公共計畫的策略領導人和協調人，並提供重要的建議，繼續基因組系統化的彙編。

一九九八年十二月，線蟲基因組計畫（Worm Genome Project）獲得了重大勝利。薩爾斯頓、華特斯頓及其他基因組研究人員傳出消息，線蟲（C.elegans）基因組已經定序完成，採用的方法是人類基因組計畫擁護者偏愛的按部就班複製方式。[19]

如果一九九五年的嗜血桿菌基因組讓遺傳學者驚奇到五體投地，那麼，線蟲基因組——第一個多細胞生物的完整基因序列，恐怕會讓他們頂禮膜拜。線蟲遠比嗜血桿菌複雜得多，而且牠們與人類也相似得多。牠們有口、內臟、肌肉、神經系統，甚至還有基本的腦。牠們會觸碰、有感覺、會移動。牠們會轉頭離開有害的刺激，牠們會社交。說不定在少了食物時，線蟲也會焦慮；說不定牠們在交配時，也會感到一陣短暫的歡樂。

科學家發現線蟲有一八八九一個基因③，其中三六％的蛋白質編碼與人類的蛋白質相仿。其餘的約有一萬個基因，這些基因若不是與已知的人類基因沒有相似之處，就更可能是，提醒我們人類對人類的基因所知多麼稀少（後來，這些基因確實發現許多對應於人類的基因）。值得注意的是，只有一〇％的

③ 估計任何生物體的基因數量都是複雜的過程，需要關於基因性質和結構的基本假設。在完全基因組定序之前，基因是由它們的功能識別。但是，完全基因組定序不考慮基因的功能；這就像識別百科全書中所有的文字和字母卻不提這些文字或字母的意思。然後，藉著檢視基因組序列，辨別出看似基因的DNA序列，來估計基因的數量——也就是其中包含一些調控序列和編碼RNA序列，或類似在其他生物身上發現的其他基因。不過，隨著我們更了解基因的結構和功能，所估計的數量也必然會改變。目前認為線蟲大約有一九五〇〇個基因，但是隨著我們對基因更深入的了解，這個數字將繼續改變。

基因編碼和在細菌中發現的基因相似。九〇%的線蟲基因組都是用來打造生物的獨特複雜性——再次證明了數百萬年前由單細胞生物祖先構成多細胞生物時，演化創新曾發生的猛烈星暴。

單一的線蟲基因和人類基因一樣，可能有多種功能。例如，一個名為ceh-13的基因用途是編排發育中神經系統的細胞位置，讓細胞遷移到線蟲身體的前端，確保適當產生線蟲的生殖孔。[20]相反地，一個「功能」也可能由多個基因指定，例如創造線蟲口部就需要多個基因協調的功能。

上萬種蛋白質和上萬種功能的發現，充分證明這個計畫的必要。但線蟲基因組最教人驚訝的特點並非蛋白質基因編碼，而是發現許多信息用來製造RNA，而非蛋白質。這些基因稱為「非編碼」基因（因為它們不為蛋白質編碼），並分散在基因組，但它們有數百甚或數千群地聚集在某些染色體上。有些非編碼基因的功能已知，例如，細胞內製造蛋白質的巨大機器，核糖體，它就含有協助製造蛋白質的特定RNA分子。其他非編碼基因最後也發現能編碼小RNA，稱為微RNA（micro-RNAs），它以難以想像的特性調控基因。但這些基因有很多依舊神祕而定義不清。它們並非不是暗物質（dark matter），而是基因組的影物質（shadow matter）——遺傳學家雖然看得見它們，卻無法知道其功能和意義。

⊖

那麼，基因是什麼？孟德爾在一八六五年發現「基因」之際，只知道它是抽象的現象：一個分離的決定因素，傳遞許多世代，完好無缺，指定可見的單一屬性或表現型，比如豌豆花的顏色或種子的質地紋理。摩根和穆勒證明基因是染色體上實體物質的結構，加深了這種理解。艾佛里辨識出這種物質的化學形式，增進了對基因的認識，意即遺傳信息是由DNA承載。華生、克里克、威爾金斯和富蘭克林解開其雙螺旋的分子結構，由兩股互補且配對的長鏈組成。

一九三〇年代，畢多和泰坦發現了基因藉著指定蛋白質結構的方式「作用」，解開了基因行動的機制。布倫納和賈克柏則辨識出遺傳信息轉錄到蛋白質的過程中，需要中間信使RNA。莫諾和賈克柏證明基因可以藉著附著在基因上的調控序列增加或減少RNA信息，進而開啟或關閉基因，說明了基因的動態觀念。

線蟲的全基因組定序則延伸並修改了關於基因的概念。基因指定生物的功能，沒錯，但單一基因可以指定不止一種功能。基因不必提供構建蛋白質的指令：它可以只用來編碼RNA，而不涉及蛋白質。它不一定是緊緊鄰接的DNA片段：它可以分成幾部分。它附有調控序列，但這些序列未必緊鄰在基因旁邊。

全基因組定序開啟了個體生物學（organismal biology），打開從未探索的領域之門。就像重覆再現的百科全書，其條目不斷更新，基因組定序改變了我們對基因的概念，也因此，改變了我們對基因組本身的概念。

⊖

一九九八年十二月，線蟲基因組在《科學》雜誌特刊發表，封面是不到一公分長的線蟲圖片，雜誌一出版，就獲得全球科學界的喝采，這是人類基因組計畫具有意義的有力證明。[21]在線蟲基因組發表的幾個月後，蘭德也發布了自己的好消息：人類基因組計畫已經完成四分之一的基因組定序。在麻州劍橋肯德爾廣場（Kendall Square）附近工業區，一個黑暗、乾燥又宛如地窖的倉庫裡，一百二十五個形如巨大灰盒子的半自動定序機正以每秒鐘約兩百個DNA字母的速度讀取（桑格花了三年定序的病毒，用這種定序機只要二十五秒就可以完成）。[22]一個人類染色體的全部序列（第二十二號染色體），已經完全組合，只待最後確認。一九九九年十月，這個計畫跨過了值得紀念的定序里程碑：在總數達三十億的鹼基對中，已為第十億個人類鹼基對（是一個G-C鹼基對）定序。[23]

同時，塞雷拉在這場武器競賽中也不甘示弱，它運用了私人投資者的資金，基因序列產量也增加了一倍。一九九九年九月十七日，在線蟲基因組發表後不到九個月，塞雷拉就在邁阿密的楓丹白露（Fontainebleau）飯店召開大規模的基因組會議，提出反擊：該公司已為黑腹果蠅的基因組定序[24]。凡特的團隊與果蠅遺傳學家傑瑞．魯賓（Gerry Rubin）和一群柏克萊和歐洲的遺傳學家合作，僅花了破紀錄的十一個月，就把果蠅染色體組合出來，比之前任何基因定序都快。當凡特、魯賓和馬克．亞當斯（Mark Adams）上臺致詞時，人類科技發展之躍進更形明顯：自九十年前摩根開始果蠅研究以來，遺傳學家已經確定了約兩千五百個基因。塞雷拉的基因序列初稿包含了已知的兩千五百個基因，並且一舉增加了一萬零五百個新基因。在報告結束後充滿敬畏的靜寂時刻，凡特毫不猶豫地又朝對手的要害下了一刀：「哦，順便一提，我們剛剛開始進行人類DNA定序，看來技術障礙大概不致像為果蠅定序那麼困難。」

二〇〇〇年三月，《科學》又出了一本特刊，刊出果蠅基因組序列，這回雜誌封面是一九三四年一隻雄性和一隻雌性果蠅的版畫。[25]即使是批評散彈槍定序技術最凶的評者，都為資料的品質和深度動容。塞雷拉的散彈槍策略在序列中的確留下了一些大缺口，不過，果蠅基因組的重要部分都已完整。比較人類、線蟲和果蠅的基因，可以看出一些發人深省的模式。已知與疾病有關的二八九個人類基因中[26]，有一七七個（逾六成），在果蠅身上都有對應的基因[27]。果蠅身上沒有鐮狀細胞貧血症或血友病的基因（果蠅沒有紅血球，也沒有血凝塊），但和人類結腸癌、乳癌、戴薩克斯症、肌肉營養不良症、囊狀纖維化，阿滋海默症、帕金森氏症、糖尿病或這些基因密切相關的對應基因，卻存在果蠅身上。果蠅和人類之間雖然相距四條腿、兩個翅膀和幾百萬年的演化，卻有同樣的核心途徑和遺傳網路。正如詩人威廉．布萊克一七九四年的詩，渺小的蠅原來是「像我一樣的人」。[28]

果蠅基因組最教人困惑的特色也和規模相關，或者更正確地說，是告訴我們「規模無關緊要」的重要啟示。果蠅只有一三六〇一個基因（比線蟲的基因還少五千個），教經驗豐富的果蠅生物學家大感意外。更少的基因打造出更多成果，不到一萬三千個基因卻創造出會交配、成長、酒醉、生殖、能體驗疼痛、有嗅覺、視覺、味覺、觸覺，和我們一樣對成熟的夏季水果貪得無饜的欲望。魯賓說，「這個教訓是，果蠅的複雜性顯然並不是靠基因數量達成。人類基因組可能是果蠅基因組的擴大版。額外複雜屬性的演化基本上是**組織**的演化：源自分隔在不同時空相似成分的新互動。」[29]

正如道金斯所說，「所有動物可能都有相對類似的蛋白質目錄，需要在特定的時間『喚起』。」複雜和簡單生物之別，「人和線蟲之別，並不是人類有更多這類基本的裝置，而是因為他們可以在更複雜的空間，用更複雜的序列，呼叫這些裝置，讓它們發揮作用。」[30]再一次，重點不在船的大小，而是組合木板的方式。果蠅基因組就是它的德爾斐船。

⊖

二〇〇〇年五月，塞雷拉和人類基因組計畫並轡爭先，競相努力要完成人類基因組的初稿，這時凡特接到在能源部工作的朋友阿里．派崔諾斯（Ari Patrinos）的電話。派崔諾斯已和柯林斯聯絡，請他到家裡小酌，凡特是否願意一起參加？聚會中沒有助理、顧問、記者，也沒有投資金主或贊助人及隨行人員。他們的對話不會公開，結論也絕對保密。

派崔諾斯和凡特的這通電話其實已經花了數週安排。塞雷拉和人類基因組計畫之間的競賽消息已透過政治管道傳進白宮。柯林頓總統對公關事務向來靈通，他明白這樣的競賽到頭來必然會造成政府的尷尬場面，尤其萬一首先宣布獲勝的是塞雷拉公司。柯林頓發了備忘錄給助理，上面只有簡短的幾個字：「解決這個問題！」[31]派崔諾斯就是被指派的「調停人」。

一週後，凡特和柯林斯在喬治城派崔諾斯家地下室的娛樂室見了面，[32]氣氛可想而知十分冷淡。派崔諾斯等場面較熱絡之後，才技巧地提出這次見面的主題：柯林斯和凡特是否願意聯合宣布人類基因組定序的消息？

其實凡特和柯林斯前來與會時早已心裡有數，知道會有這樣的提議。凡特考慮之後勉強同意，不過有些條件。他同意參加在白宮舉行的聯合典禮，慶祝基因組序列初稿完成，並且在《科學》雜誌接連發表，但他不承諾時間表。後來有記者描述說，這是「最精心安排的和局」。

凡特、柯林斯和派崔諾斯在派崔諾斯家地下室後來又見了幾次面。接下來三週，柯林斯和凡特謹慎地安排了宣布儀式的大綱：首先由柯林頓總統致詞，接著是英國首相東尼·布萊爾（Tony Blair），柯林斯和凡特也都會上臺。基本上就是宣布塞雷拉公司和人類基因組計畫在人類基因組定序的競賽中都是贏家。白宮接獲雙方首肯宣布的通知後立刻訂了日期，凡特和柯林斯各自歸營，同意在二〇〇〇年六月二十六日參加儀式。

六月二十六日上午十時十九分，凡特、柯林斯和柯林頓總統在白宮一起向一群科學家、記者和外國政要宣布人類基因組的「首次調查」成果[33]（其實，塞雷拉和基因組計畫都未完成定序，但雙方都認為這次的儀式只是象徵的姿態，也都會繼續努力；就在白宮宣布基因組的「第一次調查」結果之時，塞雷拉和基因組計畫的科學家還在他們的終端機前拚命按鍵，要把基因序列排列中有意義的部分整合）。布萊爾首相在倫敦透過衛星參與此次的儀式，觀眾席中除了辛德、理查·羅伯茲、蘭德和漢彌爾頓·史密斯之外，還有一身雪白西裝的華生。

柯林頓首先發言，他把人類基因組圖譜比喻為路易斯和克拉克（Lewis & Clark，美國傑佛遜總統授命陸軍的梅里韋瑟·路易斯上尉〔Meriwether Lewis〕和威廉·克拉克少尉〔William Clark〕探索美洲西部）的美洲大陸地圖[34]：

「近兩個世紀前，在這一層樓、這個房間裡，傑佛遜和心腹助理攤開一張精采的地圖，是傑佛遜畢生夢寐以求的地圖。這張地圖確立了我們的大陸和我們想像力的輪廓，並且永遠不斷地擴大它們的邊界。今天，舉世和我們同聚東廳，觀賞這張更具意義的圖譜。我們在這裡慶祝完成人類基因組首次調查。毫無疑問，這是人類所創造最重要、最奇妙的圖譜。」

最後一位發言的凡特忍不住提醒觀眾，這個「圖譜」同時也是由一位民間探險家領導私人探險、齊頭並進的成果：「今天中午十二點半，在與政府基因組計畫一起舉行的聯合記者會上，塞雷拉基因組公司會說明用完全基因組散彈槍方法所得的第一批人類遺傳碼。塞雷拉所用的方法確定了五個人的遺傳碼：我們已為三名女性和兩名男性的基因組定序，他們分別表示自己是西裔、亞裔、高加索裔與非裔美國人。」[35]

凡特和柯林斯脆弱關係的休兵，儘管歷經曲折才誕生，但就像歷史上許多停戰的命運，沒多久就夭折了，部分原因是來自舊恨難平。塞雷拉申請基因專利的狀況雖然尚不明朗，但公司已決定向學術研究人員和製藥公司（凡特精明地推測，大藥廠應該會想知道基因序列，以考量未來發明新藥物，尤其是以特定蛋白質為目標的藥物）推銷預訂資料庫。但凡特也想把塞雷拉的人類基因組序列發表在有分量的期刊上，比如《科學》；只是，如此一來，公司就必須把基因序列存放在公開知識庫（科學家不能一邊向社會大眾發表科學論文，一邊又堅持說其基本資料是祕密）。理所當然地，華生、蘭德、和柯林斯對塞雷拉腳踏商業圈和學術界兩條船之舉大力批評。凡特告訴記者，「我最大的成就，就是同時遭受這兩個世界的憎恨。」[36]

此時，基因組計畫又碰到了技術的瓶頸。這個計畫採用按部就班一一複製的方式，已完成人類基因組大部分的定序，如今卻面臨關鍵的交會點：它必須把碎片組合起來，完成拼圖。只是這個理論上看似簡單的任務，卻意味著教人望而生畏的計算問題。序列還有很大部分仍然缺漏，因為並不是基因組的每一個部分都能複製和定序，組合不重疊的部分也比原本預期的複雜得多，就像有些拼圖的碎片掉進家具的縫隙。蘭德又招募了一群科學家協助，包括加大聖塔克魯茲分校的計算機學者大衛．郝斯勒（David Haussler），以及其愛徒，四十歲的詹姆斯．肯特（James Kent），他是由程式設計師改行成了分子生物學家。[37]郝斯勒在一片狂熱之下，說服加大買了一百臺桌上型電腦，讓肯特可以同時編寫和執行數萬行程式碼，晚上還得冰敷手腕，早上才能繼續編碼。

在塞雷拉，組合基因組的問題同樣也教人沮喪。人類基因組有部分充滿了奇怪的重複序列，凡特形容就像「拼圖中的一大片藍天」。負責組合基因組的電腦科學家週復一週地努力把基因片段按順序排放，但依然無法排出完整的序列。

二〇〇〇年冬，兩個計畫都接近完成，但兩個團隊之間的溝通即使在最和善狀態也都很緊張，如今更是形同陌路。凡特指控基因組計畫是「塞雷拉的世仇」，而蘭德則發函給《科學》的主編，抗議塞雷拉出售序列資料庫給訂閱者的銷售策略，該公司限制大眾不得取用其中一部分的資料，卻又要把其他部分的資料發表在期刊上，是想「既擁有基因組，又要把它拿來出售」的兩面手法。蘭德抱怨說，「自十七世紀以來的科學寫作史上，公開資料才能宣告發現，這是現代科學的基礎。以前，你可以說『我找到了答案，或者我已能把鉛變成黃金，宣稱有了某項發現卻拒絕出示結果。』但專業科學期刊的重點就是披露信息，並承認這是誰的功勞。」[38]更糟的是，柯林斯和蘭德指責塞雷拉利用人類基因組計畫公開的序列做為「支架」，組合自己的基因組，這是分子剽竊（凡特反駁，這種想法很荒唐）。塞雷拉不需要這種「支架」，就已經破解了所有基因組。蘭德則宣稱，若只用塞雷拉自己的設備，其資料就只是「基因組沙拉」。[39]

就在塞雷拉逐步朝完成報告邁進之時，科學家也紛紛急切呼籲該公司把研究結果刊在公眾可取得的DNA序列資料庫，即基因銀行（GenBank）。凡特最後同意免費提供給學術研究人員，不過，有幾個重要的限制。薩爾斯頓、蘭德和柯林斯對這樣的妥協十分不滿，因此把論文送到《科學》的競爭對手《自然》雜誌刊登。

二〇〇一年二月十五和十六日，人類基因組計畫和塞雷拉分別在《自然》和《科學》雜誌發表論文，兩者都是規模龐大的研究，其報告篇幅幾乎是兩本期刊的長度（人類基因組計畫論文共六萬六千字，是《自然》雜誌有史以來所刊登規模最大的研究）。每一篇偉大的科學文獻都是與自己歷史的對話，刊在《自然》的這篇論文下筆的開頭幾段，就對自己的歷史時刻有徹底的了解：

「孟德爾的遺傳法則在二十世紀初的幾週重新被人發現，引發了科學的探求，試圖了解過去數百年來推動生物學的遺傳信息本質和內容。從那時起的科學進展自然而然地分為四個主要的階段，大致如同把二十世紀分為四個時期。

「第一個階段建立了遺傳的細胞基礎：染色體。第二個階段界定了遺傳的分子基礎：DNA雙螺旋。第三個階段發現細胞讀取基因中信息的生物機制，並發明藉著複製和定序重組DNA的技術，科學家因此能以操作這樣的機制，解開遺傳的信息基礎（即基因碼）。」

報告斷言，人類基因組序列是遺傳學「第四階段」的起點，這個階段是「基因組學」的時代（包括人類在內的所有生物基因組）。某個古老的哲學難題是，聰明的機器能不能讀懂自己的使用說明書。反觀人類，我們的說明書已經完成，至於破譯、閱讀、理解則是另一回事。

# 人類的書（共二十三冊）

難道人不過只是這樣嗎？好好把他想一想吧。

——莎士比亞，《李爾王》，第三幕，第四景

山外有山。

——海地諺語

它有三十億八千八百二十八萬六千四百零一個DNA字母（大約如此，最近一次的估計是約三十二億個字母）。

如果把它以標準大小字體出版成一本書，它只會以四個字母組成，AGCTTGCAGGG……，一頁一頁地延伸，長達難以置信的一百五十萬頁以上，這是《大英百科全書》的六十六倍。

人體大部分的細胞裡，它都分為二十三對染色體（總共四十六個）。其他猿類，包括大猩猩、黑猩猩和紅毛猩猩，則有二十四對染色體。在猿人演化的某個時刻，兩個中型的染色體不肯融合為一，人類

基因組在數百萬年前就脫離猿基因組發展，久而之久，獲得新的突變和演化。我們失去了一個染色體，但得到了一個拇指。

它總共約編碼二〇六八七個基因；只比線蟲多一七九六個基因，比玉米少一萬兩千個，比稻米或小麥少兩萬五千個基因。[1]「人」和「早餐穀片」之間的差距不在基因數目，而是在於基因網路的複雜性；不在我們所擁有的，而是我們如何運用它。

它極有創造力，由簡單擠出複雜。它只在某些細胞、某些時間協調某些基因的啟動或抑制，為每個基因在不同的時空中創造獨特的背景和夥伴，因此從它有限的指令中，產生接近無限的功能變化。它也在單一基因中混合搭配基因模組（稱為外顯子），由其基因庫中達到更進一層的組合多樣性。這兩種策略（基因調控和基因剪接），在人類基因組運用得比在其他生物的基因組更廣泛。人類複雜性的祕密不僅僅是基因數量的巨大、基因類型的多元化，或基因功能的原創性，而且在於我們基因組的獨特。

它是動態的。在某些細胞中，它重新組合自己的序列，創造本身的新變體。免疫系統的細胞分泌「抗體」（類似導彈的蛋白質），設計成用來附著在入侵的病原體上。但由於病原體不斷演化，抗體也必須能夠改變；演化的病原體需要演化的宿主。基因組藉著重組其遺傳元素，達成了這種反演化，因此達到了驚人的多樣性（s....tru....c....t....ure 和 g....en....ome 可以重新組合成新字 c....ome....t）。經重新組合的基因產生抗體的多樣性。在這些細胞中，每一個基因組都能產生另一個完全不同的基因組。

其中有些部分美得驚人。比如在第十一號染色體的一大段，記錄一個專供嗅覺使用的堤道。此處有一群由一百五十五個密切相關的一系列基因編碼蛋白質受體，這些受體是專業的嗅覺感應器。每個受體都和一個獨特的化學結構結合，就像鎖和鑰匙，在腦中產生獨特的嗅覺（檸檬、香菜、茉莉、香草、薑、胡椒）。詳盡的基因調控確保每一次只會由這些受體選擇一種氣味受體基因，表達在鼻子裡的單一嗅覺神經元，好讓我們能分辨成千上萬的氣味。

奇怪的是，基因只占基因之書極小的部分。很大的比例（達教人咋舌的九八％），並非用在基因本身，而是在散布於基因之間的大量ＤＮＡ片段（基因間隔區）或基因內的ＤＮＡ片段（內含子）。這些長段並不為ＲＮＡ或蛋白質編碼：它們存在基因組中，是為了調控基因表達，或者為了我們還不了解的原因，也或許毫無任何理由（也就是「垃圾」ＤＮＡ）。如果基因組是一條橫越大西洋，穿過北美和歐洲之間的長線，那麼基因就是在漫長而黑暗水道中偶爾出現的陸地。如果把它們全都集合排列起來，這些陸地的長度也不會超過加拉巴哥群島中最大的島嶼，或者橫跨整個東京市的一條鐵軌。

它有悠久的歷史。嵌在其中的是奇特的ＤＮＡ碎片（有些來自古老的病毒），這些ＤＮＡ碎片在遙遠的過去嵌入基因組，此後就被動地被承載了數千年。有些片段過去曾經能夠在基因和生物體之間主動「跳躍」，但現在基本上已不再有活性而沉默了。這些碎片就像已退休的旅行推銷員，永遠地拴繫在我們的基因組上，無法移動或脫身。這些碎片比基因更普遍，造成我們基因組另一個主要的特質：人類基因組中的大部分並不和人類特別相關。

它有經常出現的重複元素。有個由三百個鹼基對構成的討厭而神祕的序列，稱為Alu序列，它一再重複出現，達數百萬次，但其來源、功能或意義卻不得而知。

它有龐大的「基因家族」，彼此相像並執行類似功能的基因，它們往往聚集在一起。其中有兩百個息息相關的基因聚集在某些染色體的群島，編碼「Hox」家族的成員中，許多在決定胚胎、其器官的命運、身分和結構方面，都扮演了關鍵角色。

它包含了數千個「偽基因」（pseudogenes），意即曾經有功能，但現在已失去功能的基因，也就是它們不產生蛋白質或RNA。這些去活性的基因殘骸遍布各處，就像在海灘上腐朽的化石。

它容納足夠的變化，使我們每個人各顯獨特，卻又有足夠的一致性，使人類物種的每個成員和黑猩猩與倭黑猩猩有所不同，這兩種猩猩的基因組與人類相同處占九六％。

它的第一個基因位於第一號染色體上，編碼鼻子內嗅覺的蛋白質（又是無所不在的嗅覺基因！）它的最後一個基因位於X染色體上，為調節免疫系統細胞相互作用的蛋白質編碼。（「第一」和「最後」的染色體是隨意分配的。第一個染色體被標記為第一個，是因為它最長。）

染色體末端是「端粒」（telomeres），這些DNA序列就像鞋帶末端的小塊塑膠片，可以保護染色體，使它們不致磨損和衰敗。

雖然我們已充分了解遺傳密碼（我們雖知道如何用單一基因的信息建造蛋白質，但我們對基因組的密碼卻幾乎一無所知），也就是跨越人類基因組的多個基因如何在空間與時間中協調基因表達，以建造、維護和修復人體。遺傳密碼很簡單：DNA用來構建RNA，而RNA則用來建構蛋白質。DNA鹼基的三聯體指定蛋白質中的一個胺基酸。基因組密碼則很複雜：附在基因上的是在何時和何地表達基因的DNA序列。我們不知道為什麼某些基因位於基因組特定的位置，也不知道基因之間的DNA片段如何調節和協調基因生理機能。就像山外有山，密碼之外還有密碼。

它會跟隨環境的變動，印上和擦掉化學記號，因此編碼一種細胞「記憶」（後面還會深入討論）。
它莫測高深、脆弱、有彈性、適應性強、重複性強、獨特。
它正準備發展。它遍布了自己過去的殘片。
它旨在生存。
它就像我們。

# 第五部

（2001-2015）

## 穿過鏡子／一致性與「正常」的遺傳學

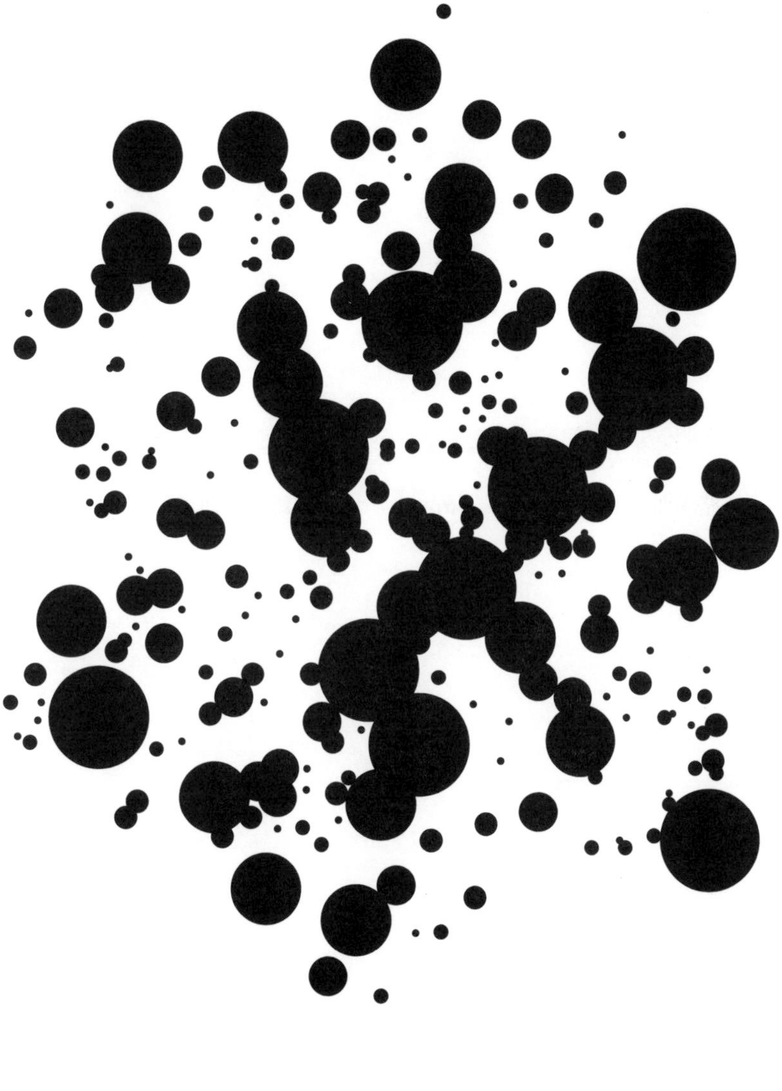

要是我們能穿過鏡屋，會多麼美好！喔！我相信裡面一定有非常美麗的東西。

——**路易斯・卡洛爾**（Lewis Carroll），**《愛麗絲夢遊仙境》**

# 「所以，我們是一樣的」[1]

我們必須重新投票。這是不對的。[2]

——饒舌歌手史努比狗狗（Snoop Dogg）發現自己的歐洲血源占比較NBA球星查爾斯·巴克利（Charles Barkley）多時這麼說。

我和猶太人有什麼共同之處？就連我和自己都沒有什麼共同點。[3]

——弗蘭茲·卡夫卡（Franz Kafka）

社會學家艾佛瑞特·休斯（Everett Hughes）曾挖苦地說，醫學是透過「鏡像倒寫」（mirror writing）體會這個世界。疾病為健康下定義，異常勾勒出正常的界線，變異則區別了雷同的範圍。鏡像倒寫也使人對人體的解讀錯誤[4]；因此，骨科醫生會想像骨頭是骨折部位，神經科醫師則把大腦看成了喪失記憶的部位。某個流傳已久但可能是杜撰的故事說，波士頓有個外科醫師喪失了記憶，只能靠辨識自己在朋友身上做的各個手術，才能想起他們是誰。

科學作家馬特·瑞德利（Matt Ridley）指出，在大部分人類生物學史上，人們對基因的看法也是由「鏡像倒寫」而來，由它們突變所引起的異常或疾病辨識，因此有囊狀纖維化基因、亨丁頓舞蹈症基因、乳癌 BRCA1 基因等等。這種命名法在生物學者眼裡很荒謬：BRCA1 基因的功能並不是在突變時引起乳癌，而是為了修復ＤＮＡ。「良性」乳癌基因 BRCA1 唯一的功能，是確保ＤＮＡ損壞時被修復。沒有乳癌家族史的上億婦女都遺傳了這種良性的 BRCA1 基因。突變的變體或等位基因（稱為 m-BRCA1），會引起 BRCA1 蛋白質結構的變化，使之不能修復受損的ＤＮＡ，因此在 BRCA1 功能發生障礙時，基因組就出現致癌的突變。

果蠅身上稱為「無翅」（wingless）的基因所編碼的蛋白質，其真正的功能不是產生無翅的昆蟲，而是指令建造翅膀的編碼。如瑞德利所言，把基因命名為囊狀纖維化（或稱ＣＦ）基因，「就像用身體器官所患的疾病為器官定義一樣荒唐：肝臟是為了會引起肝硬化而生，心臟是為了造成心臟病，腦部則是為了引起中風。」[5]

人類基因組計畫讓遺傳學者反轉這樣的鏡像倒寫。人類基因組中每一個正常基因的完整目錄、以及為產生這樣的目錄所生的工具，原則上能讓學者不再需要用病理學界定正常生理機能的界線，直接從鏡子的正面接觸遺傳學。一九八八年，國家研究委員會（National Research Council）的一份基因組計畫文件對基因組研究的未來做了重要預測：「ＤＮＡ序列中的編碼是學習、語言與記憶等能力的基本決定因素，對人類文化攸關緊要。編碼也包括突變和變異，會導致或增加罹患折磨人類疾病的敏感度。」[6]

敏銳的讀者可能已經注意到，這兩個句子標識出新科學的雙重野心。傳統上，人類遺傳學和病理學（「折磨人類的疾病」）有很大的關連。然而有了新工具和方法之後，遺傳學可以自在地漫遊、探索迄今還難以看透的人類生物學各層面。遺傳學已經由病理學的脈絡中走到了正常的脈絡，新科學可用來了解歷史、語言、記憶、文化、性別、身分和種族。在最雄心壯志的幻想中，它試著成為研究正常狀態的科學：健康、身分、命運。

遺傳學軌跡的改變也意味著基因故事的改變。書寫至此，我們故事的架構都是按照歷史順序：由基因到基因組計畫的歷程，依照觀念躍進和發現的相對線性年代依次進行。但隨著人類遺傳學的視野由病態轉為正常狀態，全然按照時間順序的說明方式，不再能掌握此問題的各個層面。因此，這門學問轉而以雖重疊但不同的人類生物學主題為重點：種族、性別、性傾向、智力、脾氣和個性的遺傳學。

基因如何影響我們的生活？擴大的基因版圖將大大加深人們對此方面的理解，但要透過基因來面對人類的「正常」，也會迫使遺傳學面對歷史上最複雜的科學和道德難題。

⊖

若要了解基因告訴我們關於人類的內容，我們可以先透過解讀基因告訴我們人類的起源開始。十九世紀中葉，在人類遺傳學出現之前，人類學家、生物學家和語言學家為人類起源的問題產生激烈的爭論。一八五四年，瑞士出生的自然史學者路易・阿格西（Louis Agassiz）是多元發生論（polygenism）最熱忱的支持者。這種理論認為人類的三大種族（他歸類為白人、亞洲人和黑人）是獨立出現的，早在幾百萬年前，來自不同的祖先血脈。

阿格西堪稱科學史上最知名的「種族主義者」，他相信人類種族天生彼此不同，且他也相信某些種族基本上優於其他種族。阿格西深恐他和非洲人有共同的祖先，因此主張每個種族都有其獨特的祖先，彼此獨立發生，並在時間與空間兩方面獨立沒有交集。（他認為，亞當之名來自希伯來文，意思是「會臉紅的人」。而只有白人會有明顯的臉紅，因此一定有好幾個亞當，會臉紅的和不會臉紅的，每個種族一個。）

一八五九年，達爾文的《物種起源》出版，阿格西的多元發生論受到挑戰。儘管《物種起源》一書刻意避開人類起源的問題，但達爾文的天擇演化觀點顯然與阿格西的人類祖先各自分離說法相違背：如果雀鳥和龜都是由共同的祖先分離出來，為什麼人類會不同？

在這一次的學術對抗中，勝利幾乎是滑稽地一面倒。阿格西是留著一把漂亮鬍子、望之儼然的哈佛（位於麻州劍橋市）教授，是舉世最知名的自然歷史學家；而達爾文則是自學出身的自然學者，還未建立他的學術可靠度，來自大西洋彼岸另一個在英國之外沒沒無聞的劍橋。儘管如此，阿格西還是看出可能避免不了的觀念衝突，因此他對達爾文的書發表嚴正的反駁。他怒斥，「要是達爾文先生或他的追隨者能提出一個事實，以證明個體的變化會隨著時間的推移而產生新的物種。那麼此案的狀態或有不同。」[7]只是，就連阿格西也不得不承認，他的不同種族各有不同祖先的理論遭到不只一個、而是眾多的挑戰。一八四八年，德國尼安德山谷（Neander Valley）的採石工人在石灰岩採石場意外挖出一個奇特的頭骨，它雖像人類的頭骨，卻差異極大，比如顱骨更大、下巴凹陷、顎骨強而有力，以及明顯突出的眉頭。[8]起先，大家以為這塊頭骨是長相怪異的意外遺骸（例如陷在洞穴裡的瘋子），不以為意，但接下來數十年，歐洲和亞洲各地的峽谷和洞窟裡，又找到許多類似的頭骨和骨頭。當骨頭一塊一塊地拼回去重建成標本後，便可以看出這是一種體格強壯、眉毛突出的物種，用略微彎曲呈弓形的腿直立行走；就像永遠皺著眉頭、脾氣暴躁的摔角選手。這種原人按照最初發現它的地點，被取名為尼安德塔人（Neanderthal）。

起初，許多科學家都認為尼安德塔人是現代人的祖先，是人和猿之間失落的一環。一九二二年《大眾科學月刊》（*Popular Science Monthly*）上就有一篇文章稱尼安德塔人是「人類演化的早期」。[9]文章還附了一個如今大家都很熟悉的人類演化圖像，由像長臂猿的猴子轉化成大猩猩、大猩猩變成直立行走的尼安德塔人，以此類推，直到形成人類為止。到了一九七〇和一九八〇年代，尼安德塔人是人類祖先的假說已不攻自破，取而代之的是更奇特的想法——早期的現代人與尼安德塔人共存。被修改後的「演化鏈」圖像，人類並非以長臂猿、大猩猩、尼安德塔人和現代人這樣循序漸進的階段演化，而是全都來自共同的祖先。人類學進一步的證據證明，現代人，當時稱克羅馬儂人（Cro-Magnons），約在四萬五千年前抵達尼安德塔人所在之處，很可能是遷移來到歐洲尼安德塔人生活的地方。由於我們現在知道尼安德塔人在四萬年前滅絕，因此他們和早期現代人重疊的時間約是五千年。

克羅馬儂人確實是我們更親近、更真實的祖先，他們像現代人一樣，頭骨較小、臉較扁平、眉頭向後退縮、下顎較瘦（在解剖學上，克羅馬儂人政治正確的用語是歐洲早期現代人類〔European Early Modern Human，EEMH〕），他們至少有和尼安德塔人在部分歐洲地區交會，很可能曾和他們爭奪資源、食物和地盤。尼安德塔人是我們的鄰居和對手。有證據證明我們和他們曾異種交配，並因為與他們爭奪食物和資源，可能造成了他們的滅絕。我們愛他們——但是，是的，我們也殺了他們。

⊖

但是，尼安德塔人和現代人之間的區別，讓我們又兜了一圈，回到原來的問題：人類究竟存在了多久？我們又是由哪裡來的？一九八〇年代，加州大學柏克萊分校的生物化學家艾倫．威爾遜（Allan Wilson）試著用遺傳工具回答這些問題。[10] ① 威爾遜的實驗源自相當簡單的想法。想像一下，當你踏進聖誕晚會會場，完全不認識在場的主人和賓客，場中一百名男、女和小孩四處走動、喝飲料，突然之間，開始了一場比賽：你們必須依照家族、關係和血緣分辨眾人，但是不能問他們的名字或年齡，眼睛也被蒙住，不得用臉部的相似與否或者觀察對方的言行舉止，來推斷他們的家庭關係。

在遺傳學家看來，這問題很容易處理。首先，他可以找出分布在每個人基因中的數種自然變化——突變。個人與個人的關係越密切，他們共有的變體或突變範圍就越接近（同卵雙胞胎整個基因組都相同；父親和母親平均各貢獻一半給他們的孩子，以此類推）。如果每一個個體的這些變體都可以定序和辨識，就可立即解決血統問題：因為關係和突變是一體兩面，就像有親戚關係的人會有類似的五官或膚色或身高一樣，家族裡的變異也較家族外的更普遍（其實五官、身高之所以會類似，就是因為個體有遺傳變異之故）。

如果要這位遺傳學者在不知道與會者年齡的情況下，找出在場最多世代的家庭呢？假設其中有一個家庭是由曾祖父、祖父、父親和兒子組成，四代同堂；而另一個家庭也有四人在場，一位父親和他的同卵三胞胎子女，總共只有兩代。我們可以在不預先知道臉孔和名字的情況下，識別出最多世代的家庭嗎？光靠計算家庭成員的人數無法完成這個任務，因為父親和三胞胎子女的家庭，以及曾祖父和他的多代子孫，兩個家庭的在場人數都是四人。

基因和突變提供了聰明的解決方案。由於突變會跨世代累積，亦即會經歷數世代，因此基因變異最多樣的就是世代最多的家庭。三胞胎因為擁有完全相同的基因組，其遺傳多樣性最少。相反地，曾祖父和曾孫兩人雖有相關的基因組，但他們的基因組也會擁有最多不同之處。演化就像節拍器，在突變的過程中滴答作響。遺傳多樣性就像「分子鐘」，由變異就能組織出血統關係。任何兩個家族成員之間的輩分差異，和他們之間的遺傳多樣性範圍成正比。

威爾遜明白這種技術不僅可以應用在整個家族，也能用在整體族群人口。基因變異可以用來創造一張相關性圖譜，遺傳多樣性則可用來衡量一個物種中最古老的種群：遺傳多樣性最多的部落，就比很少或沒有多樣性的部落年長。

威爾遜幾乎可以用基因組信息的方法，估計所有物種究竟經歷多久歷史；只是這還有個小瑕疵：如果基因變異只由突變而來，威爾遜的方法就萬無一失；但威爾遜知道，在大部分的人類細胞上，基因都是存在兩個等位基因上，而且它們可以在配對的染色體之間「互換」，藉著交替的方法產生變異和多樣性。這個產生變異的方法免不了會使威爾遜的研究產生混亂。威爾遜明白，想要建構理想的遺傳譜系，就需要一段天生不會重組和交叉互換的人類基因才行——在基因組孤獨而脆弱的角落，只能藉由突變的累積造成改變，因而就能把這一片段的基因組當作完美的分子鐘。

只是，這樣脆弱的片段會在哪裡呢？威爾遜的解決方法十分巧妙。人類基因儲存在細胞核內的染色體裡，但有一個例外。每個細胞都具有稱為粒線體的次細胞結構，用來產生能量。粒線體有它自己的迷你基因組，只有三十七個基因，大約是人類染色體基因數量的六千分之一。（有些科學家主張粒線體源自侵入單細胞生物的古老細菌，這些細菌和被侵入的生物形成了共生關係；它們提供能量，而生物的細胞環境則作為營養、代謝和保護之用。粒線體內的這些基因就是由這種古老共生關係留下來的結果；的確，人類粒線體基因更像細菌基因，而較不像人類基因。[11]）

① 威爾遜的啟發來自兩位生化界的巨人萊納斯．鮑林和艾米爾．朱克坎德（Emile Zuckerkandl），因此才有這種關鍵的見解。這兩位巨人提出思考基因組的全新方式：不僅僅把基因組當作建造個別生物的信息摘要，而且是生物演化史的信息摘要，如同「分子鐘」。日本演化生物學家木村資生也提出了此理論。

粒線體基因組很少重組，而且只存在一個副本裡。粒線體基因的突變會原封不動地跨世代傳遞，長期累積而沒有交叉互換，因此粒線體基因組是理想的遺傳計時器。威爾遜明白，最關鍵的是這種年齡重建的方法完全獨立，不受偏見影響：它和化石紀錄、語言傳承、地質地層、地理地圖或人類學調查都無關。現存的人類在基因組中，賦予了我們這個物種的演化史，彷彿我們把每一位祖先的照片全都永久收藏在我們的錢包裡。

一九八五至一九九五年間，威爾遜和他的學生把這些技術運用在人類樣本（威爾遜於一九九一年因白血病去世，他的學生繼續其工作）。這些研究的結果教人吃驚，原因有三。首先，在威爾遜測量了人類粒線體基因組整體的多樣性之後，發現它小得驚人，多樣性比黑猩猩相對應的基因組更少。[12]換句話說，現代人類比黑猩猩年輕得多，也更同質（在人類看來，每隻黑猩猩可能都和其他黑猩猩差不多，但看在洞察力強的黑猩猩眼裡，人類看起來才更相似）。如果倒算回去，人類的歷史大約是二十萬年——在演化的規模只不過是小小的一點，一聲滴答。

第一批現代人來自何處？一九九一年，威爾遜已可用他的方法重建全球各地各種人口之間的血緣關係，並且運用遺傳多樣性當作分子時鐘，計算各種人口的相對歷史長短。[13]隨著基因定序和註解技術的發展，遺傳學者也改進了這種分析法，把範圍擴大到超越粒線體的變化，並研究了世界各地數百種不同族群成千上萬的個體。

二〇〇八年十一月，由史丹福大學路易吉・卡瓦利—史福薩（Luigi Cavalli-Sforza）、馬可斯・費德曼（Marcus Feldman）和理查・麥爾斯（Richard Myers）領導的研究，由全球五十一個人口亞群的九百三十八名個體中，歸類出六十四萬兩千六百九十個遺傳變異體。[14]人類起源第二個驚人的結果就來自這項研究：現代人似乎演化自相當狹窄的一塊陸地：大約十萬至二十萬年前，於漠南非洲（撒哈拉以南的非洲地區）

的某處，然後向北和向東遷，來到中東、歐洲、亞洲和美洲，「離非洲越遠，變化越少。」費德曼寫道，「這種模式符合現代人類離開非洲，接著以踏腳石方式在世界各地定居的理論。每一小群人離開群體創建新地區時，就帶了祖先人口遺傳多樣性的一個樣本。」[15]

最古老的人類族群（其基因組裡盡是多樣化和古代的變異），是南非、納米比亞和南非的波札那的桑（San）部落，以及居住在剛果伊圖里（Ituri）森林深處的姆巴提俾格米人（Mbuti Pygmies）。[16]相較之下，「最年輕」的人類則是北美原住民，他們約在一萬五千至三萬年前離開歐洲，經由冰封的白令海峽縫隙進入阿拉斯加的西沃德（Seward）半島。[17]此人類起源和遷徙的理論擁有化石標本、地質資料、考古挖掘出來的工具和語言模式為佐證，已被絕大多數的人類遺傳學家接受，稱為「源自非洲」（Out of Africa）理論或「晚近源出非洲」（Recent Out of Africa）模型，（「晚近」〔recent〕一詞反映了現代人類令人驚訝的演化，而且其縮寫 ROAM，也是個可愛的紀念，呼應了彷彿直接來自我們基因組的古老漫遊衝動）。[18]

在說明這些研究第三個重要結論之前，須先說明一下觀念背景。單細胞胚胎的產生是由精子授精卵子，這個胚胎的遺傳材料來自兩處：父系基因（來自精子）和母系基因（來自卵子）。但胚胎的細胞材料則完全來自卵子；精子只不過是美化的男性 DNA 載具——配上了過動尾巴的基因組。

除了蛋白質、核醣體、養分和保護膜之外，卵子也為胚胎提供稱為粒線體的特殊結構。這些粒線體是細胞的能量生產工廠，它們的結構與細胞內的其他部分分離，功能獨特，因此細胞生物學家稱之為「胞器」（organelles），即細胞內存在的迷你器官。請記得，粒線體攜帶了獨立的小基因組，位於粒線體本身，而非可以找到二十三對染色體（和兩萬一千多個人類基因）的細胞核內。

胚胎中所有粒線體全都源於女性產生了重要影響：所有人類，不論男女，都必定從他們的母親繼承粒線體，而他們的母親又是由她們的母親繼承粒線體，以此類推，連續不斷的女性譜系向過去無限延伸（任何一位女性的細胞裡，也帶著她未來所有後代的粒線體基因組。諷刺的是，如果真有「霍爾蒙克斯」（homunculus）這樣的小人，它的來源也只限於女性，那麼應該稱作「女小人」（femunculus）才對吧？）。

想像一個有兩百名婦女的古老部族，每個婦女都生一個孩子。如果這孩子恰好是女兒，那麼這個女人就會把她的粒線體再傳給下一代，並通過女兒的女兒，傳給第三代。但如果她只生了兒子，沒有女兒，她的粒線體就走進了遺傳的死巷而絕種（因為精子不會把它們的粒線體傳給胚胎，因此兒子無法把粒線體基因組傳給他們的孩子）。在部落演變的過程中，成千上萬的粒線體世系就偶然走到世系傳承的死路，因而滅絕。這裡就是關鍵：如果一個物種的創始人口夠少、且經歷足夠的時間，倖存的母系傳承數量就會不斷萎縮再萎縮，直到最後只剩下少數。如果這個部族裡的兩百名婦女中有一半只有兒子，那麼一百個粒線體傳承就會撞上男性遺傳的玻璃屏障，在下一代消失。而另一半在第二代又在男孩身上走進死巷，以此類推。數個世代後，追蹤這個部族所有後裔（不論男女的粒線體），就能歸溯到少數幾位女性身上。

而現代人類的源頭女性數字，已經追溯來到了一位：追蹤每個人的粒線體傳承，都可以回到大約二十萬年前一位身在非洲的女性。她是我們共同的母親。儘管和她最接近的現代親戚是波札那或納米比亞的桑族婦女，但我們並不知道她究竟長什麼樣子。

我覺得一位人類之母的想法極其迷人。在人類遺傳學上，她有個美麗的名字——粒線體夏娃。

一九九四年夏，身為對免疫系統基因起源感興趣的研究生的我，由肯亞沿著裂谷（Rift Valley）往辛巴威，一路穿過贊比西河（Zambezi River）的盆地，到達南非平坦的平原，這是倒走人類演化的旅行。旅程最後一站是南非一個乾旱的臺地，和桑部族曾經住過的納米比亞與波札那差不多等距。這地方像月球一樣荒涼；一片平坦、乾燥的地面，彷彿遭地球物理復仇的蠻力斬首，棲息在底下的平原之上。當時我因遭到一連串的偷竊和遺失，隨身財物所剩無幾，只剩四條四角內褲，我常把兩條穿在一起當成短褲，另外還剩一盒蛋白質營養棒和瓶裝水。聖經說，我們赤身露體地來，我差不多就是那樣。

只要運用一點想像力，我們就可以由那個風吹不止的臺地為起點，重建人類的歷史。時間大約從二十萬年前開始，一群早期現代人在這個地方或者附近類似的地方定居（演化遺傳學家布里納．韓〔Brenna Henn〕、費德曼和莎拉．提希柯夫〔Sarah Tishkoff〕指出，人類遷徙的起源在更西之處，靠近納米比亞的海岸）。我們對這個古老部族的文化和習慣幾乎一無所知，他們沒有留下人造器物（沒有工具，沒有圖畫，沒有窯洞）除了在所有遺物中意義最深遠的部分：它們的基因牢不可破地縫在我們自己的基因上。

這群人口數量可能相當少，按現代標準來看更是微乎其微——不超過六千或一萬人，甚至有人估計只有七百人，這幾乎只是城市單一街區或一個村落的人口。粒線體夏娃可能就在其中，至少生有一個女兒，也至少有一個外孫女。我們不知道這群人什麼時候或為什麼不再與其他人類交配，只知道他們大約在二十萬年前開始，只和群中人口交配。這與詩人菲利浦．拉金（Philip Larkin）的名句：「性交始於一九六三年，」[19]大約差了二十萬年。或許他們因氣候而被隔離在這裡，或者因地理障礙受困，也或許，他們墜入了愛河。

他們由這裡開始往西，就像年輕人一樣。接著又往北遷徙。②接著他們攀登裂谷的裂縫，或者躲進剛果盆地周圍濕雨林的樹冠下，現在，這裡是穆布提（Mbuti）和班圖（Bantu）人所居之處。

這個故事含括的地域並不像表面聽來的那麼局限或那麼明確。我們已知部分早期現代人的族群往回走到撒哈拉沙漠（當時這裡的景觀鬱鬱蔥蔥，有許多相連的湖泊和河流），他們回到當地類人猿聚居之處，與牠們並存，甚至與牠們交配，也許產生演化回交（back cross）。正如古人類學家克里斯托福．史特林格（Christopher Stringer）所描述的，「現代人一詞的意義，表示有些現代人擁有更多古老基因。確實似乎如此。因此，我們又忍不住要再問：什麼是現代人？這一、兩年內，探討某些人由尼安德塔人那裡得到的DNA，是最教人著迷的研究題目。科學家會看著那個DNA問道：它是否能發揮功能？是否真的在這些人的體內工作？它是否會影響到腦部、結構、生理等等？」[20]

不過，長征依舊繼續進行。在七萬五千年前，一群人抵達衣索匹亞東北或埃及。在非洲高聳的肩頭和葉門半島的下肘之間，紅海縮小成裂縫般狹窄的海峽，雖然沒有人在那裡劈開海面，但我們不知道是什麼驅使這些人越過海洋，也不知道他們怎麼辦到的（當時海水比較淺，有些地質學家懷疑可能有沙洲沿著海峽分布，讓我們的祖先像玩跳房子遊戲一樣跳到了亞洲和歐洲）。大約七萬年前，印尼多巴（Toba）的一座火山爆發，噴出許多黑灰，造成長達數十年的冬天，這可能促使人們迫切地尋求新的糧食和土地。

也有些人提出多重分散的理論，這可能是因人類的演化在不同時期發生規模較小的災難造成。[21]有個主要的理論認為，人類至少有過兩次獨立的橫渡。最早的一次發生在十三萬年前，移民登陸中東地區，並沿著濱海路線前進，穿過亞洲，沿著海岸前往印度，最後朝南向緬甸、馬來西亞和印尼散開。後來的跨越發生時間較近，大約六萬年前。這些移民朝北移到歐洲，在那裡遇到尼安德塔人。兩條路線都以葉門半島為中心，這裡是人類基因組真正的「熔爐」。

可以確定的是，每一次危險的跨越海洋，都幾乎沒有留下多少倖存者（也許只有六百名男女）。歐洲人、亞洲人、澳洲人和美洲人都是這些勇敢跨越瓶頸者的後代，而這個歷史上的開瓶器也在我們的基因留下了它的記號。由遺傳的角度來看，我們所有人幾乎都來自非洲，爭取土地和空氣，我們之間的關係遠比以往想像的更加密切。我們身在同一條船上，兄弟。

⊖

這對種族和基因有什麼意義？答案很多。首先，它提醒我們：人類的種族分類在本質上是有限制的。政治學家華勒斯·塞爾（Wallace Sayre）喜歡挖苦說，學術上的爭論往往最惡毒，因為需要付出的風險太低。依照類似的邏輯，或許我們針對種族日益尖銳的辯論，應該先由承認人類的基因組變異實際範圍實在小得驚人，比其他許多物種都小（也比黑猩猩小）。由我們這個物種在地球上短暫的時期來看，我們之間相像的地方更多於差異。我們甚至還沒有時間品嘗毒蘋果，這是我們青春綻放不可避免的後果。

---

② 最近的研究認為這群人的起源是在非洲西南部，若是如此，這些人主要則是朝東部和北部走。

然而，即使是年輕的物種也擁有歷史。基因組學最深遠的影響就在於，即使是密切相關的基因組，也能夠分門別類。如果非要尋覓有差異的特色和種族群，的確能夠找到。如果仔細檢視，人類基因組的變異會集中在各個地理區和各大陸，以及依照傳統的種族界限區別。每一個基因組都有其祖先的標記。研究個人的遺傳特徵，可以準確地指出他/她的起源是某個大陸、國籍、州，甚至某個部落。這樣的差異當然極小，但如果這就是我們所謂的「種族」，那麼這個概念不但因基因組的發展而留存，而且還因它而延伸放大。

不過，種族歧視的問題並不是由一個人的遺傳特徵推斷他的種族，恰恰相反：它是由人的種族推斷他的特性。種族歧視的問題並不是你能不能從個人的膚色、頭髮的質地或語言，推斷他們的祖先或起源；這其實是生物系統學問題，與系譜、分類學、人種地理學與生物鑑別有關。我們當然可以如此追溯祖先或起源，而且基因組學也大幅改善了這樣的推論；我們可以審視任何個人的基因組，深入了解此人的祖先或祖籍。可是，爭議更大的提問卻是反向：是否可以對已知個人的種族（如非裔或亞裔），推斷此人的任何特點？不僅僅是膚色或髮色，而是更複雜的特性，如智力、習慣、性格和才能？**基因的確可以告訴我們關於族裔的資訊，但是，族裔可以告訴我們關於基因任何信息嗎？**

要回答這個問題，我們得測量遺傳變異如何在不同種族類別分布。種族之內與種族之間，哪一個有較多的變異性？假如知道某人是非裔或歐裔，能不能因此對他的基因軌跡，或是個人、生理與智力等屬性有更具意義的了解？還是，由於非洲人和歐洲人內部的變異已相當多，因此族裔內的多樣性佔主導位置，所以「非洲」或「歐洲」的類別區分是否還有意義？

現在，我們已經知道這些問題的精準答案。許多研究想要量化人類基因組遺傳多樣性的程度。最近的估計認為，遺傳多樣性有很大比例（八五至九〇％）發生在所謂的種族之內（亦即在亞洲族群內，或在非洲族群內），只有很小一部分（七％）發生在種族之間。[22]（早在一九七二年，遺傳學家理查・李文汀〔Richard Lewontin〕）就有類似的估計）。有些基因在種族或民族群體之間的確有很大的變異（鐮狀細胞貧血症是西印度群島非裔和印裔常見的疾病，阿什肯納茲猶太人的戴薩克斯症發病率較其他族裔要高得多）。但大多數情況下，任何種族群內的遺傳多樣性都超過族群之間的遺傳多樣性；而且不只是超過一點點，而是差距很大。這種族裔內的高變異程度使得「種族」成了幾乎任何特色的可憐代用品：在遺傳學觀念中，一名來自奈及利亞的非洲男子和另一名來自納米比亞的男子之間如此「不同」，把它們納入同一類別並沒有意義。

因此，對於種族和遺傳來說，基因組完全是單行道。你可以用基因組預測 X 或 Y 來自哪裡。但如果你知道 A 或 B 來自哪裡，卻無法預測這個人的基因組。或者，每一個基因組都帶有個人祖先的簽名，但族裔的祖先卻不太能預測其基因組。你可以為非裔美籍男子的 DNA 定序，得出他的祖先來自獅子山或奈及利亞。但是，如果你遇到一個曾祖父母來自奈及利亞或獅子山的男人，卻無法說出此人的特點。遺傳學家滿載而歸，種族主義者空手而回。

費德曼和李文汀說，「種族分類對於普通生物學沒有什麼意義。對於人類來說，個人的種族分類並沒有任何一般遺傳學意義上的差異。」[23]史丹福遺傳學家卡瓦利—史福薩在一九九四年出版人類遺傳學、遷徙和種族的劃時代研究[24]，其中也說明了種族分類的問題，他稱之為「徒勞的習題」，這是出於文化的評斷，而非遺傳的差異。「我們分類的層級完全是隨心所欲。我們可以找出『叢集』（clusters）的族群，但是每個叢集的分類層級都各自獨立。在生物學上，沒有理由偏愛哪一種。」卡瓦利—史福薩接著又說，「演化的解釋方式很簡單。人群中有很大的遺傳變異，即使在小群體中亦然。這種個體的變異是長期累積而來，因為大多數遺傳變異的時間都比他們分開到各大陸發展更早，甚至或許比這個物種的起源更早，不到五十萬年前。因此，累積實質分歧的時間太少。」

那精采的最後一句是針對過去，這是慎重思量之後對阿格西和高爾頓、對十九世紀美國優生學家、二十世紀的納粹遺傳學家和二十世紀納粹遺傳學家的科學反駁。十九世紀，遺傳學釋出了科學種族主義的妖精，幸而基因組學把它關回了瓶子裡。或者，就如電影《姊妹》（*The Help*）中的非裔女佣艾比（Aibee）清楚地告訴梅．莫布利（Mae Mobley），「所以，我們是一樣的。只是顏色不同。」[25]

⊖

一九九四年，就在卡瓦利—史福薩發表了關於種族和遺傳學全方位報告的同一年，[26]美國人卻為另一本觀點截然不同的種族和基因書籍而焦慮震驚。[27]《泰晤士報》稱這本由行為心理學家理查．赫恩斯坦（Richard Herrnstein）和政治學家查爾斯．穆雷（Charles Murray）共同執筆的《鐘形曲線》（*The Bell Curve*）是「火力十足的階級、族裔和智力論文」。[28]這本書讓人看到基因和族裔的語言多麼容易遭到扭曲，以及這些扭曲又在迷戀遺傳和種族的文化中，起了什麼樣的迴響。

說起煽風點火，赫恩斯坦可稱個中老手，他在一九八五年出版的《罪與人性》（*Crime And Human Nature*）就宣稱，個性和脾氣等與生俱來的特色和犯罪行為息息相關，引發了論戰。[29]十年後的這本《鐘形曲線》提出了更多煽動性的言論。穆雷和赫恩斯坦主張，智力大半也是先天（即遺傳而來），而且各種族分配並不相等。白人和亞洲人一般擁有較高的智商，非洲人和非裔美國人智商較低。穆雷和赫恩斯坦聲稱，這就是非裔在社會和經濟方面長期表現不佳的主要原因，非裔美國人在美國發展落後，並不是因為美國的社會架構有系統性的缺陷，而是由於他們心理結構有系統性的瑕疵。

要了解《鐘形曲線》的立論，我們得先探討「智力」的定義。可想而知，穆雷和赫恩斯坦選擇了狹義的定義，帶著我們一路回到了十九世紀生物統計學和優生學的用語。我們應該還記得，高爾頓和他的弟子醉心於智力的衡量。在一八九〇和一九一〇年間，歐美設計了數十種測驗，想要以公平和計量的方式衡量智力。一九〇四年，英國統計學家查爾斯．史皮爾曼（Charles Spearman）發現這些測驗的重要特徵之一：在一個測驗表現優異的人，往往在另一個測驗也表現良好。史皮爾曼假設這種正面關係之所以存在，是因為所有的測驗都傾向於測量某個神祕的共同因素。[30]他認為，這個因素並非知識本身，而是獲得並操縱抽象知識的能力。史皮爾曼稱它為「一般智力」，把它標識為「g」。

二十世紀初，社會大眾對「g」產生了興趣。它首先吸引了早期的優生學家。一九一六年，熱心支持美國優生運動的史丹福心理學家路易斯．特曼（Lewis Terman）設計了一個能快速定量評估一般智力的標準化測試，希望藉此測出智力更高的人作為優生繁殖之用。特曼知道這個衡量標準會隨著年齡的增長而有不同，因此鼓吹以新度量方式計量因年齡而不同的智力。[31]如果受測者的「心理年齡」和實際的生理年齡一樣，他們的「智力商數」（IQ），就正好是一百；如果受測者心理年齡不如生理年齡，智商就不到一百；如果他心理年齡高於生理年齡，智商就達一百以上。

智力的數字量表也特別適合第一次和第二次世界大戰的需求，在這段期間，新兵必須依照快速量化的智力評估，分配到需要不同技能的戰時任務。戰後退伍軍人重返平民生活時，發現到處都是智力測驗。一九四〇年代初，這樣的測驗已被視為美國文化的一部分，不論是求職者、兒童入學或是情報局招募新人，都須要做智力測驗。一九五〇年代，美國人往往在求職履歷列出他們的智商，或者在申請工作時提交測驗結果，甚至根據測驗成績選擇配偶。在「頭好壯壯」嬰兒比賽時，這些展示的嬰兒身上也別著智商成績（不過，如何測量兩歲幼兒的智商，依舊不得而知）。

這些智力觀念的修辭和歷史改變值得注意，後面我們還會再談到它們。一般智力（g）起源於特定情況下對特定個人測驗的統計對比，這種對比關係演變成「一般智力」的概念，因其假設這與人類獲取知識的本質有關，接著，它又統合成符合戰爭特定緊急需求的「IQ」。由文化觀點來看，一般智力的定義是個精巧的自我強化現象：擁有它的人就獲得「聰明」的光環，而被判定有這種特質的，當然有最大的動機宣傳它的定義。演化生物學家道金斯在《自私的基因》一書中，曾創出「模因」（meme）一詞，定義為藉由突變、複製和被擇，而像病毒一樣在社會散布的文化單位。我們可以把「g」想成類似的自我傳播單位，甚至可以稱之為「自私的g」。

要對抗文化，就需要反文化（counterculture），因此，或許席捲一九六〇和七〇年代美國的政治運動動搖了一般智力和智商觀念的根源，也是必然的結果。民權運動和女性主義突顯美國長期以來政治和社會不平等的現象，生物和心理的特性不僅僅是天生，而且深受背景和環境的影響，也就不言而喻。單一形式智力的理論受到了科學證據的挑戰，發展心理學家如路易斯·瑟斯頓（Louis Thurstone，在一九五〇年）和霍華德·加德納（Howard Gardner，一九七〇年代後期）認為，以「一般智力」總括許多須參考前後文和較微妙的智能形式（視覺空間、數學或語言），這是相當拙劣的方法。[32]遺傳學家回頭再看這些資料，可能會結論說「g」（為了特定的環境而發明的假設性測量法），恐怕根本不值得和基因聯結，可是這還是阻止不了穆雷和赫恩斯坦。他倆大量引用心理學家亞瑟·詹森（Arthur Jensen）早期的一篇文章，要證明「g」可以遺傳，可以在不同族裔之間產生不同，而且最重要的是，這種族裔的差異是因白人和非裔天生的遺傳因素所造成。[33]

「g」可以遺傳嗎？在某種意義上，是的。一九五〇年代，一系列的報告都顯示它有強大的遺傳成分，其中又以雙胞胎研究的結果最明確。[34]一九五〇年代早期，心理學家測試了被共同養育的同卵雙胞胎（也就是說，他們在共享基因、共享環境的情況下進行測試），結果發現他們的智商具有驚人的一致性，相關值達〇．八六。[③]一九八〇年代後期，出生後便分開養育的同卵雙胞胎也分別做了測試，結果相關性為〇．七四，依舊驚人。

但是，一個特性的遺傳，無論多麼強烈，都可能是來自多個基因共同作用，每一個基因發揮相對較小的效果。若是如此，雖然同卵雙胞胎在「g」上會表現出較強的相關性，但父母與子女就不會那麼相關。智商就是依循這種模式。例如，同住的父母子女「g」的相關性降至〇．四二；父母和子女分居的狀態，相關性就驟減為〇．二二。無論智商測驗測量的是什麼，它都是可遺傳的因素，只是它也受許多基因影響，並且可能因環境有大幅的改變——部分先天，部分後天。

這些事實最合理的結論是，雖然基因和環境的部分組合會強烈地影響「g」，但這樣的組合卻很少會原封不動地由父母傳給子女。孟德爾的法則其實就保證了基因特定的排列變化會分散在各個世代。而且環境的相互作用很難掌握和預測，不可能在一段時間之後再複製。簡言之，智力可以遺傳（即受基因的影響），但不容易遺傳（即由上一代原封不動地傳給下一代）。

---

③ 較近的估計已經把同卵雙胞胎的智商相關性定為〇．六至〇．七。接下來的幾十年，包括李昂．卡明（Leon Kamin）在內的心理學家重新審視一九五〇年代的數據，發現研究方法可疑，因此最初的估計值受到質疑。

要是穆雷和赫恩斯坦歸納出這些結論，他們出版的書在智力遺傳方面，或許會沒什麼爭議性，立論正確。可是，《鐘形曲線》打造的重心並非智商可否遺傳，而是智商的族裔分布。穆雷和赫恩斯坦首先檢視了一百五十六個比較各族裔智商的獨立研究。綜合來看，這些研究發現白人的平均智商為一百（根據定義，種群指數的平均智商必須是一百），非裔為八五（差距達十五分）。穆雷和赫恩斯坦努力找出這些測驗是否對非裔有偏見。他們把測驗限定在一九六〇年後所作，而且只限在美國南部以外的地區，希望減少地方性的偏見，但依舊有十五分的差距。[35]

黑、白人智商分數的差距可能是社會經濟狀態造成的嗎？無論族裔，貧困的孩子智商測驗的成績總是較差，一向如此。確實，在所有關於各族裔智商差異的假說中，這個說法迄今最為可信：黑白兒童智商的差異，主要可能是貧窮非裔兒童人數過多的結果。一九九〇年代，心理學家艾瑞克·特克海默（Eric Turkheimer）就以在極度貧窮情況下，基因對智商只有極小影響，證實了此理論。[36]如果在孩子身上加上貧窮、饑餓和疾病等因素，那麼這些變數就會主導對智商的影響。唯有除去這些限制之後，控制智商的基因才會有顯著的作用。

我們很容易在實驗室裡展示類似的效果：如果在營養不良的情況下，培育一高一矮兩種植物，那麼無論它們天生的遺傳條件如何，這兩種植物都會長得矮小。相反地，在營養不再受限時，高種植物就會長到它應有的高度。究竟占主導地位的是基因還是環境？是自然或培育？端視看情況而定。在環境受限時，它們就會產生不成比例的影響；去除限制之後，基因的影響就居主導地位。④

貧窮和匱乏的影響，就是導致黑白族裔整體智商差距的合理原因，不過穆雷和赫恩斯坦更進一步探究，他們發現即使改變了社會經濟地位，依舊不能完全消除黑白族裔智商分數的差距。若是畫出白人和非裔隨著社會經濟地位逐漸改善的智商曲線，就會發現兩者的智商分數都如預期那般增加。富裕的孩子表現當然比窮人的孩子好，不論是白人或非裔都一樣。但是，兩種族裔之間的智商分數差距依然存在。甚至更矛盾的是，差距還會隨著白人和非裔社經地位提升而拉大。富裕白人和富裕非裔的智商差距更加明顯：收入階級上層的差距擴大了。

⊖

許多書籍、雜誌和科學期刊不斷地分析、交叉檢視和揭露這些結果。例如，演化生物學家史蒂芬·古爾德（Stephen Jay Gould）刊在《紐約客》的一篇文章，就痛批這個效力太微弱，測試裡的變數太大，無法對兩者的差異作出任何有統計意義的結論。[37] 哈佛大學歷史學者奧蘭多·帕特森（Orlando Patterson），則在一篇巧妙題為〈鐘為誰而曲線〉（For Whom the Bell Curves）的文中提醒讀者，奴隸制、種族主義和偏執的遺毒，大幅加深了白人和非裔之間的文化鴻溝，因此無法以有意義的方式比較跨種族的生物屬性。[38] 其實，社會心理學家克勞德·史提爾（Claude Steele）就已證明，如果讓黑人學生做智商測驗，但告訴他們是在測試一種新的電子筆，或者一種新的計分方式，他們的表現就不錯；反之，如果告訴他們是在測試「智力」，他們的分數就會慘不忍睹。因此測量的變數不是智力，而是考試的性向或自尊，或者就只是自我或焦慮。不知不覺中，黑人在社會經歷經常、常規和陰險的歧視，這樣的傾向會自我強化：黑人兒童

---

④ 大概沒有比此更教人信服的平等遺傳論點。如果不先確定有平等的環境，就不可能確定人類基因的潛力。

在測驗表現更糟，因為已被灌輸他們的測驗表現能力很糟，這使他們的測驗表現的確不好，進一步加深了他們覺得自己不太聰明的想法，如此不斷循環。[39]

不過，《鐘形曲線》最後一個致命的缺陷卻單純得多，這個事實被埋沒在長達八百頁的巨著中，只在一個段落中出現過一次，因此幾乎看不見。[40] 如果讓智商分數相同的非裔和白人並列在一起，比如兩者智商都一〇五，然後再衡量他們在各種分類測驗中的智力，就會發現非裔兒童往往在某些領域的智商分數較好（例如短期記憶和回憶測試），而白人則在另一些領域得分較高（視覺空間和感知變化的測驗）。換句話說，智力測驗的配置方式會深深影響不同的族裔群體和他們的基因變異在測驗中的表現：在同一個測驗中改變重量和平衡，你就改變了智力的計量。

這種偏見最有力的證據來自一個差點被人遺忘的研究，由珊卓·史卡（Sandra Scarr）和理查·溫柏格（Richard Weinberg）於一九七六年進行。[41] 史卡研究了跨種族收養（由白人父母收養黑人子女），發現這些孩子的平均智商為一〇六，至少與白人兒童一樣高。史卡仔細分析對照組後結論：「智力」並沒有被強化，而是特定子測驗的表現被強化。

我們不能光是說，現有的智商測驗能夠預測人在現實世界的表現，因此設計必然正確，而對上述的看法不以為意。它當然是正確的，因為智商的概念原本就是強力的自我強化：它測量的是一種深具意義和價值的性質，其主要的任務就是要宣傳這個測驗。其邏輯的循環完全封閉，難以突破。然而，這種測驗的實際結構較為獨斷。改變測驗的平衡，比如視覺空間知覺與短期記憶的比重，雖然並不會讓「智力」這個詞變得毫無意義，但卻改變了黑人和白人智商得分的差異。而問題就在此處。這種概念的複雜微妙之處，就是它假裝是可測量且可遺傳的生物性質，但其實卻受文化中先入為主的觀念強烈影響。簡單來說，它是最危險的事物：偽裝為基因的模因。

醫學的遺傳學史教給我們的教訓之一，就是小心這種生物學和文化之間的失誤。現在我們明白，由遺傳學的角度來看，人類極其相似，但我們之間也有足夠的變異，表現出真正的多樣性。或者更準確地說，我們在文化或生物學上都傾向誇張我們的差異，即使在較大的基因組系統中這些差異無關緊要。為了掌握能力之間的差異而設計的測驗，很可能就會捕捉到這樣的能力差異（而且這些差異很可能就是沿著族裔的路線）。但是，把這種測試分數稱為「智力」，尤其這種分數對測驗設計特別敏感之時，就是侮辱了它所要測量的性質。

基因不能告訴我們如何分類或理解人類的多樣性，但是，環境可以、文化可以、地理可以、歷史可以。我們口沫橫飛地試圖用語言捕捉這個失誤。當某個遺傳變異在統計數字最常出現時，我們就稱之為正常（normal），這個詞不僅意味統計數字較高，而且在性質甚或道德上還帶有優越性。《韋氏字典》對normal一字就列出多達八種定義，包括「自然發生」和「身心健康」）。在某個遺傳變異很罕見時，就被稱為突變體，這個詞不僅意味著在統計數字較小，而且暗示性質低劣，甚至在道德方面引人厭惡。

如此這般，把語言的歧視加諸於遺傳變異之上，混合了生物學和欲望。在基因變體降低生物在特定環境中的適應能力時，比如沒有毛髮的人在南極，我們就把這種現象稱為遺傳疾病。當同一變體在不同環境提高了生物的適應性時，我們就稱這個生物有能力較強的遺傳。演化生物學和遺傳學的綜合提醒我們，這些判斷是沒有意義的：增強或疾病，是衡量特定基因型對特定環境適應與否的文字；只要環境改變，這些文字甚至可能倒轉。心理學家艾莉森．戈普尼克（Alison Gopnik）寫道，「在沒有人讀書的時候，閱讀障礙就不是問題。在大多數人得打獵維生之時，影響注意力集中能力的微小基因變異不是大問題，甚至可能是優勢（例如，獵人能同時注意多個目標）。可是，當大家必須讀完高中才行時，同樣這個變異就可能成為改變人生的疾病。」[42]

按族裔區別人類，以及依此劃分智力、犯罪行為、創造力或暴力等性質的衝動，顯示了遺傳學和分類法的主題之一。基因組就像英文小說或人臉，有上百萬種不同的方法分門別類，但是該分開還是整合？區分還是集中？在具有可遺傳的明顯生物學特徵，例如主要考量遺傳疾病（如鐮狀細胞貧血症）時，檢視基因組以確定那個特徵的位置就有必然的意義。這種可遺傳性質或特徵定義越狹窄，我們就越可能為它找到基因位置，這個性質也就越有可能在人類亞群中區分（如阿什肯納茲猶太人的戴薩克斯症，或非裔加勒比人的鐮狀細胞貧血症）。又例如，跑馬拉松已成了為一種遺傳運動：來自肯亞和衣索匹亞（一塊大陸的狹窄東部地區）的選手占主導優勢，不僅僅是因為天賦和訓練，也因為馬拉松是針對某種極端毅力的狹義測驗。造成這種毅力的基因（如產生獨特形式的身體結構、生理和代謝的基因變體）自然就會被選中。

反過來說，我們越是擴大這個性質或特徵的定義（如智力或性情），這種特質和單一基因（乃至族裔、部落或亞群）產生關聯的可能性就越小。智力情報和性情不是馬拉松比賽，它沒有固定的成功標準，沒有起點或終點——而且橫著跑或向後跑也可能獲勝。

其實，特性定義的狹窄或寬廣，是身分問題，也就是在文化、社會和政治意義上，我們如何定義、分類和理解人類（我們自己）。在族裔定義的含糊討論中缺失的關鍵之處，就是談論身分定義之處。

# 身分的一階導數

幾十年來，人類學已經參與了身分的一般解構，把它當作學術研究的穩定客體。個人藉由社會表現創造他們身分，因此他們的身分並非本質固定的觀念，由根本上驅動了目前對性別和性的研究。集體身分來自政治角力和妥協的觀念，奠定了當代種族、族裔和民族主義研究的基礎。[1]

——保羅・布羅德溫（Paul Brodwin），〈遺傳學，身分認同和本質主義人類學〉（Genetics, Identity, and the Anthropology of Essentialism）

我看你不是我的哥哥，而是我的鏡子。

——莎士比亞，《錯中錯》（*The Comedy of Errors*），第五幕，第一景

一九四二年十月六日，在我父親的家族離開孟加拉巴里薩爾的五年前，我的母親在德里出生了兩次。她溫和而美麗的同卵雙胞胎姊姊布魯先出世，幾分鐘後，我的母親圖魯蠕動身體，呱呱墜地，聲震屋瓦。幸好接生婆很有經驗，知道最美麗的寶寶往往情況最糟糕：雙胞胎中那個安靜無聲的寶寶一副病懨懨的樣子，嚴重營養不良，得趕緊先用毯子緊緊包住，讓她恢復生氣。我阿姨出世的頭幾天脆弱不堪，無法吸吮母奶（這故事也許是傳說），一九四〇年代的德里也找不到嬰兒奶瓶，所以她是用一小塊棉

紗吸沾牛奶，然後再用形狀如勺子的貝殼膜餵食。他們請了一位奶媽照顧她。七個月後，母乳乾涸，我的母親很快就斷奶，好把最後一點母奶留給姊姊。因此，由一開始，我母親和她的孿生姊姊就是活生生的遺傳實驗；先天性質相同，但後天養育不同。

我的母親（因晚生兩分鐘而成了妹妹），比較吵鬧，她喜怒無常，脾氣暴躁，無憂無慮，一無所懼，敏於學習，不怕犯錯。布魯身體較虛弱，她的心思較靈活，言語更伶俐，更機智。圖魯比較合群，很容易交朋友，對侮辱無動於衷。布魯則保守而克制，更安靜，更脆弱。圖魯喜歡戲劇和舞蹈，布魯則是詩人、作家、夢想家。

然而，這些對比更突顯了這對雙生姊妹的相似之處。圖魯和布魯看起來簡直難以分辨，兩人的皮膚都有雀斑，都是瓜子臉、高顴骨，在孟加拉人中較罕見，眼睛下緣也略朝下傾，就像義大利畫家畫聖母的技巧，似乎散發出神祕的同理心。她倆有雙胞胎常分享的言語，也分享唯有其他雙胞胎才明白的玩笑。

這些年來，她們的人生卻南轅北轍。圖魯在一九六五年和我父親結婚了（他在三年前搬到德里）。這是父母安排的婚姻，但也冒了風險。我父親是一無所有的新移民，在一座新的城市，帶著他跋扈的母親和同住的一個半瘋狂的兄弟。在我母親西孟加拉溫文儒雅的親戚看來，我父親的家庭正是東孟加拉鄉巴佬的具體化身：他的兄弟們吃午飯時，總把米堆成小山，然後再挖出像火山洞的孔，好放肉汁，彷彿用盤子裡的火山坑標記他們在鄉下時永無飽足的饑餓。比較起來，布魯的婚姻前景安穩得多。一九六六年，她和一位年輕的律師訂了婚，對方是加爾各答名門的長子。兩人在一九六七年完婚，布魯搬進他家族在南加爾各答的古老豪宅，但它的花園卻已野草叢生。

一九七〇年我出生時，兩姊妹的命運有了出乎意料的轉變。一九六〇年代末期，加爾各答開始一步一步沉淪，經濟疲軟，脆弱的基礎設施已不堪移民浪潮的衝擊。自相殘殺的政治運動頻繁爆發，街道和企業一關閉就是數週。這個城市在暴力和淡漠的循環之間徘徊，布魯的新家庭必須靠儲蓄度日。她的丈夫依舊維持持續工作的幌子，每天早上都帶著不可或缺的公事包和飯盒出門，但在沒有法紀的城市裡，還有誰需要律師？最後，這家人賣掉了有寬敞陽臺和內院，卻布滿黴菌的豪宅，遷進簡樸的兩房公寓，離我祖母初抵加爾各答頭一夜所住的房子僅有幾哩之遙。

相反地，我父親的命運反映了他移居城市的命運。首都德里（印度營養過剩的孩子），國家希望把它打造為大都會，因此撥款贊助補貼，拓寬道路，促使經濟蓬勃發展。我父親在一家日本跨國公司不斷升遷，我們也很快地由社會低層爬到中上階層。我家附近原本是森林和荊棘，野狗和山羊猖獗，但很快就發展為全市不動產最好的地段。我們赴歐洲度假，學會了用筷子吃飯，夏天在旅館的游泳池裡游泳。季風吹襲加爾各答時，街道的垃圾堆堵塞了下水道，全市變成一大片小鼠出沒的沼澤。布魯的屋外就有一個這樣汙濁的水池，蚊蟲孳生，她把它稱為「游泳池」。

這種形容態度輕鬆，反映出她的特質。或許你會以為命運的作弄使圖魯和布魯走上了不同的路。正好相反：多年來，她們的外表已不再相似，但一種難以言喻的事物（一種態度，一股氣質），卻依然非常相似，甚至有增無減。儘管兩姊妹的經濟狀況差距越來越大，但她們對這個世界卻依然都抱著樂觀的看法，一種好奇心，一股幽默感，一種泰然的處世態度，雖然崇高，卻不驕傲。我們出國旅遊時，母親總會為布魯帶點紀念品（比利時的木製玩具，不像出自地球的水果風味的美國水果口香糖，或瑞士的玻璃飾品）。我阿姨會讀我們所去國家的旅遊指南，她會說，「我也去過。」然後把紀念品放在玻璃櫃裡，聲音裡沒有絲毫苦澀。

英語中沒有任何字詞能形容作兒子的在意識中開始了解他母親的那一刻，那不只是表面的了解，而是像他了解自己那樣洞若觀火的了解。我的這個經歷發生在童年的某一刻，這是完全雙重體驗：就在我了解自己母親的那時，我也學會了解她的孿生姊姊。我十分明確地知道她什麼時候會笑，什麼會覺得自己受到怠慢，什麼會使她充滿活力，或者她會對什麼感到同情、受到吸引。透過我母親的眼睛看世界，就像透過她孿生姊姊的眼睛看世界一樣，只除了也許鏡片的色彩略有一點不同罷了。

我開始明白，我母親和她姊姊之間所匯聚的，不是個性，而是它的傾向——借用數學的術語，就是它的一階導數。在微積分中，一個點的一階導數並不是它在空間的位置，而是它改變位置的傾向；不是一個物體在哪裡，而是它在空間和時間裡如何移動。這個共有特質對某些人來說雖深奧難解，但對一個四歲的孩子來說卻不證自明，而它就是我母親和她的孿生姊姊之間永遠的聯繫。圖魯和布魯外表的相同處已不再能認得出來，但她們共有身分的一階導數。

⊖

任何懷疑基因可以指定身分的人，恐怕都是來自外星，沒有注意到人類有兩個基本的變異：男性和女性。文化評論家、酷兒理論家、時尚攝影師和女神卡卡提醒我們，這兩個類別並不像它們表面那樣根本，而且在它們的邊界地區常常潛伏教人不安的曖昧含糊，事實也的確如此。但是，我們很難質疑三個基本事實：男性和女性在解剖學及生理學方面截然不同；這些解剖學和生理學的差異是由基因指定；這些差異介於自身文化和社會建構之間，對於指定我們個體身分，其具有強大的影響。

基因與性、性別和性別認同的決定有關，這在我們的歷史是比較新的觀念。這三個詞的區別與我們的討論有關。性，我指的是男性和女性身體解剖和生理的層面；性別，我指的是比較複雜的概念：個人所想像的心理、社會和文化的角色。性別認同，我的意思是個人的自我意識，如女性與男性，或者兩者皆非，或者在兩者之間。

幾千年來，人們對男女兩性身體結構差異的基礎，即是性的「結構二態型」，知之甚少。西元兩百年，古代世界最有影響力的解剖學家蓋倫，做了精心的解剖，想證明男女兩性的生殖器官彼此同型，男性器官由內向外翻，女性器官則由外向內翻。蓋倫主張，卵巢只是留在女性體內的睪丸，因為女性缺乏讓這種器官突出的「生命熱度」。他寫道，「把女人的器官向外翻，重疊男性的器官，你就會發現它們一樣。」。蓋倫的學生和門徒按字面的意義把這個比喻延伸到荒謬的地步，認為子宮是陰囊向內膨脹，而輸卵管則是精囊充氣擴大。這個理論被列在中世紀的韻文裡，醫學生把它當成解剖學的口訣：

儘管它們分屬不同性別，
但整體上，它們和我們一樣，
因為最嚴謹的搜尋者發現，
女人只是由外向內翻轉的男人。

究竟是什麼力量使男人像襪子一樣「由內向外翻」，或者讓女人「由外向內翻」？早在蓋倫之前的幾世紀，約在西元前四百年，希臘哲人阿納克薩哥拉斯（Anaxagoras）聲稱，性別完全由地點決定，聽來簡直就像紐約的房地產。阿納克薩哥拉斯也和畢達哥拉斯一樣，認為遺傳的本質由男性精子攜帶，女性只能在子宮內「塑造」男性精子，產生胎兒。性別的繼承也遵循這種模式。在左睪丸產生的精液會生出男孩，而右睪丸產生的精液則會生出女孩。性別的指定會在子宮內繼續，延續射精時噴出的左右空間碼。

男胎被精準地存放在右邊的子宮角，而女胎則在左邊的子宮角孕育。

我們很可能會嘲笑阿納克薩哥拉斯的理論過時且古怪。它獨特地堅持左右的位置，彷彿性別是由像排列餐具的安排決定，這當然是另一個時代的看法。不過在當時，這是革命性的理論，因為它促成了兩種關鍵的進展。首先，它看出性別的決定基本上是隨機的，所以需要隨機的原因（精子左右的起源）來解釋。其次，它推斷原有的隨機行為一旦成立，就必須擴大並鞏固，才能徹底確立性別。胎兒的發育計畫至關緊要。右側精子找到了右側的子宮，再進一步發展為男胎。左側則被分到子宮左側，以便發展為女胎。性別的決定是一種連鎖反應，由單一的步驟開始，再由胎兒的位置擴大發展為完整的兩性異形。

性別決定的觀念就這麼維持了數世紀。理論雖然很多，但觀念上都是阿納克薩哥拉斯的變形版本，意即性別基本上是由隨機的行為所決定，再由卵子或胎兒的環境加以鞏固和強化。一位遺傳學家在一九〇〇年寫道，「性別不是遺傳而來。」[2]就連支持基因在發育中舉足輕重的最知名學者摩根，也認為性別不能由基因決定。摩根在一九〇三年寫道，性別可能是由多個環境因素，而非單一基因所決定：「就性而言，卵子似乎處於一種平衡狀態，它所接觸到的條件，很可能會決定它會產生什麼樣的性別。想要找出對各種卵子都有決定性影響的單一因素，很可能會徒勞無功。」[3]

⊖

一九〇三年冬，就在摩根不經意地排除基因決定性別的可能性同一年，研究生內蒂·史蒂文斯卻做了一項改變此觀念的研究。史蒂文斯於一八六一年在佛蒙特州出生，父親是木匠。她修了課，想當老師。不過，到了一八九〇年代初，她當家教存夠了錢，到加州史丹福大學就讀。一九〇〇年，她上了生物學研究所，這對當時的女性而言是不尋常的選擇，更不尋常的是，她選擇遠赴那不勒斯動物研究站進行野外調查，胚胎學者波維利也在此地收集海膽的卵。她學習義大利文，以便能和為她在海岸取卵的當地漁夫溝通。她也在波維利調教之下，學會了為卵染色以辨識染色體的方法，那是細胞裡奇特的藍染絲狀體。

波維利已經證明，染色體改變過的細胞無法正常發展，所以關於發育的遺傳指令必然在染色體內進行。可是決定性別的遺傳因素會不會也由染色體攜帶？一九〇三年，史蒂文斯選了一種簡單的生物，黃粉蟲，來研究粉蟲的染色體組成和性別之間的關係。史蒂文斯在雄蟲和雌蟲身上用了波維利的染色體染色方法，答案在顯微鏡跳了出來：染色體中只有一個變異和粉蟲的性別完全相關。粉蟲總共有十對（即二十條染色體；大多數動物都有成對的染色體，人類有二十三對）。雌性粉蟲的細胞的確擁有十對相配的染色體，但相較之下，雄性粉蟲的細胞中卻有兩個不成對的染色體：一塊像節瘤一樣的帶狀小塊，和一個較大的染色體。史蒂文斯認為這個小染色體的存在，就足以決定性別，她稱之為**性染色體**。[4]對史蒂文斯來說，這意味的是簡單的性別決定理論。精子在男性生殖腺中產生時，由兩種形式組成：一種是帶有像瘤一樣的雄性染色體，另一種則是帶有正常尺寸的雌性染色體，兩者比例大致相等。當帶著雄性染色體的精子（即「雄性精子」）讓卵子受精，胚胎出生後就是雄性；當「雌性精子」使卵受精時，結果就產生雌性的胚胎。

史蒂文斯的研究得到了和她密切合作的細胞生物學家愛德蒙．威爾遜（Edmund Wilson）證實，他把史蒂文斯的術語簡化，把雄性染色體稱為Y，雌性染色體稱為X。就染色體而言，雄性細胞為XY，雌性為XX。威爾遜推斷，卵子中含有單一的X染色體。當攜帶Y染色體的精子使卵子受精，就會產生XY組合，決定胚胎是雄性。當攜帶X染色體的精子遇到雌性卵子時，結果是XX，決定胚胎為雌性。

性別不是由右或左睪丸來決定，而是由類似的隨機過程決定，由第一個到達並使卵子受精的精子所負載的遺傳性質決定。

⊖

史蒂文斯和威爾遜發現的XY系統有一個重要的推論：如果Y染色體攜帶確定胚胎為雄性的所有信息，染色體就必定攜帶基因，才能使胚胎成為雄性。起先遺傳學家以為會在Y染色體上找到數十個決定雄性的基因：畢竟性別涉及結構和身心多重特色精確的協調，很難想像單一一個基因光憑自己就能執行如此多樣的功能。然而，用功的遺傳學學生就會知道Y染色體並非適合基因的地方。Y染色體和其他染色體都不同，它「不成對」，即沒有姊妹染色體，也沒有複製的副本，因此在這個染色體上的每一個基因都得自力更生。其他染色體發生突變，都可以藉著複製另一個染色體上完整無缺的基因來修復，唯獨Y染色體基因不能靠另一個染色體來調整、修理或複製；它沒有備分或指引（不過，其中倒有一種獨特的內部系統，可以修復Y染色體的基因）。在Y染色體突變時，缺乏恢復信息的機制，因此Y染色體記錄了它歷史上遭到的攻擊和傷痕，它是人類基因組中最脆弱的一點。

人類Y染色體由於這種不斷的基因攻擊，因此它在數百萬年前便開始丟棄信息。真正對生存有價值的基因可能會轉移到基因組的其他部分安全地儲存；價值有限的基因則遭淘汰、廢棄或取代；只保留最重要的基因（其中有些基因就在Y染色體本身複製，但即使有這樣的策略也不能完全解決問題）。由於失去了信息，Y染色體本身也開始萎縮，在突變和無情的丟失基因周期之下，一片片地削減。Y染色體是所有染色體最小的一個，這並非巧合：在很大程度上，它是計畫性淘汰的受害者（科學家在二〇一四年發現，有些極端重要的基因可能永久存在於 Y 染色體中）。

就遺傳來說，這意味著一個奇怪的自我矛盾。性別，人類最複雜的特色之一，不太像是由多個基因編碼而成，倒可能是藏在 Y 染色體中的單一基因，主控雄性的性別。①男性讀者應該注意：我們差一點就完蛋了。

⊖

一九八〇年代初期，一位倫敦的年輕遺傳學家彼得．古德費洛（Peter Goodfellow）開始在 Y 染色體上尋找決定性別的基因。他熱愛足球，打扮邋遢，骨瘦如柴，紀律嚴謹，一口東盎格魯慢吞吞的腔調，穿起衣服來則是「龐克加新浪漫」[5]風格。古德費洛打算用博特斯坦和戴維斯開創的基因定位方法，把搜尋範圍縮小到 Y 染色體的一塊小區域。但是，如果沒有變體的表現型或相關疾病，該怎麼定位「正常的」基因？囊狀纖維化和亨丁頓氏症的基因是藉著追蹤致病基因和基因組上路標之間的關聯而定位。在這兩種情況下，攜帶基因的罹病手足也攜帶了路標，而未罹病的手足則無。然而，古德費洛要在哪裡找到具有遺傳而來變異性別（第三性別）的家庭，而且只有某些手足攜帶了這樣的基因？

其實，的確有這樣的人存在，只是要辨識他們卻比預期複雜得多。一九五五年，研究女性不孕症的英國內分泌學者傑拉德．斯威爾（Gerald Swyer）發現了一種罕見的症候群，會使人在生理上是女性，但染色體卻是男性。[6]天生罹患「斯威爾症候群」（Swyer syndrome）的「女人」整個童年時期在解剖學和生理學上都是女性，但在成年初期卻沒有達到女性的性成熟。遺傳學家在她們的細胞發現這些「女人」的所有細胞都有 XY 染色體。每一個細胞的染色體看起來都是男性，可是這些細胞建構出的人，在解剖、生理和心理上都是女性。有斯威爾症候群的「女人」生來所有細胞都是男性的染色體模式（即XY染色體），但不知何故未能向身體發出「男性」的信號。

斯威爾症候群背後最可能發生的情況是，指定男性的主調控基因因突變而失去活性，導致其成為女性。在麻省理工學院，由遺傳學家戴維·佩吉（David Page）領導的小組已用這種性別倒置的女性，把決定男性的基因定位到Y染色體上相對較狹窄的區域。下一步則最辛苦費力，他們要在那包含數十個基因的區域裡，一個又一個篩選，找出到正確的候選者。古德費洛緩慢而穩定地進行研究，卻接到晴天霹靂的消息。一九八九年夏，他聽說佩吉已經找到了決定男性因素的基因，佩吉稱之為ZFY基因，因為它存在於Y染色體上。[7]

起初，ZFY似乎是完美的候選基因：它位於Y染色體右側區域，其DNA序列顯示它可以當作其他幾十個基因的主開關。但是，在古德費洛仔細查看之後，卻發現對不上：在患有斯威爾症候群的婦女身上為ZFY定序時，它完全正常，並沒有可以解釋男性信號在這些女性身上受干擾的突變。

既然不是ZFY，古德費洛只好回頭繼續搜尋。男性基因一定在佩吉團隊所指出的區域，他們一定已經很接近，只是錯過了。一九八九年，古德費洛在ZFY基因附近搜尋時，發現了另一個很有潛力的候選人，這是一個小小的、難以歸類，緊密扎實的無內含子基因，稱為SRY。[8]打從一開始，它似乎就是完美的人選，正如我們對決定性別的基因所期望的，正常的SRY蛋白在睪丸中大量表現。包括有袋類動物等動物的Y染色體也攜帶了這個基因的變種，因此只有雄性會遺傳這個基因。SRY是正確基因最明顯的證據來自人類同胞的分析：在有斯威爾症候群的女性中，該基因毋庸置疑地產生了突變，但在他們無症狀的手足身上，這個基因並未突變。

不過，古德費洛還得做最後一項實驗以證明——這是他最戲劇化的證明。假設SRY基因是造成

① 決定性別XY的系統有這般重大的責任，當初它的存在就是真正的奇蹟。為什麼哺乳動物會演化出背負如此明顯陷阱的性別決定機制？為什麼在這麼多位置中，偏偏要讓一個不成對的、不友善、最容易遭突變攻擊的染色體攜帶性別決定基因？

要回答這個問題，我們得先退一步，提出一個更基本的問題：為什麼會發明有性生殖？就像達爾文所疑惑的，為什麼新生命是「由兩個性元素結合，而非由單性生殖過程產生」？

大多數演化生物學家都認為，性是為了快速基因重組而創造。要混合兩個生物的基因，恐怕再沒有比混合其精子和卵子更快的方法，甚至連精子細胞和卵細胞的發生都會透過基因重組，使基因混合。在有性生殖中，強大的基因重組增加了變異，而變異反過來又提升了生物面對不斷變化環境時適應和生存的機率。因此，有性生殖一詞不折不扣是一種誤稱。性的演化目的不是「生殖」：在沒有性的情況下，生物可以精準地製造出自己的複製品。性之所以發明，理由恰好相反：是為了要重組。

可是「有性生殖」和「決定性別」並不相同。即使我們看出有性生殖的諸多優點，可能仍然會問：為什麼大多數哺乳動物會使用XY系統決定性別？或者簡言之，為什麼會有Y染色體？我們不知道。決定性別的XY系統顯然早在數百萬年前的演化中發明。在鳥類、爬行動物和部分昆蟲中，這個系統正好相反：雌性攜帶兩條不同的染色體，而雄性則攜帶兩條相同的染色體。可是在其他動物身上，比如某些爬行動物和魚類，性別是由卵的溫度決定，或者由其體積和競爭對手大小相比而決定。學者認為這些決定性別的系統早於哺乳動物的XY系統。但是，為什麼哺乳動物固定使用XY系統？為什麼它仍在使用？這仍然是謎。具備兩種性別會產生一些明顯的優勢，例如雌雄兩性可以各有特定功能，在養育下一代時各司其職。但是，產生兩種性別並不需要Y染色體。也許演化偶然發現用Y染色體決定性別，是雖不嚴謹但迅速的解決方案，所以把決定成為雄性的基因限制在單獨一個染色體中，然後在其內放入強力基因來控制胚胎成為雄性。有些遺傳學家認為，Y染色體可能會繼續萎縮，也有一些學者認為，Y染色體只會縮小到某種程度，只會保留SRY（Y染色體上遺傳基因）和其他重要基因。

「雄性」的單一決定因素，那麼如果他在雌性動物身上強迫啟動這個基因，會有什麼結果？雌性會被迫變成雄性嗎？古德費洛和羅賓．洛維爾—貝吉（Robin Lovell-Badge）把額外的ＳＲＹ基因拷貝插入雌鼠體內，果然不出所料，牠們的子女雖然出生時每個細胞都有ＸＸ染色體（即在遺傳上是雌性），然而這些小鼠在解剖學上卻發育成雄性，包括長出陰莖和睪丸、和雌鼠交配，以及雄鼠的各種特徵行為。[9] 古德費洛只輕輕撥弄了一個遺傳開關，就改變了一個生物的性別——創造了和斯威爾症候群相反的結果。

⊖

那麼，是否所有性別只取決於一個基因？幾乎可以說是。患有斯威爾症候群的女性身體的每個細胞都有男性染色體，可是決定雄性的基因卻因突變而失去活性，Ｙ染色體可說是貨真價實地遭到閹割（此詞在此並無貶義，而純是生物學的意義）。② 斯威爾症候群女性細胞中有Ｙ染色體存在，確實干擾了女性在解剖學發展的某些層面，尤其是乳房未能正常形成，卵巢功能異常，導致雌激素的量低。但是，這些女性在生理上卻並無異常感受。大部分女性身體結構都有正常成形：外陰和陰道完好無缺，並且附有和教科書一模一樣的排尿口。令人驚訝的是，斯威爾症候群的女性連性別認同都很明確：只不過關閉了一個基因，他們就「變成」了女性。雖然雌激素的確是發育第二性徵的要素，也會加強成年女性身體結構方面的特色，但有斯威爾症候群的女性一般都不會對自己的性別或性別認同感到困惑。正如一位女士寫的，「我絕對認同自己的女性角色，我一直都認為自己百分之百是女性。曾一段時間，我參加過男孩的足球隊（我有個雙生兄弟，我們看起來一點也不像），但因為我是在男生隊伍裡的女生，適應得並不好：我建議把我們球隊取名為『蝴蝶』。」[10]

患有斯威爾症候群的女性不是「被困在男性身體裡的女性」，而是被困在染色體為男性（只有一個基因除外）的女性身體中的女性。單一基因SRY的一個突變，創造了屬於女性的（大部分）身體，更重要的是，全然女性的自我。就像靠在床頭櫃上，打開或關閉開關一樣簡單、平凡、二元。③

⊖

如果基因如此單方面地決定性生理結構，那麼它又如何影響性別認同？二〇〇四年五月五日上午，溫尼伯（Winnipeg）三十八歲的男子大衛・雷默（David Reimer）走到一家超市的停車場，用一把削短型散

---

② 相反的狀態也值得注意。在極少數情況下，SRY基因會轉位到X染色體，成為攜帶決定為男性基因的46 XX人類（即由染色體來看是女性），也是斯威爾症候群的相對。有這種遺傳排列的人會有正常的男性身體結構；有的人睪丸較小或未下降。很明顯的，這些人在孩提時期通常會被當作是男生。在此，SRY基因在解剖學、生理學和性別認同等方面再次占主導地位，儘管它顯然需要其他基因正確的背景才能完全執行其功能。

③ 那麼又該如何解釋「間性」（intersexuality，又稱雙性人或陰陽人），亦即有些人天生就具有不符合典型男、女性定義的生殖結構或生理學？間性是否與控制性結構和生理的強大二元基因開關的想法相矛盾？不。請注意，SRY的地位在一連串產生男女性別的事件之上：它開關基因，而這些基因則啟動或抑制其他和繁殖、性結構和生理學相關的網路。這些下游網路的變化再和它所接觸的事物與環境（如荷爾蒙）的變化交互作用，此時，即使有強大的二元開關置於其上，還是可能會產生生殖結構的變化。後面我們會再討論這個主題：遺傳網路的階層，頂部是強大、自主的驅動因素，下方則是較細微的整合因子和效應因子。

彈槍自殺。[11]此人於一九六五年出生，取名布魯斯．雷默（Bruce Reimer），不論在染色體或基因上都是男性。大衛誕生後不久，做了包皮環切手術時，因為醫師醫術低劣，使得陰莖嚴重受損，無法重建，因此父母火速帶他到約翰霍普金斯大學，向精神病學家約翰．莫尼（John Money）求助。莫尼對性別和性行為的研究興趣馳名國際，他評估了孩子的狀況，把他當成實驗品，要家長把布魯斯閹割，當成女孩養育。他的父母渴望能給兒子「正常」的生活，因此同意了，把他的名字改成了布倫達。

莫尼在雷默身上做實驗，想測試一九六〇年代一種在學術界流行的理論，但他並沒有徵求大學或醫院的許可。當時流行的想法是：性別認同並非來自天生，而是藉由社會表現和文化模仿（「你就是你的行為，後天勝於先天」）培養的，這種觀念大行其道，而莫尼就是最熱忱且鼓吹最力的支持者。他把自己當成改造賣花女的希金斯教授（蕭伯納的劇本《窈窕淑女》〔*Pygmalion*〕），只是改造的是性別，他鼓吹「性別重新分配」，由行為和荷爾蒙療法重新改造性的身分（這是由他發明的長達數十年的過程，讓他的受測者改頭換面）。根據莫尼的建議，「布倫達」被打扮成女孩，也被當成女孩養育。她留了長髮，玩具是洋娃娃和縫紉機。[12]她的老師和朋友一直都不知道她的性別遭到轉換。

布倫達有一個同卵孿生兄弟，名叫布萊恩，他被當作男孩養育。為了研究，兩人童年經常赴莫尼在巴爾的摩的診所。在他們快要進入前青春期時，莫尼開了雌激素補充劑，讓布倫達能有女性化的發育，也安排了人工陰道的手術，讓她在生理結構完全轉變為女人。莫尼發表了一系列經常被引用的論文，吹噓性別重新分配的成功。他表示布倫達十分平靜，正在調整她的新身分。布倫達的孿生兄弟布萊恩是「莽撞」的男孩，而布倫達則是「活潑的小女孩」。莫尼聲稱，布倫達輕而易舉地變成女性，幾乎沒有任何障礙：「在出生時，性別認同分化不完全，足以讓天生男性重新被指定為女孩。」[13]

現實上，再沒有比這更背離事實了。布倫達四歲時就拿起剪刀，把她被強迫穿上的粉紅色和白色的洋裝剪成碎片。如果教她像女孩一般走路和說話，她就會勃然大怒。被迫接受她明明知道是虛假不諧的身分，使她焦慮、沮喪、困惑、痛苦、經常暴怒。她的成績單說她「像男生」、「喜主導」、「精力充沛」。她不肯玩洋娃娃，也不和其他女生為伍，喜歡她兄弟的玩具（她唯一一次用縫紉機，是由父親的工具箱偷來螺絲起子，按部就班一絲不苟地把機器拆開）。也許教布倫達年幼同學最困惑的是，她雖然聽話地去女生的洗手間，但卻總是把兩腿張開，站著小便。

十四年後，布倫達對這種荒誕的笑話喊停。她不肯接受陰道手術，也不再吃雌激素藥丸。她接受了雙側乳房切除術，切除乳房組織，並注射睪丸酮恢復到男兒身。她／他，把名字改成大衛，在一九九〇年娶了一名女子，只是他們的關係由一開始就受盡折磨。布魯斯／布倫達／大衛，這個先變成女孩又變成男人的男孩依舊在各種焦慮、憤怒、否定和抑鬱之間掙扎。他失去了工作、婚姻也失敗，二〇〇四年，大衛在與妻子激烈爭吵之後自殺。

大衛並非特例。一九七〇和八〇年代，文獻上還有幾個性別重新分配的例子，想要藉心理和社會的調整，把染色體是男性的孩子變成女性，每個案例都有自己的苦擾和困難。有些情況下，性別不安（gender dysphoria）的情況並不像大衛那麼嚴重，但是這些男／女性一直到成年都免不了焦慮、憤怒、煩躁不安和困惑迷失。其中一個案子特別發人深省，在明尼蘇達州羅徹斯特市，一名姑且稱之為C的女子去看精神科醫師。她穿著荷葉邊印花襯衫和硬牛皮夾克，自己描述為「我的皮革和花邊混搭打扮」[14]。C可以安然接受自己某些方面的雙重性別，卻無法接受自己「本質上是女性的自我意識。」一九四〇年代出生的C被當成女孩撫養，她記得自己在學校時像男孩一樣淘氣。她從不覺得自己有男性的身體，但總覺得和男性很親（「我覺得自己有男人的腦」[15]）。她二十多歲時嫁了一個男人，也和他共同生活，直到有一次偶然「三人行」時，那個女伴點燃了她對女人的綺想。她的丈夫娶了那個女人，而C則發展出一連串的女同志關係。她在平靜和抑鬱之間搖擺不定。她加入了一個教會，發現了培育性靈的社群（除了一位牧師指責她同性戀，並建議她接受治療，以求「轉變」）。

到了四十八歲，她在內疚和恐懼驅使之下，終於向精神科求助。檢查後，她的細胞被送去做染色體分析，發現有XY染色體。由基因上來看，C是男性。她後來才知道儘管他有男性染色體，但他／她在出生時性器官不明，經她母親同意，做了重建手術，把她變成女性。在她六個月大的時候性別重新指定已經開始，到了青春期，她也接受荷爾蒙以治療「荷爾蒙失調」。在C的整個童年和青春期，她對自己的性別從沒有絲毫懷疑。

C的例子說明了仔細思考性別和遺傳之間連結的重要。C和雷默不同，她並沒有混淆自己在性別角色的表現：她在公共場合穿著女性服裝，維持異性戀婚姻（至少保持一段時間），並且在四十八年的時間都符合女性的文化和社會規範。然而，儘管她對自己的性生活感到罪咎，她身分認同的重點（關係、幻想、欲望和性欲）依舊是男性。透過社會表現和模仿，C已能夠學習到後天性別的許多基本特色，但她無法忘懷自己遺傳的心理性欲。

二〇〇五年，哥倫比亞大學的研究小組在出生時被指定為女性性別的「遺傳男性」（即天生有XY染色體的兒童）縱向研究中，證明了這些病例。[16]這些兒童之所以被指為女性，通常是因為生殖器發育不全。有些案例並不像雷默或C那麼痛苦，但絕大多數被指定為女性角色的男性，在童年時期都有中度至重度的性別不安。許多人都受焦慮、抑鬱和困惑折磨，到青春期和成年之後自動把性別改回男性。最值得注意的是，因生殖器不全而在出生時被當成男孩而非女孩養育的「遺傳男性」，完全沒有性別不安的情況，長大成人之後也沒有改變性別的案例。

透過訓練、建議與強制行為、社會表現或文化的干預，可以完全或實質上改變性別認同的假設，終於因為這些病例報告而遭到否定，但在某些圈子裡依舊流行，難以動搖。在塑造性認同和性別認同方面，基因的影響幾乎比任何其他力量都要強大，這個事實如今已很明確。不過，在少數情況下，性別的某些屬性可以透過文化、社會和荷爾蒙重編程序而學習。由於連荷爾蒙終究也是「出於遺傳」（即基因的直接或間接產物），純粹用行為療法和文化推行重建性別的能力，也就落入不可能之境。的確，醫學上逐漸達成的共識是，除了極少數的例外之外，不論生理結構上的變異和差別如何，兒童都該以其染色體（即遺傳）性別為準，但也保留日後如有必要再更換的選擇空間。至本書付梓為止，這些兒童都沒有選擇更換他們由基因分配的性別。

⊖

主宰人類身分認同最深刻的二分法之一的單一遺傳開關，該如何和現實世界中的人類性別認同是連續圖譜的事實協調？幾乎所有的文化都承認性別不是非黑即白，而是有上千種灰色的陰影。甚至以厭女性聞名奧地利哲學家奧托．魏寧格（Otto Weininger）都承認：「所有男人和女人真的是彼此明確劃分嗎？在金屬和非金屬之間，在化學合成和單純混合之間，在動物和植物之間，在顯花植物和隱花植物之間，以及在哺乳動物和鳥類之間，都有過渡的形式。因此，自然界中看到明確的分裂，讓所有雄性都在一側，所有雌性在另一側，應該把這種不可能性視為當然。」[17]

但是，由遺傳的角度來看卻並不矛盾：基因的主開關和層級組織完全相容，並有連續的行為、身分和生理曲線。SRY基因確實以開/關的方式控制性別的決定。打開SRY，這個動物在結構和生理上就變成雄性，關上它，這個動物在結構和生理上就變成雌性。

不過，為了達到性別決定和性別認同更深刻的層面，SRY必須對數十個目標行動：把它們打開或關閉，啟動某些基因，並抑制其他基因，就像接力賽，把接力棒傳來傳去。這些被操縱的基因則整合來自本身和環境的種種信息，由荷爾蒙、行為、接觸的環境、社會表現、文化角色扮演和記憶來產生性別。因此，我們所謂的性別，就是一個精細複雜的遺傳和發展串聯，SRY在層級組織的頂端，下面則是修飾者、整合者、發起者和翻譯者。這個基因發展串聯就確定了性別的認同。再回到先前的比方，基因是指定性別食譜裡的各單一線條，SRY基因在食譜的第一行：「先準備四杯麵粉。」如果你無法由麵粉開始，自然烤不出任何類似蛋糕的成果。但由第一行之後卻散播出無限的變化，由法國烘焙房硬邦邦的長棍麵包，到唐人街的四黃月餅。

⊖

跨性別認同的存在為這種性別發展的串聯提供了有力的證據，在解剖學和生理學的意義上，性別認同相當二元：只有一個基因控制性別認同，造成我們在男女兩性之間在解剖學和生理學觀察到的驚人二元現象。但性別和性別認同卻絕非二元制。想像一個基因，姑且稱為TGY，它決定麵包如何回應SRY（或其他男性荷爾蒙或信號）。一個孩子繼承的TGY基因變體可能對SRY、對腦部的動作有高度抗性，導致解剖學觀點看來是男性的身體，大腦卻不解讀或闡譯那個男性信號。這樣的大腦可能在心理上自認是女性，它也可能認為自己既非男性亦非女性，或者想像自己完全屬於第三性。

這些男人（或女人）有類似斯威爾症候群的認同：他們的染色體和解剖性別是男性（或女性），但是他們的染色體／解剖狀態並沒有在大腦中產生同義信號。尤其在大鼠中，只要改變雌性胚胎大腦中的單個基因，或把胚胎暴露在阻斷「雌性」信號的藥物，讓信號無法達到大腦，即可產生這樣的症狀。用這種改變後的基因改造，或經這種藥物處理的雌性大鼠都具有雌性的解剖和生理特徵，但是其活動卻與雄性大鼠相關，包括和雌鼠交配：這些動物在解剖學上雖是雌性，但在行為上卻是雄性。[18]

⊖

這個遺傳串聯的階級組織說明了基因與環境之間聯結的重要原則。人們長久以來一直爭論不休：先天或後天？基因或環境？這場戰役的交戰雙方都抱著莫大的敵意，持續了很長一段時間，都已後繼無力。如今，我們獲悉，身分是由先天與後天、基因和環境、內在和外在的信息一起決定。但是這話也是胡說，這是愚人之間的休戰。如果管理性別認同的基因是按階層組織的（由最上方的SRY開始，然後在下面列出數以千計的信息），那麼是由先天或後天主導，也並非絕對，而有很大的程度是取決於我們選擇要檢視的組織層面。

在這個串聯的頂端，自然強有力地單向作用。在最頂層，性別相當簡單，只有一個主基因負責開或關。要是我們學會切換這種轉變（藉著遺傳手段或用藥物），就能夠控制男或女，他們就會有完整無缺的男性或女性身分認同（甚至有很大部分的身體結構）。相較之下，在這個網路底部，純遺傳觀點無從發揮；它沒有提供特別精確的性別了解或身分認同。在這裡，在信息交錯的沉積平原，歷史、社會、文化與遺傳學相互碰撞，彼此交叉，就像潮汐。有的波浪互相抵消，也有的彼此增強。沒有哪一股力量特別強大，但是它們聯合的效果產生了我們稱之為個人身分的獨特起伏景觀。

# 最後一哩

就像別去吵醒熟睡的狗一樣，不明的雙胞胎最好還是不要理會。[1]

——威廉·萊特（William Wright），《生來如此》（*Born That Way*）

據估計每兩千個嬰兒中，就有一個生殖器官不明確，這種性別身分是先天還是後天造成的，通常不會引發全國對遺傳、偏好、變態和選擇等方面的爭論。可是性認同（對性伴侶的選擇和喜好）是先天還是後天造成的，卻一定會引起各方論戰。在一九五〇和六〇年代的一段時期，這方面的討論似乎已經有了定論。在精神科醫師之間的主流看法認為，性偏好（即「異性」與「同性」），乃是來自後天而非先天。同性戀被當成神經質焦慮的挫折。精神科醫師山德·羅蘭（Sandor Lorand）在一九五六年寫道，「許多當代精神分析工作者的共識是，永久性同性戀者，就像所有變態者，都是神經機能症。」[2]另一位精神科醫師在一九六〇年代後期寫道，「同性戀的真正敵人倒不是他的病態，而是他對自己可能獲得協助的可能性的無知，加上他在精神方面的受虐狂，使他逃避治療。」[3]

一九六二年，以改造同性戀為異性戀知名的紐約精神科醫師歐文·畢伯（Irving Bieber）發表了影響深遠的著作《同性戀：男同性戀的精神分析研究》（*Homosexuality: A Psychoanalytic Study of Male Homosexuals*）。畢伯主張，男同性戀是由家庭扭曲的動力所造成，來自於教人透不過氣來的母親，她對兒子就算不是明顯誘惑，至少也是「緊密束縛和性方面親密」[4]，再加上孤立、疏遠，或「情感上敵對的父親」這種致命的結合。男孩對這些力量的回應，就是展現神經質、自我毀滅和瘸跛的行為（畢伯在一九七三年曾說出這段名言：「同性戀是異性戀功能殘障的結果，就像小兒麻痺患者的腿。」[5]）最後，有些這樣的男孩，因為認同母親和閹割父親的潛意識欲望，而選擇以非常態的生活方式表現。畢伯認為，這些性「小兒麻痺患者」採取了病態的生存方式，就如小兒麻痺患者以病態的方式走路。到了一九八〇年代後期，同性戀就等於是選擇離經叛道的生活方式，這種觀念深植人心，變成教條。因此，一九九二年，美國副總統丹・奎爾（Dan Quayle）宣稱「同性戀是選擇，而非生物現狀。這是一種錯誤的選擇。」[6]

所謂的同性戀基因在一九九三年七月發現，掀起遺傳學史上社會大眾對於基因、身分認同和選擇最激烈的討論。[7]這個發現證明了此基因左右輿論的力量，幾乎完全顛倒了討論雙方的條件。專欄作家卡羅・薩勒（Carol Sarler）那年十月在《時人》（*People*）雜誌（在激進社會變革方面，這本雜誌並不算是很強力的喉舌）上寫道，「我們該怎麼評斷這樣的女人，她寧可選擇墮胎，而不願養育一個溫柔體貼、長大後可能（注意只是可能），會愛另一個溫柔體貼男孩的男孩？這樣的母親是功能失調的扭曲怪物，如果她被迫生下那個孩子，只會讓那孩子活在地獄裡。我們要說，任何孩子都不應被強迫擁有這種母親。」[8]

選擇「溫柔體貼的男孩」的說法形容孩子的天生傾向，而非成人後扭曲的嗜好，讓此論戰的辨證方向徹底反轉。一旦性偏好的發展牽扯到基因，同性戀的孩子瞬間就變回正常人，而懷著惡意的敵人才是異常的怪物。

尋覓同性戀基因的動機並非一股行動主義，而是出於無聊。美國國家癌症研究所（National Cancer Institute）的研究員狄恩·哈默（Dean Hamer）並無意找碴，雖然他已出櫃，但他並不想探究自己性傾向的成因，且對任何關於身分認同、性或其他相關的基因遺傳學並無特別興趣。他大半生都舒舒服服地坐在「通常都很平靜的美國政府實驗室，裡面從地板到天花板都堆滿了燒杯和玻璃瓶」，研究一個名叫金屬硫蛋白（metallothionine，MT）的基因調控，這個基因被細胞用來回應銅和鋅等有毒的重金屬。

一九九一年夏，哈默赴牛津參加基因調控的科學研討會，發表報告，這是例行的研究報告，一如往常，聽眾反應良好。只是在開放提問時，他卻體驗到教他倍覺無奈的似曾相識之感：聽眾提的問題似乎和十年前演講後提出的問題一樣。下一位發言者是另一間實驗室的競爭對手，他提出的數據證實並延伸了哈默的研究成果，教哈默覺得更加無聊和沮喪。「我明白即使我再堅持這個研究十年，頂多也只不過是為我們小小的遺傳模型打造出立體的複製品，談不上是什麼終生目標。」

在兩場會議之間的休息時間，哈默茫然地走出會場，思緒翻騰。他走進了高街（High Street）別有洞天的布萊克威爾書店（Blackwell's），走入了同心形的房間，瀏覽生物學的書籍，最後買了兩本書。第一本是達爾文的《人類的由來及性選擇》（*The Descent of Man and Selection in Relation to Sex*），這本一八七一年出版的書因為聲稱人類是來自如猿般的祖先，而掀起論戰風暴（達爾文在《物種起源》，刻意迴避了人類起源的問題，但在《人類的由來及性選擇》，他卻一針見血，提出了這個問題）。

《人類的由來及性選擇》之於生物學家，一如《戰爭與和平》之於文學研究生：幾乎每一位生物學者都宣稱讀過那本書，或者看似知道其基本主題，但很少有人真正的打開書頁。哈默也從沒有讀過這本書。可是教哈默驚訝的是，他發現達爾文花了很多篇幅談性、性伴侶的選擇，和它對支配行為和社會組織的影響。達爾文顯然認為遺傳對性行為有強烈的影響，然而，性行為和性偏好的遺傳決定因素，也就是達爾文所說的「性的最終因素」，在他看來依舊神祕。

不過，性行為（或是任何行為）都和基因有關係的觀念，已不再風行。哈默買的第二本書，李文汀的《不在我們的基因中：生物學、意識型態和人性》（*Not inOur Genes: Biology, Ideology, and Human Nature*）則提出不同的觀點。[9]這本在一九八四年出版的書攻擊了人性是由生物學決定的觀念，李文汀主張，被視為由遺傳決定的人類行為元素，其實往往都只是文化和社會為了鞏固權力結構的隨意解釋或操弄。他寫道，「沒有可信服的證據證明同性戀有任何遺傳的基礎，這種說法純屬捏造。」[10]他說，達爾文對生物的演化大部分是對的，但對人類身分認同卻不然。

這兩個理論哪個正確？至少在哈默看來，性取向似乎太重要，無法完全由文化的力量建構。「為什麼李文汀如此教人敬畏的遺傳學者，會如此堅定地否認行為可以遺傳？」哈默疑惑，「他不能在實驗室否定行為的遺傳，因此寫了政治文章論戰攻擊？也許這其中有空間，可做真正的科學研究。」哈默打算對性遺傳學做一番速成的了解。他回到實驗室裡探索，但無法由過去學到什麼。哈默搜尋了自一九六六年以來所有科學文獻的資料庫，尋找關於「同性戀」和「基因」的文章，找到十四篇，但搜尋「金屬硫蛋白基因」，卻有六百五十四篇。

不過，哈默還是找到了一些誘人的線索，即使它們被湮沒在科學文獻之中。一九八〇年代，心理學教授麥可・貝利（J. Michael Bailey）想用雙胞胎實驗研究性取向的遺傳學。[11]貝利採用傳統的方法：如果性取向部分來自遺傳，那麼同卵雙胞胎兩者皆為同性戀的比例，就該比異卵雙胞胎高。貝利在同性戀雜誌和報紙刊登策略性的廣告，招來一百一十對其中至少有一人是同性戀的雙胞胎兄弟。（如果現在進行這樣的實驗很困難，不妨想想如果身處一九七八年，那時幾乎沒有男人公開出櫃，而且在某些州，同性戀性行為是犯罪，會受處罰。）

貝利在雙胞胎中尋找同性戀的一致性，結果驚人。在五十六對同卵雙胞胎之中，兄弟兩人都是同性戀者比例為五二％。[1]五十四對異卵雙胞胎中，兩人都是同性戀的比例為二二％，低於同卵雙胞胎的比例，但仍然明顯高於一般兄弟都是同性戀的一〇％。（數年後，貝利會聽到如下的驚人案例：一九七一年，兩名加拿大孿生兄弟在出生後數週內被分隔兩地，一個被富裕的美國家庭收養，另一個則由他的親生母親在環境截然不同的加拿大養育。兩個外表幾乎一模一樣的兄弟對彼此的存在一無所知，直到他們在加拿大的同性戀酒吧邂逅。[12]）貝利發現，男同性戀的原因不僅僅是基因，家庭、朋友、學校、宗教信仰和社會結構的影響也明顯會改變性行為，以至於同卵雙胞胎中，一個是同性戀，另一個是異性戀的機會高達四八％。也許需要外部或內部的觸媒，才會釋出不同性行為模式。毫無疑問，圍繞在同性戀周遭無孔不入的壓抑文化信念十分強大，足以影響雙胞胎之一選擇「異性戀」身分，但另一個不受影響。但是這個雙胞胎研究提供了無可辯駁的證據，證明基因影響同性戀的力量高於對其他的影響，如第一型糖尿病（雙胞胎的一致率僅為三〇％），且對身高的影響差不多（雙胞胎的一致率約為五五％）。

貝利大幅改變了關於性身分認同的討論方向，由一九六〇年代「選擇」和「個人偏好」的修辭，轉為生物學、基因學和遺傳。如果我們不認為身高、閱讀障礙或第一型糖尿病是源自選擇，那麼就不該把性身分認為是選擇。

但是，它是由一個或多個基因造成？那個基因是什麼？位於哪裡？哈默如果要找出「同性戀基因」，就需要更大規模的研究；最好能找到可以追蹤多個世代家族的性取向。為了這個研究，哈默需要尋找新的補助經費；可是研究金屬硫蛋白調節的聯邦研究員要到哪裡找經費，來追獵影響人類性取向的基因？

一九九一年初，兩個發展使哈默得以展開追獵。第一個是人類基因組計畫的宣布。儘管人類基因組的確實序列在十年之內都還不能確知，但順著人類基因組繪製關鍵遺傳路標，使尋找任何基因都變得容易許多。哈默要繪製和同性戀相關基因位置的想法，如果在一九八〇年代，就方法論而言還很難作業，但十年之後，遺傳標記就像標誌燈，沿著大多數染色體發光，至少在概念上，找出同性戀基因是可行的。

第二個發展是愛滋病，這種病在一九八〇年代後期席捲了同性戀社群，再加上運動人士和病人經常以公民不服從和對立抗議的方式煽動，使國家衛生研究院終於撥了上億美元進行愛滋病研究。哈默就以愛滋相關研究的藉口追尋同性戀基因。他知道卡波西氏肉瘤這種從前很罕見，也不會疼痛的腫瘤，以相當驚人的頻率出現在罹患愛滋病的男同志身上，因此他推斷，或許這種肉瘤的進展和同性戀有關；如果真是如此，找出和其中之一相關的基因，就可能會引導我們辨識出另一個基因。這個理論大錯特錯：後來發現卡波西氏肉瘤是由病毒引起，經性行為傳播，主要發生在免疫缺陷的人身上，這也說明了它為什麼會和愛滋一起發生。不過，哈默的這種戰術極巧妙，一九九一年，國家衛生研究院撥了七萬五千美元給哈默進行新研究案，也就是要找出同性戀相關基因的研究。

一九九一年秋，#92–C–0078研究案開始進行。[13] 到了一九九二年，哈默已招募一百一十四名同性戀男子參與研究。他打算用這些人創造詳細的族譜，決定性取向是否發生在家族之內，描述它的遺傳模

① 共享同樣的子宮環境或懷孕期間所接觸的一切，也許可說明這種一致性，但是異卵雙胞胎也共有這些環境，但與同卵雙胞胎相比一致性依舊較低。同性戀手足的一致率也高於一般人口的一致率（雖然低於同卵雙胞胎），也加強了遺傳的論點。未來的研究或許能揭示性偏好在環境和遺傳上的因素，但基因可能依然是重要的因素。

式，並為這個基因定位。但哈默知道，若是想要找出同性戀基因的位置，遇到同性戀的一般兄弟會容易得多。雙胞胎基因相同，而一般兄弟卻只有基因組的某部分段落相同。如果哈默能找到都是同性戀的兄弟，就可以找出兩人共有的基因組段落，而隔離出同性戀基因。那麼在族譜之外，哈默還需要這種兄弟的基因樣本。他的預算足夠讓他請這樣的兄弟搭機來華盛頓，並提供四十五美元的津貼，讓他們度過一個週末。這些兄弟通常都分隔兩地，如此一來，他們得以團聚，而哈默則可以採得他們的血液。

一九九二年夏末，哈默已經收集了近千名家庭成員的相關資料，也為一一四名男同志做好家譜。六月，他坐在電腦前準備看資料，幾乎馬上感到理論得到驗證的喜悅：就如同貝利的研究，哈默研究中，手足之間的性取向一致性較高，約二〇％，幾乎是一般人（一〇％）的兩倍。研究已有了真實的數據，只是，他的喜悅很快就冷卻了。哈默檢視這些數字，卻看不出還有什麼奧妙。除了同性戀手足之間的一致之外，他找不出明顯的模式或趨勢。

哈默洩了氣。他試圖把這些數字分門別類，但無濟於事。他把這些人的家譜畫在一張張紙上，正準備把它們放回檔案堆裡時，卻發現了一種模式，一種唯有人眼可分辨的微妙區別。原來他在畫他們的家譜時，把每一個家族的父系親屬畫在左邊，母系親屬放在右側邊，並以紅色標出男同志身分。而在整理這些紙張時，他本能地辨識出一個趨勢：紅色標記往右集中，而沒有標記的男性則往左集中。男同志較常有同性戀的舅舅——只限母系。哈默在同性戀親屬的家譜上下搜尋，他稱之為「同性戀尋根計畫」（gay Roots project）[14]，這個趨勢越看越明顯。母系表親有較高的一致性，但父系堂親則否。

這樣的模式代代相傳。在經驗豐富的遺傳學者眼裡，這個趨勢意味著同性戀基因必然是由 X 染色體攜帶。哈默現在幾乎可以在腦海裡看到如同朦朧陰影的它，世代傳承的遺傳元素，雖然不像典型的囊狀纖維化或亨丁頓氏症的基因突變那般外顯，但卻確實循著 X 染色體的軌跡。在典型的家譜裡，某位舅公也許有可能是同性戀（家族史常常模糊不明，歷史的同性戀衣櫃往往比如今的黑暗得多，但哈默已由一些家庭收集到兩代甚或三代的性身分資料），那位舅公兄弟的兒子全都是異性戀，因為男人不會把X染色體傳給兒子（所有男人的X染色體必定來自母親），但他姊妹的兒子卻可能是同性戀，而那個兒子的姊妹的兒子也可能是同性戀：這是因為男人和其姊妹及姊妹的兒子有部分X染色體相同之故。如此這般，舅公、舅舅、最年長的外甥、外甥的手足，世代橫向發展，朝前橫向行進，就像西洋棋騎士的走法。哈默就這樣突然由一種表現型（性偏好）轉移到染色體上的潛在位置——基因型。他還不能確定同性戀基因，但他已證明與性取向相關的一段DNA可以確實在人類基因組定位。

但是在X染色體的哪裡？哈默的研究對象轉為四十對同志兄弟，他採取了他們的血液。如果我們暫時假設同性戀基因確實位於X染色體的一小段上，無論它在哪裡，四十對兄弟分享這一段DNA的頻率都應該比一個是同志，一個是直男的兄弟高得多。哈默沿著基因組計畫定義的路標，透過仔細的數學分析，持續地縮小X染色體上可能的區域，讓它越來越短。他沿著這個染色體的整串長度，穿過了一連串二十二個標記。值得注意的是，在這四十對同志兄弟中，哈默發現三十三對兄弟都有X染色體上一段稱為Xq28的段落。如果是隨機分布，那麼應該只有一半的兄弟（也就是二十對）會分享那個標記。額外十三對兄弟攜帶同一標記的機會微乎其微（不到萬分之一）。因此，在Xq28附近的某處，應有一個確定男性性別認同的基因。

⊖

Xq28立即造成轟動，哈默說，「電話鈴響個不停，實驗室外都是電視臺的攝影記者，信箱和電郵都爆滿。」[15]立場保守的倫敦報紙《每日電訊報》（*Daily Telegraph*）寫道，如果科學能隔離出同性戀基因，那麼「就能用科學消除它。」[16]另一份報紙則寫道，「許多母親一定會內疚。」還有報紙用了「遺傳暴政！」的標題。倫理學家想了解身為父母的會不會藉著測驗胚胎，「了解其基因組成」，以避免生下同性戀的孩子。有位作者寫道：哈默的研究「的確辨識出男性個體可以分析的染色體區域，但這項研究為本的任何測試結果只不過是再一次提供了某些男性性取向的概率工具。」[17]哈默名副其實地遭左右夾擊，反同性戀的保守派認為，哈默把同性戀歸為遺傳，用生物學為同性戀辯護；而擁同性戀派則指責哈默進一步推動「同性戀測試」的幻想，可能因此推動新的檢測和歧視同志的機制。[18]

哈默自己的作法中立、嚴謹、科學，且常常到了極端的地步。他不斷改進自己的分析，用各種測驗測試Xq28這一區段。他考量Xq28編碼會不會並非同性戀基因，而是「娘娘腔基因」（只有男同志才敢在科學論文中用這個詞）。可是並非如此：共同擁有Xq28的男性在有關性別的行為上，或者在傳統的陽剛表現上，並沒有特別明顯的變化。它會不會是「肛交接受方」（receptive anal intercourse）基因（他的措詞是「是否底部朝上（bottoms up）基因？」）可是同樣也沒有關聯。會不會與叛逆有關？或者是反抗壓抑社會風俗的基因？違規行為的基因？他提出一個又一個的假設，可是都沒有聯繫。他徹底消除了所有的可能，只剩下一個結論：男性的性認同有部分是由Xq28附近的一個基因所決定。

Θ

自一九九三年哈默在《科學》發表論文以來，也有幾個團隊試圖驗證哈默的數據。[19]一九九五年，哈默自己的團隊發表了規模更大的分析，印證了他們原來的研究。一九九九年，一個加拿大團隊想在一小群同性戀手足身上印證哈默的研究，卻未能找到和Xq28的連結。二〇〇五年，在可能是迄今為止最大規模的研究中，共有四百五十六對手足參與了研究，雖然並沒有發現與Xq28的連結，但發現了和第七、八、十對染色體的關係。[20]二〇一五年，在另外四百零九對手足的另一項詳細分析中，再度證實與Xq28的關連（儘管微弱，而先前證明和第八對染色體的關係也再經驗證）。[21]

在所有研究中，最有趣的特點或許是：迄今為止，還沒有人分離出影響性認同的實際基因。連鎖分析並沒有辨識出基因本身；它只是辨識出可能找到基因的染色體區域。在將近十年密集的搜尋之後，遺傳學家找到的並不是一個「同性戀基因」，而是一些「同性戀位置」。位於這些位置的某些基因確實很像是性行為規範者的候選人，但這些候選基因沒有一個經實驗證明和同性戀或異性戀相關。比如一個位於Xq28區域的基因編碼一種能夠調節睪丸酮受體的蛋白質，而眾所皆知，睪丸酮正是性行為的掌控者。但這個基因是否就是學者長期以來一直在Xq28上尋找的同性戀基因，依舊不得而知。[22]

說不定「同性戀基因」根本不是基因，至少不符合基因的傳統定義。它可能是一段DNA，可以調節坐落在它附近的基因，或者影響離它很遠的基因。也許它位於內含子之中（是打斷基因，把它們分解成模組的DNA序列）。無論這個遺傳因素的分子身分為何，有一點可以確定：我們遲早會發現影響人類性別認同的遺傳元素確切的本質。哈默對Xq28的看法是對是錯並不重要。雙胞胎研究已清楚顯示，幾個影響性別認同的決定因素是人類基因組的一部分，而隨著遺傳學家找出更有力的方法為基因定位、識別和分類，我們終將找到其中一些決定因素。就像性別，性身分認同不太可能只由一個單一主調控因素規範，這些因素可能按階級組織，主要調節者在上方，複雜的綜合和修正者在底部。不過，和性別不同的一點是，性別認同不太可能由單一主調節者進行管理。發揮許多小影響力的多個基因，尤其是調節和整合來自環境資料的基因，較有有可能牽涉性身分的決定。不可能會有異性戀男人的SRY基因。

哈默發表關於同性戀基因的文章，適逢基因可能會影響多種行為、衝動、個性、欲望和氣質的觀念，強勢東山再起之時。二十多年來，這種想法在知識界已褪流行。一九七一年，著名的澳洲生物學家麥克法蘭．伯內特（Macfarlane Burnet）在《基因、夢想和現實》（*Genes, Dreams and Realities*）一書中寫道，「我們天生的基因，和其餘的功能性自我，一起提供了我們智力、氣質和個性的基礎，這點不言而喻。」[23]然而，到了一九七〇年代中期，伯內特的觀念卻已遠非「不言而喻」。在一切條件中，唯獨基因最可能使人獲得特殊的「功能性自我」（具有特定氣質、個性和身分的變體），這個想法被毫不容氣地屏棄在大學之外。「環境派的觀點主導了一九三〇至七〇年代的心理學理論和研究，」[24]心理學家南西．西格爾（Nancy Segal）寫道，「除了天生具有一般能力之外，人的行為幾乎完全由個人之外的力量來解釋。」一位生物學家回憶說，當時的學界把「蹣跚學步的幼兒」當作隨機存取記憶體（Random Access Memory，RAM），任何作業系統都可透過文化下載。[25]孩子的靈魂就像黏土一樣有無限的可塑性；你可以把它塑造成任何形狀，並藉由改變環境或改編行為程式，強迫它穿上任何衣服（因為輕信這樣的想法，才會發生像莫尼所做的實驗，想要用行為和文化療法，徹底改變人的性別）。一九七〇年代參與耶魯大學研究計畫的另一位心理學家，也對新單位反遺傳學的武斷立場感到疑惑：「不論先前耶魯對於驅動和影響人類行為的遺傳特質有什麼樣的認知，正是我們現在要耶魯清掃乾淨的觀念。」[26]當時的環境就是這種以環境為重的觀念。

回歸自然的想法（基因是心理衝動的重要驅動因素），並不容易。一方面，它需要徹底重造人類遺傳學任重道遠的研究：嚴重歪曲、屢遭誤解的雙胞胎研究。自納粹時期就已採用雙胞胎研究，門格勒對雙胞胎做了許多令人髮指的實驗就是一例，不過他們在觀念上碰到了瓶頸。遺傳學家知道，研究同一家庭同卵雙胞胎的問題，不可能解開自然與培育之間糾纏交錯的線縷。在同一個家庭裡，由同一對父母撫養，通常也在同樣的教室裡，由同樣的老師教導，以同樣的方式穿著、飲食、養育，因此這些雙胞胎無法分開基因與環境影響的效果。

比較同卵雙胞胎與異卵雙胞胎可部分解決這個問題，因為異卵雙胞胎雖共享相同的環境，但平均只有一半的基因相同。不過也有評者認為，這種同／異卵的比較也有本質上的瑕疵。因為，同卵雙胞胎或許會受到比對異卵雙胞胎更相似的對待，例如，和異卵雙胞胎相比，同卵雙胞胎在營養和成長方面有更類似的模式，但這該算是先天還是培育？或者同卵雙胞胎可能會刻意做出相反的行為區分彼此（比如我母親和她的雙胞胎姊姊就刻意選擇相反色調的口紅），這該算是由基因編碼造成的不同，還是對基因做出的反應？

⊖

一九七九年，明尼蘇達州的一位科學家發現了擺脫僵局的途徑。二月的一個晚上，行為心理學家湯瑪斯・鮑查德（Thomas Bouchard）在信箱收到學生留下的剪報，這故事很不尋常：一對來自俄亥俄州的同卵雙胞胎在出生時就分開，由不同的家庭收養，卻在三十歲時以奇特的方式團圓。這兩兄弟顯然是屬於很罕見的群體（出生就遭棄養，後來分開養育的同卵雙胞胎），但他們卻是探索人類基因作用的強大例證。這些雙胞胎的基因必然相同，但環境卻往往有很大的差異。如果以出生就分開的雙胞胎和在同一個家庭成長的雙胞胎比較，鮑查德就能解開基因和環境交纏不清的效果。這種雙胞胎之間的相似處和後天完全無關，只會反應遺傳的影響——先天。

一九七九年，鮑查德開始招募這樣的雙胞胎進行研究，到一九八〇年代後期，他已召集了舉世最大的分開撫養和一起撫養的雙胞胎團隊。鮑查德稱之為「明尼蘇達雙子分養研究」（Minnesota Study of Twins Reared Apart，MISTRA）。[27] 一九九〇年夏，他的團隊提出全面的分析，此為《科學》雜誌的封面。② 這個團隊收集的資料包括五十六對分開養育的同卵雙胞胎，和三十對分開養育的異卵雙胞胎。另外，也收納早期研究的數據，包含三百三十一對一起養育的雙胞胎（同卵和異卵）。這些雙胞胎來自社會經濟的各階層，手足之間常有不同的環境（一個在貧窮家庭長大，另一個則由富裕家庭撫養），物質環境和種族背景也截然不同。為評估環境，鮑查德要求這些雙胞胎收集關於他們家庭、學校、辦公室、行為舉止、選擇、飲食、接觸和生活方式鉅細靡遺的紀錄，為確定雙胞胎所屬的「文化階級」，鮑查德團隊也別出心裁，詢問其家庭是否擁有「望遠鏡、未刪節的全本大字典或原創藝術品」。

這篇論文畫龍點睛之處是一張表（這在論文向來總共附有多達數十張表的《科學》，倒是很罕見）。在這十一年來，明尼蘇達團隊讓雙胞胎做了一連串詳細的生理和心理測驗。在一個又一個的測驗中，雙胞胎之間的相似之處依然驚人而一致。雙胞胎生理特徵的相關性早在意料之中：例如，拇指指紋上隆起的脊紋幾乎一模一樣，相關值為〇・九六（相關值一・〇〇表示完全一致或一模一樣）。智商測驗也顯示出約〇・七〇的強烈相關性，證實了先前的研究。就連個性、喜好、行為、態度和氣質這些最奧妙深入的層面，經多個獨立測驗的廣泛測試結果，顯示有很強的關連，在〇・五〇和〇・六〇之間，一起撫養長大的同卵雙胞胎相關性幾乎一樣。（為了對照這個相關的強度，不妨想想一般人口身高與體重之間的相關性約在〇・六〇和〇・七〇之間，教育程度和收入之間的關係約為〇・五〇。雙胞胎之間確定為遺傳性疾病的第一型糖尿病之一致性只有〇・三五。）

明尼蘇達研究所取得最有趣的相關性，出現在最教人意想不到的領域：分開養育的雙胞胎在社會和政治態度的相關性，與一起成長雙胞胎的相關性一樣：自由派與自由派為伍，而傳統派則與傳統派同處。宗教和信仰也驚人地一致：雙胞胎手足不是一起信，就是一起不信。傳統主義或「願意向權威屈服」，也有顯而易見的密切關係。「自信、領導力和喜歡吸引其他人的注意」這樣的特點亦然。

對同卵雙胞胎的其他研究，也進一步證明基因對於人的個性和行為有所影響。學者發現雙胞胎對新奇的追求和衝動有驚人的相關程度。我們以為相當個人的經驗，原來雙胞胎都共有。「同理心、利他、公平感、愛、信任、音樂、經濟行為，甚至連政治，都有部分是天生就已成形，」[28]一位觀察者十分震驚地寫道，「如聆聽交響樂的音樂而大受感動，這種美學經驗能力受基因影響的因素高得驚人。」[29]兩個手足即使出生時就分隔在地理和經濟的兩塊大陸上，到夜裡依舊會因同一首蕭邦的夜曲而感動落淚，彷彿在回應基因組所撥動的微妙共鳴。

⊖

鮑查德已測量了所有可測量的特徵；但若要傳達這種相似的奇特感，不可能不用實際的例子說明。達芙妮・古德謝（Daphne Goodship）和芭芭拉・赫伯特（Barbara Herbert）是一九三九年在英國出生的雙胞

---

② 這篇論文的早期版本分別在一九八四和八七年提出。

胎。[30]她們的母親是未婚的芬蘭交換學生，生下她們之後就把孩子送人收養，自己則回到芬蘭。雙胞胎被分別養育。芭芭拉的養父屬低中階級，是市府園丁，而達芙妮的養父則是上流社會知名的冶金學家。兩姊妹都住在倫敦附近，不過，若考慮一九五〇年代僵化的英國階級結構，她們就像生長在不同的星球。

然而，在明尼蘇達州見到她們的鮑查德，卻因這對雙胞胎的相似之處而一再感到驚異。兩人常為一點小事就笑不可遏（大家稱她們為「傻笑雙胞胎」）。她們喜歡對工作人員和彼此惡作劇。兩人的身高都是一百六十公分，手指都扭曲，頭髮都是灰棕色，也都把它染成標新立異的赤褐色。兩人智商測驗的分數一樣，幼時都在樓梯上跌倒，也都摔斷腳踝（也都因此而怕高）。儘管兩人都有點笨手笨腳，依舊去學交際舞，也都因舞蹈課而邂逅了未來的丈夫。

另外有一對雙胞胎兄弟，在出生後三十七天被分別收養，兩人都被新家庭取名為吉姆，分別在俄亥俄州北部的一個工業區生長，彼此相距八十哩。兩人求學過程都很辛苦。「兩人都開雪佛蘭，都一支接一支抽 Salem 薄荷菸，都喜歡運動，尤其是房車賽，但都不喜歡棒球。兩個吉姆都娶了名叫琳達的女人，都把狗取名叫托伊。其中一個的兒子名叫詹姆斯．艾倫（James Allan）；另一個吉姆的兒子取名為詹姆斯．阿倫（James Alan）。兩個吉姆都做了輸精管結紮手術，也都有輕微的高血壓。兩人都在差不多年紀時發胖，也約在同一時間減肥。兩人都有持續約半天的偏頭痛，吃任何藥都沒用。」[31]

另外一對同樣也在出生後分開領養的雙胞胎姊妹，搭不同班次的飛機來到明尼蘇達，下機時兩人手上都戴著七枚戒指。[32]一個在千里達接受猶太教信仰，另一個在德國接受天主教育的一對雙胞胎兄弟，兩人抵達時都穿著類似的服裝（有肩章圖案的四口袋藍色牛津襯衫），也有類似的奇特行為（比如口袋裡都塞著一團面紙，沖馬桶一定要兩次，使用前後各一次）。[33]兩人都會假裝打噴嚏，當作「玩笑」，以沖淡談話時的緊張氣氛。兩人都脾氣火爆，且會突如其來地焦慮。

還有一對雙胞胎以相同的方式揉鼻子；儘管他們從未見過面，卻都發明了一個新字「squidging」，來形容自己揉鼻子的怪習慣。[34]在鮑查德的研究中，有兩個雙胞胎姊妹有同樣的焦慮和沮喪的模式。她們承認自己少女時代都受到同樣的夢魘困擾：在半夜時分覺得自己的喉嚨塞進了各種東西（通常是金屬：「門把、針和魚鉤」[35]），而感到窒息。

在分開養育的雙胞胎中，也有一些特點截然不同。達芙妮和芭芭拉雖然相貌相似，但芭芭拉比達芙妮重九公斤（儘管有九公斤的差異，但兩人心率和血壓卻一樣）。一對德國雙胞胎分別受天主教／猶太教的教育，其中一位年輕時是一名堅定的德國民族主義信徒，而他的兄弟卻在暑假時赴以色列的集體農場工作。他倆都有同樣的熱情、同樣堅定的信仰，即使兩人的信仰本身幾乎完全相反。明尼蘇達這個研究勾勒出來圖像並非指出分開養育的雙胞胎會一模一樣，而是他們共有一種強烈的傾向，會朝類似或集中的行為發展。他們的共同之處並不是身分，而是身分的一階導數。

⊖

一九九〇年代初，以色列遺傳學家理查．艾布斯坦（Richard Ebstein）讀到有關人類性情亞型的研究，很感興趣：這些研究改變了我們對人格和性情的了解，它們並非源於文化和環境，而是偏向基因。艾布斯坦也像哈默，想辨識出決定不同行為形式的實際基因。心理學家早已發現基因與性情有關：比如唐氏症異常甜美的個性，以及其他與暴力和侵略相關的遺傳症狀。不過，艾布斯坦對基因與病理的關係不感興趣；他想要研究性情的正常變異。極端的遺傳變化顯然會導致性情的極端變異，但有沒有「正常」的基因變種可以影響正常的人格亞型？

艾布斯坦知道，要找出這樣的基因，必須由個性亞型的嚴謹定義著手。一九八〇年代後期，研究人類性情變化的心理學家曾提出一份只有一百個是非題的問卷，把人的個性分為四個典型：追求新奇（衝動或謹慎）、依賴獎勵（親切或冷漠）、避免風險（焦慮或冷靜），和堅持不變（忠誠或善變）。雙胞胎研究證明，這些人格類型有強烈的遺傳部分：同卵雙胞胎在這些問卷的一致性超過了五〇％。

艾布斯坦對其中一個亞型特別感興趣。「追求新奇者」或稱「愛好新事物者」（neophiles），他們的特色是「衝動、愛探索、善變、容易激動、愛揮霍」（《大亨小傳》的傑．蓋茲比、包法利夫人、福爾摩斯），而相反地，「厭惡新事物者」（neophobes）的特色是「深思熟慮、嚴肅、忠實、堅忍、脾氣溫和、節儉」（《大亨小傳》中的敘事者尼克．卡拉威〔Nick Carraway〕，總是忍受折磨的包法利先生、老是屈居下風的華生醫生）。最極端的追求新奇者（蓋茲比的極致），似乎對刺激和興奮上了癮。不用說分數，連他們在測驗中的表現，都能顯現他們的性情。他們可能會留下問題不答，也可能在房間裡踱來踱去，想辦法出去。他們可能經常無聊得快要發狂。

艾布斯坦徵募了一百二十四位志願者，請他們填寫標準問卷，衡量尋求新奇的行為：你是否「經常只為了趣味和刺激而嘗試事物，即使大多數人都認為那件事是浪費時間？」或者「你多常按自己的心意做事情，而不考慮這件事過去的做法？」接著他用分子和遺傳技術，以確定這些受測者的基因型是否與一個有限的基因小組相符。結果他發現，追求新奇者中最極端的例子，體內有一個遺傳決定因素高得不成比例：這是一種多巴胺受體基因的突變，稱作D4DR。[36]（這種分析總稱為關聯研究〔association study〕，因為它藉由基因與特定表現型的關聯來辨識基因，在本例中就是極端的衝動）。

多巴胺是一種神經傳導物質（在大腦神經細胞中傳送化學信號的分子），和辨識腦內的「報償」息息相關，是我們所知最有力的神經化學信號之一：如果讓一隻小鼠按下槓桿，以電流刺激大腦中回應多巴胺的報償中心，牠就會不吃不喝，一直刺激自己，至死方休。

D4DR的作用就是多巴胺的「對接站」，信號由此傳遞到回應多巴胺的神經元。由生化觀點來看，與追求新奇有關的變種「D4DR-7重複」，造成了對多巴胺的反應遲鈍，可能因此提高了對外在刺激的要求，才能達到相同的獎勵程度。它就像半卡住的開關，或者塞了天鵝絨的接收器，因此需要更強力的推壓，或者更大的聲音，才能打開。追求新奇的人試圖以越來越大的風險刺激大腦，以增強信號。它們就像吸毒成習的人，或者像多巴胺獎賞實驗中的小鼠，只是這種「毒品」是一種大腦化學物質，它本身就是一種興奮信號。

艾布斯坦原始的研究已經得到其他幾個研究團隊的證實。有趣的是，正如我們可能因明尼蘇達雙胞胎研究而懷疑的那樣，D4DR不會「造成」人格或性情。相反地，它會導致傾向於尋求刺激或興奮的性情，是衝動性的一階導數。刺激的本質的確因為不同背景各不相同，它可以產生人類最崇高的特質，如探索的動力、熱情和急切的創造欲望，但它也可能會在衝動、上癮、暴力和憂鬱上盤旋。學者已證實「D4DR-7重複」突變與集中的創造力突發相關，也和注意力不足過動症相關；看似矛盾，但其實這兩者都是受同樣的衝動驅使。最驚人的人類研究已列出了D4DR變體的地理分布。在游牧和流動人口身上，這個突變基因出現的頻率較高。而且離由人類擴散原始地非洲越遠的人口，突變出現得越頻繁。或許D4DR突變造成微妙的動力，讓我們的祖先出海，驅動了「遠離非洲」的遷徙。[37]或許我們焦慮不安的許多現代特徵，正是由焦慮不安基因所塑造的產品。

然而，關於D4DR突變的研究，一直很難在不同的人口和不同的環境下複製。其中一些原因，毫無疑問，是因為追求新奇的行為和年齡有關。或許可以想見，到了五十歲左右，探索的衝動及其相關變異已被澆熄了。地理和種族的變化，也會影響D4DR對性情的作用。但是，研究人員難以複製研究，最可能的原因是D4DR突變相當微弱。有研究人員估計，D4DR的效果大概只占個人尋求新奇行為差異的五％。D4DR可能只是決定個性這個特殊層面的諸多基因（多達十個）中的一個。

性別、性偏好、性情、個性、衝動、焦慮、選擇。人類經驗最神祕的領域一個接一個逐漸被基因包圍。原本主要甚或完全受文化、選擇和環境掌控的行為層面，後來都證明是受基因的影響，實在教人訝異。

但真正驚人的也許是我們竟然會感到驚訝。如果我們接受基因的變異會影響人類病理的各個層面，那麼就不該因為基因的突變同樣也可以影響人類正常情況的各方面而驚訝。這種觀念有根本的對稱，那就是基因會致病的機制，就和基因造成正常行為和發育的機制完全相似。「要是我們能穿越鏡屋就好了！」愛麗絲說。[38]人類遺傳學已穿過了它的鏡屋，而這一邊的規則原來就和在另一邊的規則一模一樣。

我們如何描述基因對正常人類性狀和功能的影響？這方面的語言聽來應該相當熟悉；它正是先前用來描述基因和疾病關聯的語言。你由父母那裡繼承來的突變經過混合搭配，指定細胞和發育過程的變化，最後導致生理狀態的變化。如果這些突變影響的是階級頂端的主要調控基因，其效果就可能二元且強烈（男性或女性，身材矮小或正常）。更常見的是，突變／突變基因位於信息階級較下方，只能改變其傾向。要創造這樣的傾向或癖性，往往需要數十個基因。

這些傾向與環境中的各種線索和機會交互作用，產生不同的結果，包括在形體、功能、行為、性格、脾氣、身分和命運的變化。通常它們的影響只是在概率方面，亦即藉著砝碼與天平的調整、藉著可能性的改變，某些結果更可能或更不可能發生。

然而，這些可能性的改變已足以讓我們產生明顯的差異。對大腦神經元發送「獎勵」信號的受體，如果分子結構有了改變，可能只會導致一個分子與其受體結合時間有長短的變化，由那個變異受體發送出來的信號可能在神經元中只多停留半秒。然而，這個變化卻足以讓一個人較為衝動，而對應者則較為謹慎；或者讓一個人偏向躁狂，另一個人偏向抑鬱。複雜的知覺、選擇和感受可能就來自這種身心狀態的變化。化學相互作用的長短因此變成了對情感互動的渴望。一個有精神分裂傾向的人把水果販的話解讀成要殺他的陰謀，而他有躁鬱症傾向的兄弟則把同樣這段對話看成是關於他未來的浮誇寓言（竟然連水果販都聽說過他的鼎鼎大名）。這個人覺得痛苦，那個人卻視作神奇。

⊖

到這裡為止，都還算容易。但我們如何解釋生物個體的性狀、脾性和選擇？我們怎麼由抽象的遺傳傾向發展成具體和特定的人格？這個問題可以稱為遺傳學「最後一哩」的問題。基因可以用可能和概率描述複雜生物的性狀或命運本身，但是，它們不能準確說明性狀或命運本身。一個特定的基因組合（一種基因型）可能會使你傾向某種鼻子的結構或個性的組合，但你鼻子真正的形狀或長度依舊不得而知。特性的傾向和特性本身不能混為一談：一個是統計概率；另一個則是具體的現實。就好像遺傳學可以一路闖到人類性狀、身分或行為的門口，卻無法越過最後一哩。

或許，我們可以藉由兩種截然不同調查線的對比，來重構基因最後一哩的問題。自一九八〇年代以來，人類遺傳學花了許多時間關切出生後分隔兩地的同卵雙胞胎所展現的各種相似之處。如果出生後分離的雙胞胎對衝動、抑鬱、癌症或精神分裂症都有同樣的傾向，那麼，我們就知道基因組必然也包含為這些特性信息的編碼。

不過，要了解一種傾向如何轉變為真正的性質，需要完全相反的思路。要回答這個問題，我們必須先提出相反的問題：為什麼在同一個家庭養育的同卵雙胞胎，最後會有不同的人生、變成截然不同的人？為什麼相同的基因組會表現出這麼不同的人格，有不同的脾氣、個性、命運和選擇？

在同樣環境長大的同卵雙胞胎為什麼會發展出不同的命運？自一九八〇年代起的這三十年來，心理學家和遺傳學家一直試圖記錄和衡量足以解釋這個問題的微妙差異。然而，要找出具體、可測和系統性差異的種種一切嘗試卻總是失敗：雙胞胎共有同一個家庭，住在同一間房屋，通常也上同一所學校，幾乎都攝取相同的營養，也常讀相同的書籍，接受同樣的文化，分享著類似的朋友圈——但卻毫無疑問地各不相同。

導致這種差異的究竟是什麼？二十多年來的四十三項研究[39]已提出一個強力且一致的答案：「非系統化、特殊、偶然的事件」。[40]疾病、意外事故、創傷、觸發的事件或情況，比如錯過火車、丟失鑰匙、中止的想法。分子的波動導致基因的波動，導致性狀輕微的變化。③在威尼斯繞了彎，結果掉進運河，墜入愛河，湊巧，機會。

這答案是否教人氣憤？經過數十年的思索，我們終於得到了結論：命運就是……命運？生物之所以發生，就是因為……存在？我認為這樣的表述充滿了啟發之美。在《暴風雨》劇中，普洛斯彼羅對畸形怪物卡利班咆哮，稱呼他「是個惡魔，天生的惡魔，在他的本性上，教養一點也黏著不上。」[41]卡利班的缺陷中，最可怕的是他內在的本性不可能因任何外來的信息而改寫：他的本性不會允許教養發揮作用。卡利班是遺傳的機器人，一個上了發條的食屍鬼。因此他比任何有人性的事物都更悲慘、更可憐。

基因組能讓真實的世界「固著」，這就證明了基因組教人不安的美。我們的基因對於特殊的環境，不會一直做出刻板的反應，若它們真是如此，我們也就會成為上了發條的機器人。印度教的哲人早已把「存在」的經驗描述為一張網——jaal。基因構成這張網的線縷，黏住的碎屑就是把每一張個別的網變成一個個體的事物。這個瘋狂的計畫必須有巧妙的精準。基因必須執行對環境的預定反應，否則就沒有守恆的性狀，但它們也必須留下足夠的空間，讓變幻莫測的機會得以發揮。我們就把這樣的交集稱為「命運」，並把我們對它的回應稱為「選擇」。一個直立生物，生有與其他手指相對的拇指，就這樣由一個腳本打造出來，但卻想要脫離那腳本，我們把這種生物獨一無二的變體稱為「自我」。

---

③ 關於機會、身分和遺傳學最近最發人深省的研究，或許可說來自麻省理工學院蠕蟲生物學家亞歷山大．范．奧登納登（Alexander van Oudenaarden）的實驗室。范．奧登納登用蠕蟲為模型，提出有關機會與基因最困難的問題：為什麼兩個具有相同基因組、居住在相同環境的動物（不折不扣的雙胞胎），卻有不一樣的命運？范．奧登納登檢視了一個基因突變 skn-1，其為「不完全外顯」，即是有突變的其中一隻蠕蟲表現出一種表現型（細胞在腸道中形成），而其雙胞胎雖也有相同的突變，卻並沒有表現出表現型（細胞沒有形成）。決定了這兩個雙胞胎之間的差異是什麼？不是基因，因為兩隻蠕蟲都有同樣的 skn-1 基因突變；也不是環境，因為兩者都在完全一樣的條件下飼養和安置。那麼，相同的基因型怎會導致不完全外顯的表現型？范．奧登納登發現，單一調控基因 end-1 的表現程度就是關鍵的決定因素。end-1 基因的表現（即兩隻蟲在發育的特定階段中，RNA 所製造的分子數目不一樣），很可能是由於隨機或機率效應（stochastic effect），即機會。如果其表達超過了某個門檻，蠕蟲就表現出表現型；如果低於這個標準，蠕蟲就會顯現另一個不同的表現型。命運反應出蟲體內分子的隨機起伏波動？相關進一步的細節，請參見 Arjun Raj et al., "Variability in gene expression underlies incomplete penetrance," Nature 463, no. 7283（2010）: 913-18.

# 饑餓之冬

同卵雙胞胎彼此的遺傳密碼完全相同，他們共享同一個子宮，通常也在非常相似的環境中長大。因此，如果雙胞胎其中之一得了精神分裂症，另一個患同一種病的機率也會很高，不足為奇。其實我們必須思考的是，為什麼這機率不是更高？為什麼不是百分之百？[1]

——奈莎・卡雷（Nessa Carey），《表觀遺傳學大革命》（*The Epigenetics Revolution*）

基因在二十世紀表現輝煌，它們帶我們來到生物學新紀元的邊緣，承諾會有更驚人的進步，只是這些進步需要引進對生物組織的其他觀念、術語思考方式，因此放鬆了基因對生命科學想像的掌握。[2]

——伊芙琳・福克斯・凱勒（Evelyn Fox Keller），《生物醫學人類學》（*An Anthropology of Biomedicine*）

上一章隱含了一個必須回答的問題：如果「自我」是由機會、事件與基因之間交互作用而來，那麼這些互動如何實際記錄？雙胞胎之一在冰面上跌倒、膝蓋骨折、長出骨痂，而另一個則沒有這樣的經歷；姊妹之一嫁給了步步青雲的德里企業主管，而另一個卻嫁入加爾各答家道中落的家庭。這些「命運的行為」是透過什麼樣的機制，記錄在細胞或身體內？

幾十年來，這個問題都有個標準答案：透過基因，或者更精確地說，透過開啟和關閉基因。一九五〇年代在巴黎，莫諾和賈克柏已經證明，當細菌的食物由葡萄糖變為乳糖時，就會關閉葡萄糖代謝基因，而開啟乳糖代謝基因；這些基因由主調控因子，即活化子（activators）和抑制子（repressors）「打開」或「關閉」，主調控因子也稱為轉錄因子（transcription factors）。約三十年後，研究蠕蟲的生物學家發現，來自鄰近細胞的信號（就個別細胞來看，可說是命運事件），也因主調控基因的開關而被記錄下來，導致細胞譜系的改變。當雙胞胎之一在冰上跌倒時，癒合傷口的基因被打開，這些基因使傷口硬化成骨痂，標識了骨折的位置。就連把複雜的記憶記錄在大腦中也必須開啟或關閉基因。當鳴禽聽到其他種類的鳥唱出新歌時，腦部有個叫做 ZENK 的基因就會出現，如果這首歌不對（比如來自不同的物種或音調不對），ZENK 基因就不會開啟到同樣的程度，牠就不會唱歌回應。[3]

但是，細胞內和體內基因的活化或抑制（對環境信號的反應，如跌倒、意外、疤痕）會不會在基因組留下永久的標識或印記？當這個生物繁殖又有什麼樣的發展？基因組上的標識或印記是否會傳遞給另一個生物？來自環境的信息會跨世代傳遞嗎？

⊖

我們現在即將進入基因史爭議最大的範疇。首先，我們必須交代一些歷史背景。一九五〇年代，英國胚胎學家康拉德．沃丁頓（Conrad Waddington）想了解環境信號影響細胞基因組的機制。[4]在胚胎發育的過程中，沃丁頓由單一受精卵看到了成千上萬不同細胞類型的起源，如神經元、肌肉細胞、血液與精子。沃丁頓福至心靈，把胚胎分化比喻為上千顆彈珠由溝壑縱橫、布滿縫隙凹角的斜坡上滾落。他認為，每個細胞各以獨特的路徑，由這個「沃丁頓地景」（Waddington landscape）滾落，結果被卡在地景中某個特定的凹槽或崖壁，因而限制了它可能變成的細胞類型。沃丁頓特別有興趣的是，細胞環境可能影響其如何使用基因，他稱這種現象為「表觀遺傳學」（epi-genetics），這個英文字的字面意義即「基因之上」的意思。①他寫道，表觀遺傳學指的就是「基因與環境的相互作用，因此促成了它們的表現型。」

一個令人毛骨悚然的人類實驗為沃丁頓的理論提供了證據，只是其結局一直要到幾個世代之後才會明顯。一九四四年九月，正值二次大戰如火如荼的階段，占領荷蘭的德國部隊禁止糧食和煤炭運往荷蘭北部地區。火車停駛，道路封鎖，水路也被凍結。鹿特丹港的起重機、輪船和碼頭全遭炸毀，廣播電臺播音員說，只剩下「慘遭折磨、血流不止」的荷蘭。

由於荷蘭水道縱橫，強烈依賴駁船交通，因此禁運不只折磨荷蘭人，讓他們流血，也讓荷蘭發生饑荒。阿姆斯特丹、鹿特丹、烏特勒支（Utrecht）和萊登（Leiden）一向都依靠定期交通運輸食物和燃料。到了一九四四年初冬，瓦爾河和萊茵河以北省分的糧食配給已降至極少，人民面臨饑荒。十二月，水路雖重新開放，但水卻結了冰。先是沒有奶油，接著乳酪、肉、麵包和蔬菜也都付之闕如。人民饑寒交迫，只能由院子裡挖鬱金香球莖，吃菜皮，剝樺樹皮、樹葉和青草來吃。到最後，每人每天攝取的食物熱量只有約四百卡路里，相當於三個馬鈴薯。有人描寫：「人變得只剩下胃和些許本能。」[5]這段時期仍然刻骨銘心地留存在荷蘭民族的記憶中，被稱為「饑餓之冬」（Hunger Winter 或 Hongerwinter）。

饑荒一直持續到一九四五年。成千上萬的男女老少死於營養不良；數百萬人存活。營養的改變如此劇烈而突然，因此成了恐怖的自然實驗：隨著嚴冬過去，人民再恢復生機，研究人員可以研究饑荒對這些人口產生了什麼樣的影響。部分結果可以預料，如營養不良和發育遲緩等。經歷饑餓之冬，倖免於難的孩子也可能會發生因營養不良產生的相關長期健康問題，如抑鬱、焦慮、心臟病、牙齦疾病、骨質疏鬆症和糖尿病。（身材瘦削的女星奧黛麗赫本就是倖存者之一，她一生受到許多慢性病折磨。）

然而，到了一九八〇年代，更耐人尋味的模式出現了：饑荒期間懷孕的婦女之孩子長大了，他們肥胖和罹患心臟病的機率較高。[6]這個結果可能也是意料中事。科學家已知，當在子宮內碰上營養不良，胎兒的生理會因此產生的變化。胎兒因為缺乏營養，改變了新陳代謝，隔離較多的脂肪來保護自己，以免喪失熱量，結果矛盾地造成遲發性肥胖和代謝混亂。不過，饑餓之冬研究最奇怪的結果卻還要再過一代才會出現。一九九〇年代，當年嘗過饑荒滋味者的孫輩出生，他們也有較高的肥胖和心臟病發生率（其中有些健康問題迄今仍在評估）。一段嚴重的饑餓時期不但改變了直接承受饑荒者的基因，這個信息甚

---

① 沃丁頓起初把「epigenesis」這個術語當成動詞而非名詞，形容胚胎由單細胞發育而來的過程。「epigenesis」指的是胚胎由原始的受精細胞，依次經由不同種類的細胞（神經細胞、皮膚細胞）發生。然而，後來這個字卻被用於指細胞或生物在不改變基因序列（亦即經由基因調控）的情況下，獲得特性的方式。更現代的用法則是指DNA中的化學或物理變化，影響基因調控，但並不改變DNA序列。有些科學家認為，「epigenesis」只能用來指可遺傳的變化（即可以由細胞到細胞，或生物到生物的變化）。此字定義一再改變，造成這個領域極大混亂。

至也傳到了他們的孫輩。必然有一或多個遺傳因素銘記在承受饑荒的男女基因組上，並且跨越了至少兩個世代。饑餓之冬不但蝕刻在全體國民的記憶之中，也滲透進基因的記憶。②

但是，什麼是「遺傳記憶」？在基因之外，遺傳記憶又是如何編碼？沃丁頓對「饑餓之冬」的研究一無所知（他在一九七五年已沒沒無聞地去世），不過遺傳學家卻很敏銳地看出沃丁頓的假說和這群多世代荷蘭人之間的聯繫。在這裡，「遺傳記憶」顯而易見：曾經歷過饑荒者的兒女和孫子女較有代謝疾病的傾向，彷彿他們的基因組攜帶了祖父母代謝辛勞的回憶。在這裡，負責「記憶」的因子也不能改變基因的序列：這群成千上萬的荷蘭人不可能在三代之間就基因突變。在這裡，「基因與環境」也已改變了一種表現型（即罹患疾病的傾向）。必然有什麼東西因為曾接觸饑荒，因而銘印在基因組——永久的，可遺傳的標記，這就是跨代傳遞的事物。

如果這樣的一層信息可以插入基因組，就會發生前所未有的後果。首先，這會向傳統達爾文演化的基本特色提出挑戰。在概念上，達爾文理論的關鍵，就是基因不會，不能以永久遺傳的方式記住生物的經驗。羚羊拉長脖子，伸到高大的樹上，基因並不會記錄這段經歷，牠的子女也不會變成長頸鹿（記住，拉馬克適應演化論的基本謬誤，就是把適應當成可以直接傳遞給未來世代的特性）。相反地，長頸鹿是藉由自發的變異和天擇而發生：古代吃樹葉的某種動物發生長頸的突變，後來在饑荒期間，這種突變體生存下來，這就是天擇。魏斯曼已正式測試了環境影響會永久改變基因的想法，他切斷了五代小鼠的尾巴，然而第六代的小鼠依舊生出完好無缺的尾巴。演化可以塑造出完全適應的生物，但卻不是以刻意的方式：不只是像道金斯所說的名言「盲眼鐘錶匠」那樣，而且是健忘的。它唯一的動力是生存和選擇；它唯一的記憶就是突變。

然而，饑餓之冬的孫子女卻不知怎麼得到了他們祖父母的饑荒記憶；這並非經由突變和選擇，而是透過不知道怎麼變成可遺傳的環境信息。這種形式的遺傳「記憶」可以形成演化的蟲洞。長頸鹿的祖先也許能夠創造出長頸鹿來，不是透過馬爾薩斯式的突變、生存、選擇這種沉重的邏輯，而只是單純地用力拉長脖子，然後把這個拉長的記憶銘刻在基因組。切掉尾巴的小鼠只要把那個信息傳遞到牠的基因裡，就可能生出短尾小鼠。在刺激環境中長大的兒童可以生出受到更多刺激的兒童。這個觀念是達爾文芽球公式的重申：生物特殊的經驗或歷史將直接向其基因組發出信號。這樣的系統就可做為生物適應和演化間的快速運輸系統，讓鐘錶匠不再盲眼。

在這個答案中，沃丁頓還有另一層利害關係，一個私人的關係。他是馬克思主義早期的熱忱信徒，他想像如果能在基因組發現這種「修理記憶」的元素，可能不只是了解人類胚胎學的關鍵，也是他政治計畫的重點。如果能夠操縱細胞的基因記憶，讓細胞被灌輸或反灌輸，那麼或許人類也可以被反灌輸（想想李森科試圖用小麥品種達到這個目的，以及史達林試圖消除異議人士意識型態的作法）。這樣的過程可能會破壞細胞的身分，讓細胞逆向跑上沃丁頓地景——由成體細胞再回到胚胎細胞，因此逆轉生

② 有的科學家認為，荷蘭饑荒研究原本就有偏見：代謝失調（如肥胖）的父母很可能會改變子女的飲食選擇，或者以某種非關遺傳的方式改變他們的習慣。評者認為，跨世代「傳遞」的因子並非遺傳信號，而是文化或飲食選擇。

物時間。它甚至可能撤消固定的人類記憶、身分，以及選擇。

直到一九五〇年代後期，表觀遺傳學更像幻想而非現實：沒有人目睹細胞在基因組上堆疊歷史或身分。到了一九六一年，在時間相差不到六個月，相距不到二十哩的兩個實驗將會改變人們對基因的了解，並且證實了沃丁頓的理論。

⊖

一九五八年夏，牛津大學的研究生約翰．戈登（John Gurdon）開始研究青蛙的發育。戈登向來不是特別出眾的學生（他曾在兩百五十人班上的科學考試考第兩百五十名）。不過，他曾說自己有「做小規模事物的才幹」[7]，他最重要的實驗就包括最小規模的實驗。一九五〇年代初期，費城有兩位科學家清除了一個未受精青蛙卵內所有的基因，吸出細胞核，只留下細胞的外皮，然後把另一個青蛙細胞的基因組灌進空的蛙卵。這就像把鳥巢裡的鳥趕走，偷偷塞進一隻假鳥，然後問這隻鳥的發育是否正常。這個「巢」（即去除了自己所有基因的蛙卵細胞），其內是否擁有所有要素，可以由另一細胞注入的基因組創造胚胎？答案是肯定的。費城的研究人員在卵內注入青蛙細胞基因組，創造出了蝌蚪。這是寄生的極端形式：卵細胞變成只是正常細胞基因組的宿主或容器，讓這個基因組發育成一個完全正常的成年動物。研究人員把這種方法稱為「細胞核移植」（nuclear transfer），只是這個過程非常沒效率，最後他們幾乎放棄了這個方法。

戈登被這些罕見的成功吸引，把實驗的界限推到極致。費城的研究人員是把年幼胚胎的細胞核注入去核的卵。戈登在一九六一年開始測試，在卵內注射成年青蛙腸細胞的基因組，想知道是否能產生出蝌蚪。[8]這實驗在技術上是巨大的挑戰，首先戈登學會用一小束紫外線刺穿未受精蛙卵的細胞核，使細胞質保持完整。接著他用以火燒紅的針進卵膜，就像潛水員入水，幾乎沒有一絲水波，然後用小小一滴液體把成年青蛙細胞的細胞核吹進去。

把成年青蛙的細胞核（即它所有的基因）轉移到空卵內的做法成功了：功能健全的蝌蚪誕生，而且每一隻蝌蚪都是攜帶了那隻成年青蛙基因組的完美複製品。如果戈登把取自同一隻青蛙多個成體細胞的細胞核轉移至多個空的蛙卵，每一個都可以生出彼此都是複製的蝌蚪，牠們也都是最先提供細胞核那隻青蛙的複製品。這個過程可以不斷重複：由複製品複製出複製品再複製出下一個複製品，全部都攜帶完全相同的基因型——不用生殖的繁殖。

戈登的這個實驗讓生物學家浮想聯翩，並不是因為它讓科學幻想成真。在一個實驗中，他由一隻青蛙的腸細胞產生了十八隻複製青蛙，把牠們放在十八個完全相同的培養箱裡，就像在十八個平行宇宙中的十八個分身。這個實驗牽涉的科學原理也啟人深思：成體細胞的基因組在完全成熟之後，暫時浸入卵細胞的靈丹妙藥中，接著就恢復青春，成為胚胎。簡言之，這個卵細胞擁有必要的一切，讓基因組經由發育時間後退為胚胎的所有因素。最後，戈登的方法被推廣到其他動物身上，也導致了知名的桃莉羊複製，這是唯一一個不用生殖而繁殖成功的高等生物。[9]（生物學家約翰·梅納德·史密斯〔John Maynard Smith〕後來說，舉世唯一的另一個「哺乳動物未經性行為而生殖的事不太能教人信服。」[10]他指的是耶穌基督）。二〇一二年，戈登因細胞核移植，而獲頒諾貝爾獎。③

可是在戈登的實驗所有精采特色之外，他實驗中不成功的例子也同樣發人深省。成年腸細胞當然可以培養出蝌蚪，但儘管戈登在技術上艱苦地持續測試，細胞卻也極其勉強才會達成結果，意即成體細胞變成蝌蚪的成功率極低。此現象需要傳統遺傳學之外的解釋。畢竟，青蛙基因組中的DNA序列，與其胚胎或蝌蚪時期的DNA序列是一樣。生物遺傳的最高原則並非在於所有的細胞有相同的基因組，而是這些相同的基因組在不同細胞內依照指令開啟或關閉基因，達到調控胚胎發育轉變為成體才是其巧妙嗎？

但如果所有的基因都一樣，那麼為什麼成體細胞的基因組要變回胚胎這麼沒有效率？還有，正如其他學者發現的，為什麼年輕動物的細胞核比年紀較大動物的細胞核更容易接受這種年齡的逆轉？再一次地，就如饑餓之冬的研究，必然有某個事物逐漸銘記在成體細胞的基因組上；某個累積、不可磨滅的標記，而那個基因組難以回到發育期。那個標記不能存在基因本身的序列上，但卻必須蝕刻在其上：它必須是在基因之上的「表觀遺傳」（epigenetic）。戈登回到了沃丁頓的問題：如果每個細胞在基因組內都帶有自己歷史和身分的印記（細胞記憶的一種形式），會怎麼樣？

⊖

戈登雖想像了抽象的標記，但他並沒有實際在青蛙的基因組上看到這樣的印記。一九六一年，沃丁頓的學生瑪莉．里昂（Mary Lyon）在一個動物細胞的表觀遺傳變化找到了可見的例子。里昂的父母分別是公務員和教師，她先是在劍橋大學跟隨以脾氣壞出名的朗．費雪（Ron Fisher）展開研究所學業，但不久就轉到愛丁堡完成學位，然後，到距牛津二十哩的寧靜村莊哈威爾（Harwell）成立自己的實驗室。

在哈威爾，里昂研究染色體的生物學，她用化學染料讓它們顯像，教她驚訝的是，她發現用染料染色的每一對染色體看起來都一模一樣，只除了雌性動物中的兩條X染色體例外。在母鼠每個細胞的兩條X染色體中，免不了都會有一條顏色染得更深。在較深色染色體上的基因並未改變：兩條染色體上ＤＮＡ的實際序列是相同的。然而，它們的活動有了改變：皺縮染色體中的基因並不產生ＲＮＡ，因此整個染色體「沉默」，彷彿一條染色體被故意停用了，關閉了。里昂發現，失活的Ｘ染色體是隨機選擇，在一個細胞上可能是父系Ｘ染色體失活，但在其一旁鄰居細胞上，可能是母系的Ｘ染色體失活。[11]這個模式是所有有兩條Ｘ染色體細胞（即雌性身體的每一個細胞）的特色。

Ｘ失活的目的是什麼？由於雌性有兩條Ｘ染色體，而雄性只有一條，因此雌性細胞失活一個Ｘ染色體，以平衡來自兩條Ｘ染色體的基因「劑量」。這種Ｘ的隨機失活具有重要的生物學後果：雌性身體是兩種細胞的拼合。在大多數情況下，這種一個Ｘ染色體隨機的沉默是隱形的；除非Ｘ染色體其中一條

---

③ 戈登的技術（抽出卵的內容物，插入一個完全受精的細胞核），已經找到了新的臨床應用。有些婦女的粒線體基因（即粒線體內攜帶的基因；粒線體是細胞內產生能量的細胞器）帶有突變。記得，所有的人類胚胎都只由女性卵子（即由母親，精子不作貢獻）繼承粒線體。如果母親的粒線體基因攜帶突變，那麼她所有的子女都會受到這種突變的影響；這些基因的突變常會影響能量代謝，可能造成肌肉萎縮、心臟異常和死亡。在二〇〇九年的一系列實驗中，遺傳學家和胚胎學家提出了一種大膽的新方法解決母體粒線體突變的問題。在卵子由父親的精子受精之後，把細胞核注入正常供體完好（「正常」）的卵子中，由於粒線體來自供體，因此母體粒線體基因完好，出生的嬰兒就不會再攜帶母系的突變。由這種過程產生的人因此有三個父母。由「母親」和「父親」（第一和第二個父母）結合形成的受精核貢獻了所有的遺傳材料，而第三個父母（即卵子供體），則僅貢獻粒線體和粒線體基因。二〇一五年，經全國上下長期辯論後，英國把這個程序合法化，第一批「三親的孩子」已出生。這些孩子代表人類遺傳學尚未開發的前線和未來。顯然，自然界沒有可以相比的動物存在。

（比如來自父親的）碰巧攜帶一個能產生可見特徵的基因變體。在這種情況下，一個細胞可能會表現出該變體，而相鄰細胞卻缺乏這種功能，因此產生了如拼花的效果。比如在貓身上，表現毛色的基因存在於X染色體上，X染色體的隨機失活導致一個細胞具有一個色彩的色素，但鄰居卻有不同的顏色。因此表觀遺傳學而非遺傳學，就解決玳瑁貓（tortoiseshell cat，毛色如玳瑁，由黃色、深咖啡色、黑色、白色等組成）為什麼總是雌性的謎。（如果人類的X染色體上攜帶膚色基因，那麼一黑一白的夫婦生出的女孩就會有黑白花斑的皮膚。）

一個細胞如何使整個染色體「沉默」？這個過程牽涉的不僅是一、兩個基因基於環境的提示而活化或不活化；在這裡，整個染色體（包括它全部基因），在細胞的一生中都被關閉。一九七〇年代，某位學者提出了最合乎邏輯的猜測，即細胞以某種方式在那個染色體的DNA上附加了永久的化學印記，一種分子的「註銷戳記」。由於基因本身是完好的，所以這樣的標記必須在基因之上——即表觀遺傳。

一九七〇年代後期，研究基因沉默的科學家發現附著在DNA某些部分的一個小分子，甲基（methyl group），與基因的關閉有關。後來發現，這個過程的主導者之一是一種叫做XIST的RNA分子。這個RNA分子「覆蓋」部分的染色體，被認為與此染色體的沉默息息相關。這些甲基標籤掛在DNA鏈上，就像項鏈上的鏈墜，被認作是某些基因的關閉信號。

⊖

掛在DNA項鏈上的鏈墜並不是只有甲基標記。一九九六年，紐約洛克菲勒大學生化學家大衛·艾利斯（David Allis）發現另一套系統，會在基因上蝕刻永久的標記。④這第二套系統並不直接在基因印上戳記，而是把記號放在一種稱作組蛋白（histones，組織蛋白）的蛋白質上，這種蛋白質的作用是製作基因的包裝材料。

組蛋白緊貼在DNA上，把它包裹成螺旋和圈環，形成染色體的骨架，骨架變化時，基因的活動就會變化；這就像改變包裝的方式就會使材料的性質產生變化（一束被包成球形的絲和拉長成繩子的相同的絲的性質截然不同）。「分子記憶」可能會被印在基因上，只是這一回是間接地把信號附在蛋白質上（表觀遺傳學界在這方面有很大的爭論：究竟某些或任何組蛋白修飾會在基因的活動產生重大的效果，還是有些組蛋白的變化僅僅是基因活動的「旁觀者」或副作用？）這些組蛋白標記的遺傳性和穩定性，以及確保標記在適當時間出現在正確基因上的作用機制，仍然還在研究；但如酵母和蠕蟲等簡單的生物，似乎可以把這些組蛋白標記傳遞數個世代。[12]

④

藉由蛋白質調節因子，稱為轉錄因子沉默和活化基因——基因交響樂團的「指揮大師」的想法，在一九五〇年代就已提出。不過這些指揮可能會招募其他蛋白質（稱之為助手），在基因上放置永久的化學

④ 組蛋白可能調控基因的想法，最先是在一九六〇年代由洛克菲勒大學的生化學家文森特．阿爾弗雷（Vincent Allfrey）提出。三十年之後，就在同一所大學裡，艾利斯的實驗證實了阿爾弗雷的「組蛋白假說」，就向把圓圈畫得圓滿了。

印記。它們甚至會確保標籤留在基因組上。⑤因此，標籤可以被添加、刪除、放大、縮小和切換開或關，回應來自細胞或環境的提示。⑥

這些標誌的功能就像寫在句子上面的筆記，或者像書上的旁註，如鉛筆線條、在文字下面畫線、畫痕、畫掉的字母，或是在下面標註和尾註，這些記號修改了基因組的前後脈絡，但並沒有改變實際的文字。生物的每一個細胞繼承的都是同一本書，但藉由刪除特定的句子，加上其他文句，藉由使特定文字「沉默」和「活化」，藉由強調某些片語，每個細胞都可能會由同樣的基本腳本，寫出獨特的小說。我們可能想像附有化學標記的人類基因組基因，如：

……This……is……**the**……struc……ture,……of……Your……Gen……ome……

如先前的例子，句子中的單字對應基因；括弧和標點符號表示內含子、基因間區段和調控序列；粗體字、大寫字母以及下面畫線的單字則是附在基因組上的表觀遺傳標記，為基因加上最後一層意思。

這就是為什麼戈登儘管窮所有的實驗之力，依舊很少能夠哄誘成體腸細胞在發育時期向後退回胚胎細胞，然後再長成完整青蛙的原因：腸細胞的基因組被標記了太多的表觀遺傳「筆記」，很難把這些記號擦掉，轉化為胚胎的基因組。就像再怎麼想改變人類的記憶，它們依舊揮之不去，雖然可以改變覆蓋在基因組上的化學塗鴉，但並不容易。這些筆記原本的設計就是要留存下來，讓細胞可以固定其身分。只有胚胎細胞可塑性高的基因組，足以取得各種不同身分，因此可以產生體內所有的細胞類型。一旦胚胎細胞採取了固定的身分，比如轉化為腸細胞、血液細胞或神經細胞，就罕見回頭的情況（因此，戈登用青蛙的腸細胞製造蝌蚪才很困難）。胚胎細胞也許能夠用同一個腳本寫一千本小說，但是一旦有一本寫成青少年小說，就無法輕易改變成羅曼史。

⊖

基因調節與表觀遺傳學之間的相互作用，解決了部分細胞個性之謎，但也許它也可以解決個人個性這個更固執的謎。「為什麼雙胞胎會不一樣？」我們曾在前面這麼問過。因為特殊事件透過他們身體中的特殊標記被記錄下來。但以什麼方式「記錄」？不是記在實際的基因序列中：如果你每隔十年為一對同卵雙胞胎的基因組定序，持續五十年，那麼將會一次又一次地得到相同的結果，可是如果為一對雙胞胎的表觀基因組定序，連續數十年，就會發現實質的差異：甲基附著在雙胞胎血液細胞或神經元基因組上的模式，在實驗開始時幾乎一模一樣，但到了第一個十年就慢慢有了歧異，到五十年就會有極大不同。⑦

---

⑤ 主調控基因可以透過一種主要為自主的「正回饋」（positive feedback）機制，維持對其目標基因的作用。

⑥ 遺傳學家提姆．貝斯特（Tim Bestor）和一些同事認為，DNA甲基標記主要用於使埋藏在人類基因組中的古老類病毒元素失活，使X染色體失活（照里昂的說法），以及以不同的方式在精子中標記某些基因，但在卵子中不標記（或反之），以便生物知道和「記得」哪些基因起源於父親或母親，一種稱為「銘記」（imprinting）的現象。值得注意的是，貝斯特不相信環境刺激對基因組會有重大影響。相反地，他認為表觀遺傳標記是在發育和銘記的過程中，用來調控基因表現。

⑦ 較近的研究和更強力的甲基化分析方法已證明雙胞胎之間較小的差異。這個領域變化迅速，仍然存在爭議。

偶然發生的事件，如受傷、感染或迷戀；那首特定夜曲盪氣迴腸的顫音；或巴黎特定瑪德蓮蛋糕的氣味，將會衝擊雙胞胎其中之一，卻非另一個。調節蛋白回應那些事件，把基因「開啟」和「關閉」，表觀遺傳的標記逐漸加在基因之上。⑧這些表觀遺傳標記如何影響基因的活動，還有待確定，但有些實驗暗示這些標記配合轉錄因子，就能協助協調基因的活動。

阿根廷作家波赫士（Jorge Luis Borges）在著名的短篇故事〈博聞強記的富內斯〉（Funes the Memorious）中，描述了一個年輕人經歷意外之後醒來，發現自己獲得了「完美」的記憶。[13]這個名叫富內斯的年輕人記得一生中每一刻、每一件物品、每一次邂逅的細節，「每一朵雲的形狀……一本皮面裝訂書籍上的大理石花紋」。這種超凡的能力並沒有讓富內斯更傑出，反而讓他癱瘓。他被無法忘卻的回憶淹沒；回憶壓垮了他，就像人群不斷發出噪音，他卻無法讓他們安靜。波赫士的富內斯在黑暗中躺在小床上，無法阻止排山倒海而來的大量信息，不得不把世界關在外面。

一個細胞如果缺乏選擇部分基因組使之沉默的能力，就像是「博聞強記的富內斯」（或者按照故事中的情節，應該說是「喪失能力的富內斯」）。基因組包含了建立每個生物、每個組織、每個細胞的記憶，如此眾多、如此不同的記憶排山倒海而來，如果細胞缺乏選擇性抑制和再活化的系統，就會莫所適從。就像富內斯，要能夠有效運用記憶的能力很矛盾地取決於忘卻記憶的能力。或許表觀遺傳系統之所以存在，就是為了要讓基因組發揮功能。這個系統還有很大的空間待發研究。不同的基因組、在不同的細胞裡，似乎是由回應各種刺激（包括環境）的不同化學標記作出修改。但這些標記是否有助於基因的活動、怎麼進行，以及它們的功能，在遺傳學界依舊在熱烈爭論，甚至互相抨擊。

或許，主調控蛋白與表觀遺傳標記相互作用、重設細胞記憶的力量，最教人吃驚的例子是二〇〇六年日本幹細胞學者山中伸彌所做的實驗。山中伸彌就像戈登，對細胞中附著在基因上的化學標記可能記錄細胞作用的想法很感興趣。如果清除這些標記會有什麼結果？成體細胞會不會恢復到原始的狀態——轉變成胚胎的細胞，逆轉時間，抹除歷史，回歸單純？

山中伸彌也像戈登，用成年小鼠的正常細胞嘗試逆轉細胞身分——這回是用完全長成的小鼠皮膚。戈登的實驗證實了卵子存在的因子（蛋白質和RNA），可以消除成體細胞基因組的標記，因而逆轉細胞的命運，由青蛙細胞產生蝌蚪。山中伸彌想從卵細胞識別並隔離這些因子，再用它們作為細胞命運的分子「橡皮擦」。經過長達數十年的追獵，他把這些神祕因子的範圍縮小到只有由四個基因編碼的蛋白質。於是，他把這四個基因注入成年小鼠的皮膚細胞。

讓山中伸彌大吃一驚，隨後也使舉世科學家驚異不已的是，這四個基因引入成體皮膚細胞後，竟使得細胞的一小部分轉化為具有類似於胚胎幹細胞的能力。這個幹細胞當然可以生成皮膚，但也可以生成肌肉、骨骼、血液、腸道和神經細胞。其實它能夠生長出整個生物身上的所有細胞類型。山中伸彌和同僚分析了由皮膚細胞到似胚胎細胞的進展（或者該說倒退），發現了一連串的活動。基因迴路被活化或抑

⑧ 表觀遺傳標記的持久性，以及這些標記所記錄的記憶本質，一直遭到遺傳學家馬克·普塔什尼（Mark Ptashne）的質疑。普塔什尼及其他幾位遺傳學者的看法是，主調節蛋白（先前描述為「開啟」和「關閉」的分子開關），會協調基因的活化或抑制，在調控基因活化和抑制之時可能有輔助的作用，但基因表達主要的協調是由主調控蛋白造成。

制，且細胞的新陳代謝被重設。接著，表觀遺傳標記被抹除重寫。細胞改變了形狀和大小，它的皺紋消失了、僵硬的關節重新變得柔軟，它恢復了青春，這個細胞現在可以爬上沃丁頓的斜坡。山中伸彌抹除了細胞的記憶，扭轉了生物時間。

這個故事有個轉折。山中伸彌用來扭轉細胞命運的四種基因，其中之一稱作 c-myc。[14] c-myc 這個返老還童的因子可不是普通的基因：它是生物學中已知最強力的細胞成長和代謝調控基因，如果異常活化，雖然能讓成體細胞回到胚胎樣狀態，使山中伸彌的細胞命運逆轉實驗成功（尚需要與山中伸彌發現的另外三個基因合作，才能發揮這個功能）。但 c-myc 也是生物學上已知最強力的致癌基因；在白血病、淋巴癌、胰臟癌、胃癌和子宮癌，它也會被活化。就如古老的道德寓言，追求永恆的青春必須付出可怕的代價。讓細胞去除死亡和年齡的基因同樣會細胞的命運傾向惡毒的不朽，永遠的成長和青春──癌症的標誌。

㊀

現在我們可以用包含基因和與基因組互動的調節蛋白機制，試著了解荷蘭的饑餓之冬，以及它對多個世代的影響。一九四五年那一段殘酷的月分裡，發生在荷蘭人民身上的急性饑餓必然改變了與代謝和儲存相關基因的表達。起初的變化是短暫的，也許就只是開啟和關閉回應環境中養分反應的基因。

但隨著饑餓延長，新陳代謝的地景被凍結並重啟，暫時的變化變得更長久，更持久的改變就銘記在基因組。荷爾蒙分散到各器官之間，發出可能會長期缺乏食物的信號，預測更廣泛的基因表達重定格式。細胞內的蛋白質截獲這些信息，基因逐一關閉，接著印記戳蓋在DNA上，讓它們進一步關閉。就像在風暴時各棟房子緊閉窗戶，整個基因計畫都被緊緊封閉。甲基標記被加到基因上，組蛋白也可能經化學修飾，記錄饑餓的記憶。

為求生存，身體的細胞和器官就逐一重新編程。最後甚至生殖細胞，精子和卵子，都被標記（我們不知道精、卵細胞如何或為什麼會攜帶饑餓反應的記憶；或許人類DNA的古老途徑記錄了生殖細胞的饑餓和匱乏）。[9]子孫由這些精子和卵子出生時，胚胎可能已帶著這些記號，因此在饑餓之冬後數十年，代謝的改變依舊蝕刻在他們的基因組上。歷史記憶因此改變為細胞記憶。

⊖

值得注意的是：表觀遺傳學也可能會轉變為危險的想法。基因的表觀遺傳修飾可能會疊加在細胞和基因組的歷史和環境信息之上；但是，這種能力是推測、有限、特異且不可預測的：有饑餓經歷的父母會生出肥胖和營養過剩的兒童，但曾患過肺結核的父親，卻不會生出對肺結核反應改變的孩子。大部分表觀「記憶」都是古代演化通路的結果，不能與我們想要附加在子女身上的遺傳混為一談。

就像二十世紀初的遺傳學，表觀遺傳學現在被用來當作垃圾科學的證明，並為何謂「常態」加上壓

⑨ 以蠕蟲和小鼠進行的實驗也證明了饑餓的跨世代影響，儘管目前還不清楚這些影響會持續或隨世代而衰減。有些研究也暗示了較小RNA和跨世代表觀信息傳遞有所牽連。

抑的定義。以改變遺傳為目的的飲食、接觸、記憶和治療，教人忍不住想到李森科用休克治療「重新教育」小麥。準媽媽在懷孕期間被要求盡量減少焦慮，以免受創傷的粒線體會影響他們所有的孩子和孩子們的孩子。這就像是要拉馬克被修改為新的孟德爾。

我們對於這些關於表觀遺傳學的輕浮想法，應抱著懷疑的態度。環境信息當然可以刻印在基因組上。但是，這些印記大都是被記錄在個別生物的細胞和基因組上，不會跨世代傳遞下去。在意外中失去一條腿的男人，在細胞、傷口和疤痕上都會留下意外的印記，但他卻不會生出短腿的子女。我的家庭雖然經歷離鄉背井的生活，卻也沒有在我或我的孩子身上留下任何痛苦的疏離感。

儘管梅內勞斯說，「你父母的血脈不會在你身上消失。」，但我們父親的血統卻在我們身上流失，而幸運的是，他們的弱點和罪惡也因此流失。這是我們該慶祝而非悲嘆的安排。基因組和表觀基因組之所以存在，就是要跨細胞和跨世代，記錄和傳遞它們的相像、傳統、記憶和歷史。突變（基因的重新組合）和記憶的抹除，抵消了上述這些力量，使不同、變異、畸形、天才和再創造成為可能——展開新起始的燦爛可能，世世代代。

⊖

可以想見，基因和表觀基因的合作造成人類胚胎的發生。讓我們再次回到摩根的問題：由單細胞胚胎創造多細胞生物。受精後數秒，胚胎開始有了活動。蛋白質進入了這個細胞的細胞核，開始操縱基因開關；一艘休眠的太空飛船甦醒過來。基因被活化和壓制，而這些基因接下來又編碼其他蛋白質，活化和抑制其他基因。一個單細胞被分成兩個，然後四個、八個細胞，接著形成一整層細胞，然後再挖空到球體的外層皮膚。協調新陳代謝、動力、細胞命運和身分的基因「啟動」了，鍋爐房熱起來了，走廊上的燈光亮了，對講機啪啪作響。

現在，由主調節蛋白啟動的第二層信息開始攪入生命，確保基因表達在每個細胞內鎖定到位，使每個細胞都獲得並固定身分。化學標記被選擇性地添加到某些基因上，並由其他基因中抹除，調節單一個細胞中的基因表達。甲基被插入或抹除，組蛋白也被修改。

胚胎一步一步地展開。原始的部分出現，細胞沿著胚胎的各個部分各就各位，主司四肢和器官生長子程序的新基因被活化，更多的化學標記附加在個別細胞的基因組上。細胞被加入以創造器官和結構，前腿、後腿、肌肉、腎臟、骨頭與眼睛。有些細胞按預定的程序死亡。維持功能、新陳代謝和修復的基因被開啟。由一個細胞，發展出了一個生物。

⊖

不要被這個描述所迷惑。敬愛的讀者，不要因此而這麼想：「老天爺，多麼複雜呀！」然後，以為自己永遠無法學會、理解或刻意地操縱那個方法。

在科學家低估複雜性時，就會陷入意想不到的後果，招來危險。這種弄巧成拙的情況，在科學領域眾所周知：引入外來動物，想要控制害蟲，結果這些動物反而對自己有害；興建煙囪原意是要緩解城市汙染，結果排出的微粒卻被釋出到天空的更高處，使汙染更惡化；刺激血液凝固，想藉此預防心臟病發作，結果使血液變稠，導致血栓的風險增加。

但是，一旦非科學家高估了複雜性：「不可能有人可以破解這個密碼」，也會陷入了意想不到的後果。一九五〇年代初期，有些生物學家普遍的看法是，遺傳密碼太依賴於前後因果的條件；完全由一個特定生物的特定細胞決定，迂迴曲折、錯綜複雜，想要解譯它根本不可能。事實證明正好相反：只有一個分子攜帶代碼，只有一個代碼遍布了整個生物世界。如果我們知道代碼，就可以在生物身上刻意改變它，最後在人體內改變它。同樣地，在一九六〇年代，很多人都懷疑基因複製技術可以這麼容易地在不同物種的基因之間穿梭。一九八〇年，在細菌細胞中製造哺乳動物蛋白質，或者在哺乳動物細胞中製造細菌的蛋白質，不僅可行；而且用伯格的話來說，根本「簡單得可笑」。物種的分界徒有其表，「自然往往只是裝腔作勢。」

根據遺傳指令創造出人，其複雜毋庸置疑，但其過程並未禁止或限制任何的操縱或扭曲。社會學者強調基因和環境的相互作用（而非僅僅基因）決定性狀、功能和命運，但他低估了主調控基因的力量，後者可以無條件且自主行動，決定複雜的生理和結構狀態。而當人類遺傳學家說，「遺傳學不能用來操縱複雜的狀態和行為，因為這些通常是由數十個基因所控制。」那麼這位遺傳學者也低估了一個基因（如基因的主調控者）「重訂」整個生物狀態的能力。如果四個基因的活化可以使皮膚細胞變成多功能幹細胞（pluripotent stem cell），如果一種藥物可以逆轉大腦的認同，如果一個基因的一個突變可以切換性別和性別認同，那麼我們的基因組和我們的自我，就比我們想像的要柔韌得多。

⊖

先前我曾經說過，技術在造成轉換時最強大；線性和圓形運動的轉換（輪子），或真實和虛擬空間的轉換（網際網路）。相較之下，科學在解釋組織的法則（定律），能夠以之為觀看世界的鏡片，進而組織世界時最為強大。技術專家試圖由我們現有現實的限制，透過這些轉變解放我們。科學為這些限制下定義，繪出可能範圍的外部界限。因此，我們最偉大的科技創新所用的名字，就宣揚我們克服世界的威力：「引擎」（engine）一詞源自「天資」（ingenium），或「電腦／計算機」（computer）來自「一起計算」（computare）。相較之下，我們最深奧的科學定律卻常是以人類知識的限度為名：不確定性、相對性、不完整性、不可能性。

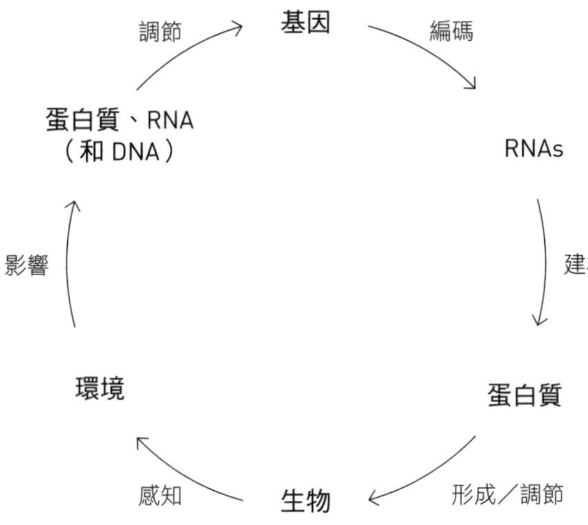


在所有科學中，生物學最沒有規則：很少規則是一開始便存有，連這些罕見的規則也並非放諸四海皆準。生物當然必須服從物理和化學的基本規則，但生命往往游走在這些法則的邊緣和縫隙之中，把它們拉扯到斷裂的極限。宇宙尋求平衡；它喜歡分散能源、擾亂組織、把混沌擴大到最大限度。生命的設計就是要對抗這些力量。我們放慢反應、集中物質，並且把化學物質組織成隔間（我們在每週三把換洗衣物分類）。詹姆斯·葛雷易克（James Gleick）寫道，「有時，遏制熵好像是我們在宇宙中空想的目的。」[15]我們生活在自然法則的漏洞之中，尋找延展、例外和藉口。自然的法則仍然標誌著容許度的外在界限，但生命以它獨特的瘋狂古怪，就是靠著聽懂言外之意，才欣欣向榮。即使是大象也不能違反熱力學的定律，但是，牠的鼻子一定可以算是用能量移動物質最奇特的手段之一。

⊖

生物信息的循環流程（如上圖），或許是生物學中罕有的幾個組織規則之一。當然這個流程的方向性有其例外（反轉錄病毒就可以由RNA「向後」踏回到DNA），另外，生物界也有尚未發現的機制，可能會改變生物系統信息流的次序或成分（比如現在已知RNA能夠影響基因的調節），不過，生物信息的循環流程觀念已經建立。

這個信息流是我們手上最接近生物法則的事物。如果能掌握操縱這個法則的技術，我們就會穿過歷史最深刻的轉折之一。我們將學習自己閱讀和書寫我們自己。

但在躍入基因組的未來之前，先讓我們轉個彎，回到它的過去。我們不知道基因來自哪裡、它們如何產生；也不知道為什麼選擇用這種方法傳遞信息和貯存資料，而非生物學其他可能的方法，但我們可以嘗試在試管中重建基因的原始起源。說起話來輕聲細語的哈佛大學生化學者傑克·蕭斯塔克（Jack Szostak）就花了二十年時間，試圖在試管中創造能自我複製的遺傳系統，藉此重建基因的起源。[16]

蕭斯塔克的實驗是追隨化學家史丹利·米勒（Stanley Miller）的研究，這位見識遠大的化學家曾混合已知存在於古代大氣中的化學物質，來調製「原生湯」（primordial soup）。[17]一九五〇年代，米勒在芝加哥大學先把玻璃燒瓶密封起來，再由噴氣口吹入一系列的甲烷、二氧化碳、氨氣、氧氣和氫氣。他加入熱蒸氣，並以電火花模擬閃電，然後按時間周期把燒瓶加熱再冷卻，重現古代世界的變化動盪。火和硫磺，天堂和地獄，空氣和水，全都濃縮在一個燒杯裡。

三週後，並沒有生物爬出米勒的燒瓶。但米勒在二氧化碳、甲烷、水、氨氣、氧氣、氫氣、熱和電的混合物中，發現了胺基酸（組成蛋白質的基本單位），還有微量的最單純的糖。米勒實驗的後續研究還加入黏土、玄武岩和火山岩，產生了脂質與脂肪的雛形，甚至原始的RNA和DNA化學結構基材。[18]

蕭斯塔克認為，基因是由這種湯裡兩種不太可能相配的夥伴偶然交會之後產生。首先，湯裡創造的脂質彼此接合，形成膠束（micelles）；一種空心的球形膜，有點類似於肥皂泡，讓液體留在裡面，就像細胞的外層（某些脂肪在水溶液中混合在一起，自然形成這樣的泡泡）。蕭斯塔克的實驗中，證明這樣的膠束可以表現得像原始細胞：如果添加更多的脂質，這些空洞的「細胞」大小就會開始增長。[19]它們擴大、四處移動、並且伸出細細的突出物，就像皺皺的細胞膜。最後它們一分為二，形成兩個膠束。

其次，在自行聚集的膠束成形同時，由核苷（A、C、G、U或其化學祖先）連接在一起產生的RNA鏈出現，形成一股一股的RNA。這種RNA鏈數量龐大，但沒有繁殖能力：它們沒辦法製作自己的副本。但在數十億非複製的RNA分子中，卻偶然創造出具有獨特能力的一個，能創造自己的樣貌，或者該說，能用鏡像生成一個副本（記得，RNA和DNA遺傳了化學設計，能創造鏡像分子）。令人難以置信的是，這個RNA分子有能力由化學混合物中收集核苷，並把它們串連起來，形成新的RNA副本。這是一種自我複製的化學物。

下一步是利害關係的結合。在地球上的某個地方（蕭斯塔克認為可能是在池塘畔或沼澤地邊緣），自我複製的RNA分子與自我複製的膠束相撞。由概念上來說，這是爆炸性的事件：兩個分子相遇，墜入愛河，展開長久的婚姻糾纏。自我複製的RNA開始住進分開的膠束，膠束隔離並保護RNA，在其安全的泡泡中開始特殊的化學反應。接著，RNA分子又開始編碼有利自我繁殖的信息，不只對本身，而且對整個RNA膠束單元都有利。久而久之，在RNA膠束複合物中的信息編碼，使其能夠產生更多這種RNA膠束複合物。

「要看到以RNA為基礎的原始細胞（protocells）怎麼演變出來比較容易，」蕭斯塔克寫道，「隨著原始細胞學會以更簡單、更豐富的原始材料在內部合成養分，代謝可能逐漸出現。接下來，有機體可能把蛋白質合成也加入它們的化學錦囊之中。」[20] RNA「原始基因」（proto-genes）可能已經學會哄誘胺基酸形成鏈狀，因此建立蛋白質（多用途的分子機器），可以使新陳代謝、自體繁殖和信息傳遞更有效率。

⊖

在一股RNA鏈上，何時以及為什麼會出現分離的「基因」這種信息模式？基因是否一開始就以模組的形式存在？還是有中間或其他信息貯存形式？這些問題基本上是無法回答的，但也許信息論可以提供一個關鍵的線索。連續的非模組信息非常難以管理，很容易擴散、容易被破壞，會糾纏不清、被沖淡稀釋和凋萎。如果拉扯一端，會導致另一端也解開而鬆脫。如果信息混入其他信息，就會造成更大的扭曲風險（想像一張在中間出現一個凹痕的黑膠唱片）。相較之下，「數位化」的信息在修理和復原則容易得多。我們可以存取和更改一本書中的一個字，而無須重新調整整座圖書館。基因可能因同樣的原因而出現：在一股RNA上分離、帶有信息的模組被用來編碼指令，以執行分離而個別的功能。

信息的不連續還有另一個額外的好處：突變會影響一個基因，而且只影響一個基因，其他基因不受影響。現在，突變作用的是分離的信息模組，而不會破壞整個生物的功能，因此可加速演化。但隨著那額外好處而來的是相關的後果：如果突變太多，信息就會遭到破壞，或者丟失。或許，它需要的是一個備份的副本，用來保護原件，或在它遭損壞時恢復原型。也許這是創建雙股核酸的最終動力。在一股上的資料會完全反應在另一股上，因此，可以用來恢復任何被損壞的地方；陰會保護陽。生命就這樣發明了自己的硬碟。

到頭來，這個新的副本——DNA，將會成為主副本。DNA是RNA世界的發明，但它很快就凌駕RNA之上，作為基因的載體，並成為生命系統中遺傳信息的主要載體。[10]另一個古老的神話：子女反噬父親，遭宙斯推翻的克羅諾斯（Cronus），也被銘刻在我們基因組的歷史中。

[10] 有些病毒仍然以RNA的形式攜帶其基因。

# 第六部

（2015-）

## 後基因組／遺傳學的命運和未來

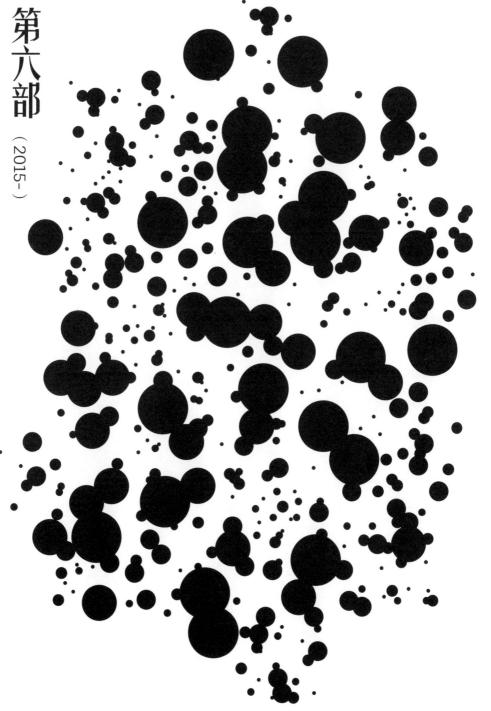

向我們承諾要在地球上興建天堂的人，除了打造地獄之外，從沒有任何建樹。1

——**卡爾．波普爾**（Karl Popper）

唯有我們人類，連未來都想擁有。2

——**湯姆．史托帕德**（Tom Stoppard），**《烏托邦的海岸》**（*The Coast of Utopia*）

# 未來的未來

或許沒有任何DNA科學會像「基因治療」一樣，既充滿希望，卻又爭議不斷，遭到渲染炒作，甚至帶有潛在的危險。[1]

——吉娜．史密斯（Gina Smith），《基因組學時代》（*The Genomics Age*）

清潔空氣！刷洗天空！滌淨風！把石頭由石頭中取出，把皮膚由手臂上取下，把肌肉由骨骼拆下，清洗它們。洗滌石頭，洗滌骨骼，洗滌大腦，洗滌靈魂，清洗它們，清洗它們！[2]

——T．S．艾略特（T. S. Eliot），《大教堂凶殺案》（*Murder in the Cathedral*）

讓我們暫時回到在一座城堡城牆上的談話。那是一九七二年的夏末。我們在西西里島參加遺傳學會議。時值深夜，保羅．伯格和一群學生攀上山坡，俯瞰城市的燈光。伯格在會中提到結合兩段DNA創造「DNA重組」技術的可能性，讓與會者感到既驚奇又恐懼。會議中，學生擔心這種新的DNA片段組合會帶來危險：如果實驗時，把錯誤的基因引入錯誤的生物體內，就可能會引發生物或生態方面的大災難。但學生們擔心的不僅是病原體，他們直逼問題的核心：他們想知道人類基因工程的前景，把新基因永遠引入人類基因組的可能。何不由基因來預測未來，然後透過遺傳操控、改變這個命運？「他們的思考已經超前了好幾步，」後來伯格告訴我，「我在擔心未來，他們擔心的卻是未來的未來。」

曾有一段時間，很難運用生物的方式實現這個「未來的未來」。一九七四年，就在DNA重組技術發明後剛滿三年，科學家用經過基因改造的猿猴病毒40感染早期小鼠胚胎細胞。[3]這個計畫很大膽。病毒感染的胚胎細胞與正常胚胎的細胞混在一起，產生混合細胞：胚胎的「嵌合體」。這些合成胚胎被植入小鼠體內。由這個胚胎發育出的所有器官和細胞，都來自於混合細胞，包括血液、大腦、膽囊、心臟、肌肉，以及最重要的精子和卵子。如果病毒感染的胚胎細胞能形成新生小鼠的精子和卵子細胞，病毒基因就和任何其他基因一樣，可由小鼠垂直傳遞給接下來各世代的小鼠。如此，病毒就宛如特洛伊木馬，可以把基因偷偷帶進動物基因組內，代代相傳，創造出第一個經過基因改造的高等生物。

這實驗起先發揮了效果，但後來卻遭遇了兩個意想不到的障礙。首先，儘管攜帶病毒基因的細胞，明顯地出現在小鼠的血液、肌肉、大腦和神經中，但病毒基因導入精子和卵子的效率卻非常低。不論科學家怎麼努力，也無法跨世代「垂直」傳遞病毒基因。其次，即使病毒基因存在於小鼠細胞中，基因表現卻關閉，形成不製造RNA或蛋白質的惰性基因。數年後，科學家才發現病毒基因上有著使基因表現沉默的表觀遺傳標記。我們現在知道細胞有古老的探測器，可以識別病毒基因，並用化學記號標記，這就如同作廢標誌，以防止它們活化。

基因組似乎早已預知有人會想要改變它，這是相持不下的僵局。魔術界有一句古老的諺語，就是在學習如何讓事物消失之前，得先學會如何讓事物重現。基因治療師正在學的就是這一課。要悄悄地把基因導入細胞並進入胚胎並不困難，真正的挑戰如何讓它再次現身，發揮功能。

這些原創研究碰到的障礙，使基因治療領域又停滯了十年左右，直到生物學家無意中有了重大的發現：胚胎幹細胞（embryonic stem cells，ES）。[4] 要了解人類基因治療的未來，便須了解胚胎幹細胞。先想像一個器官，例如大腦或皮膚。隨著動物的年齡增長，表皮上的細胞也會跟著生長、死亡、脫落。如果是灼傷或嚴重創口，這一波細胞死亡就如同大災難。若要能取代這些死細胞，大多數器官都必須具備讓自己細胞再生的辦法。

幹細胞就能滿足這個功能，尤其是在細胞發生嚴重損失之後。幹細胞是一種獨特的細胞，它有兩個特別的屬性。它可以經由分化，發展為其他類型的功能細胞，如神經細胞或皮膚細胞。它還可以自我更新，即發展出更多幹細胞，而這些幹細胞又可以再分化，形成一個器官的功能細胞。幹細胞就有點類似雖然已經當上了年紀，卻能繼續生孩子、孫子與曾孫的祖父，它能繁衍一代又一代，而且從未喪失生育能力。它是組織或器官的終極再生貯藏庫。

大多數幹細胞存在於特定的器官和組織中，產生的細胞類別有限。例如骨髓中的幹細胞只能產生血液細胞。在腸道隱窩中的幹細胞則只生產腸細胞。但是，來自動物胚胎內鞘的胚胎幹細胞，能力卻強大得多；它們可以發展出生物的每一種細胞，如血液、腦、腸、肌肉、骨骼與皮膚等。生物學家用「多能」（pluripotent）一詞描述胚胎幹細胞的性質。

胚胎幹細胞還有第三個不尋常的特性，一種自然的怪癖。它們可以由生物的胚胎分離出來，在培養皿中生長。這些細胞在培養基中會不斷地生長，它們是呈半透明的微小球體，在顯微鏡下可以看到它們聚集成巢狀的旋渦，但不像正在成形的生物，反倒更像融解的器官。確實，這種細胞於一九八〇年代初期首先在英國劍橋一間實驗室的小鼠胚胎生成時，遺傳學者對它們的反應冷淡，胚胎學家馬丁·埃文斯（Martin Evans）還抱怨：「好像沒有人對我的細胞感興趣。」[5]

不過再次重申，胚胎幹細胞真正的力量在於轉變：就像ＤＮＡ、基因和病毒，這種細胞天生的二元性使它成為強大的生物學工具。胚胎幹細胞的表現就像其他可以用實驗組織培養改變的細胞，它們能在培養皿中生長，也可以放在小瓶中冷凍後再解凍。這些細胞可以在液體培養基繁殖數代，想要在它們的基因組插入或切除基因也還算容易。

然而，把同樣的細胞放進適當的條件和環境中，生命就會名副其實地一躍而出。把它們與早期胚胎的細胞混合，然後植入小鼠的子宮裡，細胞就會分裂，形成數個胚層。它們分化成各種細胞：血液、腦、肌肉、肝臟，甚至是精子和卵細胞。這些細胞接著會自行組織為器官，然後奇蹟般地組合成多胚層的多細胞生物——真正的小鼠就誕生了。在培養皿中進行的每一個實驗操作，便如此帶進了這隻小鼠體內。在培養皿中所作的遺傳修飾，就在子宮內「生成」生物的遺傳修飾。這是在實驗室和生命之間的轉換。

胚胎幹細胞對於實驗的便利，克服了第二個更棘手的問題：用病毒攜帶基因進入細胞時，不可能控制基因插入基因組的哪個位置。人類有三十億個ＤＮＡ鹼基對，是大多數病毒基因組的五萬或十萬倍。當病毒基因落入基因組，就像把一張糖果包裝紙從飛機上丟到大西洋，完全無法預測它會落在哪裡。幾乎所有能夠進行基因整合的病毒，如人類免疫缺乏病毒或猿猴病毒40，通常都是把它們的基因隨機附在人類基因組的某個位置。但進行基因治療時，這種隨機整合卻是很大的困擾。病毒基因可能落入基因組的沉默裂隙中，永遠不表達，也可能落入染色體的某區，而細胞可以毫不費力就使之沉默。或者更糟的是，這樣的整合可能破壞重要基因或使致癌基因活化，釀成大禍。

然而，有了胚胎幹細胞後，科學家不必再隨機進行基因改變，而可選擇基因組中的目標位置，甚至包括基因本身內。[6]我們可以選擇改變胰島素基因，並透過一些基本但巧妙的實驗操作，確保只有細胞內的胰島素基因做了改變。[7]而且，因為基因修飾的胚胎幹細胞原則上可以產生完整小鼠的各種細胞類型，因此可以確定生出來的小鼠就是那隻胰島素基因改變過的小鼠。再者，如果基因改變的胚胎幹細胞最後在小鼠成年時產生精子和卵細胞，這個基因便可以跨世代相傳，完成遺傳的垂直傳遞。

這種技術意義深遠。在自然界，想要讓基因有定向或刻意的改變，唯一的方法就是經由隨機突變和自然選擇。例如，讓動物暴露在X光照射下，X光造成的基因變化可能就會永久嵌入基因組中，但是，我們無法把X光集中在特定的基因上。天擇所選擇的必定是生物最能適應環境的突變，讓這種突變在基因庫越來越普遍。但是，突變和演化都並非刻意，也無定向。在大自然中，驅動基因改變引擎的駕駛座上是空的。就像道金斯提醒我們的，演化的「鐘錶匠」天生就是盲目的。[8]

然而，運用胚胎幹細胞的科學家，卻幾乎可以刻意操縱其所選擇的任何基因，並把那種遺傳改變永久納入動物的基因組內。這將突變和天擇結合於同一步驟，讓演化在實驗室培養皿中向前快轉。這種技術帶來莫大的變化，因此必須創造新詞來描述經過這種處理的生物：牠們被稱為「轉基因」（transgenic）動物，即「跨越基因」之意。到了一九九〇年代初期，世界各地的實驗室已經產生了數百種轉基因小鼠品系，希望藉此解譯基因的功能。某隻小鼠的基因組插入了水母基因，讓它在藍色燈光照射時，可以在黑暗中發光。也有小鼠攜帶生長激素基因的變體，長成正常大小的兩倍。有些小鼠的基因經改變後，發展出阿滋海默症、癲癇或早老症。有的小鼠癌症基因活化後，全身都是腫瘤，生物學家用這些小鼠作為人類惡性腫瘤的模型。二〇一四年，研究人員創造出控制大腦神經元交流基因突變的小鼠，牠們的記憶力大幅增加，也有傑出的認知功能。牠們成了囓齒動物界的科學家：不但能更快速地記憶，而且記憶的保留時間更長，學習新任務的速度也幾乎是正常小鼠的兩倍。[9]

這些實驗充滿了複雜的道德考量。我們可以在靈長類動物身上運用這種技術嗎？可以用在人類身上嗎？誰來管理轉基因動物的創造？會引進或能引進什麼基因？轉基因有什麼限制？

幸好在轉基因的道德問題擴大之前，技術上出現了障礙。胚胎幹細胞領域大部分的原創研究（包括創造轉基因生物），都是用小鼠細胞進行。一九九〇年代初期，科學家用早期人類胚胎創造出幾個人類胚胎幹細胞時，卻碰到了意想不到的障礙。小鼠胚胎幹細胞在實驗過程的操作很容易，但人類胚胎幹細胞在培養基內卻有不同的表現。生物學家魯道夫．耶尼施（Rudolf Jaenisch）說，「這可能是業界不可告人的祕密：人類的胚胎幹細胞沒有如小鼠胚胎幹細胞的能力。無法用它們當作基因靶向（gene targeting）。它們和什麼都能做的小鼠胚胎幹細胞截然不同。」[10]

至少暫時，轉基因的精靈似乎受到了箝制。

⊖

儘管暫時辦不到人類胚胎的基因改造，但如果基因治療者願意接受不那麼激進的目標呢？是否可用病毒把基因導入人類的非生殖細胞，即送到神經元、血液或肌肉細胞？可是，以病毒帶著基因進入基因組，依舊面臨隨機整合的問題，而且最重要的是，這樣做無法達到基因垂直傳遞。但如果病毒傳送的基因可以放入正確的細胞中，依舊可能達到治療的目的。光是這樣的目標，也足以讓人類醫學向未來邁出一大步，這可算是精簡版的基因治療。

一九八八年，俄亥俄州北奧姆斯泰德（North Olmsted）有位名叫阿散蒂．狄西瓦（Ashanti DeSilva）、小名阿希的兩歲女孩，她的身體出現特殊症狀。[11]為人父母者都知道，嬰孩免不了生病，但阿希的疾病症狀明顯異常：奇特的肺炎和持久不癒的感染，無法癒合的傷口及一直低於正常數量的白血球。阿希的童年不斷在醫院進出。直到她兩歲時，一次普通的病毒感染使她的病情失控，導致內出血，危及生命，不得不長期住院。

醫生曾有一段時間對她的症狀百思不解，只能把周期性的疾病歸因為免疫系統發育不全，認為有朝一日這個系統終會成熟。但是，到了阿希三歲，症狀依舊未緩解，她做了許多檢驗，結果認為她的免疫功能不全是因為基因的第二十號染色體上ＡＤＡ基因的兩個等位基因，都發生罕見的自發性突變。那時阿希已經在鬼門關前徘徊了數次，對她的身體造成莫大的摧殘，但她經歷的情緒痛苦更加沉重：這個年方四歲的孩子一天早上醒來，對媽媽說，「媽媽，你不該有像我這樣的孩子。」[12]

ＡＤＡ基因，腺苷脫氨酶（adenosine deaminase）的縮寫，這種基因編碼會產生一種酶，它會把身體產生的天然化學物質腺苷，轉化為一種稱作肌苷的無害產物。少了ＡＤＡ基因，就不會發生排毒反應，身體就會被腺苷代謝的有毒副產品塞滿。毒害情況最嚴重的細胞是抗感染的Ｔ細胞，而在缺乏Ｔ細胞的情況下，免疫系統便應聲迅速崩潰。這種疾病極其罕見（十五萬名兒童中僅有一名天生缺乏ＡＤＡ），而能存活的病童更是罕見，因為幾乎所有病童都因此喪生。ＡＤＡ缺乏症屬於惡名昭彰的一群疾病，稱為嚴重複合型免疫缺乏症（severe combined immunodeficiency，SCID）。最著名的嚴重複合型免疫缺乏症患者是大衛・維特（David Vetter），這名十二歲男孩的一生都在德州一家醫院的塑膠保護室裡度過。被媒體稱為「泡泡男孩」的大衛在一九八四年骨髓移植失敗去世時，仍然關在他的無菌塑膠泡泡中。[13]

維特的死讓原本想要用骨髓移植治療ＡＤＡ缺乏症的醫師卻步，唯一能用的另一種藥物稱作PEG-ADA，在一九八〇年代中葉正在進行初期臨床試驗，這是一種由牛身上提煉的純化酶，包裹在油質的化學鞘中，使其能在血液中長期存活（正常的ＡＤＡ蛋白太短命，無法發揮效果）。但就連PEG-ADA也幾乎不能扭轉免疫不全。病患必須大約每個月注入血液一次，以取代被人體降解的酶。更糟的是，PEG-ADA

有引發對抗自身抗體的風險，這將損耗更大量的酶，引發全盤災難，解決方案因此可能引發嚴重許多的問題。

基因療法能矯正ＡＤＡ缺乏症嗎？畢竟需要矯正的只有一個基因，而且這個基因已經被識別且隔離了。另外，也找到了可以把基因遞送到人類細胞的載體或媒介。波士頓的病毒學家兼遺傳學家理查·穆利根（Richard Mulligan）設計了一種特定的反轉錄病毒毒株（人類免疫缺乏病毒的表親），可能可以把任何基因以較安全的方式遞送到任何人類細胞中。[14]反轉錄病毒可以設計成感染多種細胞；其獨特的能力在於它們能把自己的基因組，插入細胞的基因組中，因此把它們的遺傳物質永久固定在細胞的基因組上。穆利根調整技術，創造出部分殘廢的病毒，可以感染細胞並融入其基因組，但不會讓感染在細胞之間傳播。病毒進入了基因組，但卻沒有產生任何表現。這個基因落入基因組中，卻從未再出現。

⊖

一九八六年，貝塞斯達國家衛生研究院的一群基因治療學者在威廉·弗倫奇·安德森（William French Anderson）和麥可·布里茲（Michael Blaese）[15]①領導之下，決定採用穆利根的載體遞送ＡＤＡ基因到ＡＤＡ缺乏症的兒童體內②。安德森由另一間實驗室取得ＡＤＡ基因，並把它插入傳遞基因的反轉錄病毒媒介。安德森和布里茲在一九八〇年代初曾做過幾次初步的嘗試，想用反轉錄病毒媒介遞送人類ＡＤＡ基因到小鼠和猴子的造血幹細胞，[16]安德森希望這些幹細胞被載有ＡＤＡ基因的病毒感染之後，能夠形成血液中所有的細胞成分，包括最重要的的Ｔ細胞。

可是，結果卻不太樂觀：基因傳遞的成果很糟糕。五隻接受實驗的猴子中，只有一隻猴子「羅伯茲」的血液細胞中，有一段長時間出現病毒所載ＡＤＡ基因的人類蛋白質，但安德森不為所動。「沒有人知道新基因進入人體時會發生什麼情況，」[17]他說，「不管別人怎麼說，這仍是一個全黑的盒子。試管和動物研究只能告訴我們這麼多。最後，我們非得在人類身上嘗試。」

一九八七年四月二十四日，安德森和布里茲向國家衛生研究院申請基因治療方案。他們提出的做法是：取出ＡＤＡ缺乏症病童身上的骨髓幹細胞，用實驗室中的病毒感染此細胞，再把經改造的細胞移植回病人身上。由於幹細胞會產生血液中的所有元素（包括Ｂ和Ｔ細胞），因此ＡＤＡ基因自會找到途徑，進入正是最需要它的地方——Ｔ細胞。

安德森等人的提案送到了ＤＮＡ重組諮詢委員會（Recombinant DNA Advisory Committee，RAC）審核，這個委員會是伯格在厄西勒瑪會議後，建議於國家衛生研究院內設立的單位，以監督嚴格著稱，是所有涉及ＤＮＡ重組實驗的守門員（委員會的頑固名聞遐邇，研究者都稱通過批准的過程就「好像經歷一次

---

① 肯尼斯．庫佛（Kenneth Culver）也是這個原始團隊的重要成員。

② 一九八〇年，加大洛杉磯分校的科學家馬丁．克萊（Martin Cline）在人類身上嘗試了首例基因療法。血液科醫師克萊選擇的研究對象是β地中海貧血，這是由編碼血紅蛋白次單位的單一基因突變造成的遺傳疾病，會導致嚴重的貧血。他以為自己可以在國外試驗，因為國外對用在人類身上的ＤＮＡ重組約束較少，規範較鬆。克萊沒有告知他所屬醫院的審查委員會，就在以色列和義大利對兩名地中海貧血患者進行試驗，結果被國家衛生研究院和洛杉磯加大發現，因為違反聯邦法規而遭到研究院制裁，最後辭去了部門主任的職務。他實驗的完整數據從未正式發表過。

肢刑架」）。不出所料，DNA重組諮詢委員會斷然否決了這種療法，表示動物數據貧乏，基因遞送到幹細胞的比例幾乎檢測不到，再加上缺乏詳細的實驗理論基礎，礙難同意，同時還指出從未有人嘗試過把基因轉入人類體內。[18]

安德森和布里茲回到實驗室，修改療法。他們很不情願地承認DNA重組諮詢委員會的決定是正確的。骨髓幹細胞感染攜帶基因病毒的比率幾乎無法檢測，這的確是個問題，而且實際動物實驗的數據也教人失望。但如果不能用幹細胞，基因治療怎麼可能成功？幹細胞是人體唯一可以自我更新的細胞，因此能為基因缺陷提供長期的解決方案。沒有自我更新或壽命長久細胞的來源，雖可能把基因插入人體，但攜帶基因的細胞終會死亡消失。會有基因，但沒有治療。

那年冬天，布里茲發現了可能有效的解決方案。如果不將這些基因送進形成血液的幹細胞，而是把病毒放進ADA缺乏症患者血液中的T細胞，是否可行？雖然做法不像把病毒帶入幹細胞的實驗那樣激進或永久，但其毒性低得多，並且在臨床上也更容易實現。T細胞可以從周邊血液而非骨髓取得，而且細胞存活的時間可能夠長，足以製造ADA蛋白，並矯正缺陷。雖然T細胞不免會由血液中消失，但他們可以不斷重複此程序。即便這算不上真正的基因治療，但它仍可證明其原理可行——基因治療雙倍精簡版。

安德森並不願意採取這種做法；他想要進行的人類基因治療首例，是扎扎實實的首例，才有機會在醫學史上留名。因此他起先抗拒這種想法，但最後他接受了布里茲的想法，態度也緩和下來。一九九〇年，安德森和布里茲再次和委員會接觸，也再次遭到強烈的異議：T細胞療法的輔助資料甚至比原先的資料還要少。安德森和布里茲提交了修正提案，以及修正提案的修正提案。幾個月過去了，委員會還是懸而未決。一九九〇年夏，經過一連串冗長的辯論，委員會同意讓他們進行試驗。「醫師已經為了這一天，等待了一千年，」DNA重組諮詢委員會的主席傑洛德．麥加瑞提（Gerard McGarrity）說。不過，多數委員對其成功的可能都不樂觀。

安德森和布里茲在全美國各地醫院尋覓能參與試驗的ADA缺乏症病童。他們在俄亥俄州找到了小寶庫，那兒竟有兩名患者。一位是高個子的黑髮女孩辛西亞．柯奇赫（Cynthia Cutshall）。另一位是四歲的阿散蒂．狄西瓦，她的父母都來自斯里蘭卡，分別是化學家和護士。

⊖

一九九〇年九月的一個陰鬱早晨，阿希的父母范和拉賈．狄西瓦帶著女兒來到貝塞斯達的國家衛生研究院。四歲的阿希靦腆害羞，一頭齊耳的閃亮頭髮，臉上掛著憂慮的表情，偶爾會露出開朗的微笑。這是她與安德森和布里茲頭一次見面。在他們走近她時，她把頭轉開。安德森帶她到醫院的禮品店，讓她挑選一個喜歡的絨毛玩具。她挑了一隻兔子。

回到臨床中心後，安德森把導管插入阿希的靜脈，採集她的血液樣本，火速送到實驗室。在接下來的四天裡，兩億個反轉錄病毒在龐大的混濁液體中，與由阿希血液中抽出的兩億個T細胞混合。感染病毒的細胞在培養皿中生長，冒出許多新細胞，甚至還長出了更新的細胞。它們白天增加一倍，夜晚再度增加一倍，就在臨床中心十號大樓安靜而潮濕的孵化器裡，距離馬歇爾．尼倫伯格幾乎正好二十五年，距離他解開遺傳密碼的實驗室也僅幾百呎遠。

一九九〇年九月十四日，阿希經過基因改造的T細胞準備好了。那天早上，安德森破曉時就出了家門，沒吃早餐，因為滿心期待而幾乎嘔吐，他三腳併兩步地衝上臺階，奔了三樓的實驗室。狄西瓦一家已經等著他；阿希站在她母親旁邊，雙肘緊緊地纏在身旁母親的膝蓋上，好像正準備看可怕的牙醫。她整個早上都在做許多進一步測驗。診所裡一片安靜，只除了偶爾有護士進出的腳步聲。阿希換上寬鬆的黃色病人服，一根針插進她的血管。她稍微畏縮了一下，但馬上恢復正常：她的靜脈已打過數十次的針，早已習之為常。

中午十二時五十二分，一個塑膠袋送到這一層樓，裡面混濁的液體含有近十億個受到攜帶ADA基因反轉錄病毒感染的T細胞。護士把它掛上點滴架時，阿希望著袋子，露出憂慮的神情。二十八分鐘後，袋子已經汲乾，最後一點渣渣也滴進了阿希體內。她在床上玩黃色的海綿球，生命跡象正常。阿希的父親拿著一堆銅板，被派去一樓的自動販賣機買糖果。安德森看起來很明顯地鬆了一口氣。「劃時代的時刻悄悄地來了，又悄悄地過去了，它的重要性幾乎沒有彰顯一絲。」評論者寫道。[19]大家用一袋五彩M&M巧克力慶祝這一刻，別具風格。

「第一人。」安德森在點滴打完之後，推著阿希穿過走廊，興致勃勃地指著阿希說。有些國家衛生研究院的同事在門外等候，見證輸入基因改造細胞的第一人，但人群迅速減少，科學家很快又回到了自己的實驗室。「就像曼哈頓鬧區的人說的，」安德森發牢騷說，「就是耶穌基督經過，也沒有人會注意。」[20]第二天，阿希一家回到了俄亥俄州。

⊖

安德森的基因治療實驗是否奏效？我們不知道，也許我們永遠也不會知道。安德森的療法設計是證明此法的安全，即是受反轉錄病毒感染的T細胞是否可以安全地送進人體？而不是為了測試這種療法是否可以治癒ＡＤＡ缺乏症，即使只是暫時也好。這項研究的首批兩名患者阿希和辛西亞，接受了基因改造的Ｔ細胞，但她們也允許可以繼續使用人造酶 PEG-ADA，因此基因治療的效果因藥物而混淆了。

儘管如此，阿希和辛西亞的父母都認為治療有效。辛西亞的母親承認：「雖然進步不大，不過我們可以舉個例子，她剛剛才由感冒復元。通常她一感冒就會變成肺炎，但這回卻沒有，這對她已是突破。」[21]阿希的父親拉賈．狄西瓦也同意說，「在用了 PEG-ADA 之後，的確有很大的進步。但即使有這種藥物，她也老是流鼻涕，持續感冒，一直在服用抗生素。但是到了十二月，第二次輸入基因後，情況卻有了變化。我們會注意到，是因為她不會用這麼多盒面紙了。」

儘管安德森十分積極，加上病童家屬的說法配合，但包括穆利根在內的許多基因治療支持者依舊認為安德森的試驗，除了譁眾取寵之外，並沒有什麼效果。由試驗一開始穆利根就砲火猛烈、強力批評，他最氣憤的是實驗資料不足，卻號稱成功。如果雄心勃勃的人類基因治療試驗，竟然由流鼻涕的頻率和面紙的耗費數量衡量成敗，將是業界之恥。穆利根被記者問到這個療法時說，「這根本有名無實」。他認為要測試是否能改變人體細胞的特定目標基因，以及這些基因是否能安全有效地發揮正常功能，應該要謹慎進行不受汙染的試驗，他稱之為「乾淨純潔的基因治療」。

但在那時，基因治療學者的野心已經發展到無法做「乾淨純潔」的謹慎試驗。在國家衛生研究院Ｔ細胞試驗的報告發表之後，基因治療學者設計了許多新方法，治療囊狀纖維化和亨丁頓氏症等遺傳疾病。由於基因幾乎可以傳遞到任何細胞，因此任何細胞疾病都是基因治療的候選對象，如心臟病、精神疾病與癌症。穆利根等有識之士雖然呼籲要謹慎和克制，但就在這個領域準備向前衝刺之際，業界置之不理。這樣的熱情後來付出了驚人的代價，它會把基因治療和人類遺傳學領域帶到毀滅的邊緣，陷入這段科學史最黯淡的低潮。

一九九九年九月九日，大約在阿希．狄西瓦接受基因改造白血球治療的整整九年後，一位名叫傑西．蓋爾辛爾（Jesse Gelsinger）的男孩飛到費城，參與另一項基因治療試驗。十八歲的傑西熱愛摩托車和摔角，神態輕鬆，無憂無慮的他就像阿希和辛西亞，天生就有新陳代謝相關的單一基因突變。他的突變基因稱為鳥胺酸氨甲基移轉酶（ornithine transcarbamylase，OTC），這個基因編碼一種在肝臟合成的鳥胺酸氨甲基移轉酶，這種酶為蛋白質分解步驟的重要關鍵。因為缺乏這種酶的情況下，蛋白質代謝的副產物，氨（即阿摩尼亞），就會在人體累積，這種在清潔劑中常見的化學物質會傷害血管和細胞，滲透血腦屏障，最後導致腦部神經元慢性中毒。大多數OTC突變的患者，都會在兒童期死亡。即使維持嚴格的無蛋白飲食，他們也會在成長期間，因為自體細胞分解而中毒。

在罹患此病症的病童中，蓋爾辛爾可能會認為自己特別幸運，因為他的病情還算輕微。他的基因突變並非來自他的父母，而是很可能在他還是子宮內幼小胚胎之際，由自己的細胞之一自然發生。就遺傳來說，蓋爾辛爾是罕見的特例，一種人類的嵌合體，由細胞拼湊而成的百衲被，有些細胞缺乏具功能性的OTC，有些細胞則具有能發揮功能的基因。不過，他代謝蛋白質的能力依舊受到嚴重影響。蓋爾辛爾必須攝取精心調製的飲食（每一卡路里和分量都必須精準稱重、測量和計算），每天還須服用三十二顆藥丸，以保持體內氨的正常含量。儘管採取了極其嚴密的措施，他還是發生了幾次危及生命的意外，包括在他四歲時，因為開心大嚼花生醬三明治而導致昏迷。[22]

一九九三年，蓋爾辛爾十二歲時，賓州有兩名兒科醫師馬克．貝特蕭（Mark Batshaw）和詹姆斯．威爾森（James Wilson）開始用基因療法測試OTC缺乏症的病童。[23] 威爾森從前是大學美足校隊，性好冒險，對野心勃勃的人類實驗十分著迷。他已經成立了一家名為熱那亞（Genova）的基因治療公司，也在賓州大學成立人類基因治療學會。威爾森和貝特蕭都對OTC感興趣。就和ADA缺乏症一樣，OTC缺乏症也是由單一基因的功能障礙所引起，因此是基因治療的理想測試案例。但威爾遜和貝特蕭設想的基因治療方式激進得多：他們不是提取細胞，進行遺傳修改，再把矯正過的基因透過病毒注入兒童體內（即安德森和布里茲的方式）。貝特蕭和威爾森想要直接把矯正後的基因透過病毒插入人體內。這不是精簡版的基因治療：他們要創造攜帶OTC基因的病毒，並透過血液把病毒傳送到肝臟，讓細胞在原位置受病毒感染。

貝特蕭和威爾森認為，受到病毒感染的肝臟細胞將會開始合成OTC酶，因而矯正酶的缺陷。明顯的信號會是血液中的氨減少。「這並不很難了解。」威爾森回憶說。為了傳遞這個基因，威爾森和貝特蕭選擇了腺病毒，這種病毒會導致普通感冒，但不會造成嚴重疾病，看來似乎是安全合理的選擇，也是這十年人類最大膽遺傳實驗工具中最溫和的病毒。

一九九三年夏，貝特蕭和威爾森開始把修改過的腺病毒注入小鼠和猴子體內。小鼠實驗結果一如預期：病毒到達肝細胞，排出基因，把細胞轉變為功能OTC酶的迷你工廠。但猴子實驗比較複雜，注入較高劑量的病毒後，偶爾會有一隻猴子對病毒產生活躍的免疫反應，導致發炎和肝功能衰竭。一隻猴子進而出血死亡。威爾森和貝特蕭修改病毒，刪除許多可能會引起免疫反應的病毒基因，讓它成為更安全的基因遞送工具。他們也把用在人類身上的劑量降低十七倍，以確保病毒的安全性。一九九七年，他們向基因治療實驗的把關者「DNA重組諮詢委員會」申請進行人類試驗。委員會起先反對，但委員會本身也產生了改變。在ADA試驗之後到威爾森的申請之間，原本強烈反對重組DNA的守護者，反而變成了人類基因治療的熱情啦啦隊，而且熱忱的也不只是委員會。委員會曾諮詢生物倫理學家對威爾森試驗的意見，倫理學家認為，治療OTC缺乏症病情嚴重的兒童，可能會造成強逼父母死馬當活馬醫的情況：哪個父母不想讓瀕死的孩子試試可能會有突破的療法？因此，倫理學家建議在一般的志願者和OTC缺乏情況輕微的病人身上測試，如傑西．蓋爾辛爾。但同時，亞利桑納的蓋爾辛爾對自己飲食和藥物的嚴格限制也頗有微詞（他父親保羅告訴我，「所有的青少年都會叛逆」，只是當這種叛逆只是「一個漢堡、一杯牛奶」時，特別心酸）。一九九八年夏，十七歲的蓋爾辛爾在賓州大學聽說了OTC治療，對基因治療的概念深深著迷，他希望擺脫自己生活惱人的常規，他父親回憶，「但讓他更興奮的是，他是為其他生病的兒童做這個試驗，你怎能對這樣的想法說不？」

蓋爾辛爾簡直等不及立刻加入。一九九九年六月，他透過本地醫生和賓州團隊聯繫，參與試驗。保羅和傑西當月就飛往費城拜訪威爾森和貝特蕭，兩人都對這個試驗深感震撼，保羅認為它是一件「美麗的事」，他們參觀了醫院，並且滿懷興奮期待地逛了市區。傑西在費城七六人主球場「光譜」（The Spectrum）外的洛基銅製雕像前，保羅為愛子拍了一張相片，傑西的雙手高舉，擺出拳王勝利的姿態。

九月九日，傑西帶著裝了衣服、書和摔角錄影帶的旅行袋回到費城，在賓大醫院展開治療，他先住在城裡叔叔和堂兄弟家裡，到預訂治療當天早上再入住醫院。院方描述整個治療過程將迅速且無痛，因此，保羅打算治療後一週再去接兒子，搭機回家。

⊖

預定注射病毒的那一天，九月十三日上午，蓋爾辛爾體內的氨含量徘徊在每公升七十微莫耳（micromole）左右，這是正常值的兩倍，也在試驗容許值的上緣。護士把數值異常的消息告訴威爾森和貝特蕭，而同時，療程也全面展開。手術室已在待命狀態，病毒液體已解凍，在塑膠袋裡閃閃發光。威爾森和貝特蕭討論蓋爾辛爾是否符合試驗資格，但認為臨床上是安全的；畢竟先前十七名病人注射之後都沒什麼問題。大約九點半，蓋爾辛爾被推進了放射治療室，上了麻醉，兩條大導管繞過他的雙腿，一路蜿蜒到靠近肝臟的動脈。上午十一點左右，一名外科醫師從裝滿濃縮腺病毒的塑膠袋抽取了約三十毫升液體，注入蓋爾辛爾的動脈。上億個攜帶OTC基因的無形病毒顆粒流入傑西的肝臟。到中午，整個程序已完成。[24]

當天下午平靜地度過，到了晚上，蓋爾辛爾在病房裡發燒到四十度，臉頰發紅。威爾森和貝特蕭並沒有很擔心，其他的病人也曾有過暫時發燒的現象。傑西打電話給在亞利桑納的父親說，「我愛你」。他掛上電話後拉上被子，整晚時睡時醒。

第二天早上，護士發現傑西的眼球變成最淡的黃色，經測試證實是膽紅素，這是在肝臟生成的產物，也貯存在紅血球細胞裡，現在卻逆流進入血液中。膽紅素升高表示兩種可能：不是肝臟受傷，就是血液細胞受到破壞，兩者都是不祥之兆。在任何其他人身上，小規模的細胞受損或肝功能衰竭都可以一笑置之，但在OTC病人身上，這兩種傷害的組合卻可能會引發大風暴：由血液細胞排出的額外蛋白質不會被代謝，另外，即使在最好的情況下，受損的肝臟都不足以代謝蛋白質，現在更不能負荷過量的蛋白質，身體就會被自己產生的毒素麻醉。到了中午，蓋爾辛爾的氨指數已攀升至每公升三九三微莫耳（約為正常的十倍）。保羅和貝特蕭接到醫院的通知。威爾森則是從插入導管並注射病毒的外科醫師那裡接獲消息。保羅連夜趕來賓州，醫護團隊則在加護病房為傑西做腎臟透析，以免進入昏迷。

次日早上八點，保羅趕到醫院，傑西呼吸急促，神志不清。他的腎臟開始衰竭。加護病房團隊為他上了麻醉，讓他用呼吸器，設法穩定他的呼吸。當晚他的肺開始硬化並塌陷，充滿了因發炎反應而生的液體。呼吸器搖晃不已，無法推入足夠的氧氣，所以傑西又接上另一個儀器，強迫氧氣直接進入他的血液。他的大腦功能也開始惡化。一位神經病學家被召來為他進行檢查，他記錄傑西的眼睛下垂，這是大腦受損的記號。

次日早上，佛洛伊德颶風侵襲美國東岸，狂風暴雨落在賓州和馬里蘭州的海岸。貝特蕭被困在赴醫院的火車上。他和醫護人員通話，耗盡了手機電池，只能坐在一片漆黑中，憂心如焚。到了下午，傑西的病情再度惡化，他的腎臟失去功能，昏迷更加嚴重。保羅被困在旅館房間裡，叫不到計程車，只好在呼嘯的風雨中步行一哩半來到醫院，到加護病房探視傑西。他已經認不出自己的兒子，他昏迷不醒，全身腫脹瘀青，因黃疸而全身發黃，全身上下數十條線和導管縱橫交錯。呼吸器發出風拍打水面單調沉悶的聲音，徒勞地把空氣吹進他發炎的肺裡。房間裡發出嗡嗡和嗶嗶聲，這是數百臺儀器正在記錄一個男孩在絕望的生理痛苦中緩緩衰退的過程。

基因傳遞後第四天，九月十七日星期五上午，傑西腦死。保羅決定關掉他的維生設備。院牧來到病房，把手放在傑西頭上，為他傅油，並誦讀主禱文。機器一個接一個關閉了，除了傑西痛苦費力的呼吸之外，房內一片寂靜。下午兩點半，傑西的心跳停了，被正式宣告死亡。

「這麼美好的一件事，怎麼會出了這麼大的差錯？」二〇一四年我和保羅．蓋爾辛爾談話時，他依舊在尋覓答案。[25]在那前幾週，我發電郵給保羅，說明我對傑西故事的關切。我預定要到亞利桑納州斯科茨代爾（Scottsdale）參加公開論壇，談遺傳學和癌症的未來，他和我電話聯繫之後，同意在會後和我見面。我演講完站在禮堂大廳裡，一個穿著印有傑西開朗圓臉圖案夏威夷衫的男人穿過人群，向我伸出了手。我對這張在網路照片上看過的臉有深刻的印象。

傑西死後，保羅成了單打獨鬥的十字軍，對抗過度的臨床試驗。他不反對醫學或創新，也相信基因治療的未來，但他對導致愛子死亡的過度熱情和妄想卻十分懷疑。人群散了，保羅也轉身準備離開。一種共識在我們之間傳遞：一個為醫學和遺傳學未來寫作的醫師，和一個故事被蝕刻成過去的人。他的聲音蘊含了無限悲傷，「他們還沒裝上操控它的把手，」他說，「他們太急著嘗試，他們只試但卻沒有做對。他們只顧趕，真的太趕。」

⊖

賓州大學對於「出了這麼大差錯」的OTC試驗展開調查，於一九九九年十月開始解剖。到了十月底，華盛頓郵報調查記者報導了蓋爾辛爾死亡的消息，社會掀起一股狂怒的浪潮。十一月，美國參議院、眾議院和賓州的地方檢察官，針對傑西．蓋爾辛爾的死亡各自舉行了獨立的聽證會。十二月，DNA重組諮詢委員會和聯邦食品藥物管理局也啟動了賓州大學的調查。蓋爾辛爾的病歷、試驗前的動物實驗資料、同意書、手術紀錄、實驗室測驗數據，以及其他基因治療試驗患者的紀錄，全都由大學醫院的地下室取出，聯邦監管單位努力鑽研這些文件，試圖挖掘男孩的死因。

初步分析顯示了試驗的無能、失誤和輕忽，再加上知識的不足。首先，為確定腺病毒的安全而做的動物實驗太過倉促。接種最高劑量病毒的猴子死亡，雖然此例已向國家衛生研究院報告，人類患者的劑量也減少，但在給蓋爾辛爾家人的表格上卻對猴子死亡一事隻字未提。保羅回憶說，「同意書上沒有任何字句明確表示這種治療可能會導致的傷害，而是把它描繪成完美的賭博——只有好處，沒有缺點。」其次，在傑西之前接受這種治療的病人，也曾有過副作用，有些副作用十分駭人，足以終止這種試驗，或至少該重新評估這種療法可行與否。病歷上雖記錄發燒、發炎反應和肝衰竭的早期徵兆，但這些紀錄同樣被低調處理或予以忽視。威爾森和生物科技公司有財務上的利害關係，可能會因此基因治療實驗獲利，更進一步加深了這個試驗是否有不當動機的懷疑。[26]

此病例術前忽視的情況如此嚴重，甚至讓人忽視了此試驗最重要的科學教訓。即使醫師承認他們過於疏忽和急躁，傑西的死依然是個謎：沒有人能解釋為什麼傑西會對病毒產生如此嚴重的免疫反應，而另外十七名病人卻沒有這樣的情況。顯然，即使是削弱了一些免疫原性蛋白質的「第三代」腺病毒載體，依舊會在某些病人身上激發嚴重的異質反應。傑西的解剖顯示他的生理受這種免疫反應嚴重影響。值得注意的是，在分析他的血液時，發現對病毒有高度反應的抗體，甚至早在注射病毒之前就已出現。傑西過度的免疫反應可能與之前接觸類似的腺病毒株有關，或許是來自普通感冒。大家都知道人體接觸病原體會引發抗體，可能會在體內留存數十年（大部分疫苗就是利用這個特點發揮效力）。在傑西的情況中，先前的接觸可能引發了過度活躍的免疫反應，由於不明原因而失控。諷刺的是，也許選擇「無害」的普通病毒作為基因治療的初始載體，反而是試驗失敗的關鍵。

那麼，什麼是基因治療的合適載體？哪一種病毒可用來把基因安全地傳遞進人體？哪個器官是適當的目標？就在基因治療領域正要開始面對最引人入勝的科學問題之際，整個學科卻被嚴格限制在暫停狀態。在OTC試驗的一連串問題並不獨見於該試驗。二〇〇〇年一月，聯邦食品藥物管理局審查了其他二十八項試驗，發現近半數都需要立即採取補救措施。[27]聯邦食品藥物管理局震驚之餘，名正言順地勒令停止了幾乎所有的試驗。「整個基因治療領域成了自由落體」，一名記者寫道，[28]「威爾森被禁止參加聯邦食品藥物管理局監管的人類臨床試驗五年，辭去了人類基因治療學會掌門人的職位，只擔任賓大教授。沒多久，學會也跟著解散了。一九九九年九月，基因治療看似已處於醫學突破的波峰；到了二〇〇〇年底，它卻變成了因為科學發展過火而失敗的警示故事。」或者正如生物倫理學家露絲·麥克林

（Ruth Macklin）直率的說法，「基因治療還不算是治療。」[29]

在科學界有一句箴言：最美好的理論可能會被醜陋的事實抹煞。在醫學界，同一句箴言以略微不同的形式出現：美麗的治療可能被醜陋的試驗抹煞。如今回顧，OTC試驗著實醜陋不堪：倉促的設計、草率的計畫、惡劣的監控、糟糕的執行，再加上利益衝突，結果是加倍的醜陋；先知（prophets）為了利益（profits，與prophets同音）兩相交雜。但試驗背後的基本觀念：把基因傳遞進入人類體內或細胞內，以改正遺傳缺陷，卻是承載數十年的發展，這是健全的想法。原則上，若非基因治療的早期先鋒因科學和利益的野心阻礙了它的發展，用病毒或其他基因載具把基因傳入細胞內的做法，本該成為了不起的新醫學技術。基因治療終將成為一種治療手段，它會由最初醜陋的試驗東山再起，並且從「科學過度發展的殷鑑」[30]汲取教訓。但要讓這門科學突破這道缺口，還得努力學習，並再花上十年。

# 基因診斷：「預生存者」

人的一切，
全不過是雜亂無章。[1]

——葉慈（W.B. Yeats），〈拜占庭〉（Byzantium）

反宿命論者認為DNA只不過是串場小表演，但我們罹患的每一種疾病都是由DNA造成，
而且每一種疾病也都可以用DNA修正。[2]

——喬治．邱奇（George Church）

一九九〇年代後期，人類基因治療遭流放到科學凍原之際，人類基因診斷卻有顯著復興。為了了解這次復興，我們得先回到伯格的學生在西西里城堡城牆邊憧憬的「未來的未來」。正如學生們想像，人類遺傳學的未來將建立在兩個基本要素。第一個是「基因診斷」，基因可以用來預測或確定疾病、身分、選擇和命運。第二個是「基因改造」，經由改變基因，以改變疾病、選擇和命運。

第二個，刻意改造基因的「編寫基因組」，顯然因突然禁止基因治療試驗而停滯，但第一個，由基因預測未來命運的「閱讀基因組」卻風起雲湧。在傑西．蓋爾辛爾去世後的十年，遺傳學家發現了數十種

與最複雜、最神祕的人類疾病相關的基因。在此之前，從沒有人把基因當做這些疾病的主因。這些發現將促成無比強大新技術的發展，允許預先診斷疾病。但它們也會迫使遺傳學和醫學面對史上最深刻的醫學和道德難題。就如醫學遺傳學者艾瑞克·托普（Eric Topol）所說：「遺傳測試也是道德測試。當決定要測試『未來的風險』時，也不免要問問自己，我願意冒險的是什麼樣的未來？」[3]

⊖

我將以三個個案研究說明用基因預測「未來風險」的能力和危險。第一個和乳癌基因 BRCA1 有關。一九七〇年代初期，遺傳學家瑪麗—克萊爾·金恩（Mary-Claire King）開始研究家族乳癌和卵巢癌的遺傳。她原本學的是數學，但在加州大學柏克萊分校認識了艾倫·威爾遜（即是那位想到粒線體夏娃的學者），於是轉攻基因研究和遺傳譜系的重建。而金恩早期在威爾遜實驗室進行的研究，證明了黑猩猩與人類有逾九成的遺傳身分相同。

研究所畢業之後，金恩轉為研究另一種遺傳史：重建人類疾病的譜系。她對乳癌特別感興趣。數十年來醫學界對乳癌患者家族的研究顯示乳癌有兩種形式：一種是偶發，另一種則有家族性。偶發的乳癌案例出現在沒有任何乳癌家族史的女性身上，而家族性乳癌則會在家族中跨越多個世代出現。典型的家族病例中常是病患、她的姊妹、她的女兒和她的孫女（或外孫）都可能會罹患此病，只是精確的確診年齡，以及每個人癌症的確切階段可能有所不同。有些家族在乳癌的發病率增加的同時，卵巢癌發病率也驚人地增加，意味著某一種變異在這兩種癌症都很常見。

一九七八年，國家癌症研究所對乳癌患者做問卷調查時，大家對這種病的病因還莫衷一是，一派癌症專家認為乳癌是因濫用口服避孕藥引發慢性病毒感染所引起，其他專家則認為是壓力和飲食。金恩要求在問卷上加上兩個問題：「患者是否有乳癌家族史？有沒有卵巢癌的家族史？」到了調查最後，已可看出乳癌與遺傳的關係：她已經確定幾個既有乳癌又有卵巢癌的家族之長期歷史。一九七八和一九八八年間，金恩又找到數百個有病史的家族，編纂了大量乳癌女病患的譜系。在一個共有一百五十多名成員的家族中，她發現三十名女性是乳癌患者。[4]

針對這些乳癌家族譜系做更仔細的分析之後，她發現只有一個基因是造成許多家族病例的原因。只是，鑑定這個基因並不容易。雖然這個罪魁禍首的基因使攜帶者的癌症風險增加了十倍以上，但並非每一個遺傳該基因的人都會罹患癌症。金恩發現乳癌基因是不完全外顯：即使該基因發生了突變，其效果也未必會完全「外顯」，讓每一個帶有該基因的人都出現乳癌或卵巢癌的症狀。

儘管外顯率使人困惑，但金恩收集的病例很多，因此可以在多個家族中做基因連鎖分析（linkage analysis），跨越多個世代，把乳癌基因的位置縮小到第十七號染色體。一九八八年，她更進一步鎖定了該基因的位置，定位出它在第十七號染色體的 17q21 區域。[5]她說，「這個基因仍是假設，」但至少已知它確實存在於人類的染色體上。「我在威爾遜實驗室學到的，就是能與不確定性和平共處多年，這是我們努力過程中必然的一部分。」[6]儘管她尚未把這個乳癌基因隔離出來，不過她已把它稱為 BRCA1。

BRCA1 染色體位置的範圍既已縮小，就引發了鑑定出此基因的激烈競爭。一九九〇年代初期，包括金恩在內的全球遺傳學家團隊全都著手複製 BRCA1。聚合酶鏈鎖反應（PCR）等新技術，讓研究人員能在試管中製造數百萬個基因副本。這些技術和精巧的基因複製、基因測序和基因定位方法相輔相成，讓他們能快速地從染色體移動到基因的位置。一九九四年，猶他州一家名為麥利亞德遺傳（Myriad Genetics）的私人公司宣布分離出 BRCA1 基因；一九九八年，麥利亞德公司獲得 BRCA1 序列的專利。[7]這是有史以來第一批人類基因序列專利。

對麥利亞德公司來說，BRCA1 真正的臨床醫藥用途是基因檢測。一九九六年，早在有基因專利之前，該公司就開始推銷 BRCA1 的基因檢測。測驗很簡單：有風險的女性將由遺傳諮詢師進行評估，如果家族史顯示有乳癌的可能，就由她口腔採集細胞，送到中央實驗室。實驗室會用聚合酶鏈鎖反應擴大部分 BRCA1 基因，進行測序並鑑定突變基因，然後回報「正常」、「突變」或「不確定」（某些尚未完全歸類為乳癌風險的不尋常突變）。

⊖

二〇〇八年夏，我認識了一位有乳癌家族史的三十七歲婦女珍・史特林（Jane Sterling），她來自麻州北海岸，擔任護士。她的家族史簡直就是直接重現了金恩檔案夾裡的病例：曾祖母很年輕就罹患乳癌，祖母在四十五歲接受了乳癌根除手術，母親在六十歲時切除雙側乳癌。史特林有兩個女兒。她已知道有 BRCA1 測試將近十年，在她大女兒出生時，曾考慮進行這個測試，但後來不了了之。隨著小女兒出生以及一位好友被診斷出乳癌，她接受了基因測試。

史特林的 BRCA1 突變檢測結果呈陽性。兩週後，她帶著潦草記下的一大堆問題回到診所。知道診斷結果之後，她該怎麼做？帶有 BRCA1 基因的婦女終生有百分之八十的乳癌風險，但基因測試卻不能告訴她什麼時候會發展出癌症，也不能告訴她可能會得哪一種癌症。由於 BRCA1 突變基因外顯不完全，因此有這種突變的女性可能會才三十歲就發展出無法用手術割除、高侵略性且難以治療的乳癌，也可能會在五十歲時發展出治療能產生很大效果的乳癌，或者到七十歲才出現發展緩慢的乳癌，甚或可能根本不會罹患癌症。

她應該在什麼時候把診斷結果告訴女兒？一位自己測試出 BRCA1 陽性的作家寫道，「有些帶有 BRCA1 突變的女性憎恨自己的母親」，[8]（僅僅是憎恨母親這一點，就說明了人們長期以來對遺傳學的誤解，以及它對人類心理的不利影響：突變的 BRCA1 基因可能來自母親，但也可能來自父親）。史特林會通知她的姊妹嗎？她的阿姨？她的遠房堂表親？

由於不確定該用什麼方法治療，更加深了結果的不確定。史特林可以選擇什麼也不做——觀察並等待。她也可以選擇切除雙側乳房和／或卵巢，以大大降低罹患乳癌和卵巢癌的風險，就如一名 BRCA1 基因突變的婦女所說，「切除她的乳房，朝她的基因出氣。」她可以做乳房攝影檢查、自我檢查和核磁共振，以積極篩檢偵測早期乳癌。她也可以選擇服用荷爾蒙藥物，如泰莫西芬（Tamoxifen）等，降低一些（但並非全部）乳癌的風險。

這些結果能產生這麼多種變化，部分原因在於 BRCA1 基本的生物學。該基因編碼出一種修復受損 DNA 的關鍵蛋白質。對細胞來說，破碎的 DNA 鏈就是正在醞釀的災難，它意味著信息的喪失，這是個危機。在 DNA 受損後，BRCA1 蛋白質即在損壞的縫隙參與修復。在基因正常者身上，蛋白質引發連鎖反應，在破碎基因的邊緣補充數十個蛋白質，迅速堵住缺口。但在基因突變者身上，並沒有 BRCA1 基因，缺口也未修補，於是突變導致更多的突變，如火上加油地，直到細胞的成長調節和代謝控制失靈，最終導致乳癌。即使在 BRCA1 突變的病患中，乳癌也需要多種觸發因素，其中環境具很明顯的作用：如果加上 X 光或破壞 DNA 的因素，突變率就會進一步攀升。由於突變的累積是隨機，因此純粹的機會也是原因之一。其他與破碎的 DNA 鏈結合的基因（涉及 DNA 修復或補充 BRCA1 蛋白質），也會加快或減緩 BRCA1 的效果。

因此，BRCA1 突變雖然預示了未來，但和囊狀纖維化基因或亨丁頓氏症基因預測未來的意義不同。攜帶 BRCA1 突變的婦女已因知道此事實，而使自己的未來起了根本的變化，但這個未來依舊不確定。對某些女性來說，基因診斷十分折磨人；她們的人生和精力就彷彿花在預期癌症降臨，想像自己是否能由這個尚未發展的疾病倖存一樣。因此，科學界創造了一個教人不安的新詞，以形容這些婦女——預生存者（previvors），頗有歐威爾主義的意味。

⊖

第二個基因診斷的個案研究和精神分裂症與躁鬱症有關；它帶我們回到了我們故事的原點。一九〇八年，瑞士精神科醫師奧金·布洛伊勒（Eugen Bleuler）首次使用精神分裂症（schizophrenia）這個術語描述一種特別的心理疾病患者，[9]其特徵是可怕的認知瓦解（思想的崩潰），早前稱為早發性失智（Dementia praecox）。精神分裂症患者往往是年輕人，他們的認知能力經歷逐漸但不可逆轉的崩潰。他們聽到來自體內像鬼怪的聲音，指揮他們做一些不當的奇怪動作（莫尼常常聽到心裡有聲音，不停地重複：「在這裡小便，在這裡小便」）。虛幻的影像在他們眼前出現又消失。組織資訊或執行達成目標任務的能力崩潰，新的字彙、恐懼和焦慮，彷彿來自心靈的陰曹地府一般浮現。到最後，所有的組織思想開始崩潰，病患陷入精神廢墟瓦礫的迷宮。布洛伊勒認為這種疾病的主要特徵是大腦認知的分裂或化為碎片。這個現象塑造了「分裂的腦」一詞（schizo-phrenia）。

就像許多其他遺傳疾病，精神分裂症也有兩個形式：出現在家族與偶發出現。有些罹患精神分裂症的家族，世世代代都有這種障礙。偶爾也有些精神分裂症病患家族會有躁鬱症的家庭成員（莫尼、賈古、拉結什）。相較之下，在偶發或無家族史的新精神分裂症中，這種病就像晴天霹靂般突然出現：毫無家族病例的年輕人突然認知崩潰，情況往往很少或沒有預警。遺傳學家試圖理解這些模式，但卻找不出模型。同樣的疾病怎麼會有偶發和家族遺傳的形式？躁鬱症和精神分裂症這兩種看似無關的精神障礙之間有什麼聯繫？

精神分裂症病因的第一個線索來自雙胞胎研究。一九七〇年代，研究證明了罹患精神分裂症的雙胞胎有極大的一致。[10]在同卵雙胞胎中，當一人罹患精神分裂症時，第二人罹病的機會是三〇至五〇％，而在異卵雙胞胎之間則是一〇至二〇％。如果精神分裂症的定義擴大到包括較輕度的社會和行為障礙，那麼同卵雙胞胎之間的一致性就升至八〇％。

儘管這些誘人的線索指出了原因可能是遺傳，但在一九七〇年代，精神科醫師卻認為精神分裂症是性焦慮受挫而產生。佛洛伊德曾把偏執狂妄想歸因於「無意識的同性戀衝動」，顯然是由強勢的母親和柔弱的父親造成。一九七四年，精神科醫師西瓦諾．阿瑞亞提（Silvano Arieti）將此病歸因於「霸道、嘮叨和敵對的母親，讓孩子沒有機會提出自己的主張。」[11]儘管實際研究並沒有這方面的證據，但阿瑞亞提的想法非常誘人（還有什麼比混合性別偏見、性欲和精神疾病更教人興奮的想法？）它為他贏得了數十種獎項和榮譽，包括科學類國家圖書獎。[12]

人類遺傳學花了全力，才把對瘋狂的研究帶回理性的路上。在整個八〇年代，一個又一個雙胞胎研究更加確定了精神分裂症和遺傳相關。許多研究中，同卵雙胞胎罹患此病的一致性遠超過了異卵雙胞胎，不容否認遺傳的因素。有精神分裂症和躁鬱症家族史（如我的家族），資料跨越數代，再度證明此病和遺傳的關係。

但是，究竟牽涉其中的實際基因是哪些？自一九九〇年代後期以來，許多新的ＤＮＡ測序方法，即大量平行定序（massively parallel sequencing，MPS）或次世代定序（next-generation sequencing），讓遺傳學家能由任何人類基因組為數百萬鹼基對測序。大量平行定序是規模巨大的標準測序法：人類基因組被分割成成千上萬的碎片，這些DNA片段同時（即「平行」）測序，且基因組用電腦「重組」，以找出序列之間的重疊。這個方法可以應用在測序整個基因組，稱為全基因組測序（whole genome sequencing），或測序基因組的特定部分，例如編碼蛋白質的外顯子，稱為外顯子組測序（exome sequencing）。

大量平行定序可以把一個基因組和另一個密切相關的基因組相比，在追獵基因時尤其有效。如果家族中有一個成員罹病，但其他所有的成員都未罹病，那麼要找出該基因就如探囊取物，追獵基因就化為找出不同者的大型「找找看」遊戲：比較所有關係密切家族成員的基因序列，即可找出有症狀者的突變基因。

精神分裂症的偶發病例，則是測試這種方法成效的完美檢測實例。二〇一三年，一項大規模的研究找出了六百二十三名精神分裂症年輕患者，他們的父母和手足都未罹患此症。[13]科學家對這些家族做了基因測序。由於家族的基因組大部分都相同，所以應該只有導致精神分裂症的罪魁禍首基因會不一樣。①

研究人員在六一七個病例中，找到了一個只有在孩子身上出現，但父母身上卻都沒有的突變。平均而言，每個孩子都只有一個突變，但也有少數兒童的突變更多。近八〇％的突變發生在源自父親的染色

---

① 要確定新基因突變是否是偶發性疾病的原因並不容易：我們可能在一個兒童身上因為純粹偶然而發現某個突變，但它與此疾病無關。也有可能需要環境的觸發物造成發病：所謂的偶發病例其實可能是家族病例，因環境或遺傳觸發物讓它越過臨界點而發作。

體上，而父親的年齡是明顯的風險因素，意味著這些突變可能是在精子生成的過程發生，尤其是年長的男性。可想而知，許多與這種突變相關的基因，是會影響神經間突觸或神經系統發育的基因。儘管六一七個病例中成百上千的基因包含數百個突變，但偶爾也會在幾個不同的家庭中發現相同的突變基因，這大大加強了這個基因和此病相關的可能。② 按定義來說，這些突變是偶發或新生的，即它們是在孕育這孩子時發生的。偶發的精神分裂症可能是和神經系統發育相關的基因變化而造成的結果。驚人的是，許多在這項研究中發現的基因，也和偶發的自閉症和躁鬱症息息相關。③

⊖

家族性精神分裂症的基因呢？一開始，或許也會以為尋覓家族性疾病的基因會比較容易。貫穿家族的精神分裂症就像鋸子的刀鋒，劃過數個世代，這種病本來就比較常見，也更容易找到患者並追蹤他們。但和我們直覺相反的是，在複雜家族疾病中鑑別基因困難得多。要找到一個導致偶發或自發疾病的基因，就像在乾草堆裡撈針。當試著從兩個基因組比較找出很小的差別時，只要有足夠的數據和運算能力，通常就可以把這些差異識別出來。但是，要找出導致家族性疾病的多種基因變體，就像在乾草堆裡找乾草堆一樣。「乾草堆」中的哪些部分（即哪些基因變體的組合）會增加風險？哪些則是無辜的旁觀者？父母與子女天生就有一部分基因組相同，那麼，哪些共同的部分與遺傳疾病有關？第一個「找出不同者」的問題需要計算能力。第二個「拆解相似之處」，則需要概念上的敏感。

儘管有這些障礙，遺傳學者已經開始有系統地搜尋這樣的基因，他們組合各種遺傳技術，包括在染色體繪出禍首基因實際位置的基因連鎖分析、鑑識與疾病相關基因的大型關連研究，以及辨識基因和突變的次世代定序。根據對基因組的分析，我們知道至少有一〇八個基因（更確切地說是基因區）與精神分裂症有關；儘管我們只認得出其中一小部分禍首的身分。[14]④值得注意的是，沒有任何單獨基因是造成風險的單一因素，這個情況和乳癌是極大的對比。和遺傳乳癌有關的基因必定眾多，但如BRCA1等單一基因，就強大到足以促成罹患乳癌的風險（即使我們無法預測有BRCA1基因的女性何時會得到乳癌，但她一生中任何時刻罹患乳癌的風險都高達七、八成）。精神分裂症通常沒有這麼強力的單一罹病因素或指標。一位研究者說，「有很多小且常見的遺傳效應散布在整個基因組中……，牽涉很多不同的生物過程。」[15]

因此，家族性的精神分裂症（如智力和性情等正常的人類特徵）有極大的可能會遺傳，卻不容易原封不動地遺傳。換句話說，基因（遺傳的決定因素），對這種疾病未來的發展有很大影響。如果你有特定的基因組合，發病的機率就非常高：因此同卵雙胞胎會有很高的一致率。但另一方面，跨世代遺傳這

---

② 另一類與精神分裂症相關的重要突變稱為複製數變異（copy number variation，CNV），其基因缺失（deletions）或同一基因重複了兩或三倍。在偶發性自閉症和其他形式的精神疾病中，也有複製數變異出現。

③ 這個方法是比較某種疾病偶發或新基因突變兒童的基因組和他們父母的基因組，在二〇〇〇年代由自閉症研究科學家首開先河，並大幅推進了精神遺傳學領域的進步。舉世最大的自閉症資料庫西蒙斯資料庫（Simons Simplex Collection）鑑識出兩千八百個家庭，其中父母並非自閉症，只有一個子女出生時患有自閉症譜系障礙。比較親子基因組之後，可以在幾個孩子的基因組中發現幾個新生突變。值得注意的是，幾個在自閉症病童身上突變的基因，在精神分裂症病童身上也發生突變，因此，兩種疾病之間可能有更深的遺傳關連。

個疾病很複雜。由於基因在每一世代都會混合搭配，由父母親繼承一模一樣變體排列組合的機會明顯降低。也許在一些家族中，基因變體較少，但效果更強；這說明了這個疾病為什麼會跨世代再度發生。但在其他家族中，基因效果可能會減弱，並且需要更深層次的改變和觸發因素；這解釋了其遺傳為什麼沒那麼頻繁。另外，有的家族只有一個高外顯率基因受孕前意外地在精子或卵細胞中突變，導致學者觀察到偶發性精神分裂症病例。⑤

⊖

我們能否想像進行精神分裂症的基因測試？也許第一步將是列出所有相關基因的目錄，而這是人類基因組學的龐大計畫。但即使有了這樣的目錄也還不夠。遺傳研究清楚指出，有些突變唯有在與其他突變一起作用的情況下，才會導致疾病。我們需要辨別出可以預測實際風險的基因組合。

下一步是應對不完全外顯和表現度不一（variable expressivity）。了解這些基因測序的「外顯率」和「表現度」非常重要，當為患有精神分裂症（或任何遺傳疾病）兒童的基因組定序，並拿它和正常手足或父母的基因組比較時，會提出的問題是：「被診斷出患有精神分裂症的兒童，在遺傳上與『正常』兒童有什麼不同？」而沒有提出的問題則是：「如果這個突變的基因出現在一個兒童身上，他罹患精神分裂症或躁鬱症的機會有多大？」

這兩個問題之間的差異極為重要。人類遺傳學已越來越擅長創造所謂遺傳疾病的「後向目錄」，這像是一種後視鏡：當孩子出現一種綜合症狀，那麼突變的基因是什麼？但是，想要估計外顯率和表現度，我們還需要創造「前向目錄」：如果孩子帶有一個突變基因，那麼他發展出病徵的機會有多大？每一個基因是否都能預測風險？相同的基因變體或基因組合，是否會在個人身上產生高度變化的表現型？例如一個人出現的是精神分裂症，另一個是躁鬱症，而第三個則是相較之下較輕微的輕度躁狂？某些變體的組合是否需要其他突變或觸發因素，才會使風險超越極限？

---

④ 和精神分裂症相關性最強也最有趣的基因，是一個和免疫系統相關的基因，稱為 C4。[16] 這個基因有兩種關係密切的形式：C4A 和 C4B，它們彼此緊緊相鄰地排在基因組上。兩者編碼的蛋白質都可用於辨識、消除和破壞病毒、細菌、細胞碎片與死細胞。但是，這些基因與精神分裂症之間的顯著關係，仍然是難解的謎團。

二○一六年一月，一項開創性的研究解決了這個難題的一部分。在大腦中，神經細胞用稱為突觸的特定接頭或連結，與其他神經細胞進行交流。這些突觸在大腦發育過程中形成，它們的連結是正常認知的關鍵，就像電路板上電線的連結對電腦的功能至關緊要。

在大腦發育期間，這些突觸必須修剪和重塑，和製造電路板時切割和焊接電線一樣。教人驚訝的是，原本認為用來識別並除去死細胞、碎片和病原體的 C4 蛋白，卻被「改變用途」，用來消除突觸，此這個過程叫做「突觸修剪」（synaptic pruning）。人類的突觸修剪在整個童年期間持續進行，一直到三十歲成年期，正是許多精神分裂症症狀顯現的時期。

在精神分裂症患者中，C4 基因的變異增加了 C4A 和 C4B 蛋白的數量和活性，導致突觸在發育過程中「過度修剪」。這些抑制分子可能會讓情緒敏感兒童或青少年的大腦，恢復正常數量的突觸。

四十年的科學研究（一九二○年代的雙胞胎研究、一九八○年代的連鎖分析和一九九○和二○○○年代的神經生物學和細胞生物學），匯聚於這個發現。對於像我家的家族，C4 與精神分裂症相關的發現為這種疾病的診斷和治療開啟了莫大的前景，但同時，也進一步引發如何及何時可以做這樣的診斷測試或治療的問題。

⑤「家族」和「偶發」之間的區別由基因層面開始糾纏和瓦解。部分在家族疾病中發生突變的基因，也會在偶發疾病中發生突變。這些基因最有可能是該疾病的強大病因。

診斷之謎還有最後一個轉折，讓我以一則故事說明。一九四六年的一個晚上，在拉結什去世的幾個月前，他由大學回家，帶著一個待解的謎題，這是一道數學難題。他的三個弟弟絞盡腦汁，他們把題目傳來傳去，好像它是足球一樣。驅動他們的是手足間的競爭對立、青春期脆弱的自尊、身為難民的韌性，以及在無情城市失敗的恐怖。我想像他們三兄弟（二十一、十六、十三歲），擠在小房間的三個角落，各自思索解決的辦法，以自己獨特的策略攻擊問題。我父親堅強果斷、百折不撓、有條不紊，但缺乏靈感。賈古不按牌理出牌、拐彎抹角、充滿創意，但沒有紀律指引。拉結什精確、有靈感、有紀律，頗有傲氣。

夜幕降臨，謎題仍未解開。到了晚上十一點左右，兄弟們一個接一個上床了，但拉結什卻徹夜未眠，他在房間裡踱步，塗塗寫寫，列出解決方案和替代做法。到天亮時，他終於破解了問題。第二天早上，他在四張紙上寫下了解決方案，把它留在一個兄弟的腳下。

故事到這裡為止，這成了我們家族的神話和傳說，但接下來發生的事知道的人並不多。多年以後，我父親告訴我那件事發生後一週的恐怖經歷。拉結什第一個不眠之夜帶來了第二個不眠之夜，接著是第三個。那一天的通宵熬夜讓他陷入了一陣暴躁的狂潮，或者也可能是先有狂躁，再激發了通宵解題的不眠馬拉松。無論是哪一種情況，他在接下來幾天失蹤了，遍尋不獲。他的哥哥拉丹奉命去找他，最後必須強迫，拉結什才回家。我祖母希望趁早屏除後患，因此禁止在家裡解謎和玩遊戲（終其一生，她都對遊戲抱著懷疑的態度。我們小時在家裡都禁止遊戲）。對拉結什來說，這是他未來的預兆。在這第一次的崩潰之後，接下來還有許多類似的崩潰。

Abhed，我父親這麼稱呼遺傳——「不能分割」。在「瘋狂天才」的流行文化中有一個比喻，一個心靈在瘋狂與天才之間擺盪分裂，兩者之間只差一個開關。可是拉結什沒有開關，他的心靈沒有分裂或擺盪，沒有鐘擺。神奇和瘋狂連結在一起，是不用護照的毗鄰王國。它們是一體的兩面，不能分割。

「我們這一行（詩人）全都是瘋子，」瘋子的大祭司拜倫寫道，「有些人是受歡樂感染，有些人則是受憂鬱影響，但他們全都多少有點瘋狂。」[17]這個故事的不同版本一再重現，有些是躁鬱症，有些是精神分裂症，也有罕見的自閉症病例；他們都「多少有點瘋狂。」我們很容易會把精神病想像得十分浪漫，所以我必須強調這些有精神障礙的人會體驗到認知、社會和心理失調的癱瘓麻痺，讓他們的生活受到擾亂破壞。但同樣不容否認的是，有些帶有此症狀的患者具非比尋常的能力。大家早已發現躁鬱症與非凡的創造力相關；有時候，創意就是在躁狂的痛苦中出現。

在《瘋狂天才》（*Touched with Fire*）這本權威的研究中，作者心理學家凱・傑米森（Kay R. Jamison）編輯了「多少有點瘋狂」者的名單，[18]讀來就像文藝界的世界名人錄：拜倫（當然入選）、梵谷、維吉尼亞・吳爾芙（Virginia Woolf）、詩人希薇亞・普拉絲（Sylvia Plath）、安妮・塞克斯頓（Anne Sexton）、羅伯特・洛威爾（Robert Lowell）、傑克・凱魯亞克（Jack Kerouac）等等。這份名單也可以納入科學家（牛頓、約翰・納許〔John Nash〕），音樂家（莫札特與貝多芬），以及一位以瘋狂建立了整個電影派別，最後卻因憂鬱症自殺的影星羅賓・威廉斯。最先描述自閉症兒童的心理學家漢斯・亞斯伯格（Hans Asperger）稱這些孩童為「小教授」，自有充分的理由。[19]退縮、社交笨拙，甚至語言障礙的孩子，在「正常」的世界幾乎難以運作，卻可能在鋼琴演奏出薩提（Satie）《吉諾佩第》（*Gymnopédies*）最縹緲的版本，或者在十七秒內計算出十八階乘。

重點是，如果不能將精神疾病的表現型和創造的衝動分開，便不能分開精神疾病的基因型疾病和創造的衝動。「造成」躁鬱症的基因，也會「造就」創造的激情。這個難題讓我們看見了維克多．麥庫西克對疾病的理解：疾病不是絕對的殘疾，而是基因型和環境之間的不一致。高功能自閉症的兒童在這個世界可能有殘缺，但在另一世界（如要執行複雜算術運算的世界，或者必須分辨最細微色彩變化物體才能生存或成功的世界），卻可能是超高功能。

那麼，精神分裂症難以捉摸的基因診斷呢？我們能否想像某個未來，將以基因檢測診斷胎兒和終止懷孕的手段，把精神分裂症由人類基因庫中排除？然而，我們必須承認其中包含教人不安的不確定性。首先，儘管我們已知許多種精神分裂症與單一基因的突變相關，但還有數百個基因牽涉其中，有些已知，但有些還未知。我們不知道某些基因組合是否比其他組合更容易致病。

其次，即使我們可以創造包含所有相關基因的全方位目錄，依舊有廣大的未知因素可能會改變風險的本質。我們不知道個別基因的外顯率，或者什麼會改變特定基因型的風險。

最後，某些與精神分裂症或躁鬱症相關的基因，其實也增強了某些能力。如果光憑基因或基因組合，就能區分最病態的精神疾病和高功能的精神疾病，那麼我們當然希望進行這種測試。但這種測試更可能帶有本質上的限制：在一種情況下導致疾病的基因，往往正是另一種情況下帶來超功能的創造力。正如挪威畫家愛德華．孟克（Edvard Munch）所說：「我的煩惱是我和我藝術的一部分。它們與我無法分割，治療會毀滅我的藝術品。我要保留那些痛苦折磨。」[20]我們要提醒自己，正是這些「痛苦折磨」創造出二十世紀最具代表性的圖像——一個深陷精神病時代的男人，只能以精神病反應的吶喊回應。

用基因診斷精神分裂症和躁鬱症的前景，涉及了如何面對不確定性、風險和選擇的根本問題，我們想消除痛苦，但又想「保留那些痛苦折磨」。我們可以理解蘇珊．桑塔格（Susan Sontag）把疾病的當成「生命黑夜的一面」。[21]這個想法適用於許多疾病，但並非全部。其難處在於如何定義黃昏在哪裡結束，或黎明由哪裡開始。不過，在一種情況下是疾病，另一種情況下卻成了異常傑出的能力，這樣的定義毫無幫助。在我們這半球的黑夜，同時在地球的另一半球的另一塊大陸上，卻是輝煌燦爛的白天。

⊖

二〇一三年春，我赴聖地牙哥參加畢生最發人深省的會議之一。這個會議的題目是「基因醫學的未來」，在拉荷亞（La Jolla）能俯瞰大海的斯克利普斯研究所（Scripps Institute）會議中心舉行。[22]這裡是現代主義的紀念碑：金黃色的木頭，稜角分明的混凝土，鋼條製的窗框。水面上金光萬道，又瘦又高的未來人類身材的慢跑者越過濱海步道。族群遺傳學家大衛．戈德斯坦（David Goldstein）發表了「測序未確診童年疾病」的演講，此研究希望把大量平行基因定序用在尚未診斷出來的童年疾病。

會議的第二天早上，一名十五歲的女孩，姑且稱之為艾瑞卡，坐在輪椅上，被母親推上舞臺。艾瑞卡穿著蕾絲花邊的白色洋裝，肩上披著一條圍巾。她有一則故事要說，這是一則關於基因、身分、命運、選擇和診斷的故事。艾瑞卡有個遺傳問題，導致嚴重的進行性退化疾病。症狀由她一歲半時開始，那時肌肉會發生小小的抽搐。到了四歲時，抽搐已發展到劇烈的程度；她幾乎沒辦法保持肌肉靜止。每天晚上她都會醒來二、三十次，全身都是汗水，肌肉震顫不停。睡眠似乎會使症狀惡化，所以她的父母輪流陪她保持清醒，試圖安慰她，讓她每晚能休息幾分鐘。

臨床醫師懷疑這是不尋常的遺傳症候群，但是所有已知的遺傳測試都無法診斷出她的疾病。二〇一一年六月，艾瑞卡的父親在聽美國國家公共廣播電臺（NPR）的節目時，聽到加州有一對雙胞胎亞歷克西斯和諾亞．貝瑞（Alexis and Noah Beery）長期以來也有肌肉問題，[23]後來經過基因測序，診斷出罕見的新症候群。根據該基因診斷，補充化學物質5—羥色胺（5-hydroxytryptamine，5-HT），效果顯著，大幅減少了雙胞胎的運動性症狀（motor symptoms）。[24]

艾瑞卡希望能得到類似的結果。二〇一二年，她成為第一個加入以基因組測序診斷疾病臨床試驗的病人。當年夏天，序列的結果出來了，艾瑞卡的基因組並不是只有一個突變，而是兩個：一個在名為ADCY5的基因上，改變了神經細胞彼此傳送信號的能力；另一個在DOCK3上，這個基因控制協調肌肉運動的神經信號。兩個突變加起來，促成了肌肉萎縮和誘發震顫的症候群。這是遺傳的月蝕——兩種罕見的綜合症相互重疊，造成罕見疾病中最稀有的疾病。

艾瑞卡演講結束後，觀眾紛紛湧出禮堂到外面的大廳，我正好碰到艾瑞卡和她母親。艾瑞卡非常可愛，她謙虛、周到、穩重、口齒伶俐。她的智慧就像骨頭斷了之後自癒得更堅強。她已寫了一本書，正在著手寫另一本。她經營自己的部落格，協助研究籌款數百萬美元，是我所遇過最頭頭是道、最會反省的少女。我問到她的病情，她坦率地談到這對她的家人造成的痛苦。她的父親曾說，「她最大的恐懼是我們什麼都找不到。不知道病因是最糟的事。」

但是，「知道病因」改變了一切嗎？艾瑞卡的恐懼雖然減輕了，可是對於突變的基因，或者它們對她肌肉的影響，卻無計可施。二〇一二年，她嘗試了可以緩解一般肌肉抽搐的藥物Diamox，確實得到短暫的緩解，她有了十八夜的睡眠（對畢生幾乎從未整夜安眠的十幾歲少女來說，終生值得），但病情復發，震顫再度出現，肌肉仍在萎縮，她仍然坐在輪椅上。

如果我們能為這種疾病設計一個產前測試，會有什麼結果？史蒂芬．奎克（Stephen Quake）剛結束關於胎兒基因組測序的演講，談「未出生胎兒的遺傳學」。很快地，大家就會掃瞄每一個胎兒的基因組，以便找出所有潛在的突變，並按照嚴重性和外顯率排列其中眾多基因。我們不知道艾瑞卡遺傳疾病本質的細節（也許就像癌症的某些遺傳形式），她的基因組中還有其他隱藏的「合作」突變，但大部分的遺傳學家都認為應是只有這兩個皆為高外顯率的突變，導致她的症狀。

我們是否應該容許父母對孩子的基因組進行全面排序，並在發生已知這種破壞性基因突變時終止懷孕？這樣做一定會在人類基因庫中消除艾瑞卡的突變，但我們也會抹除了艾瑞卡。我並不是要輕描淡寫艾瑞卡或她家人所承受的嚴重折磨，但毫無疑問，這樣做會是巨大的損失。不承認艾瑞卡深沉痛苦的是我們同理心的瑕疵，但拒絕承認在這種交換支付的代價，則是我們人性的缺陷。

一群人圍著艾瑞卡和她母親，我往下朝著擺放三明治和飲料的海灘走去。艾瑞卡的演講在一片樂觀的會議中，發出了冷靜清醒的音符：你可以對基因組進行測序，希望找到適當的藥物緩解特定的突變，但那是很少見的結果。產前診斷和終止懷孕仍然是這種罕見重病最簡單的選擇，但卻也是在倫理道德上最難面對的選擇。「科技發展越多，我們進入的未知領域就越多。我們無疑得面對艱難無比的抉擇，」會議主辦人艾瑞克·托普告訴我，「在新的基因組學中，很少會有白吃的午餐。」

確實，午餐剛剛結束。鐘聲響起，遺傳學家回到禮堂思索未來的未來。艾瑞卡的母親把她推出會議中心，我向她揮手，但她沒有注意到我。在我進入大樓時，看到她坐著輪椅穿過停車場，圍巾在她身後隨風飄動，就像一句結語。

⊖

我選了上述的三種案例：史特林的乳癌、拉結什的躁鬱症和艾瑞卡的神經肌肉疾病，因為它們涵蓋了廣泛的遺傳疾病，也因為它們說明了最棘手的基因診斷難題。史特林在單一的禍首基因（BRCA1）上有一個可辨識的突變，造成一種常見的疾病。這個突變具有很高的外顯率（攜帶這個突變基因的人有七〇至八〇%的機率會發展出乳癌），但外顯率並不完全（並非百分之百），這個疾病未來的確切形式、發病的時間和風險程度都是未知，而且，也可能無法知道。預防的治療，如乳房切除術或荷爾蒙治療，全都會帶來身心痛苦，且治療本身也有風險。

相較之下，精神分裂和躁鬱症是多種基因造成的疾病，外顯率低得多，目前沒有辦法預防，也無法治療。這兩者都是會復發的慢性疾病，粉碎心智，撕裂家庭。然而，造成這些疾病的基因卻也有可能造成和疾病本身相關的迫切創造欲望，儘管這種情況很罕見。

接著，艾瑞卡的神經肌肉疾病（由基因組中的兩個變化所引起的罕見遺傳疾病），這種疾病外顯率高，使人極其虛弱，無法治癒。不是不能思索治療的方法，只是不太可能找到。如果用胎兒基因組的基因測序配合妊娠終止（或篩檢突變之後的胚胎選擇性著床），那麼這種遺傳疾病很可能可以由人類基因庫排除。在少數情況下，基因測序可能會發現對藥物治療，或者對未來基因療法有反應的疾病（二〇一五年秋，有名十五個月大的幼兒因無力、震顫、進行性失明和流口水，被誤診為「自身免疫性疾病」，轉至哥倫比亞大學的遺傳診所。後來基因測序顯示這孩子有個和維生素代謝相關的基因突變，為她補充嚴重缺乏的維生素B2之後，她恢復了大部分的神經功能）。

史特林、拉結什和艾瑞卡全都是「預生存者」，他們未來的命運潛伏在他們的基因組中，但他們實際的故事和預生存的選擇卻各有千秋。我們要如何處理這些訊息？科幻電影《千鈞一髮》（*Gattaca*）年輕的主角傑洛姆說，「我真正的履歷在我的細胞裡。」然而，我們能閱讀和理解一個人的遺傳履歷多少？我們能不能以可用的方式破解任何基因組編碼的命運？我們又在什麼情況下可以，或者應該干預？

第一個問題：我們可以以有用或有預測意義的方式「閱讀」多少人類的基因組？直到最近，由人類基因組預測命運的能力受到兩個基本限制的約束。首先，大多數基因都如道金斯所述，不是「藍圖」，而是「食譜配方」。它們說明的不是零件，而是程序；它們是形式的公式。如果改變藍圖，便可預見最後產品改變的方式：如果除去藍圖中某個特定的小零件，結果就是缺少一個小零件的機器。但是，改變食譜或配方，卻無法預測產品改變的方式：假如把蛋糕中奶油的量增加為四倍，最後的結果卻會遠比僅是四倍奶油的蛋糕更複雜（不妨試試看；整個蛋糕會變成一團油膩膩的大雜膾）。依照類似的邏輯，我們也不能把大多數的基因變體分離檢視，解譯它們對形體和命運的影響。MECP2 基因的正常功能是識別化學變更的 DNA，其突變可能導致的自閉症絕非意料中事（除非你明白基因如何控制製造大腦的神經發育過程）。[25]

在意義上可能更為深遠的第二個限制，是某些基因天生難以捉摸的本質。大多數基因都會與其他觸發因素（環境、機會、行為甚至父母和胎兒時期的接觸）互相作用，以決定生物的形式和功能，以及對它未來的影響。我們已發現，這些互動大多沒有脈絡可循：純屬偶然發生，無法預測或確定它們的形式。這樣的相互作用對遺傳決定論有強大的限制：基因與環境互相作用的最終結果，永遠無法僅以遺傳學就可靠地預測。[26]最近嘗試用雙胞胎之一的疾病預測另一個雙胞胎未來的疾病，便不是很成功。

即使有了這些不確定，我們應該也很快就可以知道人類基因組中幾個可預測的決定因素。隨著探索基因和基因組的能力更熟練、更全面、計算能力更強，我們應該能更透徹地「閱讀」基因組（至少就概率的意義上是如此）。目前臨床上只有高外顯率的單一基因突變（戴薩克斯症、囊狀纖維化、鐮狀細胞性貧血），或整個染色體的改變（唐氏症）採用基因診斷。但我們沒有理由只把基因診斷限制於單一基因或染色體突變所造成的疾病。[6]「診斷」也不應僅限於疾病的原因。運算能力夠強大的電腦應該能破解配方造成的變化：輸入一個改變，就應該能計算產品的變化。

到了二〇二〇年時，遺傳變體的排列組合將會用來預測人類表現型、疾病和命運的變化。有些疾病可能永遠不適合這種遺傳測試，但或許最嚴重的精神分裂症、心臟病，或外顯率最高的幾種家族癌症，都可以用一些突變組合的結果預測。而且，一旦我們對這些「程序」的了解納入預測性的演算法（predictive algorithms），各種基因變數之間的互相作用，就可計算對所有身心特性的最終影響，而不只限於疾病而已。演算法可以確定心臟病、氣喘或性取向發展的可能性，並對各基因組的各種命運分配相當的風險。因此，基因組不是以絕對，而是以可能性的方式閱讀；就像成績單上給的不是成績，而是概率，或者履歷表上列的不是過去的經歷，而是未來的傾向。它將會成為預生存者的手冊。

⊖

一九九〇年四月，彷彿要讓人類基因診斷的好戲更精采似的，《自然》雜誌刊了一篇文章，宣告一種新技術的誕生，可以在胚胎植入母體之前先做基因診斷。[27]這個技術依據人類胚胎學的奇特性質。體外受精（IVF）產生胚胎時，通常會在培養箱中培養數天，再植入女性的子宮。單細胞胚胎在濕潤的培養箱中，浸浴在營養豐富的湯裡，經過分裂，形成閃閃發光的細胞球。三天後就有八個細胞，接著再分裂為十六個細胞。教人驚訝的是，如果從那個胚胎裡移除一些細胞，剩餘的細胞會照舊分裂，並且將填補缺失細胞的空隙，胚胎繼續正常生長，彷彿什麼事都沒有發生過。在我們人類生長歷史中，有個片刻很像蠑螈（或者說很像蠑螈的尾巴），即使切除了四分之一，依舊可以完全再生。

人類胚胎即可在這個早期階段進行活體組織切片，提取少數細胞進行基因測試。一旦測試完成，經過精挑細選，擁有正確基因的胚胎便可以植入母體。只要做些修改，就連卵子在受精前都可以進行基因測試。這種技術稱為「胚胎著床前基因診斷」（preimplantation genetic diagnosis，PGD）。由道德的角度來看，胚胎著床前基因診斷耍了一種看似不可能的花招手段。如果選擇性地植入「正確的」胚胎，並且冷凍保存其他胚胎而不殺死它們，就可以選擇胎兒，而不用墮胎。這是一口氣結合了積極和消極的優生學，且毋須造成胎兒死亡。

⊖

一九八九年冬，兩對英國夫婦最先用胚胎著床前基因診斷來選擇胚胎。其中一對夫婦有 X 染色體相關的嚴重智力障礙家族史，另一對夫婦則有 X 染色體相關的免疫症候群；兩種都是只出現在兒子身上的遺傳疾病，無法治癒，所以他們要選擇女性的胚胎。兩對夫婦都生了雙胞胎女兒，而且這兩對女嬰都如預期，並沒有遺傳到疾病。

⑥ 和疾病風險相關的突變或變異，或許並不在基因的蛋白質編碼區域。變異可能在基因的調控區域，或者在非編碼蛋白質的基因上。確實，目前所知許多影響特定疾病或表現型風險的遺傳變異，正是在基因組的調節區或非編碼區。

這兩個治療首例引發了莫大的倫理道德爭議，幾個國家都迅速採取行動，約束這種科技。可想而知，動作最快且限制最嚴的是德國和奧地利，兩個曾因種族主義、大屠殺和優生政策受害的國家。在重男輕女次文化氾濫的印度，早在一九九五年就有以胚胎著床前基因「診斷」胎兒性別的報導。當時印度政府禁止用任何方式選擇生男孩（現在亦然），用胚胎著床前基因診斷挑選胎兒性別當然立刻遭禁。然而，禁令並沒有抑制此問題：印度和中國的讀者可能會尷尬而嚴肅地承認，人類史上舉世最大的「消極優生學」計畫，並不是一九三〇年代在納粹德國或奧地利有系統地處決猶太人，這項恐怖的殊榮落在印度和中國，在這兩個國家，共有上千萬名女嬰因殺嬰、墮胎和疏於照顧，而未能長大成人。優生學未必透過殘酷的獨裁者和掠奪型的國家，以印度為例，完全「自由」的人民，憑著自己的意志，毋須國家下令，就能執行針對女性的古怪優生計畫。

目前，胚胎著床前基因診斷可以用來篩選單基因突變造成疾病的胚胎，如囊狀纖維化、亨丁頓舞蹈症和戴薩克斯症，不過原則上，遺傳診斷並不限於單一基因疾病。我們毋須以《千鈞一髮》這類電影提醒這種想法會造成多大的不穩定。透過或然率分析孩子的未來、診斷尚未出生的胎兒，或甚至讓胚胎在受孕前就成為「預生存者」，我們沒有任何模型或比喻可以理解這樣的世界。診斷的英文「diagnosis」來自希臘文的「區分、辨別」，但在孕育成形的過程中就這樣做，有遠超出醫學和科學範疇的道德和哲學後果。歷史上，分辨的技術讓我們能辨識、治療並讓病人痊癒。這些技術讓我們能藉診療測試和預防措施，搶先採取行動，並以適當的方式治療疾病（如用 BRCA1 基因搶先治療乳癌），造福人類。但它們也造成對「異常」的窒息定義，分割弱者和強者，或者以它們最可怕的化身，走向優生學的邪惡極端。人類遺傳學的歷史一再提醒我們，區分辨別（knowing apart）往往始於「知」（knowing）卻終於「分」（apart）。納粹科學家龐大的人體測量計畫（對於測量下顎尺寸、頭部形狀、鼻子長度和身高）的迷戀，也曾被當成「區分辨別人類」的正當做法。

政治理論家戴斯蒙．金（Desmond King）曾說，「不管怎樣，我們全都會被拖進『基因管理』的制度，其本質就是優生。一切都會是以個人健康的名義，而非整體人口的強健為藉口，管理人就是你、我和我們的醫師和政府。遺傳上的改變會由看不見的個人選擇之手來操控，但最後的結果是一樣的：各方嘗試『改善』下一世代的基因。」[28]

⊖

一直到最近為止，遺傳診斷和干預一直是受三個不成文的原則指導。首先，診斷測試大部分只限於疾病單一主因的基因變異，亦即高外顯率突變，發展成疾病的可能性接近百分之百（唐氏症、囊狀纖維化、戴薩克斯症）。其次，由這些突變引起的疾病會造成極大的折磨，或者基本上無法過「正常」的生活。第三，情有可原的干預措施，如人工流產唐氏症的胎兒，或者手術干預 BRCA1 突變的女性。以上皆已獲得了社會和醫學界的共識，而且所有干預措施都完全出於自由的選擇。

我們可以把這三角形的三邊，想像為大部分文化不願踰越的道德界限，例如讓只攜帶一〇%在未來發展出癌症基因的胚胎流產，便違反了禁止干預低外顯率突變的禁令，同樣地，國家不顧個人的意願（如是胎兒，則要父母的同意），強制有遺傳疾病的個人進行醫療，也踰越了自由和非強迫的界限。

然而，我們很難不注意到這些變數天生就容易受到自我強化邏輯的影響。我們決定「極大折磨」的定義，我們劃定「正常」對「異常」的界限，我們做出干預的醫療選擇，我們決定「情有可原的干預措施」的本質。擁有某些基因組的人類要負責定義界定、干預，或甚至除去擁有其他基因組人類的標準。

簡言之，「選擇」就像是基因設計的幻想，用來宣傳類似基因的選擇。

儘管如此，這個限制的三角形：高外顯率的基因、極大的折磨，和情有可原非強制性的干預，卻是人們可以接受的遺傳干預形式的實用指南。只是，這些界限遭到了破壞。比如一連串驚世駭俗的研究，用單一基因的變體推動社會工程的選擇。[29]一九九〇年代後期，醫學界發現一個稱為5HTTLPR的基因和精神壓力的反應有關，這個基因編碼一個調節腦部某些神經元間信號的分子。此基因有兩種形式，或者對偶（一長一短）。四〇%的人口都攜帶短序的基因，稱作短5HTTLPR（5HTTLPR/short），產生出的蛋白質量低得多，這種短序基因和焦慮行為、憂鬱、傷害、酗酒和高危險行為息息相關，連結雖不強烈，卻很廣泛：學界發現這種短序等位基因和德國酒徒自殺風險、美國大學生憂鬱比例，和執行戰地任務的軍人創傷後壓力症比例都成正比。[30]

二〇一〇年，研究人員在喬治亞洲的貧窮鄉間做了研究，稱為「強健非裔家庭」（Strong African American Families，SAAF）計畫。[31]這個地區青少年犯罪、酗酒、暴力、精神病和嗑藥問題嚴重，處處都是廢棄的破木屋，罪案頻傳，空蕩蕩的停車場只見皮下注射針頭，半數的成人都沒進過高中，半數的家庭都是單親媽媽。

這項研究徵求了六百個有青春前期兒童的非裔家庭，把他們分為兩組，其中一組讓兒童及家長接受七週以防止酗酒、暴食、暴力、衝動和嗑藥為主旨的密集教育、諮詢、情緒協助和按部就班的社會干預，而控制組的家庭則不受任何干預。兩組的兒童都做了5HTTLPR定序。[32]

這個隨機實驗的第一個結果可想而知：控制組中，有短序基因（也就是此基因的「高風險」形式）的青少年參與狂飲、嗑藥和濫交等高風險的行為是兩倍。但第二個結果更發人深省：這些兒童對社會干預也最有可能起反應。在干預組，有高風險等位基因的兒童反應最強，也最快「正常化」，即受該基因影響最大的受測者受干預之後反應最佳。在平行研究中，喪失父母的短 5HTTLRP 基因嬰兒比長基因的同伴有更明顯的衝動脫序，但把他們安置在關懷照顧的寄養環境之後，他們的進步也最鮮明。

在這兩例中，短 5HTTLPR 基因編碼了過度活躍的「壓力感應器」，對精神壓力反應靈敏，但這個感應器對於針對壓力感應的干預，也最容易起反應。就彷彿韌性本身有遺傳中心：有些人天生就比較有心理韌性（但對干預的反應較差），而有些人天生敏感（但對環境中的變化較有反應）。

這種「韌性基因」的想法深深吸引社會工程學者。行為心理學家傑·貝爾斯基（Jay Belsky）在二〇一四年於《紐約時報》上撰文指出，「我們該不該找出最易感的兒童，把稀少的資源和經費全力投注在他們身上？我認為答案是肯定的。用常見的比喻來說，有些兒童就像嬌弱的蘭花，一旦呈受壓力或匱乏，就會很快凋萎，但如果悉心照顧關懷，就會盛開。也有些兒童較像蒲公英，面對逆境很有韌性，但對正面的經驗卻並沒有得到特別的好處。」[33]貝爾斯基主張，如果能辨識這些「嬌弱的蘭花」和「蒲公英」，社會就可以用稀少資源針對有效目標，達到莫大的效果。「我們甚至能夠想像有朝一日能對所有小學學童做基因型鑑定分析，確保最能獲益的學生會得到最好的老師。」

對所有小學學童做基因型分析？由遺傳圖譜決定寄養的選擇？蒲公英和蘭花？基因和偏好的談話顯然已逾越了原本的界限（高外顯率基因、極大的折磨和情有可原的干預措施），變成了由基因型驅動的社會工程。如果基因型鑑定發現這個兒童未來有憂鬱症或躁鬱症的風險該怎麼辦？能不能用基因分析辨識暴力、犯罪或衝動的傾向？什麼叫做「極大的折磨」？哪些算是「情有可原」的干預？

正常又是什麼？父母能為自己選擇「正常狀態」嗎？如果心理學依行的是某種海森堡的量子測不準原理，那麼，干預本身會不會強化了異常的表現？

⊖

本書一開始描述的是個人的歷史，但我關切的是個人的未來。我們已知父母之一患有精神分裂症，其子女在六十歲之前發病的機會是一三至三〇％，如果雙親都有此症，風險就爬升到約五〇％。一個叔叔罹患精神病，這孩子的罹病風險是一般人的三至五倍，兩個叔叔和一個堂兄弟罹病（賈古、拉結什、莫尼），這個數字就跳到約一般人的十倍高。如果我的父親、姊妹或堂兄弟發病（症狀可能在人生後期才出現），我罹病的風險就會躍升七倍。這需要等待、觀察，需要一轉再轉命運的陀螺，需要評估再評估我的遺傳風險。

在對家族性精神分裂症有了詳盡的研究之後，我常會想要為我和家族中的某些人做基因組測序。如今已有這種科技：我自己的實驗室就有提取、測序和解讀基因組的設備（我常用這種科技為癌症病人做基因測序），然而，依舊無法辨識提高罹病風險的大部分基因變體或變體的組合。可以肯定的是，這些變體到二〇二〇年將可以鑑定，而且將可以量化罹病風險。對像我這樣的家族，基因診斷不再是抽象的希望，而會成為個人臨床的實際應用。考慮條件的三角形（高外顯率的基因、極大的折磨和情有可原的干預），都會刻畫在我們個人的未來上。

如果上世紀的歷史告訴了我們由政府決定遺傳「適應能力」（即哪些人符合三角形的界限範圍、哪些人則在考慮範圍之外）的風險，那麼，我們現在面對的問題則是，將這股力量移交給個人手上將會發什麼結果？這個問題需要我們平衡個人的欲望（刻畫出幸福和成就的人生，沒有不必要的痛苦），和社會的欲望（短期內可能只是希望減少疾病的負擔和殘障的費用），兩者背後可能還有第三種力量靜靜地運作：我們的基因本身。它們不顧我們的欲望和衝動，複製和創造新的變異，卻能不論直接或間接、不論深刻或拐彎抹角地影響我們的欲望和衝動。一九七五年，文化史學家米歇爾．傅科（Michel Foucault）在索邦大學演講時曾提到：「一旦建立知識和力量的規則網路，適用於異常個體的科技就會應運而生。」[34] 傅柯想的是人類的「規則網路」，但也可輕易地適用在基因網路。

# 基因治療：後人類時代

我害怕什麼？我自己？旁邊沒有別人。

——莎士比亞，《理查三世》（*Richard III*）第五幕，第三景

目前在生物領域有一種難以克制的期望，教人想到二十世紀初的物理學。這是一種進入未知的感覺，以及進步將會到達何處的興奮和神祕的認識。二十世紀物理學和二十一世紀生物學之間的類比會持續下去，好壞皆然。[1]

——〈生物學的大霹靂〉（Biology's Big Bang），二〇〇七年

一九九一年夏，就在人類基因組計畫開始不久之後，一名記者在紐約的冷泉港實驗室訪問華生。[2]那是一個悶熱的下午，華生在辦公室，坐在俯看著閃閃發光海灣的窗前。記者問華生關於基因組計畫的未來，一旦我們基因組中的所有基因都經定序，科學家可以任意操縱人類的遺傳信息，會有什麼結果？

華生微微一笑，揚起眉毛。「他的手撫過稀疏的白髮，眼裡閃過淘氣的光芒。『很多人都說他們擔心我們的遺傳指令被改變，但那些遺傳指令只是演化設計讓我們適應說不定今天已不存在的產品。我們全都知道我們有多不完美。為什麼不讓我們更適合生存一點？』」

「『那就是我們要做的，』他說。他看著訪問自己的記者，突然放聲大笑，發出獨特而響亮的笑聲，科學界都知道那是暴風雨的前奏。『我們要做的就是這個，要讓自己更好一點。』」

華生這話讓我們回到埃里切學生提出的第二個問題：如果我們學會刻意改變人類的基因組，會有什麼後果？一直到一九八〇年代後期，重塑人類基因組（在遺傳方面「讓我們自己更好一點」）的唯一機制，就是在出生前鑑別出高外顯率且造成嚴重影響的基因突變（如造成戴薩克斯症或囊狀纖維化的基因突變），然後結束妊娠。到了一九九〇年代，胚胎著床前基因診斷讓父母親能預先選擇沒有這些突變的胚胎，植入母體，用選擇的道德困境取代了結束生命的道德困境。不過，人類遺傳學家依舊在前述的三角形界限中作業：高外顯率的基因突變、極大的折磨，和情有可原且非強制性的干預。

一九九〇年代後期基因治療出現，改變了這個討論的條件：如今可以刻意改變人體內的基因。這是「積極優生學」的重現。科學家現在不必再淘汰帶著有害基因的人類，而可以憧憬改正人類的缺陷基因，因此讓基因組「好一點」。

就概念而言，基因治療有兩種不同的類型，第一種是修飾如血液細胞、腦細胞或肌肉細胞等非生殖細胞的基因組，雖然這些細胞的基因修飾會影響其功能，但對人類基因組的改變不會超過一個世代。在肌肉或血液細胞內引入的基因改變並不會傳遞到人類胚胎裡；當這個細胞死亡時，改變了的基因就消失了。阿希．狄西瓦、傑西．蓋爾辛爾和辛西亞．柯奇赫都是人類接受非生殖細胞基因治療的例子：在這三個病例中，導入的外源基因改變了血液細胞，而非生殖細胞（即精子和卵子）。

第二種基因治療更激進，做法是修飾人類基因組，這樣的改變會影響生殖細胞。一旦基因組的改變導入精子或卵子（即人類生殖細胞）後，這個變化就會自我繁殖，讓變化永遠融入人類基因組內，代代相傳。被插入的基因和人類基因組密不可分。

在一九九〇年代後期，用生殖細胞進行基因治療還是天方夜譚：當時還沒有能把基因改變導入人類精卵細胞的可靠科技，甚至連非生殖細胞治療實驗都叫停。《紐約時報》把蓋爾辛爾的病例描述為「生物科技死亡」，[3]此事震驚業界，美國幾乎所有基因治療實驗都因此凍結，相關的公司紛紛倒閉，科學家改行。這個試驗把各種基因治療領域化為一片焦土，只剩永恆的創疤。

然而，基因治療已捲土重來，但步步為營。一九九〇至二〇〇〇年雖看似停滯，但卻是內省和反思的十年。首先，必須一絲不苟地解析蓋爾辛爾試驗案的一連串錯誤。為什麼把攜帶著一個基因且應該無害的病毒注入肝臟，會造成這麼嚴重致命的反應？醫師、科學家和監管單位調查之後，真相大白。用來感染蓋爾辛爾細胞的載體從未在人體做過適當的審查，但最重要的是應該預料到蓋爾辛爾對病毒的免疫反應。蓋爾辛爾很可能先前就已經自然地暴露於這個基因治療實驗使用的腺病毒。

他活躍的免疫反應並非失常；這是身體在對抗它先前曾遭遇的病原體的習慣反應，很可能是先前感冒時曾感染過此病毒。基因治療者在選擇普通人類病毒做為傳遞基因的載體時，犯了重大的判斷錯誤：他們忘了考慮基因將被帶入擁有歷史的人體，帶著傷痕、回憶和先前的接觸紀錄。「這麼美好的一件事，怎麼會出了這麼大的差錯？」保羅．蓋爾辛爾問道。我們現在知道原因：因為科學家只顧尋求美，卻沒有未雨綢繆。醫師只顧推動人類醫療的邊界，卻忘了考慮普通感冒。

⊖

蓋爾辛爾去世的二十年後，用在最初基因治療的工具大半都已被第二和第三代的技術取代。現在已採用新病毒，把基因導入人類細胞，也已發展出新方法監控基因的傳遞。這些病毒許多都經刻意選擇，因為它們在實驗室裡容易操控，且不會引發像在蓋爾辛爾體內失控的免疫反應大災難。

二〇一四年，《新英格蘭醫學期刊》刊登了一篇劃時代的研究，宣布基因療法已能治療血友病。[4] 血友病是因凝血因子突變，而引起流血不止的可怕疾病，是延續不斷穿過基因史的線縷，是DNA故事中的DNA。由俄羅斯王儲阿列克謝一九〇四年出生起，這個病就一直糾纏不斷，插足二十世紀初俄羅斯政壇的中心。這是人類首批辨識出與X染色體有關的疾病之一，顯示染色體上基因的實體存在。這是確定和單一基因相關的首批疾病之一，也是有人工設計蛋白質的第一批遺傳疾病之一，由基因科技在一九八四年創造。

用基因療法治療血友病的想法在一九八〇年代中期就已浮現。由於血友病是由缺乏能讓血液凝固的一種蛋白質所引起，因此想像中的解決方法就是用病毒把基因導入細胞，讓人體可以產生原本缺乏的蛋白質，恢復血液凝結。在延遲了二十年之後，基因治療師於二〇〇〇年代初期決定再度嘗試以基因療法醫治血友病。血友病所缺乏的凝血因子分為兩種主要類型，用於基因治療測試是B型血友病，這是因為第九凝血因子的基因突變，而不能產生正常的蛋白質。

這個測試療法很簡單：為十個有這種基因變體的男病患注射一劑攜帶第九凝血因子基因的病毒，接著監測血液中病毒編碼的蛋白質數個月。這個試驗不僅要測試安全性，也要測試其效果：研究人員要監測這十名病人注射病毒後出血的情況，以及追加注射第九凝血因子的次數。結果發現，雖然注射病毒攜帶的基因僅讓第九凝血因子的濃度增加五%，但對病患卻有驚人的效果。病患出血減少了九〇%，注入第九凝血因子的量也同樣顯著減少，效果持續了三年。

原本缺少的蛋白質僅僅增加五%，就有顯著療效，對基因治療者是個強力的信號，這提醒我們人類生物學的簡併力量：如果僅僅五%的凝血因子就足以恢復人類血液幾乎全部的凝血功能，那麼這個蛋白質的九五％必然是多餘（作為緩衝器或貯藏所），很可能是留在人體內候補，以防出現嚴重大出血的情況。假設其他單一基因造成的疾病（如囊狀纖維化），也適用同一原理，那麼基因療法就可能比原先想像的更容易駕馭。就連沒效率地把治療基因導入一小子集細胞，可能也已足夠治療原本致命的疾病。

⊖

但又要怎麼達成人類遺傳學多年來的夢想：以「生殖細胞基因治療」改變生殖細胞的基因，創造出永久改變的人類基因組？如何創造「後人類」（post-humans）或「基因改造人類」（trans-humans），即擁有永久改造基因組的人類胚胎？一九九〇年代初期，永久人類基因組工程的挑戰只剩下三個科學障礙，雖然這些困難從前都看似難以克服，但如今卻即將解決。目前人類基因組工程最驚人的事實不是它多麼遙不可及，而是它多麼近在咫尺，教人著急。

第一個挑戰是建立可靠的人類胚胎幹細胞。胚胎幹細胞是來自早期胚胎內細胞群的幹細胞，它們處在細胞和生物體之間的過渡狀態：它們可以像實驗室裡的細胞株一樣成長和受操控，但也能形成活胚胎所有的組織層。因此，改變胚胎幹細胞的基因組就是永久改變生物基因組的捷徑：如果可以刻意改變胚胎幹細胞基因組，那麼該遺傳變化就可能導入胚胎，進入胚胎內所有的器官，進入這個生物體。胚胎幹細胞的遺傳修飾是生殖細胞基因組工程必經的狹窄通道。

一九九〇年代後期，威斯康辛的胚胎學家詹姆斯．湯姆森（James Thomson）開始用人類胚胎做實驗，試圖從中提取幹細胞。儘管自一九七〇年代後期以來，已能取得小鼠的胚胎幹細胞，但數十個提取人類胚胎幹細胞的嘗試卻一直失敗，湯姆森檢討這些案例，認為造成失敗有兩大因素：種子不佳、土壤惡劣。建立人類幹細胞的起始材料往往品質不良，成長條件也不理想。湯姆森一九八〇年代念研究所時，悉心研究小鼠的胚胎幹細胞，就像溫室園丁讓奇花異草能在非原生環境下開花結果一樣，他也逐漸了解胚胎幹細胞許多奇特的習性。它們變幻無常又挑剔急躁。他明白它們稍經刺激就會崩潰死亡的傾向，他知道它們需要「哺育」（nurse）細胞照料它們，它們堅持聚在一起的奇怪習慣，和每一次在顯微鏡下看它們都教他著迷心醉的半透明折射光。

一九九一年，已轉赴威斯康辛地區靈長類中心的湯姆森開始由猴子身上提取胚胎幹細胞。他由一隻懷孕的母獼猴身上取了一個六天大的胚胎，讓這胚胎在培養皿生長。六天後，他就像剝開細胞水果的果皮一樣揭開胚胎外層，由內細胞群的髓內取出單一細胞。就像小鼠細胞，他也學會在供應關鍵成長因子的哺育細胞的窩巢裡培養這些細胞；如果沒有這些哺育細胞，胚胎幹細胞就會死亡。一九九六年，他相信自己的技術已可以在人類身上嘗試，因此要求威斯康辛大學的法規委員會准許他創造人類胚胎幹細胞。

只是，小鼠和猴子的胚胎很容易找得到，但科學家該去哪裡尋覓剛受精的人類胚胎？湯姆森在無意中發現了一個明顯的來源：不孕症診所。一九九〇年代後期，試管嬰兒已成為各種人類不孕症的常見療法。要進行試管嬰兒，得在婦女排卵後收集卵子，通常一次會收集數個卵（有時多達十或十二個），然後讓這些卵在培養皿中由男性精子授精。接著，胚胎在培養箱內短暫生長，然後再植回子宮。

不過，並非所有試管嬰兒胚胎都會植入子宮。植入三個以上的胚胎很少見，也不安全，通常多餘的胚胎都會被丟棄（或者在很少的情況下，植入其他女性體內，這些女性就是這種胚胎的「代母」）。一九九六年，已獲威大許可的湯姆森由試管嬰兒診所取得三十六個胚胎，其中十四個在培養箱內長成亮晶晶的細胞球。湯姆森用他在獼猴胚胎上練習到的盡善盡美技術，剝開外層，溫柔地勸誘細胞在「餵食器」和「哺育細胞」中成長，最後分離出一些人類胚胎幹細胞。這些細胞植入小鼠體內之後，能夠分化成包括全部三個胚層的人類胚胎，這就是皮膚、骨骼、肌肉、內臟和血液等所有組織的原始來源。

湯姆森用試管嬰兒捨棄的胚胎，重現了人類胚胎生成的許多特色，但它們依舊有個重大的限制：儘管它們能形成幾乎所有人類組織，但在發展成部分組織，如精子和卵子細胞時，效率卻極低。因此，在這些胚胎幹細胞做出的基因改變可以傳遞給這個胚胎的所有細胞，唯獨例外的是，能把基因傳遞到下一代的最重要的細胞。一九九八年，湯姆森的論文在《科學》發表不久，包括美、中、日、印度和以色列等國的全球科學家，也都開始由胎兒的胚胎組織提取胚胎幹細胞系，希望找出有基因生殖傳遞能力的人類胚胎幹細胞。[5]

然而，在幾乎無預警的情況下，這個領域卻遭凍結。在湯姆森發表論文過後三年的二〇〇一年，布希總統突然下令所有聯邦胚胎幹細胞研究只限於現有的七十四個細胞系研究，不得再培養新的細胞系，就連用試管嬰兒捨棄的胚胎組織也不行。研究胚胎幹細胞的實驗室遭到嚴密監督，經費也遭削減。[6] 二〇〇六和二〇〇七年，布希一再否決聯邦撥款建立新細胞系的法案，幹細胞研究的擁護者，包括罹患退化性疾病和神經傷害的病人齊集華府街頭抗議，威脅要控告禁止研究的聯邦機構。布希則召開記者會反擊，在他身後一字排開的兒童都是「廢棄」試管嬰兒胚胎經植入代母體內而來到人世的孩子。

⊖

聯邦經費不得撥給新胚胎幹細胞研究的禁令，凍結了人類基因組工程學者的雄心，至少暫時如此，但卻無法阻攔在人類基因組創造永久可遺傳改變的第二步：在現有胚胎幹細胞基因組引入刻意改變的可靠方法。

起先，這似乎也是無法超越的技術挑戰。幾乎每一種改變人類基因組的技術都粗糙且缺乏效率。科學家可以讓幹細胞暴露在輻射下，讓基因突變，可是這些突變卻會在基因組內隨機分布，無法穩定地影響突變。帶有已知基因變化的病毒雖可把基因插入基因組，可是插入的位置往往隨機，被插入的基因也經常沉默。一九八〇年代，有人發明了另一種在基因組做出定向改變的方法——把細胞浸在攜帶突變基因的外源DNA碎片中，外源DNA會直接插入細胞的遺傳物質中，或其信息被複製到基因組內。這種程序雖然可行，卻極無效率且常出錯。可靠有效的刻意改變（以特定方式對特定基因進行特定改變的做法），似乎根本不可能。

⊖

二〇一一年春，細菌學者艾曼紐·夏邦提耶（Emmanuelle Charpentier）為一個問題請教生化學者珍妮佛·杜德娜（Jennifer Doudna），這兩人起先的討論似乎和人類基因或基因組工程並沒有多大關係。夏邦提耶和杜德娜兩人赴波多黎各參加一場微生物學會議，她倆一邊聊天，一邊穿過聖胡安老城的巷弄，行經拱門色牆赭白相間的屋宇。夏邦提耶告訴杜德娜她對細菌免疫系統的興趣，即細菌保衛自己免受病毒的機制。病毒和細菌之間的戰爭如此長久慘烈，就像難分高下的古老宿敵：彼此的對立已根深柢固銘印在各自的基因上。病毒已演化出遺傳機制，要侵略並殺死細菌，而細菌也同樣演化出抗敵的基因。杜德娜知道：「病毒感染就像滴答作響的定時炸彈，細菌只有幾分鐘能拆除炸彈引線，否則就會摧毀。」

二〇〇〇年代中期，兩位法國科學家菲利普·霍瓦特（Philippe Horvath）和魯道夫·布蘭戈（Rodolphe Barrangou）無意中發現了這種細菌自我防禦的機制。霍瓦特和布蘭戈兩人都是丹麥的丹尼斯克（Danisco）

食品公司員工，負責研究製造起士和優格的細菌，他們發現有些菌種已演化出一種系統，能夠在入侵病毒的基因組上同步剪切，使之麻痺（有點像某種分子閘刀，能憑持續入侵者的DNA序列辨識出它們的身分）。剪切並非隨機發生，而是針對病毒DNA的特定位點。

他們很快就發現細菌的防禦系統至少包括兩個要素，第一個是「搜尋者」：在細菌基因組內編碼的一個RNA分子，其能夠比對辨識出病毒的DNA。這種辨識的原則又是透過結合：「搜尋者」RNA能夠找到並辨識入侵病毒的DNA，因為它就是那個DNA的鏡像（對方是陽，它就是陰），這就好像把敵人永恆的影像揣在自己口袋中；或者就細菌而言，是把倒置的照片，永久蝕刻在自己的基因組內，無法消除。

防禦系統的第二個要素是「殺手」。一旦藉由反像辨識出病毒DNA，並比對出是外來侵略者，就會派出稱為Cas9的細菌蛋白，對病毒基因痛下殺手。「搜尋者」和「殺手」相輔相成：唯有在序列比對辨識出來之後，Cas9蛋白才會剪切基因組，這是經典的合作組合——監測者和執行手、無人機和火箭砲、邦妮和克萊德。

一生都在研究RNA生物學的杜德娜對這個系統很有興趣。起先她覺得這很奇特，後來她說，「這是我所研究過最難解的事物」，但和夏邦提耶一起工作後，她開始小心翼翼地把它分解，探究其組織成分。

二〇一二年，杜德娜和夏邦提耶發現這個系統「可編程」。細菌當然須攜有病毒基因的圖像，才能尋覓並摧毀病毒；它們並沒有辨識或剪切其他基因組的理由，但杜德娜和夏邦提耶對細菌的自我防禦系統知之甚詳，知道怎麼欺騙它：只要用誘餌辨識元素取代原本的辨識元素，就能讓系統對其他基因和基因組進行蓄意剪切。她們發現只要代換「搜尋者」，就也許可以找到並剪切不同的基因。

上一段倒數第二句應會讓任何人類遺傳學者都心癢難搔，因為在基因上「蓄意剪切」就可能會造成突變。大部分的突變都是在基因組中隨機發生；我們無法不能命令Ｘ光或指揮宇宙射線，只針對囊狀纖維化基因或戴薩克斯症基因。但在杜德娜和夏邦提耶的例子上，突變並非隨機出現：剪切可以經設計，發生在自我防禦系統辨識的位置，杜德娜和夏邦提耶只要改變辨識元素，就能重新導引它攻擊某個特定的基因，讓這個特定的基因依照她們的意思突變。①

這個系統還可以進一步操控，當基因切開，露出DNA的兩端，就像被切斷的線一樣，可以修剪。剪切和修剪是為了要修補破損的基因，基因會尋找未受損的副本，恢復喪失的信息。就像物質貯存能量；基因組的設計便是用以貯存信息。通常被切開的基因會由細胞內此基因的另一份副本恢復丟失的信息，但如果細胞裡都是外源DNA，基因就會糊里糊塗地由誘餌DNA複製信息。寫在誘餌DNA片段上的信息就如此這般地永遠地複製到基因組內；就像把句子裡的某個字擦掉，然後在原處寫上另一個字代換。依此做法，預定的基因改變就可以寫入基因組：一個基因中的ATGGCCCG便可以改變為ACCGCCGGG（或任何想要的序列）。突變的囊狀纖維化基因就能改正為「野生型」基因；能夠抗病毒

① 另一種用DNA剪切酶在特定細胞內進行「可編程」的剪切技術，也正在發展，稱為「TALEN」。這種酶也可用來進行基因組編輯。

的基因就可被引入生物體；突變的 BRCA1 基因則可被復原為野生型；許多單調重複序列的突變亨丁頓基因則可能打斷並刪除。這種技術命名為基因組編輯（genome editing）或基因組手術（genomic surgery）。

二〇一二年，杜德娜和夏邦提耶在《科學》發表了她們對這種稱作 CRISPR/Cas9 微生物防禦系統的報告，立刻引燃了生物學家的想像力。[7] 在這篇革新研究發表後的三年中，各界如火如荼地使用此技術。[8] 不過，此方法依舊有些基本限制：剪切的信息偶爾會傳遞到錯誤的基因，有時修補效力不夠，很難在基因組特定位置「重寫」信息。但是，比起任何改變基因組的方法，此方法都更容易、更強力、更有效。在生物學史上，這樣的科學研究機緣屈指可數。一種由微生物自行創造的神祕防禦機制，由優格的研究人員發現，再由 RNA 生物學家重新編程，創造了活板門，通往遺傳學者數十年來屢求不得的革命性技術：對人類基因組進行特定、高效能和指定序列的修飾方法。這個系統可以讓基因治療先驅理查·穆利根夢想的「乾淨簡潔的基因治療」成為可能。

⊖

要達到人體基因組永久刻意修飾，還需要完成最後一步：必須把在人類胚胎幹細胞所做的基因改變納入胚胎之中。但是，直接把人類胚胎幹細胞轉變為能生存的人類胚胎，不論在技術或道德上都匪夷所思，即使人類胚胎幹細胞能在實驗室的環境下分化為各種人體組織，也難以想像把人類胚胎幹細胞直接植入女人子宮，期望這個細胞能自動長成人類胚胎存活。把人類胚胎幹細胞植入動物體內，這些細胞頂多只能形成人類胚胎胚層的鬆散組織，這離人類胚胎發育過程中受精卵的解剖學和生理學協調配合相去甚遠。

一個可能的替代方法是在胚胎達到基本解剖形式，即受孕數天或數週之後，再對整個胚胎做整體遺傳修飾。但這種策略也有其困難：人類胚胎一旦形成胚層，基本上就很難再做基因修飾。姑且不論技術上的問題，這種實驗在倫理上造成的不安遠超過任何其他考量：在人類活體胚胎上做基因組修飾顯然會引發各種遠超過生物學和遺傳學範疇的問題。在大多數國家，這已超越了許可的界限。

不過還有第三種策略，可能最為可行。假設用標準基因修飾科技，把基因的修改導入人類胚胎幹細胞內，經過基因修飾的胚胎幹細胞就可以轉化為生殖細胞（精子和卵子）。如果胚胎幹細胞真的是多功能幹細胞，就該能分化為人類的精子和卵子（畢竟真正的人類胚胎會生成自己的生殖細胞）。

現在，想像一下：如果將經過這樣基因修飾的精子或卵子體外受精，創造出人類胚胎，胚胎所有的細胞必然都帶有這種基因改變，包括精子和卵子細胞在內。我們可以測試這個程序的初級步驟，而不必改變或操控真正的人類胚胎，因而安全避開操控人類胚胎的道德界限。[②]最關鍵的是，這個過程用已有的試管嬰兒療程模擬：精子和卵子在體外受精之後，把早期胚胎植入女性體內；這個程序不太會引發疑慮，這是生殖細胞基因治療的捷徑，以基因改造人類的後門。把胚胎幹細胞轉化為生殖細胞，讓基因得以順利引入人類生殖細胞。

② 一個重要的技術細節是，由於個別胚胎幹細胞可以複製增殖，因此可以辨識並捨棄產生意外突變的細胞。唯有經過預先篩檢，帶有預期突變的胚胎幹細胞，才會被轉化為精子或卵子。

隨著科學家提升改變基因組的系統，最後的挑戰也即將解決。二〇一四年冬，英國劍橋和以色列魏茲曼科學院（Weizmann Institute）的胚胎科學團隊開發了一套系統，用人類胚胎幹細胞產生原始生殖細胞（將成為精子和卵子的前體細胞）。[9]先前的實驗使用人類胚胎幹細胞較早的版本，未能創造出這樣的生殖細胞，不過以色列的研究人員在二〇一三年進行改良，分離出新的胚胎幹細胞，更容易形成生殖細胞。一年後，他們和劍橋的科學家合作，發現如果在特定的條件下培養這些人類胚胎幹細胞，並且用特定的誘導劑引導它們分化，細胞就會形成一團一團的精子和卵子前體細胞。

這個技術目前還很麻煩且效率很低，顯然，因為人造人類胚胎的法規嚴格，究竟這些精子和卵子等細胞能不能發育為正常發展的人類胚胎還不得而知，不過能夠傳遞遺傳的基本細胞已出現。原則上，如果能用基因編輯、基因手術或病毒插入基因等任何遺傳技術，來修飾親代胚胎幹細胞，那麼任何基因改變就都可以永久蝕刻在人類基因組中，代代相傳。

操縱基因是一回事，操縱基因組則是截然不同的另一回事。一九八〇和一九九〇年代，DNA定序和基因複製技術讓科學家能了解並操控基因，因而熟練地掌握了細胞生物學。不過，能夠在自然環境下（尤其是在胚胎細胞和生殖細胞中）操控基因組，則開啟了通往更強力科技之門，攸關利害的不再只是細胞，而是生物體——我們自己。

一九三九年春，愛因斯坦在普林斯頓大學他的研究室內思索核子物理的發展，發現要創造威力無窮武器的每一個步驟都已經個別完成：鈾分離、核裂變、連鎖反應、反應緩衝，和在反應室內的控制釋放都已各就各位。唯一欠缺的就是順序：如果能把這些反應依序組合，就能造出原子彈。一九七二年，保羅·伯格在史丹福凝視著凝膠上的ＤＮＡ條帶，發現自己也處在類似的關鍵點。基因的剪切和黏貼、創造嵌合體，和把這些基因嵌合體引入細菌和哺乳動物的細胞，都讓科學家能夠操縱人類和病毒之間的基因混合體，現在需要的只是把這些反應依序串連。

就人類基因組工程而言，也處在類似的時刻（就像感覺到胎動）。我們可以依序想像下列步驟：一、取得真正的人類胚胎幹細胞（能夠形成精子和卵子）；二、在這個細胞創造有目的且可靠的遺傳修飾方法；三、導引經基因修飾過的幹細胞轉化為人類的精子和卵子；四、藉由體外受精把那些經修飾的精子和卵子孕育成人類胚胎。這般如此，就輕而易舉地得到基因改造的人類。

這裡的每一步驟都在現有技術的範圍之內，並沒有變任何戲法。當然還有許多領域待探索，例如，能否有效改變每一個基因？這種改變會有什麼附加效果？由胚胎幹細胞形成的精子和卵子細胞，是否真的能產生功能正常的人類胚胎？另外還有許許多多細節技術障礙，不過這個拼圖的關鍵部分已各得其所。

可想而知，以上每一個步驟目前都受嚴格的法規和禁令控管。終於在二〇〇九年，美國聯邦長期凍結胚胎幹細胞的研究經費由歐巴馬政府解禁，准許提取新的胚胎幹細胞。然而，儘管有新法規，國家衛生研究院依舊禁止兩種人類胚胎幹細胞研究。第一，科學家不得把這些細胞導入人類或動物體內，讓它們發育為活體胚胎；第二，在「可能導入生殖細胞」（即精子或卵子細胞）的情況下，不能在胚胎幹細胞上進行基因組修飾。

㊀

二〇一五年春，本書即將完成之際，包括杜德娜和巴爾的摩在內的一群科學家發表了共同聲明，希望科學界暫停臨床上使用基因編輯和基因改造技術，尤其是把這種技術應用在人類胚胎幹細胞。[10]「長久以來，社會大眾對人類生殖細胞系工程既感興奮又抱持疑慮，尤其擔心會造成『滑坡效應』：從原本的治療用途，流落到沒有絕對必要，甚至是製造問題的用途，」聲明中表示，「我們討論的重點是，處理或治療人類的嚴重疾病是不是基因組工程的責任目標？如果是，又應該在什麼情況下使用？例如，用這種技術改變致病基因突變，讓它變成異於健康人典型的序列，這樣的做法適當嗎？就連這看似單純的情境，都會引起嚴重的關切。因為，我們對人類遺傳學、基因環境互動和疾病途徑的理解仍是有不足之處的。」

許多科學家都認為暫停令可以理解，甚至有其必要。研究幹細胞的生物學家喬治．戴利（George Daley）說，「基因編輯引發了最基本的問題，那就是我們要怎麼看待我們未來的人類，以及我們要不要採取急遽的步驟，修改我們自己的生殖細胞系，掌控我們自己的遺傳命運。這對整體人類都可能造成莫大的風險。」

在很多方面，這些科學家提議的限制方案都教人想到厄西勒瑪令，其目的是要限制技術的使用，直到釐清這種技術在倫理、政治、社會和法律上的意義，它要求公開評鑑科學及科學的未來，同時也坦白承認我們離製造永久改變人類基因組的胚胎已經近在眉睫，從胚胎幹細胞創造出第一個小鼠胚胎的麻省理工學院生物學家耶尼施說，「很明顯的，人一定會試著在人類身上進行基因編輯，我們必須制定具原則的協議，確定我們要不要以這種方式增強（enhance）人類。」[11]

注意，他用的字是「增強」，象徵著科學家已遠遠偏離了基因工程的傳統限制。在基因編輯技術發明之前，「胚胎選擇」讓我們能做到信息由人類基因組剔除：透過胚胎著床前基因診斷選擇胚胎，亨丁頓氏症突變或囊狀纖維化突變就能由特定家族的血統中移除。

相較之下，以 CRISPR/Cas9 為基礎的基因組工程，讓我們能在基因組內添加信息：基因可以被蓄意改造，新遺傳碼可以寫入人類的基因組。法蘭西斯．柯林斯寫信給我：「這表示人們會用『改進』自己為理由，操控生殖細胞，這也表示會有人擁有決定什麼是『改進』的權力。任何考慮這樣做的人都該知道自己的狂妄。」[12]

因此，問題的癥結不是基因的解放（擺脫遺傳疾病的限制），而是基因的增強（擺脫人類基因組編碼的現有形式和命運的界限）。這兩者之間的差別就是未來基因編輯渦流脆弱的支點。如果如歷史教導我們的，一個人的疾病是另一個人的常態，那麼一個人對「增強」的理解，可能會是另一個對「解放」的想法（就如華生所問的，「為什麼不讓我們自己更適合生存一點？」）。

然而，人類能負責任地「增強」自己的基因組嗎？增加我們基因編碼的自然信息，會有什麼後果？我們能不能讓我們的基因組變得「好一點」，而不冒會讓我們自己「壞很多」的風險？

⊖

二〇一五年春，中國某間實驗室宣布它在不經意間跨越了障礙。[13] 廣州中山大學由黃軍就率領的團隊由一間體外受精診所取得八十六個人類胚胎，並用 CRISPR/Cas9 系統矯正了一個和常見血液疾病有關的基因（只選用了不能長期存活的胚胎），其中七十一個胚胎存活。經基因測試的五十四個胚胎中，只有四個被插入了矯正的基因。更可怕的是，這個系統有錯誤存在：在所有測試的胚胎中，有三分之一的胚胎在其他基因上也產生了意外的突變，連正常發育和生存必需的基因也發生突變。實驗因而叫停。

這是個雖魯莽卻大膽的實驗，用意是引起反應，而且也的確奏了效。全球科學家對這種修改人類胚胎的嘗試都表現極度憂慮和關切，地位最崇高的科學期刊，包括《自然》、《細胞》和《科學》皆指出此實驗大大違反了安全和倫理的標準，拒絕發表他們的報告[14]（他們的結果最後終於發表在很少人點閱的網路期刊《蛋白質＋細胞》〔*Protein + Cell*〕）[15]。然而，儘管生物學者滿心恐懼不安地讀這個研究，他們卻心知這只不過是跨出缺口的第一步。中國的研究人員採取了通往永久人類基因工程的最短捷徑，可想而知，胚胎遍布了未能預見的突變，但這個技術可以用多種變化修改，讓它更有效、更正確。比如，如果採用胚胎幹細胞和以幹細胞生成的精子和卵子，這些細胞就能預先篩檢、去除有害的突變，大量提升基因標靶的效能。

黃軍就告訴記者，他「打算採用不同策略，減少偏離目標突變的數量。例如，些微調整酶，引導它們更精確地到達指定的位置、引入不同形式的酶、協助規範它們的壽命，因此能在突變累積之前關閉它們。」[16]他希望在幾個月內，能嘗試此實驗的改良版本；這回他希望能有更高的效能和精確度。他並不是吹牛：修飾人類胚胎基因組的技術或許複雜、缺乏效率、錯誤百出，但它並非在科學所及的範圍之外。

西方科學家對黃軍就的人類胚胎實驗感到焦慮，而且也的確有其道理，但中國的科學家對這種實驗抱著樂觀的態度。二〇一五年六月底，一位科學家在《紐約時報》表示，「我認為中國並不想接受暫停令。」[17]一位中國生物倫理學家澄清說，「儒家思想認為生而為人。這與美國或其他受基督教影響的國家不同，由於宗教的關係，這些國家可能感覺做胚胎研究不可行。我們的『紅線』是只有十四天以內的人類胚胎可以用於實驗研究。」

另一位科學家寫到中國的做法是「先做再想」，有些公共評論者似乎認同這種策略；《紐約時報》的民意論壇版，也有讀者支持取消人類基因組工程的禁令，呼籲西方國家加緊實驗，部分原因就是要和亞洲的研究相抗衡。中國人的實驗顯然已提高了舉世在這方面的賭注，有作家寫道，「如果我們不做這個研究，中國也會做。」改變人類胚胎基因組的動力已經變成了洲際武器競賽。

在寫作本書之時，據報導中國已另有四個團隊正進行把永久突變導入人類胚胎的實驗。本書出版時，人類胚胎的靶向基因組修飾，說不定已有成功的例子，第一個「後基因組」人類可能即將誕生。

對於後基因組世界，我們需要一份宣言（或至少需要漫遊指南）。史學家東尼·賈德（Tony Judt）曾告訴我，卡繆的小說《瘟疫》（*The Plague*）談瘟疫，就像《李爾王》談名叫李爾的國王。在《瘟疫》中，生物大災難成了人類不可靠、欲望和野心的試驗場，是變相的人性寓言。雖然閱讀基因並不需要了解寓言或隱喻，但基因組也是我們易犯錯和欲望的試驗場。我們在閱讀和寫入基因組的，正是我們的不可靠、欲望和野心，那是人性。

寫下那份完整的宣言是另一個世代的任務，但或許我們可以重溫這段歷史的科學、哲學和道德教訓，寫下它的緒論：

1. 基因是遺傳信息的基本單位，它攜帶建造、維持和修補生物體所需要的信息。基因和其他基因、環境、觸發因素與隨機的機會合作，產生生物體最後的性狀和功能。

2. 遺傳密碼是通用的，藍鯨的基因可以插入微小的細菌，依舊能被正確且幾近完美地忠實解讀：人類基因並無特殊之處。

3. 基因影響形態、功能和命運，但這些影響通常不會以一對一的方式發生。大部分的人類屬性都是一個以上基因作用的結果；許多是基因、環境和機會共同作用而發生。這些相互作用大多不是系統性的，它們是透過基因組和基本上無法預測的事件交集而發生。有些基因只會影響傾向和趨勢。因此，生物體上一小部分基因突變或變異，我們能以此可靠地預測其最後結果。

4. 基因的變異會造成特徵、形體和行為的變化。我們俗語說藍眼基因或身高基因，實際上指的是指定眼睛顏色或身高的基因變異（或等位基因）。這些變異在基因組只占極小部分，卻因為我們文化或甚至生物有放大差異的傾向，而遭我們的想像力放大。來自丹麥的六呎男子和出身剛果丹巴（Demba）的四呎男人在解剖結構、生理學和生化方面的性質是一樣的。即使是兩個最極端的人類變異——男性和女性，也有九九．六八八％的基因相同。

5. 在我們聲稱找到「某些人類特徵或功能的基因」時，是因為那個特徵的定義很狹隘。「血型基因」或「身高基因」有意義，因為這些生物屬性本質上是狹義的。但是，生物學常犯的一個毛病就是把特徵的定義和特徵本身混為一談。如果我們界定「美」是有藍色的眼睛（而且只限藍眼睛），那麼我們的確可以找到「美的基因」。如果我們界定「智力」只限在一種測驗中一種問題的表現，那麼我們的確可以找到一個「智力基因」。基因組只是人類想像力廣度和窄度的鏡子，是納西瑟斯（Narcissus，希臘神話中對著水中倒影自戀的美少年）的倒影。

6. 以絕對或抽象的觀念談論「自然」或「培育」是荒唐無稽的。自然（即基因）或培育（即環境）主宰某個特色或功能的發育，主要是看個別的特色和背景而定。SRY基因以驚人的自主方式，決定了性在結構和生理學的特徵；這純屬自然。性別認同、性偏好以及性角色的選擇，則是來自基因和環境的交互作用，即自然加培育。相較之下，社會上對「男子氣概」與「女性氣質」的規定或認知，主要是由環境、社會記憶、歷史和文化決定，這純屬培育。

7. 人類的每一世代都會產生變異和突變；這是我們生物學不可分割的一部分。突變只是由統計意義上的「異常」，是不太常見的變體。讓人類均質化和「正常化」的欲望，必須要和維持多樣性和異常的生物指令相平衡。常態和演化相互對立。

8. 許多人類疾病，包括先前認為與飲食、接觸、環境和機會有關的幾種疾病，都受到基因的強烈影響，或者是由基因引起。這些疾病大都是多基因疾病，即受多種基因影響。這些疾病是可遺傳的，即由基因特定排列相交引發，但不容易原封不動地遺傳，因為基因排列會在每一世代都重新組合，所以可能不會完整地傳給下一代。由單一基因造成的疾病（單基因疾病）雖然罕見，但數量上卻非常多。迄今已有上萬種這樣的疾病。一至二%的孩子天生帶有單基因疾病。

9. 每一種遺傳「疾病」都是生物體的基因組及環境錯配的結果。在部分病例中，為減輕病情的適當醫療干預可能是改變環境，讓它「適合」生物體的性狀（如為侏儒症患者打造適當的建築物、為自閉症兒童安排另類教育）。相反地，某些病例，則可能是改變基因以適應環境。還有一些病例，基因和環境兩者不可能相配，例如，因必要基因失去功能的疾病與所有環境都不相容，這是最嚴重的遺傳疾病。一般而言，環境有更大的可塑性，因此，認為改變自然（基因）是治病的終極之道，實是現代人奇特的謬誤。

10. 在特殊情況下，基因和環境的不相容將嚴重到不得不採取非常措施，如遺傳選擇或針對性的遺傳干預等。但在我們了解選擇基因和修飾基因組許多意想不到的後果之前，還是把這些情況歸為例外而非常規，比較安全。

11. 本質上，基因或基因組並不能對抗化學和生物方面的操控。「大部分的人類特性都是基因和環境複雜的相互作用結果」這個標準的概念絕對正確。然而，儘管這些複雜性限制操控基因的能力，卻也留下很多有效基因修飾的機會。人類生物學中帶有能影響數十個基因的常見主調控因子。一個表觀遺傳因子可能可以設計成只要用一個開關，就能改變數百個基因。基因組內充滿了這種干預節點。

12. 目前為止，我們干預人類基因的企圖一直受三種考量限制：極大的痛苦、高外顯率基因型，以及合乎情理的干預。在我們放鬆這三角形三邊的界限（如改變「極大痛苦」或「合理干預」的標準）之際，我們也需要新的生物、文化和社會的準則，以決定該准許或限制哪些遺傳干預，以及這些干預的環境是否安全無礙。

13. 歷史會因基因組的重現而重演，而基因組也會因歷史的重演而重現。驅動人類歷史的衝動、野心、幻想和欲望，至少有一部分就編碼在人類基因組裡，而人類歷史同樣也選擇了哪些衝動、野心、幻想和欲望的基因組。這種自我實現的邏輯循環，雖然打造了人類最精采、最教人感動的特質，卻也構成了某些人類最不可饒恕的本性。要求我們擺脫這種邏輯的軌道未免不合理，但認識它的循環，對於它的好高騖遠保持警惕，或許能保護弱者不受強者欺凌，避免「突變」遭「正常」滅絕。

或許連這樣的警惕也存在我們的兩萬一千個基因裡，或許這種警覺心所造成的同情也編碼在人類的基因組內，難以磨滅。

或許這就是人之所以為人的原因。

# 尾聲：Bheda, Abheda

Sura-na Bheda Pramaana Sunaavo;
Bheda, Abheda, Pratham kara Jaano.

讓我看你會分割歌曲的音符；
但首先，讓我看你會分辨，
哪些可以分割，
哪些不能。

——古典梵文詩歌啟發的佚名樂曲

我父親稱基因為「abhed」，意即不可分割，這個字的反義字是「bhed」，而它本身就有千變萬化的意義，如區分（動詞）、切除、決定、察覺、分割、治癒。它和「vidya」（知識）及「ved」（醫藥）的字根相同。印度教聖典《吠陀經》（*the Vedas*）也出於同一字根。它源自古印歐語文字「uied」（知或辨別意義）。

科學家的工作就是分割，我們區分。這是我們這一行難以避免的職業病，我們得要把世界分割為它組成的成分：基因、原子、位元，然後才能使它再度完整。我們沒有其他的機制可以了解這個世界：要創造部分的總和，必須先把它分割為總和的部分。

然而，這種方法隱含著一種危險。一旦我們把生物體（人類）看成是基因、環境和基因與環境相互作用的總和，我們對人類的看法就由根本起了變化。伯格曾告訴我，「任何神智清楚的生物學家都不會認為我們全然是基因的產物，可是一旦了解了基因之後，我們對自己的想法就不會再和以前一樣。」[1]由部分整合出來的總和，和被分割為部分之前的總體已然不同。

就如梵文詩歌所說的：

讓我看你會分割歌曲的音符；
但首先，讓我看你會分辨，
哪些可以分割，
哪些不能。

⊖

目前人類遺傳學有三大計畫，三者都和辨識、分割與最後的重建相關。第一個計畫是要辨識人類基因組內編碼信息的確切本質。人類基因組計畫是起點，但它提出了一連串教人困惑的問題，究竟人類DNA的三十億個核苷酸「編碼」了什麼信息？基因組內的功能成分是什麼？基因組內當然有蛋白質編碼基因（總共兩萬一千至兩萬四千個），但也有基因調控序列，以及把基因分割成不同模組的DNA片段（內含子）。基因組中的信息可以建構成千上萬的ＲＮＡ分子，它們雖不會轉譯為蛋白質，但在細胞生理過程中卻依舊能扮演不同的角色。另外，還有長串的「雜物」ＤＮＡ，看似毫無作用，卻可以編碼數百種目前尚未知的功能。基因組內的糾結和皺褶，讓染色體的一部分能在三度空間中和另一部分相連。

二〇一三年，為了了解基因組每一個成分的角色，一個龐大的國際計畫正式啟動，希望能創造人類基因組每一個功能元素（即染色體上有編碼或指令功能的任何ＤＮＡ序列）。這個計畫很高明地取名為「ＤＮＡ元素百科全書」（Encyclopedia of DNA Elements，ENC-O-DE），旨在把人類基因組和它所包含的所有信息交叉註釋。

一旦辨識出這些功能「元素」，生物學家就要面對第二個挑戰：了解這些元素在時間、空間下如何結合，如何啟動人類胚胎和生理的發展、指定解剖構造的規格，和發育出生物體獨特的屬性和特徵。①教人感到謙卑的是，我們對人類基因組的了解，就是我們所知甚少：我們對於人類基因及其功能的了解，大半是來自於看似相同的酵母菌、蠕蟲、果蠅和小鼠基因。博特斯坦曾寫道，「直接進行研究的人類基因寥寥無幾。」[2]新基因組學的任務之一，就是要縮小人鼠之間的距離，確定人類基因如何在人體發揮功能。

這個計畫對醫學遺傳學將有幾個特別重要的成果。人類基因組功能註釋可讓生物學者發現新的疾病機制，找出和複雜疾病相關的新基因組元素，這些聯繫能讓我們了解疾病的終極原因。比如我們依舊不知道遺傳信息、行為接觸和隨機偶然的交互作用怎麼會造成高血壓、精神分裂、憂鬱症、肥胖、癌症或心臟病。找出正確的功能元素是解決疾病機制的第一步。

了解這些連結也能揭示人類基因組的預測能力。二〇一一年，心理學家特克海默發表了影響深遠的評論，他寫道，「經過一世紀雙胞胎、手足、親子、收養子女和全譜系的家族研究，已經毫無疑問地確定在人類所有的差別中，基因舉足輕重，不論由病態到常態，由生物到行為。」[3]然而，儘管有這些強烈的關連，特克海默所稱的這個「基因世界」卻比想像中更複雜難解。一直到最近，唯有具有高外顯率、造成最嚴重表現型的基因變化才能達到較強的預測。基因變異的組合尤其難解，我們不可能確定某一種基因排列（基因型）會造成未來的某一特定結果（表現型），尤其在多個基因掌控之時。

然而，這個障礙可能很快就會解除。讓我們做一個乍看似乎很牽強的思想實驗。假設我們可以預先為十萬個兒童做全面基因組定序；也就是在對其中任何兒童的未來有所知之前，創建一個資料庫，收錄每一個兒童基因組功能成分的所有變體和組合（十萬是隨意舉的數字，這個實驗可以擴及任何數量的兒童）。現在，想像幫這群兒童創造一個「命運圖」：辨識出每一種疾病或生理異常，並記錄在同一個資料庫裡。我們可以把這幅命運圖，稱為人類「表型組」（phenome），即個體的全套表現型（屬性、特徵、行為）。接著，再想像用電腦分析挖掘這些成對的基因圖／命運圖的資料，以確定彼此如何對應、互相預測。儘管還有一些不確定的因素（甚至是深層的因素），但十萬人類基因組對十萬人類表型組的預期對應，應會提供發人深省的數據集，描繪出由基因組編碼的命運本質。

這個命運圖的精采特色在於，它不限於疾病；可以隨我們所欲盡量深廣、盡量詳細。它可以包括嬰兒出生時體重過輕、學前學習障礙、青春期過渡的躁動、少年時代的迷戀、衝動的婚姻、出櫃、不孕、中年危機、上癮的傾向、左眼白內障、早禿、憂鬱、心臟病、因卵巢癌或乳癌而早逝。過去，這樣的實

①　要了解基因如何發展為生物體，不只要了解基因，也要了解ＲＮＡ、蛋白質和表觀遺傳記號。未來的研究必須能發掘基因組、所有的蛋白質變異（蛋白質組）和所有的表觀遺傳記號（表觀基因組）如何協調合作、建構並維持人體。

驗實在難以想像，但現今我們有了電腦科技、資料貯存和基因定序等力量，使它可能在未來實現。這是巨大的雙胞胎實驗，只是參與的不是雙胞胎，而是靠著電腦計算科技，跨時空比對基因組，創造出數以百萬計的虛擬遺傳「雙胞胎」，再以這些排列組合為人生事件註記。

有一點很重要，那就是我們必須了解這些計畫本質固有的限制，或更廣泛地說，試圖預測來自基因組的疾病和命運有其局限。有評論者抱怨，「或許用遺傳解釋命運終將在達到頂點時，超越病因作用的範疇。它不僅未能充分展現環境扮演的角色，還採取了駭人的醫療干預手段，但並沒有揭露多少人類的命運。」[4]然而，這種研究的力量恰恰在於它們「除去疾病的範疇」；基因提供了背景，讓我們理解人類的發展和命運。依賴背景或環境的情況會被稀釋和過濾；只留下受到基因強烈影響的事件。只要有足夠的受測者和足夠的計算能力，原則上，就可以確定和計算出基因組幾乎所有的預測能力。

⊖

最後的計畫可能影響最為深遠。就如用人類基因組預測人類表型組的能力受到欠缺計算技術的影響，刻意改變人類基因組的能力，也因生物科技的不足而受到限制。用病毒遞送基因等方法，即使在最順利的時候，依舊欠缺效率且不可靠，最糟時甚至會致命，刻意把外源基因遞送到人類胚胎內，更是幾乎辦不到。

這些障礙同樣也會逐漸解除。遺傳學家現在可以用新的「基因編輯」技術在人類基因組進行相當精確的改變，同時保持同樣精確的特性。原則上可以讓DNA上單一字母突變成另一個字母，同時讓基因組內其他三十億個鹼基對原封不動（這個技術可以比擬為一種編輯工具，能掃瞄大英百科全書全套六十六冊，尋找、刪除、取代某一個字，但保留其他所有文字不變）。二〇一〇至二〇一四年，我實驗室裡一位博士後研究員想用標準基因傳遞病毒的方法，把特定的基因改變導入一個細胞系，卻沒有什麼成果，二〇一五年，她改用以 CRISPR 為主的新技術，結果在六個月之內於十四個人類基因組做了十四項改變，其中還包括人類胚胎幹細胞的基因組，這是在過去難以想像的成就。舉世的遺傳學家和基因治療學者如今都再度充滿熱忱，迫不及待地探索改變人類基因組的可能。部分原因就是由於現有的技術讓我們來到了轉捩點，幹細胞技術、細胞核移植、表觀遺傳修飾及基因編輯方法的結合，已經使我們可以預見廣泛操控人類基因組和創造轉基因人類的可能。

我們不知道實際運用這些技術的忠實度或效率。刻意改變一個基因，是否會造成風險，而在基因組的另一部分創造意想不到的改變？是否有些基因比其他基因更容易「編輯」？是什麼支配基因的可塑性？我們也不知道對一個基因進行定向改變，會不會導致整個基因組失調。如果某些基因的確如道金斯比喻的「配方」，那麼改變一個基因，就可能對基因調節產生深遠的影響；可能因此如同俗語中的蝴蝶效應，帶來一連串後果。如果這種蝴蝶效應基因在基因組中很普遍，那麼它們就代表了基因編輯技術的基本限制。基因的不連續性（每一個遺傳單位的分離和自主性），就只是一種錯覺：基因之間的關連性可能比我們想像得更密切。

但首先，讓我看你會分辨；
哪些可以分割，
哪些不能。

讓我們想像一座可以經常運用這些技術的世界。準媽媽懷孕之後，父母都可選擇是否要對胎兒做全面的基因組定序，辨識出會造成最嚴重病變的突變，父母能選擇在懷孕最初期終止妊娠，或在全面遺傳篩檢（我們可把這種技術稱為「全面胚胎著床前基因診斷」）[②]之後，只選擇「正常」胚胎植入母體。

基因組定序也可辨識出可能造成病變的複雜基因組合，有這種傾向的孩子即可在童年期做選擇性的干預，例如可以讓有遺傳性肥胖傾向的兒童，在童年期進行身體質量檢測，以飲食治療、荷爾蒙、藥物或基因治療「重新編程」其新陳代謝。有注意力不足或過動症傾向的兒童，則可做行為治療或安插在豐富的教學環境。如果病徵出現或有了發展，也可採基因療法。經矯正的基因直接遞送到病變的組織器官，例如把正常功能的囊狀纖維化基因霧化，注入病患肺部，可以讓肺恢復部分功能；患有先天ADA缺乏症的女孩可植入帶有正確基因的骨髓幹細胞。至於更複雜的遺傳疾病，則可用基因診斷結合基因治療，並輔以藥物和「環境療法」。記錄驅使腫瘤惡性生長的突變，就可以全面分析癌症。這些突變可用來辨識促使細胞惡性增殖的通路，讓醫界設計精準標靶療法，殺死惡性細胞，放過正常細胞。

二〇一五年，精神科醫師理查·費瑞德曼（Richard Friedman）在《紐約時報》寫道，「想像你是解甲歸田的士兵，出現創傷後壓力症候群，只要簡單的驗血，檢查你的基因變異，我們就可以知道你是否先天具有恐懼記憶消除（fear extinction）的能力。如果你的基因帶有突變，抑制消除恐懼的能力，治療師就知道你可能需要更多暴露療法的療程，才能復元。或者採用截然不同的療法，如人際關係療法或藥物治療，讓你不用接觸你的恐懼。」[5]或許還能採用抹除表觀遺傳記號的藥物，並配合談話治療。也許，抹除細胞記憶可以使歷史記憶更容易刪除。

基因診斷與遺傳干預也可用來篩檢和矯正人類胚胎的突變。如果在生殖細胞中辨識出某些基因的「可干預」突變，父母就可以在受孕前選擇用基因手術改變他們的精子和卵子，或者在懷孕一開始就做產前胚胎篩檢，避免植入帶有突變的胚胎。經由正負選擇或基因組修飾等方法，造成最嚴重疾病的基因就能預先由人類基因組中排除。

⊖

如果你細心閱讀上面的情境，就會一方面覺得驚喜，一方面也受到道德上的不安。個別的干預或許並不會踰越界線，其中部分如癌症、精神分裂症和囊狀纖維化等的標靶治療的例子，確實是醫學界的里程碑，但這個世界的各個層面卻似乎極為陌生，教人望而生畏。這個世界是「預生存者」和「後人類」所居的世界：經過基因脆弱性篩檢或改變遺傳傾向所創造的男女。疾病或許會逐漸消失，但我們的身分

---

② 全面胎兒基因組檢測已經進入臨床作業，稱為「非侵入性產前染色體檢測」（Non-Invasive Prenatal Testing，NIPT）。二〇一四年，中國一家公司報告表示已測試出十五萬個染色體疾病胎兒，並將進一步擴大範圍檢測單基因突變。雖然這些測試檢測出唐氏症等染色體異常的準確性，似乎和羊膜穿刺術一樣高，但其中的重大問題之一，就是「假陽性」，即認為胎兒 DNA 攜帶異常染色體，但其染色體其實是正常的。這些假陽性的比率將會隨著技術進步而大幅下降。

也可能隨之而去。悲傷或許會減少，但慈悲亦然；傷痛可能抹除，但歷史也會消失；突變將會排除，但人類也會不再有變異；虛弱會消失，但敏感也不再；偶然意外將會減少，但同樣地，選擇也將減少。③

一九九〇年線蟲遺傳學者蘇斯頓在寫到人類基因組計畫時，曾思索由「學會解讀創造自己指令」的智慧生物體造成的哲學困境。然而，在智慧生物體學會編寫創造自己的指令時，卻帶來更深遠的困境。如果基因決定生物體的本性和命運，又如果生物體能決定基因的本性和命運，那麼邏輯循環就自我封閉。一旦我們把基因想成命運天定，就不可避免地會把人類基因組當成昭昭天命。

⊖

由加爾各答收容莫尼的精神病院回來途中，我父親想再一次看看他成長時所住的房子，那個雙手如野鳥一般揮動、躁狂發作的拉結什被帶回來的家。我們在沉默中行駛，他的記憶形成了牆壁，圍堵在他的四周。我們在狹窄的哈亞特·坎巷口下了車，徒步走進死巷裡。當時是晚上六點，四周的房子籠罩在朦朧的斜光下，空氣中飽含雨意。

「孟加拉人的歷史只有一個事件：印巴分治，」我父親說。他抬頭望著我們上方突出的陽臺，想要憶起從前鄰居的名字：古許、塔魯克達、穆克吉、恰特吉、森。濛濛細雨落在我們身上，也或許是上方晾衣繩上濕衣服滴下來的水。「分治是這座城市每一個人最關鍵的事件，不是失去了自己的家，就是自己的家變成了別人的藏身之所。」他指著我們頭上那一排窗戶，「這裡的每一個家庭裡面都有另一個家庭在生活。」

住戶裡還有住戶，房間內還有房間，縮影寄居在縮影裡面。

「我們由巴里薩爾來到這裡時，只帶了四個鐵箱和少數搶救出來的財物，我們以為我們開始了新生活。我們經歷了一場劫難，但這也是一個新的開始。」我知道，在那條街上的每一棟房子都有自己的鐵箱和搶救出來財物的故事。就好像所有的居民都經過平衡均等，就像花園的植物在冬季時，都被修剪到只剩根部。

對於包括我父親在內的一群人來說，由東到西孟加拉的旅程就像徹底重設所有時鐘。由此開始了第零年，時間分裂成兩部分：大動亂之前和大動亂之後，分治前和分治後。歷史的活體解剖，分治的分割，產生了不和諧的奇特經歷：我父親那一代的男男女女認為自己是自然實驗中不知情的參與者。一旦時鐘重新歸零，就彷彿可以觀看人類的生命、命運和選擇，由某扇門或由某個時間的起始點開始上演。我父親非常激烈地經歷了這個實驗：一個哥哥出現了躁狂和抑鬱症，另一個哥哥的現實感粉碎。我祖母終生懷疑所有形式的變化。我的父親嘗到了他的冒險滋味。就彷彿不同的未來，如同鍊金術士創造的小矮人，被折疊到每一個人身上，等待展開。

③ 即使看似單純的遺傳篩檢情境，也會迫使我們進入教人不安的道德風險競技場。就拿費瑞德曼用驗血篩檢基因帶有創傷後壓力症候群傾向的士兵為例。乍看之下，這樣的策略似乎能緩解戰爭的創傷：無法「消除恐懼記憶」的士兵可能會被篩選出來，用密集精神療法或醫藥治療，讓他們恢復正常。但如果我們延續這個邏輯，在調兵遣將前先篩選士兵的創傷後壓力症候群風險，這樣做真的是我們想要的嗎？我們是否真的想選擇無法記錄創傷的士兵？或者選擇在遺傳上因能消除暴力帶來的心理焦慮而更堅強的士兵？在我看來，這樣的篩選形式確實不妥：無法「滅絕恐懼」的心智，正是戰爭中應該避免的危險心理。

什麼樣的力量或機制可以解釋人類個體這種截然不同的命運和選擇？在十八世紀，個人的命運常被描述為上帝註定的一系列事件。印度教徒一向都認為個人的命運源自於前生善惡行篇的果報，計算的精確幾乎到分毫不差的地步。（在這個設計中，神就像高高在上的道德稅務會計師，根據過去投資的得失，計算和分配好壞的命運）。基督教的上帝，有神祕的同情心和同樣莫測的憤怒，是更善變的簿記員；雖然難以理解，但他也是最終的命運仲裁者。

十九和二十世紀的醫學提出了較世俗而非宗教性的命運和選擇概念。疾病（或許是最具體也最普遍的命運表現），如今可以用機械論的術語描述，不是出於神旨意的莫名天譴，而是風險、接觸、天性、環境和行為相互作用的結果。那些選擇被理解為個人的心理、經驗、回憶、創傷和個人經歷的表現。到了二十世紀，則越來越常用身分、親和性、氣質和偏好（異性戀與同性戀，或衝動與謹慎）描述心理衝動、個人經歷和隨機機會交叉作用造成的現象。命運和選擇的流行病學於焉誕生。

二十一世紀最初的幾十年，我們又學到另一種因果的語言，建構出自我的新流行病學：我們開始用基因和基因組的角度描述疾病、身分、親和性、氣質、偏好，以及最終的命運和選擇。這並非信口開河，認為唯有透過基因的鏡片來看我們本性和命運的基本層面才是對的，而是提出關於我們歷史和未來最具爭議性的觀念，並認真考量：基因對我們人生和本質的影響，是否比我們所想像的更廣、更深、更教人不安？就在我們學習解譯、改變和刻意操控基因組，以取得改變未來命運和選擇的能力時，這個觀念也變得更煽動、更顛覆。摩根在一九一九年寫道，「有朝一日我們可以完全掌控大自然，人們宣揚她的莫測高深，如今卻再次證明這只是假象。」[6]現在我們要延伸摩根的結論，不只限於自然，而且包括人類的本性。

我常想到賈古和拉結什，如果他們出生在未來，比如未來五十或一百年，他們的人生會有什麼樣的軌道？我們能否運用對遺傳脆弱性的知識，找出方法，治療毀掉他們一生的疾病？那種知識能否用來使他們「正常化」？如果可以，又會引起哪些道德、社會和生物的危害？這種形式的知識會不會帶來新的同理心和了解？還是會集結成新的歧視？這樣的知識會不會用來重新定義什麼是「自然」？

但是，什麼是「自然」？我不禁疑惑。一方面：變異、突變、改換、無常、分割、流動；另一方面：恆常、永久、不可分割、保真性。「分割」（bhed）。「不可分割」（abhed）。DNA這個矛盾的分子編碼出矛盾的生物，也就不足為奇。我們在遺傳中尋覓恆常，結果卻找到相反的事物：變異。要維持我們自我的本質，突變有其必要。我們的基因組在勢均力敵的力量中，維持脆弱的平衡，一股DNA和相對的另一股相配，混合過去與未來、記憶和欲望相對抗。這是我們所擁有最人性的事物，它的任務可能是為人類物種對知識和明辨的終極考驗。

# 謝詞

二〇一〇年五月，我完成六百頁《萬病之王》（*Emperor of All Maladies*）的定稿時，從沒想到我會再提筆寫另一本書。寫作《萬病之王》耗費的體力不難體會和克服，但意想不到的是創造力的耗竭。這本書贏得當年「衛報新人首作獎」（the Guardian First Book Prize），有評論者還抱怨該書應該提名「僅此一部作品獎」才對。這些評論大大消滅了惴惴不安的心情。可是，《萬病之王》耗盡了我所有故事，沒收了我通往寫作國度的護照，扣押了我未來做為作者的權利。我再沒有事物要說了。

但是，卻有另一個故事：細胞在變成惡性腫瘤之前正常狀態的故事。如果借用史詩《貝奧武夫》（*Beowulf*）的形容，癌症是「我們正常自我的扭曲版本」[1]，那麼我們正常自我未經扭曲的變體是由什麼形成？本書敘述的就是那個故事：尋覓常態、身分、變體和遺傳的故事，它是《萬病之王》續集的前傳。

我要感謝的人難以勝數。關於家族和遺傳的書，與其用寫，不如用實際的人生體驗。內人莎拉·施（Sarah Sze），我最熱情的對談者和讀者，我的兩個女兒 Leela 和 Aria，每天都提醒我遺傳學和未來對我的利害關係。我父親 Sibeswar 和母親 Chandana 是這個故事不可或缺的角色。我姊姊 Ranu 和姊夫 Sanjay 則適時在道德方面為我踩了煞車。Judy 和 Chia-Ming Sze，以及 David Sze 和 Kathleen Donohue 則在家族和未來的課題，與我做了深遠的討論。

多位豁達大度的讀者審閱本書，確保正確性，並對書中的內容提供意見，包括保羅·伯格（遺傳學和複製）、大衛·博特斯坦（基因圖譜）、艾瑞克·蘭德和羅伯特·華特斯頓（人類基因組計畫）、羅伯特・霍維茨和大衛・賀許（蠕蟲生物學）、湯姆・麥尼亞提斯（分子生物學）、西恩・卡羅（Sean Carroll，演化和基因調控）、哈洛德・瓦慕斯（癌症）、南西・西格爾（雙胞胎研究）、因德・維爾馬（Inder Verma，基因治療）、南西・魏克斯勒（人類基因圖譜）、馬可斯・費德曼（人類演化）、傑拉德・菲施巴赫（Gerald Fischbach，精神分裂症和自閉症）、大衛・艾利斯和提摩西・貝斯特（Timothy Bestor，表觀遺傳學）、法蘭西斯・柯林斯（基因圖譜和人類基因組計畫）、艾瑞克・托普（人類遺傳學）和休・傑克曼（金剛狼、突變體）。

Ashok Rai、Nell Breyer、Bill Helman、Gaurav Majumdar、Suman Shirodkar、Meru Gokhale、Chiki Sarkar、David Blistein、Azra Raza、Chetna Chopra 和 Sujoy Bhattacharyya 讀過初稿，並提供了極其寶貴的意見。Lisa Yuskavage、Matvey Levenstein、Rachel Feinstein 和 John Currin 的一席談話也發人深省。本書有個段落先前曾出現在論 Yuskavage 的作品（「雙胞胎」）的文章內，另一段則收錄在我二〇一五年的論文《醫學的真相》（*The Laws of Medicine*）。Brittany Rush 耐心（而且出色地）編纂了八百多份參考資料，並且不辭辛勞完成本書製作；Daniel Loedel 花了一個週末讀校本草稿，確定它能達到標準。Mia Crowley-Hald 和 Anna-Sophia Watts 為本書做了細心的審校，Kate Lloyd 則是能力傑出的宣傳人員。

Nan Graham：你是否讀了全部總共六十八份草稿？是的，你做到了，還有 Stuart Williams 和鍥而不舍的 Sarah Chalfant，你們是最先透過僅有兩段企畫提案看到本書，卻能讓本書有形有體、清晰明確、充滿了重要性和急迫感。謝謝諸位。

# 專有名詞

**Allele**（**對偶基因，又稱等位基因**）：同一基因的變體或另一種形式。等位基因往往因突變而產生，可能造成表現型的變異。一個基因可有數個等位基因。

**Central dogma 或 Central theory**（**中心法則或中心教條**）：大多數生物體的生物信息由DNA內的基因傳遞至信使RNA再至蛋白質的法則。這個法則已修改數次。含有酶的反轉錄病毒可以由RNA模板反向轉錄出DNA。

**Chromatin**（**染色質**）：構成染色體的結構。染色質英文名稱「chromatin」來自「chroma」（色彩）一字，因為它最先是因細胞遭染料著色才發現的物質。染色質是由DNA、RNA和蛋白質構成。

**Chromosome**（**染色體**）：細胞內由DNA和蛋白質組成，貯存遺傳信息的結構。

**DNA**（**去氧核醣核酸**）：Deoxyribonucleic acid，在所有細胞生物體內攜帶遺傳信息的化學物質。它通常是以兩股互補配對的長鏈構成，每一股化學鏈又由四個簡寫為A、C、T和G的化學單位組成。基因以遺傳「密碼」形式，由長鏈攜帶，這個序列被轉錄至RNA，再轉譯為蛋白質。

**Enzyme**（**酶**）：一種加速生化反應的蛋白質。

**Epigenetics（表觀遺傳學）**：表現型變異的研究，這種變異並非來自原始的DNA序列（即A、C、T、G）的變化，而是因DNA化學改變（如甲基化），或因DNA纏繞蛋白質（如組蛋白）而造成DNA包裝的變化。其中有些修飾可以遺傳。

**Gene（基因）**：遺傳單位，通常是由編碼一種蛋白質或一段RNA鏈的DNA組成（在特殊情況下，可以用RNA的形式攜帶基因）。

**Genome（基因組）**：生物體內整組遺傳物質的所有遺傳信息。基因組包括編碼蛋白質的基因、不編碼蛋白質的基因、基因調控區和功能未知的DNA序列。

**Genotype（基因型）**：生物體遺傳信息的組合，決定其外觀、化學、生物和智力特性（見「表現型」）。

**Mutation（突變）**：DNA化學結構的改變。突變可能沉默，即這個變化可能不會影響生物體的任何功能，但也可能會造成生物體功能或結構的改變。

**Nucleus（細胞核）**：動植物細胞內由膜包圍而形成的細胞結構或胞器，細菌細胞內則沒有細胞核。動物細胞的染色體（和基因）就存放在細胞核裡。動物細胞大部分的基因都在細胞核內，但有些基因也可見於粒線體。

**Organelle（胞器）**：細胞內特殊功能的次單元，通常執行特定的功能。各個胞器通常各自包在自己的細胞膜裡。粒線體就是用來產生能量的胞器。

**Penetrance（外顯率）**：生物攜帶某特定基因變體顯示相關性狀或表型的比率。在醫學遺傳學，外顯率指的是攜帶某基因型的個體表現出病徵的比率。

Phenotype（**表現型**）：生物個體外觀和智力特色的總和，如皮膚或眼睛的顏色。表現型也可以包括複雜的特色，如脾氣或個性。表現型是由基因、表觀遺傳修飾、環境和隨機偶然所影響。

Protein（**蛋白質**）：基本上是由基因轉譯時形成的胺基酸長鏈構成。蛋白質執行多種細胞功能，包括傳遞信號、提供結構支撐和加快生化反應。基因通常是合成蛋白質的藍圖。蛋白質可以藉由加入小化學分子（如磷酸鹽、糖或脂質），進行化學修飾。

Reverse transcription（**反轉錄**）：反轉錄酶用RNA鏈作為模板構建DNA鏈的過程。反轉錄病毒攜帶反轉錄酶。

Ribosome（**核糖體**）：一種由蛋白質和RNA構成的細胞結構，負責信使RNA遺傳信息的解碼，以便合成蛋白質。

RNA（**核糖核酸**）：可在細胞內進行數個功能的化學物質，其功能包括傳遞「中間」信息，把基因轉譯為蛋白質。RNA是由鹼基（A、C、G和U）構成，沿著糖磷酸主幹聚合。通常RNA在細胞內是單股（和雙股的DNA不同），不過在特殊情況下也會形成雙股RNA。有些生物體（如反轉錄病毒）就用RNA攜帶它們的遺傳信息。

Traits, dominant and recessive（**性狀、顯性和隱性**）：生物的外觀或特徵。性狀通常是由基因編碼，一個性狀可能由許多基因編碼，一個基因也可能編碼許多特性。顯性性狀是在顯性和隱性等位基因都存在時表現出來的性狀，而隱性性狀則是在兩個等位基因都是隱性時，才表現出來的性狀。基因也可能會共顯，在這個情況下，顯性和隱性等位基因都存在時，會出現中間型的性狀。

**Transcription（轉錄）**：基因產生RNA副本的過程。轉錄時，DNA的遺傳密碼（ATG-CAC-GG）用來建構RNA「副本」（AUG-CAC-GG）。

**Transformation（轉化）**：遺傳物質由一個生物體水平轉移至另一個生物體。一般來說，細菌不必透過生殖，就能在生物體中藉著轉移遺傳物質，交換遺傳信息。

**Translation of genes（基因轉譯）**：遺傳信息由核糖體把RNA信息轉化成蛋白質的過程。在轉譯時，RNA內由三個鹼基構成的密碼子（如AUG轉譯甲硫胺酸）把胺基酸連結成蛋白質。RNA鏈即可如此編碼胺基酸鏈。

1945～1960：發現基因為 RNA 編碼而發揮功能。發現基因調控。

1961～1963：破解遺傳密碼。

1970 ～ 1980：發明複製和擴增基因的新技術。

1976：發現癌症是基因突變造成的疾病。

1978～1988：找出和人類疾病相關的基因圖譜。

1990：發現由 SRY 單一基因決定「雄性」。

1993：遺傳學家團隊提出「同性戀基因」的存在。

1994：大規模遺傳研究揭穿種族觀念的真面目。

1998：首度分離出人類胚胎幹細胞。

1999：傑西．蓋爾辛爾基因治療失敗死亡。

2000：人類基因組計畫定序草圖完成。

2005～2008：對人類基因組的研究改造了人類起源和遷徙的觀念。

2009～2013：找出精神分裂症、躁鬱症和自閉症的基因。

2010～2015：發明「編輯」和改變人類基因組的新方法。

…

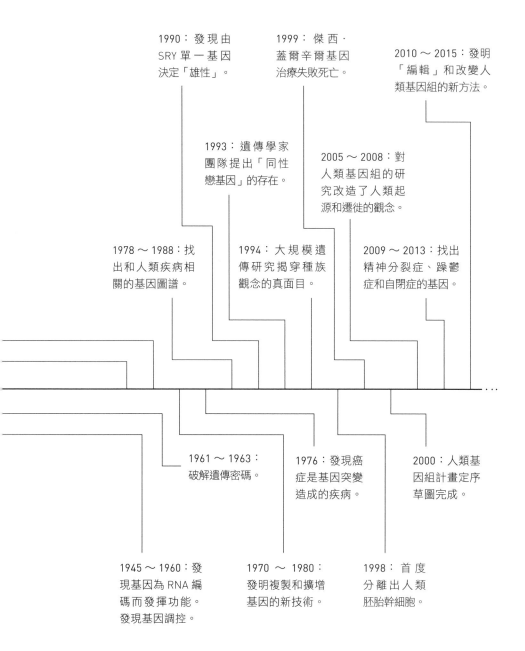

**西元前 350 年**：亞里士多德主張遺傳資料是以信息的方式傳遞。

1859：達爾文《物種起源》出版。

1865：孟德爾發現獨立的遺傳單位。

1869：高爾頓發表《遺傳天賦》，並創造「優生學」一詞。

1900 ～ 1909：重新發掘孟德爾的著作，創造「基因」一詞。

1908 ～ 1915：摩根和學生發現遺傳的連結和「互換」現象。

1927：嘉莉．巴克以輸卵管結紮術絕育。

1933 ～ 1939：納粹德國推動種族衛生運動。

1934 ～ 1935：起草保護德國人民遺傳健康的《紐倫堡法案》。

1941 ～ 1944：艾佛里證明 DNA 是遺傳信息的攜帶者。

1943：門格勒在奧斯威辛集中營對猶太雙胞胎進行實驗。

1953：華生、克里克、威爾金斯和法蘭克林發現了 DNA 的結構。

1968 ～ 1973：伯格、科恩和波伊爾創造了「重組 DNA」。

1975：厄西勒瑪會議提出重組 DNA 的「暫停令」。

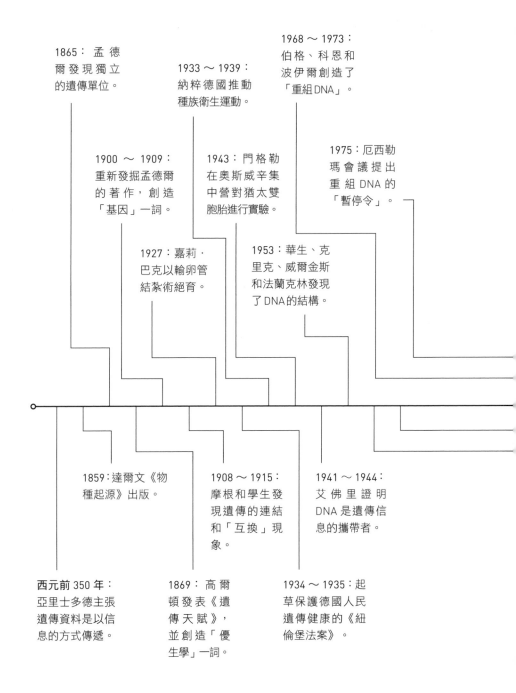

## 尾聲：Bheda, Abheda

1 *"No sane biologist believes":* 1993 年作者和保羅・伯格的訪談。

2 *"very few human genes":* 2015 年 10 月大衛・博特斯坦寫給作者的信。

3 *In an influential review published in 2011:* Eric Turkheimer, "Still missing," *Research in Human Development* 8, nos. 3-4 (2011): 227-41.

4 *"Perhaps," as one observer complained:* Peter Conrad, "A mirage of genes," *Sociology of Health & Illness* 21, no. 2 (1999): 228-41.

5 *"Imagine you are a soldier returning from war":* Richard A. Friedman, "The feel-good gene," *New York Times*, March 6, 2015.

6 *"[Nature] may, after all, be entirely approachable":* Morgan, *Physical Basis of Heredity*, 15.

## 謝詞

1 "distorted version of our normal selves" : H.Varmus, Nobel lecture, 1989. http://www.nobelprize.org/nobel_prizes/medicine/laureates/1989/varmus-lecture.html. For the paper describing the existence of endogenous proto-oncogenes in cells see D. Stehelin et al., "DNA related to the transforming genes of avian sarcoma viruses is present in normal DNA," Nature 260, no. 5547 (1976): 170–73. Also see Harold Varmus to Dominique Stehelin, February 3, 1976, Harold Varmus Papers, National Library of Medicine Archives.

"Genome engineering using the CRISPR-Cas9 system," *Nature Protocols* 11 (2013): 2281-308. 亦參見 P. Mali et al., "RNA-Guided Human Genome Engineering via Cas9," *Science* 339, no. 6121 (2013): 823-26.

9 *In the winter of 2014, a team:* Walfred W. C. Tang et al., "A unique gene regulatory network resets the human germline epigenome for development," *Cell* 161, no. 6 (2015): 1453-67; and "In a first, Weizmann Institute and Cambridge University scientists create human primordial germ cells," Weizmann Institute of Science, December 24, 2014, http://www.newswise.com/articles/in-a-first-weizmann-institute-and-cambridge-university-scientists-create-human-primordial-germ-cells.

10 *Jennifer Doudna and David Baltimore:* B. D. Baltimore et al., "A prudent path forward for genomic engineering and germline gene modification," *Science* 348, no. 6230 (2015): 36-38; and Cormac Sheridan, "CRISPR germline editing reverberates through biotech industry," *Nature Biotechnology* 33, no. 5 (2015): 431-32.

11 *"It is very clear that people will try":* Nicholas Wade, "Scientists seek ban on method of editing the human genome," *New York Times*, March 19, 2015.

12 *"This reality means":* 法蘭西斯．柯林斯於 2015 年寫給作者的信。

13 *In the spring of 2015, a laboratory:* David Cyranoski and Sara Reardon, "Chinese scientists genetically modify human embryos," *Nature* (April 22, 2015).

14 *The highest-ranking scientific journals:* Chris Gyngell and Julian Savulescu, "The moral imperative to research editing embryos: The need to modify nature and science," Oxford University, April 23, 2015, Blog.Practicalethics.Ox.Ac.Uk/2015/04/the-Moral- Imperative-to-Research-Editing-Embryos-the-Need-to-Modify-Nature-and-Science/.

15 *the results were eventually published in:* Puping Liang et al., "CRISPR/Cas9-mediated gene editing in human tripronuclear zygotes," *Protein & Cell* 6, no. 5 (2015): 1-10.

16 *"planning to decrease the number of off-target":* Cyranoski and Reardon, "Chinese scientists genetically modify human embryos."

17 *"I don't think China wants":* Didi Kristen Tatlow, "A scientific ethical divide between China and West," *New York Times*, June 29, 2015.

31 *In 2010, a team of researchers launched:* "Strong African American Families Program," Blueprints for Healthy Youth Development, http://www.blueprintsprograms.com/evaluationAbstracts.php?pid=f76b2ea6b45eff3bc8e4399145cc17a0601f5c8d.

32 *Six hundred African-American families with early-adolescent:* Gene H. Brody et al., "Prevention effects moderate the association of *5-HTTLPR* and youth risk behavior initiation: Gene × environment hypotheses tested via a randomized prevention design," *Child Development* 80, no. 3 (2009): 645-61; and Gene H. Brody, Yi-fu Chen, and Steven R. H. Beach, "Differential susceptibility to prevention: GABAergic, dopaminergic, and multilocus effects," *Journal of Child Psychology and Psychiatry* 54, no. 8 (2013): 863-71.

33 *Writing in the* New York Times *in 2014:* Jay Belsky, "The downside of resilience," *New York Times*, November 28, 2014.

34 *"a technology of abnormal individuals":* Michel Foucault, *Abnormal: Lectures at the Collège de France, 1974-1975*, vol. 2 (New York: Macmillan, 2007).

## 基因治療：後人類時代

1 *There is in biology at the moment:* "Biology's Big Bang," *Economist*, June 14, 2007.

2 *a journalist visited James Watson at:* Lyon and Gorner, *Altered Fates*, 537.

3 *Jesse Gelsinger's "biotech death":* Stolberg, "Biotech death of Jesse Gelsinger," 136-40.

4 *In 2014, a landmark study:* Amit C. Nathwani et al., "Long-term safety and efficacy of factor IX gene therapy in hemophilia B," *New England Journal of Medicine* 371, no. 21 (2014): 1994-2004.

5 *In 1998, soon after Thomson's paper:* James A. Thomson et al., "Embryonic stem cell lines derived from human blastocysts," *Science* 282, no. 5391 (1998): 1145-47.

6 *President George W. Bush sharply restricted:* Dorothy C. Wertz, "Embryo and stem cell research in the United States: History and politics," *Gene Therapy* 9, no. 11 (2002): 674-78.

7 *Doudna and Charpentier published their data:* Martin Jinek et al., "A programmable dual-RNA-guided DNA endonuclease in adaptive bacterial immunity," *Science* 337, no. 6096 (2012): 816-21.

8 *this technique has exploded:* CRISPR/Cas9 於人類細胞運用的主要研究貢獻包括 Feng Zhang (MIT) and George Church (Harvard). 相關文獻如 L. Cong et al., "Multiplex genome engineering using CRISPR/Cas systems," *Science* 339, no. 6121 (2013): 819-23; and F. A. Ran,

*Metaphors* (New York: Macmillan, 2001).

22 *Entitled "The Future of Genomic Medicine":* 會議細節可見 "The future of genomic medicine VI," Scripps Translational Science Institute, http://www.slideshare.net/mdconferencefinder/the-future-of-genomic-medicine-vi-23895019; Eryne Brown, "Gene mutation didn't slow down high school senior," *Los Angeles Times*, July 5, 2015, http://www.latimes.com/local/california/la-me-lilly-grossman-update-20150702-story.html; and Konrad J. Karczewski, "The future of genomic medicine is here," *Genome Biology* 14, no. 3 (2013): 304.

23 *Alexis and Noah Beery:* "Genome maps solve medical mystery for California twins," National Public Radio broadcast, June 16, 2011.

24 *Based on that genetic diagnosis:* Matthew N. Bainbridge et al., "Whole-genome sequencing for optimized patient management," *Science Translational Medicine* 3, no. 87 (2011): 87re3.

25 *That a mutation in the gene MECP2:* Antonio M. Persico and Valerio Napolioni, "Autism genetics," *Behavioural Brain Research* 251 (2013): 95-112; and Guillaume Huguet, Elodie Ey, and Thomas Bourgeron, "The genetic landscapes of autism spectrum disorders," *Annual Review of Genomics and Human Genetics* 14 (2013): 191-213.

26 *the eventual effects of these gene-environment:* Albert H. C. Wong, Irving I. Gottesman, and Arturas Petronis, "Phenotypic differences in genetically identical organisms: The epigenetic perspective," *Human Molecular Genetics* 14, suppl. 1 (2005): R11-R18. Also see Nicholas J. Roberts et al., "The predictive capacity of personal genome sequencing," *Science Translational Medicine* 4, no. 133 (2012): 133ra58.

27 *an article in Nature magazine announced:* Alan H. Handyside et al., "Pregnancies from biopsied human preimplantation embryos sexed by Y-specific DNA amplification," *Nature* 344, no. 6268 (1990): 768-70.

28 *As the political theorist Desmond King puts it:* D. King, "The state of eugenics," *New Statesman & Society* 25 (1995): 25-26.

29 *Take, for instance, a series of startlingly provocative:* K. P. Lesch et al., "Association of anxiety-related traits with a polymorphism in the serotonergic transporter gene regulatory region," *Science* 274 (1996): 1527-31.

30 *the short allele has been associated with:* Douglas F. Levinson, "The genetics of depression: A review," *Biological Psychiatry* 60, no. 2 (2006): 84-92.

BRCA1 *to Designer Babies, How the World and I Found Ourselves in the Future of the Gene* (Boston: Houghton Mifflin Harcourt, 2009), 8.

9 *In 1908, the Swiss German psychiatrist:* Eugen Bleuler and Carl Gustav Jung, "Komplexe und Krankheitsursachen bei Dementia praecox," *Zentralblatt für Nervenheilkunde und Psychiatrie* 31 (1908): 220-27.

10 *In the 1970s, studies demonstrated:* Susan Folstein and Michael Rutte, "Infantile autism: A genetic study of 21 twin pairs," *Journal of Child Psychology and Psychiatry* 18, no. 4 (1977): 297-321.

11 *"domineering, nagging and hostile mother":* Silvano Arieti and Eugene B. Brody, *Adult Clinical Psychiatry* (New York: Basic Books, 1974), 553.

12 *National Book Award for science:* "1975: *Interpretation of Schizophrenia* by Silvano Arieti," National Book Award Winners: 1950-2014, National Book Foundation, http://www.nationalbook.org/nbawinners_category.html#.vcnit7fxhom.

13 *In 2013, an enormous study identified:* Menachem Fromer et al., "De novo mutations in schizophrenia implicate synaptic networks," *Nature* 506, no. 7487 (2014): 179-84.

14 *108 genes (or rather genetic regions):* Schizophrenia Working Group of the Psychiatric Genomics, Nature 511 (2014): 421-27.

15 *"There are lots of":* Benjamin Neale, quoted in Simon Makin, "Massive study reveals schizophrenia's genetic roots: The largest-ever genetic study of mental illness reveals a complex set of factors," *Scientific American*, November 1, 2014.

16 *The strongest, and most:* "Schizophrenia risk from complex variation of complement component 4," Sekar et al. *Nature* 530, 177-183.

17 *"We of the craft are all crazy": Carey's Library of Choice Literature*, vol. 2 (Philadelphia: E. L. Carey & A. Hart, 1836), 458.

18 *In Touched with Fire, an authoritative:* Kay Redfield Jamison, *Touched with Fire* (New York: Simon & Schuster, 1996).

19 *Hans Asperger, the psychologist who First:* Tony Attwood, *The Complete Guide to Asperger's Syndrome* (London: Jessica Kingsley, 2006).

20 *As Edvard Munch put it:* Adrienne Sussman, "Mental illness and creativity: A neurological view of the 'tortured artist,'" *Stanford Journal of Neuroscience* 1, no. 1 (2007): 21-24.

21 *illness as the "night-side of life":* Susan Sontag, *Illness as Metaphor and AIDS and Its*

的訪談。

26 *That Wilson had a financial stake in:* Robin Fretwell Wilson, "Death of Jesse Gelsinger: New evidence of the influence of money and prestige in human research," *American Journal of Law and Medicine* 36 (2010): 295.

27 *In January 2000, when the FDA inspected:* Sibbald, "Death but one unintended consequence," 1612.

28 *"The entire field of gene therapy":* Carl Zimmer, "Gene therapy emerges from disgrace to be the next big thing, again," *Wired*, August 13, 2013.

29 *"Gene therapy is not yet therapy":* Sheryl Gay Stolberg, "The biotech death of Jesse Gelsinger," *New York Times*, November 27, 1999, http://www.nytimes.com/1999/11/28/magazine/the-biotech-death-of-jesse-gelsinger.html.

30 *"cautionary tale of scientific overreach":* Zimmer, "Gene therapy emerges."

## 基因診斷：「預生存者」

1 *All that man is:* W. B. Yeats, *The Collected Poems of W. B. Yeats*, ed. Richard Finneran (New York: Simon & Schuster, 1996), "Byzantium," 248.

2 *The anti-determinists want to say:* Jim Kozubek, "The birth of 'transhumans,'" *Providence (RI) Journal*, September 29, 2013.

3 *"Genetic tests," as Eric Topol:* Eric Topol, author interview, 2013.

4 *Between 1978 and 1988, King added:* Mary-Claire King, "Using pedigrees in the hunt for *BRCA1*," DNA Learning Center, https://www.dnalc.org/view/15126-Using-pedigress-in-the-hunt-for-BRCA1-Mary-Claire-King.html.

5 *she had pinpointed it to a region:* Jeff M. Hall et al., "Linkage of early-onset familial breast cancer to chromosome 17q21," *Science* 250, no. 4988 (1990): 1684-89.

6 *"Being comfortable with uncertainty":* Jane Gitschier, "Evidence is evidence: An interview with Mary-Claire King," *PLOS*, September 26, 2013.

7 *In 1998, Myriad was granted:* E. Richard Gold and Julia Carbone, "Myriad Genetics: In the eye of the policy storm," *Genetics in Medicine* 12 (2010): S39-S70.

8 *"Some of these women [with BRCA1 mutations]":* Masha Gessen, *Blood Matters: From*

11 *In 1988, a two-year-old girl:* 阿散蒂・狄西瓦的故事細節源自 W. French Anderson, "The best of times, the worst of times," *Science* 288, no. 5466 (2000): 627; Lyon and Gorner, *Altered Fates*; and Nelson A. Wivel and W. French Anderson, "24: Human gene therapy: Public policy and regulatory issues," *Cold Spring Harbor Monograph Archive* 36 (1999): 671-89.

12 *"Mommy, you shouldn't have had":* Lyon and Gorner, *Altered Fates*, 107.

13 *The Bubble Boy, as David was called:* "David Phillip Vetter (1971-1984)," *American Experience*, PBS, http://www.pbs.org/wgbh/amex/bubble/peopleevents/p_vetter.html.

14 *Richard Mulligan, a virologist and geneticist:* Luigi Naldini et al., "In vivo gene delivery and stable transduction of nondividing cells by a lentiviral vector," *Science* 272, no. 5259 (1996): 263-67.

15 *led by William French Anderson and Michael Blaese:* "Hope for gene therapy," *Scientific American Frontiers*, PBS, http://www.pbs.org/saf/1202/features/genetherapy.htm.

16 *In the early 1980s, Anderson and Blaese:* W. French Anderson et al., "Gene transfer and expression in nonhuman primates using retroviral vectors," *Cold Spring Harbor Symposia on Quantitative Biology* 51 (1986): 1073-81.

17 *"Nobody knows what may happen":* Lyon and Gorner, *Altered Fates*, 124.

18 *Perhaps predictably, the RAC rejected the protocol outright:* Lisa Yount, *Modern Genetics: Engineering Life* (New York: Infobase Publishing, 2006), 70.

19 *"A cosmic moment has come and gone":* Lyon and Gorner, *Altered Fates*, 239.

20 *"Jesus Christ himself could walk by":* Ibid., 240.

21 *"It's not a big improvement":* Ibid., 268.

22 *At four, he had joyfully eaten:* Barbara Sibbald, "Death but one unintended conse-quence of gene-therapy trial," *Canadian Medical Association Journal* 164, no. 11 (2001): 1612.

23 *In 1993, when Gelsinger was:* For details of the Jesse Gelsinger story see Evelyn B. Kelly, *Gene Therapy* (Westport, CT: Greenwood Press, 2007); Lyon and Gorner,*Altered Fates*; and Sally Lehrman, "Virus treatment questioned after gene therapy death," *Nature* 401, no. 6753 (1999): 517-18.

24 *By noon, the procedure was done:* James M. Wilson, "Lessons learned from the gene therapy trial for ornithine transcarbamylase deficiency," *Molecular Genetics and Metabolism* 96, no. 4 (2009): 151-57.

25 *"How could such a beautiful thing":* 作者於 2014 年 11 月和 2015 年 4 月與 Paul Gelsinger

Two, August 1852."

## 未來的未來

1 *Probably no DNA science is at once:* Gina Smith, *The Genomics Age: How DNA Technology Is Transforming the Way We Live and Who We Are* (New York: AMACOM, 2004).

2 *Clear the air!:* Thomas Stearns Eliot, *Murder in the Cathedral* (Boston: Houghton Mifflin Harcourt, 2014).

3 *In 1974, barely three years after:* Rudolf Jaenisch and Beatrice Mintz, "Simian virus 40 DNA sequences in DNA of healthy adult mice derived from preimplantation blastocysts injected with viral DNA," *Proceedings of the National Academy of Sciences* 71, no. 4 (1974): 1250-54.

4 *biologists stumbled on a critical discovery:* M. J. Evans and M. H. Kaufman, "Establishment in culture of pluripotential cells from mouse embryos," *Nature* 292 (1981): 154-56.

5 *"Nobody seems to be interested in my cells":* M. Capecchi, "The first transgenic mice: An interview with Mario Capecchi. Interview by Kristin Kain," *Disease Models & Mechanisms* 1, no. 4-5 (2008): 197.

6 *With ES cells, however, scientists:* See for instance M. R. Capecchi, "High efficiency transformation by direct microinjection of DNA into cultured mammalian cells," *Cell* 22 (1980): 479-88; and K. R. Thomas and M. R. Capecchi, "Site-directed mutagenesis by gene targeting in mouse embryo-derived stem cells," *Cell* 51 (1987): 503-12.

7 *You could choose to change the insulin gene:* O. Smithies et al., "Insertion of DNA sequences into the human chromosomal-globin locus by homologous re- combination," *Nature* 317 (1985): 230-34.

8 *The "watchmaker" of evolution, as Richard Dawkins:* Richard Dawkins, *The Blind Watchmaker: Why the Evidence of Evolution Reveals a Universe without Design* (W. W. Norton, 1986).

9 *They are the savants of the rodent world:* Kiyohito Murai et al., "Nuclear receptor TLX stimulates hippocampal neurogenesis and enhances learning and memory in a transgenic mouse model," *Proceedings of the National Academy of Sciences* 111, no. 25 (2014): 9115-20.

10 *"It may be the field's dirty little secret":* Karen Hopkin, "Ready, reset, go," *The Scientist*, March 11, 2011, http://www.the-scientist.com/?articles.view/articleno/29550/title/ready—reset—go/.

sequence-specific recruitment," Science 348 (April 3, 2015): 6230.

13 *In his remarkable story "Funes the Memorious":* Jorge Luis Borges, *Labyrinths*, trans. James E. Irby (New York: New Directions, 1962), 59-66.

14 *One of the four genes used by Yamanaka:* K. Takahashi and S. Yamanaka, "Induction of pluripotent stem cells from mouse embryonic and adult fibroblast cultures by defined factors," *Cell* 126, no. 4 (2006): 663-76. Also see M. Nakagawa et al., "Generation of induced pluripotent stem cells without *Myc* from mouse and human fibroblasts," *Nature Biotechnology* 26, no. 1 (2008): 101-6.

15 *"It sometimes seems as if curbing entropy":* James Gleick, *The Information: A History, a Theory, a Flood* (New York: Pantheon Books, 2011).

16 *At Harvard, a soft-spoken biochemist:* Itay Budin and Jack W. Szostak, "Expanding roles for diverse physical phenomena during the origin of life," *Annual Review of Biophysics* 39 (2010): 245-63; and Alonso Ricardo and Jack W. Szostak, "Origin of life on Earth," *Scientific American* 301, no. 3 (2009): 54-61.

17 *followed the work of Stanley Miller:* 原始實驗由史丹利・米勒與芝加哥的 Harold Urey 執行，另外，曼徹斯特的 John Sutherland 亦進行了關鍵試驗。

18 *Subsequent variations of the Miller experiment:* Ricardo and Szostak, "Origin of life on Earth," 54-61.

19 *Szostak has demonstrated that such micelles:* Jack W. Szostak, David P. Bartel, and P. Luigi Luisi, "Synthesizing life," *Nature* 409, no. 6818 (2001): 387-90. Also see Martin M. Hanczyc, Shelly M. Fujikawa, and Jack W. Szostak, "Experimental models of primitive cellular compartments: Encapsulation, growth, and division," *Science* 302, no. 5645 (2003): 618-22.

20 *"It is relatively easy to see how":* Ricardo and Szostak, "Origin of life on Earth," 54-61.

## 第六部 後基因組

1 *Those who promise us paradise on earth:* Elias G. Carayannis and Ali Pirzadeh, *The Knowledge of Culture and the Culture of Knowledge: Implications for Theory, Policy and Practice* (London: Palgrave Macmillan, 2013), 90.

2 *It's only we humans:* Tom Stoppard, *The Coast of Utopia* (New York: Grove Press, 2007), "Act

41 *"a devil, a born devil":* William Shakespeare, *The Tempest*, act 4, scene 1.

## 饑餓之冬

1 *Identical twins have exactly the same:* Nessa Carey, *The Epigenetics Revolution: How Modern Biology Is Rewriting Our Understanding of Genetics, Disease, and Inheritance* (New York: Columbia University Press, 2012), 5.

2 *Genes have had a glorious run in the 20th century:* Evelyn Fox Keller, 引言自 Margaret Lock and Vinh-Kim Nguyen, *An Anthropology of Biomedicine* (Hoboken, NJ: John Wiley & Sons, 2010).

3 *When a songbird encounters a new:* Erich D. Jarvis et al., "For whom the bird sings: Context-dependent gene expression," *Neuron* 21, no. 4 (1998): 775-88.

4 *In the 1950s, Conrad Waddington:* Conrad Hal Waddington, *The Strategy of the Genes: A Discussion of Some Aspects of Theoretical Biology* (London: Allen & Unwin, 1957), ix, 262.

5 *"only [consists of] a stomach":* Max Hastings, *Armageddon: The Battle for Germany, 1944-1945* (New York: Alfred A. Knopf, 2004), 414.

6 *In the 1980s, however:* Bastiaan T. Heijmans et al., "Persistent epigenetic differences associated with prenatal exposure to famine in humans," *Proceedings of the National Academy of Sciences* 105, no. 44 (2008): 17046-49.

7 *"aptitude for doing things on a small scale":* John Gurdon, "Nuclear reprogramming in eggs," *Nature Medicine* 15, no. 10 (2009): 1141-44.

8 *In 1961, Gurdon began to test:* J. B. Gurdon and H. R. Woodland, "The cytoplasmic control of nuclear activity in animal development," *Biological Reviews* 43, no. 2 (1968): 233-67.

9 *It would lead, famously, to the cloning of Dolly:* "Sir John B. Gurdon-facts," Nobel prize.org, http://www.nobelprize.org/nobel_prizes/medicine/laureates/2012/gurdon-facts.html.

10 *the only other "observed case":* John Maynard Smith, 訪談源自 Web of Stories. www.webofstories.com/play/john.maynard.smith/78.

11 *Lyon found: in one cell:* X 染色體不活化的現象被發現之前，日本學者 Susumu Ohno 便提出假說。

12 *simple organisms, such as yeast:* K. Raghunathan et al., "Epigenetic inheritance uncoupled from

24 *"An environmentalist view":* Nancy L. Segal, *Born Together-Reared Apart: The Landmark Minnesota Twin Study* (Cambridge: Harvard University Press, 2012), 4.

25 *"random access memory onto which":* Wright, *BornThat Way*, viii.

26 *"Whatever back-porch wisdom":* Ibid., vii.

27 *Minnesota Study of Twins:* Thomas J. Bouchard et al., "Sources of human psychological differences: The Minnesota study of twins reared apart," *Science* 250, no. 4978 (1990): 223-28.

28 *"Empathy, altruism, sense of equity":* Richard P. Ebstein et al., "Genetics of human social behavior," *Neuron* 65, no. 6 (2010): 831-44.

29 *"A surprisingly high genetic component":* Wright, *Born That Way*, 52.

30 *Daphne Goodship and Barbara Herbert:* Ibid., 63-67.

31 *"Both drove Chevrolets":* Ibid., 28.

32 *Two other women, also separated at birth:* Ibid., 74.

33 *oxford shirts with epaulets:* Ibid., 70.

34 *to describe the odd habit:* squidging: Ibid., 65.

35 *"door-knobs, needles and fishhooks":* Ibid., 80.

36 *The most extreme novelty seekers, he discovered:* Richard P. Ebstein et al., "Dopamine D4 receptor (*D4DR*) exon III polymorphism associated with the human personality trait of novelty seeking," *Nature Genetics* 12, no. 1 (1996): 78-80.

37 *Perhaps the subtle drive caused by:* Luke J. Matthews and Paul M. Butler, "Noveltyseeking DRD4 polymorphisms are associated with human migration distance outof- Africa after controlling for neutral population gene structure," *American Journal of Physical Anthropology* 145, no. 3 (2011): 382-89.

38 *"How nice it would be":* Lewis Carroll, *Alice in Wonderland* (New York: W. W. Norton, 2013).

39 *Forty-three studies, performed:* Eric Turkheimer, "Three laws of behavior genetics and what they mean," *Current Directions in Psychological Science* 9, no. 5 (2000): 160-64; and E. Turkheimer and M. C. Waldron, "Nonshared environment: A theoretical, methodological, and quantitative review," *Psychological Bulletin* 126 (2000): 78-108.

40 *"unsystematic, idiosyncratic, serendipitous events":* Robert Plomin and Denise Daniels, "Why are children in the same family so different from one another?" *Behavioral and Brain Sciences* 10, no. 1 (1987): 1-16.

9 *The second book, Richard Lewontin's:* Richard C. Lewontin, Steven P. R. Rose, and Leon J. Kamin, *Not in Our Genes: Biology, Ideology, and Human Nature* (New York: Pantheon Books, 1984).

10 *"There is no acceptable evidence that":* Ibid., 261.

11 *In the 1980s, a professor of psychology:* J. Michael Bailey and Richard C. Pillard, "A genetic study of male sexual orientation," *Archives of General Psychiatry* 48, no. 12 (1991): 1089-96.

12 *The brothers, who looked virtually identical:* Frederick L. Whitam, Milton Diamond, and James Martin, "Homosexual orientation in twins: A report on 61 pairs and three triplet sets," *Archives of Sexual Behavior* 22, no. 3 (1993): 187-206.

13 *Protocol #92-C-0078 was launched:* Dean Hamer, *Science of Desire: The Gay Gene and the Biology of Behavior* (New York: Simon & Schuster, 2011), 40.

14 "*gay* Roots *project*" : Ibid., 91-104.

15 *"There were TV cameramen lined up":* "The 'gay gene' debate," *Frontline*, PBS, http://www.pbs.org/wgbh/pages/frontline/shows/assault/genetics/.

16 *"science could be used to eradicate it":* Richard Horton, "Is homosexuality inherited?" *Frontline*, PBS, http://www.pbs.org/wgbh/pages/frontline/shows/assault/genetics/nyreview.html.

17 *"does identify a chromosomal region":* Timothy F. Murphy, *Gay Science: The Ethics of Sexual Orientation Research* (New York: Columbia University Press, 1997), 144.

18 *Hamer was attacked left and right:* M. Philip, "A review of Xq28 and the effect on homosexuality," *Interdisciplinary Journal of Health Science* 1 (2010): 44-48.

19 *Since Hamer's 1993 paper in* Science: Dean H. Hamer et al., "A linkage between DNA markers on the X chromosome and male sexual orientation," *Science* 261, no. 5119 (1993): 321-27.

20 *In 2005, in perhaps the largest study:* Brian S. Mustanski et al., "A genomewide scan of male sexual orientation," *Human Genetics* 116, no. 4 (2005): 272-78.

21 *In 2015, in yet another detailed analysis of 409:* A. R. Sanders et al., "Genome-wide scan demonstrates significant linkage for male sexual orientation," *Psychological Medicine* 45, no. 7 (2015): 1379-88.

22 *One gene that sits:* Elizabeth M. Wilson, "Androgen receptor molecular biology and potential targets in prostate cancer," *Therapeutic Advances in Urology* 2, no. 3 (2010): 105-17.

23 *In 1971, in a book titled:* Macfarlane Burnet, *Genes, Dreams and Realities* (Dordrecht: Springer Science & Business Media, 1971), 170.

bladder, or penile ablation," *Archives of Sexual Behavior* 34, no. 4 (2005): 423-38.

17 *"Is it really the case that all":* Otto Weininger, *Sex and Character: An Investigation of Fundamental Principles* (Bloomington: Indiana University Press, 2005), 2.

18 *these animals might be anatomically female:* Carey Reed, "Brain 'gender' more flexible than once believed, study finds," *PBS NewsHour*, April 5, 2015, http://www.pbs.org/newshour/rundown/brain-gender-flexible-believed-study-finds/. Also see Bridget M. Nugent et al., "Brain feminization requires active repression of masculinization via DNA methylation," *Nature Neuroscience* 18 (2015): 690-97.

## 最後一哩

1 *Like sleeping dogs, unknown twins:* Wright, *Born That Way*, 27.

2 *"It is the consensus of many contemporary":* Sándor Lorand and Michael Balint, ed., *Perversions: Psychodynamics and Therapy* (New York: Random House, 1956; repr., London: Ortolan Press, 1965), 75.

3 *"The homosexual's real enemy":* Bernard J. Oliver Jr., *Sexual Deviation in American Society* (New Haven, CT: New College and University Press, 1967), 146.

4 *"close-binding and [sexually] intimate":* Irving Bieber, *Homosexuality: A Psychoanalytic Study* (Lanham, MD: Jason Aronson, 1962), 52.

5 *"a homosexual is a person":* Jack Drescher, Ariel Shidlo, and Michael Schroeder, *Sexual Conversion Therapy: Ethical, Clinical and Research Perspectives* (Boca Raton, FL: CRC Press, 2002), 33.

6 *"homosexuality is more of a choice":* "The 1992 campaign: The vice president; Quayle contends homosexuality is a matter of choice, not biology," *New York Time*s, September 14, 1992, http://www.nytimes.com/1992/09/14/us/1992-campaign-vice-president-quayle-contends-homosexuality-matter-choice-not.html.

7 *In July 1993, the discovery of the:* David Miller, "Introducing the 'gay gene': Media and scientific representations," *Public Understanding of Science* 4, no. 3 (1995): 269-84, http://www.academia.edu/3172354/Introducing_the_Gay_Gene_Media_and_Scientific_Representations.

8 *"What do we say of the woman":* C. Sarler, "Moral majority gets its genes all in a twist," *People*, July 1993, 27.

7 *Page called the gene* ZFY: Ansbert Schneider-Gädicke et al., "*ZFX* has a gene structure similar to *ZFY*, the putative human sex determinant, and escapes X inactivation," *Cell* 57, no. 7 (1989): 1247-58.

8 *intronless gene called* SRY: Philippe Berta et al., "Genetic evidence equating *SRY* and the testis-determining factor," *Nature* 348, no. 6300 (1990): 448-50.

9 *the mice developed as anatomically male:* Ibid.; John Gubbay et al., "A gene mapping to the sex-determining region of the mouse Y chromosome is a member of a novel family of embryonically expressed genes," *Nature* 346 (1990): 245-50; Ralf J. Jäger et al., "A human XY female with a frame shift mutation in the candidate testis- determining gene *SRY* gene," *Nature* 348 (1990): 452-54; Peter Koopman et al., "Expression of a candidate sex-determining gene during mouse testis differentiation," *Nature* 348 (1990): 450-52; Peter Koopman et al., "Male development of chromosomally female mice transgenic for *SRY* gene," *Nature* 351 (1991): 117-21; and Andrew H. Sinclair et al., "A gene from the human sex-determining region encodes a protein with homology to a conserved DNA-binding motif," *Nature* 346 (1990): 240-44.

10 *"I didn't fit in well":* "IAmA young woman with Swyer syndrome (also called XY gonadal dysgenesis)," Reddit, 2011, https://www.reddit.com/r/IAmA/comments/e792p/iama_young_woman_with_swyer_syndrome_also_called/.

11 *On the morning of May 5, 2004:* 大衛・雷默故事的細節源自 John Colapinto 的 *As Nature Made Him: The Boy Who Was Raised as a Girl* (New York: HarperCollins, 2000).

12 *Based on Money's advice, "Brenda":* John Money, *A First Person History of Pediatric Psychoendocrinology* (Dordrecht: Springer Science & Business Media, 2002), "Chapter 6: David and Goliath."

13 *"Gender identity is suficiently incompletely":* Gerald N. Callahan, *Between XX and XY* (Chicago: Chicago Review Press, 2009), 129.

14 *"my leather-and-lace look":* J. Michael Bostwick and Kari A. Martin, "A man's brain in an ambiguous body: A case of mistaken gender identity," *American Journal of Psychiatry* 164, no. 10 (2007): 1499-505.

15 *"I feel like I have the brain of a man":* Ibid.

16 *In 2005, a team of researchers at Columbia University:* Heino F. L. Meyer-Bahlburg, "Gender identity outcome in female-raised 46, XY persons with penile agenesis, cloacal exstrophy of the

38 *The Harvard historian Orlando Patterson:* Orlando Patterson, "For Whom the Bell Curves," in *The Bell Curve Wars: Race, Intelligence, and the Future of America*, ed. Steven Fraser (New York: Basic Books, 1995).

39 *black children do worse at tests:* William Wright, *Born That Way: Genes, Behavior, Personality* (London: Routledge, 2013), 195.

40 *a fact buried so inconspicuously:* Herrnstein and Murray, *Bell Curve*, 300-305.

41 *Sandra Scarr and Richard Weinberg in 1976:* Sandra Scarr and Richard A. Weinberg, "Intellectual similarities within families of both adopted and biological children," *Intelligence* 1, no. 2 (1977): 170-91.

42 *"When nobody read":* Alison Gopnik, "To drug or not to drug," *Slate*, February 22, 2010, http://www.slate.com/articles/arts/books/2010/02/to_drug_or_not_to_drug.2.html.

## 身分的一階導數

1 *For several decades, anthropology has participated:* Paul Brodwin, "Genetics, identity, and the anthropology of essentialism," *Anthropological Quarterly* 75, no. 2 (2002): 323-30.

2 *"Sex is not inherited":* Frederick Augustus Rhodes, *The Next Generation* (Boston: R. G. Badger, 1915), 74.

3 *"The egg, as far as sex is concerned":* Editorials, *Journal of the American Medical Association* 41 (1903): 1579.

4 *She termed it the* sex chromosome: Nettie Maria Stevens, *Studies in Spermatogenesis: A Comparative Study of the Heterochromosomes in Certain Species of Coleoptera, Hemiptera and Lepidoptera, with Especial Reference to Sex Determinatio*n (Baltimore: Carnegie Institution of Washington, 1906).

5 *"punk meets new romantic": Kathleen M. Weston, Blue Skies and Bench Space: Adventures in Cancer Research* (Cold Spring Harbor, NY: Cold Spring Harbor Laboratory Press, 2012), "Chapter 8: Walk This Way."

6 *In 1955, Gerald Swyer, an English endocrinologist:* G. I. M. Swyer, "Male pseudohermaphroditism: A hitherto undescribed form," *British Medical Journal* 2, no. 4941 (1955): 709.

1994.

29 *his 1985 book*, Crime and Human Nature: Wilson and Herrnstein. *Crime and Human Nature*.

30 *In 1904, Charles Spearman, a British statistician:* Charles Spearman, " 'General Intelligence,' objectively determined and measured," *American Journal of Psychology* 15, no. 2 (1904): 201-92.

31 *Recognizing that this measurement varied with age:* The concept of IQ was initially developed by William Stern, the German psychologist.

32 *Developmental psychologists such as Louis Thurstone:* Louis Leon Thurstone, "The absolute zero in intelligence measurement," *Psychological Review* 35, no. 3 (1928): 175; and L. Tjurstone, "Some primary abilities in visual thinking," *Proceedings of the American Philosophical Society* (1950): 517-21. Also see Howard Gardner and Thomas Hatch, "Educational implications of the theory of multiple intelligences," *Educational Researcher* 18, no. 8 (1989): 4-10.

33 *Drawing heavily from an earlier article:* Herrnstein and Murray, *Bell Curve*, 284.

34 *In the 1950s, a series of reports:* George A. Jervis, "The mental deficiencies," *Annals of the American Academy of Political and Social Science* (1953): 25-33. 亦參見 Otis Dudley Duncan, "Is the intelligence of the general population declining?" *American Sociological Review* 17, no. 4 (1952): 401-7.

35 穆雷和赫恩斯坦評估的特定變數值得一談。他們疑惑非裔是否對測驗和分數深感失望，因而不願參與智商測驗。然而，評量和消除這種「測驗解離」（test disengagement）的細膩實驗依舊不能拉近那十五分的差異。他們又考慮到測驗是否有文化偏見的可能（借 SAT 測驗的惡例，如要求學生比較「oarsman」（划手）與「regatta」（划船大會）的關係，即使不是語言和文化學者，都知道市區貧民窟的孩子，不論黑白，都不會知道 regatta 是什麼，更不了解 oarsman 會在那裡做什麼）。然而，穆雷和赫恩斯坦寫道，即使在移除這種文化和階級相關的條目之後，依舊有十五分的差距。

36 *In the 1990s, the psychologist Eric Turkheimer:* Eric Turkheimer, "Consensus and controversy about IQ," *Contemporary Psychology* 35, no. 5 (1990): 428-30. Also see Eric Turkheimer et al., "Socioeconomic status modifies heritability of IQ in young children," *Psychological Science* 14, no. 6 (2003): 623-28.

37 *In a blistering article written:* Stephen Jay Gould, "Curve ball," *New Yorker*, November 28, 1994, 139-40.

and Marcus W. Feldman, "The application of molecular genetic approaches to the study of human evolution," *Nature Genetics* 33 (2003): 266-75.

18 *It is called the Out of Africa theory:* 人類於南非的起源請見布理納・韓等人 "Hunter-gatherer genomic diversity suggests a southern African origin for modern humans," *Proceedings of the National Academy of Sciences* 108, no. 13 (2011): 5154-62. Also see Brenna M. Henn, L. L. Cavalli-Sforza, and Marcus W. Feldman, "The great human expansion," *Proceedings of the National Academy of Sciences* 109, no. 44 (2012): 17758-64.

19 *"Sexual intercourse began":* Philip Larkin, "Annus Mirabilis," *High Windows*.

20 *"In terms of modern humans":* Christopher Stringer, "Rethinking 'out of Africa,' " editorial, *Edge*, November 12, 2011, http://edge.org/conversation/rethinking-out-of-africa.

21 *Others have proposed:* H. C. Harpending et al., "Genetic traces of ancient demography," *Proceedings of the National Academy of Sciences* 95 (1998): 1961-67; R. Gonser et al., "Microsatellite mutations and inferences about human demography," *Genetics* 154 (2000): 1793-1807; A. M. Bowcock et al., "High resolution of human evolutionary trees with polymorphic microsatellites," *Nature* 368 (1994): 455-57; and C. Dib et al., "A comprehensive genetic map of the human genome based on 5,264 microsatellites," *Nature* 380 (1996): 152-54.

22 *The most recent estimates suggest that:* Anthony P. Polednak, *Racial and Ethnic Differences in Disease* (Oxford: Oxford University Press, 1989), 32-33.

23 *As Marcus Feldman and Richard Lewontin put it:* M. W. Feldman and R. C. Lewontin, "Race, ancestry, and medicine," in *Revisiting Race in a Genomic Age*, ed. B. A. Koenig, S. S. Lee, and S. S. Richardson (New Brunswick, NJ: Rutgers University Press, 2008). Also see Li et al., "Worldwide human relationships inferred from genome-wide patterns of variation," 1100-104.

24 *In his monumental study on human genetics:* L. Cavalli-Sforza, Paola Menozzi, and Alberto Piazza, *The History and Geography of Human Genes* (Princeton, NJ: Princeton University Press, 1994), 19.

25 *"So, we's the same":* Stockett, *Help*.

26 *In 1994, the very year:* Cavalli-Sforza, Menozzi, and Piazza, *The History and Geography*.

27 *a very different kind of book about:* Richard Herrnstein and Charles Murray, *The Bell Curve* (New York: Simon & Schuster, 1994).

28 *"a flame-throwing treatise on class":* "The 'Bell Curve' agenda," *New York Times*, October 24,

6 *"Encoded in the DNA sequence are fundamental":* Committee on Mapping and Sequencing, *Mapping and Sequencing*, 11.

7 *"Had Mr. Darwin or his followers furnished":* Louis Agassiz, "On the origins of species," *American Journal of Science and Arts* 30 (1860): 142-54.

8 *"In 1848, stone diggers in a limestone quarry:* Douglas Palmer, Paul Pettitt, and Paul G. Bahn, *Unearthing the Past: The Great Archaeological Discoveries That Have Changed History* (Guilford, CT: Globe Pequot, 2005), 20.

9 *"an early time in the evolution of man": Popular Science Monthly* 100 (1922).

10 *Allan Wilson began to use genetic tools:* Rebecca L. Cann, Mork Stoneking, and Allan C. Wilson, "Mitochondrial DNA and human evolution," *Nature* 325 (1987): 31-36.

11 *The genes lodged within mitochondria:* See Chuan Ku et al., "Endosymbiotic origin and differential loss of eukaryotic genes," *Nature* 524 (2015): 427-32.

12 *First, when Wilson measured the overall diversity:* Thomas D. Kocher et al., "Dynamics of mitochondrial DNA evolution in animals: Amplification and sequencing with conserved primers," *Proceedings of the National Academy of Sciences* 86, no. 16 (1989): 6196-200.

13 *By 1991, Wilson could use his method:* David M. Irwin, Thomas D. Kocher, and Allan C. Wilson, "Evolution of the cytochrome-b gene of mammals," *Journal of Molecular Evolution* 32, no. 2 (1991): 128-44; Linda Vigilant et al., "African populations and the evolution of human mitochondrial DNA," *Science* 253, no. 5027 (1991): 1503-7; and Anna Di Rienzo and Allan C. Wilson, "Branching pattern in the evolutionary tree for human mitochondrial DNA," *Proceedings of the National Academy of Sciences* 88, no. 5 (1991): 1597-601.

14 *In November 2008, a seminal study:* Jun Z. Li et al., "Worldwide human relationships inferred from genome-wide patterns of variation," *Science* 319, no. 5866 (2008): 1100-104.

15 *"You get less and less variation":* John Roach, "Massive genetic study supports 'out of Africa' theory," *National Geographic News*, February 21, 2008.

16 *The oldest human populations:* Lev A. Zhivotovsky, Noah A. Rosenberg, and Marcus W. Feldman, "Features of evolution and expansion of modern humans, inferred from genomewide microsatellite markers," *American Journal of Human Genetics* 72, no. 5 (2003): 1171-86.

17 *The "youngest" humans:* Noah Rosenberg et al., "Genetic structure of human populations," *Science* 298, no. 5602 (2002): 2381-85. A map of human migrations can be foundin L. L. Cavalli-Sforza

38 *"In the history of scientific writing since the 1600s":* 作者於 2015 年與艾瑞克・蘭德的訪談。

39 *"genome tossed salad":* Shreeve, *Genome War*, 364.

## 人類的書（共二十三冊）

1 *It encodes about 20,687 genes in total:* 人類基因組計畫的細節源自 "Human genome far more active than thought," Wellcome Trust, Sanger Institute, September 5, 2012, http://www.sanger.ac.uk/about/press/2012/120905.html; Venter, *Life Decoded*; 以及 Committee on Mapping and Sequencing the Human Genome, *Mapping and Sequencing the Human Genome* (Washington, DC: National Academy Press, 1988), http://www.nap.edu/read/1097/chapter/1.

## 第五部 穿過鏡子

1 *How nice it would be: Lewis Carroll, Alice in Wonderland* (New York: W. W. Norton, 2013).

## 「所以，我們是一樣的」

1 *"So, We's the Same":* Kathryn Stockett, *The Help* (New York: Amy Einhorn Books/Putnam, 2009), 235.

2 *We got to have a re-vote:* "Who is blacker Charles Barkley or Snoop Dogg," YouTube, January 19, 2010, https://www.youtube.com/watch?v=yHfX-11ZHXM.

3 *What have I in common with Jews?:* Franz Ka a, *The Basic Kafka* (New York: Pocket Books, 1979), 259.

4 *This mirror writing can result:* Everett Hughes, "The making of a physician: General statement of ideas and problems," Human Organization 14, no. 4 (1955): 21-25.

5 *"as absurd as defining the organs":* Allen Verhey, *Nature and Altering It* (Grand Rapids, MI: William B. Eerdmans, 2010), 19. Also see Matt Ridley, *Genome: The Autobiography of a Species In 23 Chapters* (New York: Harper Collins, 1999), 54.

分關鍵的貢獻，即是可快速定序數千個 DNA 基礎的半自動定序機。

23 *its one-billionth human base pair:* David Dickson and Colin Macilwain, " 'It's a G': The one-billionth nucleotide," *Nature* 402, no. 6760 (1999): 331.

24 *it had sequenced the genome of the fruit fly:* Declan Butler, "Venter's *Drosophila* 'success' set to boost human genome efforts," *Nature* 401, no. 6755 (1999): 729-30.

25 *In March 2000,* Science *published:* "The *Drosophila* genome," *Science* 287, no. 5461 (2000): 2105-364.

26 *Of the 289 human genes known to be:* David N. Cooper, *Human Gene Evolution* (Oxford: BIOS Scientific Publishers, 1999), 21.

27 *177 genes:* William K. Purves, *Life: The Science of Biology* (Sunderland, MA: Sinauer Associates, 2001), 262.

28 *"a man like me":* Marsh, *William Blake,* 56.

29 *"The lesson is that the complexity":* Berkeley *Drosophila* Genome Project, Gerry Rubin, in Robert Sanders, "UC Berkeley collaboration with Celera Genomics concludes with publication of nearly complete sequence of the genome of the fruit fly," 刊於 UC Berkeley, March 24, 2000, http://www.berkeley.edu/news/media/releases/2000/03/03-24-2000.html.

30 *"between a human and a nematode worm": The Age of the Genome,* BBC Radio 4, http://www.bbc.co.uk/programmes/b00ss2rk.

31 *"Fix this!":* James Shreeve, *The Genome War: How Craig Venter Tried to Capture the Code of Life and Save the World* (New York: Alfred A. Knopf, 2004), 350.

32 *That initial meeting in Ari Patrinos's basement:* 更多細節請見 ibid. 亦參見 Venter, *Life Decoded,* 97.

33 *At 10:19 a.m. on the morning of June 26:* "June 2000 White House Event," Genome.gov, https://www.genome.gov/10001356.

34 *Clinton spoke first, comparing the map:* "President Clinton, British Prime Minister Tony Blair deliver remarks on human genome milestone," CNN.com Transcripts, June 26, 2000.

35 *We have sequenced the genome:* 克雷格・凡特團隊描述的序列分屬男性和女性，但其中任何個體的完整定序並未完成。

36 *"My greatest success":* Shreeve, *Genome War,* 360.

37 *Lander recruited yet another team of scientists:* McElheny, *Drawing the Map of Life,* 163.

5 *"my future in a crate":* J. Craig Venter, *A Life Decoded: My Genome, My Life* (New York: Viking, 2007), 97.

6 *the NIH technology transfer office contacted:* R. Cook-Deegan and C. Heaney, "Patents in genomics and human genetics," *Annual Review of Genomics and Human Genetics* 11 (2010): 383-425, doi:10.1146/annurev-genom-082509-141811.

7 *In 1984, Amgen had filed a patent:* Edmund L. Andrews, "Patents; Unaddressed Question in Amgen Case," *New York Times*, March 9, 1991.

8 *"Patents (or so I had believed) are designed":* Sulston and Ferry, *Common Thread*, 87.

9 *"It's a quick and dirty land grab":* Pamela R. Winnick, *A Jealous God: Science's Crusade against Religion* (Nashville, TN: Nelson Current, 2005), 225.

10 *"Could you patent an elephant":* Eric Lander, author interview, 2015.

11 *Walter Bodmer, the English geneticist, warned:* L. Roberts, "Genome Patent Fight Erupts," *Science* 254, no. 5029 (1991): 184-86.

12 The *Institute for Genomic Research:* Venter, *Life Decoded*, 153.

13 *Working with a new ally, Hamilton Smith:* Hamilton O. Smith et al., "Frequency and distribution of DNA uptake signal sequences in the *Haemophilus influenzae* Rd genome," *Science* 269, no. 5223 (1995): 538-40.

14 *"The final [paper] took forty drafts":* Venter, *Life Decoded*, 212.

15 *"thrilled by the first glimpse":* Ibid., 219.

16 *"What if you took a word":* Eric Lander, author interview, October 2015.

17 *"The real challenge of the Human Genome Project":* Ibid.

18 *TIGR had been set up:* HGS 由哈佛教授 William Haseltine 建立，其希望以基因組創造新藥物。

19 *In December 1998:* "1998: Genome of roundworm *C. elegans* sequenced," Genome.gov, http://www.genome.gov/25520394.

20 *A gene called* ceh-13, *for instance:* Borbála Tihanyi et al., "The *C. elegans Hox gene ceh-13* regulates cell migration and fusion in a non-colinear way. Implications for the early evolution of Hox clusters," *BMC Developmental Biology* 10, no. 78 (2010), doi:10.1186/1471-213X-10-78.

21 *The* C. elegans *genome-published to universal: Science* 282, no. 5396 (1998): 1945-2140.

22 *125 semiautomated sequencing machines:* Mike Hunkapiller 對基因定序科技發展也有部

15 *"bad friends, bad neighborhoods, bad labels":* Matt DeLisi, "James Q. Wilson," in *Fifty Key Thinkers in Criminology*, ed. Keith Hayward, Jayne Mooney, and Shadd Maruna (London: Routledge, 2010), 192-96.

16 *another meeting of scientists was called to evaluate whether:* Doug Struck, "The Sun (1837-1988)," *Baltimore Sun*, February 2, 1986, 79.

17 *The most important technical breakthrough:* Kary Mullis, "Nobel Lecture: The polymerase chain reaction," December 8, 1993, Nobelprize.org, http://www.nobelprize.org/nobel_prizes/chemistry/laureates/1993/mullis-lecture.html.

18 *To sequence all 3 billion base pairs:* Sharyl J. Nass and Bruce Stillman, *Large-Scale Biomedical Science: Exploring Strategies for Future Research* (Washington, DC: National Academies Press, 2003), 33.

19 *"The only way to give Rufus a life":* McElheny, *Drawing the Map of Life*, 65.

20 *By 1989 after several:* "About NHGRI: A Brief History and Timeline," Genome.gov, http://www.genome.gov/10001763.

21 *In January 1989, a twelve-member council:* McElheny, *Drawing the Map of Life*, 89.

22 *"We are initiating an unending study":* Ibid.

23 *On January 28, 1983:* J. David Smith, "Carrie Elizabeth Buck (1906-1983)," *Encyclopedia Virginia*, http://www.encyclopediavirginia.org/Buck_Carrie_Elizabeth_1906-1983.

24 *Vivian Dobbs—the child who:* Ibid.

## 地理學者

1 *So Geographers in Afric-maps:* Jonathan Swift and Thomas Roscoe, *The Works of Jonathan Swift, DD: With Copious Notes and Additions and a Memoir of the Author*, vol. 1 (New York: Derby, 1859), 247-48.

2 *More and more, the Human Genome Project:* Justin Gillis, "Gene-mapping controversy escalates; Rockville firm says government offcials seek to undercut its effort," *Washington Post*, March 7, 2000.

3 *Craig Venter, proposed a shortcut:* L. Roberts, "Gambling on a Shortcut to Genome Sequencing," *Science* 252, no. 5013 (1991): 1618-19.

4 *In 1986, he had heard of:* Lisa Yount, *A to Z of Biologists* (New York: Facts On File, 2003), 312.

ovarian cancer susceptibility gene *BRCA1*," *Science* 266, no. 5182 (1994): 66-71.

5 *such as chromosome jumping:* F. Collins et al., "Construction of a general human chromosome jumping library, with application to cystic fibrosis," *Science* 235, no. 4792 (1987): 1046-49, doi:10.1126/science.2950591.

6 *"There was no shortage of exceptionally clever":* Mark Henderson, "Sir John Sulston and the Human Genome Project," Wellcome Trust, May 3, 2011, http://genome.wellcome.ac.uk/doc_wtvm051500.html.

7 *"But even with the immense power": Departments of Labor, Health and Human Services, Education, and Related Agencies Appropriations for 1996: Hearings before a Subcommittee of the Committee on Appropriations, House of Representatives, One Hundred Fourth Congress, First Session* (Washington, DC: Government Printing Office, 1995), http://catalog.hathitrust.org/Record/003483817.

8 *in 1872, Hilário de Gouvêa, a Brazilian ophthalmologist:* Alvaro N. A. Monteiro and Ricardo Waizbort, "The accidental cancer geneticist: Hilário de Gouvêa and hereditary retinoblastoma," *Cancer Biology & Therapy* 6, no. 5 (2007): 811-13, doi:10.4161/cbt.6.5.4420.

9 *Vogelstein had already discovered that cancers:* Bert Vogelstein and Kenneth W. Kinzler, "The multistep nature of cancer," *Trends in Genetics* 9, no. 4 (1993): 138-41.

10 *Schizophrenia, in particular, sparked a furor:* Valrie Plaza, *American Mass Murderers* (Raleigh, NC: Lulu Press, 2015), "Chapter 57: James Oliver Huberty."

11 *NAS study found that identical twins possessed:* "Schizophrenia in the National Academy of Sciences-National Research Council Twin Registry: A 16-year up date," *American Journal of Psychiatry* 140, no. 12 (1983): 1551-63, doi:10.1176/ajp.140.12.1551.

12 *An earlier study, published by:* D. H. O'Rourke et al., "Refutation of the general singlelocus model for the etiology of schizophrenia," *American Journal of Human Genetics* 34, no. 4 (1982): 630.

13 *For identical twins with the severest form:* Peter McGuffin et al., "Twin concordance for operationally defined schizophrenia: Confirmation of familiality and heritability," *Archives of General Psychiatry* 41, no. 6 (1984): 541-45.

14 *Populist anxieties about genes, mental illness:* James Q. Wilson and Richard J. Herrnstein, *Crime and Human Nature: The Definitive Study of the Causes of Crime* (New York: Simon & Schuster, 1985).

www.cfmedicine.com/history/earlyyears.htm.

34 *In 1985, Lap-Chee Tsui:* Lap-Chee Tsui et al., "Cystic fibrosis locus defined by a genetically linked polymorphic DNA marker," *Science* 230, no. 4729 (1985): 1054-57.

35 *By the spring of 1989, Collins:* Wanda K. Lemna et al., "Mutation analysis for heterozygote detection and the prenatal diagnosis of cystic fibrosis," *New England Journal of Medicine* 322, no. 5 (1990): 291-96.

36 *Over the last decade:* V. Scotet et al., "Impact of public health strategies on the birth prevalence of cystic fibrosis in Brittany, France," *Human Genetics* 113, no. 3 (2003): 280-85.

37 *In 1993, a New York hospital:* D. Kronn, V. Jansen, and H. Ostrer, "Carrier screening for cystic fibrosis, Gaucher disease, and Tay-Sachs disease in the Ashkenazi Jewish population: The first 1,000 cases at New York University Medical Center, New York, NY," *Archives of Internal Medicine* 158, no. 7 (1998): 777-81.

38 *As the physicist and historian Evelyn Fox Keller:* Elinor S. Shaffer, ed., *The Third Culture: Literature and Science*, vol. 9 (Berlin: Walter de Gruyter, 1998), 21.

39 *"a new horizon in the history of man":* Robert L. Sinsheimer, "The prospect for designed genetic change," *American Scientist* 57, no. 1 (1969): 134-42.

40 *"Some may smile and may feel":* Jay Katz, Alexander Morgan Capron, and Eleanor Swift Glass, *Experimentation with Human Beings: The Authority of the Investigator, Subject, Professions, and State in the Human Experimentation Process* (New York: Russell Sage Foundation, 1972), 488.

41 *"no beliefs, no values, no institutions":* John Burdon Sanderson Haldane, *Daedalus or Science and the Future* (New York: E. P. Dutton, 1924), 48.

## 「取得基因組」

1 *Our ability to read out this sequence:* Sulston and Ferry, *Common Thread*, 264.

2 *In 1977, when Fred Sanger had sequenced:* Cook-Deegan, *The Gene Wars*, 62.

3 *The human genome contains 3,095,677,412 base pairs:* "OrganismView: Search organisms and genomes," CoGe: OrganismView, https://genomevolution.org/coge//organismview.pl?gid=7029.

4 BRCA1, *was only identified in 1994:* Yoshio Miki et al., "A strong candidate for the breast and

22 *When the Venezuelan neurologist Américo Negrette:* M. S. Okun and N. Thommi, "Américo Negrette (1924 to 2003): Diagnosing Huntington disease in Venezuela," *Neurology* 63, no. 2 (2004): 340-43, doi:10.1212/01.wnl.0000129827.16522.78.

23 *In some parts:* for data on prevalence, see http://www.cmmt.ubc.ca/research/ diseases/huntingtons/HD_Prevalence.

24 *two copies of the mutated Huntington's disease gene—i.e., "homozygotes"*: "What Is a Homozygote?" , Nancy Wexler, *Gene Hunter: The Story of Neuropsychologist Nancy Wexler*, (Women's Adventures in Science, Joseph Henry Press), October 30, 2006: 51.

25 *"It was a clash of total bizarreness":* Jerry E. Bishop and Michael Waldholz, *Genome: The Story of the Most Astonishing Scientific Adventure of Our Time* (New York: Simon & Schuster, 1990), 82-86.

26 這份家譜後來擴大到總共包括十個世代一萬八千餘人，全都來自一位共同的祖先，一位名叫瑪麗亞．康塞普西翁（Maria Concepión）的婦女，巧的是這個姓「Concepión」有孕育的意思，十分貼切。康塞普西翁孕育了將異常基因帶到這些十九世紀村落的第一個家族。

27 美國家族不夠大，無法證明兩者相關，但委內瑞拉家族則可。科學家把這兩者並列，就能證明和亨丁頓舞蹈症相關的 DNA 標記存在。

28 *In August 1983, Wexler, Gusella, and Conneally:* James F. Gusella et al., "A polymorphic DNA marker genetically linked to Huntington's disease," *Nature* 306, no. 5940 (1983): 234-38, doi:10.1038/306234a0.

29 *The candidate gene had been found:* Karl Kieburtz et al., "Trinucleotide repeat length and progression of illness in Huntington's disease," *Journal of Medical Genetics* 31, no. 11 (1994): 872-74.

30 *"We've got it, we've got it":* Lyon and Gorner, *Altered Fates*, 424.

31 *A remarkable feature of the inheritance:* Nancy S. Wexler, "Venezuelan kindreds reveal that genetic and environmental factors modulate Huntington's disease age of onset," *Proceedings of the National Academy of Sciences* 101, no. 10 (2004): 3498-503.

32 *In 1857, a Swiss almanac: The Almanac of Children's Songs and Games from Switzerland* (Leipzig: J. J. Weber, 1857).

33 *"Inside the pericardium":* "The History of Cystic Fibrosis," cysticfibrosismedicine.com, http://

sequence adjacent to human beta-globin structural gene: Relationship to sickle mutation," *Proceedings of the National Academy of Sciences* 75, no. 11 (1978): 5631-35.

9 *"We describe a new basis":* Botstein et al., "Construction of a genetic linkage map," 314.

10 *"like watching a giant puppet show":* N. Wexler, "Huntington's Disease: Advocacy Driving Science," *Annual Review of Medicine*, no. 63 (2012): 1-22.

11 *life devolves into a grim roulette:* Wexler NS. "Genetic 'Russian Roulette': The Experience of Being At Risk for Huntington's Disease," *Genetic Counseling: Psychological Dimensions*, ed. S. Kessler (New York, Academic Press, 1979).

12 *"waiting game for the onset of symptoms":* "New discovery in fight against Huntington's disease," NUI Galway, February 22, 2012, http://www.nuigalway.ie/about-us/news-and-events/news-archive/2012/february2012/new-discovery-in-fight-against-huntingtons-disease-1.html.

13 *"I don't know the point where":* Gene Veritas, "At risk for Huntington's disease," September 21, 2011, http://curehd.blogspot.com/2011_09_01_archive.html.

14 *Milton Wexler, Nancy's father, a clinical psychologist:* 魏克斯勒家族故事的細節源自愛麗絲・魏克斯勒 *Mapping Fate: A Memoir of Family, Risk, and Genetic Research* (Berkeley: University of California Press, 1995); Lyon and Gorner, *Altered Fates*; and "Makers profile: Nancy Wexler, neuropsychologist & president, Hereditary Disease Foundation," MAKERS: The Largest Video Collection of Women's Stories, http://www.makers.com/nancy-wexler.

15 *"Each one of you has a one-in-two":* Ibid.

16 *That year, Milton Wexler launched:* "History of the HDF," Hereditary Disease Foundation, http://hdfoundation.org/history-of-the-hdf/.

17 *In one nursing home:* Wexler, Nancy, "Life In The Lab" *Los Angeles Times Magazine*, February 10, 1991.

18 *Leonore died on May 14, 1978:* Associated Press, "Milton Wexler; Promoted Huntington's Research," *Washington Post*, March 23, 2007, http://www.washingtonpost.com/wp-dyn/content/article/2007/03/22/AR2007032202068.html.

19 *In October 1979:* Wexler, *Mapping Fate*, 177.

20 *"There have been a few times in my life":* Ibid., 178.

21 *At First glance, a visitor to Barranquitas:* "Nancy Wexler in Venezuela Huntington's disease," BBC, 2010, YouTube, https://www.youtube.com/watch?v=D6LbkTW8fDU.

5 *The physicist William Shockley:* Joel N. Shurkin, *Broken Genius: The Rise and Fall of William Shockley, Creator of the Electronic Age* (London: Macmillan, 2006), 256.

6 *"cruel, blundering and inefficient":* Kevles, *In the Name of Eugenics*, 263.

7 *"moral obligation of the medical profession": Departments of Labor and Health, Education, and Welfare Appropriations for 1967* (Washington, DC: Government Printing Office, 1966), 249.

8 *"Near the end of his terms of office":* Victor McKusick, in *Legal and Ethical Issues Raised by the Human Genome Project: Proceedings of the Conference in Houston, Texas, March 7-9, 1991*, ed. Mark A. Rothstein (Houston: University of Houston, Health Law and Policy Institute, 1991).

9 *"needle in a haystack":* Matthew R. Walker and Ralph Rapley, *Route Maps in Gene Technology* (Oxford: Blackwell Science, 1997), 144.

## 舞蹈的村民，基因的地圖

1 *Glory be to God for dappled things:* W. H. Gardner, *Gerard Manley Hopkins: Poems and Prose* (Taipei: Shu lin, 1968), "Pied Beauty."

2 *We suddenly came upon two women:* George Huntington, "Recollections of Huntington's chorea as I saw it at East Hampton, Long Island, during my boyhood," *Journal of Nervous and Mental Disease* 37 (1910): 255-57.

3 *In 1978, two geneticists:* Robert M. Cook-Deegan, *The Gene Wars: Science, Politics, and the Human Genome* (New York: W. W. Norton, 1994), 38.

4 *By studying Mormons in Utah:* K. Kravitz et al., "Genetic linkage between hereditary hemochromatosis and HLA," *American Journal of Human Genetics* 31, no. 5 (1979): 601.

5 *When Botstein and Davis had first discovered:* David Botstein et al., "Construction polymorphisms," *American Journal of Human Genetics* 32, no. 3 (1980): 314.

6 *The poet Louis MacNeice once wrote:* Louis MacNeice, "Snow," in *The New Cambridge Bibliography of English Literature*, vol. 3, ed. George Watson (Cambridge: Cambridge University Press, 1971).

7 *"We can give you markers":* Victor K. McElheny, *Drawing the Map of Life: Inside the Human Genome Project* (New York: Basic Books, 2010), 29.

8 *In 1978, two other researchers:* Y. Wai Kan and Andree M. Dozy, "Polymorphism of DNA

21 *"The individual's [i.e., mother's]":* Alexander M. Bickel, *The Morality of Consent* (New Haven: Yale University Press, 1975), 28.

22 *control of the fetal genome to medicine:* Jeffrey Toobin, "The people's choice," *New Yorker*, January 28, 2013, 19-20.

23 *In some states:* H. Hansen, "Brief reports decline of Down's syndrome after abortion reform in New York State," *American Journal of Mental Deficiency* 83, no. 2 (1978): 185-88.

24 *By the mid-1970s:* Daniel J. Kevles, *In the Name of Eugenics: Genetics and the Uses of Human Heredity* (New York: Alfred A. Knopf, 1985), 257.

25 *"Tiny fault after tiny fault":* M. Susan Lindee, *Moments of Truth in Genetic Medicine* (Baltimore: Johns Hopkins University Press, 2005), 24.

26 *McKusick published a new edition:* V. A. McKusick and R. Claiborne, eds., *Medical Genetics* (New York: HP Publishing, 1973).

27 *Joseph Dancis, the pediatrician, wrote:* Ibid., Joseph Dancis, "The prenatal detection of hereditary defects," 247.

28 *In June 1969, a woman named Hetty Park:* Mark Zhang, "*Park v. Chessin* (1977)," *The Embryo Project Encyclopedia*, January 31, 2014, https://embryo.asu.edu/pages/park-v-chessin-1977.

29 *One commentator noted, "The court asserted":* Ibid.

## 「干預、干預、干預」

1 *After millennia in which most people:* Gerald Leach, "Breeding Better People," *Observer*, April 12, 1970.

2 *No newborn should be declared human:* Michelle Morgante, "DNA scientist Francis Crick dies at 88," *Miami Herald*, July 29, 2004.

3 *"The old eugenics was limited":* Lily E. Kay, *The Molecular Vision of Life: Caltech, the Rockefeller Foundation, and the Rise of the New Biology* (New York: Oxford University Press, 1993), 276.

4 *In 1980, Robert Graham:* David Plotz, "Darwin's Engineer," *Los Angeles Times*, June 5, 2005, http://www.latimes.com/la-tm-spermbank23jun05-story.html#page=1.

7 *"The phenomena of obesity":* Archibald E. Garrod, "The incidence of alkaptonuria: A study in chemical individuality," *Lancet* 160, no. 4137 (1902): 1616-20, doi:10.1016/s0140-6736(01)41972-6.

8 *for decades, some medical historians:* Harold Schwartz, *Abraham Lincoln and the Marfan Syndrome* (Chicago: American Medical Association, 1964).

9 *By the mid-1980s, McKusick and his students:* J. Amberger et al., "McKusick's Online Mendelian Inheritance in Man," *Nucleic Acids Research* 37 (2009): (database issue) D793-D796, fig. 1 and 2, doi:10.1093/nar/gkn665.

10 *By the twelfth edition of his book:* "Beyond the clinic: Genetic studies of the Amish and little people, 1960-1980s," Victor A. McKusick Papers, NIH, http://profiles.nlm.nih.gov/ps/retrieve/narrative/jq/p-nid/307.

11 *"The imperfect is our paradise":* Wallace Stevens, *The Collected Poems of Wallace Stevens* (New York: Alfred A. Knopf, 1954), "The Poems of Our Climate," 193-94.

12 *In November 1961: Fantastic Four #1* (New York: Marvel Comics, 1961), http://marvel.com/comics/issue/12894/fantastic_four_1961_1.

13 *"a fantastic amount of radioactivity":* Stan Lee et al., *Marvel Masterworks: The Amazing Spider-Man* (New York: Marvel Publishing, 2009), "The Secrets of Spider-Man."

14 *the X-Men, launched in September 1963: Uncanny X-Men #1* (New York: Marvel Comics, 1963), http://marvel.com/comics/issue/12413/uncanny_x-men_1963_1.

15 *in the spring of 1966:* Alexandra Stern, *Telling Genes: The Story of Genetic Counseling in America* (Baltimore: Johns Hopkins University Press, 2012), 146.

16 *Fetal cells from the amnion:* Leo Sachs, David M. Serr, and Mathilde Danon, "Analysis of amniotic fluid cells for diagnosis of foetal sex," *British Medical Journal* 2, no. 4996 (1956): 795.

17 *On May 31*, 1968: Carlo Valenti, "Cytogenetic diagnosis of down's syndrome in utero," *Journal of the American Medical Association* 207, no. 8 (1969): 1513, doi:10.1001/jama.1969.03150210097018.

18 *In September 1969:* 諾瑪·麥考維的生平細節源自諾瑪·麥考維與 Andy Meisler, *I Am Roe: My Life,* Roe v. Wade, *and Freedom of Choice* (New York: Harper-Collins, 1994).

19 *"with dirty instruments scattered around the room":* Ibid.

20 *Blackmun wrote: Roe v.* Wade, Legal Information Institute, https://www.law.cornell.edu/supremecourt/text/410/113.

1 | Molecular targets of FDA-approved drugs," http://www.nature.com/nrd/journal/v5/n12/fig_tab/nrd2199_T1.html.

28 *On October 14, 1980, Genentech sold:* "Genentech: Historical stock info," Gene.com, http://www.gene.com/about-us/investors/historical-stock-info.

29 *In the summer of 2001, Genentech launched:* Harold Evans, Gail Buckland, and David Lefer, *They Made America: From the Steam Engine to the Search Engine-Two Centuries of Innovators* (London: Hachette UK, 2009), "Hebert Boyer and Robert Swanson: The biotech industry," 420-31.

## 第四部「人的研究對象應該是人類自己」

1 *Know then thyself:* Alexander Pope, *Essay on Man* (Oxford: Clarendon Press, 1869).

2 *Albany: How have you known:* William Shakespeare and Jay L. Halio, *The Tragedy of King Lear* (Cambridge: Cambridge University Press, 1992), act 5, sc. 3.

### 一間診所的誕生

1 *I start with the premise that:* Lyon and Gorner, *Altered Fates*.

2 *the* New York Times published: John A. Osmundsen, "Biologist hopeful in solving secrets of heredity this year," *New York Times*, February 2, 1962.

3 *"The most important contribution to medicine":* Thomas Morgan, "The relation of genetics to physiology and medicine," Nobel Lecture, June 4, 1934, Nobelprize.org, http://www.nobelprize.org/nobel_prizes/medicine/laureates/1933/morgan-lecture.html.

4 *In 1947, Victor McKusick:* "From 'musical murmurs' to medical genetics, 1945-1960," Victor A. McKusick Papers, NIH, http://profiles.nlm.nih.gov/ps/retrieve/narrative/jq/p-nid/305.

5 *McKusick described the case:* Harold Jeghers, Victor A. McKusick, and Kermit H. Katz, "Generalized intestinal polyposis and melanin spots of the oral mucosa, lips and digits," *New England Journal of Medicine* 241, no. 25 (1949): 993-1005, doi:10.1056/nejm194912222412501.

6 *In 1899, Archibald Garrod:* Archibald E. Garrod, "A contribution to the study of alkaptonuria," *Medico-chirurgical Transactions* 82 (1899): 367.

of diabetes mellitus," *Canadian Medical Association Journal* 12, no. 3 (1922): 141.

13 *In 1953, after three more decades:* Frederick Sanger and E. O. P. Thompson, "The amino-acid sequence in the glycyl chain of insulin. 1. The identification of lower peptides from partial hydrolysates," *Biochemical Journal* 53, no. 3 (1953): 353.

14 *To synthesize the somatostatin gene:* Hughes, *Genentech*, 59-65.

15 *"I thought about it all the time":* "Fierce Competition to Synthesize Insulin, David Goeddel," DNA Learning Center, https://www.dnalc.org/view/15085-Fierce-competition-to-synthesize-insulin-David-Goeddel.html.

16 *"Gilbert was, as he had for many days past":* Hughes, *Genentech*, 93.

17 *460 Point San Bruno Boulevard:* Ibid., 78.

18 *"You'd go through the back of Genentech's door":* "Introductory materials," First Chief Financial Officer at Genentech, 1978-1984, http://content.cdlib.org/view?docId=kt8k40159r&brand=calisphere&doc.view=entire_text.

19 *Gilbert recalled. The UCSF team:* Hughes, *Genentech*, 93.

20 *In the summer of 1978, Boyer learned:* Payne Templeton, "Harvard group produces insulin from bacteria," *Harvard Crimson*, July 18, 1978.

21 *August 21, 1978, Goeddel joined:* Hughes, *Genentech*, 91.

22 *On October 26, 1982, the US Patent:* "A history of firsts," Genentech: Chronology, http://www.gene.com/media/company-information/chronology.

23 *"effectively, the patent claimed":* Luigi Palombi, *Gene Cartels: Biotech Patents in the Age of Free Trade* (London: Edward Elgar Publishing, 2009), 264.

24 *Many newspapers accusingly termed it:* "History of AIDS up to 1986," http://www.avert.org/history-aids-1986.htm.

25 *In April, exactly two years:* Gilbert C. White, "Hemophilia: An amazing 35-year journey from the depths of HIV to the threshold of cure," *Transactions of the American Clinical and Climatological Association* 121 (2010): 61.

26 *90 percent would acquire HIV:* "HIV/AIDS," National Hemophilia Foundation, https://www.hemophilia.org/Bleeding-Disorders/Blood-Safety/HIV/AIDS.

27 *Of the several million variants:* John Overington, Bissan Al-Lazikani, and Andrew Hopkins, "How many drug targets are there?" *Nature Reviews Drug Discovery* 5 (December 2006): 993-96, "Table

1 *If you know the question:* Herbert W. Boyer, "Recombinant DNA research at UCSF and commercial application at Genentech: Oral history transcript, 2001," Online Archive of California, 124, http://www.oac.cdlib.org/search?style=oac4;titlesAZ=r;idT=UCb11453293x.

2 *Any sufficiently advanced technology:* Arthur Charles Clark, *Profiles of the Future: An Inquiry Into the Limits of the Possible* (New York: Harper & Row, 1973).

3 *"may completely change the pharmaceutical industry's":* Doogab Yi, *The Recombinant University: Genetic Engineering and the Emergence of Stanford Biotechnology* (Chicago: University of Chicago Press, 2015), 2.

4 *In May, the* San Francisco Chronicle *ran:* "Getting Bacteria to Manufacture Genes," *San Francisco Chronicle*, May 21, 1974.

5 *Cohen also received:* Roger Lewin, "A View of a Science Journalist," in *Recombinant DNA and Genetic Experimentation*, ed. J. Morgan and W. J. Whelan (London: Elsevier, 2013), 273.

6 *Cohen and Boyer filed a patent:* "1972: First recombinant DNA," Genome.gov, http://www.genome.gov/25520302.

7 *"to commercial ownership of the techniques for cloning all possible DNAs":* P. Berg and J. E. Mertz, "Personal reffections on the origins and emergence of recombinant DNA technology," *Genetics* 184, no. 1 (2010): 9-17, doi:10.1534/genetics.109.112144.

8 *Swanson came to see Boyer in January 1976:* Sally Smith Hughes, *Genentech: The Beginnings of Biotech* (Chicago: University of Chicago Press, 2011), "Prologue."

9 *Boyer rejected Swanson's suggestion of HerBob:* Felda Hardymon and Tom Nicholas, "Kleiner-Perkins and Genentech: When venture capital met science," Harvard Business School Case 813-102, October 2012, http://www.hbs.edu/faculty/Pages/item.aspx?num=43569.

10 *In 1869, a Berlin medical student:* A. Sakula, "Paul Langerhans (1847-1888): A centenary tribute," *Journal of the Royal Society of Medicine* 81, no. 7 (1988): 414.

11 *Two decades later, two surgeons:* J. v. Mering and Oskar Minkowski, "Diabetes mellitus nach Pankreasexstirpation," *Naunyn-Schmiedeberg's Archives of Pharmacology* 26, no. 5 (1890): 371-87.

12 *Ultimately, in 1921, Banting and Best:* F. G. Banting et al., "Pancreatic extracts in the treatment

11 *"are specious":* Herb Boyer interview, 1994, by Sally Smith Hughes, UCSF Oral History Program, Bancroft Library, University of California, Berkeley, http://content.cdlib.org/view?docId=kt5d5nb0zs&brand=calisphere&doc.view=entire_text.

12 *On New Year's Day 1974:* John F. Morrow et al., "Replication and transcription of eukaryotic DNA in *Escherichia coli," Proceedings of the National Academy of Sciences* 71, no. 5 (1974): 1743-47.

13 *Asilomar II—one of the most unusual:* Paul Berg et al., "Summary statement of the Asilomar Conference on recombinant DNA molecules," *Proceedings of the National Academy of Sciences* 72, no. 6 (1975): 1981-84.

14 *"You fucked the plasmid group":* Crotty, *Ahead of the Curve*, 107.

15 *He was promptly accused of:* Brenner, "The influence of the press."

16 *"Some people got sick of it all":* Crotty, *Ahead of the Curve*, 108.

17 *"The new techniques, which permit":* Gottweis, *Governing Molecules*, 88.

18 *To mitigate the risks, the document:* Berg et al., "Summary statement of the Asilomar Conference," 1981-84.

19 *two-page letter written in August 1939:* Albert Einstein, "Letter to Roosevelt, August 2, 1939," Albert Einstein's Letters to Franklin Delano Roosevelt, http://hypertextbook.com/eworld/einstein.shtml#first.

20 *As Alan Waterman, the head:* Attributed to Alan T. Waterman, in Lewis Branscomb, "Foreword," *Science, Technology, and Society, a Prospective Look: Summary and Conclusions of the Bellagio Conference* (Washington, DC: National Academy of Sciences, 1976).

21 *Nixon, fed up with his scientific advisers:* F. A. Long, "President Nixon's 1973 Reorganization Plan No. 1," *Science and Public Affairs* 29, no. 5 (1973): 5.

22 *"was to demonstrate that scientists were capable":* Paul Berg, author interview, 2013.

23 *"The public's trust was undeniably increased":* Paul Berg, "Asilomar and recombinant DNA," Nobelprize.org, http://www.nobelprize.org/nobel_prizes/chemistry/laureates/1980/berg-article.html.

24 *"Did the organizers and participants":* Ibid.

cell-specific membrane-associated proteins," *Nature* 308 (1984): 149-53; Y. Yanagi et al., "A human T cell-specific cDNA clone encodes a protein having extensive homology to immunoglobulin chains," *Nature* 308 (1984): 145-49.

17 *"liberated by cloning":* Steve McKnight, "Pure genes, pure genius," *Cell* 150, no. 6 (September 14, 2012): 1100-1102.

## 海濱的愛因斯坦

1 *I believe in the inalienable right:* Sydney Brenner, "The influence of the press at the Asilomar Conference, 1975," Web of Stories, http://www.webofstories.com/play/sydney.brenner/182;jsessionid=2c147f1c4222a58715e708eabd868e58.

2 *In the summer of 1972:* Crotty, *Ahead of the Curve*, 93.

3 *"the beginning of a new era":* Herbert Gottweis, *Governing Molecules: The Discursive Politics of Genetic Engineering in Europe and the United States* (Cambridge, MA: MIT Press, 1998).

4 *"Asilomar I," as Berg would later call:* 伯格對厄西勒瑪的關照細節源自 1993 和 2013 年的對談與訪談 ；and Donald S. Fredrickson, "Asilomar and recombinant DNA: The end of the beginning," in *Biomedical Politics*, ed. Hanna, 258-92.

5 *The Asilomar conference produced an important book:* Alfred Hellman, Michael Neil Oxman, and Robert Pollack, *Biohazards in Biological Research* (Cold Spring Harbor, NY: Cold Spring Harbor Laboratory Press, 1973).

6 *summer of 1973 when Boyer and Cohen:* Cohen et al., "Construction of biologically functional bacterial plasmids," 3240-44.

7 *" 'safe' viruses, plasmids and bacteria":* Crotty, *Ahead of the Curve*, 99.

8 *"Well, if we had any guts at all":* Ibid.

9 *"Don't put toxin genes into* E. coli" ："The moratorium letter regarding risky experiments, Paul Berg," DNA Learning Center, https://www.dnalc.org/view/15021-the-moratorium-letter-regarding-risky-experiments-Paul-Berg.html.

10 *In 1974, the "Berg letter" ran:* P. Berg et al., "Potential biohazards of recombinant DNA molecules," *Science* 185 (1974): 3034. 亦參見 *Proceedings of the National Academy of Sciences* 71 (July 1974): 2593-94.

proteins," *Advances in Protein Chemistry* 7 (1951): 1-67.

4 *Frederick Banting, and his medical student:* Frederick Banting et al., "The effects of insulin on experimental hyperglycemia in rabbits," *American Journal of Physiology* 62, no. 3 (1922).

5 *In 1958, Sanger won the Nobel Prize:* "The Nobel Prize in Chemistry 1958," Nobel prize.org, http://www.nobelprize.org/nobel_prizes/chemistry/laureates/1958/.

6 *his "lean years":* Frederick Sanger, *Selected Papers of Frederick Sanger: With Commentaries*, vol. 1, ed. Margaret Dowding (Singapore: World Scientific, 1996), 11-12.

7 *In the summer of 1962, Sanger moved:* George G. Brownlee, *Fred Sanger—Double Nobel Laureate: A Biography* (Cambridge: Cambridge University Press, 2014), 20.

8 *On February 24, 1977, Sanger used:* F. Sanger et al., "Nucleotide sequence of bacteriophage Φ 174 DNA," *Nature* 265, no. 5596 (1977): 687-95, doi:10.1038/265687a0.

9 *"The sequence identifies many of the features":* Ibid.

10 *In 1977, two scientists working independently:* Sayeeda Zain et al., "Nucleotide sequence analysis of the leader segments in a cloned copy of adenovirus 2 fiber mRNA," *Cell* 16, no. 4 (1979): 851-61. 亦參見 "Physiology or Medicine 1993—press release," Nobelprize.org, http://www.nobelprize.org/nobel_prizes/medicine/laureates/1993/press.html.

11 *The "arsenal of chemical manipulations":* Walter Sullivan, "Genetic decoders plumbing the deepest secrets of life processes," *New York Times*, June 20, 1977.

12 *"Genetic engineering...implies deliberate":* Jean S. Medawar, *Aristotle to Zoos: A Philosophical Dictionary of Biology* (Cambridge, MA: Harvard University Press, 1985), 37-38.

13 *"By learning to manipulate genes experimentally":* 2015 年 9 月作者與保羅・伯格訪談。

14 *T cells sense the presence of invading cells:* J. P Allison, B. W. McIntyre, and D. Bloch, "Tumor-specific antigen of murine T-lymphoma defined with monoclonal antibody," *Journal of Immunology* 129 (1982): 2293-2300; K. Haskins et al, " The major his tocompatibility complex-restricted antigen receptor on T cells: I. Isolation with a monoclonal antibody," *Journal of Experimental Medicine* 157 (1983): 1149-69.

15 *In 1970, David Baltimore and Howard Temin:* "Physiology or Medicine 1975—Press Release," Nobelprize.org. Nobel Media AB 2014. Web. 5 Aug 2015. http://www.nobelprize.org/nobel_prizes/medicine/laureates/1975/press.html.

16 *In 1984, this technique was deployed:* S. M. Hedrick et al., "Isolation of cDNA clones encoding T

7 *In the winter of 1970, Berg and David Jackson:* Jackson, Symons, and Berg, "Biochemical method for inserting new genetic information into DNA of simian virus 40," *Proceedings of the National Academy of Sciences* 69, no. 10 (1972): 2904-09.

8 *In June 1971, Mertz traveled from Stanford:* Kathi E. Hanna, ed., *Biomedical politics* (Washington, DC: National Academies Press, 1991), 266.

9 *"You can stop splitting the atom":* Erwin Chargaff, "On the dangers of genetic meddling," *Science* 192, no. 4243 (1976): 938.

10 *"My first reaction was: this was absurd":* "Reaction to Outrage over Recombinant DNA, Paul Berg." DNA Learning Center, doi:https://www.dnalc.org/view/15017-Reaction-to-outrage-over-recombinant-DNA-Paul-Berg.html.

11 *Dulbecco had even offered to* drink SV40: Shane Crotty, *Ahead of the Curve: David Baltimore's Life in Science* (Berkeley: University of California Press, 2001), 95.

12 *"In truth, I knew the risk was little":* Paul Berg, author interview, 2013.

13 *"Janet really made the process vastly more eficient":* Ibid.

14 *Boyer had arrived in San Francisco in the summer of '66*: 波伊爾與史丹利・科恩故事的細節源自以下出處：John Archibald, *One Plus One Equals One: Symbiosis and the Evolution of Complex Life* (Oxford: Oxford University Press, 2014). Also see Stanley N. Cohen et al.,"Construction of biologically functional bacterial plasmids in vitro,"*Proceedings of the National Academy of Sciences* 70, no. 11 (1973): 3240-44.

15 *Late that evening, Boyer:* 細節源自以下數個出處，包括 Stanley Falkow, "I'll Have the Chopped Liver Please, Or How I Learned to Love the Clone," *ASM News* 67, no. 11 (2001); Paul Berg, author interview, 2015; Jane Gitschier, "Wonderful life: An interview with Herb Boyer," *PLOS Genetics* (September 25, 2009).

## 新音樂

1 *Each generation needs a new music:* Crick, *What Mad Pursuit*, 74.

2 *People now made music from everything:* Richard Powers, *Orfeo: A Novel* (New York: W. W. Norton, 2014), 330.

3 *In the early 1950s, Sanger had solved:* Frederick Sanger, "The arrangement of amino acids in

## 第三部「遺傳學家的夢想」

1 *Progress in science depends on new techniques:* Sydney Brenner, "Life sentences: Detective Rummage investigates," *Scientist—the Newspaper for the Science Professional* 16, no. 16 (2002): 15.

2 *If we are right... it is possible to induce:* "DNA as the 'stuff of genes': The discovery of the transforming principle, 1940-1944," Oswald T. Avery Collection, National Institutes of Health, http://profiles.nlm.nih.gov/ps/retrieve/Narrative/CC/p-nid/157.

### 「基因互換」

1 *A biochemist by training:* 保羅・柏格的求學與長假細節源自作者和他在 2013 年的訪談；and "The Paul Berg Papers," Profiles in Science, National Library of Medicine, http://profiles.nlm.nih.gov/CD/.

2 *a "piece of bad news wrapped in a protein coat":* M. B. Oldstone, "Rous-Whipple Award Lecture. Viruses and diseases of the twenty-first century," *American Journal of Pathology* 143, no. 5 (1993): 1241.

3 *Unlike many viruses, Berg learned:* David A. Jackson, Robert H. Symons, and Paul Berg, "Biochemical method for inserting new genetic information into DNA of simian virus 40: circular SV40 DNA molecules containing lambda phage genes and the galactose operon of Escherichia coli," *Proceedings of the National Academy of Sciences* 69, no. 10 (1972): 2904-09.

4 *Peter Lobban, had written a thesis:* P. E. Lobban, "The generation of transducing phage in vitro," (essay for third PhD examination, Stanford University, November 6, 1969).

5 *Avery, after all, had boiled it:* Oswald T. Avery, Colin M. MacLeod, and Maclyn McCarty. "Studies on the chemical nature of the substance inducing transformation of pneumococcal types: Induction of transformation by a desoxyribonucleic acid fraction isolated from pneumococcus type III," *Journal of Experimental Medicine* 79, no. 2 (1944): 137-58.

6 *"none of the individual procedures, manipulations, and reagents:* P. Berg and J. E. Mertz, "Personal reflections on the origins and emergence of recombinant DNA technology," *Genetics* 184, no. 1 (2010): 9-17, doi:10.1534/genetics.109.112.144.

8 *"There is no history":* Ralph Waldo Emerson, *The Journals and Miscellaneous Notebooks of Ralph Waldo Emerson*, vol. 7, ed. William H. Gilman (Cambridge, MA: Belknap Press of Harvard University Press, 1960), 202.

9 *131 extra cells had somehow disappeared:* Ning Yang and Ing Swie Goping, *Apoptosis* (San Rafael, CA: Morgan & Claypool Life Sciences, 2013), "*C. elegans* and Discovery of the Caspases."

10 *he called it* apoptosis: John F. R. Kerr, Andrew H. Wyllie, and Alastair R. Currie, "Apoptosis: A basic biological phenomenon with wide-ranging implications in tissue kinetics," *British Journal of Cancer* 26, no. 4 (1972): 239.

11 *In another mutant, dead cells:* This mutant was initially identified by Ed Hedgecock. Robert Horvitz, author interview, 2013.

12 *Horvitz and Sulston discovered:* J. E. Sulston and H. R. Horvitz, "Post-embryonic cell lineages of the nematode, *Caenorhabditis elegans," Developmental Biology* 56. no. 1 (March 1977): 110-56. Also see Judith Kimble and David Hirsh, "The postembryonic cell lineages of the hermaphrodite and male gonads in *Caenorhabditis elegans,*" *Developmental Biology* 70, no. 2 (1979): 396-417.

13 *But even natural ambiguity:* Judith Kimble, "Alterations in cell lineage following laser ablation of cells in the somatic gonad of *Caenorhabditis elegans,*" *Developmental Biology* 87, no. 2 (1981): 286-300.

14 *The British way, Brenner wrote:* W. J. Gehring, *Master Control Genes in Development and Evolution: The Homeobox Story* (New Haven, CT: Yale University Press, 1998), 56.

15 *began to study the effects of sharp perturbations on cell fates:* 約翰・懷特與約翰・蘇斯頓為研究方法的先驅。John White and John Sulston. Robert Horvitz, author interview, 2013.

16 *As one scientist described it:* Gary F. Marcus, *the Birth of the Mind: How a Tiny Number of Genes Creates the Complexities of Human Thought* (New York: Basic Books, 2004), "Chapter 4: Aristotle's Impetus."

17 *The geneticist Antoine Danchin:* Antoine Danchin, *The Delphic Boat: What Genomes Tell Us* (Cambridge, MA: Harvard University Press, 2002).

18 *Some genes, Dawkins suggests:* Richard Dawkins, *A Devil's Chaplain: Reflections on Hope, Lies, Science, and Love* (Boston: Houghton Mifflin, 2003), 105.

York: Crown, 2013), 133.
2 *"the properties implicit in genes":* Thomas Hunt Morgan, "The relation of genetics to physiology and medicine," *Scientific Monthly* 41, no. 1 (1935): 315.
3 *Jacques Monod, the French biologist:* Agnes Ullmann, "Jacques Monod, 1910-1976: His life, his work and his commitments," *Research in Microbiology* 161, no. 2 (2010): 68-73.
4 *Pardee, Jacob, and Monod published:* Arthur B. Pardee, François Jacob, and Jacques Monod, "The genetic control and cytoplasmic expression of 'inducibility' in the synthesis of $\beta$ =galactosidase by *E. coli*," *Journal of Molecular Biology* 1, no. 2 (1959): 165-78.
5 *"The genome contains":* François Jacob and Jacques Monod, "Genetic regulatory mechanisms in the synthesis of proteins," *Journal of Molecular Biology* 3, no. 3 (1961): 318-56.
6 *1953 paper:* Watson and Crick, "Molecular structure of nucleic acids," 738.
7 *"He called it DNA polymerase":* Arthur Kornberg, "Biologic synthesis of deoxyribonucleic acid," *Science* 131, no. 3412 (1960): 1503-8.
8 *"Five years ago":* Ibid.

## 由基因到起源

1 *In the beginning:* Richard Dawkins, *The Selfish Gene* (Oxford: Oxford University Press, 1989), 12.
2 *Am not I:* Nicholas Marsh, *William Blake: The Poems* (Houndmills, Basingstoke, England: Palgrave, 2001), 56.
3 很多突變體最早都是由艾佛瑞．史特提萬（Alfred Sturtevant）和卡爾文．布里吉斯（Calvin Bridges）創造。這些突變體和相關基因的詳情，請參見 Ed Lewis's Nobel lecture, December 8, 1995.
4 *"Is it sin":* Friedrich Max Müller, *Memories: A Story of German Love* (Chicago: A. C. McClurg, 1902), 20.
5 *In Leo Lionni's classic children's book:* Leo Lionni, *Inch by Inch* (New York: I. Obolensky, 1960).
6 *"We propose to identify every cell in the worm":* James F. Crow and W. F. Dove, *Perspectives on Genetics: Anecdotal, Historical, and Critical Commentaries, 1987-1998* (Madison: University of Wisconsin Press, 2000), 176.
7 *"like watching a bowl of hundreds of grapes":* Robert Horvitz, author interview, 2012.

6 *"For over a year":* James D. Watson, *Genes, Girls, and Gamow: Afier the Double Helix* (New York: Alfred A. Knopf, 2002), 31.

7 *"I am playing with complex organic":* http://scarc.library.oregonstate.edu/coll/pauling/dna/corr/sci9.001.43-gamow-lp-19531022-transcript.html.

8 *Gamow called it the RNA Tie Club:* Ted Everson, *The Gene: A Historical Perspective* (Westport, CT: Greenwood, 2007), 89-91.

9 *"It always had a rather ethereal existence":* "Francis Crick, George Gamow, and the RNA Tie Club," Web of Stories. http://www.webofstories.com/play/francis.crick/84.

10 *"Do or die, or don't try":* Sam Kean, *The Violinist's Thumb: And Other Lost Tales of Love, War, and Genius, as Written by Our Genetic Code* (New York: Little, Brown, 2012).

11 *was required for the translation of DNA into proteins:* Arthur Pardee and Monica Riley had also proposed a variant of this idea.

12 *Is he in heaven, is he in hell?:* Cynthia Brantley Johnson, *The Scarlet Pimpernel* (Simon & Schuster, 2004), 124.

13 "It's the magnesium" : "Albert Lasker Award for Special Achievement in Medical Science: Sydney Brenner," Lasker Foundation, http://www.laskerfoundation.org/awards/2000special.htm.

14 另外兩位科學家艾略特·佛金（Elliot Volkin）和拉薩羅斯·阿斯塔辰（Lazarus Astrachan）在一九五六年也提出基因以 RNA 擔任介體的觀念。

15 *"It seems likely...that the precise sequence":* J. D. Watson and F. H. C. Crick, "Genetical implications of the structure of deoxyribonucleic acid," *Nature* 171, no. 4361 (1953): 965.

16 *In 1904, a single image:* David P. Steensma, Robert A. Kyle, and Marc A. Shampo, "Walter Clement Noel—first patient described with sickle cell disease," *Mayo Clinic Proceedings* 85, no. 10 (2010).

17 *In 1951, working with Harvey Itano:* "Key participants: Harvey A. Itano," *It's in the Blood! A Documentary History of Linus Pauling, Hemoglobin, and Sickle Cell Anemia*, http://scarc.library.oregonstate.edu/coll/pauling/blood/people/itano.html.

## 調控、複製、重組

1 *It is absolutely necessary to find the origin:* Quoted in Sean Carrol, *Brave Genius: A Scientist, a Philosopher, and Their Daring Adventures from the French Resistance to the Nobel Prize* (New

*Thread: A Story of Science, Politics, Ethics, and the Human Genome* (Washington, DC: Joseph Henry Press, 2002), 3.

48 很可能是在一九五三年三月十一或十二日。克里克在三月十二日週四把模型的消息通知了德布呂克。另參見 Watson Fuller, "Who said helix?" 及相關文件 Maurice Wilkins Papers, no. c065700f-b6d9-46cf-902a-b4f8e078338a.

49 *"The model was standing high":* June 13, 1996, Maurice Wilkins Papers.

50 *"I think you're a couple of old rogues":* Letter from Maurice Wilkins to Francis Crick, March 18, 1953, Wellcome Library, Letter Reference no. 62b87535-040a-448c-9b73-ff3a3767db91. http://wellcomelibrary.org/player/b20047198#?asi=0&ai=0&z=0.1215%2C0.2046%2C0.5569%2C0.3498.

51 *"I like the idea":* Fuller, "Who said helix?" with related papers.

52 *"The positioning of the backbone":* Watson, *Annotated and Illustrated Double Helix*, 222.

53 *On April 25, 1953:* J. D. Watson and F. H. C. Crick, "Molecular structure of nucleic acids: A structure for deoxyribose nucleic acid," *Nature* 171 (1953): 737-38.

54 *"the enigma of how the vast amount":* Fuller, "Who said helix?" with related papers.

## 「那可惡、捉摸不定的紅花俠」

1 *In the protein molecule:* "1957: Francis H. C. Crick (1916-2004) sets out the agenda of molecular biology," *Genome News Network*, http://www.genomenewsnetwork.org/resources/timeline/1957_Crick.php.

2 *In 1941:* "1941: George W. Beadle (1903-1989) and Edward L. Tatum (1909-1975) show how genes direct the synthesis of enzymes that control metabolic processes," *Genome News Network*, http://www.genomenewsnetwork.org/resources/timeline/1941_Beadle_Tatum.php.

3 *a student of Thomas Morgan's:* Edward B. Lewis, "Thomas Hunt Morgan and his legacy," Nobelprize.org, http://www.nobelprize.org/nobel_prizes/medicine/laureates/1933/morgan-article.html.

4 *the "action" of a gene:* Frank Moore Colby et al., *The New International Year Book: A Compendium of the World's Progress, 1907-1965* (New York: Dodd, Mead, 1908), 786.

5 *"A gene," Beadle wrote in 1945:* George Beadle, "Genetics and metabolism in *Neurospora*," *Physiological reviews* 25, no. 4 (1945): 643-63.

27 *"A youthful arrogance":* Crick, *What Mad Pursuit*, 64.

28 *"The trouble is, you see, that there is":* Watson, *Annotated and Illustrated Double Helix*, 107.

29 *Pauling's seminal paper:* L. Pauling, R. B. Corey, and H. R. Branson, "The structure of proteins: Two hydrogen-bonded helical configurations of the polypeptide chain," *Proceedings of the National Academy of Sciences* 37, no. 4 (1951): 205-11.

30 *"product of common sense":* Watson, *Annotated and Illustrated Double Helix*, 4.

31 *"like trying to determine the structure of a piano":* http://www.diracdelta.co.uk/science/source/c/r/crick%20francis/source.html#.Vh8XlaJeGKI.

32 克里克總是說，富蘭克林很了解建構模型的重要。Crick, *What Mad Pursuit*, 100-103.

33 *"How dare you interpret my data for me?":* Victor K. McElheny, *Watson and DNA: Making a Scientific Revolution* (Cambridge, MA: Perseus, 2003), 38.

34 *"Big helix with several chains":* Alistair Moffat, *The British: A Genetic Journey* (Edinburgh: Birlinn, 2014); and from Rosalind Franklin's laboratory notebooks, dated 1951.

35 *"Superficially, the X-ray data":* Watson, *Annotated and Illustrated Double Helix*, 73.

36 *"check it with":* Ibid.

37 *Wilkins, Franklin, and her student, Ray Gosling:* Bill Seeds and Bruce Fraser accompanied them on this visit.

38 *As Gosling recalled, "Rosalind let rip":* Watson, *Annotated and Illustrated Double Helix*, 91.

39 *"His mood":* Ibid., 92.

40 *In the first weeks of January 1953:* Linus Pauling and Robert B. Corey, "A proposed structure for the nucleic acids," *Proceedings of the National Academy of Sciences* 39, no. 2 (1953): 84-97.

41 *"V.Good. Wet Photo":* http://profiles.nlm.nih.gov/ps/access/KRBBJF.pdf.

42 *"important biological objects come in pairs":* Watson, *Double Helix*, 184.

43 *he would later write defensively:* Anne Sayre, *Rosalind Franklin & DNA* (New York: W. W. Norton, 1975), 152.

44 *"Suddenly I became aware":* Watson, *Annotated and Illustrated Double Helix*, 207.

45 *"Upon his arrival":* Ibid., 208.

46 *"winged into the Eagle":* Ibid., 209.

47 *"We see it as a rather stubby double helix":* John Sulston and Georgina Ferry, *The Common*

的工作成就，強調她身為科學家所面對的困難，克里克卻認為富蘭克林並未受國王學院氣氛的影響。富蘭克林和克里克在一九五〇年代後終於成為好友；在富蘭克林英年早逝的數個月前，克里克及其妻鼎力協助富蘭克林。克里克對富蘭克林的友情請見 Crick, *What Mad Pursuit*, 82-85。

14 *passionate Marie Curie, with her chapped palms:* "100 years ago: Marie Curie wins 2nd Nobel Prize," *Scientific American*, October 28, 2011, http://www.scientificamerican.com/article/curie-marie-sklodowska-greatest-woman-scientist/.

15 *ethereal Dorothy Hodgkin at Oxford:* "Dorothy Crowfoot Hodgkin—biographical," Nobelprize.org, http://www.nobelprize.org/nobel_prizes/chemistry/laureates/1964/hodgkin-bio.html.

16 *an "affable looking housewife":* Athene Donald, "Dorothy Hodgkin and the year of crystallography," Guardian, January 14, 2014.

17 *ingenious apparatus that bubbled hydrogen:* "The DNA riddle: King's College, London, 1951-1953," Rosalind Franklin Papers, http://profiles.nlm.nih.gov/ps/retrieve/Narrative/KR/p-nid/187.

18 *J. D. Bernal, the crystallographer:* J. D. Bernal, "Dr. Rosalind E. Franklin," *Nature* 182 (1958): 154.

19 *"shirttails flying, knees in the air":* Max F. Perutz, *I Wish I'd Made You Angry Earlier: Essays on Science, Scientists, and Humanity* (Cold Spring Harbor, NY: Cold Spring Harbor Laboratory Press, 1998), 70.

20 *Wilkins showed little, if any, excitement:* Watson Fuller, "For and against the helix," Maurice Wilkins Papers, no. 00c0a9ed-e951-4761-955c-7490e0474575.

21 *"Before Maurice's talk":* Watson, *Double Helix*, 23.

22 *"Maurice was English":* http://profiles.nlm.nih.gov/ps/access/SCBBKH.pdf.

23 *"nothing about the X-ray diffraction":* Watson, *Double Helix*, 22.

24 *"a complete flop":* Ibid., 18.

25 *"The fact that I was unable":* Ibid., 24.

26 華生搬到劍橋，名義上是為了協助佩魯茲和另一位科學家約翰·肯德魯（John Kendrew）研究肌紅蛋白（myoglobin）。後來，華生轉而研究菸草鑲嵌病毒（tobacco mosaic virus，TMV）的結構，但他對 DNA 的興趣更濃厚，很快就放棄所有計畫，專心研究 DNA。參見 Watson, *Annotated and Illustrated Double Helix*, 127。

「重要的生物物質成對出現」

1 *One could not be a successful scientist:* James D. Watson, *The Double Helix: A Personal Account of the Discovery of the Structure of DNA* (London: Weidenfeld & Nicolson, 1981), 13.

2 *It is the molecule that has the glamour:* Francis Crick, *What Mad Pursuit: A Personal View of Scientific Discovery* (New York: Basic Books, 1988), 67.

3 *Science [would be] ruined:* Donald W. Braben, *Pioneering Research: A Risk Worth Taking* (Hoboken, NJ: John Wiley & Sons, 2004), 85.

4 *Among the early converts:* Maurice Wilkins, *Maurice Wilkins: The Third Man of the Double Helix: An Autobiography* (Oxford: Oxford University Press, 2003).

5 *Ernest Rutherford:* Richard Reeves, *A Force of Nature: The Frontier Genius of Ernest Rutherford* (New York: W. W. Norton, 2008).

6 *"Life... is a chemical incident":* Arthur M. Silverstein, *Paul Ehrlich's Receptor Immunology: The Magnificent Obsession* (San Diego, CA: Academic, 2002), 2.

7 *Wilkins found an X-ray diffraction machine:* Maurice Wilkins, correspondence with Raymond Gosling on the early days of DNA research at King's College, 1976, Maurice Wilkins Papers, King's College London Archives.

8 *It was, as one friend of Franklin's:* Letter of June 12, 1985, notes on Rosalind Franklin, Maurice Wilkins Papers, no. ad92d68f-4071-4415-8df2-dcfe041171fd.

9 *the relationship soon froze into frank, glacial hostility:* Daniel M. Fox, Marcia Meldrum, and Ira Rezak, *Nobel Laureates in Medicine or Physiology: A Biographical Dictionary* (New York: Garland, 1990), 575.

10 *She "barks offen, doesn't succeed in biting me":* James D. Watson, *The Annotated and Illustrated Double Helix*, ed. Alexander Gann and J. A. Witkowski (New York: Simon & Schuster, 2012), letter to Crick, 151.

11 *"Now she's trying to drown me":* Brenda Maddox, *Rosalind Franklin: The Dark Lady of DNA* (New York: HarperCollins, 2002), 164.

12 *Franklin found most of her male colleagues "positively repulsive":* Watson, *Annotated and Illustrated Double Helix*, letter from Rosalind Franklin to Anne Sayre, March 1, 1952, 67.

13 克里克一直不覺得富蘭克林受到性別歧視。華生後來大方地執筆敘述富蘭克林

2 *"The Fess":* "The Oswald T. Avery Collection: Biographical information," National Institutes of Health, http://profiles.nlm.nih.gov/ps/retrieve/Narrative/CC/p-nid/35.

3 *No one knew or understood the chemical structure:* Robert C. Olby, *The Path to the Double Helix: The Discovery of DNA* (New York: Dover Publications, 1994), 107.

4 *Swiss biochemist, Friedrich Miescher:* George P. Sakalosky, *Notio Nova: A New Idea* (Pittsburgh, PA: Dorrance, 2014), 58.

5 *extremely "unsophisticated" structure:* Olby, *Path to the Double Helix*, 89.

6 *"stupid molecule":* Garland Allen and Roy M. MacLeod, eds., *Science, History and Social Activism: A Tribute to Everett Mendelsohn*, vol. 228 (Dordrecht: Springer Science & Business Media, 2013), 92.

7 *"structure-determining, supporting substance":* Olby, *Path to the Double Helix*, 107.

8 *"primordial sea":* Richard Preston, *Panic in Level 4: Cannibals, Killer Viruses, and Other Journeys to the Edge of Science* (New York: Random House, 2009), 96.

9 *"Who could have guessed it?":* Letter from Oswald T. Avery to Roy Avery, May 26, 1943, Oswald T. Avery Papers, Tennessee State Library and Archives.

10 *Avery wanted to be doubly sure:* Maclyn McCarty, *The Transforming Principle: Discovering That Genes Are Made of DNA* (New York: W. W. Norton, 1985), 159.

11 *"cloth from which genes were cut":* Lyon and Gorner, *Altered Fates*, 42.

12 *Oswald Avery's paper on DNA was published:* O. T. Avery, Colin M. MacLeod, and Maclyn McCarty, "Studies on the chemical nature of the substance inducing transformation of pneumococcal types: Induction of transformation by a deoxyribonucleic acid fraction isolated from pneumococcus type III," *Journal of Experimental Medicine* 79, no. 2 (1944): 137-58.

13 *That year, an estimated 450,000 were gassed:* US Holocaust Memorial Museum, "Introduction to the Holocaust," *Holocaust Encyclopedia*, http://www.ushmm.org/wlc/en/article.php?ModuleId=10005143.

14 *In the early spring of 1945:* Ibid.

15 *The Eugenics Record Office:* Steven A. Farber, "U.S. scientists' role in the eugenics movement (1907-1939): A contemporary biologist's perspective," *Zebrafish* 5, no. 4 (2008): 243-45.

*Encyclopedia* (Santa Barbara, CA: ABC-CLIO, 2005), "Trofim Lysenko," 188-89.

23 *"gives one the feeling of a toothache":* David Joravsky, *The Lysenko Affair* (Chicago: University of Chicago Press, 2010), 59. Also see Zhores A. Medvedev, *The Rise and Fall of T. D. Lysenko*, trans. I. Michael Lerner (New York: Columbia University Press, 1969), 11-16.

24 *The gene, he argued:* T. Lysenko, *Agrobiologia*, 6th ed. (Moscow: Selkhozgiz, 1952), 602-6.

25 *In 1940, Lysenko:* "Trofim Denisovich Lysenko," *Encyclopaedia Britannica Online*, http://www.britannica.com/biography/Trofim-Denisovich-Lysenko.

26 *"I am nothing but dung now":* Pringle, *Murder of Nikolai Vavilov*, 278.

27 瓦維洛夫的許多同僚，包括卡爾佩琴科（Karpechenko）、戈沃羅夫（Govorov）、列維茨基（Levitsky）、科瓦列夫（Kovalev）和 Flayksberger 也都被捕。李森科幾乎肅清了蘇維埃所有遺傳學者，蘇聯在生物學的研究也因此受阻數十年。

28 *Having coined the phrase:* James Tabery, *Beyond Versus: The Struggle to Understand the Interaction of Nature and Nurture* (Cambridge, MA: MIT Press, 2014), 2.

29 *In 1924, Hermann Werner Siemens:* Hans-Walter Schmuhl, *The Kaiser Wilhelm Institute for Anthropology, Human Heredity, and Eugenics, 1927-1945: Crossing Boundaries* (Dordrecht: Springer, 2008), "Twin Research."

30 *Between 1943 and 1945:* Gerald L. Posner and John Ware, *Mengele: The Complete Story* (New York: McGraw-Hill, 1986).

31 *"We were always sitting together—always nude":* Lifton, *Nazi Doctors*, 349.

32 *In April 1933:* Wolfgang Benz and Thomas Dunlap, *A Concise History of the Third Reich* (Berkeley: University of California Press, 2006), 142.

33 *"Hitler may have ruined":* George Orwell, *In Front of Your Nose, 1946-1950*, ed. Sonia Orwell and Ian Angus (Boston: D. R. Godine, 2000), 11.

34 *a lecture later published as:* Erwin Schrödinger, *What Is Life?: The Physical Aspect of the Living Cell* (Cambridge: Cambridge University Press, 1945).

## 「那愚蠢的分子」

1 *Never underestimate the power of... stupidity:* Walter W. Moore Jr., *Wise Sayings: For Your Thoughtful Consideration* (Bloomington, IN: AuthorHouse, 2012), 89.

PS, 880-83 (English translation accredited to Nuremberg staff; edited by GHI staffff).

9 *Films such as* Das Erbe: "Nazi Propaganda: Racial Science," USHMM Collections Search, http://collections.ushmm.org/search/catalog/fv3857.

10 *and* Erbkrank: "1936—Rassenpolitisches Amt der NSDAP—*Erbkrank*," Internet Archive, https://archive.org/details/1936-Rassenpolitisches-Amt-der-NSDAP-Erbkrank.

11 *in Leni Riefenstahl's* Olympia: *Olympia*, directed by Leni Riefenstahl, 1936.

12 *In November 1933:* " Holocaust timeline," History Place, http://www.historyplace.com/worldwar2/holocaust/timeline.html.

13 *In October 1935, the Nuremberg Laws:* "Key dates: Nazi racial policy, 1935," US Holocaust Memorial Museum, http://www.ushmm.org/outreach/en/article.php?ModuleId=10007696.

14 *By 1934, nearly five thousand adults:* "Forced sterilization," US Holocaust Memorial Museum, http://www.ushmm.org/learn/students/learning-materials-and-resources/mentally-and-physically-handicapped-victims-of-the-nazi-era/forced-sterilization.

15 *to euthanize their child, Gerhard:* Christopher R. Browning and Jürgen Matthäus, *The Origins of the Final Solution: The Evolution of Nazi Jewish Policy, September 1939-March 1942* (Lincoln: University of Nebraska, 2004), "Killing the Handicapped."

16 *Working with Karl Brandt:* Ulf Schmidt, *Karl Brandt: The Nazi Doctor, Medicine, and Power in the Third Reich* (London: Hambledon Continuum, 2007).

17 *No. 4 Tiergartenstrasse in Berlin:* Götz Aly, Peter Chroust, and Christian Pross, *Cleansing the Fatherland*, trans. Belinda Cooper (Baltimore: Johns Hopkins University Press, 1994), "Chapter 2: Medicine against the Useless."

18 *The Sterilization Law had achieved:* Roderick Stackelberg, *The Routledge Companion to Nazi Germany* (New York: Routledge, 2007), 303.

19 *"banality of evil":* Hannah Arendt, *Eichmann in Jerusalem: A Report on the Banality of Evil* (New York: Viking, 1963).

20 *In a rambling treatise entitled:* Otmar Verschuer and Charles E. Weber, *Racial Biology of the Jews* (Reedy, WV: Liberty Bell Publishing, 1983).

21 *First they came for the Socialists:* J. Simkins, "Martin Niemoeller," Spartacus Educational Publishers, 2012, www.spartacus.schoolnet.co.uk/GERniemoller.htm.

22 *Trofim Lysenko:* Jacob Darwin Hamblin, *Science in the Early Twentieth Century: An*

11 *"There is no permanent status quo in nature":* Jack B. Bresler, *Genetics and Society* (Reading, MA: Addison-Wesley, 1973), 15.

12 *struck him as frankly sinister:* Kevles, *In the Name of Eugenics*, "A New Eugenics," 251-68.

13 *befriended the novelist and social activist Theodore Dreiser:* Sam Kean, *The Violinist's Thumb: And Other Lost Tales of Love, War, and Genius, as Written by Our Genetic Code* (Boston: Little, Brown, 2012), 33.

14 *The FBI launched:* William DeJong-Lambert, *The Cold War Politics of Genetic Research: An Introduction to the Lysenko Affair* (Dordrecht: Springer, 2012), 30.

## 不配活下來的生命（Lebensunwertes Leben）

1 *He wanted to be God:* Robert Jay Lifton, *The Nazi Doctors: Medical Killing and the Psychology of Genocide* (New York: Basic Books, 2000), 359.

2 *A hereditarily ill person costs 50,000 reichsmarks:* Susan Bachrach, "In the name of public health—Nazi racial hygiene," *New England Journal of Medicine* 351 (2004): 417-19.

3 *Nazism, the biologist Fritz Lenz once said:* Erwin Baur, Eugen Fischer, and Fritz Lenz, *Human Heredity* (London: G. Allen & Unwin, 1931), 417. 源自弗利茲・蘭茲對 Mein Kampf 的部分評論。

4 *had coined the phrase as early as 1895:* Alfred Ploetz. *Grundlinien Einer Rassen-Hygiene* (Berlin: S. Fischer, 1895); and Sheila Faith Weiss, "The race hygiene movement in Germany," Osiris 3 (1987): 193-236.

5 *In 1914, Ploetz's colleague Heinrich Poll:* Heinrich Poll, "Über Vererbung beim Menschen," *Die Grenzbotem* 73 (1914): 308.

6 *Kaiser Wilhelm Institute for Anthropology:* Robert Wald Sussman, *The Myth of Race: The Troubling Persistence of an Unscientific Idea* (Cambridge, MA: Harvard University Press, 2014), "Funding of the Nazis by American Institutes and Businesses," 138.

7 *Hitler, imprisoned for leading the Beer Hall Putsch:* Harold Koenig, Dana King, and Verna B. Carson, *Handbook of Religion and Health* (Oxford: Oxford University Press, 2012), 294.

8 *Sterilization Law:* US Chief Counsel for the Prosecution of Axis Criminality, *Nazi Conspiracy and Aggression*, vol. 5 (Washington, DC: US Government Printing Office, 1946), document 3067-

(1947): 142; and S. Wright and T. Dobzhansky, "Genetics of natural populations; experimental reproduction of some of the changes caused by natural selection in certain populations of *Drosophila pseudoobscura*," *Genetics* 31 (March 1946): 125-56. 亦參見 T. Dobzhansky, Studies on Hybrid Sterility. II. Localization of Sterility Factors in *Drosophila Pseudoobscura* Hybrids. *Genetics* (March 1, 1936) vol 21, 113-135.

## 轉化

1 *If you prefer an "academic life":* H. J. Muller, "The call of biology," *AIBS Bulletin* 3, no. 4 (1953). Copy with handwritten notes, http://libgallery.cshl.edu/archive/files/c73e9703aa1b65ca3f4881b9a2465797.jpg.

2 *We do deny that:* Peter Pringle, *The Murder of Nikolai Vavilov: The Story of Stalin's Persecution of One of the Great Scientists of the Twentieth Century* (Simon & Schuster, 2008), 209.

3 *Grand Synthesis:* Ernst Mayr and William B. Provine, *The Evolutionary Synthesis: Perspectives on the Unification of Biology* (Cambridge, MA: Harvard University Press, 1980).

4 *Transformation was discovered:* William K. Purves, *Life, the Science of Biology* (Sunderland, MA: Sinauer Associates, 2001), 214-15.

5 *Griffith performed an experiment:* Werner Karl Maas, *Gene Action: A Historical Account* (Oxford: Oxford University Press, 2001), 59-60.

6 *"this tiny man who... barely spoke above a whisper":* Alvin Coburn to Joshua Lederberg, November 19, 1965, Rockefeller Archives, Sleepy Hollow, NY, http://www.rockarch.org/.

7 *Griffith published his data:* Fred Griffith, "The significance of pneumococcal types," *Journal of Hygiene* 27, no. 2 (1928): 113-59.

8 *In 1920, Hermann Muller:* "Hermann J. Muller—biographical," http://www.nobelprize.org/nobel_prizes/medicine/laureates/1946/muller-bio.html.

9 *accumulated mutations—dozens of them:* H. J. Muller, "Artificial transmutation of the gene," *Science* 22 (July 1927): 84-87.

10 *In Darwin's scheme:* James F. Crow and Seymour Abrahamson, "Seventy years ago: Mutation becomes experimental," *Genetics* 147, no. 4 (1997): 1491.

14 *Grigory Rasputin:* Helen Rappaport, *Queen Victoria: A Biographical Companion* (Santa Barbara, CA: ABC-CLIO, 2003), "Hemophilia."

15 *Rasputin was poisoned:* Andrew Cook, *To Kill Rasputin: The Life and Death of Grigori Rasputin* (Stroud, Gloucestershire: Tempus, 2005), "The End of the Road."

16 *On the evening of July 17, 1918:* "Alexei Romanov," *History of Russia*, http://historyofrussia.org/alexei-romanov/.

17 *In 2007, an archaeologist:* "DNA Testing Ends Mystery Surrounding Czar Nicholas II Children," *Los Angeles Times*, March 11, 2009.

## 真相與統合

1 *All changed, changed utterly: William Butler Yeats, Easter, 1916* (London: Privately printed by Clement Shorter, 1916).

2 *In 1909, a young mathematician:* Eric C. R. Reeve and Isobel Black, *Encyclopedia of Genetics* (London: Fitzroy Dearborn, 2001), "Darwin and Mendel United: The Contributions of Fisher, Haldane and Wright up to 1932."

3 *In 1918, Fisher published:* Ronald Fisher, "The Correlation between Relatives on the Supposition of Mendelian Inheritance," *Transactions of the Royal Society of Edinburgh* 52 (1918): 399-433.

4 *Hugo de Vries had proposed that mutations:* Hugo de Vries, *The Mutation Theory; Experiments and Observations on the Origin of Species in the Vegetable Kingdom*, trans. J. B. Farmer and A. D. Darbishire (Chicago: Open Court, 1909).

5 *In the 1930s, Theodosius Dobzhansky:* Robert E. Kohler, *Lords of the Fly: Droso phila Genetics and the Experimental Life* (Chicago: University of Chicago Press, 1994), "From Laboratory to Field: Evolutionary Genetics."

6 *In September 1943, Dobzhansky:* Th. Dobzhansky, "Genetics of natural populations IX. Temporal changes in the composition of populations of *Drosophila pseudoobscura*," *Genetics* 28, no. 2 (1943): 162.

7 *Dobzhansky could demonstrate it experimentally:* 其實驗細節之資訊源自 Theodosius Dobzhansky, "Genetics of natural populations XIV. A response of certain gene arrangements in the third chromosome of *Droso phila pseudoobscura* to natural selection," *Genetics* 32, no. 2

「Abhed」


1 *I am the family face:* Thomas Hardy, *The Collected Poems of Thomas Hardy* (Ware, Hertfordshire, England: Wordsworth Poetry Library, 2002), "Heredity," 204-5.

2 *In 1907, when William Bateson visited:* William Bateson, "Facts limiting the theory of heredity," in *Proceedings of the Seventh International Congress of Zoology*, vol. 7 (Cambridge: Cambridge University Press Warehouse, 1912).

3 *"Morgan is a blockhead":* Schwartz, *In Pursuit of the Gene*, 174.

4 *"Cell biologists look; geneticists count; biochemists clean":* Arthur Kornberg, author interview, 1993.

5 *"We are interested in heredity not primarily":* "Review: Mendelism up to date," *Journal of Heredity* 7, no 1 (1916): 17-23.

6 *Walter Sutton, a grasshopper-collecting farm boy*: David Ellyard, *Who Discovered What When* (Frenchs Forest, New South Wales, Australia: New Holland, 2005), "Walter Sutton and Theodore Boveri: Where Are the Genes?"

7 *In 1905, using cells from the common mealworm:* Stephen G. Brush, "Nettie M. Stevens and the Discovery of Sex Determination by Chromosome," Isis 69, no. 2 (1978): 162-72.

8 *The students called his laboratory the Fly Room:* Ronald William Clark, *The Survival of Charles Darwin: A Biography of a Man and an Idea* (New York: Random House, 1984), 279.

9 *He had visited Hugo de Vries's:* Russ Hodge, *Genetic Engineering: Manipulating the Mechanisms of Life* (New York: Facts On File, 2009), 42.

10 *For Morgan, this genetic linkage:* Thomas Hunt Morgan, *The Mechanism of Mendelian Heredity* (New York: Holt, 1915), "Chapter 3: Linkage."

11 摩根非常幸運，選擇果蠅為研究對象，因為果蠅染色體的數量很少（只有四對）。如果果蠅有多對染色體，要找出連結可能就會困難得多。

12 *It was a material thing:* Thomas Hunt Morgan, " The Relation of Genetics to Physiology and Medicine," Nobel Lecture (June 4, 1934), in *Nobel Lectures, Physiology and Medicine, 1922-1941* (Amsterdam: Elsevier, 1965), 315.

13 *The czarina of Russia, Alexandra:* Daniel L. Hartl and Elizabeth W. Jones, *Essential Genetics: A Genomics Perspective* (Boston: Jones and Bartlett, 2002), 96-97.

14 *"the menace of race deterioration":* Carl Campbell Brigham and Robert M. Yerkes, *A Study of American Intelligence* (Princeton, NJ: Princeton University Press, 1923), "Foreword."

15 *"The Eugenic ravens are croaking":* A. G. Cock and D. R. Forsdyke, *Treasure Your Exceptions: The Science and Life of William Bateson* (New York: Springer, 2008), 437-38n3.

16 *"It is better for all the world":* Jerry Menikoff, *Law and Bioethics: An Introduction* (Washington, DC: Georgetown University Press, 2001), 41.

17 *"Three generations of imbeciles is enough:* Ibid.

18 一九〇七年，印州議會通過新立法，由州長簽署執行「已定罪的罪犯、智障、弱智和強暴犯」強制絕育，後來雖被認為違憲，但為舉世公認的第一條通過的優生絕育法案。一九二七年，印州頒布修訂法案，直到一九七四年廢止為止，已有逾兩千三百名最脆弱的州民遭強制絕育。此外，印州還由州府出資成立心智障礙委員會（Committee on Mental Defectives），在二十多個縣內進行優生家庭調查，印州也積極支持「更優秀的寶寶」運動，鼓勵科學母職（scientific motherhood）和嬰兒衛生，以促進人類的進步。http ://www.iupui.edu/~eugenics/.

19 *Better Babies Contests:* Laura L. Lovett, "Fitter Families for Future Firesides: Florence Sherbon and Popular Eugenics," *Public Historian* 29, no. 3 (2007): 68-85.

20 *"You should score 50% for heredity":* Charles Davenport to Mary T. Watts, June 17, 1922, Charles Davenport Papers, American Philosophical Society Archives, Philadelphia, PA. 亦參見 Mary Watts, "Fitter Families for Future Firesides," *Billboard* 35, no. 50 (December 15, 1923): 230-31.

21 *In 1927, a film called* Are You Fit to Marry?: Martin S. Pernick and Diane B. Paul, *The Black Stork: Eugenics and the Death of "Defective" Babies in American Medicine and Motion Pictures since 1915* (New York: Oxford University Press, 1996).

## 第二部「在部分的總和裡，仍然只有部分」

1 *"In the Sum of the Parts":* Wallace Stevens, *The Collected Poems of Wallace Stevens* (New York: Alfred A. Knopf, 2011), "On the Road Home," 203-4.

2 *It was when I said:* Ibid.

*in Eugenics* (1912; repr., London: Forgotten Books, 2013), 464-65.
46 *"We endeavor to keep track":* Ibid., 469.

## 「三代弱智已經夠了」

1 *If we enable the weak and the deformed:* Theodosius G. Dobzhansky, *Heredity and the Nature of Man* (New York: New American Library, 1966), 158.
2 *And from deformed [parents] deformed [offspring]:* Aristotle, *History of Animals, Book VII*, 6, 585b28-586a4.
3 *In the spring of 1920, Emmett Adaline Buck:* Many of the details of the Buck family story are from J. David Smith, *The Sterilization of Carrie Buck* (Liberty Corner, NJ: New Horizon Press, 1989).
4 *Her husband, Frank Buck:* Much of the information in this chapter is from Paul Lombardo, *Three Generations, No Imbeciles: Eugenics, the Supreme Court, and Buck v. Bell* (Baltimore: Johns Hopkins University Press, 2008).
5 *A cursory mental examination: "Buck v. Bell,"* Law Library, American Law and Legal Information, http://law.jrank.org/pages/2888/Buck-v-Bell-1927.html.
6 *Of these, an idiot was the easiest to classify: Mental Defectives and Epileptics in State Institutions: Admissions, Discharges, and Patient Population for State Institutions for Mental Defectives and Epileptics*, vol. 3 (Washington, DC: US Government Printing Office, 1937).
7 *On January 23, 1924:* "Carrie Buck Committed (January 23, 1924)," *Encyclopedia Virginia*, http://www.encyclopediavirginia.org/Carrie_Buck_Committed_January _23_1924.
8 *On March 28, 1924:* Ibid.
9 *"Moron, Middle Grade":* Stephen Murdoch, *IQ: A Smart History of a Failed Idea* (Hoboken, NJ: John Wiley & Sons, 2007), 107.
10 *Carrie Buck was asked to appear:* Ibid., "Chapter 8: From Segregation to Sterilization."
11 *On March 29, 1924, with Priddy's help:* "Period during which sterilization occurred," Virginia Eugenics, doi:www.uvm.edu/~lkaelber/eugenics/VA/VA.html.
12 *"Do you care to say anything":* Lombardo, *Three Generations*, 107.
13 *"A cross between":* Madison Grant, *The Passing of the Great Race* (New York: Scribner's, 1916).

*of Heredity* 5, no. 6 (1914): 235-44, http://archive.org/stream/journalofheredit05amer/journalofferedit05amer_djvu.txt.

32 *"the technology of the industrial revolution confirmed":* Daniel J. Kevles, *In the Name of Eugenics: Genetics and the Uses of Human Heredity* (New York: Alfred A. Knopf, 1985), 3.

33 *"forces which bring greatness to the social group": Problems in Eugenics: First International Eugenics Congress, 1912* (New York: Garland, 1984), 483.

34 *In the spring of 1904, Galton presented his argument:* Paul B. Rich, *Race and Empire in British Politics* (Cambridge: Cambridge University Press, 1986), 234.

35 *"introduced into national consciousness, like a new religion": Papers and Proceedings—First Annual Meeting—American Sociological Society*, vol. 1 (Chicago: University of Chicago Press, 1906), 128.

36 *"All creatures would agree that it was better":* Francis Galton, "Eugenics: Its definition, scope, and aims," *American Journal of Sociology* 10, no. 1 (1904): 1-25.

37 *"if unsuitable marriages from the eugenic point of view":* Andrew Norman, *Charles Darwin: Destroyer of Myths* (Barnsley, South Yorkshire: Pen and Sword, 2013), 242.

38 *Henry Maudsley, the psychiatrist:* Galton, "Eugenics," comments by Maudsley, doi:10.1017/s0364009400001161.

39 *"He had five brothers," Maudsley noted:* Ibid., 7.

40 *"It is in the sterilization of failure":* Ibid., comments by H. G. Wells; and H. G. Wells and Patrick Parrinder, *The War of the Worlds* (London: Penguin Books, 2005).

41 *"A pleasant sort o' soft woman":* George Eliot, *The Mill on the Floss* (New York: Dodd, Mead, 1960), 12.

42 *In 1911, Havelock Ellis, Galton's colleague:* Lucy Bland and Laura L. Doan, *Sexology Uncensored: The Documents of Sexual Science* (Chicago: University of Chicago Press, 1998), "The Problem of Race-Regeneration: Havelock Ellis (1911)."

43 *On July 24, 1912:* R. Pearl, "The First International Eugenics Congress," *Science* 36, no. 926 (1912): 395-96, doi:10.1126/science.36.926.395.

44 *Davenport's 1911 book:* Charles Benedict Davenport, *Heredity in Relation to Eugenics* (New York: Holt, 1911).

45 *Van Wagenen suggested, and "they are totally":* First International Eugenics Congress, *Problems*

Cambridge University Press, 1914), 340.

15 *"Keenness of Sight and Hearing":* Sam Goldstein, Jack A. Naglieri, and Dana Princiotta, *Handbook of Intelligence: Evolutionary Theory, Historical Perspective, and Current Concepts* (New York: Springer, 2015), 100.

16 *To marshal further evidence, Galton began:* Gillham, *Life of Sir Francis Galton*, 156.

17 *Galton published much of this data:* Francis Galton, *Hereditary Genius* (London: Macmillan, 1892).

18 *"You have made a convert":* Charles Darwin, *More Letters of Charles Darwin: A Record of His Work in a Series of Hitherto Unpublished Letters*, vol. 2 (New York: D. Appleton, 1903), 41.

19 *Galton called this the Ancestral Law of Heredity:* John Simmons, *The Scientific 100: A Ranking of the Most Influential Scientists, Past and Present* (Secaucus, NJ: Carol Publishing Group, 1996), "Francis Dalton," 441.

20 Basset Hound Club Rules, *a compendium:* Schwartz, *In Pursuit of the Gene*, 61.

21 *Two prominent biologists:* Ibid., 131.

22 *But as Darbishire analyzed his own first-generation:* Gillham, *Life of Sir Francis Galton*, "The Mendelians Trump the Biometricians," 303-23.

23 *In the spring of 1905:* Karl Pearson, *Walter Frank Raphael Weldon, 1860-1906* (Cambridge: Cambridge University Press, 1906), 48-49.

24 *trying...to rework the data to fit Galtonian theory:* Ibid., 49.

25 *"To Weldon I owe the chief awakening of my life":* Schwartz, *In Pursuit of the Gene*, 143.

26 *"Each of us who now looks at his own patch":* William Bateson, *Mendel's Principles of Heredity: A Defence*, ed. Gregor Mendel (Cambridge: Cambridge University Press, 1902), v.

27 *"We have only touched the edge":* Ibid., 208.

28 *"is second to no branch of science":* Ibid., ix.

29 *Johannsen shortened the word to gene:* Johan Henrik Wanscher, "The history of Wilhelm Johannsen's genetical terms and concepts from the period 1903 to 1926," *Centaurus* 19, no. 2 (1975): 125-47.

30 *"Language is not only our servant":* Wilhelm Johannsen, "The genotype conception of heredity," *International Journal of Epidemiology* 43, no. 4 (2014): 989-1000.

31 *"The science of genetics is so new":* Arthur W. Gilbert, "The science of genetics," *Journal*

## 優生學

1 *Improved environment and education:* Herbert Eugene Walter, *Genetics: An Introduction to the Study of Heredity* (New York: Macmillan, 1938), 4.

2 *Most Eugenists are Euphemists:* G. K. Chesterton, *Eugenics and Other Evils* (London: Cassell, 1922), 12-13.

3 *In 1883, one year after Charles Darwin's death:* Francis Galton, *Inquiries into Human Faculty and Its Development* (London: Macmillan, 1883).

4 *"We greatly want a brief word to express":* Roswell H. Johnson, "Eugenics and So-Called Eugenics," *American Journal of Sociology* 20, no. 1 (July 1914): 98-103, http://www.jstor.org/stable/2762976.

5 *"at least a neater word...than viriculture":* Ibid., 99.

6 *"Believing, as I do, that human eugenics":* Galton, *Inquiries into Human Faculty*, 44.

7 *A child prodigy, Galton:* Dean Keith Simonton, *Origins of Genius: Darwinian Perspectives on Creativity* (New York: Oxford University Press, 1999), 110.

8 *He tried studying medicine, but then switched:* Nicholas W. Gillham, *A Life of Sir Francis Galton: From African Exploration to the Birth of Eugenics* (New York: Oxford University Press, 2001), 32-33.

9 *"I saw enough of savage races":* Niall Ferguson, *Civilization: The West and the Rest* (Duisburg: Haniel-Stiftung, 2012), 176.

10 *"initiated into an entirely new province of knowledge":* Francis Galton to C. R. Darwin, December 9, 1859, https://www.darwinproject.ac.uk/letter/entry-2573.

11 *Galton tried transfusing rabbits: Daniel J. Fairbanks, Relics of Eden: The Powerful Evidence of Evolution in Human DNA* (Amherst, NY: Prometheus Books, 2007), 219.

12 *"Man is born, grows up and dies":* Adolphe Quetelet, *A Treatise on Man and the Development of His Faculties: Now First Translated into English*, trans. T. Smibert (New York: Cambridge University Press, 2013), 5.

13 *He tabulated the chest breadth and height:* Jerald Wallulis, *The New Insecurity: The End of the Standard Job and Family* (Albany: State University of New York Press, 1998), 41.

14 *"Whenever you can":* Karl Pearson, *The Life, Letters and Labours of Francis Galton* (Cambridge:

inheritance in Germany between 1900 and 1910. The case of Carl Correns (1864-1933)," *Comptes Rendus de l'Académie des Sciences—Series III—Sciences de la Vie* 323, no. 12 (2000): 1089-96, doi:10.1016/s0764-4469(00)01267-1.

15 *"I too still believed that I had found something new":* Url Lanham, *Origins of Modern Biology* (New York: Columbia University Press, 1968), 207.

16 *"by a strange coincidence":* Carl Correns, "G. Mendel's law concerning the behavior of progeny of varietal hybrids," *Genetics* 35, no. 5 (1950): 33-41.

17 *de Vries stumbled on an enormous, invasive:* Schwartz, *In Pursuit of the Gene*, 111.

18 *He called them mutants:* Hugo de Vries, *The Mutation Theory,* vol. 1 (Chicago: Open Court, 1909).

19 *For William Bateson, the English biologist:* John Williams Malone, *It Doesn't Take a Rocket Scientist: Great Amateurs of Science* (Hoboken, NJ: Wiley, 2002), 23.

20 *"We are in the presence of a new principle":* Schwartz, *In Pursuit of the Gene*, 112.

21 *"I am writing to ask you":* Nicholas W. Gillham, "Sir Francis Galton and the birth of eugenics," *Annual Review of Genetics* 35, no. 1 (2001): 83-101.

22 包括瑞吉納・龐尼特（Reginald Punnett）和魯西安・居埃諾（Lucien Cuenot）在內的科學家都提供了舉足輕重的實驗結果，支持孟德爾之說。一九〇五年，居埃諾寫了《孟德爾法則》（*Mendelism*），被視為是第一本遺傳學教科書。

23 *"His linen is foul. I daresay":* Alan Cock and Donald R. Forsdyke, *Treasure Your Exceptions: The Science and Life of William Bateson* (Dordrecht: Springer Science & Business Media, 2008), 186.

24 *Nicknamed "Mendel's bulldog":* Ibid., "Mendel's Bulldog (1902-1906)," 221-64.

25 *"man's outlook on the world":* William Bateson, "Problems of heredity as a subject for horticultural investigation," *Journal of the Royal Horticultural Society* 25 (1900-1901): 54.

26 *"No single word in common use":* William Bateson and Beatrice (Durham) Bateson, *William Bateson, F.R.S., Naturalist; His Essays & Addresses, Together with a Short Account of His Life* (Cambridge: Cambridge University Press, 1928), 93.

27 *In 1905, still struggling for an alternative:* Schwartz, *In Pursuit of the Gene*, 221.

28 *"What will happen when... enlightenment actually comes to pass":* Bateson and Bateson, *William Bateson, F.R.S.*, 456.

1 *The origin of species is a natural phenomenon:* Lucius Moody Bristol, *Social Adaptation: a Study in the Development of the Doctrine of Adaptation as a Theory of Social Progress* (Cambridge, MA: Harvard University Press, 1915), 70.

2 *The origin of species is an object of inquiry:* Ibid.

3 *The origin of species is an object of experimental investigation:* Ibid.

4 *In the summer of 1878:* Peter W. van der Pas, "The correspondence of Hugo de Vries and Charles Darwin," *Janus* 57: 173-213.

5 *"margin was too small":* Mathias Engan, *Multiple Precision Integer Arithmetic and Public Key Encryption* (M. Engan, 2009), 16-17.

6 *"In another work I shall discuss":* Charles Darwin, *The Variation of Animals & Plants under Domestication*, ed. Francis Darwin (London: John Murray, 1905), 5.

7 *Darwin died in 1882:* "Charles Darwin," Famous Scientists, http://www.famousscientists.org/charles-darwin/.

8 *In 1883, with rather grim determination:* James Schwartz, *In Pursuit of the Gene: From Darwin to DNA* (Cambridge, MA: Harvard University Press, 2008), "Pangenes."

9 *Weismann called this hereditary material germplasm:* August Weismann, William Newton Parker, and Harriet Rönnfeldt, *The Germ-Plasm; a Theory of Heredity* (New York: Scribner's, 1893).

10 *In a landmark paper written in 1897:* Schwartz, *In Pursuit of the Gene*, 83.

11 *He called these particles "pangenes":* Ida H. Stamhuis, Onno G. Meijer, and Erik J. A. Zevenhuizen, "Hugo de Vries on heredity, 1889-1903: Statistics, Mendelian laws, pangenes, mutations," Isis (1999): 238-67.

12 *"I know that you are studying hybrids":* Iris Sandler and Laurence Sandler, "A conceptual ambiguity that contributed to the neglect of Mendel's paper," *History and Philosophy of the Life Sciences 7*, no. 1 (1985): 9.

13 *"Modesty is a virtue":* Edward J. Larson, *Evolution: The Remarkable History of a Scientific Theory* (New York: Modern Library, 2004).

14 *That same year de Vries published his monumental study:* Hans-Jörg Rheinberger, "Mendelian

7 *"the history of the evolution of organic forms":* Gregor Mendel, *Experiments in Plant Hybridisation* (New York: Cosimo, 2008), 8.

8 *By the late summer of 1857, the first hybrid peas:* Henig, *Monk in the Garden*, 81. More details in "Chapter 7: First Harvest."

9 *"How small a thought it takes to fill":* Ludwig Wittgenstein, *Culture and Value*, trans. Peter Winch (Chicago: University of Chicago Press, 1984), 50e.

10 *Mendel termed these overriding traits:* Henig, *Monk in the Garden*, 86.

11 *In some of these third-generation crosses:* Ibid., 130.

12 *"It requires indeed some courage":* Mendel, *Experiments in Plant Hybridization*, 8.

13 *Mendel presented his paper:* Henig, *Monk in the Garden,* "Chapter 11: Full Moon in February," 133-47. A second portion of Mendel's paper was read on March 8, 1865.

14 *Mendel's paper was published in:* Mendel, "Experiments in Plant Hybridization," www.mendelweb.org/Mendel.html.

15 *It is likely that he sent one to Darwin:* Galton, "Did Darwin Read Mendel?" 587.

16 *"one of the strangest silences in the history of biology":* Leslie Clarence Dunn, *A Short History of Genetics: The Development of Some of the Main Lines of Thought, 1864-1939* (Ames: Iowa State University Press, 1991), 15.

17 *"only empirical...cannot be proved rational":* Gregor Mendel, "Gregor Mendel's letters to Carl Nägeli, 1866-1873," Genetics 35, no. 5, pt. 2 (1950): 1.

18 *"I knew that the results I obtained":* Allan Franklin et al., *Ending the Mendel-Fisher Controversy* (Pittsburgh, PA: University of Pittsburgh Press, 2008), 182.

19 *"an isolated experiment might be doubly dangerous":* Mendel, "Letters to Carl Nägeli," April 18, 1867, 4.

20 *In November 1873, Mendel wrote his last letter to Nägeli:* Ibid., November 18, 1867, 30-34.

21 *"I feel truly unhappy that I have to neglect":* Gian A. Nogler, "The lesser-known Mendel: His experiments on Hieracium," *Genetics* 172, no. 1 (2006): 1-6.

22 *On January 6, 1884, Mendel died:* Henig, Monk in the Garden, 170.

23 *"Gentle, free-handed, and kindly... Flowers he loved":* Edelson, *Gregor Mendel*, "Clem ens Janetchek's Poem Describing Mendel after His Death," 75.

*Verhandlungen des naturforschenden Vereins Brno* 4 (1866): 3-47 (*Journal of the Royal Horticultural Society* 26 [1901]: 1-32).

15 *he made extensive handwritten notes on pages 50, 51, 53, and 54:* David Galton, "Did Darwin read Mendel?" *Quarterly Journal of Medicine* 102, no. 8 (2009): 588, doi:10.1093/qjmed/hcp024.

## 「他愛花朵」

1 *"Flowers He Loved":* Edward Edelson, *Gregor Mendel and the Roots of Genetics* (New York: Oxford University Press, 1999), "Clemens Janetchek's Poem Describing Mendel after His Death," 75.

2 *"We want only to disclose the [nature of] matter and its force":* Jiri Sekerak, "Gregor Mendel and the scientific milieu of his discovery," ed. M. Kokowski (The Global and the Local: The History of Science and the Cultural Integration of Europe, Proceedings of the 2nd ICESHS, Cracow, Poland, September 6-9, 2006).

3 *"The whole organic world is the result":* Hugo de Vries, *Intracellular Pangenesis; Including a Paper on Fertilization and Hybridization* (Chicago: Open Court, 1910), "Mutual Independence of Hereditary Characters."

4 *Gregor Mendel decided to return to Vienna:* Henig, *Monk in the Garden*, 60.

5 *"remained constant without exception":* Eric C. R. Reeve, *Encyclopedia of Genetics* (London: Fitzroy Dearborn, 2001), 62.

6 在孟德爾之前，已有幾位研究植物混種的前輩，他們下的工夫同樣深，只是不像孟德爾那樣著重數字和數量。一八二〇年代，英國植物學家 T. A. 奈特（T. A. Knight）、約翰．葛斯（John Goss）、亞歷山大．西頓（Alexander Seton）和威廉．賀伯特（William Herbert）等，為了培育生長更旺盛的農作物，都做了和孟德爾極其類似的植物混種實驗。在法國，奧古斯丁．薩格哈（Augustine Sageret）對瓜類混種的研究也和孟德爾的類似。孟德爾之前最密集的植物混種研究，是德國植物學家約瑟夫．柯爾魯特（Josef Kölreuter）進行的菸草混種。卡爾．馮．蓋特納（Karl von Gaertner）和巴黎的查爾斯．諾丁（Charles Naudin）也繼續柯爾魯特的實驗。達爾文確實讀過薩格哈和諾丁有關遺傳信息粒子性質的研究報告，只是未能意識到其重要性。

1 *The "Very Wide Blank":* Darwin, *Correspondence of Charles Darwin*, Darwin's letter to Asa Gray, September 5, 1857, https://www.darwinproject.ac.uk/letter/entry-2136.

2 *Now, I wonder if:* Alexander Wilford Hall, *The Problem of Human Life: Embracing the "Evolution of Sound" and "Evolution Evolved," with a Review of the Six Great Modern Scientists, Darwin, Huxley, Tyndall, Haeckel, Helmholtz, and Mayer* (London: Hall & Company, 1880), 441.

3 *In Lamarck's view:* Monroe W. Strickberger, *Evolution* (Boston: Jones & Bartlett, 1990), "The Lamarckian Heritage."

4 *"with a power proportional to the length of time":* Ibid., 24.

5 *driving himself to the brink:* James Schwartz, *In Pursuit of the Gene: From Darwin to DNA* (Cambridge, MA: Harvard University Press, 2008), 2.

6 *minute particles containing hereditary information*—gemmules: Ibid., 2-3.

7 *blending inheritance—was already familiar:* Brian Charlesworth and Deborah Charlesworth, "Darwin and genetics," Genetics 183, no. 3 (2009): 757-66.

8 *Darwin dubbed his theory pangenesis:* Ibid., 759-60.

9 *a new manuscript*, The Variation of Animals: Charles Darwin, *The Variation of Animals and Plants under Domestication*, vol. 2 (London: O. Judd, 1868).

10 *"It is a rash and crude hypothesis":* Darwin, *Correspondence of Charles Darwin*, vol. 13, "Letter to T. H. Huxley," 151.

11 *"Pangenesis will be called a mad dream":* Charles Darwin, *The Life and Letters of Charles Darwin: Including Autobiographical Chapter*, vol. 2., ed. Francis Darwin (New York: Appleton, 1896), "C. Darwin to Asa Gray," October 16, 1867, 256.

12 *"The [variant] will be swamped":* Fleeming Jenkin, "The Origin of Species," North British Review 47 (1867): 158.

13 公平而論，即使詹金沒有質疑，達爾文也已察覺到遺傳理論的此問題，他在註中寫道，「如果讓變異自由雜交，這樣的變異就會不斷地遭到破壞消失，其中任何微小的變異傾向都會不斷被抵消。」

14 *"Experiments in Plant Hybridization":* G. Mendel, "Versuche über Pflanzen-Hybriden,"

regulated the introduction of new species," *Annals and Magazine of Natural History* 16, no. 93 (1855): 184-96.

31 *Wallace had been born to a middle-class family:* Charles H. Smith and George Beccaloni, *Natural Selection and Beyond: the Intellectual Legacy of Alfred Russel Wallace* (Oxford: Oxford University Press, 2008), 10.

32 *but on the hard-back benches of the free library:* Ibid., 69.

33 *Like Darwin, Wallace had also embarked:* Ibid., 12.

34 *Wallace moved from the Amazon basin:* Ibid., ix.

35 *"The answer was clearly":* Benjamin Orange Flowers, "Alfred Russel Wallace," *Arena* 36 (1906): 209.

36 *In June 1858, Wallace sent Darwin a tentative draft:* Alfred Russel Wallace, *Alfred Russel Wallace: Letters and Reminiscences*, ed. James Marchant (New York: Arno Press, 1975), 118.

37 *On July 1, 1858, Darwin's and Wallace's papers were read:* Charles Darwin, *The Correspondence of Charles Darwin*, vol. 13, ed. Frederick Burkhardt, Duncan M. Porter, and Sheila Ann Dean, et al. (Cambridge: Cambridge University Press, 2003), 468.

38 *The next May, the president of the society remarked:* E. J. Browne, *Charles Darwin: The Power of Place* (New York: Alfred A. Knopf, 2002), 42.

39 *"I heartily hope that my Book":* Charles Darwin, *The Correspondence of Charles Darwin*, vol. 7, ed. Frederick Burkhardt and Sydney Smith (Cambridge: Cambridge University Press, 1992), 357.

40 *"All copies were sold [on the] First day":* Charles Darwin, *The Life and Letters of Charles Darwin* (London: John Murray, 1887), 70.

41 *"The conclusions announced by Mr. Darwin are such":* "Reviews: Darwin's Origins of Species," *Saturday Review of Politics, Literature, Science and Art* 8 (December 24, 1859): 775-76.

42 *"We imply that his work [is] one of the most important that":* Ibid.

43 *"light will be thrown on the origin of man":* Charles Darwin, *On the Origin of Species*, ed. David Quammen (New York: Sterling, 2008), 51.

44 *"intellectual husks":* Richard Owen, "Darwin on the Origin of Species," *Edinburgh Review* 3 (1860): 487-532.

45 *"One's imagination must fill up very wide blanks":* Ibid.

17 *In September 1832, exploring the gray cliffs:* Charles Darwin, *Geological Observations on the Volcanic Islands and Parts of South America Visited during the Voyage of H.M.S. "Beagle"* (New York: D. Appleton, 1896), 76-107.

18 *The skull belonged to a megatherium:* David Quammen, "Darwin's first clues," *National Geographic* 215, no. 2 (2009): 34-53.

19 *In 1835, the ship left Lima:* Charles Darwin, *Charles Darwin's Letters: A Selection, 1825-1859*, ed. Frederick Burkhardt (Cambridge: University of Cambridge, 1996), "To J. S. Henslow 12 [August] 1835," 46-47.

20 *On October 20, Darwin returned to sea:* G. T. Bettany and John Parker Anderson, *Life of Charles Darwin* (London: W. Scott, 1887), 47.

21 *rather than all species radiating out:* Duncan M. Porter and Peter W. Graham, *Darwin's Sciences* (Hoboken, NJ: Wiley-Blackwell, 2015), 62-63.

22 *As an afterthought, he added, "I think":* Ibid., 62.

23 *In the spring of 1838, as Darwin tore into a new journal:* Timothy Shanahan, *The Evolution of Darwinism: Selection, Adaptation, and Progress in Evolutionary Biology* (Cambridge: Cambridge University Press, 2004), 296.

24 *But the answer that came to him in October 1838:* Barry G. Gale, "After Malthus: Darwin Working on His Species Theory, 1838-1859" (PhD diss., University of Chicago, 1980).

25 *In 1798, writing under a pseudonym, Malthus:* Thomas Robert Malthus, *An Essay on the Principle of Population* (Chicago: Courier Corporation, 2007).

26 *"sickly seasons, epidemics, pestilence and plague":* Arno Karlen, *Man and Microbes: Disease and Plagues in History and Modern Times* (New York: Putnam, 1995), 67.

27 *"It at once struck me":* Charles Darwin, *On the Origin of Species by Means of Natural Selection*, ed. Joseph Carroll (Peterborough, Canada: Broadview Press, 2003), 438.

28 *the phrase* survival of the Fittest *was borrowed:* Gregory Claeys, "The 'Survival of the Fittest' and the Origins of Social Darwinism," *Journal of the History of Ideas* 61, no. 2 (2000): 223-40.

29 *In 1844, he distilled the crucial parts:* Charles Darwin, *The Foundations of the Origin of Species, Two Essays Written in 1842 and 1844*, ed. Francis Darwin (Cambridge: Cambridge University Press, 1909), "Essay of 1844."

30 *Alfred Russel Wallace, published a paper:* Alfred R. Wallace, "XVIII.—On the law which has

Medical School Dropout," *Wall Street Journal*, February 12, 2009, http://blogs.wsj.com/health/2009/02/12/charles-darwin-medical-school-dropout/.

4 *Christ's College in Cambridge:* Darwin, *Autobiography of Charles Darwin*, 37.

5 *Holed up in a room:* Adrian J. Desmond and James R. Moore, *Darwin* (New York: Warner Books, 1991), 52.

6 *John Henslow, the botanist and geologist:* Duane Isely, *One Hundred and One Botanists* (Ames: Iowa State University, 1994), "John Stevens Henslow (1796-1861)."

7 *The First,* Natural Theology, *published in 1802:* William Paley, *The Works of William Paley... Containing His Life, Moral and Political Philosophy, Evidences of Christianity, Natural Theology, Tracts, Horae Paulinae, Clergyman's Companion, and Sermons, Printed Verbatim from the Original Editions. Complete in One Volume* (Philadelphia: J. J. Woodward, 1836).

8 *The second book,* A Preliminary Discourse: John F. W. Herschel, *A Preliminary Discourse on the Study of Natural Philosophy. A Facsim. of the 1830 Ed.* (New York: Johnson Reprint, 1966).

9 *"To ascend to the origin of things":* Ibid., 38.

10 *"Battered relics of past ages":* Martin Gorst, *Measuring Eternity: The Search for the Beginning of Time* (New York: Broadway Books, 2002), 158.

11 *"mystery of mysteries":* Charles Darwin, *On the Origin of Species by Means of Natural Selection* (London: Murray, 1859), 7.

12 *dominated by so-called parson-naturalists:* Patrick Armstrong, *The English Parson-Naturalist: A Companionship between Science and Religion* (Leominster, MA: Gracewing, 2000), "Introducing the English Parson-Naturalist."

13 *In August 1831, two months after his graduation:* John Henslow, "Darwin Correspondence Project," Letter 105, https://www.darwinproject.ac.uk/letter/entry-105.

14 *The Beagle lifted anchor on December 27, 1831: Darwin, Autobiography of Charles Darwin,* "Voyage of the 'Beagle'."

15 *Charles Lyell's* Principles of Geology: Charles Lyell, *Principles of Geology: Or, The Modern Changes of the Earth and Its Inhabitants Considered as Illustrative of Geology* (New York: D. Appleton, 1872).

16 *Lyell had argued (radically, for his time):* Ibid., "Chapter 8: Difference in Texture of the Older and Newer Rocks."

(Chicago: Encyclopædia Britannica, 1952), "Aristotle: Logic and Metaphysics."

24 *"[Just as] no material part comes from the carpenter":* Aristotle, *Complete Works of Aristotle*, 1134.

25 *biologist Max Delbrück would joke that Aristotle:* Daniel Novotny and Lukás Novák, *Neo-Aristotelian Perspectives in Metaphysics* (New York: Routledge, 2014), 94.

26 *In the 1520s, the Swiss-German alchemist Paracelsus:* Paracelsus, *Paracelsus: Essential Readings*, ed. and trans. Nicholas Godrick-Clarke (Wellingborough, Northamptonshire, England: Crucible, 1990).

27 *"Thoating... in our First Parent's loins":* Peter Hanns Reill, *Vitalizing Nature in the Enlightenment* (Berkeley: University of California Press, 2005), 160.

28 *In 1694, Nicolaas Hartsoeker, the Dutch physicist:* Nicolaas Hartsoeker, *Essay de dioptrique* (Paris: Jean Anisson, 1694).

29 *"In nature there is no generation":* Matthew Cobb, "Reading and writing the book of nature: Jan Swammerdam (1637-1680)," *Endeavour* 24, no. 3 (2000): 122-28.

30 *In 1768, the Berlin embryologist Caspar Wolff:* Caspar Friedrich Wolff, "De formation intestinorum praecipue," *Novi commentarii Academiae Scientiarum Imperialis Petropolitanae* 12 (1768): 43-47. Wolff also wrote about *essentialis corporis* in 1759: Richard P. Aulie, "Caspar Friedrich Wolff and his 'Theoria Generationis,' 1759," *Journal of the History of Medicine and Allied Sciences* 16, no. 2 (1961): 124-44.

31 *"The opposing views of today were in existence centuries ago":* Oscar Hertwig, *The Biological Problem of To-day: Preformation or Epigenesis? The Basis of a Theory of Organic Development* (London: Heinneman's Scientific Handbook, 1896), 1.

## 「神秘的奧祕」

1 *They mean to tell us all was rolling blind:* Robert Frost, *The Robert Frost Reader: Poetry and Prose*, ed. Edward Connery Lathem and Lawrance Thompson (New York: Henry Holt, 2002).

2 *Charles Darwin, boarded a ten-gun brig-sloop:* Charles Darwin, *The Autobiography of Charles Darwin*, ed. Francis Darwin (Amherst, NY: Prometheus Books, 2000), 11.

3 *He had tried, unsuccessfully, to study medicine:* Jacob Goldstein, "Charles Darwin,

5 *"Seized by an unconquerable timidity":* Henig, *Monk in the Garden*, 37.

6 *he applied for a job to teach mathematics:* Ibid., 38.

7 *In the late spring of 1850, an eager Mendel:* Harry Sootin, *Gregor Mendel: Father of the Science of Genetics* (New York: Random House Books for Young Readers, 1959).

8 *On July 20, in the midst of an enervating heat wave:* Henig, *Monk in the Garden*, 62.

9 *On August 16, he appeared before his examiners:* Ibid., 47.

10 *In 1842, Doppler, a gaunt, acerbic:* Jagdish Mehra and Helmut Rechenberg, *The Historical Development of Quantum Theory* (New York: Springer-Verlag, 1982).

11 *20 But in 1845, Doppler had loaded a train:* Kendall F. Haven, *100 Greatest Science Discoveries of All Time* (Westport, CT: Libraries Unlimited, 2007), 75-76.

12 *But these categories, originally devised by the Swedish botanist:* Margaret J. Anderson, *Carl Linnaeus: Father of Classification* (Springfield, NJ: Enslow Publishers, 1997).

13 *"Not the true parent is the woman's":* Aeschylus, *The Greek Classics: Aeschylus Seven Plays* (n.p.: Special Edition Books, 2006), 240.

14 *"She doth but nurse the seed":* Ibid.

15 *from Indian or Babylonian geometers:* Maor Eli, *The Pythagorean Theorem: A 4,000 Year History* (Princeton, NJ: Princeton University Press, 2007).

16 *A century after Pythagoras's death:* Plato, *The Republic*, ed. and trans. Allan Bloom (New York: Basic Books, 1968).

17 *In one of the most intriguing passages:* Plato, *The Republic* (Edinburgh: Black & White Classics, 2014), 150.

18 *"For when your guardians are ignorant":* Ibid.

19 *The result, a compact treatise:* Aristotle, *Generation of Animals* (Leiden: Brill Archive, 1943).

20 *"And from deformed": Aristotle, History of Animals, Book VII,* ed. and trans. D. M. Balme (Cambridge, MA: Harvard University Press, 1991).

21 *"just as lame come to be from lame":* Ibid., 585b28-586a4.

22 *"Men generate before they yet have certain characters":* Aristotle, *The Complete Works of Aristotle: The Revised Oxford Translation*, ed. Jonathan Barnes (Princeton, NJ: Princeton University Press, 1984), bk. 1, 1121.

23 *Aristotle offered an alternative theory:* Aristotle, *The Works of Aristotle*, ed. and trans. W. D. Ross

6 *"The whole organic world":* Hugo de Vries, *Intracellular Pangenesis: Including a Paper on Fertilization and Hybridization* (Chicago: Open Court, 1910), 13.

7 *"Alchemy could not become chemistry until":* Arthur W. Gilbert, "The Science of Genetics," *Journal of Heredity* 5, no. 6 (1914): 239.

8 *"That the fundamental aspects of heredity":* Thomas Hunt Morgan, *The Physical Basis of Heredity* (Philadelphia: J. B. Lippincott, 1919), 14.

9 *"the quest for eternal youth":* Jeff Lyon and Peter Gorner, *Altered Fates: Gene Therapy and the Retooling of Human Life* (New York: W. W. Norton, 1996), 9-10.

## 第一部 消失的遺傳學

1 *This missing science of heredity:* Herbert G. Wells, *Mankind in the Making* (Leipzig: Tauchnitz, 1903), 33.

2 *Jack: Yes, but you said yourself:* Oscar Wilde, *The Importance of Being Earnest* (New York: Dover Publications, 1990), 117.

### 牆內的花園

1 *The students of heredity:* G. K. Chesterton, *Eugenics and Other Evils* (London: Cassell, 1922), 66.

2 *the Augustinians, fortunately, saw no conffict:* Gareth B. Matthews, *The Augustinian Tradition* (Berkeley: University of California Press, 1999).

3 *In October 1843, a young man from Silesia:* 孟德爾生平和奧古斯定會更詳細的介紹，可參見以下數個資料來源，Gregor Mendel, Alain F. Corcos, and Floyd V. Monaghan, *Gregor Mendel's Experiments on Plant Hybrids: A Guided Study* (New Brunswick, NJ: Rutgers University Press, 1993); Edward Edelson, *Gregor Mendel: And the Roots of Genetics* (New York: Oxford University Press, 1999); and Robin Marantz Henig, *The Monk in the Garden: The Lost and Found Genius of Gregor Mendel, the Father of Genetics* (Boston: Houghton Mifflin, 2000).

4 *The tumult of 1848:* Edward Berenson, *Populist Religion and Left -Wing Politics in France, 1830-1852* (Princeton, NJ: Princeton University Press, 1984).

# 註釋

## 題獻

1 *An exact determination of the laws of heredity:* W. Bateson, "Problems of Heredity as a Subject for Horticultural Investigation," in *A Century of Mendelism in Human Genetics,* ed. Milo Keynes, A.W.F. Edwards, and Robert Peel (Boca Raton, FL: CRC Press, 2004), 153.

2 *Human beings are ultimately nothing but carriers:* Haruki Murakami, *1Q84* (London: Vintage, 2012), 231.

## 前言：家族

1 *The blood of your parents is not lost in you:* Charles W. Eliot, *The Harvard Classics: The Odyssey of Homer*, ed. Charles W. Eliot (Danbury, CT: Grolier Enterprises, 1982), 49.

2 *They fuck you up, your mum and dad:* Philip Larkin, *High Windows* (New York: Farrar, Straus and Giroux, 1974).

3 *In 2012, several further studies:* Maartje F. Aukes et al., "Familial clustering of schizophrenia, bipolar disorder, and major depressive disorder," *Genetics in Medicine* 14, no. 3 (2012): 338-41; and Paul Lichtenstein et al., "Common genetic determinants of schizophrenia and bipolar disorder in Swedish families: A population-based study," *Lancet* 373, no. 9659 (2009): 234-39.

4 *Three profoundly destabilizing: Atoms, Bytes and Genes: Public Resistance and Techno-Scientific Responses* by Martin W. Bauer, Routledge Advances in Sociology (New York: Routledge, 2015).

5 *"In the sum of the parts, there are only the parts":* Helen Vendler, *Wallace Stevens: Words Chosen out of Desire* (Cambridge, MA: Harvard University Press, 1984), 21.

科學人文 062

# 基因
## 人類最親密的歷史


| | |
|---|---|
| 作者 | 辛達塔・穆克吉 Siddhartha Mukherjee |
| 譯者 | 莊安祺 |
| 審訂 | 于宏燦 |
| 主編 | 陳怡慈 |
| 責任編輯 | 魏嘉儀、蔡佩錦 |
| 責任企劃 | 林進韋 |
| 美術設計 | 陳恩安 |
| 內頁圖片 | 達志影像 |
| 內文排版 | 吳詩婷 |
| 董事長 | 趙政岷 |
| 出版者 | 時報文化出版企業股份有限公司<br>108019 台北市和平西路三段240號七樓<br>發行專線｜02-2306-6842<br>讀者服務專線｜0800-231-705｜02-2304-7103<br>讀者服務傳真｜02-2304-6858<br>郵撥｜1934-4724 時報文化出版公司<br>信箱｜10899臺北華江橋郵局第99信箱 |
| 時報悅讀網 | www.readingtimes.com.tw |
| 電子郵件信箱 | ctliving@readingtimes.com.tw |
| 人文科學線臉書 | www.facebook.com/jinbunkagaku |
| 法律顧問 | 理律法律事務所｜陳長文律師、李念祖律師 |
| 印刷 | 勁達印刷有限公司 |
| 初版一刷 | 2018年7月19日 |
| 初版九刷 | 2024年4月22日 |
| 定價 | 新台幣680元 |




時報文化出版公司成立於一九七五年，並於一九九九年股票上櫃公開發行，於二〇〇八年脫離中時集團非屬旺中，以「尊重智慧與創意的文化事業」為信念。



ISBN 978-957-13-7476-5 | Printed in Taiwan

**The Gene: An Intimate History**

基因：人類最親密的歷史／辛達塔・穆克吉(Siddhartha Mukherjee)著；莊安祺譯. – 初版. -- 臺北市：時報文化，2018.07｜640 面；17×22 公分. --（科學人文；62）｜譯自：The Gene: An Intimate History｜ISBN 978-957-13-7476-5(平裝)｜1. 遺傳學 2.基因 3.遺傳工程｜363.81｜107010727